物理学史（第2版）

History of Physics (Second Edition)

郭奕玲　　沈慧君　编著
Guo　Yiling　　Shen Huijun

 清华大学出版社
北京

内 容 简 介

本书介绍物理学发展的历史,着重讲述物理学基本概念、基本定律和各主要分支的形成过程,特别侧重现代物理学的发展史。

本书内容包括:力学、热学、电磁学和经典光学的发展;19/20 世纪之交实验新发现和现代物理学革命;相对论的建立和发展;早期量子论和量子力学的准备;量子力学的建立与发展;原子核物理学和粒子物理学的发展;凝聚态物理学简史;现代光学的兴起;天体物理学的发展;诺贝尔物理学奖;实验和实验室在物理学发展中的地位和作用;单位、单位制与基本常数简史等。书中配有 500多张历史图片,书末还附有物理学大事年表。

本书保持了第一版的特点,并作了大量的增补和订正。

本书适于广大高校师生教学选用,也可供中学物理教师和有关科技人员参考。为配合教学,作者另外编制了《物理学史多媒体课件》,已由清华大学出版社正式出版发行。

图书在版编目(CIP)数据

物理学史/郭奕玲,沈慧君编著. —2 版. —北京:清华大学出版社,2005.8(2024.8重印)
ISBN 978-7-302-11530-4

Ⅰ. 物… Ⅱ.①郭…②沈… Ⅲ. 物理学史－高等学校－教材 Ⅳ. O4-09

中国版本图书馆 CIP 数据核字(2005)第 088839 号

责任编辑:陈朝晖
责任印制:杨 艳

出版发行:清华大学出版社
　　网　　　址:https://www.tup.com.cn,https://www.wqxuetang.com
　　地　　　址:北京清华大学学研大厦 A 座　　　　邮　　编:100084
　　社 总 机:010-83470000　　　　　　　　　　　邮　　购:010-62786544
　　投稿与读者服务:010-62776969,c-service@tup.tsinghua.edu.cn
　　质量反馈:010-62772015,zhiliang@tup.tsinghua.edu.cn
印 装 者:三河市铭诚印务有限公司
经　　销:全国新华书店
开　　本:175mm×245mm　　　印张:31　　字数:731 千字
版　　次:2005 年 8 月第 2 版　　　　印次:2024 年 8 月第 30 次印刷
定　　价:86.80 元

产品编号:009098-09/O

　　物理学发展史是一块蕴藏着巨大精神财富的宝地。这块宝地很值得我们去开垦,这些精神财富很值得我们去发掘。如果我们都能重视这块宝地,把宝贵的精神财富发掘出来,从中吸取营养,获得教益,我相信对我国的教育事业和人才培养都会是大有益处的。

　　值此郭奕玲、沈慧君两同志的《物理学史》一书出版之际,我想谈三点看法:

　　一、科学上没有平坦的大道。我们要通过物理学史的介绍,向学生讲清楚,科学经历的是一条非常曲折、非常艰难的道路。然而,我们的教师在对学生进行教育的时候往往是应用经过几次消化了的材料来讲授,或者经过抽象的理论分析加以表述,把已有的知识系统归纳,形成简明扼要的理论体系,这当然是必要的,但是这样的教学方法,往往会使学生对科学概念的产生和发展引起误解,以为什么结论都可用数学推导出来,失去了对观察和实验的兴趣。这样的结果使学生不了解科学是怎样来的,时间长了,等到他自己从事教学时就很容易把科学当作一门死科学来教。今天我们科学界有一个弱点,这就是思想不很活泼,这也许跟大家过去受的教育有一定关系,我在 1981 年给《物理教学》编辑部的信中就提出过这个看法。我认为,在物理教学中适当增加一点物理学史的内容,或者在教学计划中增加一门物理学史选修课,就像清华大学所做的那样,让学生更多地了解科学发展的历程,这对他们的成长将会是有益的。

　　二、通过物理学史可以阐明理论与实践的关系。物理学是实验科学,实验工作是基础。强调实验的意义,并不是否定理论的重要性,只有在实验的基础上建立了正确的、经得起实践检验的理论,才能由表及里达到对客观事物的规律性认识。如果能在系统地介绍理论发展线索的同时,更多地介绍实验工作的经过和所起的作用,以及理论与实验的相互依赖关系,就更有教育意义。郭奕玲、沈慧君两同志写的这本《物理学史》比较注意这些方面,在这本书里,不但全面探讨了这些关系，还就物理学每一分支的不同特点加以具体阐述。值得提到的是，书中专门设了"实验与实验室"和"单位、单位制与基本常数"两章，这就更丰富了有关实验的内容。

三、科学是全人类共同创造的社会财富。它是科学家集体智慧的结晶，是时代的必然产物。但它的每阶段的具体发展情况又往往要受到各种客观条件的影响。我们不否认科学家个人的伟大作用，但科学绝不是少数几个特别有天才的大科学家在头脑里凭空创造出来的，只有那些善于继承又勇于创新的科学家才有可能抓住机遇，作出突出贡献。机遇也可以说是一种偶然性，但是在偶然性中体现了必然性，物理学史中大量事例可以说明，各种科学发现往往具有一个共同点，那就是勤奋和创新精神。只有不畏劳苦沿着陡峭山路攀登的人，才有希望达到光辉的顶点。

最后，我还想对青年同学们讲几句话：除了自然科学以外还应该学一点近代史和现代史、辩证唯物主义、历史唯物主义和毛泽东选集第2版。我们能在40年中在经济建设、文化建设和国防建设上取得重大成绩，提高我国的国际地位，是与在中国共产党领导下发扬独立自主、自力更生、艰苦奋斗、大力协同，建设有中国特色的社会主义道路分不开的。为祖国的四个现代化作出贡献，我们更需要强调集体主义精神。

钱三强

1991.7.25.

　　物理学史研究人类对自然界各种物理现象的认识史,研究物理学发生和发展的基本规律,研究物理学概念和思想发展和变革的过程,研究物理学是怎样成为一门独立学科,怎样不断开拓新领域,怎样产生新的飞跃,它的各个分支怎样互相渗透,怎样综合又怎样分化。

　　物理学是一门基础科学,它向着物质世界的深度和广度进军,探索物质世界及其运动的规律。它像一座知识的宝塔,基础雄厚,力学、热学、电学、光学以至于相对论、量子力学、核物理和粒子物理学、凝聚态物理学和天体物理学,形成了一座宏伟的大厦。它又像一棵大树,根深叶茂,从基根长出树干,从树干长出茂密的枝杈,又结出累累果实。它还像滚滚大江,汹涌澎湃,一浪高过一浪。然而,通过这些比喻,仍不足以说明物理学是怎样的一门不断发展的科学,只有了解了物理学发展的历史,才能更深刻地认识物理学的宏伟壮观。

　　通过物理学史的学习,不但能增长见识,加深对物理学的理解,更重要的是可以从中得到教益,开阔眼界,从前人的经验中得到启示。

　　本书的第1版是在我们讲物理学史课程时所写讲义的基础上扩充而成的。课程原名物理学史专题讲座,是为清华大学本科生开设的选修课。之所以叫专题讲座,是因为在理工科大学没有那么多时间,也没有必要按部就班地进行系统地讲授。那样既乏味又费时间。有些课题,我们没有讲到,同学们如果有兴趣,可以自己找书看。我们认为,与其平铺直叙地罗列一大堆史实,不如抓住若干典型,进行个例剖析,讲得深透些。什么是个例剖析? 我们指的是就某一个事件、某一项发现或某一位科学家的成就进行充分的揭示,说明其前因后果、来龙去脉,不仅说有什么,还要说为什么。例如,可以问一问:为什么会出现那样的事件? 为什么会发生新的突破? 为什么会造就伟大的人物? 分析其成功的要素,总结其经验教训,提炼出可供大家共享的精神财富。所以我们选了十几个专题,每讲一个专题,分析一个或几个例子,于是就叫专题讲座。讲座开了几届之后,又感到选修课不宜过专,不能让学生花费过多的精力阅读原始文献,但是有必要保留专题讲座的精华,即保留从个例剖析得到的各种有益启示,这些启示并不是生硬灌输给学生,而是通过真实的历史、实际的资料、生动的情景把学生引入历史的氛围,让他们自己去体会,自己去获取应该得到的启示。于是这门选修课就改名为《物理学史的启示》。这门课一开就是十几年。1993 年,经过多次试用和修改补充的讲义终于正式出版,取名为《物理学史》。我们的工作得到了校内外许多师生的鼓励和关怀,其中包括老一辈的物理学家的指点和勉励。最让我们感到荣幸的是,我国著名物理学家钱三强教授曾经多次给我们以具体的指导,并亲自为我们作序。

这些年来,《物理学史》一书被许多院校选为物理学史课程教材,也成了广大物理教师的参考书。这本书显示出了不少缺陷和错误,我们深感有加以修改和完善的必要。这次修改主要是针对如下几方面:

(1) 加强 20 世纪物理学各个分支的论述,其中包括相对论、量子理论、粒子物理学、现代光学、凝聚态物理学和天体物理学。

(2) 充分利用图片资料。

(3) 必要的增补和修改。

众多的同行多年来为我们提供物理学史资料,其中特别是 Melba Phillips[①] 教授。她和美国物理学会曾经给予我们多方面的帮助。Allan Franklin 教授也是我们工作的积极支持者。我们对他们表示诚挚的感谢。我们还要感谢图片资料的版权所有者。由于图片是多年来从各种渠道收集到的,难以一一注明出处。

作者

于清华园

---

① 正值本书截稿之际,惊悉 97 岁的 Melba Phillips 已于 2004 年 11 月 18 日辞世,不胜怀念。

目 录

Contents

第 1 章

力学的发展

1.1 历史概述

力学是物理学中发展最早的一个分支,它和人类的生活与生产联系最为密切。早在遥远的古代,人们就在生产劳动中应用了杠杆、螺旋、滑轮、斜面等简单机械,从而促进了静力学的发展。古希腊时代,就已形成比重和重心的概念。阿基米德(Archimedes,约公元前 287—前 212)的杠杆原理和浮力原理提出于公元前二百多年。我国古代的春秋战国时期,以《墨经》为代表作的墨家,总结了大量力学知识,例如,时间与空间的联系、运动的相对性、力的概念、杠杆平衡、斜面的应用以及滚动和惯性等现象的分析,涉及力学的许多部门。虽然这些知识尚属力学科学的萌芽,但在力学发展史中应有一定的地位。

16 世纪以后,由于航海、战争和工业生产的需要,力学的研究得到了真正的发展。钟表工业促进了匀速运动的理论;水磨机械促进了摩擦和齿轮传动的研究;火炮的运用推动了抛射体的研究。天体的运行提供了机械运动最纯粹、最精确的数据资料,使得人们有可能排除摩擦和空气阻力的干扰,对机械运动得到规律性的认识。于是,天文学为力学找到了一个最理想的"实验室",这就是天体。但是,天文学的发展又和航海事业分不开,只有等到 16、17 世纪,这时资本主义生产方式开始兴起,海外贸易和对外扩张刺激了航海的发展,这才提出对天文作系统观测的迫切要求。第谷·布拉赫(Tycho Brahe,1546—1601)顺应了这一要求,以毕生精力采集了大量观测数据,为开普勒(Johannes Kepler,1571—1630)的研究做了准备。开普勒于 1609 年和 1619 年先后提出了行星运动的三条规律,即开普勒三定律。

在数学方面,13—14 世纪英国牛津大学的梅尔顿(Merton)学院集聚了一批数学家,对运动的描述作过研究,他们提出了平均速度的概念,后来又提出加速度的概念,为新科学的诞生做了准备。

16—17 世纪,以伽利略(Galileo Galilei,1564—1642)为代表的物理学家对力学开展了广泛研究,得到了落体定律。伽利略的两部著作:《关于托勒密和哥白尼两大世界体系的对话》(1632 年)和《关于力学和运动两门新科学的谈话》(简称《两门新科学》)(1638 年),为力学的发展奠定了思想基础。随后,牛顿(Isaac Newton,1642—1727)把天体的运动规律和地面上的实验研究成果加以综合,进一步得到了力学的基本规律,建立了牛顿运动三定律和万有引力定律。牛顿建立的力学体系经过 D. 伯努利(Daniel Bernoulli,1700—1782)、拉格朗日(J. L. Lagrange,1736—1813)、达朗贝尔(Jean le Rond d'Alembert,1717—1783)等人的推广和完善,形成了系统的理论,取得了广泛的应用并发展出了流体力学、弹性力学和分析力学等分支。到了 18 世纪,经典力学已经相当成熟,成为自然科学中的主导和领先学科。

机械运动是最直观、最简单,也最便于观察和最早得到研究的一种运动形式。但是,任何自然界的现象都是错综复杂的,不可避免地会有干扰因素,不可能以完全纯粹的形态自然地展现在人们面前,力学现象也不例外。因此,人们要从生产和生活中遇到的各种力学现象抽象出客观规律,必定要有相当复杂的提炼、简化、复现、抽象等实验和理论研究的过程。和物理学的其他部门相比,力学的研究经历了更为漫长的过程。从古希腊时代算起,这个过程几乎达到两千年之久。其所以会如此漫长,一方面是由于人类缺乏经验,弯路在所难免,只有在研究中自觉或不自觉地摸索到了正确的研究方法,才有可能得出正确的科学结论。其次是由于生产水平低下,没有适当的仪器设备,无从进行系统的实验研究,难以认识和排除各种干扰。例如,摩擦和空气阻力对力学实验来说恐怕是无处不在的干扰因素。如果不加分析,凭直觉进行观察,往往得到错误结论。古希腊时代的亚里士多德(Aristotle,公元前 384—前 322)正是这一现象的代表。他主张的物体运动速度与外力成正比、重物下落比轻物快、自然界惧怕真空,以及后人用"冲力"解释物体的持续运动的种种似是而非的论点,看起来确与经验没有明显的矛盾,所以长期没有人怀疑。再就是长期形成的思想枷锁抑制了人们的创造力,科学被当成是教会恭顺的奴婢。只有在以达·芬奇(Leonard da Vinci,1452—1519)为代表的文艺复兴运动的冲击下,思想得到了解放,才有可能出现伽利略和牛顿这样的科学先驱,而伽利略和牛顿的功绩,就是把科学思维和实验研究紧密结合到了一起,为力学的发展找到了一条正确的道路。

图 1-1　亚里士多德

图 1-2　托勒密

1.2 天文学的新进展揭开了科学革命的序幕

1.2.1 哥白尼的日心说

在自然科学的发展史中,以哥白尼(Nikolaus Copernicus,1473—1543)为代表的一场关于宇宙观的革命,对近代科学的兴起,起了开路先锋的伟大作用。人们往往把这场革命称为哥白尼革命。

哥白尼主张的日心说,推翻了自古希腊占统治地位的地心说,地心说认为地球是不动的宇宙中心,这种宇宙观实际上是古人从局限的观察和朴素的思维中得到的一种对宇宙的看法。这一看法,不仅在西方,而且在东方,都起着主导的作用。古人对宇宙的看法有一共同的特点,就是认为宇宙是不变的。这是因为古人对天象的认识,无非都是靠肉眼直接观察所得的印象,结果难免会很粗浅。对宇宙生成的看法更缺乏长期观测积累的证据,因此难以对当时天体的实际运行情况作出具体解释,后来就逐步形成了宇宙不变的观点。

图 1-3 托勒密的地心模型

持宇宙不变观点的人,把星空旋转之类的变化,看成是某种星空的自然运动,而天的本质则是永不改变的。人站在地球上看天象,很自然地就会认为日月星辰都是围绕着大地旋转。地心说因此产生,成为主宰天文学界千余年的天体理想模型。较为完整的地心说宇宙模型,是托勒密(C. Ptolemaeus,100?—170?)在公元 2 世纪提出的。这个模型继承了古希腊的所谓圆球美满观念,把宇宙设计成为大球套小球,小球边上甚至还要穿插小小球的复杂圆球体系:这个圆球的球心就是地球的球心,而恒星、太阳和月亮分布在大小不同的球面上围绕地球作圆运动;诸行星(水星、金星、火星、木星和土星)既要在各自的小球上围绕地球作圆运动,又要围绕各自的小小球的球心作圆运动,这样才能解释为什么表观上看到的它们既有顺行运动又有逆行运动的现象。托勒密地心说在长达一千多年的时期内,被人们广泛接受,其原因主要是因为目视天文观测的精度很低,按地心说预报的行星位置,又与实际位置相差不多,再有就是这一学说与《圣经》的内容相符,因而得到教会的大力保护。

在中世纪的长期黑暗之后,由于生产的发展和商品经济的兴盛导致海洋航行的发达,天文学在欧洲以意想不到的速度发展了起来。为此,人们迫切需要天文仪器,需要精密的恒星、行星的星表,当然也需要发明测定经纬度的方法。这就为天文学的发展提供了动力。而冶金、机械制造等生产部门的发展,印刷术的传播,则为天文学的发展提供了物质条件。随着天文观测精度的提高,地心说用圆上加圆的轨道试图拟合行星运动的做法,显得既繁琐又欠精确,因此日益遭受到尊重事实的学者的反对。

进入 14—15 世纪,随着生产的发展,在欧洲封建社会内部资本主义生产关系逐渐形成。与资产阶级的经济、政治利益相适应,欧洲文化也出现了新的运动。它的主要内容就是反对中世纪的神学世界观,摆脱教会对人们的思想束缚,冲破各种神学的和经院哲学的传统教条。这个以文艺复兴命名的运动开创了欧洲文化和思想发展的一个重要时期。

由于亚里士多德-托勒密的地心说理论成为中世纪神学世界观的重要精神支柱,而天文学的发展却越来越多地揭示了这个理论的荒谬,于是天文学就成为冲破神学束缚的一个突破口。文艺复兴的思想解放运动为打破地心说理论提供了思想动力和精神基础,而这个理论体系的打破又给予宗教神学以沉重的打击,使文艺复兴运动更具有实际内容。天文学也因此首先进入近代科学的大门。

图1-4　哥白尼

应该说,早在文艺复兴时期就已有许多进步思想家和天文学家对破绽百出的地心体系表示怀疑。但是,真正打破这个体系的第一人是16世纪伟大的波兰天文学家哥白尼。他分析了托勒密的地心体系,经过几十年的研究,建立了一个崭新的宇宙体系,这就是日心体系。他认识到地球也是一颗行星,和别的行星一样,都以同心圆围绕太阳运行。行星排列的次序是水星在最小的圆周上,依次往外是金星、地球、火星、木星,最后是土星,土星在最大的圆周上。而月球并不是行星,它围绕地球旋转,同时也被地球带着围绕太阳运行,众恒星则固定在遥远的空间里,并没有绕大地昼夜旋转。星空的旋转是地球自转的视觉效应;而在地球上看到的其他行星的顺行和逆行,则是所有行星绕日公转的结果。

这个既简单而又基本的发现,使人们对于宇宙的看法从主观的见解改造为客观的认识,把原始而又神秘的宇宙观提高为简洁又合理的科学观念。它的提出不是随意的猜想和主观的推论,而是建立在理性上的科学认识。哥白尼提出新的思想,本来应该很顺利地得到世人的欢迎。然而,事情不像想像的那样简单。中世纪黑暗时代的阴影还远未消失,几千年的旧势力仍然占有统治地位,新思想的提出必然要遇到阻力。这是一场斗争,只有对陈旧的思想进行批判才能取得公众的承认,所以这也是一场思想上的革命。通过这场革命,人们摆脱了对神学和古代经典的权威的迷信,以事实作为知识的来源,靠实践判断理论的真伪。因此,哥白尼论述日心体系的代表作《天体运行论》,就成了"自然科学的独立宣言"。

从中世纪以来,教会的反动统治形成了一道无形的枷锁,凡是不符合教会思想而另有主张的人,都会遭到迫害。到了16世纪,这一斗争变本加厉,意

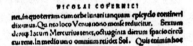

M.A.Seeds

图1-5　哥白尼的《天体运行论》一页

大利思想家布鲁诺(Giordano Bruno,约 1548—1600)就是一位信奉和宣扬哥白尼体系而英勇献身的科学殉道士。他坚持通过经验和理性来获得科学真理,提出"怀疑原则"来反对教会权威和神学教条。他抛弃了太阳是宇宙中心的观点,认为宇宙是无限的,在太阳系之外还有无数的世界。这些观点比哥白尼学说更为有力地冲击了教会的教义,因而成了反动势力的眼中钉,被处火刑,活活烧死。

1.2.2 第谷和开普勒的贡献

开普勒(Johannes Kepler,1571—1630)是德国人,生于符腾堡。他幼年时体弱多病,12岁时入修道院学习。1587 年进入杜宾根大学,在校中遇到秘密宣传哥白尼学说的天文学教授麦斯特林。受其影响,开普勒很快成为哥白尼学说的忠实维护者。1591 年获文学硕士学位后曾想当牧师转学神学。但是,1594 年他得到杜宾根大学的推荐,去奥地利格拉茨的一所中学担任数学教师,于是就中止了神学课程。在格拉茨,他开始研究天文学,他把业余时间用于研究和思考哥白尼的"日心说",并将它与托勒密的"地心说"理论相比较。他孜孜不倦地研究行星的轨道及其成因,按照柏拉图学派的观点,以球的内接和外切正多面体等几何图形来描述太阳系各行星的轨道半径。他把这一想法,写成《神秘的宇宙》一书。这本书宣传了哥白尼学说,可是却充满神秘色彩。书稿几经曲折,终于在 1596年底出版。图 1-7 是开普勒在《神秘的宇宙》一书中用几何图形构成的宇宙结构模型。

图 1-6 开普勒

《神秘的宇宙》出版后开普勒寄了一本给他所崇拜的丹麦著名的天文学家第谷·布拉赫(Tycho Brahe,1546—1601),第谷很欣赏开普勒的数学才华,1597—1600 年间两度邀请开普勒到自己的身边工作。1600 年 2 月 3 日开普勒到达第谷的贝纳特基堡观测台,担任第谷的助手。

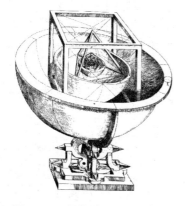

图 1-7 开普勒的宇宙结构模型

图 1-8 第谷

图 1-9　第谷的观测台

第谷在丹麦国王的资助下，1576 年在哥本哈根海峡的一个小岛上修建了一座完善的天文台。第谷增大了观测仪器的尺寸并安装在坚固的基础上，给仪器进行了精密刻度，从而提高了仪器的精密度、稳定性和长期反复观测读数的可靠性。第谷还对大气的折射效应进行了修正，使他的观测的准确性达到前人的几十倍，甚至上百倍。经过二十余年的观测，第谷测量各个行星角位置的误差仅为 $2'$。不过，第谷并不相信哥白尼的学说，他认为地动思想是不能接受的，因此他的观测所依据的是一个折中的宇宙体系。在这个体系里，除地球和围绕着它的月亮外，其他天体都绕太阳运转，太阳率领着众行星围绕着地球运转，地球是静止不动的。

1601 年 10 月 24 日第谷去世，临终前把自己多年积累的天文观测资料留给了开普勒，嘱托他把这些观测结果整理发表出来。开普勒遵照第谷的遗嘱，克服了种种困难，经过艰苦繁杂的计算和编制，1627 年，《鲁道夫星表》终于出版。这份星表比当时任何一种星表都精确。直到 18 世纪中叶，这份星表仍被看作天文学上的标准星表，天文学家和航海家们都把它当作指南。

开普勒非常珍惜第谷一辈子辛勤观测获得的宝贵资料。从第谷的数据可以看出，开普勒原来设想的简单宇宙模型是不能解释实际观测结果的，因而也是不切实际的，开普勒只好重新思考。他坚信天体运行是有规律的，而且这些规律必定具有普遍性，也就是说，这些规律应该适用于尽可能多的星辰。他开始运用数学方法对第谷的数据资料进行系统的分析和整理。要在浩瀚的数据资料中找到普遍适用的数字公式就好像大海里捞针，需要进行无休止的繁杂的计算。这是一件艰巨而又几乎是毫无希望的事情，可以想象得到，开普勒要有何等的毅力才能把这件工作坚持做到底。

开普勒按照第谷生前的嘱托，集中力量对火星的轨道进行研究。在他之前，人们大都设想行星的轨道是以地球为中心的圆周，或者是围绕地球的偏心圆周。第谷本人笃信地心说，自然难以揭开火星轨道之谜。这时哥白尼的日心说刚提出不久，还很不成熟，正受到宗教界的围攻。开普勒的功绩首先是，他利用第谷的可靠数据证明

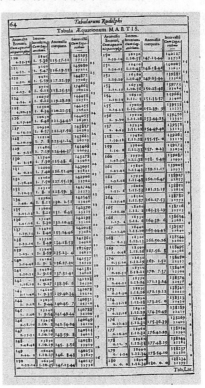

图 1-10　《鲁道夫星表》中的一页

了日心说的正确性。

开普勒把太阳、地球和火星看成三角形的三个顶点,用观测火星得到的数据,巧妙地计算出地球的实际轨道。然后他参照地球的实际轨道,以太阳为中心试算火星的轨道,证明无法取圆周作为火星的轨道。接着他仿照别人的方案,从偏心圆的角度来确定火星的轨道。

他作了多达七十次艰苦繁杂的计算,终于找到了一个比较符合第谷观测数据的参数,日心经度误差不大于 2 弧分,可以说是相当满意了。但纬度误差最大仍可达到 8 弧分,即 0.133 弧度,大大超过了第谷的观测误差。是第谷在观测中出现了失误吗?开普勒坚信第谷的测量工作是非常严谨的,他不会出这样大的错误。经过反复认真的核算,开普勒得出结论:必须放弃偏心圆的假设。于是他转而考虑以卵形曲线来代表火星的轨道。试来试去,都不成功,当他改取椭圆曲线进行试算时,发现火星的轨道跟椭圆符合得甚好。开普勒终于证明了:火星沿围绕太阳的椭圆轨道运行,太阳位于椭圆的一个焦点上。这就是开普勒第一定律,也叫椭圆定律。

开普勒进一步又发现了面积定律,即开普勒第二定律,内容是:在同样时间里,火星向径(即太阳中心到行星中心的连线)在轨道平面内扫过的面积相等。这就是说,行星离太阳越近,它运动得越快。1609 年,他出版了《新天文学》一书,公布了这两条行星运动定律。开普勒在书中还指出,这两条定律也适用于其他行星绕太阳和月球绕地球的运动。

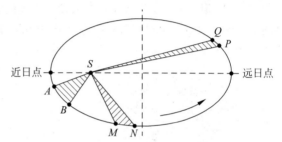

图 1-11　开普勒的第一和第二定律

开普勒的这一发现,打破了两千年来认为天体只能作匀速圆周运动的观念,使日心说与观测结果更加符合。这个发现也说明,精确的测量对于科学的发现是至关重要的。开普勒后来说:"8 弧分也不能忽视,正是这一点,导致了天文学上一场彻底革命。"

开普勒继续利用第谷的观测数据对行星运行的规律进行深入研究。在他的思想里,宇宙应该是和谐的整体。本着这一信念,他用各种办法探讨各行星的公转周期与它们离太阳的平均距离的关系。又经过九年的探索,最后终于找到了二分之三次方定律,即:行星运动周期的平方与其距太阳的平均距离之立方成比例。这就是周期定律,也叫开普勒第三定律。开普勒在 1619 年出版的《宇宙和谐论》一书中公布了这条定律。

开普勒在书中写道:"在黑暗中进行了长期探索之后,借助布拉赫的观测,我先是发现了轨道的真实距离,然后终于豁然开朗,发现了轨道周期之间的真实关系,……这一思想发轫于 1618 年的 3 月 8 日,但当时试验未获成功,又因此以为是假象遂搁置下来。最后,5 月 15 日来临,一次新的冲击开始了。起先我以为自己处于梦幻之中正在为那个渴求已久的原理设想一种可行的方案。思想的风暴一举扫荡了我心中的阴霾,并且在我以布拉赫的观测为基础进行了 17 年的工作与我现今的潜心研究之间获得了圆满的一致。"[1]

---

① 宣焕灿选编.天文学名著选译.知识出版社,1989.98

开普勒三定律系统地总结了行星运行规律,这是第谷和开普勒合作的成果,是精确的科学观测与严密的数学推算相结合的典范,这些定律的发现对推动天文学和力学的发展起了非常关键的作用。

1.2.3　伽利略捍卫哥白尼学说

伽利略是又一位献身于哥白尼学说的伟人。他出生在意大利比萨一个没落贵族家庭,17岁时入比萨大学学医。但是伽利略对医学并无兴趣,却把很多时间用于钻研古希腊的哲学著作和欧几里得与阿基米德的数学著作。1589—1592年,他受聘在比萨大学担任数学教席,脍炙人口的比萨斜塔实验可能就是在这个期间进行的。由于信奉哥白尼学说受到敌视和排挤,后来转到威尼斯公国的帕多瓦大学任教,直到1610年。这里罗马教廷的影响较小,自由思想的气氛较浓,使伽利略得以顺利地进行科学研究。

1609年5月,伽利略在听说荷兰人发明望远镜之后,立即用一块平凸透镜和一块平凹透镜制成一个可以用于观察天体的望远镜,并用之于天文观测。1610年初,他获得了几项重大发现,并在当年出版了《星界信使》一书。

图1-12　伽利略

图1-13　《星界信使》扉页

伽利略在《星界信使》中首先宣布,月亮表面也和地球表面一样粗糙不平;他将望远镜指向天空的任何方向,都可以看到无数的星体;他发现,银河也是由千千万万颗暗淡的星星组成的。伽利略还观察到了金星的周相变化,表明它是围绕太阳运转的。特别是木星的4颗卫星的发现,对哥白尼学说提供了重要支持。伽利略在书中写道:"我们有了一个极好的论据去消除这样一些人的顾虑,他们可以容忍哥白尼体系中行星围绕太阳的运转,然而却对于月亮围绕地球运转,而月亮和地球又同时围绕太阳在周期为一年的轨道上运转这一点感到非常困惑,以至于他们认为这种宇宙理论必然是极度混乱的。"[①]此外,他还发现太阳表面上有黑子,从黑子在太阳表面上有规律的运动,他判断太阳也在自转,周期大约为27天。

---

① 宣焕灿选编.天文学名著选译.知识出版社,1989.112

《星界信使》的出版,对于哥白尼学说是一极大支持。

1616 年,有人控告伽利略在宣传哥白尼学说。罗马教会法庭警告他,不许再提倡这类学说,否则将受到审判和监禁。然而,伽利略并没有妥协。他经过多年的埋头研究,又撰写了一部宣传哥白尼学说的重要著作,书名《关于托勒密和哥白尼两大世界体系的对话》。

这部书采用的是三个人对话的形式,全部内容由 4 天的对话组成。

第一天以批判亚里士多德学派关于天体的组成和性质完全不同于地球的学说为主,论证了天体和地球在本质上是类似的。对话中列举了新星的出现、彗星的兴衰、太阳黑子的变化等反证,驳斥了"不变"是高贵和完善的标志的传统观点。

第二天的对话驳斥了地球不动的观点,提出了相对性原理、惯性和运动叠加的概念。

第三天的对话论证了地球的周年运动。书中列举了大量的观测材料,揭露了托勒密体系的矛盾,证明了哥白尼体系的谐调和简明。

第四天的对话叙述了潮汐理论。伽利略的潮汐理论把潮汐看成是地球的自转和公转使地球产生颤动,引起海水激荡所产生,因而是错误的。但是这并不影响这部伟大著作对于宣传哥白尼学说所起的巨大作用。

《关于托勒密和哥白尼两大世界体系的对话》(简称《两大世界体系的对话》)于 1632 年出版后,立刻遭到教士们的攻击,被教会列为禁书,1633 年伽利略受到罗马教会法庭的审判,被判处终身软禁。

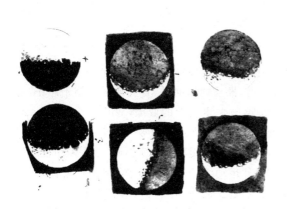

图 1-14 伽利略亲手画的月亮观测图　　　　图 1-15 《两大世界体系的对话》扉页

1.3 惯性定律的建立

惯性定律是牛顿力学的重要基石之一,从亚里士多德的自然哲学转变到牛顿的经典力学,最深刻的变化就在于建立了惯性定律。前者认为一切物体的运动都是由于其他物体的作用;而后者认为"每一个物体都会继续保持其静止或沿一直线作等速运动的状态,除非有力加于其上,迫使它改变这种状态。"这就是牛顿在《自然哲学的数学原理》一书中,作为第一条公理提出的基本原理。

1.3.1　古代的认识

牛顿在他的手稿《惯性定律片断》中写道："所有那些古人知道第一定律，他们归之于原子在虚空中直线运动，因为没有阻力，运动极快而永恒。"这里所谓的古人，可以追溯到古希腊时代，德漠克利特（Democritus，公元前 460—前 371）、伊壁鸠鲁（Epicurus，公元前 342—前 270）都有这样的看法。例如，伊壁鸠鲁就说过："当原子在虚空里被带向前进而没有东西与它们碰撞时，它们一定以相等的速度运动。"应该指出，不论是古希腊的哲学家还是后来他们的信徒，都无法证实这条原理，只能看成是猜测或推想的结果。

亚里士多德则断言，物体只有在一个不断作用者的直接接触下，才能保持运动，一旦推动者停止作用，或两者脱离接触，物体就会停止下来。这种说法似乎与经验没有矛盾，但是显然经不起推敲。例如，对于抛射体的运动，亚里士多德解释说，之所以抛射体在出手后还会继续运动，是由于手或机械在作抛物动作中同时也使靠近物体的空气运动，而空气再带动物体运动。但是，在亚里士多德的思辨中，不可避免地会出现漏洞。人们要问，空气对物体的运动也会有阻力作用，为什么有的时候推力大于阻力，有的时候阻力又会大于推力？

尽管亚里士多德被奉为圣贤，他的学说在中世纪还是不断有人批驳，逐渐被新的见解取代。

1.3.2　中世纪的学说

公元 6 世纪希腊有一位学者对亚里士多德的运动学说持批判态度，他叫菲洛彭诺斯（J. Philoponus）。他认为抛体本身具有某种动力，推动物体前进，直到耗尽才趋于停止，这种看法后来发展为"冲力理论"。代表人物是英国牛津大学的威廉（William of Ockham，1300—1350），他认为，运动并不需要外来推力，一旦运动起来就要永远运动下去。他写道："运动并不能完全与永恒的物体区分开，因为当可以用较少的实体时，就无需用更多的实体……。没有这一额外的东西，就可以对各种运动给予澄清。"例如，关于抛射体运动，他解释为："当运动物体离开投掷者后，是物体靠自己运动，而不是被任何在它里面或与之有关的动力所推动，因为无法区分运动者和被推动者。"[①]他举磁针吸铁为例，说明要使铁运动并不一定直接接触，并且还进一步设想，这种情况在真空中也能实现，可见亚里士多德认为真空不存在的说法是可疑的。

当然，威廉的说法并不等于惯性原理，但却是走向惯性原理的重要步骤。因为，如果运动不需要原因，一旦发生就要永远持续，亚里士多德的推动说就要从根本上受到动摇。

巴黎大学校长布里丹（F. Buridan，1300—1358）也是批判亚里士多德运动学说的先行者。他反对空气是抛射体运动的推动者，亚里士多德对抛射体的解释是：在抛射体的后面

---

① Franklin A. Am. J. Phys. ，1976，44：537

形成了虚空区域,由于自然界惧怕虚空,于是就有空气立即填补了这一虚空区域,因而形成了推力。布里丹反问道:"空气又是受什么东西的推动呢?"显然还有别的物体在起作用,这样一连串的推动根源何在呢? 他又举出磨盘和陀螺为例,它们转动时无前后之分。两支标枪:一支两头尖,另一支一头尖一头钝,然而投掷时并不见得前者慢后者快。水手在船上,只感到迎面吹来的风,而不感到背后推动的风。这些都说明:"空气持续推动抛射体"的说法不符合事实。于是他提出"冲力理论",认为:"推动者在推动一物体运动时,便对它施加某种冲力或某种动力。"

布里丹的工作有两个人继续进行,一位是萨克松尼(Saxony)的阿尔伯特(Albert,1316—1390),另一位是奥里斯姆(Nicholas Oresme,1320—1382),他是布里丹的学生。他们发展了冲力理论,阿尔伯特运用冲力来说明落体的加速运动,认为速度越大,冲力也越大,他写道:

"根据这个(理论)可以这样说,如果把地球钻通,一重物落入洞里,直趋地心,当落体的重心正处于地心时,物体将继续向前运动(越过地心),因为冲力并未耗尽。而当冲力耗尽后,物体将回落。于是将围绕地心振荡,直到冲力不再存在,才重又静止下来。"[①]

请注意,阿尔伯特这个例子后来伽利略在《两大世界体系的对话》中也有讨论,可见布里丹、阿尔伯特、奥里斯姆等人的早期工作为伽利略和牛顿开辟了道路。不论是伽利略,还是牛顿,都在自己的著作中留下了冲力理论的烙印。

1.3.3 伽利略的研究

伽利略在自己的著作中多次提出类似于惯性原理的说法,例如在《关于托勒密和哥白尼两大世界体系的对话》(1632年)中,他写道:

"只要斜面延伸下去,球将无限地继续运动,而且在不断加速,因为运动着的重物的本性就是这样。"

再请读他的作品中的另一段对话:

"萨:……如果没有引起球体减速的原因……你认为球体会继续运动到多远呢?

辛:只要平面不上升也不下降,平面多长,球体就运动多远。

萨:如果这样一个平面是无限的,那么,在这个平面上的运动同样是无限的了,也就是说,永恒的了。……"[②]

在另一本著作《两门新科学》(1638年)中,伽利略再次表述了惯性定律,他用图 1-16 中小球的运动来说明他的见解。假设沿斜面 AB 落下的物

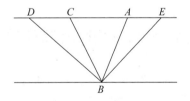

图 1-16 伽利略关于斜面运动的插图

体,以 B 点得到的速度沿另一斜面 BC 向上运动,则物体不受 BC 倾斜的影响仍将达到和 A 点同样的高度,只是需要的时间不同而已。

① Franklin A. Am. J. Phys. ,1976,44:539~540
② 伽利略.关于托勒密和哥白尼两大世界体系的对话.上海人民出版社,1974

但是，伽利略又同时认为，等速圆周运动也是一种惯性运动，并进而论证行星正是由于按圆周轨道作等速运动才能永恒地运转，而他的直线运动实际上只限于沿着水平面的运动，所以并没有全面地表述惯性定律。

1.3.4   笛卡儿的工作

伽利略的欠缺得到了笛卡儿（Rene Descartes，1596—1650）的弥补。1629 年，笛卡儿在给友人麦森（Mersenne）的信中声称："我假设，运动一旦加于物体，就会永远保持下去，除非受到某种外来手段的破坏。换言之，某一物体在真空中开始运动，将永远运动并保持同一速度。"①

1644 年，笛卡儿在《哲学原理》一书中明确地指出，除非物体受到外因的作用，物体将永远保持其静止或运动状态，并且还特地声明，惯性运动的物体永远不会使自己趋向曲线运动，而只保持在直线上运动，他表述成两条定律：

（一）每一单独的物质微粒将继续保持同一状态，直到与其他微粒相碰被迫改变这一状态为止；

（二）所有的运动，其本身都是沿直线的。

然而，笛卡儿也有不足之处，他完全是从哲学的角度考虑问题，把这一切都归因于"上帝"的安排。他在《哲学原理》中写道：

"在我看来，显然是上帝而不是别的什么，以其万能的威力创造物质时就赋予其各部分以运动或静止，也就是他，以后又按其惯常的方式将各部初始的运动量和静止状态保存在宇宙之中。因为运动固然只是被推动的物质的一种状态，然而，总的看来却是一个永不增减的量；虽然某一部分的运动量会时多时少。"②

值得一提的是，虽然笛卡儿把惯性归因于"上帝"的安排，但是后人如果把他的"上帝"解读为"自然规律"，就应该承认，他是最早完整地表达了惯性原理的科学先辈。

后面我们会介绍，真正明确提出惯性定律的是牛顿，而牛顿的认识也经过一番曲折，直到 1686 年撰写《自然哲学的数学原理》时，才完全摆脱旧观念的束缚，把惯性定律作为第一原理正式提了出来。

1.4   伽利略的落体研究

1638 年，伽利略的《两门新科学》一书的出版，揭开了近代科学的序幕。他在这本不朽的著作中整理并公布了三十年前他得到的一些重要发现。1639 年 1 月，这位年迈失明的作者口授了一封给友人的信，提到这本书时讲道："我只不过假设了我要研究的那种运动的定义及其性质，然后加以证实。……我声明我想要探讨的是物体从静止开始，速度随时间均匀增加的这样一种运动的本质。……我证明这样一个物体经过的空间（距离）与时间

---

① 伽利略.关于托勒密和哥白尼两大世界体系的对话.上海人民出版社，1974
② Dugas R. A History of Mechanics. Routledge & Kegan Paul，1955.161

的平方成正比。……我从假定入手对如此定义的运动进行论证；因此即使结果可能与重物下落的自然运动的情况不符，对我也无关紧要。但是我要说，我很幸运，因为重物运动及其性质，一项项都与我所证明的性质相符。"①

这里指的重物运动就是自由落体运动。

1.4.1　伽利略为什么要研究自由落体

西方有句谚语："对运动无知，也就对大自然无知。"运动是万物的根本特性。在这个问题上，自古以来，出现过种种不同的看法，形成了形形色色的自然观。在 16 世纪以前，亚里士多德的运动理论居统治地位。他把万物看成是由四种元素——土、水、空气及火组成，四种元素各有其自然位置，任何物体都有返回其自然位置而运动的性质。他把运动分成自然运动和强迫运动：重物下落是自然运动，天上星辰围绕地心做圆周运动，也是自然运动；而要让物体作强迫运动，必须有推动者，即有施力者。力一旦去除，运动即停止。既然重物下落是物体的自然属性，物体越重，趋向自然位置的倾向性也就越大，所以下落速度也越大。于是，从亚里士多德的教义出发，就必然得到物体下落速度与物体重量成正比的结论。

亚里士多德的运动理论基本上是错误的，但这一理论毕竟是从原始的直接经验引申而来，有一定的合理成分，在历史上也起过进步作用，后来被宗教利用，所以直到 16 世纪，仍被人们敬为圣贤之言，不可触犯。

正因为如此，批驳亚里士多德关于落体运动的错误理论，不仅是一个具体的运动学问题，也是涉及自然哲学的基础问题，是从亚里士多德的精神枷锁下解脱的一场思想革命的重要组成部分。伽利略在这场斗争中作出了非常重要的贡献。他认识到通过自由落体的研究打开的缺口，会导致一门广博的新科学出现。请阅读他在《两门新科学》中核心的一章，即"第三天的谈话"，开头讲的一段话：

"我的目的，是要阐述一门崭新的科学，它研究的却是非常古老的课题。也许，在自然界中最古老的课题莫过于运动了。哲学家们写的关于这方面的书既不少，也不小，但是我从实验发现了某些值得注意的性质，到现在为止还未有人观察或演示过。也做过一些表面的观察，例如观察到下落重物的自然运动是连续加速的，但还从未有人宣布过，这一加速达到什么程度；据我所知，还没有一个人指出，一个从静止下落的物体在相等的时间间隔里，保持按从 1 开始的奇数的比数。……

"我考虑更重要的是，一门广博精深的科学已经启蒙，我在这方面的工作只是它的开始，那些比我更敏锐的人所用的方法和手段将会探索到各个遥远的角落。"②

1.4.2　伽利略之前的落体实验

关于落体问题的讨论在伽利略 1589 年当比萨大学教授之前已经广泛展开了，并且已

---

① Drake S. Sci. Am, 1973, May(228):85
② Galileo Galilei. Two New Sciences. MacMillan, 1914. 153

有人做过实验。问题在于，没有人敢于触犯亚里士多德的教义。因为亚里士多德的理论指的是落体的自然运动，即没有媒质作用的自由落体运动，这是一种理想情况，在没有真空泵的16世纪谁都没有可能真正做这类实验。但是到了16世纪，在文艺复兴的思潮影响下，不断出现对亚里士多德的运动理论的质疑。例如，

1544年，有一位历史学家记述了三个人曾对亚里士多德的落体思想表示怀疑。他们注意到亚里士多德的论断与实际经验不符。但书中没有描述具体的实验。

1576年，意大利帕都亚（Padua）有一位数学家叫莫勒第（G. Moletti），写了一本小册子叫《大炮术》，也是以当时惯用的对话方式进行论述的。其中有一段明确地提到落体运动，请读下面一段对话：

"王子：如果从塔顶我们放下两个球，一个是重20磅的铅球，另一个是重1磅的铅球，大球将比小球快20倍。

作者：我认为理由是充分的，如果有人问我，我一定同意这是一条原理。

王子：亲爱的先生，您错了。它们同时到达。我不是只做过一次试验，而是许多次。还有，和铅球体积大致相等的木球，从同一高度释放，也在同一时刻落到地面或土壤上。

作者：如果高贵的大人不告诉我您做过这样的试验，我还会不相信呢！那好，可是怎样拯救亚里士多德呢？

图 1-17　斯梯芬

王子：许多人都设法用不同的方法来拯救他，但实际上他没有得到拯救。老实告诉您，我也曾以为自己找到了一个办法来拯救，但再好好思考，又发现还是救不了他。"[1]

1586年，荷兰人斯梯芬（Simon Stevin，1548—1620）在他的一本关于力学的书中写道：

"反对亚里士多德的实验是这样的：让我们拿两只铅球，其中一只比另一只重十倍，把它们从30英尺的高度同时丢下来，落在一块木板或者什么可以发出清晰响声的东西上面，那么，我们会看出轻铅球并不需要比重铅球十倍的时间，而是同时落到地板上，因此它们发出的声音听上去就像一个声音一样。"[2]

请读者注意，这一记载比伽利略当比萨大学教授还早了三年。

1.4.3　伽利略有没有做过落体实验

关于伽利略的比萨斜塔实验，传说纷纭。有人说，他这个落体实验对亚里士多德的理论是致命一击，由此批驳了亚里士多德的落体速度与重量成正比的说法，得出落体加速度与其重量无关的科学结论；有人说，他用大小相同而重量不等的两个球，得到同时落地的

---

① Settle T B. Galileo and Early Experimentation. In：Aris R，et al.，ed. Springs of Scientific Creativity. Minnesota，1983. 10

② 梅森著. 自然科学史. 上海译文出版社，1980. 141

结果,甚至有人说他是第一个做落体实验的人。

然而,伽利略在《两门新科学》中,并没有提到他在比萨斜塔做过实验。有关这个实验的说法大概来自他晚年的学生维维安尼(Viviani,1622—1703)在《伽利略传》中的一段不准确的回忆。这篇传记是在伽利略死后十几年即 1657 年出版的。其中有这样一段记述:

"使所有哲学家极不愉快的是,通过实验和完善的表演与论证,亚里士多德的许多结论被他(指伽利略)证明是错的,这些结论在他之前都被看成是神圣不可冒犯的。其中有一条,就是材料相同,重量不同的物体在同样的媒质中下落,其速率并不像亚里士多德所说的那样,与其重量成正比,而是以相等的速率运动。伽利略在其他教授和全体学生面前从比萨斜塔之顶反复地做了实验来证明这一点。"[1]

这里要说明几点:

1. 维维安尼并没有亲眼看见伽利略做斜塔实验,因为伽利略死时(1642 年),他才 20 岁。他来到伽利略身边时(1639 年),伽利略已经双目失明,只能口授了。所以,维维安尼的记述可能不确实。

2. 伽利略如果真的做了斜塔实验,时间大概是在 1589—1592 年他在比萨大学任教之际,可是,有人找遍当年比萨大学的有关记录,均未发现载有此事。

3. 如果真有此事,也只能算是一个表演,不可能通过这个表演对两千年的传统学术进行判决。

那么,究竟伽利略有没有做过落体实验呢?经查考,在伽利略早年(1591 年)写的《论运动》(De Motu)的小册子中确实记载有这类实验。不过,直到伽利略去世二百年后,即 1842 年,才整理发表,维维安尼并不知道这个小册子。这个实验也不像维维安尼所说的,是要彻底批驳亚里士多德的落体理论,而是为了弥补亚里士多德理论的缺陷。伽利略在这本小册子里用阿基米德的浮力定律来说明在媒质中落体的运动。他写道:

"但是他(指亚里士多德)甚至犯了一个更大的错误,他假定物体的速率取决于越重的物体分开媒质的本领越大。因为,正如我们证明了的,运动物体的速率并不取决于这一点,而是取决于物体重量与媒质重量差值的大小。"[2]

伽利略当时显然仍然相信,同样大小的物体在空气中下落,较重的比较轻的快,因为他写道:

"……我们得到的普遍结论是:在物体材料不同的情况下,只要它们大小相同,则它们(自然下落)运动的速率之比,与它们的重量之比是相同的。"

他甚至还为实际观测所得结果与上述结论不符进行辩护,他写道:

"如果从塔上落下两个同体积的球,其中之一比另一个重一倍,我们会发现重的到达地面并不比轻的快一倍。其实,在运动开始时,轻物会走在重物的前面,在一段距离内要比重物快。"

这件事引起了现代科学史家的兴趣。究竟伽利略是否真的看到了轻物先于重物下

---

① Drake S. Galileo at work. University of Chicago,1978. 19

② Galileo Galilei. On Motion and on Mechanics. Univ. of Wisconsin,1960. 48

落？1983 年，塞特尔（T. B. Settle）和米克利希（R. Miklich）做了两球同时下落的实验，用高速摄影机拍摄，果然重现了伽利略观察到的现象，不过他们不是用机械释放两球，而是用两手分别握着两个球，并且必须手心向下，同时释放。实验判明，伽利略所得轻物走在重物前面的结论，是由于他握重球的手握得更紧，释放时略为缓慢所致。[①]

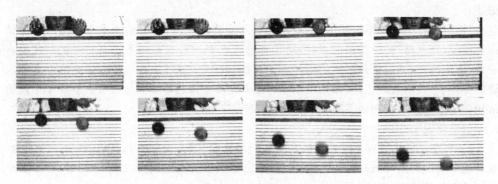

图 1-18   塞特尔和米克利希用高速摄影机拍摄的片断[②]

这件事说明了，伽利略的思想不是从天上掉下来的，他经历了曲折的摸索过程。开始，他甚至还是亚里士多德的维护者。搞清这位近代科学的创始人的思想发展过程当然是一件有重大意义的课题。科学史家们利用各种史料对此进行了研究。

1.4.4   伽利略的斜面实验

在伽利略的落体运动定律的形成过程中，斜面实验起过重要作用。他在《两门新科学》中对这个实验描述得十分具体，写道：

"取长约 12 库比（1 库比＝45.7 厘米）、宽约半库比，厚约三指的木板，在边缘上刻一条一指多宽的槽，槽非常平直，经过打磨，在直槽上贴羊皮纸，尽可能使之平滑，然后让一个非常圆的、硬的光滑黄铜球沿槽滚下，我们将木板的一头抬高一二库比，使之略呈倾斜，再让铜球滚下，用下述方法记录滚下所需时间。我们不止一次重复这一实验，使两次观测的时间相差不致超过脉搏的十分之一。在完成这一步骤并确证其可靠性之后，就让铜球滚下全程的 1/4，并测出下降时间，我们发现它刚好是滚下全程所需时间的一半。接着我们对其他距离进行实验，用滚下全程所用时间同滚下一半距离、三分之二距离、四分之三距离或任何部分距离所用时间进行比较。这样的实验重复了整整一百次，我们往往发现，经过的空间距离恒与所用时间的平方成正比例。这对于平面（也即铜球下滚的槽）的各种斜度都成立。我们也观测到，对于不同的斜度，下降的时间互相间的关系正如作者预计并证明过的比例一样。

---

① Settle T B. Galileo and Early Experimentation. In Aris R，et al，ed. Springs of Scientific Creativity. Minnesota，1983. 7

② 同上，p. 15

"为了测量时间,我们把一只盛水的大容器置于高处,在容器底部焊上一根口径很细的管子,用小杯子收集每次下降时由细管流出的水,不管是全程还是全程的一部分,都可收集到。然后用极精密的天平称水的重量;这些水重之差和比值就给出时间之差和比值。精确度如此之高,以至于重复许多遍,结果都没有明显的差别。"①

这个实验设计是安排得何等巧妙啊！许多年来,人们都确信伽利略就是按他所述的方案做的。在历史博物馆中甚至还陈列着据说是伽利略当年用过的斜槽和铜球。

但是,当人们重复伽利略上述实验时,却发现很难得到如此高的精确度。更不能使斜槽的倾斜度任意提高。有人证明,贴了羊皮纸的木槽,实验误差反而更大了。20世纪中叶,科学史专家库依雷(Koyré)提出一种见解,认为伽利略的斜面实验和他在书上描述的其他许多实验一样,都是虚构的,伽利略的运动定律源于逻辑推理和理想实验。这个意见对 19 世纪传统的看法无疑是一贴清醒剂。因为长期以来形成了一种认识,把实验的作用过于夸大了,好像什么基本定律,包括伽利略的运动定律都是从数据的积累中总结出来的。这种机械论的观点到了 20 世纪理所当然要受到怀疑论者批评。

然而,伽利略究竟有没有亲自做过斜面实验呢？他为什么会想到用斜面来代替落体？他是怎样做的斜面实验？这个实验在他的研究中起了什么作用？

伽利略没有对自己的工作作过更详细的阐述。但是,他留下了大量手稿和许多著作。人们把他的资料编成了 20 卷文集,这是研究伽利略的宝贵史料。

从 1591 年伽利略的那本没有及时发表的小册子《论运动》中可以看出,伽利略很早就对斜面感兴趣了。他在那里主要研究斜面上物体的平衡问题,但也提过下列问题:① 为什么物体在陡的平面上运动得更快? ②不同的斜面上,运动之比如何？ 为了使问题更明确,他画了一张图(如图 1-19)。他问道:为什么沿 AB 下落最快,沿 BD 快于 BE,而慢于 AB？沿 AB 比沿 BD 快多少？ 他的回答是:

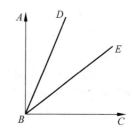

图 1-19 伽利略研究斜面用图

"同样的重量用斜面提升比垂直提升可以少用力,这要看垂直提升与倾斜提升的比例。因此,同一重物垂直下落比沿斜面下降具有更大的力,这要看斜面下降的长度与垂直下落的长度成什么样的比例。"②

既然力的大小与斜度成一定比例,落体运动的研究就可以用斜面来代替,按一定比例"冲淡"作用的力,"加长"运动的距离,这样可以比落体更有效地研究运动的规律。

人们从伽利略的手稿中找到了一些证据,证明他早年确曾做过斜面实验。其中有一页手稿画着一幅草图,两个小球正沿不同斜度的斜面向下运动,说明伽利略曾思考过斜面实验。另一页手稿(如图 1-20)上记录有如下数据③:

① Galileo Galilei. Two New Sciences. MacMillan,1914. 179~180
② Wisan W L. Arch. Hist. Exa. Sci. 1974(13):152
③ Drake S. Galileo at Work. University of Chicago,1978. 87

1	1	32
4	2	130⁻
9	3	298⁺
16	4	526⁺
25	5	824
36	6	1 192⁻
49	7	1 600
64	8	2 104

图 1-20　伽利略的数据手稿

第三列数字是伽利略根据测量数据计算所得。

经过查核，证明伽利略选取的长度单位是 punti，1 punti 大约等于 29/30 毫米，最大的距离为 2104 punti，相当于 2 米。进一步研究，发现要能在 2 米长的斜面内取得 8 个相继时间内物体（也许是铜球）通过的距离，角度必须限制在 1.5°至 2°之间。

从纸张的特点可以判定这页数据大约记于 1604 年。此时看来伽利略还没有确定时间平方关系，因为记录上的第一列数据 1,4,9,16,…,64 显然是后加上去的。第三列的数据有几个地方涂改，似乎是伽利略在实验之后对数据作了修正。这些判断有助于说明伽利略的时间平方关系并不是直接从实验得到，而是从别的渠道先有了设想，再用实验加以验证的。

伽利略在这个实验里测量时间的办法与《两门新科学》中他自己的描述不同，因为靠称量水重无法取相继的时间间隔。他可能是用乐器的节拍报时，因为他擅长琵琶。这个实验不需要知道时间的绝对值，根据节拍把小球挡住就可以了。

由此可见，伽利略肯定是做过斜面实验的，他的斜面实验可能运用了两种不同的方法，一种是改变距离，测量时间（如同书中所述）；另一种是改变时间，测量距离（如同手稿所示）。但要从实验数据的积累直接得到落体定律，显然是不可能的。

图 1-21　画家描绘伽利略正在演示斜面实验

1.4.5　伽利略推证落体定律

伽利略是怎样领悟到落体定律中的时间平方关系的呢？还要拉回到伽利略对亚里士多德运动理论的批判。

在《两门新科学》中，伽利略借他的化身萨尔维阿蒂的谈话，批驳物体下落速度与重量成正比的说法。

"萨：如果我们取两个自然速率不同的物体，把两者连在一起，快者将被慢者拖慢，慢者将被快者拖快。您同意我的看法吗？

辛：毫无疑问，您是对的。

萨：但是假如这是真的，并且假如大石头以 8 的速率运动，而小石头以 4 的速率运动，两块石头在一起时，系统将以小于 8 的速率运动，但是两块石头拴在一起变得比原先速率为 8 的石头更大，所以更重的物体反而比更轻的物体运动慢，这个效果与您的设想相反。"[①]

接着，伽利略又否定了亚里士多德把运动分成自然运动和强迫运动的分类方法，而是从运动的基本特征量：速度和加速度出发，把运动分成匀速运动和变速运动。

他选择了最简单的变速运动来表示落体运动，这就是匀加速运动。为什么作这样的选择呢？ 他解释说：

"在自然加速运动的研究中，自然界就像在所有各种不同的过程中一样亲手指引我们，按照她自己的习俗，运用最一般、最简单和最容易的手段……

"所以当我观察原先处于静止状态的一块石头从高处下落，并不断获得新的速率增量时，为什么我不应该相信这样的增加是以极其简单的对任何人都很明显的方式进行的呢？"[②]

这一信念促使伽利略按匀加速运动的规律来处理落体运动。

但是在定义匀加速运动时，他似乎走了一段弯路。起初，他也跟别人一样，假设下落过程中物体的速度与下落距离成正比，即 $v \propto s$。他又是通过理想实验作出了正确的判断。他假设物体在落下第一段距离后已得到某一速度，于是在落下的距离加倍时，速度也应加倍。果真如此的话，则物体通过两段距离所用的时间将和通过第一段距离所用时间一样。也就是说，通过第二段距离不必花时间，这显然是荒谬的。于是伽利略转而假设物体的速度与时间成正比，即 $v \propto t$。这样的假设是否正确，当然也要进行检验。

然而速度是难以直接测量的。于是伽利略借助于几何学的推导，得出 $s \propto t^2$ 的关系，这就是时间平方定律。对于不同的时间比 1∶2∶3∶4∶…，物体下落的距离比为 1∶4∶9∶16∶…。这些数字正是伽利略在那张实验记录上添加的第一列数字。从第一列数和第三列数的比例关系，伽利略证明沿斜面下降的物体正在作匀加速运动。

从以上论据当然还不足以判定伽利略发现落体定律的全过程，但是已经可以窥视到伽利略研究运动学的方法。他把实验和数学结合在一起，既注重逻辑推理，又依靠实验检验，这样就构成了一套完整的科学研究方法。如果表示成程序，伽利略的方法大致如下：

对现象的一般观察 → 提出假设 → 运用数学和逻辑进行推理 → 实验检验 → 形成理论

伽利略把实验与逻辑推理和谐地结合在一起，有力地推动了科学的发展，正如他在《两门新科学》第三天谈话结束时说的那样："我们可以说，大门已经向新方法打开，这种将

① Galileo Galilei. Two New Sciences. MacMillan，1914. 62
② Galileo Galilei. Two New Sciences. MacMillan，1914. 160

带来大量奇妙成果的新方法,在未来的年代里定会博得许多人的重视。"①

从伽利略研究运动学这一历史片断,我们可以得到什么启示呢?

首先,由于历史资料的深入发掘和研究,我们对近代科学的诞生有了进一步的认识。那种认为伽利略靠落体实验就奠定了运动学基础的说法显然过于简单,不符合历史的本来面目。怀疑论者猜测伽利略没有实际做过他所描述的实验,认为他靠的是推理思辨,这一说法又为新近发现的手稿所驳斥。看来,伽利略创立运动学理论的过程相当复杂,既有思辨,又有实验,他依靠的是思辨和实验的相互印证、相互补充。这种看法,丝毫无损于伽利略这位近代科学先驱的光辉形象,反而使他更能得到后人的理解,让后人认识到他作为古代自然哲学和近代科学之间的过渡人物,为创建近代科学走的是一条多么艰辛的道路。

其次,承认伽利略在研究运动学的过程中思辨(逻辑思维)起重要作用,并不否定实验在物理学发展中的地位。实验的设计和实现总有一定目的,离不开指导思想。从伽利略真正做过的落体实验和斜面实验可以证明这一点。那种鼓吹单纯依靠实验数据的积累就足以获得客观规律,从而奠定科学基础的说法是站不住脚的。强调这一点,并不会否定实验本身,只是否定 19 世纪盛行的机械论观点;也不会抹杀历史上著名实验的作用,而是要提倡对实验的历史作更透彻的研究,分析它们的动因、设计思想、历史背景、内容的复杂性和先驱们的探索精神,以及结论的得出和影响等各个方面,这样做肯定会对实验的意义获得更充分的认识。

1.5　万有引力定律的发现

1687 年,牛顿发表了《自然哲学之数学原理》(简称《原理》)。这部巨著总结了力学的研究成果,标志了经典力学体系初步建立。这是物理学史上第一次大综合,是天文学、数学和力学历史发展的产物,也是牛顿创造性研究的结晶。在这一节中我们主要想追溯牛顿作出人类史上如此丰功伟绩的渊源和他的创造过程。

1.5.1　苹果的故事

苹果落地的故事早已脍炙人口。根据牛顿的信件,可以证明在他年轻的时候(1665—1666 年)因瘟疫在乡下居住时,确曾研究过数学和天文学,并思考过引力问题。他写道:

"在 1665 年的开始,我发现计算逼近级数的方法,以及把任何幂次的二项式归结为这样一个级数的规则。同年 5 月间,我发现了计算切线的方法,……11 月间发现了微分计算法;第二年的 1 月发现了颜色的理论,5 月开始研究积分计算法。这一年里我还开始想到重力是伸向月球的轨道的,同时在发现了如何来估计一个在天球内运动着的天体对天体表面的压力以后,我还从开普勒关于行星的周期是和行星轨道的中心距离的 3/2 次方成正比的定律,推出了使行星保持在它们的轨道上的力必定要和它们与它们绕之而运行的中心之间的距离的平方成反比例。而后把使月球保持在它轨道上所需的力和地球表面上的重力作了比较,并发现它们近似相等。所有这些发现都是在 1665 年和 1666 年的鼠

---

①　Galileo Galilei. Two New Sciences. MacMillan,1914. 243

疫年代里作出来的。"[1]

这封信写于 1714 年,二百多年来,人们都是根据这封信以及其他一些文献资料来说明牛顿的创造经过的。这封信虽然没有提到苹果的故事,但是说明至少在《原理》发表 22年以前,牛顿就已经开始了引力问题的思考。

人们要问:既然在 1665—1666 年牛顿就已经推算出了引力的平方反比定律,为什么迟了二十多年才发表? 过去流传了种种解释。

有人说,牛顿当时推算的结果由于地球半径的数据不够准确,误差过大,出于谨慎等待了 20 年。

有人说,牛顿的推算只是证明了圆形轨道的运动,而行星的轨迹是椭圆,他当时无法计算,只有等到他本人发明了微积分之后,才能有效地解决这个问题。

也有人说,牛顿观察苹果落地的故事也许确有其事,因为牛顿晚年至少向四个人讲到这件事,而他当时也确在思考引力问题。他肯定想到要把重力延伸至月球。

还有人说,牛顿 1714 年的那封信有意歪曲历史,是故意编造的,同样,苹果落地的故事,也是出自牛顿本人和他的亲属的编造,他们大概是出自辩护优先权的需要。

图 1-22　牛顿

长期以来(牛顿的《原理》已经发表三百多年了),有关牛顿的著作甚少。牛顿的手稿一直被搁置一边,既未得到研究,也未公开发表,直到近几十年,对牛顿的研究才活跃起

图 1-23　牛顿的家乡

来,牛顿的书信和手稿陆续整理出版,研究牛顿的书刊不断问世,出现了好几位以研究牛顿闻名于世的科学史专家以及他们的学派。他们对过去的一些误传进行了考证,对《原理》一书的背景作了系统的研究,对牛顿的生平和创造经过进行了分析。现在我们可以更全面地、更正确地也更深刻地阐述牛顿的工作了,这里仅就牛顿发现万有引力定律的经过作些介绍,读者也许会发现,这一经过要比苹果落地的故事更富有戏剧性。

1.5.2　牛顿的早期研究

牛顿在大学学习期间,接触到亚里士多德的局部运动理论,后来,又读到伽利略和笛卡儿的著作,受他们的影响,开始了动力学的研究。开普勒和布里阿德(I. Bulliadus,1605—1694)的天文学工作启示了他对天文学的兴趣,使他产生了证明布里阿德的引力平

---

[1]　塞耶编.牛顿自然哲学著作选.上海人民出版社,1974

方反比关系的想法。布里阿德曾在1645年提出一个著名假设：从太阳发出的力，应与距太阳的距离的平方成反比例；而开普勒则猜想太阳与行星之间靠磁力作用。1664年上半年，牛顿摆脱了亚里士多德的影响，转而接受伽利略重视实验和数学的观念。笛卡儿关于寻求"自然的第一原因"的思想，也大大激励了牛顿。牛顿对惯性定律、碰撞规律和动量守恒，以及圆周运动的认识，就是直接从笛卡儿的著作中学习到的成果。

在牛顿的手稿中，令人特别感兴趣的是他在1665—1666年写在笔记本上未发表的论文。在这些手稿中，提到了几乎全部力学的基础概念和定律，对速度给出了定义，对力的概念作了明确地说明，实际上已形成了后来正式发表的理论框架。他还用独特的方式推导了离心力公式。

离心力公式是推导引力平方反比定律的必由之路。惠更斯（Christian Huygens, 1629—1695）到1673年才发表离心力公式。牛顿在1665年就得到了运用离心力公式才能得到的结果，肯定他走的是另一条道路。然而问题在于，他是怎样绕过离心力公式而推导出平方反比定律来的呢？

从牛顿未发表的手稿中可以追溯他推证的思路[①]。他在分析圆周运动时，考虑有一小球在空心的球面上运动，如图1-24所示。这个物体必受一指向中心 n 的力作用。他先考虑半个圆周，物体受力可以用一内接正方形的两条边来求，牛顿用下式表示：

$$\frac{顶角受力}{球运动的力} = \frac{ab}{bf}$$

推广一步，得

$$\frac{4\,顶角受力的总和}{球运动的力} = \frac{正方形边长的总和}{圆半径}$$

再推广到任意的规则多边形，得

$$\frac{所有顶角冲击的总和}{球运动的力} = \frac{边长的总和}{圆半径}$$

于是他写道："如果物体被无限多边的外接等边多边形的边（也即圆本身）反弹，所有反弹的力之比等于所有各边对半径之比。"

用现代述语就是：离（向）心力对时间的积分与动量之比等于 2π。结果是正确的，但是含意模糊。牛顿没有直接求得离心力，但却得到了运用离（向）心力所应得的结果。

接着，牛顿又通过圆周运动和单摆运动比较"离心力"和重力。

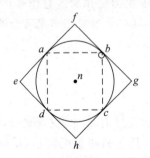

图1-24   牛顿分析圆周运动用图

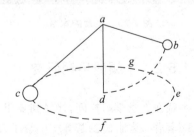

图1-25   牛顿比较圆周运动和单摆运动

①   Herivel J. Background to Newton's Principia. Oxford, 1965

他用图 1-25 表示圆周运动和单摆运动。c 沿圆周 $cgef$ 运动，b 沿摆长 $ab=ad$ 的圆弧摆动，d 为圆 $cgef$ 的中心，牛顿写出下列关系：

"$ad:dc=$重力：中心 d 施于 c 的力。"

在 1665 年另一份手稿上，牛顿写下了如下关系："一个物体在等于某一圆周运动的离心力作用下沿直线运动，该圆周半径为 R，则当圆周运动走过距离为 R 时，物体沿直线走过的距离为 $\frac{1}{2}R$。"[①]

这个关系正是离心力公式的特殊形式，请看：

只要假设已知离心加速度为 $a=\dfrac{v^2}{R}$，则沿直线走过的距离

$$\frac{1}{2}at^2=\frac{1}{2}\cdot\frac{v^2}{R}\left(\frac{R}{v}\right)^2=\frac{1}{2}R,\left(\text{其中圆周运动走过距离 }R\text{ 的时间应为 }t=\frac{R}{v}\right)$$

与牛顿给出的结果一致，不过当时牛顿并没有给出导致上述关系的证明。

在牛顿的手稿中，人们还发现了其他一些途径，绕过了力的分析，得到了圆周运动的离（向）心力规律。这证实牛顿在 1665 年和以后的几年里曾经以独特的方式推导离心力的关系，他的思路是根据笛卡儿的碰撞理论（见后）和伽利略的落体定律，得到的是物理意义含混不清的数学关系，可见，他当时没有明确圆周运动的力学特征，更没有认识到引力的普遍性。

1.5.3 牛顿再次研究天体问题

1679 年，这时牛顿已经将力学问题搁置了十几年，在这期间，他创立了微积分，这一数学工具使他有可能更深入地探讨力学问题。

这年年底，牛顿意外地收到了胡克的一封来信，询问地球表面上落体的路径，牛顿在回信中错误地把这个轨迹看成是终止于地心的螺旋线。经胡克指出，牛顿承认了错误。但在回答胡克第二封信时又出了错，他推证了一种轨道，是在重力等于常数的情况下作出

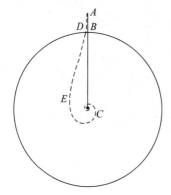

图 1-26　牛顿认为落体轨迹是
终止于地心的螺旋线

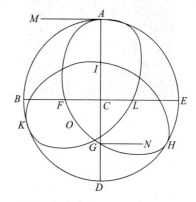

图 1-27　牛顿在重力是常数的情况下
推证出的落体轨迹

---

① Herivel J. Background to Newton's Principia. Oxford, 1965

的。胡克于是再次复信，指出错误，说他自己认为重力是按距离的平方成反比变化的。这些信成了后来胡克争辩发现权的依据。牛顿则认为自己早已从开普勒第三定律推出了平方反比关系，认为胡克在信中提出的见解缺乏坚实的基础，所以一直拒绝承认胡克的功绩。

其实，胡克的提示对牛顿是重要的，胡克第一个正确地论述了圆周运动，建立了完整的概念。他把圆周运动看成是不平衡状态，认为有某种力持续地作用于做圆周运动的物体，破坏它的直线运动，使之保持闭合路径。1679—1680年间的通信对牛顿有深刻教益，以后他就采用惠更斯的"向心力"概念，并在1680年证明椭圆轨道中的物体必受一指向焦点的力，这个力与距焦点的距离的平方成反比。这一工作后来成了《原理》一书的奠基石之一。

椭圆轨道的平方反比定律和万有引力定律还不是一回事。到这个时候，牛顿仍没有认识到万有引力。有一事例可资证明：1680年11月有一颗大彗星拂晓前出现在东方天空，朝太阳方向运动，直至消失；两个星期后，又有一颗大彗星在日落后出现在西方天空，远离太阳而去。英国皇家天文学家佛兰斯特（J. Flamsteed）坚持说，这两颗彗星其实是同一颗，在靠近太阳时方向改变了大约180°。不过他是用一种幻想式的物理学来处理这个问题，把太阳和彗星之间的作用看成是磁极之间的磁力，说先是太阳吸引彗星的一极，而后又排斥另一极。牛顿对那些彗星也观察得非常细致，亲自作了观测记录（如图1-29）。有趣的是，他竟主张这是两颗不同的彗星。于是在牛顿和佛兰斯特之间进行了多次通信，这些信件说明牛顿还没有树立万有引力的观念，因此没有把自己的理论应用到彗星上去。他那时也和其他物理学家一样，把平方反比定律看成是只有太阳系的行星才遵守，而彗星不是行星，也就不受这一定律的管辖。

图1-28 胡克

图1-29 牛顿亲自绘制的彗星观察记录

1.5.4 《原理》的三部曲

由于惠更斯在1673年提出了离心力公式，不止一个人先后从开普勒第三定律推出了平方反比定律，其中有哈雷（Edmond Halley）和雷恩（Christopher Wren）。在一次聚会中，哈雷、雷恩和胡克谈论到在平方反比的力场中物体的轨迹形状。当时胡克曾声称，可以用平方反比关系证明一切天体的运动规律，雷恩怀疑胡克的说法，提出如果有谁能在2个月内给出证明,他愿出 40 先令作为奖励。胡克坚持说他确能证明,只是不愿先公布,为的是想看看有谁能解决,到那时再与之较量。

于是哈雷就在 1684 年 8 月专程去剑桥访问了牛顿,向牛顿征询关于平方反比定律的轨迹问题,对此牛顿立刻回答说:轨迹应是椭圆。哈雷问他:您怎样知道的?牛顿答:我作过计算。哈雷希望看到计算内容,以便回应胡克。牛顿怕再像上次那样出错,就故意假装找不到。不过,他还是按哈雷的要求重新作了计算,并将证明寄给了哈雷。于是,哈雷不久就收到了牛顿的一篇 9 页长的论文。这篇论文没有题目,人们通常称之为《论运动》(De motu)。这就是《原理》一书的前身,也可以说是它的第一阶段。牛顿在这篇论文中讨论了在中心吸引力的作用下物体运动轨迹的理论,由此导出了开普勒的三个定律。这时他明确地叙述了向心力定律,证明了椭圆轨道运动的平方反比关系。但是还有两个关键问题没有解决,一个是对惯性定律的认识,牛顿在《论运动》一文中,仍然停留在固有力(inherent force)和强迫力(impressed force)这样两个基本概念上。物体内部的"固有力",使物体维持原来的运动状态,做匀速直线运动,而外加的强迫力则使物体改变运动状态。他甚至还用平行四边形法则把这两个力合成一个力,并认为整个动力学就建立在这两个力的相互作用上。这说明牛顿的理论中还包括有错误的概念。一个"力"以 mv 量度,一个力以 ma 量度,它们怎样能合成为一个力?这是与惯性定律背道而驰的。

第二个问题是吸引的本质,在《论运动》一文中,牛顿仍称吸引力为重力,没有认识到吸引力的普遍性,更找不到万有引力的名称。

然而牛顿并没有就此止步。在他交出《论运动》一文之际,更深入的思考使他着手写第二篇论文,这一篇比前一篇文章长 10 倍,由两部分组成,取名为《论物体的运动》(De motucorporum),他用了八九个月写成,并作为讲义交给剑桥大学图书馆,这是《原理》的第二阶段。牛顿在这篇论文中解决了惯性问题,他承认圆周运动是一匀加速运动,与匀加速直线运动是对应的;有了惯性定律,其他问题就迎刃而解。他用向心力概念代替惠更斯的离心力,用向心力的作用来解释运动物体偏离轨道的原因(如图 1-30)。另一个主要进展是对引力的认识。在《论物体的运动》中,他证明了均匀球体吸引球外每个物体,吸引力都与球的质量直接成正比,与从球心的距离的平方成反比,提出可以把均匀球

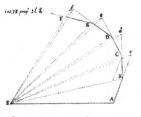

**图 1-30 牛顿用向心力解释运动物体
偏离轨道的原因**

体看成是质量集中在球心;吸引力是相互的;并且通过三体问题的运算(如图 1-31),证明开普勒定律的正确性。他把重力扩展到行星运动,进而推广到任意物体之间,从而明确了引力的普遍性。

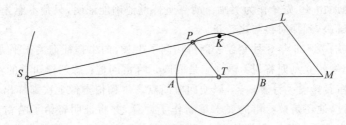

图 1-31   牛顿的三体问题用图

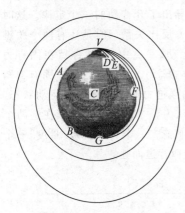

图 1-32   牛顿的抛体运动图

《论物体的运动》第二部分，后来以附录的形式收集在《原理》一书中，题名《论世界体系》，在里面突出地阐述了万有引力的思想，他用一张图（如图 1-32）说明了行星在向心力的作用下为什么保持轨道运行，并比较了抛体运动和星球运动，他写道：

"由于向心力，行星会保持于某一轨道。如果我们考虑抛体运动，这一点就很容易理解：一块石头投出，由于自身重量的压力，被迫离开直线路径，如果单有初始投掷，理应按直线运动，而这时却在空气中描出了曲线，最终落在地面；投掷的速度越大，它在落地前走得越远。于是我们可以假设当速度增到如此之大，在落地前描出一条 1, 2, 5, 10, 100, 1000 英里长的弧线，直到最后超出了地球的限度，进入空间永不触及地球。"[①]

这一思想在 1687 年出版的《原理》中提得更为明确。牛顿终于领悟了万有引力的真谛，把地面上的力学和天上的力学统一在一起，形成了以三大运动定律为基础的力学体系。

1.6   《自然哲学之数学原理》和牛顿的大综合

牛顿在《原理》中开宗明义，以"定义和注释"的形式提出了八个定义和四个注释。其中有：

"定义 1. 物质的量是物质的度量，可由其密度和体积共同求出。"牛顿明确地把质量与重量区分开来，认为质量是物体的固有属性，而重量则决定于在一定位置所受地球的引力。

"定义 2. 运动的量是运动的度量，可由速度和物质的量共同求出。"

"定义 3. vis insita 或物质固有的力。是一种起抵抗作用的力，它存在于每一物体当中，大小与该物体相当，并使之保持其现有的状态，或是静止，或是匀速直线运动。"牛顿所谓的"物质固有的力"，其实就是物体的惯性。

①   Newton I. Mathematical Principles of Natural Philosophy. University of California Press, 1946. 551

"定义 4. 外力是一种对物体的推动作用,使其改变静止的或匀速直线运动的状态。"

在"运动的基本定理或定律"中,牛顿以公理的形式提出运动三定律:

第一定律:"每个物体都保持其静止或匀速直线运动的状态,除非有外力作用于它迫使它改变那个状态。"

第二定律:"运动的变化正比于外力,变化的方向沿外力作用的直线方向。"

第三定律:"每一种作用都有一个相等的反作用,或者,两个物体间的相互作用总是相等的,而且指向相反。"[①]

值得指出的是,三个基本定律,除了第二定律外,都与现在的表述一样。对于第二定律,牛顿当时指出了力(F)的作用同动量(mv)的变化成正比。这是不完全的。直至 1750 年,欧拉(Leonhard Euler,1707—1783)才指出应该是动量的时间变化率与外力成正比,即

$$F \propto \frac{\mathrm{d}(mv)}{\mathrm{d}t}$$

《原理》第二部分的第一编讨论万有引力定律和有心运动问题,其中包括了有心力场的保守性、二体运动问题以及两个较小物体围绕一个很大的物体在共同平面上运动等问题。

第二编讨论了物体在有阻力的介质中的运动。

第三编的总题目是"论宇宙系统",讨论行星、卫星、彗星的运动,地面上的落体运动和抛射体运动,岁差以及潮汐现象等。

牛顿的《自然哲学的数学原理》是物理学发展史上一部光辉的经典著作,它以严谨的体系和丰富的内容完成了物理学发展史上的第一次大综合。

图 1-33 欧拉

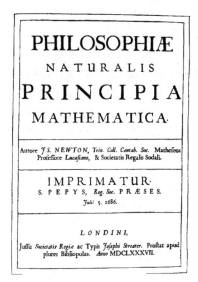

图 1-34 《自然哲学之数学原理》第一版扉页

1676 年,牛顿在一封给胡克的信中写道:"如果我看得更远,那是因为站在巨人的肩上。"人们通常认为他指的巨人是伽利略和开普勒(如图 1-35)。其实他完成的综合工作是基

① 伊萨克·牛顿著,王克迪译.自然哲学之数学原理.武汉出版社,1992.13~14

于从中世纪以来世世代代从事科学研究的前人的累累成果，我们可以用一个图（图1-36）来说明牛顿和前人的关系：

图 1-35　牛顿站在巨人的肩上[1]

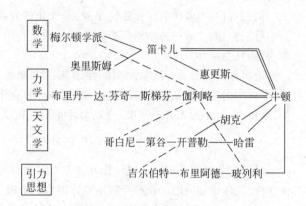

图 1-36　牛顿和前人的关系

牛顿善于继承前人的成果，这是和他的奋发好学、勤于思考分不开的。有人问牛顿是怎样发现万有引力定律的，他回答说："靠不停的思考（By thinking on it continually）。"[2]他思考时达到了废寝忘食的地步。据回忆，当年他住在剑桥大学三一学院大门口附近。在哈雷访问过他之后的数月里，他这个怪人引起很多人的惊异。例如：他想去大厅吃饭，却转错了弯，走到大街上，忘了为什么要出来，于是又返回居室；在大厅里蓬头散发，衣着不整，坐在那里走神，菜饭放在桌前，也不知道吃；学院同事往往在校园散步时看到沙砾地面上有奇怪图形，谁也不懂，绕道而行。牛顿在全身心地思考天体问题。

也许有人认为牛顿是幸运的，他所处的时代，"满地"都有珍宝可拾，到处都是未开发的处女地，和我们现在不一样。但是，我们要学的是他的精神，切不可以把他当圣人，以为他是单凭灵感和天才做出丰功伟绩来的。他追求真理的征途还未完结，也永远不会完结。请读他的遗言：

"我不知道世人对我是怎样看法，但是在我看来，我不过像一个在海滨玩耍的孩子，为时而发现一块比平常光滑的石子或美丽的贝壳而感到高兴；但那浩瀚的真理之海洋，却还在我的面前未曾发现呢？"[3]

1.7　碰撞的研究

碰撞现象是物体间相互作用最直接的一种形式，在力学体系的形成过程中，碰撞问题

---

① Cohen I B. The Birth of a New Physics. Anchor Books，1960

② Westfall R S. Newton's Development of the Principia. In：Aris R，et al，ed. Springs of Scientific Creativity. University of Minnesota Press，1983. 41

③ Westfall R S. Never at Rest. Cambridge，1980. 863

的研究是重要课题之一,它为力学的基本定律提供了有力的依据。

1.7.1 早期的研究

早在伽利略写作《两门新科学》的时候,他就打算用数学方法论述碰撞问题,并计划作为第 6 天对话收入该书中,后因赶不上出版时间就搁下了。不过这方面的手稿《碰撞的力》还是在 1718 年由后人整理发表。在这部手稿中,可以看到伽利略尝试找到碰撞的规律,但没有取得成功。例如,他描述过图 1-37 所示的实验。取一盛水的容器 I,底部开有带塞的小孔,下面挂着第二个容器 II,整个装置吊在平衡秤的一端,另一端是砝码。打开容器 I 的孔塞,水喷射进容器 II。于是,容器 I 损失了一部分压力,而容器 II 受到一冲击力。伽利略原来希望通过改变平衡砝码的数值来测量冲击力,以便跟重力比较,可是使他惊奇的是,秤并没有偏向一方。他当时无法作出恰当解释。看来,他的困难主要是因为没有摆脱重力,把问题搞得过于复杂了。

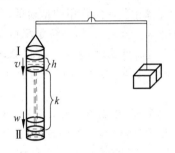

图 1-37 伽利略的碰撞实验

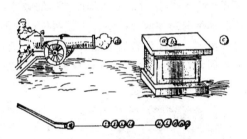

图 1-38 马尔西的碰撞示意图

另外有一位物理学家叫马尔西(Marcus Marci,1595—1667),布拉格大学校长,在 1639 年发表了他研究碰撞问题的一些成果。书名是《运动的比例》(De Proportione motu)。在书中有一幅很生动的插图,如图 1-38,一大理石球对心撞击一排大小相等的大理石球,运动传递给最后一球,中间一点不受影响。他的结论是:一个物体与另一大小相同处于静止状况的物体作弹性碰撞,就会失去自己的运动,而把速度等量地交给另一物体。不过他没有作出理论分析。

1.7.2 笛卡儿的碰撞理论

最早建立碰撞理论的是笛卡儿,他是一位著名的哲学家,也是一位数学家。他对物理学的研究虽不太多,但他从哲学上给物理学开辟道路,对当时和后来的物理学有过深远影响。笛卡儿主张整个世界是物质的,各种自然现象都可用力学通过数学演绎作出解释。

1644 年,笛卡儿在他的《哲学原理》一书中系统地发挥了这一思想,书中提出了运动量的定义:

图 1-39 笛卡儿

"当一部分物质以两倍于另一部分物质的速度运动,而另一部分物质却大于这一部分物质的两倍时,我们有理由认为这两部分的物质具有相等的运动量,并且认为每当一部分的运动减少时,另一部分的运动就会相应地增加。"[①]

显然,笛卡儿在这里肯定了运动量就是物质的量和速度的乘积,不过他那时还没有建立"质量"的概念,也就没法用数学写出动量的表达式。

在这本书中,笛卡儿还总结了七条碰撞规律,但是由于他不了解动量的矢量性,又没有具体分析弹性碰撞和非弹性碰撞的区别,七条规律中只有两条是正确的。

1.7.3   英国皇家学会的征文活动和惠更斯的碰撞理论

由于笛卡儿在当时享有盛名,因此,他对碰撞理论的模糊论点引起人们的关注。1668年英国的皇家学会决定发动科学界人士从实验和理论上搞清这个现象的规律,为此悬赏征文。有三人应征,他们系统地总结了各自独立进行的工作。最先提出论文的是瓦利斯(John Wallis),他讨论了非弹性物体的碰撞,并且认为碰撞中起决定作用的是动量,在碰撞前后动量的总和应保持不变。另两位讨论的是弹性碰撞,一位是雷恩,一位是惠更斯。雷恩提出弹性碰撞的特殊规律,即当两物体速度大小与质量成反比时,碰撞后各以原来的速度弹回,他还由此找出了求末速度的一般公式,不过雷恩只是从实验得到经验公式,没有进一步作理论证明。

图1-40   惠更斯

惠更斯是荷兰物理学家,在数学和天文学方面也有很高造诣,1629年生于海牙,1655年获法学博士,1656年发明摆钟,1663年成了英国皇家学会的第一位外国会员,后来还当了法国科学院院士,在国际上享有盛名。

惠更斯从1652年开始研究弹性物体之间的碰撞,1656年把自己的结果收集在论文《论碰撞作用下物体的运动》(De motu corporum expercussione)中。当时没有发表,直到1703年他去世后,才由别人整理发表。他的兴趣是由笛卡儿的著作引起的,但是他不完全同意笛卡儿的论点。1668年英国皇家学会的征文活动,又重新激起了他对碰撞问题的兴趣。他提出的论文虽然比瓦利斯和雷恩晚,但却是惟一给出了理论证明的。

他提出了三个假设:

第一个是惯性原理,"任何运动物体只要不遇障碍,将沿直线以同一速度运动下去。"

第二个假设是:"两个相同的物体作对心碰撞时,如碰前各自具有相等相反的速度,则将以同样的速度反向弹回。"

第三个假设肯定了运动相对性。"'物体的运动'和'速度的异同'这两个说法,只是相对于另一被看成是静止的物体而言。尽管所有物体都在共同的运动之中,当两物体碰撞

① Dugas R. A History of Mechanics. Routledge & Kegan Paul,1955. 161

时,这一共同运动就像不存在一样。"

由这三条假设,惠更斯推导出许多结论。

例如,他举了一个在船上进行碰撞实验的例子,他想象有一个人站在速度为 u 的船上,手中吊着两个球。两球分别以速度 v 从相反方向作对心碰撞。根据第三个假设,船上的人所看到的是两球分别以 v 反弹,但从岸上看来,却是更复杂的情况,两球以速度 $(v+u)$ 和 $(v-u)$ 相撞,又以 $(v-u)$ 和 $(v+u)$ 反弹。于是,惠更斯得出结论:两个相同的球以不同的速度作对心碰撞,彼此将会交换速度。

图 1-41　惠更斯论碰撞作用下物体的运动

惠更斯对质量还没有形成明确的概念(那是牛顿在《原理》中解决的问题),他采用"大的程度"来代表惯性的大小,实际上就是后来的"质量",它和速度的乘积就是动量。惠更斯证明笛卡儿所谓的总动量在碰撞过程中并不总是守恒,而是"大的程度"(即质量)与速度平方的乘积应保持守恒。这就为后来莱布尼茨的活力守恒奠定了基础。

1.7.4　碰撞的实验研究

1673 年,马略特(E. Mariotte)创立了一种用单摆进行碰撞实验的方法。他用线把两个物体吊在同一水平面下,把它们当作摆锤,摆锤在最低点的速度与摆的起点高度有关,可从单摆下落时走过的弧来量度,而摆锤能够升起的高度,则决定于在最低点碰撞后所获得的速度。这样,马略特就找到了一种巧妙的方法,可以测出碰撞前后的瞬时速度。

这个实验牛顿也做过,他还用了修正空气阻力影响的实验方法,在《原理》一书中作了详细说明,他写道:

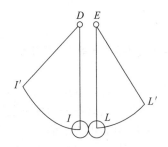

图 1-42　马略特用单摆做的碰撞实验

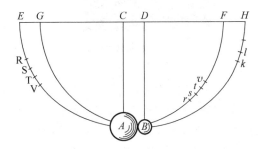

图 1-43　牛顿研究碰撞的实验示意图

"我尝试用这个方法进行实验,摆长取 10 英尺,物体有时相同,有时不同。令物体从很大的距离,例如 8,12 或 16 英尺处下荡,以相反的方向相遇,结果是双方在运动中产生同等的变化,即作用和反作用恒等,所差不超过 3 英寸。例如物体 A 以 9 份运动撞到静止的物体 B,损失掉 7 份,碰撞后以 2 份继续前进,则物体 B 将以 7 份运动反弹。如果两物体从反方向相撞，A 以 12 份运动，B 以 6 份运动，而如果 A 以 2 份后退，B 将以 8 份后退，双方各减 14 份……"[1]

牛顿从碰撞现象的研究，进一步提出了第三定律，他在同一书中写道：

"每一个作用总是有一个相等的反作用和它相对抗，或者说，两物体彼此之间的相互作用永远相等，并且各自指向其对方。"

1.8 牛顿以后力学的发展

1.8.1 "运动的量度"之争

牛顿关于"运动的量是运动的度量，可由速度和物质的量共同求出"的定义，在当时不是没有争议的。争论的起因在于"力"的概念一直含混不清。17—18 世纪，有关"运动的量度"问题，在笛卡儿学派和莱布尼茨学派之间发生了一场旷日持久的争论。

牛顿支持笛卡儿的观点，认为从运动量守恒的基本定律出发，应该把物体的质量和速度的乘积作为"力"或物体的"运动量"的量度。他通过运动第二定律揭示出在物体的相互作用中，正是动量这个物理量反映了运动的变化。

图 1-44 莱布尼茨

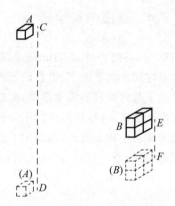

图 1-45 莱布尼茨的落体示意图

1686 年，德国数学家、物理学家和哲学家莱布尼茨（G. W. F. v. Leibniz，1646—1716）在《学术纪事》上发表论文，对笛卡儿学派发起挑战。他认为，使一英磅重的物体下落四英尺和使四英磅重的物体下落一英尺，这两种情况下所得的效果相同，因为它们引起的形变相同。但是这里，两种落体运动得到的动量 mv 却不相等，而是质量与速度平方的乘积 mv^2 相等。因此，应该用 mv^2 来量度运动量。

后来，科里奥利（G. G. Coriolis，1792—1843）提出以 $\frac{1}{2}mv^2$ 代替 mv^2，这就是现在的动能表示式。

---

① Newton I. Mathematical Principles of Natural Philosopgy. University of California Press，1946. 23

莱布尼茨在 1696 年指出，mv 是"死力"的量度，即相对静止的物体之间的力的量度；而 mv^2 则是"活力"的量度，宇宙中真正守恒的东西是"活力"的总和。

两派意见针锋相对。许多物理学家和哲学家参加了这场争论，这场争论持续了半个世纪之久。

1743 年，法国科学家达朗贝尔（J. R. d'Alembert，1717—1783）在他的《动力学论》的序言中，指出了两种量度都是有效的，但是用在不同的地方。他认为，当物体平衡时，"运动物体的力"用 mv 来量度；当物体受障碍而停止时，只能用物体克服障碍的能力来表示，这时就要用 mv^2 来量度。

达朗贝尔对这场争论所作的这个"最后的判决"，模糊地谈到了动量的变化和力的作用时间有关，活力的变化和力的作用距离有关，但是还没有完全澄清这一争论的混乱，恩格斯在 1880 年或 1881 年所写的《运动的量度——功》一文中，根据当时自然科学的最新成就，揭示了两种量度的本质区别。他指出，在不发生机械运动和其他形式的运动的转化的情况下，运动的传递和变化的情况可以用动量去量度；但当发生了机械运动和其他形式的运动的转化的情况下，则应以动能（或活力）去量度。他说："一句话，mv 是在机械运动中量度的机械运动；mv^2 是在机械运动转化为一定量的其他形式的运动的能力方面来量度的机械运动。"[1]

1738 年，D. 伯努利在他的《流体动力学》中引进"势函数"概念，并用之于理想流体运动，得到了所谓的伯努利方程。这实际上是运用在流体运动的机械能守恒原理。

图 1-46　达朗贝尔　　　　　图 1-47　D. 伯努利　　　　　图 1-48　J. 伯努利

1.8.2　从达朗贝尔原理到分析力学理论体系的建立

进入 18 世纪，以牛顿三定律为基础的力学体系继续发展，目的是要寻找一种比牛顿定律更广泛、更简便的普遍原理。这时相继出现了虚功原理、达朗贝尔原理、最小作用原理和哈密顿原理。能量和功函数被意义更普遍的拉格朗日函数和哈密顿函数取代，引入了广义坐标和代数方法，从而形成了分析力学。分析力学的基本理论体系表现为微分

---

[1]　恩格斯著，于光远译. 自然辩证法. 人民出版社，1984.184

形式和积分形式两种可以相互推证的等价形式。所谓微分形式，就是从虚速度原理和达朗贝尔原理得到拉格朗日的动力学普遍方程，进而推广为拉格朗日方程（自由参数的一般动力学方程）和正则方程。所谓积分形式，就是从最小作用原理发展到哈密顿原理。

虚速度原理是 1715 年由 J. 伯努利（Johann Bernoulli，1667—1748）提出的，他认为，如果物体所受诸力平衡，则各力与沿各力的方向上的虚速度之乘积的总和必等于零。

图 1-49　拉格朗日

拉格朗日在他的《分析力学》一书（1788 年）中，把虚速度原理看成是一个普遍原理，他写道："如果某一由任意多个物体或质点组成的系统，受到任意力的作用而处于平衡，并且给以任何小的位移，使各点分别进行一无穷小的距离，此即为其虚速度，则在我们把沿力的方向之距离称为正，反之为负时，各力分别乘以沿受力点力的方向所移动之距离的乘积之总和始终等于零。"[1]

在 1829 年科里奥利和彭塞勒（J. V. Poncelet）建立了"功"的概念之后，这一原理被称为"虚功原理"。

首先把积分学应用于运动物体力学的是欧拉（1736 年）。

1743 年达朗贝尔在《动力学论》一书中引进了"惯性力"的概念，提出受约束质点的动力学原理。他把牛顿第二定律表示的运动方程，看成是一个平衡力系，从而把动力学问题化为静力学问题进行处理。这就是"达朗贝尔原理"。

1788 年拉格朗日在《分析力学》一书中，把虚位移原理和达朗贝尔原理结合起来，把质点（质量为 m_i）所受外力 F_i、惯性力（$-m_i a_i$）和可能的位移 δs_i 列在一个普遍的质点动力学方程中，

$$\sum_{i=1}^{n}\left[F_i + (-m_i a_i)\right] \cdot \delta s_i = 0$$

这个方程概括了整个力学体系，并可由此推出力学的其他定理和方程。

接着，拉格朗日又引入了广义坐标 q_i 和广义速度 $\dot{q}_i$ 以及广义力 Q_i，把上述普遍方程变换成自由参数的普遍动力学方程：

$$\frac{\mathrm{d}}{\mathrm{d}t}\left[\frac{\partial L}{\partial \dot{q}_i}\right] - \frac{\partial L}{\partial q_i} = Q_i$$

其中 $L = T - V$，称为拉格朗日函数，表示整个力学体系的动能与势能之差。

1782 年拉普拉斯（M. de Laplace，1749—1827）证明引

图 1-50　拉普拉斯

① Magie W F. A Source Book in Physics. McGraw-Hill,1935. 61

力势函数 V 总是满足微分方程

$$\nabla^2 V = \frac{\partial^2 V}{\partial x^2} + \frac{\partial^2 V}{\partial y^2} + \frac{\partial^2 V}{\partial z^2} = 0$$

这就是普遍适用于势场的拉普拉斯方程。可以说,这一方程构成了分析力学微分形式的核心。

另一方面,1744 年,莫泊丢(P. L. M. Maupertuis,1698—1759)提出最小作用量原理,由此发展起来的变分原理,构成了分析力学的积分形式。

"最小观念"在近代物理学的发展中占有重要地位。最早的成功范例就是费马原理,是 1658 年费马(P. Fermat,1601—1665)提出的,他曾经指出,光线在媒质中循最短光程传播。牛顿第一运动定律实际上也隐讳地具有物体的匀速直线运动走的距离最短的含义。

1744 年,莫泊丢提出"最小作用原理",指出体系实际发生的运动,是使某一作用量取最小值的运动。

图 1-51 莫泊丢

图 1-52 费马

图 1-53 哈密顿

拉格朗日在 1755 年第一个称这种方法为"变分方法"。5 年后,他把这一原理推广到一切物体的运动,明确规定了"作用量"的定义,即:运动量的空间积分或动能的时间积分的二倍。

真正以积分形式处理分析力学的是哈密顿(William Rowand Hamilton,1805—1865)。他以公设的方式提出了所谓的哈密顿原理。1835 年他把作用量写成

$$\int_{t_0}^{t_1} L(q_1, \cdots, q_n; \dot{q}_1, \cdots, \dot{q}_n; t)\,dt$$

并且得出结论:受有理想约束的保守力学体系从时刻 t_0 的某一已知位形转移到时刻 t_1 的另一位形的一切可能的运动中,实际发生的运动使体系的拉格朗日函数在该时间区间上的定积分取极值。其数学表示式为:

$$\delta \int_{t_0}^{t_1} L\,dt = 0$$

也就是说,实际发生的运动使作用量 $\int_{t_0}^{t_1} L\,dt$ 的变分等于零。

哈密顿原理更深刻地揭示了客观事物之间的紧密联系,它把力学原理归结为更一般

的形式。

此外，哈密顿还提出了所谓的哈密顿函数

$$H = \sum_{i=1}^{n} p_i q_i - L(q, \dot{q})$$

和所谓的哈密顿正则方程

$$\frac{\partial H}{\partial q_i} = -\dot{p}_i, \frac{\partial H}{\partial p_i} = \dot{q}_i$$

其中 $H = T + V, i = 1, 2, \cdots, n$。

在量子力学还未建立之前，物理学家曾用分析力学研究微观现象的力学问题。量子力学建立以后，才在微观现象的研究领域中取代了分析力学。值得指出的是，分析力学对于量子力学的建立，特别是哈密顿函数和哈密顿正则方程对于薛定谔方程的建立，起到了重要的桥梁作用。

1.9　牛顿的绝对时空观和马赫的批判

牛顿在《自然哲学之数学原理》一开头，就以极其精练的语言提出一系列定义，为后面的运用奠定了逻辑基础，其中有："物质的量"、"运动的量"、"物质固有的力"（按：即惯性）、"外加的力"等等。接着，又以公理的形式提出了三大运动定律，即惯性定律、运动定律和作用反作用定律。正如前几节所述，牛顿这些概念和定律高度概括了前人的工作。

紧接着三个定律之后，牛顿提出了 6 个推论。推论 1 和推论 2 涉及力的合成和分解以及运动的叠加原理；推论 3 和推论 4，得出了动量守恒定律；推论 5 和推论 6，包括了伽利略相对性原理。这样，牛顿就把前人的各不相关的独立成果系统化，综合在一起，形成了有逻辑联系的整体。

在这个理论体系的框架中，有一些必不可少的基本要素。牛顿以注释的方式写在定义的后面，这就是他对空间、时间和运动的观点。

关于时间，他写道：

"绝对的、真正的和数学的时间自身在流逝着，而且由于其本性而在均匀地、与任何外界事物无关地流逝着，它又可名为'期间'；相对的、表观的和通常的时间，是期间的一种可感觉的、外部的或者是精确的，或者是变化着的量度，人们通常就用这种量度，如小时、日、月、年来代表真正的时间。"

关于空间，牛顿写道：

"绝对空间，就其本性而言，是与外界任何事物无关而永远是相同的和不动的。相对空间是绝对空间的某一可动部分或其量度，是通过它对其他物体的位置而为我们的感觉所指示出来的，并且通常是把它当作不动的空间的。"

关于运动，牛顿写道：

"绝对运动是一个物体从某一绝对的处所向另一绝对处所的移动。"

"真正的、绝对的静止，是指这一物体在不动的空间的同一个部分继续保持不动。"

这就是牛顿的绝对时空观。牛顿引入绝对时间和绝对空间的概念是完全必要的，由此可以提供一个标准来判断宇宙万物所处的状态究竟是处于静止、匀速运动还是加速运动；只有判定了万物的状态，才能使"力学有明确的意义"（爱因斯坦语）。

为了证明"绝对运动"的存在，牛顿举了水桶旋转的例子。他写道：

"如果用长绳吊一水桶，让它旋转至绳扭紧，然后将水注入，水与桶都暂处于静止之中。再以另一力突然使桶沿反方向旋转，当绳子完全放松时，桶的运动还会维持一段时间；水的表面起初是平的，和桶开始旋转时一样。但是后来，当桶逐渐把运动传递给水，使水也开始旋转。于是可以看到水渐渐地脱离其中心而沿桶壁上升形成凹状（我曾作过这一试验）。运动越快，水升得越高。直到最后，水与桶的转速一致，水面即呈相对静止。水的升高显示它脱离转轴的倾向，也显示了水的真正的、绝对的圆周运动。这个运动是可知的，并可从这一倾向测出，跟相对运动正好相反。在开始时，桶中水的相对运动最大，但并无离开转轴的倾向；水既不偏向边缘，也不升高，而是保持平面，所以它的圆周运动尚未真正开始。但是后来，相对运动减小时，水却趋于边缘，证明它有一种倾向要离开转轴。这一倾向表明水的真正的圆周运动在不断增大，直到它达到最大值，这时水就在桶中作相对静止。所以，这一倾向并不依赖于水相对于周围物体的任何移动，这类移动也无法定义真正的圆周运动。"①

这就是著名的"水桶实验"。牛顿用这个例子雄辩地论证了"绝对运动"概念的合理性。

但是，绝对时间和绝对空间毕竟是人为的假设，经不起实践的检验和严密的审查。二百多年来，引起过不少人的怀疑和争议。到了 19 世纪末，奥地利物理学家马赫（Ernst Mach，1838—1916）在他的《力学史评》中深刻地分析了牛顿力学的基本概念以及由其反映的机械自然观，作出了尖锐的批判。例如：马赫不同意把惯性看成是物体固有的性质，认为在一个孤立的空间里谈论物体的惯性是毫无意义的，提出惯性来源于宇宙间物质的相互作用。他针对牛顿的绝对时间和绝对空间，驳斥道：

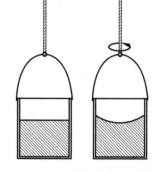

图 1-54　牛顿的水桶实验示意图

"我们不应该忘记，世界上的一切事物都是互相联系、互相依赖的，我们本身和我们所有的思想也是自然界的一部分。""绝对时间是一种无用的形而上学概念"，"它既无实践价值，也无科学价值，没有一个人能提出证据说明他知晓有关绝对时间的任何东西。"②

马赫还指出，绝对运动的概念也是站不住脚的。他写道：

"牛顿旋转水桶的实验只是告诉我们，水对桶壁的相对转动并不引起显著的离心力，而这离心力是由水对地球的质量和其他天体的相对转动所产生的。如果桶壁愈来愈厚，愈来愈重，最后达到好几海里厚时，那时就没有人能说这实验会得出什么样的结果。"③

———————————

①　以上均引自：Newton I. Mathematical Principles of Natural Philosophy. University of California Press，1946. 10～13

②　Mach E. The Science of Mechanics. Open Court，1919. 223～224

③　同上，p. 232

图 1-55　马赫

马赫问道:"能把水桶固定,让众恒星旋转,再来证明离心力的不存在吗?"

"这样的实验是不可能的,这种想法也是没有意义的,因为这两种情况从直觉看来是不可区别的。所以我认为这两种情况实属一种,而牛顿的区分是荒谬的。"①

马赫的精辟论述批驳了流行二三百年的机械自然观,揭示了牛顿力学的局限性,在当时的科学界和思想界中产生了很大震动。爱因斯坦高度评价马赫的批判精神,把他称为"相对论的先驱。"在悼念马赫的文章中,爱因斯坦写道:

"是恩斯特·马赫,在他的《力学史评》中冲击了这种教条式的信念,当我是一名学生的时候,这本书正是在这方面给了我深刻的影响。"②

---

① Mach E. The Science of Mechanics. Open Court,1919. p.543
② 许良英等编译. 爱因斯坦文集,第一卷. 商务印书馆,1977.9

第 2 章

热学的发展

2.1 历史概述

热学发展史实际上就是热力学和统计物理学的发展史,可以划分为四个时期。

第一个时期,也就是热学的早期史,开始于 17 世纪末直到 19 世纪中叶,这个时期积累了大量的实验和观察事实。关于热的本性展开了研究和争论,为热力学理论的建立做了准备,在 19 世纪前半叶出现的热机理论和热功相当原理已经包含了热力学的基本思想。

第二时期从 19 世纪中叶到 19 世纪 70 年代末。这个时期发展了唯象热力学和气体动理论。这些理论的诞生直接与热功相当原理有关。热功相当原理奠定了热力学第一定律的基础。它和卡诺理论结合,导致了热力学第二定律的形成。热功相当原理跟微粒说(唯动说)结合则导致了气体动理论的建立。而在这段时期内唯象热力学和气体动理论的发展还是彼此隔绝的。

第三时期内唯象热力学的概念和气体动理论的概念结合的结果,最终导致了统计热力学的产生。它开始于 19 世纪 70 年代末玻尔兹曼(L. Boltzmann,1844—1906)的经典工作,止于 20 世纪初。这时出现了吉布斯(J. W. Gibbs,1839—1903)在统计力学方面的基础工作。

从 20 世纪 30 年代起,热力学和统计物理学进入了第四个时期,这个时期出现的量子统计物理学和非平衡态理论,是现代理论物理学的重要分支。

2.2 热现象的早期研究

热学这门科学起源于人类对冷热现象的探索。从遥远的古代开始,人类就跟火打交道,学会利用火改造自然,为自己服务,从而获得了一种征服自然的有力武器。通过观察和实践，人们积累了大量有关烧、烤、物体受热以及由此引起物性变化的知识，其中包括：热胀冷缩、蒸发凝结、冶炼烧焙等现象和运用这些现象的经验。大约到17、18世纪，测温学有了发展，进而产生了量热学，人们做了许多定量实验，热学才发展成为精确的科学。但是由于热学现象比较复杂，热学概念比较抽象，易于混淆，因此热学的发展远比力学晚。

2.2.1　温度计的发明和改进

冷热的观念从古就已有之，早在我国战国时期，我们的先人就已经根据水的结冰来推知气温下降的程度。汉代初年有一种"冰温度计"，按文献记载，"睹瓶中之冰而知天下之寒暑"，意思是说，观察瓶里冰的融化或增厚，就可知气温的变化。

古人也知道利用光的颜色判断温度的高低，"炉火纯青"就是形容炉温达到最高点时火焰从红色转成青色的意思。

最早有意识地依靠热胀冷缩来显示温度高低的是16世纪的几位科学家，其中有著名物理学家伽利略。伽利略发明温度计，时间大约是1593年。据他的学生描述，有一天，伽利略取一个鸡蛋大小的玻璃泡，玻璃泡接到像麦秸一般粗的玻璃管（图2-1），管长约半米。用手掌将玻璃泡握住，使之受热，然后倒转插入水中，等玻璃泡冷却后，水升高约二三十厘米。伽利略用水柱的高度表示冷热程度，测量了不同地点、不同时候、不同季节的相对温度。

伽利略曾经学过医学，显然他是想利用这个温度计来测量人的体温。但他的温度计有一个重大缺点，就是大气压会对水柱高度产生影响，而且温度计插在水盆里用起来很不方便。

法国化学家雷伊(J. Rey)将伽利略的温度计做了一点改进，他把玻璃泡调头放在下方，从上面灌进一定量的水，于是温度计可以携带了。但水会蒸发，温度仍然不很可靠。不久，在意大利出现了把酒精或水银密封在玻璃泡中做成的温度计。为了表示温度的高低，在玻璃管上标有刻度，管子太长，就做成螺旋状。图2-2是当时发明的一种弯管温度计。可惜，刻度没有统一标准，不适于推广使用。

图 2-1　伽利略最早的温度计

图 2-2　弯管温度计

通过实践,科学家们逐渐认识到,为了有效地测量温度,必需选取某些温度作为标准点。惠更斯推荐水的冰点和沸点作为标准,玻意耳(R. Boyle,1627—1691)认为冰点会随纬度改变,建议用大茴香油的凝固点作为标准。牛顿则选用融雪温度和人体温度作为温标,并将这中间分成十二等份。1703 年,丹麦学者罗默(Ole Römer)则选用冰、水和食盐的混合温度作为零点,因为这是当年所能达到的最低温度。

德国人华伦海特(G. D. Fahrenheit)从罗默的工作得到启发,也研究了温度标准。1714 年,他用水银代替酒精作为测温物质,于是就有可能利用水的沸点。他做了许多实验研究水的沸腾,认识到水的沸点在大气压一定的条件下是固定的,不同的大气压下,沸点会有所改变。他把结冰的盐水混合物的温度定为 0°,以健康人的体温为 96°,中间的 32°正好是冰点,后来又确定水的沸点为 212°,这就叫华氏温标,以℉表示。

华伦海特的工作推动了精确温度计的发展,在欧洲大陆,他的温度计使用很普遍。

瑞典天文学家摄尔修斯(A. Celsius)1742 年创制的温度计是在水的冰点和沸点间分 100 等份。不过,他为了避免冰点以下出现负温度,定冰点为 100°,沸点为 0°,和现行的摄氏温标(以℃表示)正好相反。我们现在的摄氏温标是 1743 年法国人克利斯廷(Christin)首先采用的。从伽利略到摄尔修斯,大约经过了 180 年,在这些漫长的岁月里,温度计几经沧桑,逐渐完善。有了温度计,没有温度标准和分度规则也是不行的;而温度标准则有待于物态变化的研究。所以,温度计的发展历经这么长的时间。而一旦建立了完善的测温术,热学的实验研究也就蓬勃地展开了。

2.2.2 蒸汽机的发明和应用

蒸汽机的历史可以追溯到古希腊时代。公元 50 年,希罗(Heron)发明过一种演示用的蒸汽轮球,如图 2-3。当加热后蒸汽从喷嘴喷出时,轮球就会沿相反方向旋转。可是当时这一创造成果并没有得到实际应用,发明者自己也没有这种打算。一千多年过去了,当工矿业有了发展,才有人企图制造从矿井里排水的蒸汽泵。1630 年就有人曾因发明以蒸汽为动力的提水机械而获专利,不过所有活动都只限于设计或试制,没有实用价值。德国的巴本(D. Papin),英国的萨弗里(T. Savery)和纽可门(T. Newcomen)可以说实际上是蒸汽机的发明者。

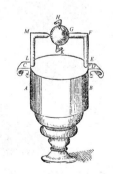

图 2-3 希罗的蒸汽轮球

萨弗里是英国工程师,他在 1689—1712 年间,先后创制了几种蒸汽机。其中有一种直接用于提水的机器,如图 2-4。工作原理是:蒸汽从锅炉通过打开的阀门进入汽包,再把水从那里通过活动阀(这时另一活动阀关闭)压到储水池,当汽包中的水所剩无几时,关上阀门,从水箱向汽包放水冷却,于是汽包内形成负压。在大气压的作用下,水从吸筒进入汽包。如此周而复始,达到连续抽水的目的。这种蒸汽机提水的高度据说只有 7 米,每小时可提水十几吨。但它需有人每隔十几秒关一次阀门。

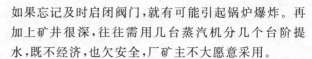

如果忘记及时启闭阀门，就有可能引起锅炉爆炸。再加上矿井很深，往往需用几台蒸汽机分几个台阶提水，既不经济，也欠安全，厂矿主不大愿意采用。

纽可门的蒸汽机是进一步改进的产物。纽可门是一位铁匠。他在活塞（图2-5）上加了一庞大的摇臂，摇臂的一侧挂有平衡重物，重物下面连着抽水唧筒杆。重物由于自身重量下降时，拉活塞升起，蒸汽从锅炉经过打开了的阀门进入汽包，这时通向汽包的水门打开，冷水从水箱进入汽包，使蒸汽冷凝，汽包内形成负压。在大气压的作用下，活塞向下移动，将抽水唧筒杆提起。

纽可门蒸汽机的优点是把动力部分的抽水唧筒分开，气压较低，比较安全。后来又有人用飞轮把阀门启闭的工序自动化，于是就有不少矿山乐于采用。

然而，纽可门蒸汽机的效率非常之低，直到1769年瓦特（James Watt，1736—1819）作出进一步改进（图2-6），蒸汽机才得到广泛应用。

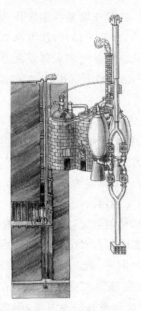

图 2-4　萨弗里的蒸汽机

图 2-5　纽可门的蒸汽机

图 2-6　瓦特改进的蒸汽机

瓦特是苏格兰发明家，1736年1月19日生于格林诺克的工人家庭里，由于家庭影响，从小就熟悉机械制造的基本知识，18岁到伦敦一家钟表店当学徒工，学会了使用工具和制造器械的手艺。他利用业余时间刻苦学习，努力实践，掌握了制造罗盘、象限仪、经纬仪等复杂仪器的技术。后来瓦特进到格拉斯哥大学，负责教学仪器的修理，在修理工作中进一步熟悉了这种蒸汽机的结构，搞清了它的原理，并找到了效率低的原因。原来，纽可门蒸汽机的汽缸每次推动活塞后都要喷进冷水，使蒸汽凝结，所以汽缸要反复加热，白白消耗掉许多热能。1769年瓦特发明冷凝器，解决了制造精密汽缸和活塞的工艺，创造了单动作蒸汽机。经过不断试验,他又发明了双动作蒸汽机,从汽缸两边推动活塞动作。他利用曲柄机构,使往复的直线运动转变为旋转运动。他还设计了离心式节速器控制蒸汽机的转速。经过他一系列革新,蒸汽机逐步完善,效率也大有提高。工业界广泛采用蒸汽机,促进了产业革命的到来。

2.2.3 热质说的兴起

在18世纪中叶之前,人们往往把热和温度混为一谈,两个概念混淆在一起。当时人们常说:"某某物体损失了多少度热",其实这里热指的是温度。著名化学家布尔哈夫(Herman Boerhaave,1668—1738)也没有分清这两个概念,1724年他写道:"相同体积的不同物体应含相同的热量,因为不管温度计插在哪里,都指示同样的热度。"显然,他在温度和热量间没有找到正确的关系,他还没有热容量的概念。

不过,布尔哈夫对热学还是有贡献的,他根据物体混合时热量交换的现象,首先提出了热量守恒的思想。他写道:"物体在混合时,热不能创造,也不能消灭。"

例如,将40℃的水和同体积的80℃的水相混合,混合后的水温应为60℃。实验证明,情况正是这样。但是如果将40℃的水和同体积的80℃的酒精相混合,就不是60℃,而是低于60℃。布尔哈夫没有办法解释这一事实。

1740年左右,俄国学者里赫曼(Г. В. Рихман,1711—1753)用"混合法"研究热的传递。他根据经验建立了如下关系:

$$混合后的"热"(即温度) = \frac{am + bn + \cdots}{a + b + \cdots}$$

其中$m, n\cdots$是质量为$a, b\cdots$的物体的热(温度)。显然他还没有建立比热的概念,但上面的公式精确地表示了热量守恒的规律。

热量守恒定律是量热学中最核心的内容,英国化学家布莱克(J. Black,1728—1799)在这个定律的发现和运用上发挥了特殊的作用。

布莱克研究了不同温度的水和水银混合后的温度,认识到混合后的温度既不与这两种物质的体积成正比,也不与重量成正比,"以等量的热质加热水银比加热等量的水更有效,要使等量(指重量)的水银增加同样的'热度'(指温度),更少的热质即已足够……可见,水银比水对热质具有更小的容量。"

就这样,布莱克发现了热容量。后来,他的学生罗巴松在1803年将他的概念加以发展,提出不同物质具有不同比热。

图 2-7 布莱克

潜热也是布莱克发现的。他受到两个实验的启示。

一个是卡伦(W. Cullen,1710—1790)的乙醚实验。乙醚的挥发性很强,蒸发时会出现骤冷现象。布莱克想,这显然是乙醚蒸气带走了大量"热质",来不及补充的缘故。

另一个实验是华伦海特观察到的。他描述过这样一个现象,一盆水如果不受任何摇晃,保持绝对静止,往往可以冷却到冰点以下而不致凝固。布莱克正确地解释:这是由于静水中热量散失缓慢造成的。

布莱克自己做了这样的实验,他把 0℃的冰块和相等重量的 80℃的水相混合,结果发现,平均水温不是 40℃,而是维持于 0℃,冰的温度毫无变化,只是全部化成了水,可见,冰在融化时吸收了大量的热。

布莱克由此判断:物态转变的过程,不论是固化还是液化,都会同时伴有"热质"的转移。

这种转移用温度计是观察不出来的,所以,布莱克称之为"潜热"。

布莱克之所以能对众多的热学现象作出正确的说明,一方面是由于他做了大量的热学实验,深入地研究了其中的规律性;另一方面是他通过认真的分析,区分出热量和温度是两个不同的概念。

但是由于时代的局限性,他的工作也促使另一个错误概念得到巩固,这就是所谓的热质。他陷入了热质说的泥坑。热质说的大意是:热是一种特殊的物质,这种物质(热质)在自然界中普遍存在,总量守恒,既看不见,也摸不着,没有固定的形状,总是伴随着各种物体。物体温度升高,所含热质增多;物体温度降低,热质就转移到别的物体。热质说能解释许多热学现象,特别是混合量热实验。因为"热量守恒"很容易使人联想到"物质守恒",所以布莱克的工作加强了热质的地位。到了 18 世纪末,热质说竟成了热学的统治学说,大多数科学家都相信热质说。

热质说对热的本质作出了错误的解释,但是以布莱克为代表的科学家仍然对热学的发展做出了重要贡献。18 世纪末著名化学家拉瓦锡(A. Lavoisier,1743—1794)继续从事量热学研究,他和法国物理学家拉普拉斯合作,做了许多热学实验,他们发明了精确测量热量的冰卡计。

冰卡计的原理很简单,但结果甚为精确,装置如图 2-9 所示。器壁有三层,物质 B 放在内腔 A 室,它的温度比较高,使 C 室的冰逐渐融化成水,水经活栓 T 流到量杯。外层 D 也充满冰,起着维持在冰点的作用。由 D 流出的水排到另一容器,不必计量。称出量杯中的水重,即可求出 C 室冰所吸收的热量。这个装置设计得十分巧妙,可以用来测量各种物质的比热,包括固体、液体和气体,它的妙处就在于,除了水流经活栓和在冰上残留的水粒造成误差以外,避免了各种外界干扰的影响。

图 2-8　拉瓦锡夫妇合作做实验　图 2-9　拉瓦锡和拉普拉斯的冰卡计　图 2-10　冰卡计实物照片

2.2.4 传热学的成就

以热质说作为主导思想的热学分支,除了量热学之外,还有研究传热现象的传热学。传热学从18世纪初就建立了定量的规律,这就是牛顿在1701年发表的冷却定律:热的损失率正比于温度差。用数学式可表述为

$$\frac{dQ}{dt} = -\lambda(T - T_0)$$

式中 dQ 表示物体单位表面上在时间 dt 内所损失的热量,T 为物体的温度,T_0 为周围介质的温度,λ 为一系数。杜隆(P. L. Dulong,1785—1838)和珀替(A. Petit,1791—1820)在1819年发表论文指出,牛顿的冷却定律只在温度差较小时才适用。

兰伯(J. H. Lambert,1728—1777)也是研究热传导的先驱者,他曾经做过许多热传导实验,这在他死后的1779年出版的一本书《测高温学》中有记载,其中包括热沿杆的传播。他讨论了稳定状态下杆的温度分布,他还指出热射线与光线类似,是沿直线传播的,其强度与距离的平方成反比。

1804年,毕奥(J. B. Biot,1774—1862)根据热量守恒的思想建立了初步的热传导理论,接着傅里叶(Joseph Fourier,1768—1830)在1807年向巴黎科学院呈交了一篇关于热传导的论文。由于拉格朗日等人认为推理缺乏严密性,论文没有通过。1811年,傅里叶呈交了修改过的论文,但仍未能在法国科学院的《报告》中发表。傅里叶继续对这一课题进行研究,终于在1822年写成《热的分析理论》一书,这本书总结了他在这一领域内多年研究的成果。

在吸收或者释放热的物体内部,温度分布一般是不均匀的,在任何点上都随时间而变化,所以温度 T 是空间 (x, y, z) 和时间 t 的函数。傅里叶证明 T 必须满足偏微分方程

$$\frac{\partial^2 T}{\partial x^2} + \frac{\partial^2 T}{\partial y^2} + \frac{\partial^2 T}{\partial z^2} = K^2 \frac{\partial T}{\partial t}$$

这就是三维空间的热传导方程。其中 K^2 是一个依赖于物体质料的常数。傅里叶根据这一方程解决了在稳定状态下杆、球、环和立方体的温度分布问题。

傅里叶还研究了物体内部的热传导问题,总结出热传导公式

$$\frac{dQ}{dt} = KS \frac{dT}{dx}$$

图 2-11 傅里叶

式中 K 是依赖于导热物质性质的导热系数,dQ/dt 为通过厚为 dx 层的物体,每单位时间传导的热流量,它正比于层界面上的温度梯度 dT/dx 和层的面积 S。

傅里叶的成果得到了泊松(Simeon D. Poisson,1781—1840)的肯定。泊松也是热学理论的先驱者,从1815年起致力于热传导问题,后来发表在他的《热的数学理论》(1835年)一书中。

2.3　热力学第一定律的建立

2.3.1　认识热的本质

热与分子运动联系紧密。我们现在知道,热其实就是大量分子无规则运动的结果。但是在历史上,对于热的本质却有两种对立的观点,一种是把热看成某种特殊物质(热质),叫热质说;另一种是把热看成物体内部分子的运动,叫运动说,后来逐步形成为分子动理论。两种观点进行过长期的争论。为了鉴别这两种观点孰是孰非,人们开展了大量实验研究和理论思考。可以说,热学早期发展史的一条主线就是如何科学地认识热的本质。在18世纪末到19世纪中叶,科学家从三个方面对热质说作出了明确的否决,热学才逐渐形成严密的理论体系。在这个体系中,占有特殊地位的就是大家所熟知的能量转化与守恒定律,这个定律在热学中也叫热力学第一定律。

18世纪,热质说之所以兴盛是因为它能成功地解释量热学实验,而分子动理论却只能定性地说明少数热学现象,当时大多数物理学家都相信热质说。然而热质说毕竟似是而非,人们只要联系到更多的现象,认真地加以思考,就会看出其中的漏洞,甚至可以发现这是一个十分荒唐的理论。

首先,关于热质是否具有重量的问题,引起了人们的怀疑。

图2-12　伦福德

伦福德伯爵(Count Rumford,原名本杰明·汤普森,Benjamin Thompson,1753—1814)对热的本质作过周密的考查。他为了驳斥热质说,在1799年公布了他做过的一个实验,这个实验的目的是测量"热质的重量",看看一定重量的物质在温度变化前后重量有何变化。他用三个完全一样的瓶子分别装有等量的水、酒精和水银,放在一间恒温(16℃)的大房间内,搁置24小时后,用当时欧洲最精密的天平(灵敏度达百万分之一)来称重量。为了保证三个瓶子重量严格相等,他在较轻的瓶颈上挂一小段极细的银丝。然后将三个瓶子都移到0℃的房子里,保持完全静止不受扰动,48小时后再称其重量,结果是重量丝毫也没有变化,这时水已结成了冰。再将瓶子移回温室,即使冰又化成了水,重量仍无变化。伦福德宣称,他证明了热对物体的重量没有任何影响。

当然,伦福德仅仅靠热与重量无关的实验还不足以否定热质的存在,因为热质说者还可以假设热质不具重量就可以解释这个事实。伦福德接着又叙述了一个实验,无可辩驳地证明热质说的荒谬。

1797年,伦福德在德国一家兵工厂监制大炮镗孔,他注意到铜炮被钻削时会产生大量的热,切下的铜屑更热,用水冷却,竟可使水立即沸腾。

这个现象其实不稀罕,摩擦生热自古尽人皆知。热质说者对这个现象也作了自圆其说的解释,说是因为物体在摩擦时,热质被拉曳,金属屑在从金属块中切削下来时带去了大量热质,因此显得特别热。伦福德爱好思索、喜欢钻研,他从年轻时代起就对热学中的疑难问题十分关心。他亲自做过许多热学实验,早就对热质这一套说法产生了怀疑,为了要从根本上作出判决,他就作了如下几个实验。

伦福德先比较金属屑和金属片的比热,从量热实验判定:它们的比热是一样的,于是就驳斥了热质说的金属屑比热大的论点。

接着,伦福德做了一个专门设计的大炮钻孔实验,如图 2-13。他取一只重约 113 磅(约 51 公斤)的圆筒铸件,放在钻孔机上,故意拿已经磨钝了的钻头钻孔,经过 30 分钟,铸件温度从 16℃升到 55℃。他在炮孔里共收集到切削下来的金属屑约 54 克,只占圆筒的 1/944。

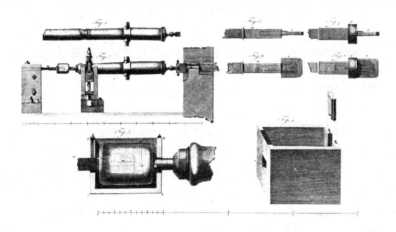

图 2-13　伦福德的大炮钻孔实验装置

伦福德问道:难道炮筒升温 39℃所需的热质是金属屑提供的吗?如果是这样,那么金属屑要降温 3.7 万度才能达到上述情况。

伦福德又做了一个水箱实验。他把圆筒放在一只水箱中,水重 18.77 磅(即 8.5 公斤),让马带动钝钻头在圆筒中旋转,经过 2 个半小时竟使水沸腾了。周围的观众人人都惊讶起来。这么多的水不用火烧,居然能沸腾,真是个奇迹。伦福德自己也简直无法抑制自己的喜悦心情。

伦福德想:这些热量从哪里来的?从金属切削的微粒里来的吗?事实证明不可能。从空气里来的吗?也不可能!因为有的实验是在水箱中做的,和空气隔离。从水里来的吗?更不对!水本身也热了,而且也没有发生任何化学变化。既不是空气,又不是水,只要继续摩擦,热会源源不断地产生,永无止境。那就证明,热的来源不是别的,而是运动。

1798 年 1 月 25 日伦福德在英国皇家学会宣读他的论文,文中写道:

"最近我应约去慕尼黑兵工厂领导钻制大炮的工作。我发现,铜炮在钻了很短的一段时间后,就会产生大量的热;而被钻头从大炮上钻下来的铜屑更热(像我用实验所证实的,发现它们比沸水还要热)。"

伦福德分析这些热是由于摩擦产生的,他说:"……我们一定不能忘记……在这些实验中,由摩擦所生的热的来源似乎是无穷无尽的。"[1]

伦福德的报告在 1798 年发表,立即得到英国化学家戴维（Humphry Davy,1778—1829)的响应。戴维也对热质说持怀疑态度。他在 1799 年发表了自己的摩擦生热的实验,并且致力于宣传热的运动说。

戴维所描述的实验考虑得非常周到。其中有一个是把两块温度为 $-2℃$ 的冰,固定在由时钟改装的机构上,使两块冰不停地互相摩擦。整个装置放在大玻璃罩内再抽成真空。经过几分钟的剧烈摩擦,冰几乎全化成了水,温度达到 $+2℃$。戴维根据这一类的实验论证说：热质是不存在的,摩擦和碰撞引起了物体内部微粒的特殊运动或振动,这种运动或振动就是热的本质。

伦福德和戴维的实验为热的运动说提供了有力的支持,成了建立能量转化与守恒定律的前奏。

19 世纪 40 年代以前,自然科学的发展为能量转化与守恒原理奠定了基础。除了在热学上对热的本质建立了正确的认识之外,还从以下几个方面做了准备。

1. 力学方面的准备

机械能守恒是能量守恒定律在机械运动中的一个特殊情况。早在力学初步形成时就已有了能量守恒思想的萌芽。例如,伽利略研究斜面问题和摆的运动,斯梯芬研究杠杆原理,惠更斯研究完全弹性碰撞等都涉及能量守恒问题。17 世纪法国哲学家笛卡儿已经明确提出了运动不灭的思想。以后德国哲学家莱布尼茨引进活力的概念,首先提出活力守恒原理,他认为用 mv^2 度量的活力在力学过程中是守恒的,宇宙间的"活力"的总和是守恒的。D. 伯努利的流体运动方程(伯努利方程)实际上就是流体运动中的机械能守恒定律。

至 19 世纪 20 年代,力学的理论著作强调"功"的概念,把它定义成力对距离的积分,澄清了功和"活力"概念之间的数学关系,这就提供了一种机械"能"的度量,为能量转换建立了定量基础。1835 年哈密顿发表了《论动力学的普遍方法》一文,提出了哈密顿原理。至此能量守恒定律及其应用已经成为力学中的基本内容(参看 1.8 节)。

2. 化学、生物学方面的准备

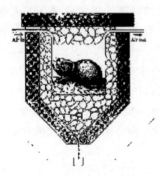

图 2-14　把豚鼠放在冰卡计中做实验

法国的拉瓦锡和拉普拉斯曾经用冰卡计测量物质在化学反应过程中所放出的热量以及物体燃烧或动物呼吸时所散发的热量。他们把燃烧物或待测动物放在冰卡计的内室中,如图 2-14 中的豚鼠。然后比较燃烧和动物呼吸所放出的热量与放出的二氧化碳之比,发现这两个比值近似相等。这个结果对能量转化与守恒定律的建立有重要意义,因为它启示了动物热的来源和呼吸的本质,从而为能量转化与守恒提供了不可多得的佐证。德国化学家莫尔(F. Mohr,1806—1879)从许多事例领悟到,不同形式的

① Magie W F. A Source Book in Physics. McGraw-Hill,1935. 151

"力"（即能量）都是机械"力"的表现，他写道：

"除了54种化学元素外，自然界还有一种动因，叫做力。力在适当的条件下可以表现为运动、化学亲和力、凝聚、电、光、热和磁，从这些运动形式中的每一种可以得出一切其余形式。"

他明确地表述了运动不同形式的统一性和相互转化的可能性。

3. 电磁学方面的准备

19世纪二三十年代，随着电磁学基本规律的陆续发现，人们自然对电与磁、电与热、电与化学等关系密切注视。法拉第（Michael Faraday，1791—1867）尤其强调各种"自然力"的统一和转化，他认为"自然力"的转变，是其不灭性的结果。"自然力"不能从无生有，一种"力"的产生是另一种"力"消耗的结果。法拉第的许多工作都涉及转化现象，如电磁感应、电化学和光的磁效应等。他在1845年发表一篇讨论磁对光的作用的论文，表述了他对"力"的统一性和等价性的基本看法，他写道：

"物质的力所处的不同形式很明显有一个共同的起源，换句话说，是如此直接地联系着和互相依赖着，以至于可以互相转换，而在其行动中，力具有守恒性。"

正是在"力"的转化这一概念的基础上，法拉第做出了许多重要发现。

在电与热的关系方面，1821年塞贝克（T. J. Seebeck）发现的温差电现象可以说是"自然力"互相转化的又一重要例证。后面还将提到，焦耳（J. P. Joule，1818—1889）在1840年研究电流的热效应中发现了 $i^2 R$ 定律。这是反映能量转化的一个定量关系，对能量转化与守恒定律的建立有重要意义。

图 2-15　形形色色的永动机

4. 永动机的历史教训

永动机不可能实现的历史教训，从反面提供了能量守恒的例证。

2.3.2　能量转化与守恒定律初步形成

19世纪初，由于蒸汽机的进一步发展，迫切需要对蒸汽机"出力"作出理论分析，因此，热与机械功的相互转化得到了广泛的研究。其中突出的事例有：

埃瓦特（Peter Ewart，1767—1842）对煤的燃烧所产生的热量和由此提供的"机械动力"之间的关系作了研究，建立了定量联系。

丹麦工程师和物理学家柯尔丁（L. Colding，1815—1888）对热、功之间的关系也作过研究。他从事过摩擦生热的实验，1843年丹麦皇家科学院对他的论文签署了如下的批语："柯尔丁的这篇论文的主要思想是由于摩擦、阻力、压力等造成的机械作用的损失，引起了物体内部的如热、电以及类似的动作，它们皆与损失的力成正比。"[1]

俄国的赫斯(G. H. Hess，1802—1850)比他们更早就从化学的研究得到了能量转化与守恒的思想。他原是瑞士人，3岁时到俄国，当过医生，在彼得堡执教，以热化学研究著称。

1836年赫斯向彼得堡科学院报告："经过连续的研究，我确信，不管用什么方式完成化合，由此发出的热总是恒定的，这个原理是如此之明显，以至于如果我不认为已经被证明，也可以不假思索就认为它是一条公理。"[2]

在以后的岁月里，赫斯认识到上述原理的巨大意义，从各方面进行了实验验证，于1840年3月27日在一次科学院演讲中提出了一个普遍的表述："当组成任何一种化学化合物时，往往会同时放出热量，这热量不取决于化合是直接进行还是经过几道反应间接进行。"[3]以后他把这条定律广泛应用于他的热化学研究中。

赫斯的这一发现第一次反映了热力学第一定律的基本原理：热和功的总量与过程途径无关，只决定于体系的始末状态。它体现了系统的内能的基本性质——与过程无关。这一定律不仅反映守恒的思想，也包括了"力"的转变思想。至此，能量转化与守恒定律已初步形成。

2.3.3　能量转化与守恒定律的确立

对能量转化与守恒定律作出明确叙述的，首先要提到三位科学家。他们是德国的迈尔(Robert Mayer，1814—1878)、赫姆霍兹(Hermann von Helmholtz，1821—1894)和英国的焦耳。

1. 迈尔的工作

迈尔是一位医生。1840年左右，迈尔作为随船医生前往印度尼西亚，在给生病的船员

图 2-16　迈尔

放血时，得到了重要启示，发现静脉血不像生活在温带国家中的人那样颜色暗淡，而是像动脉血那样新鲜。当地医生告诉他，这种现象在辽阔的热带地区是到处可见的。他还听到海员们说，暴风雨时海水比较热。这些现象引起了迈尔的沉思。他想到，食物中含有化学能，它像机械能一样可以转化为热。在热带高温情况下，机体只需要吸收食物中较少的热量，所以机体中食物的燃烧过程减弱了，因此静脉血中留下了较多的氧。他已认识到生物体内能量的输入和输出是平衡的。

迈尔在1842年发表的题为《热的力学的几点说明》中，宣布了热和机械能的相当性和可转换性，他的推理如下：

①　转引自：Гелькфер Я M. История и Методология Термодинамикии Статистической физики. Высшая Школа，1981. 136

②　转引自：Elkana Y. The Discovery of the Conservation of Energy. Harvard，1974. 119

③　同注①

"力是原因：因此，我们可以全面运用这样一条原则来看待它们，即'因等于果'。设因 c 有果 e，则 $c=e$；反之，设 e 为另一果 f 之因，则有 $e=f$ 等等，$c=e=f=\cdots=c$。在一串因果之中，某一项或某一项的某一部分绝不会化为乌有，这从方程式的性质就可明显看出。这是所有原因的第一个特性，我们称之为不灭性。"

接着迈尔用反证法，证明守恒性（不灭性）：

"如果给定的原因 c 产生了等于其自身的结果 e，则此行为必将停止；c 变为 e；若在产生 e 后，c 仍保留全部或一部分，则必有进一步的结果，相当于留下的原因 c 的全部结果将大于 e，于是就将与前提 $c=e$ 矛盾。""相应地，由于 c 变为 e，e 变为 f 等等，我们必须把这些不同的值看成是同一客体出现时所呈现的不同形式。这种呈现不同形式的能力是所有原因的第二种基本特性。把这两种特性放在一起我们可以说，原因（在量上）是不灭的，而（在质上）是可转化的客体。"

迈尔的结论是："因此力（即能量）是不灭的、可转化的、不可称量的客体。"[1]

迈尔这种推论方法显然过于笼统，难以令人信服，但他关于能量转化与守恒的叙述是最早的完整表达。

迈尔在 1845 年发表了第二篇论文：《有机运动及其与新陈代谢的联系》，该文更系统地阐明能量的转化与守恒的思想。他明确指出："无不能生有，有不能变无"，"在死的和活的自然界中，这个力（按：即能量）永远处于循环转化的过程之中。任何地方，没有一个过程不是力的形式变化！"他主张："热是一种力，它可以转变为机械效应。"[2]论文中还具体地论述了热和功的联系，推出了气体定压比热和定容比热之差 C_p-C_v 等于定压膨胀功 R 的关系式。现在我们称 $C_p-C_v=R$ 为迈尔公式。

接着迈尔又根据狄拉洛希（Delaroche）和贝拉尔德（Berard）以及杜隆气体比热的实验数据 $C_p=0.267$ 卡/（克·度），$C_v=0.188$ 卡/（克·度）计算出热功当量。

计算过程如下：

在定压下使 1 厘米^3 空气加热温升 1 度所需的热量为：$Q_p=mc_p\Delta t=0.000\,347$ 卡（取空气密度 $\rho=0.001\,3$ 克/厘米^3）。相应地，在定容下加热同量空气温升 1 度消耗的热 $Q_v=0.000\,244$ 卡。二者的热量差 $C_p-C_v=0.000\,103$ 卡。另一方面，温度升高 1 度等压膨胀时体积增大为原体积的 1/274 倍；气体对外做的功，可以使 1.033 千克的水银柱升高 1/274 厘米。即

$$功 = 1.033 \times \frac{1}{27\,400} = 3.78 \times 10^{-5} \text{ 千克·米}$$ 。于是迈尔得出热功当量为

$$J = \frac{A}{Q_p-Q_v} = \frac{3.78 \times 10^{-5}}{1.03 \times 10^{-7}} = 367 \text{ 千克·米／千卡}$$

或 3 597 焦耳/千卡，现在的精确值为 4 187 焦耳/千卡。

迈尔还具体地考察了另外几种不同形式的力。他以起电机为例说明了"机械效应向电的转化。"他认为："下落的力"（即重力势能）可以用"重量和（下落）高度的乘积来量度。""与下落

---

① 转引自：Holton and Roller. Foundations of Modern Physical Science. Addison-Wesley,1965. 345

② 转引自：Lindsay R B. Energy：Historical Development of the Concept. Dowden：Hutchinson ＆ Ross,1975. 284

的力转变为运动或者运动转变为下落的力无关,这个力或机械效应始终是不变的常量。"

迈尔第一个在科学史中将热力学观点用于研究有机世界中的现象,他考察了有机物的生命活动过程中的物理化学转变,确信"生命力"理论是荒诞无稽的。他证明生命过程无所谓"生命力",而是一种化学过程,是由于吸收了氧和食物,转化为热。这样迈尔就将植物和动物的生命活动,从唯物主义的立场,看成是能的各种形式的转变。

1848 年迈尔发表了《天体力学》一书,书中解释陨石的发光是由于在大气中损失了动能。他还应用能量守恒原理解释了潮汐的涨落。

迈尔虽然第一个完整地提出了能量转化与守恒原理,但是在他的著作发表的几年内,不仅没有得到人们的重视,反而受到了一些著名物理学家的反对。由于他的思想不合当时流行的观念,不断遭到人们的诽谤和讥笑,使他在精神上受到很大刺激,曾一度关进精神病院,备受折磨。

2. 赫姆霍兹的研究

从多方面论证能量转化与守恒定律的是德国的赫姆霍兹。他曾在著名的生理学家缪勒(Johannes Müller)的实验室里工作过多年,研究过"动物热"。他深信所有的生命现象都必得服从物理与化学规律。他早年在数学上有过良好的训练,同时又很熟悉力学的成就,读过牛顿、达朗贝尔、拉格朗日等人的著作,对拉格朗日的分析力学有深刻印象。他的父亲是一位哲学教授,和著名哲学家费赫特(Fichte)是好朋友。赫姆霍兹接受了前辈的影响,成了康德哲学的信徒,把自然界大统一当作自己的信条。他认为如果自然界的"力"(即能量)是守恒的,则所有的"力"都应和机械"力"具有相同的量纲,并可还原为机械"力"。1847 年,26 岁的赫姆霍兹写成了著名论文《力的守恒》,充分论述了这一命题。这篇论文原是 1847 年 7 月 23 日在柏林物理学会会议上的报告,由于被认为是思辨性、缺乏实验研究成果的一般论文,没有能够在当时有国际声望的《物理学年鉴》上发表,而是以小册子的形式单独印行。

图 2-17　赫姆霍兹

但是历史证明,这篇论文在热力学的发展中占有重要地位,因为赫姆霍兹总结了许多人的工作,一举把能量概念从机械运动推广到了所有变化过程,并证明了普遍的能量守恒原理。这是一个十分有力的理论武器,从而可以更深入地理解自然界的统一性。

赫姆霍兹在这篇论文一开头就声称,他的"论文的主要内容是面对物理学家,"他的目的是"建立基本原理,并由基本原理出发引出各种推论,再与物理学不同分支的各种经验进行比较。"①

---

① 转引自：Lindsay,ed. Applications of Energy Nineteen Century. Dowden：Hutchinson & Ross,1976.7

　　在他的论述中有一明显的趋向,就是企图把一切自然过程都归结于中心力的作用。大家知道,在只有中心力作用的条件下,能量总是守恒的,但是这只是能量守恒原理的一个特例,把中心力看成是普遍能量守恒的条件就不正确了。

　　他的论文共分六节,前两节主要是回顾力学的发展,强调了活力守恒(即动能守恒),进而分析了"力"的守恒原理(即机械能守恒原理);第三节涉及守恒原理的各种应用;第四节题为"热的力当量性"。他明确地摒弃了热质说,把热看成粒子(分子或原子)运动能量的一种形式;第五节"电过程的力相当性"和第六节"磁和电磁现象的力相当性"讨论各种电磁现象和电化学过程。还特别以电池中的热现象为例对能量转化关系进行了详细研究。文章最后提到,能量概念也有可能应用于有机体的生命过程。他的论点和迈尔接近,不过,他当时可能并不知道迈尔的工作。

　　赫姆霍兹在结束语中写道:"通过上面的叙述已证明了我们所讨论的定律没有和任何一个迄今所知的自然科学事实相矛盾,反而却引人注目地为大多数事实所证实。……这定律的完全验证,也许必须看成是物理学最近将来的主要课题之一。"

　　实际上,验证这一定律的实验工作早在赫姆霍兹论文之前就已经开始了。焦耳在这方面做出了巨大贡献。

3. 焦耳的实验研究

　　焦耳是英国著名实验物理学家。1818 年他出生于英国曼彻斯特市近郊,是富有的酿酒厂主的儿子。他从小在家由家庭教师教授,16 岁起与其兄弟一起到著名化学家道尔顿(John Dalton,1766—1844)那里学习,这在焦耳的一生中起了关键的指导作用,使他对科学发生了浓厚的兴趣,后来他就在家里做起了各种实验,成为一名业余科学家。

　　这时正值电磁力和电磁感应现象发现不久,电机——当时叫磁电机(electric-magnetic engine)——刚刚出现,人们还不大了解电磁现象的内在规律,也缺乏对电路的深刻认识,只是感到磁电机非常新奇,有可能代替蒸汽机成为效率更高、管理方便的新动力,于是一股电气热潮席卷了欧洲,甚至波及美国。焦耳当时刚 20 岁,正处于敏感的年龄,家中又有很好的实验条件,他父亲厂里有蒸汽机,这使他对革新动力设备发生了兴趣,就投入到电气热潮之中,开始研究起磁电机来。

　　从 1838 年到 1842 年的几年中,焦耳一共写了八篇有关磁电机的通讯和论文,以及一篇关于电池、三篇关于电磁铁的论文。他通过磁电机的各种试验注意到电机和电路中的发热现象,他认为这和机件运转中的摩擦现象一样,都是动力损失的根源。于是他就开始进行电流热效应的研究。

　　1841 年他在《哲学杂志》上发表文章《电的金属导体产生的热和电解时电池组中的热》,叙述了他的实验:为了确定金属导线的热功率,让导线穿过一根玻璃管,再将它密缠在管上,每圈之间留有空隙,线圈终端分开。然后将玻璃管放入盛水的容器中,通电后用温度计测量水产生的温度变化。实验时,他先用不同尺寸的导线,继而又改变电流的强度,结果判定"在一定时间内伏打电流通过金属导体产生的热与电流强度的平方及导体电阻的乘积成正比。"这就是著名的焦耳定律,又称 i^2R 定律。

　　随后,他又以电解质做了大量实验,证明上述结论依然正确。

i^2R 定律的发现使焦耳对电路中电流的作用有了明确的认识。他仿照动物体中血液的循环，把电池比作心肺，把电流比作血液，指出："电可以看成是携带、安排和转变化学热的一种重要媒介"，并且认为，在电池中"燃烧"一定量的化学"燃料"，在电路中（包括电池本身）就会发出相应大小的热，和这些燃料在氧气中点火直接燃烧所得应是一样多。请注意，这时焦耳已经用上了"转变化学热"一词，说明他已建立了能量转化的普遍概念，他对热、化学作用和电的等价性已有了明确的认识。

然而，这种等价性的最有力证据，莫过于热功当量的直接实验数据。正是由于探索磁电机中热的损耗，促使焦耳进行了大量的热功当量实验。1843年焦耳在《磁电的热效应和热的机械值》一文中叙述了他的目的，写道：

"我相信理所当然的是：磁电机的电力与其他来源产生的电流一样，在整个电路中具有同样的热性质。当然，如果我们认为热不是物质，而是一种振动状态，就似乎没有理由认为它不能由一种简单的机械性质的作用所引起，例如像线圈在永久磁铁的两极间旋转的那种作用。与此同时，也必须承认，迄今尚未有实验能对这个非常有趣的问题作出判决，因为所有这些实验都只限于电路的局部，这就留下了疑问，究竟热是生成的，还是从感应出磁电流的线圈里转移出来的？如果热是线圈里转移出来的，线圈本身就要变冷。……所以，我决定致力于清除磁电热的不确定性。"

焦耳把磁电机放在作为量热器的水桶里，旋转磁电机，并将线圈的电流引到电流计中进行测量，同时测量水桶的水温变化。实验表明，磁电机线圈产生的热也与电流的平方成正比。焦耳又把磁电机作为负载接入电路，电路中另接一电池，以观察磁电机内部热的生成，这时，磁电机仍放在作为量热器的水桶里，焦耳继续写道："我将轮子转向一方，就可使磁电机与电流反向而接；转向另一方，可以借磁电机增大电流。前一情况，仪器具有磁电机的所有特性；后一情况适得其反，它消耗了机械力。"

比较磁电机正反接入电路的实验，焦耳得出结论："我们从磁电得到了一种媒介，用它可以凭借简单的机械方法，破坏热或产生热。"

至此，焦耳已经从磁电机这个具体问题的研究中领悟到了一个具有普遍意义的规律，这就是热和机械功可以互相转化，在转化过程中一定有当量关系。他写道：

图 2-18　焦耳在做实验

"在证明了热可以用磁电机生成，用磁的感应力可以随意增减由于化学变化产生的热之后，探求热和得到的或失去的机械功之间是否存在一个恒定的比值，就成了十分有趣的课题。为此目的，只需要重复以前的一些实验并同时确定转动仪器所需的机械力。"[1]

焦耳在磁电机线圈的转轴上绕两条细线，相距约27.4米处置两个定滑轮，跨过滑轮挂有砝码，砝码约几磅重（1磅＝0.453 59千克），可随意调整。线圈浸在量热器的水中，从

---

① The Scientific Papers of J. P. Joule, Vol. 1. Tayler, 1884. 149

温度计的读数变化可算出热量,从砝码的重量及下落的距离可算出机械功。在 1843 年的论文中,焦耳根据 13 组实验数据取平均值得如下结果:

"能使 1 磅的水温度升温华氏 1 度的热量等于(可转化为)把 838 磅重物提升 1 英尺的机械功。"

838 磅·英尺相当于 1 135 焦耳,这里得到的热功当量 838 磅·英尺/英热单位等于 4.511 焦耳/卡(现代公认值为 4.187 焦耳/卡)。

焦耳并没有忘记测定热功当量的实际意义,就在这篇论文中他指出,最重要的实际意义有两点:(1)可用于研究蒸汽机的出力;(2)可用于研究磁电机作为经济的动力的可行性。可见,焦耳研究这个问题始终没有离开他原先的目标。

焦耳还用多孔塞置于水的通道中,测量水通过多孔塞后的温升,得到热功当量为 770 磅·英尺/英热单位(4.145 焦耳/卡)。这是焦耳得到的与现代热功当量值最接近的数值。

1845 年,焦耳报导他在量热器中安装一带桨叶的转轮,如图 2-19,经滑轮吊两重物下滑,桨轮旋转,不断搅动水使水升温,测得热功当量为 890 磅·英尺/英热单位,相当于 4.782 焦耳/卡。

图 2-19　桨叶搅拌实验

图 2-20　桨叶搅拌器实物图

同年,焦耳写了论文《空气的稀释和浓缩所引起的温度变化》,记述了如下实验:把一个带有容器 R 的压气机 C 放在作为量热器的水桶 A 中,如图 2-21。压气机把经过干燥器 G 和蛇形管 W 的空气压缩到容器 R 中,然后测量空气在压缩后的温升,从温升可算出热量。气压从一个大气压变为 22 个大气压,压缩过程视为绝热过程,可计算压气机做的功。由此得到热功当量为 823 及 795 磅·英尺/英热单位。然后,经蛇形管释放压缩空气(图 2-22),量热器温度下降,又可算出热功当量为 820、814、760 磅·英尺/英热单位,从空气的压缩和膨胀得到的平均值为 798 磅·英尺/英热单位,相当于 4.312 焦耳/卡。

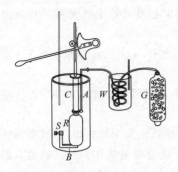

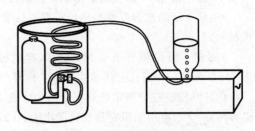

图 2-21　空气压缩实验　　　　　　图 2-22　空气稀释实验

1849 年 6 月,焦耳作了题为《热功当量》的总结报告[①],全面整理了他几年来用桨叶搅拌法和铸铁摩擦法测热功当量的实验,给出如下结果(单位均以磅·英尺/英热单位表示):

	空气中的当量值	真空中的当量值	平均
水	773.640	772.692	772.692
汞	773.762	772.814	774.083
汞	776.303	775.352	774.083
铸铁	776.997	776.045	774.987
铸铁	774.888	773.930	774.987

焦耳的实验结果处理得相当严密,在计算中甚至考虑到将重量还原为真空中的值。对上述结果,焦耳作了分析,认为铸铁摩擦时会有微粒磨损,要消耗一定的功以克服其内聚力,因此所得结果可能偏大。汞和铸铁在实验中不可避免会有振动,产生微弱的声音,也会使结果偏大。在这三种材料中,以水的比热最大,所以比较起来,应该是用水做实验最准确。因此,在他的论文结束时,取 772 磅·英尺/英热单位作为最后结果,这相当于 4.154 焦耳/卡。对此,他概括出两点:

"第一,由物体,不论是固体或液体,摩擦产生的热量总是正比于消耗的力之量;

第二,使 1 磅水(在真空中称量,用于 55°(F)－60°(F))的温度升高 1°F,所需消耗的机械力相当于 772 磅(物体)下落 1 英尺。"

焦耳从 1843 年以磁电机为对象开始测量热功当量,直到 1878 年最后一次发表实验结果,先后做实验不下四百余次,采用了原理不同的各种方法,他以日益精确的数据,为热和功的相当性提供了可靠的证据,使能量转化与守恒定律确立在牢固的实验基础之上。

4. 全面的表述

能量转化与守恒定律是自然界基本规律之一。恩格斯对这一规律的发现给予崇高的评价,把它和达尔文进化论及细胞学说并列为三大自然发现。能量转化与守恒定律这个全面的名称就是恩格斯首先提出来的。

完整的数学形式则是德国的克劳修斯(Rudoff Julius Emanuel Clausius,1822—1888)

---

①　The Scientific Papers of J. P. Joule,vol. 2. Taylor,1884. 328

在 1850 年首先提出的,他全面分析了热量 Q、功 W 和气体状态的某一特定函数 u 之间的联系,考虑一无限小过程,列出全微分方程:$dQ = du + AdW$,他写道:"气体在一个关于温度和体积所发生的变化中所取得的热量 Q,可以划分为两部分,其中之一为 u,它包括添加的自由热和做内功所耗去的热(如果有内功发生的话),u 的性质和总热量一样,是 v 和 t 的一个函数值,因而根据其间发生变化的气体初态和终态就已经完全确定;另一部分则包括做外功所消耗的热,它除了和那两个极限状态有关外,还依赖于中间变化的全过程。"

这里的 u 后来人们称作内能,A 是功热当量,W 是外功。克劳修斯虽然没有用到能量一词,但实际上已经为热力学奠定了基石。

W. 汤姆孙(William Thomson,即开尔文勋爵,Lord Kelvin,1824—1907)在 1851 年更明确地把函数 u 称为物体所需要的机械能(mechanical energy),他把上式看成热功相当性的表示式,这样就全面阐明了能、功和热量之间的关系。

1852 年,W. 汤姆孙进一步用动态能和静态能来表示运动的能量和潜在的能量。1853 年兰金(W. J. M. Rankine,1820—1872)将其改为实际能和势能,他这样表述能量转化与守恒定律:"宇宙中所有能量,实际能和势能,它们的总和恒定不变。"

1867 年在 W. 汤姆孙和泰特(Tait)的《自然哲学论文》中将上述实际能改为动能,一直沿用至今。

我们可以用一张联络图来表示能量转化与守恒定律的建立过程,如图 2-23。

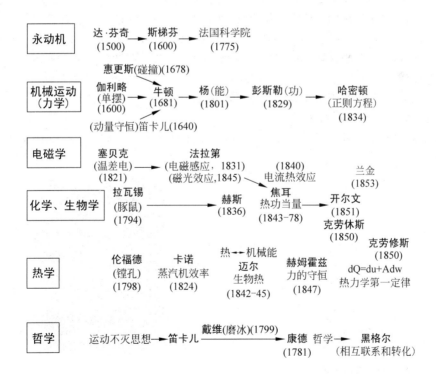

图 2-23 能量转化与守恒定律的建立

2.4 卡诺和热机效率的研究

热力学第二定律的发现与提高热机效率的研究有密切关系。蒸汽机虽然在 18 世纪就已发明，但它从初创到广泛应用，经历了漫长的年月。1765 年和 1782 年，瓦特两次改进蒸汽机的设计，使蒸汽机的应用得到了很大发展，但是效率仍不高。如何进一步提高机器的效率就成了当时工程师和科学家共同关心的问题。法国数学家和工程学家萨迪·卡诺（Sadi Carnot，1796—1832）的父亲拉札尔·卡诺（Lazre Nicolas Carnot，1753—1823）率先研究了这类问题，在他的著作中讨论了各种机械的效率，隐讳地提出这样一个观念：设计低劣的机器往往有"丢失"或"浪费"。当时，在水力学中有一条卡诺原理，就是拉札尔·卡诺提出的，说的是效率最大的条件是传送动力时不出现振动和湍流，这实际上反映了能量守恒的普遍规律。他的研究对他的儿子有深刻影响。

1824 年萨迪·卡诺发表了著名论文《关于火的动力及适于发展这一动力的机器的思考》，提出了在热机理论中有重要地位的卡诺定理，这个定理实际上是热力学第二定律的先导。他写道：

"为了以最普遍的形式来考虑热产生运动的原理，就必须撇开任何的机构或任何特殊的工作物质来进行考虑，就必须不仅建立蒸汽机原理，而且要建立所有假想的热机的原理，不论在这种热机里用的是什么工作物质，也不论以什么方法来运转它们。"[1]

卡诺取最普遍的形式进行研究的方法，充分体现了热力学的精髓。他撇开一切次要因素，径直选取一个理想循环，由此建立热量和其转移过程中所做功之间的理论联系。

他首先作了如下假设："设想两个物体 A 与 B，各保持于恒温，A 的温度高于 B；两者不论取出热或获得热，均不引起温度变化，其作用就像是两个无限大的热质之库。我们称 A 为热源，称 B 为冷凝器。"（如图 2-24）

然后他"设想有一种弹性流体，例如大气，封闭在装有活动隔板或活塞 cd 的圆柱形容器 $abcd$ 中。

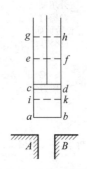

图 2-24　卡诺用的插图

图 2-25　卡诺

① 转引自：Lindsay, ed. Energy：Historical Development of the Concept. Dowden：Hutchinson & Ross，1975. 231

"1.将 *A* 与容器 *abcd* 中的空气或与容器之壁接触，假设此壁是热质的良导体。由于这一接触，空气得到与 *A* 相同的温度。*cd* 为活塞所处的位置。

"2.活塞逐渐上升，直至取得 *ef* 的位置。保持空气与 *A* 接触，因此在空气稀释的过程中温度保持恒定，物体 *A* 提供了保持恒温所需的热质。

"3.移开物体 *A*，空气不再与任何能够提供热质的物体接触，但活塞仍继续移动，从位置 *ef* 达到位置 *gh*，空气未获任何热质而稀释，它的温度下降了。假设下降到和物体 *B* 的温度相等，这时活塞停止运动，占有位置 *gh*。

"4.将空气与物体 *B* 接触，活塞压缩空气由位置 *gh* 回复到 *cd*。但由于仍与 *B* 接触，空气保持恒温，并将热质交给物体 *B*。

"5.移开物体 *B*，继续压缩空气。由于空气这时已被隔绝，温度上升。压缩一直继续到空气达到 *A* 的温度。活塞在此期间从位置 *cd* 到了位置 *ik*。

"6.空气再与 *A* 接触，活塞从位置 *ik* 回到位置 *ef*，温度保持不变。

"7.再重新进行步骤 3，以后相继经 4，5，6，3，4，5，6，3，4，5…。"

卡诺选取的理想循环是由两个等温过程和两个绝热过程组成的；等温膨胀时吸热，等温压缩时放热，空气经过一个循环，可以对外作功。

卡诺由这个循环出发，提出了一个普遍的命题："热的动力与用于实现动力的工作物质无关；动力的量惟一地取决于热质在其间转移的两物体的温度。"

卡诺根据热质守恒的假设和永动机不可能实现的经验总结，经过逻辑推理，证明他的理想循环获得了最高的效率。他写道：

"如果有任何一种使用热的方法，优于我们所使用的，即如有可能用任何一种过程，使热质比上述操作顺序产生更多的动力，那就有可能使动力的一部分转化于使热质从物体 *B* 送回到物体 *A*，即从冷凝器回到热源，于是就可以使状态复原，重新开始第一道操作及其后的步骤，这就不仅造成了永恒运动，甚至还可以无限地创造出动力而不消耗热质或任何其他工作物质。这样的创造与公认的思想，与力学定律以及与正常的物理学完全矛盾，因而是不可取的。所以由此可得结论：用蒸汽获得的最大动力也是用任何其他手段得到的最大动力。"

这就是卡诺定理的最初表述。用现代词汇来讲就是：热机必须工作在两个热源之间，热机的效率仅仅决定于两个热源的温度差，而与工作物质无关，在两个固定热源之间工作的所有热机，以可逆机效率最高。

不过，由于卡诺信奉热质说，他的结论包含有不正确的成分。例如：他将蒸汽机比拟为水轮机，热质比拟为流水，热质从高温流向低温，总量不变。他写道："我们可以足够确切地把热的动力比之于瀑布。……瀑布的动力取决于其高度和液体的量；而热的动力则取决于所用热质的量以及热质的'下落高度'，即交换热质的两物体之间的温度差。"[①]

卡诺就这样把热质的转移和机械功联系了起来。由于他缺乏热功转化的思想，因此，对于热力学第二定律，"他差不多已经探究到问题的底蕴。阻碍他完全解决这个问题的，

① 转引自：Lindsay, ed. Energy: Historical Development of the Concept. Dowden: Hutchinson & Ross, 1975.231

并不是事实材料的不足,而只是一个先入为主的错误理论。"(恩格斯:《自然辩证法》)

卡诺在 1832 年 6 月先得了猩红热和脑膜炎,8 月 24 日又患流行性霍乱去世,年仅 36 岁。他遗留下的手稿表明他 1830 年就已确立了功热相当的思想,他曾写道:

"热不是别的什么东西,而是动力,或者可以说,它是改变了形式的运动,它是(物体中粒子的)一种运动(的形式)。当物体的粒子的动力消失时,必定同时有热产生,其量与粒子消失的动力精确地成正比。相反地,如果热损失了,必定有动力产生。"

"因此人们可以得出一个普遍命题:在自然界中存在的动力,在量上是不变的。准确地说,它既不会创生也不会消灭;实际上,它只改变了它的形式。"①

卡诺未作推导而基本上正确地给出了热功当量的数值:370 千克·米/千卡。遗憾的是,他的弟弟虽看过他的遗稿,却不理解这一原理的意义,直到 1878 年,才公开发表了这部遗稿。这时,热力学第一定律早已建立了。

2.5　绝对温标的提出

1848 年 W. 汤姆孙提出绝对温标,是卡诺热动力理论的直接成果。

W. 汤姆孙 1845 年毕业于剑桥大学后,曾经到法国实验物理学家勒尼奥(H. V. Regnault,1810—1878)的实验室里工作过。在法国,W. 汤姆孙第一次读到了克拉珀龙(B. P. E. Clapeyron,1799—1864)阐述卡诺热动力理论的文章,对卡诺理论的威力留有深刻的印象。首先引起汤姆孙注意的是可以通过卡诺的热机确定温度,因为卡诺机与工作物质无关,这样定出的温标比根据气体定律建立的温标有许多优越的地方。

W. 汤姆孙的这一思想早在克拉珀龙的文章中就已奠定了基础。克拉珀龙在 1834 年发表的《论热的动力》一文中,首先用数学形式表达卡诺循环中功与热的关系。取一无穷小的卡诺循环 abcd(如图 2-27),气体经过循环,从高温传到低温的热量可表为

$$dQ = \left(\frac{dQ}{dV} - \frac{p}{V} \cdot \frac{dQ}{dp}\right)dV \tag{2-1}$$

图 2-26　W. 汤姆孙

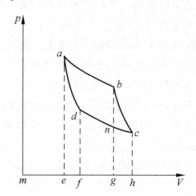

图 2-27　克拉珀龙用图

---

①　Robert Fox,Trans. and ed. Carnot,Sadi,Reflexions on the Motive Power of Fire:a critical edition with thd surviving scientific manuscripts. New York:Lilian Barber Press,Inc. ,1986

再计算温差为 dt 的卡诺循环 $abcd$ 所做的功 dw。图中 ab,cd 为等温过程，bc,da 为绝热过程。因为变化是无穷小，可以认为循环组成了一个平行四边形，而 $bn = dp = R\dfrac{dt}{V}$，则

$$dW = dpdV = \frac{Rdt}{V}dV \tag{2-2}$$

式(2-2)、式(2-1)两式相除得

$$\frac{dW}{dQ} = \frac{Rdt}{V\dfrac{dQ}{dV} - p\dfrac{dQ}{dp}}$$

这就是"单位热量从温度为 t 的物体传到温度为 $t-dt$ 的物体所能得到的最大效果。"

克拉珀龙认为："已经确定，这一功量与传递热量的工作物质无关，所以对所有气体都是相同的，也与物体的质量没有关系，但没有证据表示它与温度无关，所以 $V\dfrac{dQ}{dV} - p\dfrac{dQ}{dp}$ 一定等于一个对所有气体都相同的温度的函数。"他以 C 表示这个函数，令 $C = \dfrac{1}{R}\left(V\dfrac{dQ}{dV} - p\dfrac{dQ}{dp}\right)$，于是得 $\dfrac{dW}{dQ} = \dfrac{dt}{C(t)}$。

1848 年，W. 汤姆孙在题为《基于卡诺的热动力理论和由勒尼奥观测结果计算所得的一种温标》的论文中写道："按照卡诺所建立的热和动力之间的关系，热量和温度间隔是计算从热获得机械效果的表达中惟一需要的要素，既然我们已经有了独立测量热量的一个确定体系，我们就能够测量温度间隔，据此对绝对温度差作出估计。"[1]

W. 汤姆孙还对这样的温标作了如下说明："所有度数都有相同的值，即物体 A 在温度 T，有一单位热由物体 A 传到温度为 $(T-1)$ 的物体 B，不论 T 值多大，都会给出同样大小的机械效果。这个温标应正确地称为绝对温标，因为它的特性与任何特殊物质的物理性质是完全无关的。"[2]

1849 年，W. 汤姆孙在《卡诺的热动力理论的说明及由勒尼奥蒸汽实验推算的数据结果》一文中，进一步研究了克拉珀龙的 C 函数，不过他采用的符号与克拉珀龙有所不同，用相当于 $1/C$ 的量 μ 表示功与热量的关系，

$$\mu = \frac{Ep_0V_0}{V\left(\dfrac{dQ}{dV}\right)} \tag{2-3}$$

其中 E 为气体的膨胀系数。p_0,V_0 为初始状态的压强和体积。他称 μ 为卡诺系数。

W. 汤姆孙还在文中列出了根据勒尼奥的蒸汽实验数据计算出的从 0℃到 230℃各个不同温度下的 μ 值，证明确是相差无几的常数。于是就进一步利用 μ 表示卡诺循环的功和热。将(2-3)式写成

$$dQ = \frac{Ep_0V_0}{\mu} \cdot \frac{dV}{V}$$

气体体积由 V 压缩至 V'，积分得

---

[1]　Thomson W. Mathematical and Physical Papers, vol. 1. Cambridge, 1882. 104

[2]　同上注。

$$Q = \frac{E p_0 V_0}{\mu} \cdot \ln \frac{V}{V'}$$

另一方面体积从 $V \rightarrow V + dV$ 所做的功

$$dW = p dV = p_0 V_0 (1 + Et) \frac{dV}{V}$$

同样的压缩过程求得积分

$$W = p_0 V_0 (1 + Et) \ln \frac{V}{V'}$$

所以得出热功当量

$$J = \frac{W}{Q} = \frac{\mu(1 + Et)}{E}$$

由此得

$$\mu = \frac{JE}{1 + Et} = J \left(\frac{1}{\frac{1}{E} + t} \right)$$

1854 年，W.汤姆孙和焦耳联名发表了《运动中流体的热效应》一文，其中专门有一节题为《根据热的机械作用建立的绝对温标》，他们定义绝对温度为 $T \equiv J/\mu$，由此可得

$$T = t + \frac{1}{E}$$

如果取 $E = 0.003\,665$，则 $T = 272.85 + t$。

考虑到密度随压强增大的效应，他们得到的修正结果为

$$T = 273.3 + t$$

这就是绝对温标和摄氏温标的关系。

绝对温标的建立对热力学的发展有重要意义。W.汤姆孙的建议很快就被人们接受。1887 年，绝对温标得到了国际公认。

2.6 热力学第二定律的建立

本来 W.汤姆孙有可能立即从卡诺定理引出热力学第二定律，但是由于他没有摆脱热质说的羁绊，错过了首先发现热力学第二定律的机会。

2.6.1 克劳修斯研究热力学第二定律

就在汤姆孙感到困难之际，克劳修斯于 1850 年在《物理学与化学年鉴》上率先发表了《论热的动力及能由此推出的关于热本性的定律》，对卡诺定理作了详尽的分析。他对热功之间的转化关系有明确的认识。他证明，在卡诺循环中，"有两种过程同时发生，一些热量用去了，另一些热量从热体转到冷体，这两部分热量与所产生的功有确定的关系。"

他进一步论证："如果我们现在假设有两种物质，其中一种能够比另一种在转移一定量的热量中产生更多的功，或者，其实是一回事，要产生一定量的功只需从 A 到 B 转移更少的热。那么，我们就可以交替应用这两种物质，用前一种物质通过上述过程来产生功，

用另一种物质在相反的过程中消耗这些功。到过程的末尾，两个物体都回到它们的原始状态；而产生的功正好与耗去的功抵消。所以根据我们以前的理论，热量既不会增加，也不会减少。惟一的变化就是热的分布，由于从 B 到 A 要比从 A 到 B 转移更多的热，继续下去就会使全部的热从 B 转移到 A。交替重复这两个过程就有可能不必消耗力或产生任何其他变化而随意把任意多的热量从冷体转移到热体，而这是与热的其他关系不符的，因为热总是表现出要使温差平衡的趋势，所以总是从更热的物体传到更冷的物体。"

图 2-28　克劳修斯

就这样，克劳修斯正确地对卡诺定理作了扬弃，把它改造成与热力学第一定律并列的热力学第二定律。

1854 年，克劳修斯发表《热的机械论中第二个基本理论的另一形式》，在这篇论文中他更明确地阐明：

"热永远不能从冷的物体传向热的物体，如果没有与之联系的、同时发生的其他的变化的话。关于两个不同温度的物体间热交换的种种已知事实证明了这一点；因为热处处都显示企图使温度的差别均衡之趋势，所以只能沿相反的方向，即从热的物体传向冷的物体。因此，不必再作解释，这一原理的正确性也是不证自明的。[①]"

他特别强调"没有……其他变化"这一点，并解释说，如果同时有沿相反方向并至少是等量的热转移，还是可能发生热量从冷的物体传到热的物体的。这就是沿用至今的关于热力学第二定律的克劳修斯表述。

2.6.2　W.汤姆孙研究热力学第二定律

W.汤姆孙于 1851 年连续在《爱丁堡皇家学会会刊》上发表了三篇论文，题目都是《热的动力理论》。文中提出了两个命题，比克劳修斯 1850 年的论述更为明确，他写道：

"热的动力的全部理论是建立在分别由焦耳和卡诺与克劳修斯所提出的下列两个命题的基础之上。

"命题Ⅰ（焦耳）——不管用什么方法从纯粹的热源产生出或者以纯粹的热效应损失掉等量的机械效应，都会有等量的热消失或产生出来。

"命题Ⅱ（卡诺与克劳修斯）——如果有一台机器，当它逆向工作时，它的每一部分的物理的和机械的作用也全部逆向，则它从一定量的热产生的机械效应，和任何具有相同温度的热源与冷凝器的热动力机一样。"

然后，W.汤姆孙为了证明命题Ⅱ，提出了一条公理："利用无生命的物质机构，把物质的任何部分冷到比周围最冷的物体还要低的温度以产生机械效应，是不可能的。"

W.汤姆孙还指出，克劳修斯在证明中所用的公理和他自己提出的公理是相通的。他

---

① 　Magie W F. A Source Book in Physics. McGraw-Hill，1935．233

写道：

"克劳修斯证明所依据的公理如下：一台不借助任何外界作用的自动机器，把热从一个物体传到另一个温度更高的物体，是不可能的。

"容易证明，尽管这一公理与我所用的公理在形式上有所不同，但它们是互为因果的。每个证明的推理都与卡诺原先给出的严格类似。"

图 2-29　克劳修斯 1866 年的手稿

W. 汤姆孙把热力学第二定律的研究引向了深入，然而他公正地写道："我提出这些说法并无意于争优先权，因为首先发表用正确原理建立的命题的是克劳修斯，他去年（指 1850 年）5 月就发表了自己的证明。……我只要求补充这样一句：恰好在我知道克劳修斯宣布或证明了这个命题之前，我也给出了证明。"[①]

W. 汤姆孙并列地提出热力学第一定律和第二定律，为热力学理论的完整体系奠定了基础。值得指出的是，热力学第二定律只能与热力学第一定律同时，甚至晚些被发现，是完全合乎逻辑的。

2.6.3　克劳修斯提出熵的概念

一般认为，克劳修斯在 1865 年提出了熵的概念，其实，早在 1854 年，即最初形成热力学第二定律之后不到四年，他在《热的机械论中第二个基本理论的另一形式》一文中提出了"变换的等价性"，用一个符号 N 表示变换，这个符号 N 就是熵 S 的前身。

克劳修斯特别注意到"不可逆性"，这是热力学概念发展中的又一台阶。他区分了可逆循环和不可逆循环。然后又定义"温度 t 时功转变为热量 Q 的变换等价值"为 $Q \cdot f(t)$，其中 $f(t)$ 为温度 t 的一个函数。他还规定功转变为热和热从高温转移到低温为正的变换。他又定义 $f(t) = 1/T$，T 为"温度的未知函数"。这样，变换的等价值为 Q/T。

克劳修斯用符号 N 代表一个循环中变换的总值，得

$$N = \frac{Q_1}{T_1} + \frac{Q_2}{T_2} + \cdots = \sum \frac{Q}{T}$$

如果温度的变化是连续的，则 $N = \int \frac{\mathrm{d}Q}{T}$，于是，他找到了一种数学方法来表达可逆循环过程。他提出：对于一个可逆循环过程，如果 N 是负值，就表示热从冷体无补偿地转移到热体，这已经证明不可能实现；如果 N 是正值，则可以逆运行得到 N 的负值，也同样是禁戒的，那么结果只能是 $N = 0$。

于是克劳修斯提出了热力学第二定律的另一种表述形式，即：对于所有可逆循环过程：$\int \frac{\mathrm{d}Q}{T} = 0$；对于不可逆过程，克劳修斯写道："在一循环过程中所有变换的代数和只能

①　Thomson W. Mathematical and Physical Papers，vol. 1. Cambridge，1882. 178

是正数，"即 $N > 0$。他把这样的变换称为"非补偿的"变换。他提到有许多这样的变换，但本质上没有差别。例如：热传导、摩擦生热、电流经电阻生热，以及"所有那些情形，力在做机械功时，并不是克服相等的抵抗力，而是又产生了一个可察觉的外部运动，多多少少有一点速度，其活力后来都变成热。"他和以前的学者一样，仍限于有热伴生的不可逆过程，没有扩展到其他类型的不可逆过程。

当然克劳修斯在这里所说的变换的等价值 N 是不严格的，因为他未采用绝对温标，但 N 这个函数已经具备了熵的基本特性。

到了 1865 年，克劳修斯发表《热的动力理论的基本方程的几种方便形式》，文中他明确用 T 表示绝对温标。关于热力学第二定律，他写道：

"另一个量是关于第二定律的，它包括在方程式：$\int \dfrac{\mathrm{d}Q}{T} = 0$ 中。这就是说，如果每当物体的变化从任意一个初态开始，连续地经过任意的其他状态又回到初态时，积分 $\int \dfrac{\mathrm{d}Q}{T} = 0$，则在积分里的式子 $\dfrac{\mathrm{d}Q}{T}$ 必是某一量的全微分，它只与物体目前出现的状态有关，而与物体到达这个状态的途径无关。我们用 S 来表示这个量，可以规定：$\mathrm{d}S = \int \dfrac{\mathrm{d}Q}{T}$，或者，如果我们设想把这个方程按任何一个能使物体从选定的初态到达其目前的状态的可逆过程来积分，并把量 S 在初态具有的值记为 S_0，则：$S = S_0 + \int \dfrac{\mathrm{d}Q}{T}$。"

"如果我们要对 S 找一个特殊的名称，我们可以像把对量 U 所说的称为物体的热和功含量一样，对 S 也可以说是物体的转换含量。但我认为更好的是，把这个在科学上如此重要的量的名称取自古老的语言，并使它能用于所有新语言之中，那么我建议根据希腊字 ητροπη，即转变一词，把量 S 称为物体的 entropie（即熵），我故意把词 entropie 构造得尽可能与词 energie（能）相似，因为这两个量在物理意义上彼此如此接近，在名称上有相同性，我认为是恰当的。[①]"

2.6.4　宇宙"热寂说"

热力学第二定律和热力学第一定律一起，组成了热力学的理论基础，使热力学建立了完整的理论体系，成为物理学的重要组成部分。但是经典物理学家们，包括 W. 汤姆孙和克劳修斯，往往错误地把热力学第二定律推广到整个宇宙，得出了宇宙"热寂"的荒谬结论。

W. 汤姆孙在 1852 年发表过一篇题为《自然界中机械能耗散的普遍趋势》的论文，在论述两个基本定律的同时，对物质世界的总趋势作了如下论断：

"(1) 在物质世界中，目前有机械能不断耗散的普遍趋势。

(2) 在非生命的物质过程中，没有相应的更多的耗散，任何机械能的恢复都是不可能的，并且，单靠有机物的作用，可能永远也无法恢复，不论是靠植物的生长，还是服从于生物界创造性的意志。

[①] 转引自：Kestin J, ed. The Second Law of Thermodynamics. Dowden：Hutchinson & Ross, 1976. 185

（3）在有限的一段时间以前地球一定是，在有限的一段时间以后地球也一定又将是不适于人类像现在这样地居住，除非曾经完成，或者将要完成在（现有）定律管辖下不可能完成的活动，而在目前的物质世界中，已知的各种活动无不遵从这些定律。"[1]

就在 1865 年那篇全面论证热力学基本理论的论文中，克劳修斯以结论的形式用最简练的语言表述了热力学的两条基本原理，把它们当成是宇宙的基本原理：

"（1）宇宙的能量是常数。

（2）宇宙的熵趋于一个极大值。"

1867 年，克劳修斯又进一步提出："宇宙越接近于其熵为一最大值的极限状态，它继续发生变化的机会也越减少，如果最后完全到达了这个状态，也就不会再出现进一步的变化，宇宙将处于死寂的永远状态。"

这就是所谓的宇宙"热寂说"。经典物理学家们不恰当地把局部物质世界部分变化过程的规律推广到整个宇宙的发展全过程，不顾这些定律的适用范围和条件，把孤立体系的规律推广到无限的、开放的宇宙，因而得到了荒谬的结论。科学后来的发展提供了许多事实，证明宇宙演变的过程不遵守这些结论。正如恩格斯早就指出的："放射到太空中去的热一定有可能通过某种途径（指明这一途径，将是以后自然科学的课题）转变为另一种形式，在这种运动形式中，它能够重新集结和活动起来。"[2]

2.7　热力学第三定律的建立和低温物理学的发展

热力学第三定律是热力学又一条基本定律，它不能由任何其他物理学定律推导得出，只能看成是从实验事实作出的经验总结。这些实验事实跟低温的研究有密切的关系。

2.7.1　气体的液化与低温的获得

低温的获得是与气体的液化密切相关的。18 世纪末荷兰人马伦（Martin van Marum，1750—1837）第一次靠高压压缩方法将氨液化。1823 年法拉第在研究氯化物的性质时，发现玻璃管的冷端出现液滴，经过研究证明这是液态氯。1826 年他把玻璃管的冷端浸入冷却剂中，从而陆续液化了 H_2S，HCl，SO_2 及 C_2N_2 等气体。但氧、氮、氢等气体却毫无液化的迹象，许多科学家认为，这些是真正的"永久气体"。

接着有人设法改进高压技术提高压力，甚至有的将压力加大到 3 000 大气压，空气仍不能被液化。

研究气液转变的关键性突破是临界点的发现。法国人托尔（C. C. Tour，1777—1859）在 1822 年把酒精密封在装有一个石英球的枪管中，通过听觉来辨别石英球发出的噪音，结果发现，当加热到某一温度时，石英球的噪音会突然消失，这是因为酒精在突然全部转变成了气体，此时压强达到 119 大气压。托尔就这样成了临界点的发现者，然而当时他并

---

①　转引自：Kestin J, ed. The Second Law of Thermodynamics. Dowden: Hutchinson & Ross, 1976. 197

②　恩格斯. 自然辩证法. 人民出版社, 1984. 23

不能解释。直到 1869 年安德纽斯(Thomas Andrews,1813—1885)全面地研究了这一现象之后,才搞清楚气液转变的全过程。

安德纽斯是爱尔兰的化学家,贝伐斯特(Belfast)大学化学教授。1861 年他用了比前人优越得多的设备从事气液转变的实验,他选用 CO_2 作为工作物质,作了完整的 p-V 图,如图 2-30。由图可以看出 CO_2 气液转变的条件和压强、温度的依赖关系。当温度足够高时,气体服从玻意耳定律,而当温度高于临界温度时,不论加多大的压力也无法使气体液化。安德纽斯的细致测量为认识分子力开辟了道路。

"永久气体"中首先被液化的是氧。1877 年,几乎同时由两位物理学家分别用不同方法实现了氧的液化。

法国人盖勒德(Louis Paul Cailletet,1832—1913)将纯净的氧压缩到 300 大气压,再把盛有压缩氧气的玻璃管置于二氧化硫蒸气(-29℃)中,然后令压强突降,这时在管壁上观察到了薄雾状的液氧。

正当盖勒德在法国科学院会议上报告氧的液化时,会议秘书宣布,不久前接到瑞士人毕克特(Paous-Pierre Pictet,1846—1929)从日内瓦打来的电报说:"今天在 320 大气压和 140 的冷度(即-140℃)下联合使用硫酸和碳酸液化氧取得成功。"他是用真空泵抽去液体表面的蒸气,液体失去了速度最快的分子而降温,然后用降温后的液体包围第二种液体,再用真空泵抽去第二种液体表面的蒸气,它的温度必然低于第一种液体,如此一级一级联下去,终于达到了氧的临界温度。

6 年后的 1883 年,波兰物理学家乌罗布列夫斯基(S. Wroblewski,1845—1888)和化学家奥耳舍夫斯基(K. Olszewski,1846—1915)合作,将以上两种方法综合运用,并作了两点改进:一是将液化的氧用一小玻璃管收集,二是将小玻璃管置于盛有液态乙烯的低温槽中(温度保持在-130℃),这样他们就第一次收集到了液氧。后来奥耳舍夫斯基在低温领域里续有成就,除了氢和氦,对所有其他的气体他都实现了液化和固化,此外还研究了液态空气的种种性质。

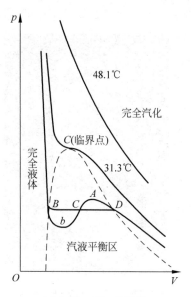

图 2-30　CO_2 等温线

1895 年德国人林德(Carl von Linde,1842—1934)和英国人汉普孙(William Hampson,1854—1926)同时而分别地利用焦耳和 W. 汤姆孙发现的多孔塞效应实现液化气体,并分别在德国和英国获得了专利。

1893 年 1 月 20 日杜瓦(J. Dewar,1842—1923)宣布发明了一种特殊的低温恒温器——后来称为杜瓦瓶。1898 年他用杜瓦瓶实现了氢的液化,达到

图 2-31　林德的液化机

了 20.4K。翌年又实现了氢的固化，靠抽出固体氢表面的蒸气，达到了 12K。

荷兰莱顿大学的低温实验室在卡麦林-昂纳斯（Heike Kamerlingh Onnes，1853—1926）的领导下于 1908 年首开记录，获得了 60cm³ 的液氦，达到 4.3K，第二年达到 1.38K～1.04K。

图 2-32　杜瓦发明的低温恒温器

图 2-33　卡麦林-昂纳斯(右)和他的
助手在实验室里工作

2.7.2　热力学第三定律的建立

绝对零度的概念似乎早在 17 世纪末阿蒙顿（G. Amontons）的著作中就已有萌芽。他观测到空气的温度每下降一等量份额，气压也下降等量份额。继续降低温度，总会得到气压为零的时候，所以温度降低必有一限度。他认为任何物体都不能冷却到这一温度以下。阿蒙顿还预言，达到这个温度时，所有运动都将趋于静止。

一个世纪以后，查理（J. A. C. Charles）和盖-吕萨克（J. L. Gay-Lussac）建立了严格的气体定律，从气体的压缩系数 $\alpha=1/273$，得到温度的极限值应为 $-273℃$。

1848 年，W. 汤姆孙确定绝对温标时，对绝对零度作了如下说明：

"当我们仔细考虑无限冷相当于空气温度计零度以下的某一确定的温度时，如果把分度的严格原理推延足够地远，我们就可以达到这样一个点，在这个点上空气的体积将缩减到无，在刻度上可以标以 $-273°$，所以空气温度计的（$-273°$）是这样一个点，不管温度降到多低都无法达到这点。"[1]

绝对零度不可能达到，在物理学家的观念中似乎早已隐约预见到了。但是这样一条物理学的基本原理，却是又过了半个多世纪，到 1912 年才正式提出来的。

1906 年，德国物理化学家能斯特（W. Nernst，1864—1941）在为化学平衡和化学的自发性（chemical spontaneity）寻求数学判据时，作出了一个基本假设，并提出了相应的理论——他称之为"热学新理论"，称为能斯特定理。这个理论的核心内容是：设 A 表示化学亲和势(chemical affinity)，U 表示反应热，T 表示绝对温度，则有

$$A - U = T\frac{\partial A}{\partial T}$$

这个关系也叫赫姆霍兹方程。能斯特根据实验事实，作了一个假设，即当 $T \to 0$ 时，$A = U$，于是得

$$\lim_{T \to 0}\frac{\partial A}{\partial T} = \lim_{T \to 0}\frac{\partial U}{\partial T} = 0$$

以曲线表示如图 2-34 所示。接着他推论说：

"在低温下，任何物质的比热都要趋向某一很小的确定值，这个值与凝聚态的性质无关。"[①]后来，能斯特通过实验证明，这个"很小的确定值"就是零，与爱因斯坦的量子比热理论一致。当时，能斯特并没有利用熵的概念，他认为这个概念不明确。但普朗克则相反，把熵当作热力学最基本的概念之一，所以当普朗克了解到能斯特的工作后，立即尝试用熵来表述"热学新理论"。他的表述是："在接近绝对零度时，所有过程都没有熵的变化"。或

$$\lim_{T \to 0}(S_2 - S_1) = \lim_{T \to 0}\Delta S = 0$$

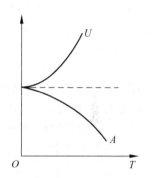

图 2-34　反应热和化学亲和势在
温度下降时趋于一致

1912 年能斯特在他的著作《热力学与比热》中，将"热学新理论"表述成："不可能通过有限的循环过程，使物体冷到绝对零度。"这就是绝对零度不可能达到定律，也是热力学第三定律通常采用的表述方法。

西蒙(F. Simon，1893—1956)在 1927—1937 年对热力学第三定律作了改进和推广，修正后被称为热力学第三定律的能斯特-西蒙表述是：当温度趋近绝对零度时，凝聚系统(固体和液体)的任何可逆等温过程，熵的变化趋近于零。

$$\lim_{T \to 0}(\Delta S)_T = 0$$

以上对热力学第三定律的不同表述，实际上都是相当的。

2.7.3　低温物理学的发展

自从 1908 年莱顿实验室实现了氦的液化以来，低温物理学得到了迅速发展。卡麦林-昂纳斯的规模宏大的低温实验室成了国际上研究低温的基地。他和他的合作者不断创造新的成绩，对极低温下的各种物理现象进行了广泛研究，测量了 10K 以下的电阻变化，发现金、银、铜等金属的电阻会减小到一个极限值。1911 年，他们发现汞、铅和锡等一些金属，在极低温下电阻会突然下降。1913 年卡麦林-昂纳斯用"超导电性"来代表这一事实，这年他获得了诺贝尔物理学奖。1911—1926 年，卡麦林-昂纳斯继续对液氦进行了广泛研究，并发现了其他许多超导物质，不过他一直未能实现液氦的固化。这件工作是在 1926 年由他的同事凯森(W. Keesom)在液氦上加压 25 大气压才得以完成，这时的温度为 0.71K。

---

① Nernst W. The New Heat Theorem. Methen，1926

1928年凯森发现2.2K下液氦中有特殊的相变。十年后，苏联的卡皮察（П. Л. капица）和英国的阿伦（John F. Allen）和密申纳（Donald Misener）分别却是同时地发现液氦在2.2K以下可以无摩擦地经窄管流出，一点粘滞性也没有，这种属性叫超流动性。

在用各种方法探索低温的进程中，一种崭新的制冷方法——磁冷却法出现了，这种方法也叫顺磁盐绝热去磁冷却法。加拿大物理学家盖奥克（William Francis Giauque）和德国物理学家德拜（Pieter Debye）于1926年分别发表了这方面的论文。但是由于技术上的困难，直到1933年才由盖奥克和麦克道盖尔（MacDongall）在美国加州的伯克利以及德哈斯（W. J. de Haas）、韦尔斯玛（E. C. Wiersma）和克拉麦斯（H. A. Kramers）在莱顿，同时但又独立地实现，他们分别达到0.25K和0.13K。后来经过近二十年的努力，用磁冷却法最低达到了0.003K左右。1956年，英国人西蒙（F. E. Simon）和克尔梯（N. Kurti）用核去磁冷却法获得10^{-5}K。1979年芬兰人恩荷姆（Ehnholm）等人，用级联核冷却法达到5×10^{-8}K。

探索极低温条件下物质的属性，有极为重要的实际意义和理论价值。因为在这样一个极限情况下，物质中原子或分子的无规热运动将趋于静止，一些常温下被掩盖的现象显示出来了，这就可以为了解物质世界的规律提供重要线索。例如，1956年吴健雄等人为检验宇称不守恒原理进行的Co-60实验，就是在0.01K的极低温条件下进行的；1980年，德国的冯·克利青（von Klitzing）在极低温和强磁场条件下发现了整数量子霍尔效应；1982年，美籍华裔物理学家崔琦等人在更低的温度和更强的磁场下进一步发现了分数量子霍尔效应。

2.8　气体动理论的发展

气体动理论（简称动理论）是热学的一种微观理论，它是以分子的运动来解释物质的宏观热性质。它根据的是两个基本概念：一个是物质由大量分子和原子组成；另一个是热现象是这些分子无规则运动的一种表现形式。

这两个基本概念的起源可以追溯到17世纪，甚至在古希腊的自然哲学家那里也可以找到思想萌芽。古代自然哲学家们往往用朴素的原子假说来解释物质世界。公元前6世纪时，泰勒斯（Thales，公元前625（?）—前547（?））就假想自然界的物质全是由水和水变成的各种物质组成，例如：土是水凝固而成；空气是水稀释而成；火则是由空气受热而成。赫拉克利特（Heraclitus）则以土、气、火、水作为物质组成的四种元素。后来，德漠克利特（Democritus，公元前460—前371）认为物质皆由各种不同的微粒组成。

2.8.1　早期的动理论

动理论的兴起，与原子论的复活有密切联系。1658年伽桑狄（Gassendi）提出物质是由分子构成的，他假设分子能向各个方向运动，并由此出发解释气、液、固三种物质状态。玻意耳在1662年从实验中得到了气体定律，他对动理论的贡献主要是引入了压强的概念，还提出了关于空气弹性的定性理论。他把气体粒子比作固定在弹簧上的小球，用空气的弹性解释气体的压缩和膨胀，从而定性地说明了气体的性质。牛顿对玻意耳定律也作过类似的说明,认为气体压强与体积成反比的原因是由于气体粒子对周围的粒子有斥力,而斥力的大小与距离成反比。胡克则把气体压力归因于气体分子与器壁的碰撞。

由此可见,17 世纪已经产生了动理论的基本概念,能够定性地解释一些热学现象。但是在 18 世纪和 19 世纪初,由于热质说的兴盛,动理论受到压抑,发展的进程甚为缓慢。

最早对热是一种运动提出确定数量关系的是瑞士人赫曼(J. Hermann,1678—1733)。1716 年他提出一个理论,认为:"成分相同的物体中的热是热体的密度和它所含粒子的乱运动的平方以复杂的比例关系组成。"[①]所谓"乱运动"指的是分子作乱运动的平均速率,所谓"热"指的是压强。他的观念可以表述为一个公式

$$p = K\rho\bar{v}^2$$

其中 p 为压强,$\bar{v}$ 为分子平均速率,ρ 为密度,K 为一取决于物体特性的常数。

第一位接近真正的气体动理论的是瑞士著名数学家欧拉。1729 年,他发展了笛卡儿的学说,把空气想像成是由堆积在一起的旋转球形分子构成。他假设在任一给定温度下,所有空气和水的粒子旋转运动的线速率都相同,由此推出状态方程

$$p \approx \frac{1}{3}\rho v^2$$

他得到 p 与 ρ 的正比关系,解释了玻意耳定律,并粗略计算出分子速率 $v=477$ 米/秒。尽管欧拉的分子运动图像有别于现代对气体的认识,但他的结果仍可看成是取得了初步的成功。

另一位瑞士数学家 D. 伯努利对动理论也做了重要贡献。他在 1738 年发表的《水力学》一书中,有专门的篇幅用于讨论分子运动,并从分子运动推导出了压强公式,得到了比玻意耳定律更普遍的公式。

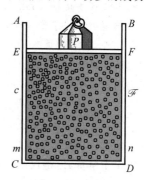

D. 伯努利首先考虑在圆柱体容器中密封有无数的微小粒子(图 2-35),这些粒子在运动中碰撞到活塞,对活塞产生一个力。他假设粒子碰前和碰后都具有相同的速度。他分析:"当活塞 EF 移到 ef 时,由于两方面原因它受到流体的力将会更大:一方面是由于空间缩小,(单位空间的)粒子数按比例变得更大;另一方面因为每个给定的粒子碰撞得更频繁。……粒子间的距离越短,碰撞发生得越频繁。……显然,碰撞次数反比于粒子表面之间的平均距离。"[②]

图 2-35 D. 伯努利讨论动理论用图

为了计算第一种原因带来的影响,伯努利考虑粒子似乎都是静止的。若取 $EC=1$,$eC=S$。活塞从 EF 移到 ef 时,其高度由 1 减至 S。考虑到粒子均匀分布,三个垂直方向粒子数因此各增 $1/S^{1/3}$ 倍,那么接近活塞处的粒子数应由 n 增至 $n/S^{2/3}$。他认为粒子是直径为 d 的球体,初始平均距离为 D,则粒子表面之间的平均距离为 $D-d$。活塞落下后,粒子间的平均距离为 $DS^{1/3}$,所以表面之间的平均距离为 $DS^{1/3}-d$。

假定压强与接触到活塞表面的粒子数成正比,与平衡距离成反比,伯努利求得压缩前后压强之比为

① 转引自:Truesdall C. Essays in the History of Mechanics. Springer-Verlag,1968. 272
② 转引自:Magie,ed. A Source Book in Physics. McGraw-Hill,1935. 249

$$\frac{p_0}{p} = S^{2/3} \cdot \frac{DS^{1/3}}{D-d}$$

接着，伯努利又作了一个假设：如果活塞上荷重 P 无限加大，则活塞必降到使所有粒子都互相接触，这个位置为 m,n，设此时的体积缩减为原来的 α 倍，则 $\dfrac{D}{d}=\alpha^{-1/3}$。于是，压缩后与压缩前的压缩比为

$$\frac{p}{p_0} = \frac{1-\alpha^{1/3}}{S-\alpha^{1/3}S^{2/3}}$$

这是一个普遍结论。然后，伯努利作了如下推论：

（a）如果 $\alpha=0$，即粒子不占体积，则 $\dfrac{p}{p_0}=\dfrac{1}{S}$。这正是玻意耳定律。

（b）如果能从极密的空气中用实验确定玻意耳定律的偏差，就可以测出系数 α。不过，实验必须施加极大的压力，测量要非常精确，并需注意保持温度不变。

可见，D. 伯努利早在 1738 年就注意到要修正玻意耳定律，比范德瓦耳斯早 150 年之久。遗憾的是，D. 伯努利的理论被人们忽视了整整一个世纪。

继 D. 伯努利之后，俄国人罗蒙诺索夫（М. В. Ломоносов，1711—1765）在 1746 年写的《关于热和冷原因的思索》和 1748 年写的《试拟建立空气弹力的理论》两篇论文里，论证了热的本质在于运动，讨论了气体的性质，阐述了气体分子无规则运动的思想，并肯定了运动守恒定理在热学现象中的应用。

此外，瑞士的德鲁克（J. A. Deluc，1727—1817）和里萨奇（G. L. Lesage，1724—1803），意大利的维斯柯维基（R. Boscovich，1711—1787）都曾致力于动理论。维斯柯维基是 18 世纪突出的思想家之一，他提出过分子斥力模型。

19 世纪上半叶，动理论续有进展，值得提到的是如下几位：

1816 年，英国的赫拉帕斯（J. Herapath，1790—1868）向皇家学会提出自己的分子动理论。他明确地提出温度取决于分子速度的思想，并对物态变化、扩散、声音的传播等现象作出定量解释，但是权威们认为他的论文太近于遐想，拒绝发表。

1846 年，苏格兰的瓦特斯顿（J. J. Waterston，1811—1883）提出混合气体中不同比重的气体，所有分子的 mv^2 的平均值应相同。这大概是能量均分原理的最早说法。

图 2-36　赫拉帕斯

图 2-37　瓦特斯顿

焦耳在 1847—1848 年也曾发表过两篇关于动理论的演讲。他指出,热是分子运动的动能或分子间相互作用的能量。他还求出了气体分子的运动速率,据此计算出气体的比热,并与实验结果进行了比较。焦耳的文章发表在一份不知名的杂志上,因此很少为人所知,对动理论的复活影响不大。

2.8.2　动理论的复活

热质说衰落后,动理论取而代之,于是就创造了一个对动理论复活很有利的形势,因为人们自然地就会想到,既然热和机械功有当量关系,可以相互转变,热就应该与物体各组成部分的运动有确定关系。正因为这个原因,在建立热力学上做过重大贡献的实验物理学家焦耳和理论物理学家克劳修斯都分别提出了自己对分子运动的看法和有关理论。可见,动理论在 19 世纪中叶紧跟着热力学第一定律、第二定律的提出而得到发展,有其必然的逻辑联系。

通常都把动理论的复活,归功于德国化学家克里尼希(A. K. Krönig,1822—1879),他激发了克劳修斯和麦克斯韦进一步发展这个理论。1856 年克里尼希在《物理学年鉴》上发表了一篇短文,题为《气体理论的特征》,这篇论文虽然没有什么新的观点,也不完全正确,但却有相当影响。这是因为当时克里尼希是知名的科学家,柏林高等工业大学的教授,《物理学进展》的主编。他在柏林物理学会很有声望。他的论文正好发表于热力学第一定律建立之后不久,因此很受科学界的注意。

克里尼希的方法跟 D. 伯努利和赫拉帕斯没有实质上的差别。他从最简单的完全弹性球假设出发,假设这些弹性球沿三个相互垂直方向均等地以同一速率运动,他写道:

“假想有一个匣子,取自绝对弹性的材料,里面有许多绝对弹性球,如果静止下来,这些小球只占匣子容量的极小一部分。令匣子猛烈摇晃,于是小球都运动起来了。如果匣子重归静止,小球将维持运动。在小球之间以及小球与器壁间的每次撞击之后,小球的运动方向和速率都要改变。容器中气体的原子就像这些小球一样地行动。”

“气体的原子并不是围绕平衡位置振动,而是以恒速沿直线运动,直到碰上气体的另一个原子或固态(液态)的边界。特别是两个互相不接触的气体原子,它们之间不会产生相互排斥力。”

“与气体的原子相反,即使最平的器壁也要看成是很粗糙的。结果,每个气体原子的路程必定极不规则,以至于无法计算。”[1]

克里尼希接着提到概率理论,“靠概率理论的定律,我们就可以用完全规则性代替完全不规则性。”不过,他实际上并未用上概率理论。

克里尼希根据分子动量的改变推出公式 $p=nmc^2/V$,其中 V 为体积,n 为分子数,m 与 c 为分子的质量和速度。然后,他假设绝对温度相当于 mc^2,这样就把自己的公式等同于玻意耳和盖-吕萨克定律,他研究了重力对气体的作用,证明在容器上下不同的高度应有压强差,这个压强差与温度无关。

---

① 转引自: Truesdell C. Early Kinetic Theories of Gases. In: Arch. Hist. Exa. Sci. ,1975(15):20

　　克里尼希粗略地讨论了气体分子速度和比热问题,他指出:氢气要比更重的气体,如氧扩散得更快。他还对气体向真空膨胀温度不变,膨胀时气体推动活塞后会变冷,受压缩则气体会变热等现象作出了解释。不过,他没有提到这些方面的实验。

　　他的工作可以说是早期动理论的结束,因为到此为止,动理论充其量也只能推证理想气体状态方程,定性解释扩散和比热。要作进一步研究,靠完全弹性球的假设已经满足不了需要,必然需要进一步考虑分子速度的统计分布和分子间的作用力。从这一点来看,克劳修斯和麦克斯韦才是动理论真正的奠基人。

2.8.3　克劳修斯对动理论的贡献

　　早在 1850 年,当克劳修斯初次发表热力学论文时,他就设想可以把热和功的相当性以热作为一种分子运动的形式体现出来。在谈到焦耳的摩擦生热实验之后,他写道:"热不是物质,而是包含在物体最小成分的运动之中。"

　　1855 年,克劳修斯被任命为瑞士苏尼克市爱根诺西塞(Eidgenössiche)工业大学物理学教授,使他有机会来到数学之邦瑞士。不久克里尼希的文章发表,促使他在 1857 年对动理论作了全面的论述,明确提出在动理论中应该应用统计概念。其实,他的见解在读到克里尼希论文之前就已形成。

　　克劳修斯对动理论主要有以下几方面的贡献:

　　(a) 明确引进了统计思想;

　　(b) 引进平均自由路程概念;

　　(c) 提出"维里理论",这个理论后来对推导真实气体的状态方程很有用。不过,他自己并没有用之于真实气体,他原来的目的是要为热力学定律找到普遍的力学基础;

　　(d) 更严格地推导了理想气体状态方程,得到 $\frac{3}{2}pV = \frac{1}{2}nmu^2$,此式右端表示分子平动动能的总和。克劳修斯由此推算出气体分子的平均速度为

$$u = 485\sqrt{\frac{T}{273 \cdot \rho}}(\text{米／秒})$$

其中 T 为绝对温度,ρ 为气体密度。对于氧,$u = 461$ 米/秒;对于氮,$u = 492$ 米/秒;对于氢,$u = 1\,844$ 米/秒(温度为融冰点);

　　(e) 根据上述方程确定气体中平均动能 K 和总动能 H 的比值,例如,简单气体的 $\frac{K}{H} = 0.631\,5$。从而判定气体分子除了平动动能以外,还有其他形式的能量。

　　下面我们介绍克劳修斯是怎样引出平均自由路程这个概念的。

　　1858 年克劳修斯发表《气体分子的平均自由路程》一文,是为了回答德国物理学家布斯-巴罗特(C. H. D. Buys-Ballot)对动理论的责难。布斯-巴罗特在 1858 年 2 月号的《物理学年鉴》上发表题为《论我们称之为热和电的那种运动的性质》的文章。他提问道:既然分子运动速率很大,每秒达几百米,为什么实际观察到的气体扩散和气体混合的速率比这个速率小得多? 他写道:"为什么烟尘在室内停留于不动的空气中这样长的时间?""如果硫化氢或氯气在房子的一角生成,需好几分钟后在另一角才能嗅到,可是分子在 1 秒钟内早

该沿房子飞行好几个来回了。"

克劳修斯针对布斯-巴罗特的质疑进行了研究,他试图根据真实气体中分子之间作用力不能略去不计这一假设作出说明,在推算过程中引出了平均自由路程的概念。他的思路是:设分子间相距较远时有吸力,相距较近时有斥力,于是就可以规定某一距离 ρ,在这个距离上吸力与斥力平衡;也就是说,在碰撞中两个分子的重心相距不会少于 ρ,ρ 就叫"作用球半径"。克劳修斯提出这样一个问题:"分子在进入另一分子的作用球前平均走多远?"他断言,如果所有其他分子相对于某一个分子都处于静止的话,则分子的平均路程将会比其他分子以同一速率向所有方向运动时大。这两种情况的平均路程大约成 $\frac{1}{4}$:1。克劳休斯先假定所有其他分子均处于静止,再作如下推导:[①]

他将气体可能达到的整个空间沿垂直于该分子运动方向平行地分隔为许多层,若分子自由通过厚度为 1 的一层空间的概率是 $e^{-\alpha}$,则未遇其他分子作用球而自由通过厚度为 x 这一层空间的概率应是 $W = e^{-\alpha x}$,其中 α 是与作用球面积有关的待定正数。

对于非常薄的一层,厚度 $\delta \ll 1$,其概率为

$$W_\delta = e^{-\alpha\delta} \approx 1 - \alpha\delta \tag{2-4}$$

α 的求法如下:考虑含有 n 个分子,分子平均中心距为 λ,取厚度为 λ 的一层。假设这些分子排列成两维的方阵,则方阵总面积为 $n\lambda^2$,作用球的面积为 $n\pi\rho^2$,作用球面积所占比例为 $\pi\rho/\lambda^2$,对厚度为 δ 的一层,这个面积比应乘以 δ/λ,即 $\pi\rho^2\delta/\lambda^3$。

由于分子穿过某一层空间而未受碰撞的概率 W_δ 正好等于作用球未复盖面积所占的比例,所以

$$W_\delta = 1 - (\pi\rho^2\delta/\lambda^3)$$

与式(2-4)比较,可得

$$\alpha = \pi\rho^2/\lambda^3$$

所以穿过厚度为 x 的空间的概率为

$$W = e^{-(\pi\rho^2/\lambda^3)x} \tag{2-5}$$

然后,克劳修斯推导分子与作用球相遇前所经路程的平均值,这也就是平均自由路程。

他考虑 N 个分子从一个方向穿过空间,则由(2-5)式知,自由穿过 x 厚度的分子数为 $Ne^{-(\pi\rho^2/\lambda^3)x}$,那么,穿过厚度为$(x+dx)$层的分子数为:

$$Ne^{-(\pi\rho^2/\lambda^3)(x+dx)} \approx Ne^{-(\pi\rho^2/\lambda^3)x} \cdot \left(1 - \frac{\pi\rho^2}{\lambda^3}dx\right)$$

于是,在 x 与$(x+dx)$之间遇上作用球的分子数,也即停留在这一层上的分子数就是以上两者的差值,即

$$Ne^{-(\pi\rho^2/\lambda^3)x} \cdot \left(\frac{\pi\rho^2}{\lambda^3}\right)dx。$$

如果忽略无穷小的差别,这些分子经过的路程可以看作是 x,所以这些分子与其经过路程的乘积是

---

① 转引自:Brush S,ed. Kinetic Theory,vol. 1. Pergamon,1965. 177

$$Ne^{-(\pi\rho^2/\lambda^3)x} \cdot \left(\frac{\pi\rho^2}{\lambda^3}\right)x\mathrm{d}x$$

求出所有 $\mathrm{d}x$ 层的上述乘积的总和，即从 $x=0$ 到 $x=\infty$ 积分，得

$$\int_0^\infty Ne^{-(\pi\rho^2/\lambda^3)x} \cdot \left(\frac{\pi\rho^2}{\lambda^3}\right)x\mathrm{d}x = N\frac{\lambda^3}{\pi\rho^2}$$

上述结果再除以分子数 N，即得平均（自由）路程

$$\frac{\lambda^3}{\pi\rho^2} \tag{2-6}$$

(2-6)式只是一个分子运动而其他所有分子静止的情况。若其他分子以同样速率运动，前面已提到这时平均路程应将(2-6)式乘以系数 $3/4$，得

$$l = \frac{3}{4} \cdot \frac{\lambda^3}{\pi\rho^2} \tag{2-7}$$

这就是克劳修斯在 1857 年用独特的方法推出的平均自由路程公式。他将(2-7)式变换形式，得

$$\frac{l}{\rho} = \frac{\lambda^3}{\frac{4}{3}\pi\rho^3}$$

于是得到一个简单的规律："分子的平均自由路程与作用球半径之比，等于气体所占整个空间与分子作用球实际充满空间之比。"[①]这一规律后来被范德瓦耳斯（Johannes Diderik Van der Waals，1837—1923）用来推导真实气体状态方程中的体积改正项。

克劳修斯虽然提出了分子速率的无规分布的概念，但是实际上并没有考虑分子速率的分布，而是按平均速率计算，所以结果并不完全正确。进一步的发展就要由麦克斯韦和玻尔兹曼来解决了。

克劳修斯这种求平均值的方法后来在粒子碰撞问题上计算粒子散射概率有重要应用。

2.8.4　范德瓦耳斯方程的建立

经过克劳修斯等人的努力，动理论逐步形成为一门有严密体系的精确科学。与此同时，实验也越做越精。人们发现绝大多数气体的行为与理想气体的性质不符。1847 年勒尼奥（Henri Victor Regnault，1810—1878）做了大量实验，证明除了氢以外，没有一种气体严格遵守玻意耳定律，这些气体的膨胀系数都会随压强增大而变大。1852 年焦耳和 W. 汤姆孙合作做了多孔塞实验，发现实际气体在膨胀过程中内能会发生变化，证明分子之间有作用力存在。1863 年安德纽斯的 CO_2 等温线（图 2-30）说明 CO_2 气体存在一个临界温度 $31.3\,℃$，高于这个温度无论如何也无法使气体液化。1871 年 J. 汤姆孙（James Thomson，1822—1892）对气液两态问题提出了新的见解，他对安德纽斯的实验结果做了补充，认为在临界温度以下气液两态应有连续性的过渡，并且提出一个"～"形的等温线。不过他既

---

① 转引自：Brush S，ed. Kinetic Theory，vol. 1. Pergamon，1965. 177～180

没作定量计算也没有用分子理论加以解释。

他们的研究为荷兰物理学家范德瓦耳斯在其博士论文中提出新的气体状态方程奠定了基础。

在范德瓦耳斯之前,早在18世纪D.伯努利就曾提出过应在理想气体状态方程的体积因子中引进改正项 b,即

$$p(V - b) = RT$$

b 代表分子自身所占的体积。1863年黑恩(Hirn)用 $(p + \phi)(V - b) = RT$ 表示状态方程。他已经意识到 ϕ 是体积的函数,并且认为,对于液体,ϕ 远大于 p。他们的工作对范德瓦耳斯都很有启示。

范德瓦耳斯在他的博士论文中首先讨论了压强的修正,他写道:

"我们在研究任一粒子受力时,只需考虑以它为中心的一极小半径的球内的其他粒子,这个球称为'作用球',距离大于球半径的作用力即不可察觉。""……(如果密度处处均匀),取作用球时如不包括边界,所有各点均应处于平衡,……只有边界上厚度是作用球半径的一层内的粒子会受到指向内侧的作用力……"。"考虑在边界层内有一无限薄(壁)的圆柱,并假想在这一层下物体内部的一块空间,这个空间里包含对薄圆柱有吸力的每个分子。如果在此空间内有一个分子处于静止,那么我们需要知道力的规律以便估计它对圆柱的吸力;但如分子处于运动之中,并且能同样占领空间的任何部分,则上述(估计吸力的)困难就大体上不存在了,我们可以把分子施加的吸力看成是它在空间各个不同位置的平均值。对这一空间内同时存在的第二个分子也可作类似处理。简言之,上述空间的物质所施加的吸力正比于物质之量,或正比于其密度。这同样适用于圆柱内被吸引的分子,所以吸力与密度平方成正比,或与体积的平方成反比。"于是范德瓦耳斯把状态方程写成

$$\left(p + \frac{a}{V^2}\right)(V - b) = RT$$

范德瓦耳斯进一步研究 b 与分子体积的关系。在那篇博士论文中他写道:

"起初我认为外部体积和分子所占体积之差就是分子运动的空间,但进一步考虑我相信能够证明,当物质聚集到一定程度以后,外部体积必须减去分子体积的4倍,越是聚集,必须减去的值是分子体积越小的倍数。"

4倍因子是在平均自由路程的基础上推出来的,范德瓦耳斯继续写道:

"……正如一个球投向墙壁,它的自由路程会被看成是运动开始时球心到墙的距离,其实自由路程是这段距离减去球的半径。所以考虑到分子的直径,自由路程变小了,碰撞次数变大了,于是反抗的压强也就按比例地变大。"

范德瓦耳斯假设分子排成正方体,每个分子可看成是直径为 σ 的球,分子间的平均距离为 λ,根据克劳修斯的推算,如果其余分子均处于静止,则一个单独运动的分子的平均自由路程为 $l = \frac{\lambda^3}{\pi\sigma^2}$,如果其余分子均以同样速度运动,则平均自由路程应为 $l_1 = \frac{3\lambda^3}{4\pi\sigma^2}$。

利用这一关系,范德瓦耳斯继续推算分子直径对平均自由路程的影响。他写道:

"……如果所有的碰撞都发生在沿分子中心连线的运动中,则 l_1 应减去碰撞发生时的中心间距,因为自由路程的始端和末端都必须减去分子直径的一半,故 $l_2 = l_1 - \sigma$,或

$$l_2 = \frac{\lambda^3 - 4\pi\sigma^3/3}{\dfrac{4\pi\sigma^2}{3}} \ ; \ \frac{l_2}{l_1} = \frac{\lambda^3 - 4\pi\sigma^3/3}{\lambda^3}$$

考虑到 $\sigma/2$ 是被看成球的分子的半径，$n\lambda^3$ 等于单位体积，以 v 表示；$4\pi n\sigma^3/3$ 等于分子本身体积的 8 倍，得

$$\frac{l_2}{l_1} = \frac{v - 8b_1}{v}$$

这里 b_1 是分子的体积。"[①]

范德瓦耳斯进一步考虑，认为 $8b_1$ 应改为 $4b_1$，因为上面考虑的碰撞仅限于对心的，因此取平均时，l_1 应减去比 σ 小的值。经过推算，范德瓦耳斯导出了 $b = 4b_1$ 的关系。

范德瓦耳斯方程的提出是动理论发展中的一件大事。它不仅能解释安德纽斯的实验结果及 J. 汤姆孙的见解，而且能从常数 a,b 值计算出临界参数，这对"永久气体"液化的理论起了指导作用。这篇论文先是用荷兰文发表，起初影响不大，后由于麦克斯韦注意到了他的论文，并于次年（1874 年）在有国际影响的《自然》杂志上对该文作了热情的述评，于是迅速为世人注意。

1881 年范德瓦耳斯进一步提出"对应态定律"，用临界参数 $\pi = p/p_c, \phi = V/V_c, \theta = T/T_c$ 表示物质的状态，建立了一个适用于任何流体的普遍方程

$$\left(\pi + \frac{3}{\phi^2}\right)(3\phi + 1) = 8\theta$$

尽管这个方程并不十分精确，但对实际工作例如对于早期尝试进行氢、氦的液化仍有一定的指导意义。1910 年范德瓦耳斯由于气体和液体状态方程的工作而获诺贝尔物理学奖。

范德瓦耳斯之所以能取得如此突出的成就，并在这一领域产生巨大影响，主要是由于他对分子运动比前人有更明确的概念，他继承并发展了玻意耳、D. 伯努利、克劳修斯等人的研究成果，并注意到安德鲁斯等人已经从实验中发现了气液连续的物态变化，这些实验结果为他的工作提供了实践基础。

图 2-38   范德瓦耳斯（右）和
卡麦林-昂纳斯在一起

(a) 正面   (b) 背面

图 2-39   范德瓦耳斯奖章

①   以上均转引自：Brush S G. Am. J. Phys,1961(29):601

2.9　统计物理学的创立

2.9.1　麦克斯韦速度分布律

麦克斯韦(James Clerk Maxwell,1831—1879)发现气体分子速度分布律对动理论和统计力学的发展具有里程碑的意义。他是在 1859 年开始进行这项工作的,当时他 28 岁,已是国王学院(King's College)的教授。1855 年他开始研究土星卫环的稳定性时,就曾注意到卫环质量的分布问题。他企图用概率理论处理,但是由于问题过于复杂似乎没有希望解决,所以只好放弃。不过他对概率理论的兴趣并未中断。

概率理论的发展要追溯到十九世纪初,1808 年,爱尔兰数学家阿德润(R. Adrain,1775—1843)在分析观测数据的误差中,提出了误差分布的两个实例。1823—1828 年,德国数学家高斯(C. E. Gauss,1777—1855)对概率理论作了系统论述,推出了正则方程,也叫高斯分布律。到了 1835 年,天文学家魁泰勒特(L. Quetelet,1796—1874)发表了论述统计理论的专著,他还因擅长将统计学推广到社会学领域而闻名。1848 年麦克斯韦的老师、爱丁堡大学的佛贝斯(Forbes,1815—1854)曾对 1767 年一次双星观测的统计结果进行过验算,引起了麦克斯韦对概率的兴趣,当时他刚进入爱丁堡大学,年仅 17 岁。后来他全面阅读了拉普拉斯等人关于统计

图 2-40　高斯

学的著作。1850 年英国著名物理学家和天文学家赫谢尔(J. F. W. Herschel,1792—1871)在《爱丁堡评论》上发表了长篇述评,介绍魁泰勒特的工作。这篇评论给麦克斯韦留下了深刻的印象。

图 2-41　麦克斯韦

1859 年 4 月麦克斯韦偶然地读到了克劳修斯关于平均自由路程的那篇论文,很受鼓舞,重燃了他原来在土星卫环问题上运用概率理论的信念,认为可以用所掌握的概率理论对动理论进行更全面的论证。

可是在十九世纪中叶,这种新颖思想却与大多数物理学家的观念相抵触。他们坚持把经典力学用于分子的乱运动,企图对系统中所有分子的状态(位置、速度)作出完备的描述。而麦克斯韦认为这是不可能的,只有用统计方法才能正确描述大量分子的行为。他从分子乱运动的基本假设出发得到的结论是:气体中分子间的大量碰撞不是导致像某些科学家所期望的使分子速度平均,而是呈现一速度的统计分布,所有速度都会以

一定的概率出现。1859 年麦克斯韦写了《气体动力理论的说明》一文,这篇论文分三部分:第一部分讨论完全弹性球的运动和碰撞;第二部分讨论两类以上的运动粒子相互间扩散的过程;第三部分讨论任何形式的完全弹性球的碰撞。在第一部分他写道:"如果有大量相同的球形粒子在完全弹性的容器中运动,则粒子之间将发生碰撞,每次碰撞都会使速度变化,所以在一定时间后,活力将按某一有规则的定律在粒子中分配,尽管每个粒子的速度在每次碰撞时都要改变,但速度在某些限值内的粒子的平均数是可以确定的。"[①]

接着他用概率方法来求这个速度在某一限值内的粒子的平均数,即速率分布律:

"令 N 为粒子总数,x,y 和 z 为每个粒子速度的三个正交方向的分量。x 在 x 与 $x+\mathrm{d}x$ 之间的粒子数为 $Nf(x)\mathrm{d}x$,其中 $f(x)$ 是 x 的待定函数;y 在 y 与 $y+\mathrm{d}y$ 之间的粒子数为 $Nf(y)\mathrm{d}y$;z 在 z 与 $z+\mathrm{d}z$ 之间的粒子数为 $Nf(z)\mathrm{d}z$,这里 f 始终代表同一函数。"

在此他作出了关键性的假设,即由于不断碰撞,粒子三个互相垂直的速度分量互相独立,他写道:

"速度 x 的存在绝不以任何方式影响速度 y 与 z,因为它们互成直角,并且互相独立,所以速度在 x 与 $x+\mathrm{d}x$,y 与 $y+\mathrm{d}y$ 以及 z 与 $z+\mathrm{d}z$ 之间的粒子数为

$$Nf(x)f(y)f(z)\mathrm{d}x\mathrm{d}y\mathrm{d}z$$

如果假设 N 个粒子在同一时刻由原点出发,则此数将为经过单位时间以后在体积元 $(\mathrm{d}x\mathrm{d}y\mathrm{d}z)$ 内的粒子数,因此单位体积内的粒子数应是

$$Nf(x)f(y)f(z)$$

由于坐标的方向完全是任意的,所以此数仅仅与原点的距离有关,即

$$f(x)f(y)f(z) = \phi(x^2 + y^2 + z^2)$$

解此函数方程,可得

$$f(x) = Ce^{Ax^2}$$
$$f(r) = C^3\,e^{Ar^2} \quad (r^2 = x^2 + y^2 + z^2)$$

如果取 A 为正数,则当速度增大时,粒子数随之增大,于是发现粒子的总数将是无穷大。所以,我们取 A 为负数,并令其等于 $-1/\alpha^2$,则 x 与 $x+\mathrm{d}x$ 之间的个数为

$$NCe^{-x^2/\alpha^2}\,\mathrm{d}x$$

从 $x=-\infty$ 到 $x=+\infty$ 积分,我们得到粒子总数为

$$NC\sqrt{\pi}\,\alpha = N$$

因为 $C=\dfrac{1}{\alpha\sqrt{\pi}}$,所以 $f(x)$ 为 $\left(\dfrac{1}{\alpha\sqrt{\pi}}\right)e^{-(x^2/\alpha^2)}$。"

这是分速度 x 的分布函数。y 和 z 的分布函数与此类似。麦克斯韦进一步得到如下几个推论:

"第一,速度分解在某一方向上的分量 x 在 x 与 $x+\mathrm{d}x$ 之间的粒子数为

$$N\left(\frac{1}{\alpha\sqrt{\pi}}\right)e^{-(x^2/\alpha^2)}\,\mathrm{d}x$$

第二,速率在 v 与 $v+\mathrm{d}v$ 之间的粒子数为

---

① Scientific Papers of J. C. Maxwell,vol. 1. Cambridge,1890. 377

$$N\left(\frac{4}{\alpha^3\sqrt{\pi}}\right)v^2\,e^{-(v^2/\alpha^2)}\,dv$$

第三,求 v 的平均值:可将所有粒子的速率加在一起,除以粒子总数,即平均速率 $=\dfrac{2\alpha}{\sqrt{\pi}}$。第

四,求 v^2 的平均值:可将所有粒子的 v^2 的数值加起来再除以 N,即 v^2 的平均值 $=\dfrac{3}{2}\alpha^2$,这

比平均速率的平方大,正应如此。"

在作了以上推导以后,麦克斯韦作出结论:"由此可见,粒子的速度按照'最小二乘法'理论中观测值误差的分布规律分布。速度的范围从 0 到 ∞,但是具有很大速度的粒子数相当少……"

麦克斯韦的这一推导受到了克劳修斯的批评,也引起其他物理学家的怀疑。这是因为他在推导中把速度分解为 x,y 和 z 三个分量,并假设它们互相独立地分布。麦克斯韦自己也承认"这一假设似乎不大可靠",难以令人信服,在以后的几年里他继续研究,例如他曾对热传导的机理进行分析,由于没有得到满意的结果,手稿没有发表。直到 1866 年,麦克斯韦对气体分子运动理论作了进一步的研究以后,他写了《气体的动力理论》的长篇论文,讨论气体的输运过程。其中有一段是关于速度分布律的严格推导,这一推导不再有"速度三个分量的分布互相独立"的假设,也得出了上述速度分布律[①]。它不依赖于任何假设,因而结论是普遍的。在 1859 年的文章里,还讨论了分子无规则运动的碰撞问题。麦克斯韦考虑到分子速度分布,计算了平均碰撞频率为 $\sqrt{2}\,\pi\rho^2 N v$,比克劳修斯推算出的 $\dfrac{4}{3}\pi\rho^2 N v$ 更准确(N 为单位体积内的分子数, v 为分子的平均速率)。

1860 年麦克斯韦用分子速度分布律和平均自由路程的理论推算气体的输运过程:扩散、热传导和粘滞性,取得了一个惊人的结果:"粘滞系数与密度(或压强)无关,随绝对温度的升高而增大。"极稀薄的气体和浓密的气体,其内摩擦系数没有区别,竟与密度无关,这确是不可思议的事。于是麦克斯韦和他的夫人一起,在 1866 年亲自做了气体粘滞性随压强改变的实验。他们的实验结果表明,在一定的温度下,尽管压强在 10 托至 760 托之间变化,空气的粘滞系数仍保持常数。这个实验为动理论提供了重要的证据。

麦克斯韦速度分布律是从概率理论推算出来的,人们自然很关心这一规律的实际可靠性。然而,在分子束方法发展之前,对速度分布律无法进行直接的实验验证。首先对速度分布律作出间接验证的是通过光谱线的多普勒展宽,这是因为分子运动对光谱线的频率会有影响。1873 年瑞利(Rayleigh)用分子速度分布讨论了这一现象,1889 年他又定量地提出多普勒展宽公式。1892 年迈克耳孙(A. A. Michelson)通过精细光谱的观测,证明了这个公式,从而间接地验证了麦克斯韦速度分布律。1908 年理查森(O. W. Richardson)通过热电子发射间接验证了速度分布律。1920 年斯特恩(O. Stern)发展了分子束方法,第一次直接得到速度分布律的证据。直到 1955 年才由库什(P. Kusch)和米勒(R. C. Miller)对速度分布律作出了更精确的实验验证[②]。

---

① 详见沈慧君.物理,1986(15):323

② 速度分布律的实验验证详见郭奕玲,沈慧君.著名经典物理实验.北京科技出版社,1991.第 11 章

图 2-42　麦克斯韦夫妇

图 2-43　麦克斯韦夫妇测气体粘滞性
随压强改变的实验装置

2.9.2　玻尔兹曼分布

玻尔兹曼（Ludwig Boltzmann，1844—1906）是奥地利著名物理学家，曾是斯忒藩（J. Stefan）的学生和助教。1876 年任维也纳物理研究所所长，他用毕生精力研究动理论，是统计物理学的创始人之一。

1866 年，年轻的玻尔兹曼刚从维也纳大学毕业，他想从力学原理推导出热力学定律。这年，他发表了一篇论文，企图把热力学第二定律跟力学的最小作用原理直接联系起来，

图 2-44　玻尔兹曼

图 2-45　玻尔兹曼的墓碑，上面刻着他的
主要贡献，建立了热力学方程：
$S = k \lg W$

但论据不足,没有成功。正好这时麦克斯韦发表分子速度分布律不久,引起了玻尔兹曼的极大兴趣,但他感到麦克斯韦的推导不能令人满意,于是就开始研究动理论。

1868 年玻尔兹曼发表了题为《运动质点活力平衡的研究》的论文。他明确指出,研究动理论必须引进统计学,并证明,不仅单原子气体分子遵守麦克斯韦速度分布律,而且多原子分子以及凡是可以看成质点系的分子在平衡态中都遵从麦克斯韦速度分布律。

1871 年,玻尔兹曼又连续发表了两篇论文,一篇是《论多原子分子的热平衡》,另一篇是《热平衡的某些理论》。文中他研究了气体在重力场中的平衡分布,假设分子具有位能 mgz,则分布函数应为

$$f = \alpha e^{-\beta\left(\frac{1}{2}mv^2 + mgz\right)} \tag{2-8}$$

其中 $v^2 = v_x^2 + v_y^2 + v_z^2$,$\alpha,\beta$ 为常数,取决于温度。

玻尔兹曼在他的研究中作出下列结论:"在力场中分子分布不均匀、势能不是最小的那部分分子按指数定律分布";"在重力作用下,分子随高度的分布满足气压公式,所以气压公式来源于分子分布的普遍规律。"

所谓气压公式是从 17 世纪末以后许多人研究大气压强经验所得。哈雷分析托里拆利、盖里克(O. von Guericke,1602—1686)和玻意耳的实验,曾得到这样的结论:高度 $h = A\ln\dfrac{B}{C}$,其中 A,B,C 均为常数。

拉普拉斯在 1823 年第一次用密度的形式表示类似的结论:$\rho = \rho_0 e^{-\alpha h}$,其中 α 是一常数,当时拉普拉斯未加解释。玻尔兹曼从动理论推导出这一结果,对动理论当然是一个极有力的证据。

玻尔兹曼又进一步将(2-8)式推广到任意的势场中,得

$$f(v_x, v_y, v_z, x, y, z) = \alpha e^{-\beta\left[\frac{1}{2}m(v_x^2 + v_y^2 + v_z^2) + U(x,y,z)\right]} \tag{2-9}$$

这里 $U(x, y, z)$ 表示气体分子在势场中的势能,(2-9)式也可称为玻尔兹曼分布,后来又表述为

$$f = \alpha e^{-E/kT} \tag{2-10}$$

其中 $E = \sum\left(\dfrac{1}{2}mv^2\right) + \sum V$。(2-10)式是统计物理学的重要定律之一。

在 1871 年的论文中,玻尔兹曼还提出另一种更普遍的推导方法,不需要对分子碰撞作任何假设,只假设一定的能量分布在有限数目的分子之中,能量的各种组合机会均等(他假定在动量空间内的能量曲面上作均匀分布),也就是说,能量一份一份地分成极小的但却是有限的份额,于是把这个问题进行组合分析,当份额数趋向无穷大,每份能量趋向无穷小时,获得了麦克斯韦分布。玻尔兹曼这一处理方法有重要意义,后来普朗克(Max Planck)正是采用这种方法建立量子假说的。

2.9.3　H 定理和热力学第二定律的统计解释

玻尔兹曼并不满足于推导出了气体在平衡态下的分布律,他接着进一步证明,气体(如果原来不处于平衡态)总有要趋于平衡态的趋势。1872 年,他发表了题为《气体分子热平衡的进一步研究》的长篇论文,论述气体的输运过程,在这篇论文中他提出了著名的 H

定理[①]。玻尔兹曼证明了，如果状态的分布不是麦克斯韦分布，随着时间的推移，必将趋向于麦克斯韦分布。他引入了一个量

$$E = \int_0^\infty f(x,t)\left[\ln\left(\frac{f(x,t)}{\sqrt{x}}\right) - 1\right]\mathrm{d}x$$

其中 x 为分子能量。他证明 E 永不增加，必向最小值趋近，以后保持恒定不变。相应地，$f(x,t)$ 的最终值应该就是麦克斯韦分布，即

$$\frac{\mathrm{d}E}{\mathrm{d}t} < 0,\text{如 } f \neq \mathrm{const} \cdot \sqrt{x}\,\mathrm{e}^{-hx}$$

$$\frac{\mathrm{d}E}{\mathrm{d}t} = 0,\text{如 } f = \mathrm{const} \cdot \sqrt{x}\,\mathrm{e}^{-hx}$$

h 为与绝对温度有关的常数。

玻尔兹曼后来在他的《气体理论演讲集》（1896—1898 年发表）中，用符号 H 代替 E，并将上式表示成

$$\frac{\mathrm{d}H}{\mathrm{d}t} \leqslant 0$$

这就是著名的玻尔兹曼 H 定理，当时叫做玻尔兹曼最小定理。这个定理指明了过程的方向性，和热力学第二定律相当，玻尔兹曼的 H 函数实际上就是熵在非平衡态下的推广。

1877 年玻尔兹曼进一步研究了热力学第二定律的统计解释，这是因为 H 定理的提出引起一些科学家的责难，他们认为：个别分子间的碰撞是可逆的，但由此导出了整个分子体系的不可逆性，实在是不可思议，这就是所谓"可逆性佯谬"。1874 年，W. 汤姆孙首先提出这个问题，接着洛喜脱（J. Loschmidt，1821—1895）也提出疑问。玻尔兹曼针对这些责难作了回答，他认为：实际世界的不可逆性不是由于运动方程、也不是由于分子间作用力定律的形式引起的。原因看来还是在于初始条件。对于某些初始条件不寻常的体系的熵也许会减小（H 值增加）。只要把平衡状态下分子的所有运动反向，回到平衡态即可获得这样的初始条件。但是玻尔兹曼断言，因为绝大多数状态都是平衡态，所以具有熵增加的初始状态有无限多种。

玻尔兹曼写道："（热力学）第二定律是关于概率的定律，所以它的结论不能靠一条动力学方程（来检验）。"在讨论热力学第二定律与概率的关系中，他证明熵与概率 W 的对数成正比。后来普朗克把这个关系写成

$$S = k\ln W$$

并且称 k 为玻尔兹曼常数。有了这一关系，其他热力学量都可以推导出来。

这样就可以明确地对热力学第二定律进行统计解释：在孤立系统中，熵的增加对应于分子运动状态的概率趋向最大值（即最或然分布）。熵减小的过程（H 增大）不是不可能，系统达到平衡后，熵值可以在极大值附近稍有涨落。

玻尔兹曼坚决拥护原子论，反对"唯能论"，与马赫、奥斯特瓦尔德（F. W. Ostwald，1853—1932）进行过长期的论战。他为动理论建立了完整的理论体系，同时也为动理论和

---

①　转引自：Brush S，ed. Kinetic Theory，vol. 2. Pergamon，1966. 88

热力学的理论综合打下了基础。但是由于当时人们并没有认识到玻尔兹曼工作的意义，反而对他进行围攻。他终因长期孤军论战、忧愤成疾于 1906 年厌世自杀。

2.9.4　统计系综和吉布斯的工作

系综概念的提出和运用标志着动理论发展到了统计力学的新阶段。系综是一个虚构的抽象概念，代表了大量性质相同的(力学)体系的集合，每个体系各处于相互独立的运动状态中。研究大量体系在相空间的分布，求其统计平均，就是统计力学的基本任务。

早在 1871 年，玻尔兹曼就认识到了没有必要把单个粒子作为统计的个体，开始转到研究大量体系在相空间中的分布。他在 1877 年采用了一种统计方法，不考虑碰撞过程的复杂细节，而直接统计可能有的粒子组态，这实际上就是一种特殊的系综(微正则系综)统计方法。

麦克斯韦也对统计系综有明确的认识。1878 年他写道：

"我发现，这样做是方便的：即不考虑由质点组成的一个体系，而是考虑除了在运动的初始环境各不相同外，彼此在所有方面都相似的大量体系。我们把自己的注意力局限于在某一给定时刻处于某一相的这些体系的数目，这个相是由给定限度内的那些变量规定。"[①]

遗憾的是麦克斯韦没能进一步找到恰当的数学方法来表述，就于 1879 年去世了。

玻尔兹曼和麦克斯韦的统计思想，后来在吉布斯(Josiah Willard Gibbs,1839—1903)的工作中得到了发展。吉布斯是美国耶鲁大学数学物理教授，开始研究的是热力学，曾连续发表好几篇开创性的论文。其中《流体热力学中的图示法》创立了几何热力学；《利用曲面对物质的热力学性质作几何描述的方法》解决了异相共存和临界现象的问题；《论非均匀物质的平衡》提出了非均匀体系的热力学基本方程，使热力学能应用于化学、拉伸弹性、表面张力、电磁学、电化学等诸多方面的问题。他还引入了化学势、自由能、焓等基本概念，建立了一系列热力学函数之间的热力学方程，使热力学发展成为一门体系严密、应用方便的普遍理论。

但是，热力学是唯象的宏观理论，它的参数要通过实验才能测得，对此吉布斯并不满意。他在研究热力学第二定律时，就萌发了用力学定律和统计方法来阐述热力学的思想。例如,1876 年他写道："熵不可能不得到补偿而减小，这种不可能性看来要改成不可几性。"他期望将"热力学的合理基础建立在力学的一个分支上"，这个分支就是由他命名、并且由他创立的统计力学。他认为，"热力学定律能够轻易地从统计力学的原理得出。"他仔细研究过麦克斯韦和玻尔兹曼关于统计方法的论著，经过多年的反复思考和推敲，又在耶鲁大学多次讲授过有关课程，终于在 1901 年写成了《统计力学基本原理》一书。这本书 1902 年发表后，影响很大，成了统计力学的经典著作。

在这本书的序中，吉布斯写道："如果我们放弃编造物体结构假说的种种企图，把统计的探究当作理性力学的一个分支，我们就可以避免最严重的困难。"[②]

---

① Scientific Papers of J. C. Maxwell, vol. 2. Cambridge,1890. 713

② The Collected Works of J. W. Gibbs, vol. 2. Yale,1957

　　吉布斯就是把大量分子当作一个力学体系，不作任何假设，他把整个体系当作统计的对象，求体系处在相空间各处的概率分布，由此研究体系的统计规律并求相应的宏观量。

　　吉布斯成功的关键在于把刘维定理当作统计力学的基本方程，有了这一方程，一个系综任何时刻相概率就可以惟一地确定下来。

图 2-46　吉布斯

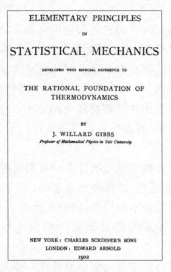

图 2-47　吉布斯著作的封面

　　刘维（Joseph Liouville，1809—1882）是法国著名数学家，1838 年研究哈密顿方程正则变换时，证明相体积元与坐标的选择无关。这个定理在分析力学有广泛应用，例如，在雅可比（C. G. J. Jacobi）的《动力学演讲集》（1866 年）中就用到了刘维定理。玻尔兹曼曾给这个定理作过统计解释。吉布斯在留学法国时，曾听过刘维的讲课。

　　在刘维定理的基础上吉布斯把系综分成三种类型：一种叫微正则系综，即由大量的孤立系统组成，玻尔兹曼研究的就是这种系综。但微正则系综只是一种特殊情况，更普遍的是正则系综。正则系综是由与外界仅有能量交换的大量体系组成。吉布斯认为，这种系综是稳定分布的最简单形式，由此得到的平均值与热力学关系最密切，因而最适于求物质在平衡时的宏观性质。吉布斯再进一步推广，提出了"巨正则系综"的概念，这类系综包括了与外界有粒子交换的体系，可以应用到化学反应问题。

　　吉布斯通过对上述三种系综的研究，提出并发展了统计平均、统计涨落和统计相似三种方法，建立了逻辑上自洽而又与热力学经验公式相一致的理论体系，从而完成了热力学与动理论两个方面的理论综合。

第3章

电磁学的发展

3.1 历史概述

电现象和磁现象很早就受到人类注意,留下了许多文字记载。不过在 17 世纪之前,大多属于定性的观察和零碎的知识,17世纪开始,才有一些系统的研究,而定量的研究则更晚。18 世纪中叶以后,磁力和电力的平方反比定律相继发现,静电学和静磁学开始沿着牛顿力学的发展模式登上科学舞台。这时人们还把电和磁当作两种独立的现象来对待。18 世纪末,随着电堆的发明,人们有可能人为地产生和控制电流,才为进一步研究电流的运动规律,特别是为研究电运动和其他运动形式的联系及转化创造了条件。19 世纪,电流的磁效应、化学效应和热效应相继发现,其规律得到了定量的表述,电学和磁学得到了统一和谐的发展,建立起了统一的电磁理论,证实了电磁波的存在,并证明了光和热辐射的本质也是电磁波。简言之,电磁学继牛顿力学之后,历经几个世纪的准备,终于在 20 世纪前叶形成为经典物理学大厦的又一支柱。

3.2 早期的磁学和电学研究

大约公元前 6 世纪,希腊学者泰勒斯(Thales,公元前625(?)—前 547(?))记述了磁石吸铁和摩擦后的琥珀吸引轻小物体的现象。electricity(电)这个词的起源就来自希腊文的"琥珀"(ελεκτρον,英译 electron)。中国古代,早在公元前 3 世纪,古书《韩非子》就记载有司南(指南针);《吕氏春秋》记有慈石(磁石)召铁。西汉末年(公元前 20 年)有"瑇瑁(玳瑁)吸褨(细小物体)"等记载。人们很早就认识到,磁石召铁和玳瑁吸褨是性质不同的两类现象。经过长期的知识积累和系统研究,逐渐形成了两门独立的学科：研究电现象的电学和研究磁现象的磁学。比起磁学来，电学发展较晚，这一方面是因为电现象难以定量研究，更主要的是因为磁学有指南针、磁倾角等方面的应用，而静电现象则多为宫廷中的娱乐对象。

　　系统地研究磁现象始于17世纪。1600年英国医生吉伯（William Gilbert，1544—1603）发表了《论磁、磁体和地球作为一个巨大的磁体》（De magnete，magneticisque corporibus et de magnomagnete tellure）。他总结了前人积累的有关磁的知识，亲自采集磁石、制作磁针、磁球和磁石仪器，进行磁性实验。他把地球看成是一大磁体，周密地研究了地磁的性质。例如，他论断说，如果沿南北方向加热和锻打铁块，就可以使铁块具有磁性（图3-1）。吉伯的工作使磁学发展成为物理学的一个分支。

图 3-1　吉伯关于锻打使铁产生磁性的一幅画
图中 septentrio 表示北，avster 表示南

图 3-2　吉伯

　　电现象的研究要困难得多，因为一直没有找到恰当的方式来产生稳定的静电和对静电进行测量。只有等到发明了摩擦起电机，才有可能对电现象进行系统的研究。

图 3-3　吉伯向伊丽莎白女皇介绍磁学新成果

图 3-4　吉伯研究磁倾角

　　图3-5是1660年盖里克（Otto von Guericke，1602—1686）发明的摩擦起电机。这种摩擦起电机实际上是一个可以绕中心轴旋转的大硫磺球，用人手或布帛摸抚转动的球体表面，球面上就可以产生大量的电荷。盖里克之所以会想到用一个旋转的硫磺球来做实验，

是因为他本来的意图是想说明地球引力的起因。用他自己的话来说,是想证明地球吸引力乃是某种"星际的精气"。[①] 当他举起经过摩擦的硫磺球(如图 3-6),周围的羽毛枯叶纷纷向它聚集,就像万物被地球吸引一样。

图 3-5　盖里克的摩擦起电机　　图 3-6　盖里克举起硫磺球　　图 3-7　盖里克

　　盖里克的硫磺球实验确实模拟了地球的吸引作用,甚至他还显示了硫磺球的引力比地球吸引力大。然而,他也发现两者有不同之处。在硫磺球周围,也会有物体被排斥,羽毛在硫磺球和地板之间会上下跳动。盖里克开始领悟到,重力并不能归结于电力,它们各有自己的特点。

　　盖里克的摩擦起电机实验被许多人重复,人们纷纷仿照他的方法做静电学实验,1705年豪克斯比(F. Hauksbee,1666—1713)用空心玻璃壳代替硫磺球,发现效果一样。后来别的实验家又陆续予以改进,直到 18 世纪末,摩擦起电机一直是研究电现象的基本工具。用这种起电机,实验家先后得到了许多重要结果。例如,1720 年,格雷(S. Gray,1675—1736)研究了电的传导现象,发现导体与绝缘体的区别。随后,他又发现了导体的静电感应现象。1733年,杜菲(du Fay,1698—1739)经过实验区分出两种电荷,他分别称之为松脂电(即负电)和玻璃电(即正电),并由此总结出静电作用的基本特性:同性相斥,异性相吸。

图 3-8　格雷的导电实验　　　　　　图 3-9　格雷拿小孩做实验

---

① 　Heilbron J L. Electricity in the 17th & 18th Centuries. University of California Press,1979. 215

莱顿瓶的发明使电现象得到更深入的研究，这是克莱斯特（E. G. v. Kleist，1700—1748）和马森布洛克（P. van Musschenbrock，1692—1761）在 1745—1746 年分别独立作出的。

富兰克林（Benjamin Franklin，1706—1790）进一步对放电现象进行研究。他发现了尖端放电，发明了避雷针，研究了雷电现象。他利用风筝实验，把天上的电引到地上，证明了

天电和地电的同一性。1747 年他还根据如下的实验提出了电荷守恒原理：A 和 B 二人分别站在绝缘的蜡块上，A 用手摩擦 B 拿着的玻璃管，结果两人分别带电，都能在碰到站在地上的第三人 C 时引起火花。但是，如果 A 和 B 在相互接触的情况下摩擦玻璃管，则两人都不会带电。此外，如果以上带了电的 A 和 B 两人互相接触，那就会产生比 AC 和 BC 接触时更强的火花，而且，在 AB 放电之后，两人又都恢复了不带电的状态。富兰克林记述这一实验的信函发表在 1750 年出版的《哲学杂志》上。为了解释上述现象，他提出了电的单流体假说，他设想存在一种电基质（common element），渗透在所有物体之中。当物体内部的电基质的密度同外面相同时，物体就显示电中性；在起电过程中，一定量的电基质由一个物体转移到另一个物体中。他写道：

图 3-10 　富兰克林

"我们认为电火是一种基质，在开始摩擦玻璃管以前，三人各有该基质等量的一份。站在蜡上擦玻璃管的 A，将他自己身上的电火传给了玻璃管，并因所站的蜡把他和共同的电火来源之间的交通隔断了，所以他身上不再得到新电火的即时供应。同样，站在蜡上以指关节接触玻璃管的 B，接受了玻璃管从 A 得来的电火，由于他与共同电火之间的交通已被隔断，所以保有新接受的增量。对于站在地板上的 C 来说，A，B 两人都是带电的，因为他身上的电量介于 A 与 B 之间。所以他在接近电量多的 B 时接受一个火花，而在接近电量少的 A 时送出一个火花。如果 A 与 B 相接触，则火花更为强烈，因为两人的电量有更大的差距。经过这样接触以后，A 或 B 与 C 之间不再有火花，因为三人所具有的电火已恢复原有的等量了。如果他们一面生电，一面接触，则该等量始终不变，电火只是循环流动着而已。因此，我们中间就出现了一些新名词。我们说，B（以及类似的物体）带了正电；A 带了负电；或者说 B 带＋电、A 带－电。我们可以在日常实验中根据自己的需要使用＋电或－电。只要知道要生的是＋电或－电就够用了。被摩擦的管或球的部分能在摩擦时立即吸引电火，因而将它从摩擦物接受过去。该同一部分也能在停止摩擦时将所接受的电火输送给电火较少的任何物体。就这样，你可以使电火循环流动。"[1]

富兰克林的解释可以表述为：在任一封闭系统中，电基质的总量不变，它只能被重新分配而不能被创生。这就是电荷守恒原理。富兰克林的这些贡献，使电学的研究从单纯的现象观察进入到精密的定量描述，使人们开始有可能用数学方法来表示和研究电现象。

---

① 　Magie W F. A Source Book in Physics. McGraw-Hill，1935. 401

因此,后人把富兰克林看成是电学理论的奠基人。图 3-11 是富兰克林《电的实验和观察》(Experiments and Observations on Electricity)(1751 年)一书中的插图。

接下来是康顿(John Canton)在 1754 年用单流体假说解释了静电感应现象。

至此,静电学三条基本原理:静电力基本特性、电荷守恒和静电感应原理都已经建立,对电的认识有了初步的成果。然而,如果不建立定量的规律,有关电的知识还不足以形成一门严密的科学。这些基本的定量规律中首先建立的是库仑定律。它在静电学的地位相当于力学中的万有引力定律。

图 3-11　富兰克林的《电的实验和观察》

3.3　库仑定律的发现

库仑定律是电磁学的基本定律之一,发现于 1785 年。它是继牛顿引力定律之后的第二个作用力与距离平方成反比的物理规律,两个规律有相似性。人们利用引力和电力或磁力的相似性用类比方法进行推测,对库仑定律的发现起到了借鉴作用,但是如果没有实验的检验,仅仅是理论上的推测,再聪明的头脑也无法作出决断。库仑定律的发现过程正说明了这一点。

3.3.1　从万有引力得到的启示

18 世纪中叶,牛顿力学已经取得辉煌胜利,人们借助于已经确立的万有引力定律,对电力和磁力的规律作了种种猜测。

德国柏林科学院院士爱皮努斯(F. U. T. Aepinus,1724—1802)1759 年对电力作了研究。他在书中假设电荷之间的斥力和吸力随带电物体的距离的减少而增大,于是对静电感应现象作出了更完善的解释。不过,他并没有实际测量电荷间的作用力,因而只是一种猜测。

1760 年,D. 伯努利首先猜测电力会不会也跟万有引力一样,服从平方反比定律。他的想法显然有一定的代表性,因为平方反比定律在牛顿的形而上学自然观中是很自然的观念,如果不是平方反比,牛顿力学的空间概念就要重新修改。①

---

① 自然现象中许多过程都服从平方反比关系,例如:光的照度、水向四面八方喷洒、均匀固体中热的传导等无不以平方反比变化,这从几何关系就可以得到证明。因为同一光通量、水量、热量等,通过同样的球面,球面的面积 S 与关径 r 的平方成正比,即 $S=4\pi r^2$,所以强度与半径的平方成反比。如果在传播过程中有干扰的媒质,例如有一透镜置于光路中,就会使光的分布发生畸变,这就出现各向异性。所以,平方反比定律假定的基础是空间的均匀性和各向同性。

富兰克林的空罐实验(也叫冰桶实验)对电力规律有重要启示。1755 年,他在给兰宁(John Lining)的信中,提到过这样的实验:

"我把一只品脱银罐放在电支架(按:即绝缘支架)上,使它带电,用丝线吊着一个直径约为 1 英寸的木椭球,放进银罐中,直到触及罐的底部,但是,当取出时,却没有发现接触使它带电,像从外部接触的那样。"[①]

图 3-12   普利斯特利

富兰克林的这封信不久跟其他有关天电和尖端放电等问题的信件,被人们整理公开发表,流传甚广,很多人都知道这个空罐实验,不过也和富兰克林一样,不知如何解释这一实验现象。富兰克林有一位英国友人,名叫普利斯特利(Joseph Priestley,1733—1804),是化学家,对电学也很有研究。富兰克林写信告诉他这个实验并向他求教。普利斯特利专门重复了这个实验,在 1767 年的《电学历史和现状及其原始实验》一书中他写道:

"难道我们就不可以从这个实验得出结论:电的吸引与万有引力服从同一定律,即距离的平方,因为很容易证明,假如地球是一个球壳,在壳内的物体受到一边的吸引作用,决不会大于另一边的吸引。"[②]

普利斯特利的这一结论不是凭空想出来的,因为牛顿早在 1687 年就证明过,如果万有引力服从平方反比定律,则均匀的物质球壳对壳内物体应无作用。他在《自然哲学的数学原理》第一篇第 12 章《球体的吸力》一开头提出的命题,内容是:"设对球面上每个点都有相等的向心力,随距离的平方减小,在球面内的粒子将不会被这些力吸引。"

牛顿用图 3-13 作出证明,他写道:

"设 HIKL 为该球面,P 为置于其中的一粒子,经 P 作两根线 HK 和 IL,截出两段甚小的弧 HI,KL;由于三角形 HPI 与 LPK 是相似的,所以这一段弧正比于距离 HP,LP;球面上任何在 HI 和 KL 的粒子,终止于经过 P 的直线,将随这些距离的平方而定[③]。所以这些粒子对物体 P 的力彼此相等。因为力的方向指向粒子,并与距离的平方成反比。而这两个比例相等,为 1∶1。因此引力相等而作用在相反的方向,互相破坏。根据同样的理由,整个球面的所有吸引力都被对方的吸引力推动。证毕。"[④]

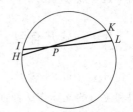

图 3-13   牛顿证明球壳内任一点不受球壳引力作用

牛顿的论述在当时是众所周知的。读过牛顿著作的人都有可能推想到,凡是遵守平方反比定律的物理量都应遵守这一论断。换句话说,凡是表现这种特性的作用力都应服从平方反比定律。这就是普利斯特利从牛顿著作中得到的启示。

① Goodman. The Ingenius Dr. Franklin. Oxford,1931. 144
② 转引自: Turner D M,Makers of Science;Electricity and Magnetism. Oxford,1927. 28
③ 即以 IH 和 KL 为界的粒子的质量,应与弧长的平方成正比,而弧长又与距离成正比。
④ Newton. I. ,Mathematical Principles of Natural Philosophy. California,1946. 193

　　不过,普利斯特利的结论并没有得到科学界的普遍重视,因为他并没有特别明确地进行论证,仍然停留在猜测的阶段,一直拖了 18 年,才由库仑(Charles Augustin Coulomb,1736—1806)得出明确的结论。

　　在这中间有两个人曾作过定量的实验研究,并得到同样的结果。可惜,都因没有及时发表而未对科学的发展起到应有的推动作用。

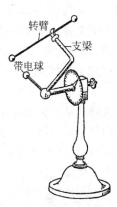

图 3-14　罗比逊的实验
装置

　　一位是罗比逊(John Robison)。1769 年,他注意到爱皮努斯那本用拉丁文写的书,对爱皮努斯的猜测很感兴趣,就设计了一个转臂装置(如图 3-14),转臂的一端有一带电球,与附近另一相同的带电球相互有静电力作用。转臂实际上是一可活动的杠杆,调节杠杆支架的角度,就可以改变电力的力矩和重力的力矩,使之达到平衡,然后从支架的平衡角度,可以推算出电力与距离的关系。他先是把电力 f 与两球距离 r 的关系用公式 $f=\dfrac{1}{r^{2+\delta}}$ 表示,然后根据实验结果推算得出 $\delta=0.06$。这个 δ 就叫指数偏差。他说,他做了"数百次的"这类测量,彼此相符"远远超过了预期"。罗比逊认为,指数偏大的原因应归于实验误差,由此得出结论,"带电球的作用力正好相当于球心之间距离的反平方"[1],如爱皮努斯的推测一样。不过,他的实验结果仅限于同号电的斥力。至于异号电的吸力,他的装置显然难以胜任,他也没有留下明确的文字记载。有资料说,罗比逊得到异号电的吸力是指数略小于 2,因此平均取 2 次幂,从而得到电力反比于距离平方的结论,看来依据不足。罗比逊的论文在 1822 年才发表,这时库仑的工作早已得到公认。

　　另一位是卡文迪什(Henry Cavendish,1731—1810)。他在 1773 年用两个同心金属壳作实验,如图 3-15 所示。外球壳由两个半球装置而成,两半球合起来正好形成内球的同心球。卡文迪什这样描述他的装置:

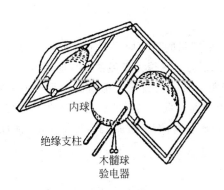

图 3-15　卡文迪什的实验装置

图 3-16　卡文迪什

① 　Heilbron J L. Electricity in the 17th & 18th Centuries. University of California Press,1979. 468

"我取一个直径为 12.1 英寸的球，用一根实心的玻璃棒穿过中心当作轴，并覆盖以封蜡。……然后把这个球封在两个中空的半球中间，半球直径为 13.3 英寸，$\frac{1}{20}$ 英寸厚。……然后，我用一根导线将莱顿瓶的正极接到半球，使半球带电。"[①]

卡文迪什通过一根导线将内外球连在一起，外球壳带电后，取走导线，打开外球壳，用木髓球验电器试验内球是否带电。结果发现木髓球验电器没有指示，证明内球没有带电，电荷完全分布在外球上。

卡文迪什将这个实验重复了多次，确定电力服从平方反比定律，指数偏差不超过 0.02。卡文迪什这个实验的设计相当巧妙。他用的是当年最原始的电测仪器，却获得了相当可靠而且精确的结果。他成功的关键在于掌握了牛顿万有引力定律这一理论武器，通过数学处理，将直接测量变为间接测量，并且用上了示零法精确地判断结果，从而得到了电力的平方反比定律。

卡文迪什为什么要做这个实验呢？话还要从牛顿那里说起。

牛顿在研究万有引力的同时，还对自然界其他的力感兴趣。他把当时已知的三种力——重力、磁力和电力放在一起考虑，认为都是在可感觉的距离内作用的力，他称之为长程力（long-range force）。他企图找到另外两种力的规律，但都未能如愿。磁力实验的结果不够精确。他在《原理》的第三篇中写道：

"引力的性质与磁力不同；因为磁力并不正比于被吸引的物质。某些物体受磁石吸引较强；另一些较弱；而大多数物体则完全不被磁石吸引。同一个物体的磁力可以增强或减弱；而且远离磁石时它不正比于距离的平方而是几乎正比于距离的立方减小，我这个判断得自较粗略的观察"。[②]

至于电力，他也做过实验，但带电的纸片运动太不规则，很难显示电力的性质。

在长程力之外，他认为还有另一种力，叫短程力（short-range force）。他在做光学实验时，就想找到光和物质之间的作用力（短程力）的规律，没有实现。他甚至认为还有一些其他的短程力，相当于诸如聚合、发酵等现象。

3.3.2 卡文迪什和米切尔的工作

牛顿的思想在卡文迪什和另一位英国科学家米切尔的活动中得到了体现。米切尔是天文学家，也对牛顿的力学感兴趣。在 1751 年发表的短文《论人工磁铁》中，他写道：

"每一磁极吸引或排斥，在每个方向，在相等距离其吸力或斥力都精确相等……按磁极的距离的平方的增加而减少，"他还说："这一结论是从我自己做的和我看到别人做的一些实验推出来的。……但我不敢确定就是这样，我还没有做足够的实验，还不足以精确地做出定论。"[③]

---

① 转引自：Turner D M. Makers of Science：Electricity and Magnetism. Oxford，1927. 34
② 牛顿著，王克迪译. 自然哲学之数学原理·宇宙体系. 武汉出版社，1992. 420
③ 转引自：Wolf A. A History of Science，Technology and Philosophy in the Eighteenth Century. MacMillian，1939. 270

　　既然实验的根据不足,为什么还肯定磁力是按距离的平方成反比地减少呢? 甚至这个距离还明确地规定是磁极的距离,可是磁极的位置又是如何确定的呢? 显然,是因为米切尔面前摆着平方反比规律的先例。

　　在米切尔之前确有许多人步牛顿的后尘研究磁力的规律,例如:哈雷(1687 年)、豪克斯比、马森布洛克等人都做过这方面的工作,几乎连绵百余年,但都没有取得判决性的结果。米切尔推断磁力平方反比定律的结论可以说是牛顿长程力思想的胜利,把引力和磁力归于同一形式,促使人们更积极地去思考电力的规律性。

　　米切尔和卡文迪什都是英国剑桥大学的成员,在他们中间有深厚的友谊和共同的信念。米切尔得知库仑发明扭秤后,曾建议卡文迪什用类似的方法测试万有引力。这项工作使卡文迪什后来成了第一位直接测定引力常数的实验者。正是由于米切尔的鼓励,卡文迪什做了同心球的实验。

　　但是卡文迪什的同心球实验结果和他自己的许多看法,却没有公开发表。直到 19 世纪中叶,开尔文(即 W. 汤姆孙)发现卡文迪什的手稿中有圆盘和同半径的圆球所带电荷的正确比值,才注意到这些手稿的价值,经他催促,才于 1879 年由麦克斯韦整理发表。卡文迪什的许多重要发现竟埋藏了一百年之久。对此,麦克斯韦写道:

　　"这些关于数学和电学实验的手稿近 20 捆,"其中"物体上电荷(分布)的实验,卡文迪什早就写好了详细的叙述,并且费了很大气力书写得十分工整(就像要拿出去发表的样子),而且所有这些工作在 1774 年以前就已完成,但卡文迪什(并不急于发表)仍是兢兢业业地继续做电学实验,直到 1810 年去世时,手稿仍在他自己身边。"[①]

　　卡文迪什出身于贵族家庭,家产厚禄,他都没有兴趣,一心倾注在科学研究之中,早年攻化学和热学,发现氢氧化合成水。他后来做的电学实验有:电阻测量,比欧姆早几十年得到欧姆定律;研究电容的性质和介质的介电常数,引出了电位的概念;他发现金属的温度越高,导电能力越弱,等等。他的同心球实验比库仑用扭秤测电力的实验早 11 年,而且结果比库仑精确。对于卡文迪什把全副心身倾注在科学研究工作上的这种精神,麦克斯韦继续写道:

　　"卡文迪什对研究的关心远甚于对发表著作的关心。他宁愿挑起最繁重的研究工作,克服那些除他自己没有别人会重视甚至也没有别人知道的那些困难。我们毋庸怀疑,他所期望的结果一旦获得成功,他会得到多么大的满足,但他并不因此而急于把自己的发现告诉别人,不像一般搞科研的人那样,总是要保证自己的成果得到发表。卡文迪什把自己的研究成果捂得如此严实,以至于电学的历史失去了本来面目。"

　　卡文迪什性情孤僻,很少与人交往,惟独与米切尔来往密切,米切尔当过卡文迪什的老师,他们共同讨论,互相勉励。为了"称衡"星体的重量,米切尔曾从事大量天文观测。他们的共同理想是要把牛顿的引力思想从天体扩展到地球,进而扩展到磁力和电力。米切尔发现了磁力的平方反比定律,但他没能完成测量电力和地球密度的目标。卡文迪什正是为了实现米切尔和他自己的愿望而从事研究。可以说,米切尔和卡文迪什是在牛顿的自然哲学的鼓舞下坚持工作的。他们证实了磁力和电力这些长程力跟引力具有同一类型的规律后,并不认为达到了最终目标,还力图探求牛顿提出的短程力。卡文迪什在他未

　　① Maxwell J C. The Electrical Researches of the Honourable Henry Cavnendish. Cambridge,1879. 45

发表的手稿中多处涉及动力学、热学和气体动力学，都是围绕着这个中心，只是没有明确地表达出来。米切尔则把自己对短程力的普遍想法向普利斯特利透露过，在普利斯特利的著作——1772 年发表的《光学史》一书中记述了米切尔的思想[①]。

3.3.3　库仑的电扭秤实验

人们公认库仑定律是库仑在 1785 年发现的，这一年，他发表了第一篇有关电荷作用力的论文，报导他对电力随距离变化的研究。他用的实验装置是他发明的电扭秤，如图 3-17。这是一个直径和高均为 12 英寸（30 厘米）的玻璃缸，上面盖一块玻璃板，盖板上开了两个洞。中间的洞装有一支高 24 英寸（60 厘米）的玻璃管。管的顶端有一螺旋测角器，下连银丝，银丝下端挂一横杆，杆的一端为一小球 a，另一端贴一纸片 g 作配平用。圆缸顶上刻有 360 个分格，可以读数。银丝自由垂放时，横杆上的小木球指零刻度。他先使固定在绝缘竖杆末端的另一个大小相同的小球 b 带电，然后使之与小球 a 接触后分开，这样可使电荷在两球间均分，即带等量同号电荷而互相排斥。然后借银扭丝恢复两球的原始位置，从扭丝的转角可以测知电力的大小。库仑在论文中举了一组数据，两小球相距 36 个刻度、18 个刻度和 8.5 个刻度，即间距大体上是 $1 : \frac{1}{2} : \frac{1}{4}$，得到银丝分别扭转了 36 个刻度、144 个刻度和 576 个刻度。即电力约为 $1 : 2^2 : 4^2$。于是，库仑得出了"带同号电的两球之间的斥力，与两球中心之间距离的平方成反比"的结论。

1787 年库仑宣读了第二篇论文，在论文中，库仑说明了电扭秤方法的欠缺，它用于测量异号电荷的吸引力时遇到了困难。因为活动小木球的平衡是一种不稳定的平衡，即使能达到平衡，最后"两球也往往会相碰，这是因为扭秤十分灵活，多少会出现左右摇摆的缘故。"尽管如此，库仑声称他还是得到了电吸引力也满足平方反比规律的结果。

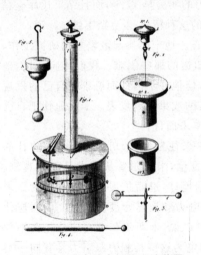

图 3-17　库仑的电扭秤实验装置

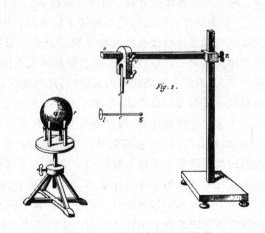

图 3-18　库仑的电摆实验装置

①　McCormmach R. British Journal of History of Sciences，1968(4)：126

库仑在这篇文章还报导了第二种测量方法——电摆实验。其原理与万有引力作用下的单摆实验相似。地面上单摆周期为

$$T = 2\pi \sqrt{\frac{L}{Gm}} \cdot r$$

其中 G 为万有引力常数, m 和 r 为地球的质量和半径, L 为摆线长度。如果电引力也遵从平方反比规律,则图 3-18 中电摆 lg 的振动周期也应与其带电端 l 和另一固定的带异号电荷的金属球 G 之间的距离成正比。库仑在论文中列举了三次测量的结果, l, g 间距比取为 $3:6:8$,测得电摆周期比为 $20:41:60$,相当于 $3:6.15:9$,两者接近于正比关系。库仑认为误差是由于实验过程中的漏电,致使电引力逐渐变小,周期相应变大。经过修正,实验值与理论值才基本相符。于是他得出结论:"正电与负电的相互吸引力,也与距离的平方成反比"。从这两篇论文可以看出,库仑作出电力随距离变化的平方反比定律的发现,关键的实验不是电扭秤实验,而是电摆实验定律。因为同号电荷的斥力早已有普利斯特利的论断,而异号电荷的吸引力则是第一次出现在文献中。

在同一篇论文里,库仑还分别通过扭秤法和摆动法来测定磁力,也得出了同距离平方成反比的规律。

从库仑的发现经过可以看出,平方反比的关系自始至终对他的实验起着指导作用,例如:

(1)库仑虽然直接测量了电荷之间作用力与距离的关系,但精确度毕竟有限,如果用平方反比关系表示,其指数偏差 δ 可达 0.04。如果库仑不是先有平方反比的概念,他为什么不用 $F \propto \dfrac{1}{r^{2.04}}$ 或 $F \propto \dfrac{1}{r^{1.96}}$ 来表示呢?

(2)库仑并没有改变电量进行测量,而是说"假说的前一部分无需证明",显然他是在模仿万有引力定律,认为电力分别与相互作用的两个电荷量成正比,就如同万有引力分别与相互作用的两个物体的质量成正比一样。

(3)库仑在另一篇论文中还提到磁力的平方反比关系,库仑的实验当然是认真的,他如实地发表了实验结果。不过,他在行文中用了如下词汇:"非常接近 $16:4:1$,可见,磁力和距离的平方成反比"。他还写道:"看来,磁流体即使不在本质上,至少也在性质上与电流体相似。基于这种相似性,可以假定这两种流体遵从若干相同的定律。"

(4)库仑和上面提到的几位先行者一样,都是按万有引力的模式来探讨电力的规律性。他曾写道:"我们必须归结于那些人们为了解释物体重量和天体物理现象时不得不采用的吸引力和排斥力性质。"[①]

从库仑定律的发现经过,我们可以看到类比方法在科学研究中所起的作用。如果不是先有万有引力定律的发现,单靠实验的探索和数据的积累,不知要到何年才能得到严格的库仑定律的表达式。

实际上,整个静电学的发展,都是在借鉴和利用引力理论的已有成果的基础上取得的。在库仑之后,科学家沿着牛顿引力理论开辟的道路继续走下去。分析力学经过欧拉、拉格朗日和拉普拉斯等人的工作,建立了势函数的概念,势函数 V 满足下述拉普拉斯方程

---

① 转引自:钱临照,许良英主编.世界著名科学家传记·物理学家Ⅱ.科学出版社,1992.49

$$\frac{\partial^2 V}{\partial x^2} + \frac{\partial^2 V}{\partial y^2} + \frac{\partial^2 V}{\partial z^2} = 0$$

我们现在知道，这是引力场的基本特征（有势场）。

图 3-19　泊松

1813 年，泊松（Simeon D. Poisson, 1781—1840）用数学方法严格证明了处于静电平衡的导体内部的任何带电粒子所受的力为零，否则导体内部就会有电荷的流动。他根据万有引力定律和库仑定律都遵从平方反比关系，认为静电学同样可以找出与万有引力情况相似的函数 V 来求解静电学问题，并把拉普拉斯方程推广为泊松方程

$$\frac{\partial^2 V}{\partial x^2} + \frac{\partial^2 V}{\partial y^2} + \frac{\partial^2 V}{\partial z^2} = 4\pi\rho$$

其中 ρ 为电荷密度。

1828 年格林（George Green, 1793—1841）进一步提出了格林定理。1839 年，高斯在他的著作《与距离平方成反比的吸引力和推斥力的普遍理论》中阐明势理论的原理，其中包括静电学的基本定理——高斯定理

$$\oint E \cdot \mathrm{d}s = \frac{1}{\varepsilon_0} \sum q$$

高斯还为电量确定了单位，他提出应该由库仑定律本身来定义电荷的量度，即两个距离为单位长度的相等电荷间的作用力等于单位力时，这些电荷的电量就定义为单位电荷。有了电量这一物理量，才有可能完整地按照万有引力定律的形式表达电力的平方反比定律

$$f = k \frac{q_1 q_2}{r^2}$$

诚然，电学的发展得益于牛顿力学的启示，得益于类比方法，然而，实验验证的作用无论如何也是不能抹煞的。试想，如果没有库仑等人的精确（在当时的时代局限下，应该说已经达到了很高的精确度）测量，谁能对这一未知领域的新现象作出科学的决断呢？然而，我们下面将会看到，类比方法也有它的局限性，在电磁学的历史中就有许多教训。

3.4　动物电的研究和伏打电堆的发明

18 世纪末，电学从静电领域发展到电流领域，这是一大飞跃，它发端于动物电的研究，意大利学者伽伐尼（Aloisio Galvani, 1737—1798）和伏打（Alessandro Volta, 1745—1827）在这方面起了先锋作用。

3.4.1　伽伐尼的研究

伽伐尼是一位解剖学教授，1780 年 9 月的一天，他在解剖青蛙时偶然发现电效应，他和学生一起做解剖实验，一名学生用手术刀轻轻触动了青蛙的小腿神经，这只青蛙立即痉

挛了起来。当时,另一学生正在附近练习使用摩擦起电机。他注意到青蛙痉挛时,正好是
起电机发出火花的那一瞬间(如图3-20)。伽伐尼没有放过这一机会,立即研究起来。他
早就知道,动物有某些特殊行为与电有
关。例如,从古代人们就发现有两种会
放电的鱼,叫鱼鳗和鱼鲋。莱顿瓶发明
后,人们开始考虑鱼鳗的电效应可能与
莱顿瓶类似。1772年,英国的华尔士发
现鱼鳗的放电是在背脊和胸腹的两点之
间。解剖的结果是:在鱼体内有一长圆
柱体,电就是从那里发出来的。伽伐尼
认为,青蛙神经的痉挛,很可能就是来自
青蛙自身的某种动物电所致,然而,这一
现象和手术刀有什么关系?为什么正好
在这时起电机也放电呢?

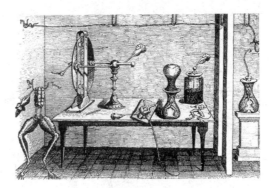

图 3-20 伽伐尼的青蛙实验

　　伽伐尼为了掌握青蛙痉挛的规律,安排了一系列实验。起先他只用刀尖触青蛙神经,
然后只让起电机打电火花,都不能使蛙腿痉挛。接着,伽伐尼把青蛙用铜钩子挂在花园的
铁栏杆上,结果发现在闪电来临时,青蛙也会痉挛。他在实验中澄清了,靠绝缘体或单一
导体的刺激并不能引起蛙腿肌肉的痉挛;只有当使用两种不同金属连接而成的导体,把它
的两端分别与青蛙肌肉和神经接触时,才会引起蛙腿的痉挛。伽伐尼又把青蛙放在铁桌
上,用铜钩子碰青蛙腿,只要铜钩子另一端触及桌面,即使没有任何其他带电体在场,蛙腿
也会痉挛。显然他已触及现象的本质,可是,由于动物电的观念先入为主,他坚持用动物
电说明所有这些现象,使他无法作出正确的解释。伽伐尼在1791年发表了题为《肌肉运
动中的电力》,文中写道:

　　"我们想到用不导电或不大导电的其他物体,如由玻璃、橡皮、树脂、石或木等物质制
成的,但都是干的东西来试。结果都不发生这样的现象,既看不到肌肉的痉挛,也看不到
肌肉的运动。这当然激起了我们的惊奇,并使我们以为动物本身就有电。我们认为这种
看法是正确的,因为我们的假定是,在痉挛现象发生时,有一种很细的神经流体从神经流
到肌肉中去,就像莱顿瓶中的电流一样。"[①]

　　伽伐尼的著作发表后,立刻引起了广泛注意,很多人投入到这项实验之中,展开了一
场持久的争论。

3.4.2 伏打的研究

　　在这些研究者中间,有一位意大利的自然哲学教授伏打,他细心重复了伽伐尼的实
验,发现伽伐尼的神经电流说有问题。他拿来一只活青蛙,用两种不同金属构成的弧叉跨
接在青蛙身上,一端触青蛙的腿,一端触青蛙的脊背,青蛙就可以痉挛(如图3-21),用莱顿

---

① Magie W F. A Source Book in Physics. McGraw-Hill,1935.441

瓶经青蛙的身体放电,青蛙也发生痉挛,说明两种不同金属构成的弧叉和莱顿瓶的作用是一样的。换句话说,这些现象是外部电流作用的结果。

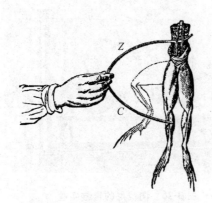

图 3-21　伏打用金属叉使蛙腿痉挛

图 3-22　伏打

后来,在伏打的外部电(金属接触说)和伽伐尼的内部电(神经电流说)之间展开了长期的争论。

为了阐明自己的观点,伏打继续进行了大量实验。他用一只灵敏的金箔验电器比较各种金属的接触,从验电器箔片张开的角度显示电分离(按:即接触电势差)作用的大小,他按金属相互间的接触电动势把各种金属排列成表,其中有一部分是:锌—铅—锡—铁—铜—银—金—石墨。只要将表中任意两种金属接触,排在前面的金属必带正电,排在后面的必带负电。例如锌—铅＝5,铅—锡＝1,锡—铁＝3,而锌—铁＝9,正好等于 5＋1＋3。于是,伏打提出了"递次接触定律"。[①] 这样,伏打一举就全面地解释了伽伐尼和其他人做过的各种动物电实验。

1800 年,伏打正式发表他的研究成果,第一次公布了他的发明。在给英国皇家学会会长班克斯(J. Banks)的信中,他做了如下的描述(这封信很快就发表在英国皇家学会的《哲学学报》上,受到科学界的广泛重视):

"经过长期沉默后(我不是乞求原谅)。我荣幸地把我获得的惊人成果汇报给你,并通过你呈交皇家学会。这些成果是我在进行用不同种类金属的简单的相互接触,甚至用其他导体(不论是液体还是含有一些具有导电能力的液体的物体)中不相同的导体接触来激发电的实验时得到的。这些成果中最重要的、实际上也就是包括了所有其他的,是一种设备的构造……我所说的装置无疑会使你大吃一惊,它只不过是若干不同的良导体按照一定方式的组合而已。30 块,40 块,60 块或更多块铜片(或是银就更好些),每一块与一块锡(或是锌就更好些)接触,再配以相同数目的水层或一些其他比纯水导电力更强的液体层,如盐水、碱液层,或浸过这类液体的纸板或革板,当把这些层插在两种不同金属组成的对偶或结合体中,并使三种导体总是按照相同的顺序串成交替的序列时,就构成了我的新工

①　Wolf A. A History of Science, Technology, and Philosophy in the Eighteenth Century. Allen & Unwin, 1938. 264

具。我曾经说过,它能模拟出莱顿瓶或电瓶组的效应,产生电扰动。说真的,它在电力、在爆炸声响、在电火花,以及在电火花通过的距离等诸方面,远远比不上高度充电的这些电瓶组;其效应只与一台大容量但充电微弱的电瓶组的效应相当;但它在另一些方面却大大超过了这些电瓶组,它不需像它们那样由外电源给它提前充电,而且只要适当接触它(的端点),它就会产生扰动,这在任何时候都是可以做到的。"[1]

伏打把锌片和铜片夹在用盐水浸湿的纸片中,重复地叠成一堆,形成了很强的电源,这就是著名的伏打电堆。他这样描述这种柱形的电堆:

"我把一块金属板,如银板,水平放在一张桌子上或一个基础上。在这块板上再放第二块板——锌板,再在这第二块板上放一层湿盘。接着又放一块银板,又置一块锌板,在其上我再放一块湿盘。就这样,我继续按同样的方法使银和锌配对,总是沿着相同的方向,即是说总是银在下、锌在上(反之亦然,只要按照我开始的一种做法就行),再在这些金属对偶中插入湿盘。瞧,我继续堆砌,经过这样几步就砌成不会倒落的柱子了!"

伏打把锌片和铜片插入盐水或稀酸杯中(如图 3-23 的上部),形成了另一种电源,叫做伏打电池。

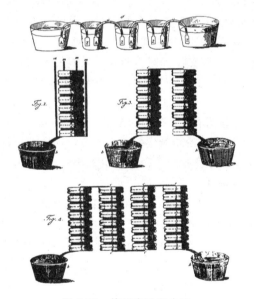

图 3-23　伏打电池和电堆　　　　　图 3-24　伏打正在向拿破仑演示他的电堆

"我们把几只用除金属外的任何物质做成的杯或碗,如装有一半水(如盐水或碱液就更好)的木杯、贝壳杯、陶土杯,或最好是晶体杯(小酒杯或无柄酒杯是很理想的)放成一排,用双金属弧把它们连成一条链。这种弧的一臂 Aa 仅仅放在一只酒杯中的一端 A,或是红铜或是黄铜做成的,或最好用镀银铜做成的;放在第二只杯中的另一端 Z 是锡做成的,或最好是锌做成的……把构成弧的两种金属在高出浸在液体部分的某一个地方焊接起来……它还可以加上不同于浸在酒杯中液体里的两种金属的第三种金属;因为由几种

① Volta A. Phil. Trans. 1800(90). 403

不同的金属直接接触产生的电流的作用，及驱赶这种电流体到达两端的力，与由第一个金属和最后一个金属在没有任何中间金属情况下直接接触产生的作用或力是绝对相等或几乎一样的。这一点我曾通过直接实验证明过，我将来还会在其他地方要说到这个问题。"

伏打为了尊重伽伐尼的先驱性工作，在自己的著作中总是把伏打电池称为伽伐尼电池。所以，以他们两人名字命名的电池，实际上是一回事。

伏打电堆（电池）的发明，提供了产生恒定电流的电源，使人们有可能研究电流的规律和电流的各种效应。从此，电学进入了一个飞速发展的时期——研究电流（流电学）和电磁效应（电磁学）的新时期。

3.5　电流的磁效应

电流磁效应的发现，在电学的发展史中占有重要地位。在这项发现以前，电和磁在人们看来是截然无关的两件事。电和磁究竟有没有联系？这是先人经常思索的问题。"顿牟缀芥、磁石引针"说明电现象和磁现象的相似性，库仑先后建立电力和磁力的平方反比定律，说明它们有类似的规律。但是相似性不等于本质上有联系。17 世纪初，吉伯就作过断言，认为两者没有关系，库仑也持同样观点。然而，实际事例不断吸引人们的注意。例如：1731 年有一名英国商人述说，雷闪过后他一箱新的刀叉竟带上了磁性。1751 年富兰克林发现在莱顿瓶放电后，缝纫针磁化了。

电真的会产生磁吗？这个疑问促使 1774 年德国有一家研究所悬奖征解，题目是："电力和磁力是否存在着实际的和物理的相似性？"许多人纷纷做实验进行研究，但是，在伏打发明电堆以前，这类实验是很难有希望成功的，因为没有产生稳恒电流的条件。不过，即使有了伏打电堆，也不一定能立即找到电和磁的联系。

例如：1805 年有两个德国人，他们把伏打电堆悬挂起来，企图观察电堆在地磁的作用下会不会改变取向。这类实验当然得不到结果。

这时丹麦有一位物理学家，名叫奥斯特（Hans Christian Oersted，1777—1851），他在坚定的信念支持下，反复探索，终于揭示了自然界的这一奥秘。

3.5.1　奥斯特发现电流的磁效应

奥斯特是丹麦哥本哈根大学的物理学教授。他信奉康德的哲学思想，认为自然界各种基本力是可以相互转化的。早在 1812 年，奥斯特就发表过一篇论文，论证化学力和电力的等价性，文中写道："我们应该检验的是：究竟电是否以其最隐蔽的方式对磁体有类似的作用"，在奥斯特的头脑里，经常盘踞着这个疑问。他深信电和磁有某种联系，只是不知道应该怎样来实现它。当时，电流的研究早已揭示导体通过电流时会发热，甚至会发光。他推测，既然电流通过细导体会发热，通过更细的导体甚至会发光，进一步减小导体的直径，为什么不能指望激出磁来呢？于是他拿一根细白金丝，让它接到电源上，在它前面放一根磁针，他和别人一样，企图用白金丝的尖端吸引磁针。然而，尽管白金丝灼热了,烧红了,发光了,磁针也纹丝不动。奥斯特没有灰心,边思考,边试验。他从发热和发光的现象推测,既然热和光都是向四周扩展的,会不会磁的作用也是向四周扩展呢?

图 3-25 奥斯特正在演示电流磁效应

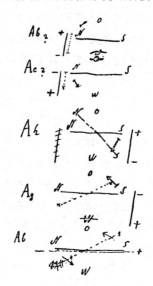

图 3-26 奥斯特的实验记录

1820 年 4 月的一个晚上,奥斯特正在向听众演讲有关电和磁的问题。他准备了实物表演,一边讲,一边做。他在讲演中讲到上述想法。随即即兴地把导线和磁针平行放置作个示范。没有想到,正当他把磁针移向导线下方,助手接通电池的一瞬间,他看到磁针有一轻微晃动。这正是他盼望多年的反应。

演讲会后奥斯特接连几个月研究这一新现象。开始他还是用细铂丝做实验,后来他终于认识到,磁效应强的不是细金属丝,而是直径大的金属丝,更不必用贵重的白金,任何金属都可以。后来,他有了更强大的伏打电池,终于查明电流的磁效应是沿着围绕导线的螺旋方向。

1820 年 7 月 21 日,奥斯特用拉丁文以四页的篇幅简洁地报告了他六十几次实验的结果。这一篇历史性文献立即轰动了整个欧洲。

奥斯特发现电流的磁效应,是电学史上的新篇章,由于他的发现,引导出电学一系列新发现。这以后的一二十年,成了电磁学大发展的辉煌时期。

3.5.2 电流磁效应的研究热潮

奥斯特发现电流磁效应的消息很快就传到德国和瑞士,法国科学院院士阿拉果(D. F. J. Arago,1786—1853)正在日内瓦访问,听到这一消息马上认识到它的重要意义,立刻回到巴黎,1820 年 9 月 4 日向法国科学院报告并演示了奥斯特的实验,引起法国科学界的极大兴趣。安培(André Marie Ampère,1775—1836)、毕奥(J. B. Biot,1774—1862)和萨伐尔(Felix Savart,1791—1841)等人立即行动,重复了奥斯特的实验,并且进一步发展了奥斯特的成果。

就在 1820 年 9 月 18 日至 10 月 9 日之间,安培连续报告了他的实验研究,其中包括确定磁针偏转方向的右手定则；他提出磁棒类似于有电流流通的线圈、磁性是由于磁体内"分子电流"产生磁效应，以及地球的磁性是由从东向西绕地球做圆周运动的电流所引起。为了说明磁性与电流的关系，他又考察了线圈之间的相互作用，并进而研究直线电流之间的相互作用。他指出两电流方向相同时相互吸引，方向相反时互相排斥。

安培的分子电流假说把一切磁效应都归功于电流与电流的相互作用。他的所谓分子，并不是指真正的分子，分子电流也不是指微观带电粒子的运动，他的假说只不过是一种模型。磁性的本质，只有到20世纪，才能在量子理论的基础上真正得到解释。

当时，安培的学说遭到来自不同角度的反对。例如，塞贝克就不同意把磁归结为电，他认为磁比电更为根本。1821年塞贝克通过实验证明有一种特殊的物质——"磁雾"存在。他在用纸做成的平板上撒上一层细细的铁屑，让一根导线垂直穿过这块纸板；当接通电源后，铁屑就以纸板上的导线为中心形成一圈一圈的同心圆；并且离中心越近，这些同心圆就越密集。他认为，这个实验说明了通电导线周围存在着一种"磁雾"，所以铁屑才形成同心圆。1825年塞贝克又做了一个实验，他用丝线吊起一块磁铁，把它当作单摆，然后在它旁边放上一块金属。他发现，当这块磁铁摆动起来时，很快就会衰减下去，他认为这是受到"磁雾"的阻碍作用。如果拿走金属块，磁铁的摆动会持续很长时间，就像没有受到任何阻力一样。塞贝克还用其他的方法证明"磁雾"的阻尼作用。他取一块铜片做成单摆，让它在磁铁的两极上方摆动，发现它比没有放磁铁时衰减得快得多。这实际是在金属和铜片中产生了感应电流，感应电流反过来又受磁力的阻碍作用。塞贝克当时不可能明白这个道理，而是认为这正是他的"磁雾"理论的证据。

1821年，毕奥和萨伐尔通过磁针周期振荡的方法发现了直线电流对磁针作用的定律，这个作用正比于电流的强度，反比于它们之间的距离，作用力的方向则垂直于磁针到导线的连线。（拉普拉斯假设了电流的作用可以看作为各个电流元单独作用的总和，把这个定律表示为微分形式。这就是现在我们熟悉的毕奥-萨伐尔-拉普拉斯定律）。毕奥也不同意安培的电动力理论和分子电流学说，他反对安培把一切电磁作用都归结于电流之间的相互作用，认为电磁力也是一种基本力；而安培认为毕奥没有认清磁的本质。

关于电与磁的关系，一时间众说纷纭，莫衷一是。

奥斯特和安培等人的研究成果传到英国，引起了广泛注意。1821年英国哲学学报（Annal of Philosophy）杂志编辑约法拉第写一篇关于电磁问题的述评，这件事导致法拉第开始了电磁学的研究。

法拉第当时正在英国皇家研究所做化学研究工作。他原来是文具店学徒工，从小热爱科学，奋发自学。由于化学家戴维的帮助，进到皇家研究所的实验室当了戴维的助手，1821年受任当了皇家研究所实验室主任。

法拉第在整理电磁学文献时，为了判断各种学说的真伪，亲自做了许多实验，其中包括奥斯特和安培的实验。在实验过程中他发现了一个新现象：如果在载流导线附近只有磁铁的一个极，磁铁就会围绕导线旋转；反之，如果在磁极周围有载流导线，这导线也会绕磁极旋转，如图3-27。这就是电磁旋转现象。实际上，它也是最早的电动机雏形。

法拉第对安培的"分子电流"理论也提出了不同看法。他设计了一个表演。取一支玻

璃管,在上面缠以绝缘导线,做成螺线管,水平
地半浸于水中。然后在水面上漂浮一只长磁
针。按照安培的观点,载流螺线管对应于长条
磁铁,螺线管的一端相当于南极,另一端相当
于北极。磁针如果是南极指着螺线管的北极,
应该会吸向螺线管的北极并停于北极的一端。
法拉第指出,这与实验结果不符。他做的实验
是磁针的南极继续穿过螺线管,直至磁针的南
极接近螺线管的南极。法拉第论证说,如果磁
针是单极的,它就会沿磁力线无休止地运动下
去,就像电磁旋转器那样。法拉第认为,和载
流螺线管对应的不是实心磁体,而应是圆筒形
磁铁。安培则反驳说,圆筒形磁铁和载流螺线
管并不一样。按照他的分子电流假设,圆筒形

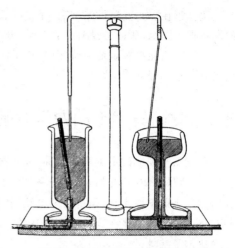

图 3-27　法拉第的电磁旋转器

磁铁中的电流是围绕微小粒子形成的一个一个小圈,而载流螺线管中的电流是沿着大的
线圈(如图 3-28)。为了证明磁性金属中的分子电流的存在,他用一个闭合薄铜环代替圆
筒形磁体,当众做了一个表演:把绝缘导线绕许多圈,固定在竖直支架上(如图 3-29),沿
着这个线圈的内缘,用绝缘弦丝悬挂一闭合薄铜环,铜环旁边放置一马蹄形磁铁。他设
想,固定线圈通有强电流时,如果铜环中由于出现分子电流而产生磁性,就会驱使铜环摆
动。安培的实验果然观察到了铜环的轻微摆动,他认为这就说明了分子电流的存在。

(a) 空心磁体中的分子电流

(b) 螺线管中的宏观电流

图 3-28　安培的解释

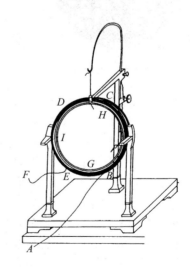

图 3-29　安培演示分子电流的实验装置

　　这是 1822 年的事。如果安培细心做下去,肯定会发现,铜环的轻微摆动应该发生在
线圈通断电的瞬间。遗憾的是,安培一心只是想证明他的分子电流学说,竟错过了发现电
磁感应的机会。

　　法拉第在得知安培的答辩后,重复了安培的圆环实验。可惜他所依据的资料把安培的圆环误为圆盘,所以也没有得到结果。[①]

　　如果安培能更客观地对待实验,如果法拉第能准确地了解安培的实验,电磁感应的发现也许会提早好几年。

3.6　安培奠定电动力学基础

　　在电磁学规律的定量表述方面,安培做出了特殊贡献。为了定量研究电流之间的相互作用,他从 1820 年开始,做了一系列实验和理论研究,其中尤以四个精巧的零值实验最为突出。所谓零值实验,是指两个电流同时作用于第三个电流而彼此平衡,从而判断电流相互作用的特性。他在这些实验的基础上进行数学推导,得到普遍的电动力公式,为电动力学奠定了基础。

图 3-30　安培

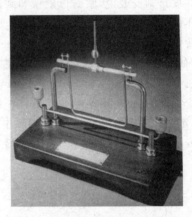

图 3-31　安培的电流作用力实验装置

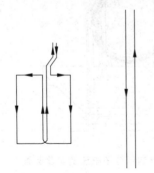

图 3-32　安培的无定向秤
实验之一

　　第一个实验证明强度相等、方向相反的两个靠得很近的电流对另一电流产生的吸力和斥力在绝对值上是相等的。安培用一无定向秤检验对折的通电导线有无磁力作用。所谓无定向秤,实际上是悬吊在水银槽下两个方向相反的通电线圈(如图 3-32)。如果这两个线圈受力不均衡,就会发生偏转。实验结果是:当对折导线通电时,无定向秤丝毫不动。既然吸力和斥力在绝对值上相等,就可以用统一的公式来表示两种力。于是,安培就进一步设想两个电流元 ids 和 $i'ds'$ 的相互作用力可以表示成 $\rho \dfrac{ii'dsds'}{r^n}$,这里 r 表示两个电流元的距离,ρ是决定于电流元与距离的夹角 θ, θ' 和电流元所在平面的夹角 ω 的函数,n 为一待定常数。

---

①　Williams L P. Am. J. Phys,1986(54):306

第二个实验证明电动力的矢量性。安培仍用无定向秤,将对折导线中的一根绕成螺旋状(如图 3-33),结果也是作用相互抵消,说明弯曲的电流和直线的电流是等效的,因此可以把弯曲电流看成是许多小段电流(即电流元)组成,它的作用就是各小段电流的矢量和。

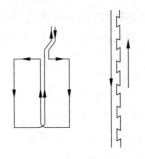

第三个实验研究电动力的方向。安培把圆弧形导体架在水银槽上,经水银槽通电(如图 3-34)。改变通电回路或用各种通电线圈对它作用,圆弧导体都不动,说明电动力一定垂直于载流导体。

图 3-33　无定向秤实验之二

第四个实验检验电动力与电流及距离的关系。安培用三个相似的线圈(如图 3-35),其半径之比分别等于其距离之比。通电后,中间的线圈丝毫不动,说明第一个线圈和第三个线圈对第二个线圈的作用相互抵消。由此得出结论:载流导线的长度与作用距离增加相同倍数时,作用不变。据此,安培证明,电流元相互作用力的公式中的 $n=2$,而 $\rho=\sin\theta\cdot\sin\theta'\cdot\cos\omega+k\cos\theta\cdot\cos\theta'$,其中 k 为一常数。

1827 年,安培通过数学推导,确定 $k=-\dfrac{1}{2}$。

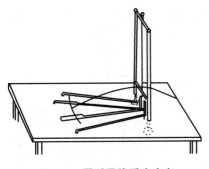

图 3-34　圆弧导线受力方向

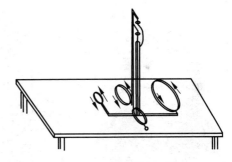

图 3-35　三个线圈相互作用

于是,安培就在实验的基础上,推出了普遍的电动力公式,即:两电流元之间的作用力为

$$f=\frac{ii'\,\mathrm{d}s\,\mathrm{d}s'}{r^2}(\sin\theta\cdot\sin\theta'\cdot\cos\omega-\frac{1}{2}\cos\theta\cdot\cos\theta')$$

这个公式为电动力学提供了基础。值得注意的是,安培的电动力公式从形式上看,与牛顿的万有引力定律非常相似。安培正是遵循牛顿的路线,仿照力学的理论体系,创建了电动力学。他认定电流元之间的相互作用力是电磁现象的核心,电流元相当于力学中的质点,它们之间存在电动力,而电动力是一种超距作用,就像牛顿的万有引力一样。

3.7　欧姆定律的发现

欧姆定律是电学中又一条基本定律,是欧姆(George Simon Ohm,1789—1854)在 1826 年发现的。欧姆原是一名中学的数学、物理教师,在傅里叶(J. B. J. Fourier)的热传导理论的启发下进行电学研究。傅里叶假设导热杆中两点之间的热流量与这两点的温度差成正比，然后用数学方法建立了热传导定律。欧姆认为电流现象与此类似，猜想导线中两点之间电流也许正比于这两点的某种推动力之差。欧姆称之为电张力（electric tension）。这实际上是电势概念。

为了证实自己的观点，欧姆下了很大工夫进行实验研究。欧姆开始所用电源是伏打电堆，由于这种电源不稳定，给欧姆的实验带来很大困难。1821 年塞贝克（T. J. Seebeck）发明温差电偶。波根道夫（J. C. Poggendorff）建议欧姆采用温差电偶做电源，这才得到稳定的电源。

当时，电流强度的测量还是一个技术难题。1820 年电流的磁效应刚刚发现，次年，施魏格（J. S. C. Schweiger）根据电流的磁效应做成最早的电流计，当时叫做倍加器，但是灵敏度很低。欧姆先是打算用电流的热效应，从热膨胀的效应来测量电流强度。后来，欧姆在施魏格倍加器的启发下，设计了一种电流扭秤，如图 3-37。他把电流的磁效应和库仑扭秤结合在一起，测量电流强度是通过挂在扭丝下的磁针所偏转的角度。电流扭秤的扭丝和磁针置于圆筒形玻璃罩中，磁针偏转的角度用一放大镜观测。温差电池是由弯成 $abb'a'$ 形（图 3-37）的铋条和两根铜条组成，一端插入装有碎冰雪的容器，另一端则插入装有沸水的容器，如图 3-38。

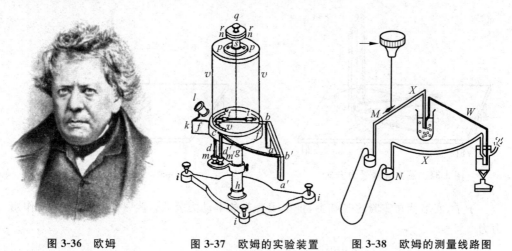

图 3-36　欧姆　　　　图 3-37　欧姆的实验装置　　　图 3-38　欧姆的测量线路图

欧姆取八根粗细相同，长度不同的板状铜丝，分别接入电路，测出每次的电流磁作用强度（实际上是与电流强度成比例关系的磁针偏转角度）。最后表示成

$$X = \frac{a}{b + x}$$

其中 X 表示长度为 x 的导体所对应的磁作用强度，a 与 b 是依赖于电路的两个常数。我们现在可以判断，欧姆的 a 相当于电动势，b 相当于除待测导体之外的回路电阻，X 相当于电流强度。

1826 年，欧姆先后发表了两篇论文。第一篇题为：《论金属传导接触电的定律及伏打仪器和施魏格倍加器的理论》，报导了他的实验结果。第二篇题为《由伽伐尼电力产生的电现象的理论》。他仿照傅里叶的热传导理论，从理论上推出如下公式

$$X = kw\left(\frac{a}{l}\right) \text{ 及 } u - c = \pm\left(\frac{x}{l}\right)a$$

其中 X 是长度为 l、截面为 w、导电率为 k 的导体中的电流强度，a 为导体两端的电张力（势）差，u 为导体中某一变点（位置为 x）的电张力（即电势），c 为一与 x 无关的常数。

接着，欧姆以等效长度 $L = \dfrac{l}{kw}$ 代入第一个公式，得到

$$X = \frac{a}{L}$$

这就是现在的欧姆定律，等效长度实际上就是电阻。

次年，欧姆发表《用数学推导的伽伐尼电路》一书，严格推导了电路定律。

欧姆定律的建立在电学发展史中有重要意义。但是当时欧姆的研究成果并没有得到德国科学界的重视。直到 1841 年，英国皇家学会才肯定欧姆的功绩，那一年，欧姆获得了英国皇家学会的科普勒奖。

3.8 电磁感应的发现

电流的磁效应得到发现之后，人们自然会想到，既然电能生磁，为什么磁不能生电？这件事成了很多科学家共同关心的问题。

1820 年，就在奥斯特发现电流磁效应之后不久，就有人宣布"成功地"实现了磁生电。这一消息虽然轰动一时，却很快就被别人否定了。人们设计了各种实验，试图找到磁生电的踪迹，但无不以失败告终。例如，瑞士物理学家科拉顿（J. D. Colladon）在 1825 年做过这样的实验，他把磁铁插入闭合线圈，试图观察线圈是否会产生感应电流。然而，他为了避免磁铁对电流计的影响，特意把电流计放在隔壁房间里，他一个人做实验，只能来回奔跑。他先在一个房间里把磁铁插入线圈，再跑到另一房间里去观察电流计的偏转。每次得到的都是零结果，他已经接近发现的边缘，但实验的安排有问题，失去了观察到瞬时变化的良机。

也有人遭遇到了涉及电磁感应的现象，却无力抓住现象的本质，上面提到过的塞贝克1825 年所做的磁摆衰减实验实际上就是一种电磁阻尼现象。这一现象实际上三年前阿拉果就已经发现了。他在 1822 年到格林威治附近的山上用磁针测量地磁时，偶然发现放在磁针下面的金属块对磁针的振荡会产生阻碍作用。1824 年阿拉果把磁针当作单摆，让它在铜盘上方摆动，发现磁针的摆动会很快衰减；如果让磁针停下不动，转动下面的铜盘，就会发现磁针也跟着转动。这些实验实际上都是电磁感应的具体例证，因为正是导体在运动中切割了磁力线从而在导体内部产生了感应电流。但在当时，阿拉果无力对自己的实验作出解释，而是如实地向公众宣布了实验结果，并于第二年因此获得了科普勒奖，这足以说明阿拉果的铜盘实验在当时受到何等的关注。毕奥认为铜盘在运动中产生了磁性，而安培提出铜盘在运动中产生了电流，都没有找到问题的实质。

图 3-39 阿拉果

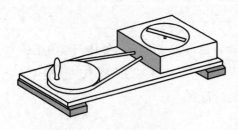

图 3-40　阿拉果的铜盘实验

上述这些实验经过法拉第一一重复，作了研究，尽管当时法拉第也无法作出明确的说明，但是所有这些实验事实都成了他的佐证，坚定了他磁生电的信念，并最终导致他在 1831 年发现了电磁感应现象。

法拉第和奥斯特一样，笃信自然力的统一，很早就开始寻找"磁生电"的迹象。从 1824 年到 1828 年，法拉第多次进行电磁学实验。他仔细分析了电流的磁效应，认为电流与磁的相互作用除了电流对磁、磁对磁、电流对电流，还应有磁对电流的作用。他想，既然电荷可以感应周围的导体使之带电，磁铁可以感应铁质物体使之磁化，为什么电流不可以在周围导体中感应出电流来呢？于是他做了一系列实验，想寻找导体中的感应电流。

例如，1824 年 11 月，法拉第第一次试图观察磁生电的现象，这次实验没有成功。1825 年 7 月，法拉第又做了一次实验来寻找磁生电现象，再次得到否定的结果。同年 11 月，法拉第做了第三次实验，这次差一点获得成功。他把一根 4 英尺长的导线接在电池的两极上，把另一根导线接在电流计上，两根导线平行放置，中间只隔两张薄纸。当前一根导线中通入电流时，他没有观察到另一根导线上的电流计指针有任何动静。然后，他又把前一根导线弯曲成螺线管，把另一根导线放入线圈中。当前一根导线接通电源时，仍未能发现第二根导线上的电流计指针的偏转。

如果电流计足够灵敏，如果电源足够强，在接通电源或者切断电源的瞬间，法拉第应该能够看到电流计发生偏转。尽管如此，法拉第对磁生电的信念并没有动摇，他逐步领悟到，必须加大电源的强度，并且注意瞬间的变化。

上述失败的尝试，法拉第都在他的实验日记里留下了记录，也多次表达了自己的信念。

就在 1831 年 8 月 29 日这一天，法拉第终于取得了突破性的进展。这次他是用一个软铁圆环（如图 3-41 中的插图），环上绕两个互相绝缘的线圈 A 和 B。线圈 A 和电池连接，线圈 B 用一导线连通，导线下面平行放置一只小磁针，充当检验电流通过的指示器。

法拉第在日记中写道（部分原文见图 3-41）：

"1. 关于磁生电的实验等等，等等。

"2. 用软铁做一个圆铁环，它的厚度（圆铁条直径）是 7/8 英寸，它的外直径（圆环直径）是 6 英寸。在圆铁环的一个半边绕了许多匝铜线，每匝之间用麻线和白布隔开，其中共绕有 3 个线圈，每个线圈都用 24 英尺长左右的铜线绕成。它们可以连在一起使用，也可以分别使用。这 3 个线

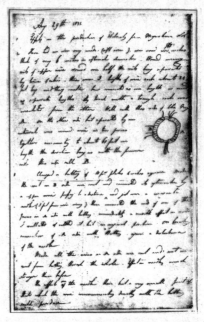

图 3-41　1831 年 8 月 29 日法拉第的日记

圈彼此之间是绝缘的,我们把铁环的这半边称为 A。中间隔开一段距离,再在圆铁环的另一半边用两根铜线绕成两个线圈,铜线的总长度大约是 60 英尺,缠绕方向与前面的线圈相同,我们把这半边称为 B。

"3. 把 10 个电池连在一起,每个电池电极板的面积是 4 平方英寸。把 B 边的线圈连成一个线圈并将它的两个端点用一根铜线连接起来,铜线经过一段距离(离圆铁环 3 英尺),刚好越过一个磁针的上面一点。然后把 A 边的一个线圈的两端同电池接通,立即就对磁针产生了可以观察到的影响。磁针摆动着,最后又回复到原来的位置上。当切断 A 边线圈与电池的连线时,磁针又一次受到了扰动。

图 3-42 法拉第用过的圆铁环线圈

"4. 把 A 边 3 个线圈连成一个线圈,使电池的电流流过所有的线圈,对磁针的影响比以前强得多。"[1]

这是法拉第一个成功的电磁感应实验,但是他并没有完全明白其中的道理。因为他尚未明确指出这一现象的瞬时性。

法拉第分析这个实验成功的关键。如果没有铁质,还会不会有这类现象?于是他用木料做 A,B 线圈的芯子,线圈 A 改接强大的电池组,结果依然有感应,说明电磁感应只和电流的变化有关。如果电流不变,即使电流大到使导线灼热,也不会产生感应。

接着,法拉第又做了一个实验。他取来一根铁棒,在铁棒上绕以线圈,再和电流计相接,铁棒两端各放一根条形磁铁,如图 3-43。当铁棒拉进拉出时,电流计的指针会不断摆动。

法拉第继续做实验,他于 1831 年 10 月 17 日以条形磁铁插入线圈,如图 3-44,发现在条形磁铁插入和拔出的瞬间,线圈会产生感应电流。

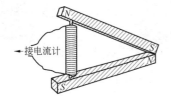

←接电流计

图 3-43 法拉第用两根磁铁夹着铁棒

图 3-44 法拉第进一步研究电磁感应

他把铁棒运动和磁铁运动引起的感应称为"磁电感应",而把先前发现的两个线圈间的感应称为"伏打电感应",因为两个线圈中有一个是接到伏打电池上的。

同年 10 月 28 日,法拉第把铜盘置于马蹄形磁极之间,如图 3-45。从铜盘的轴心和边沿引两根导线接于电流计旋转铜盘,就从这两根导线引出了持续的电流。

这样一来,法拉第创造了第一台最原始的直流发电机(图 3-46)。

---

[1] Faraday's Diary. Bell,1932,Vol.1,279

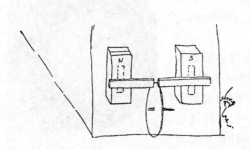

图 3-45   1831 年 10 月 28 日法拉第日记中的一张图　　图 3-46   法拉第的原始直流发电机

到此为止,法拉第不仅实现了磁生电的理想,而且完全搞清了这一过程的基本规律,明确了电磁感应现象的瞬时性。同时,也给阿拉果和塞贝克的铜盘实验作出了满意的解释。

同年 11 月 24 日,法拉第对各种试验做了总结,向英国皇家学会报告说:他可以把产生感应电流的情况分为五类:①变化中的电流;②变化中的磁场;③运动的稳恒电流;④运动中的磁铁;⑤运动中的导线。

图 3-47   法拉第

图 3-48   法拉第在实验室里工作

图 3-49   法拉第日记

法拉第宣布发现电磁感应之后不久，又有两项有关电磁感应现象的重大发现问世。一是美国的亨利(J. Henry, 1797—1878)发现了自感现象。他实际上是在 1829 年 8 月在用电磁铁的装置进行电报机实验时，发现通电线圈在断开时会产生强烈的电火花。这就是所谓的自感现象。但他无法作出解释，就没有公开发表自己的结果，直到得知法拉第发现电磁感应后，才明白了其中的道理，于是在 1832 年 7 月发表第一篇有关电磁感应的论文，其中包括自感现象的发现。二是 1833 年楞茨(H. F. E. Lenz, 1804—1865)进一步研究了法拉第对电磁感应现象的说明，他把法拉第的说明与安培的电动力理论结合在一起，提出了确定感生电流方向的基本判据，这就是所谓的楞茨定则。用楞茨自己的话说，就是：

"设一金属导体在一电流或一磁体附近运动，则在金属导体内部将会产生电流，电流的方向是这样的：如果导体原来是静止的，它会使导体产生一运动，正好与该导体现在的运动方向相反，如果该导体在静止时有向该方向或其反方向运动的可能的话。"[①]

图 3-50　亨利

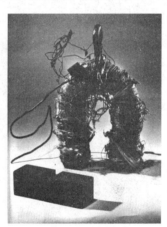

图 3-51　亨利用于实验的电磁铁

法拉第、亨利和楞茨都是用文字定性地表述电磁感应现象的。1845 年才由纽曼(F. E. Neumann, 1798—1895)以定律的形式提出电磁感应的定量规律，即感应电动势为

$$\varepsilon = -\int \frac{\partial A}{\partial t} \cdot \mathrm{d}l$$

其中，A 为纽曼引入的电流的位置函数。

法拉第对电磁学的贡献不仅是发现了电磁感应，他还发现了光磁效应(也叫法拉第效应)、电解定律和物质的抗磁性。他在大量实验的基础上创建了力线思想和场的概念，为麦克斯韦电磁场理论奠定了基础。

3.9　电磁理论的两大学派

安培把自己的理论称为电动力学，这个理论的基础是电荷间的超距作用力。他的学

---

① Magie W F. A Source Book in Physics. McGraw-Hill, 1935. 513

说传到德国,形成了大陆派电动力学。纽曼和韦伯(Wilhelm Weber,1804—1891)是这个学派的代表。安培的电动力学能够说明许多电磁现象,并且能够严格地进行定量计算,因此受到人们的肯定。但是它还不能说明电磁感应,也没有包括库仑定律,对静电领域无能为力。1846 年韦伯继纽曼的电磁感应定律之后发展了安培的理论,他采纳了一年前费希纳(G. T. Fechner,1801—1887)提出的假说,把电流看成是由沿相反方向以相同速度运动的同样数量的正负电荷组成,在安培定律的基础上,提出了更一般的电作用力公式

$$F = \frac{e_1 e_2}{r^2}\left[1 - \frac{1}{c^2}\left(\frac{\mathrm{d}r}{\mathrm{d}t}\right)^2 + \frac{2r}{c^2}\cdot\frac{\mathrm{d}^2 r}{\mathrm{d}t^2}\right]$$

式中 e_1, e_2 表示两个电荷的电量,r 表示他们之间的距离,c 为一常数。这个公式的第一项表示静电力,可见它包括了库仑定律。进一步推导,可以引出安培定律和纽曼电磁感应公式。于是韦伯的电动力公式成了电动力学的基础。

图 3-52　韦伯

图 3-53　黎曼

但是,韦伯公式中包含了依赖于速度 $\frac{\mathrm{d}r}{\mathrm{d}t}$ 的力,所以屡遭反对。

赫姆霍兹曾多次批评它不遵守能量守恒定律,大大影响了它的声誉。

与之对立的另有一学派,主张近距作用。法拉第就是其突出代表。高斯也曾企图把通过介质传递电作用的过程表示成数学公式,没有取得成功。1853 年,数学家黎曼(Bernard Riemann,1826—1866)曾用弹性以太模型说明电磁现象,提出了电力传播方程

$$\frac{\partial^2 U}{\partial t^2} - \alpha^2\left(\frac{\partial^2 U}{\partial x^2} + \frac{\partial^2 U}{\partial y^2} + \frac{\partial^2 U}{\partial z^2}\right) + \alpha^2\cdot 4\pi\rho = 0$$

式中,U 是电势,ρ 是 (x, y, z) 点上的电荷密度,$\alpha = \frac{1}{2}c$,c 是光速。不过,他的论文发表于 1867 年,比麦克斯韦的电磁理论发表得还要晚。而麦克斯韦则继承了法拉第的力线思想,坚持近距作用,同时又正确地汲取了大陆派电动力学的成果。他就是在两种不同学说争论的背景下,创建了电磁场理论的。

3.10 麦克斯韦电磁场理论的建立

3.10.1 法拉第的力线思想

法拉第从广泛的实验研究中构想出描绘电磁作用的"力线"图像。他认为电荷和磁极周围的空间充满了力线,靠力线(包括电力线和磁力线)将电荷(或磁极)联系在一起。力线就像是从电荷(或磁极)发出、又落到电荷(或磁极)的一根根皮筋一样,具有在长度方向力图收缩,在侧向力图扩张的趋势。他以丰富的想象力阐述电磁作用的本质。

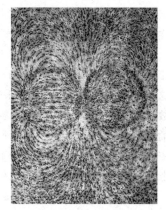

图 3-54　法拉第的磁场分布图

法拉第研究了电介质对电力作用的影响,认识到这一影响表明电力不可能是超距作用,而是通过电介质状态的变化;即使没有电介质,空间也会产生某种变化,布满了力线。后来,法拉第又进一步研究了磁介质,解释了顺磁性和反磁性。电磁感应现象则解释为磁铁周围存在某种"电应力状态"(electro-tonic state),当导线在其附近运动时,受到应力作用而有电荷做定向运动;回路中产生电动势则是由于穿过回路的磁力线数目发生了变化。

法拉第的力线思想实际上就是场的观念,这是近距理论的核心内容。

3.10.2 W.汤姆孙的类比研究

在法拉第力线思想的激励下,W.汤姆孙对电磁作用的规律也进行过有益的研究。他从法国科学家傅里叶的热传导理论得到启示。傅里叶在 1824 年发表《热的分析理论》(Theorie analytique de la chaleur)一书,详细地研究了在介质中热流的传播问题,建立了热传导方程。这本书对 W.汤姆孙有很深的影响。

1842 年,W.汤姆孙发表了第一篇关于热和电的数学论文,题为:《论热在均匀固体中的均匀运动及其与电的数学理论的联系》,他论述了热在均匀固体中的传导和法拉第电应力在均匀介质中传递这两种现象之间的相似性。他指出电的等势面对应于热的等温面,而电荷对应于热源。利用傅里叶的热分析方法,他把法拉第的力线思想和拉普拉斯、泊松等人已经建立的完整的静电理论结合在一起,初步形成了电磁作用的统一理论。

1847 年,W.汤姆孙进一步研究了电磁现象与弹性现象的相似性,在题为《论电力、磁力和伽伐尼力的力学表征》一文中,以不可压缩流体的流线连续性为基础,论述了电磁现象和流体力学现象的共性。1851 年,他给出了磁场的定义,1856 年,根据磁致旋光效应提出磁具有旋转的特性,这样就为进一步借用流体力学中关于涡旋运动的理论,做好了准备。

W.汤姆孙运用类比方法,把法拉第的力线思想转变为定量的表述,为麦克斯韦的工作提供了十分有益的经验。

3.10.3　麦克斯韦建立电磁场理论的第一步

麦克斯韦在电磁理论方面的工作可以和牛顿在力学理论方面的工作相媲美。他和牛顿一样，是"站在巨人的肩上"，看得更深更远，作出了伟大的历史综合；他也和牛顿一样，其丰硕的成果是一步一步提炼出来的。

对于麦克斯韦来说，他是站在法拉第和 W. 汤姆孙这两位巨人的肩上。他面对众说纷纭的电磁理论，以深邃的洞察力开创了物理学的新领域。然而，他也不是一蹴而就的。他在创建电磁场理论的奋斗中作了三次飞跃，前后历程达十余年。

麦克斯韦是英国人，1831 年生于爱丁堡，自幼聪慧过人，得到了精心培养。10 岁进爱丁堡书院（Edinburgh Academy）学习。15 岁就有几何学论文发表。1850 年入剑桥大学，这时 W. 汤姆孙已是那里的研究员（fellow）。W. 汤姆孙比麦克斯韦大 7 岁，他们先后荣获数学竞赛优胜者称号。W. 汤姆孙对电磁理论的看法，麦克斯韦早有了解。在 W. 汤姆孙的影响下，麦克斯韦特别注意斯托克斯的工作，这为以后的研究做了准备。从 1855 年起，麦克斯韦学习电学，认真阅读了法拉第的著作，特别是《电学实验研究》一书。他大学刚毕业，就着手把法拉第的力线思想用数学分析方法进行表述。

W. 汤姆孙那两篇关于电磁现象与力、热现象相似性的论文对他很有影响。不但使他认识到类比方法的重要性，而且体验到法拉第的思想与传统的静电理论是协调的，有可能进一步建立统一的电磁理论。

1856 年，麦克斯韦发表了第一篇关于电磁理论的论文，题为：《论法拉第力线》。在这篇论文中，他发展了 W. 汤姆孙的类比方法，用不可压缩的流体的流线类比于法拉第的力线，把流线的数学表达式用到静电理论中。流线不会中断，力线也不会中断，只能发源于电荷或磁极，或者形成闭合曲线。麦克斯韦通过类比，明确了两类不同的概念，一类相当于流体中的力，E 和 H 就是；另一类相当于流体的流量，D 和 B 属于这一类。麦克斯韦进一步讨论了这两类量的性质。流量遵从连续性方程，可以沿曲面积分，而力则应沿线段积分。

关于类比方法，麦克斯韦写道：

"为了采用某种物理理论而获得物理思想，我们应当了解物理相似性的存在。所谓物理相似性，我指的是在一门科学的定律和另一门科学的定律之间的局部类似。利用这种局部类似可以用其中之一说明其中之二。"麦克斯韦还特别注意到数学公式的类比。"精确科学的宗旨就是要把自然界的问题归结为通过数学计算来确定各个量。"[1]

这篇论文的第二部分专门讨论法拉第的"电应力状态"，对电磁感应作了理论解释。麦克斯韦指出，纽曼的矢势 A 正是表示"电应力状态"的一个函数，两者是一致的。不过，纽曼的矢势是建立在超距作用上的数学函数，缺乏实际含义，而法拉第的"电应力状态"则是根据大量实验发现并认真作出的精湛假设。麦克斯韦写道：

"也许有人会认为，多种现象的定量观测还未严密到足以形成数学理论的基础，但是

---

① Scientific Papers of J. C. Maxwell, Vol. 1. Cambridge, 1890. 156

法拉第并不满足于简单地叙述其实验的数学结果,也不希望靠计算来发现定律。当他掌握住一个定律时,他立即像对纯粹数学的定律一样,毫不含糊地讲出来;如果数学家把这个定律当作物理真理接受下来,从它推出其他可以用实验检验的定律,这位数学家只不过起了帮助物理学家整理自己思想的作用。当然,也要承认这是科学推理的必要步骤。"这里麦克斯韦提到的数学家实际上就是指他自己。

接着,麦克斯韦推出了 6 个定律:

"定律Ⅰ 沿面积元边界电应力强度的总和等于穿过该面积的磁感应或等于穿过该面积的磁力线总数,"用现代的符号表示,就是

$$\oint A \cdot \mathrm{d}l = \Phi$$

"定律Ⅱ 任一点的磁(场)强度经一组叫做传导方程的线性方程与磁感应相联系,"即

$$B = \mu H$$

"定律Ⅲ 沿任一面积边界的磁(场)强度等于穿过该面积的电流",即

$$\oint H \cdot \mathrm{d}l = \sum I$$

"定律Ⅳ 电流的量与强度由一系列传导方程联系",即

$$j = \sigma E$$

"定律Ⅴ 闭合电流的总电磁势等于电流之量与沿同一方向围绕电路的电应力强度的乘积",即:电磁能等于电路中电流与感应所生磁通的乘积,

$$W = \oint j \cdot A \mathrm{d}l$$

"定律Ⅵ 任一导体元中的电动势等于该导体元上电应力强度的瞬时变化率",即

$$E = -\frac{\mathrm{d}A}{\mathrm{d}t}$$

对于这 6 个定律,麦克斯韦写道:"在这 6 个定律中,我要表达的思想,我相信是(法拉第的)《电学实验研究》中所提示的思想模式的数学基础。"

3.10.4 麦克斯韦建立电磁场理论的第二步

隔了 5 年以后,麦克斯韦又回过来研究电磁理论,写了第二篇论文,题为《论物理力线》。其中分四个部分,分别载于 1861 年和 1862 年的《哲学杂志》上。他的"目的是研究介质中的应力和运动的某些状态的力学效果,并将它们与观察到的电磁现象加以比较,从而为了解力线的实质做准备。"[①]

两件事使麦克斯韦重新考虑他的研究方法:

一件是根据伯努利的流体力学,流线越密的地方压力越小,流速越快,而根据法拉第的力线思想,力线有纵向收缩、横向扩张的趋势,力线越密,应力越大,两者不宜类比。

另一件是电的运动和磁的运动也无法简单类比。从电解质现象中知道电的运动是平移运动,而从偏振光在透明晶体中旋转的现象看,磁的运动好像是介质中分子的旋转运动。

---

① Scientific Papers of J. C. Maxwell, Vol. 1. Cambridge, 1890. 491

可见,电磁现象与流体力学现象有很大差别,电现象与磁现象不尽相同,靠几何上的类比无法洞察事物的本质。

于是麦克斯韦转向运用模型来建立假说。他借用兰金(W. J. M. Rankine)的"分子涡流"假设,提出自己的模型。他假设在磁场作用下的介质中,有规则地排列着许多分子涡旋,绕磁力线旋转,旋转角速度与磁场强度成正比,涡旋物质的密度正比于介质的磁导率。这个模型很容易解释电荷间或磁场间的相互作用,并清晰地体现了近距作用。

但是在进一步解释变化电场或变化磁场之间的关系时又遇到了困难。分子涡旋在旋转中相邻的边界沿相反的方向运动,这怎么可能呢? 麦克斯韦从一种惰轮机构(如图 3-55)中想出了解决方案。他假设在涡旋之间有一层细微的带电粒子,将各涡旋隔开。带电粒子非常小,可在原地滚动(图 3-56),电流就相当于带电粒子的移动。图中六角形代表分子涡旋,小圆圈代表带电粒子。当电流流过 AB 时,AB 上面一排涡旋 gh 按逆时针方向旋转,通过中间粒子的啮合作用,逐一地传到各层涡旋,使它们都按逆时针方向旋转。AB 下面的涡旋则按顺时针方向旋转。当 AB 中电流发生变化,例如突然停止时,gh 中的涡旋旋转受到障碍,如果这时 kl 排的涡旋仍维持原来的运转速度,则 pq 中的粒子层就会从 p 向 q 运动,也就是在 pq 中产生同向感应电流。这样就很好地解释了电磁感应。

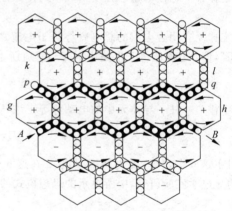

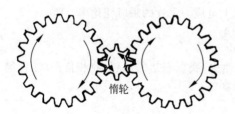

图 3-55   麦克斯韦从机械惰轮得到启示

图 3-56   麦克斯韦的分子涡旋模型

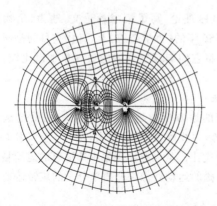

图 3-57   麦克斯韦根据计算描绘的电磁场分布图

就在讨论"应用于静电的分子涡旋理论"这个问题时,麦克斯韦抓住了要害。他假设分子涡旋具有弹性。当分子涡旋之间的粒子受电力作用产生位移时,给涡旋以切向力,使涡旋发生形变,反过来涡旋又给粒子以弹性力。当激发粒子的力撤去后,涡旋恢复原来的形状,粒子也返回原位。这样,带电体之间的力就归结为弹性形变在介质中储存的势能,而磁力则归结为储存的转动能。位移的变化形成了电流。麦克斯韦称之为

"位移电流",他写道：

"只要导体上有电动势作用,就会产生电流,电流遇到电阻,就会将电能转化为热。这一过程的逆向却不可能将热重新储存为电能。

"电动势作用于电介质,会使电介质的一部分产生一种极化状态,有如铁的颗粒在磁体的影响下极化一样分布,并且和磁极化一样,可以看成是每个粒子以对立状态产生(电)极。

"在一个受到感应的电介质中,我们可以想象每个分子中的电都发生这样的位移,一端为正电,另一端为负电,而这些电仍然完全同分子联系在一起,不会从一个分子转移到另一个分子。

"这种作用对于整个电介质是沿某一方面产生了总的位移。这一位移并不形成电流,因为它达到一定值时就保持不变了。但当电流开始时,和当位移时增时减因而形成不断变化时,就会根据位移的增加或减少,形成沿正方向或负方向的电流。"[1]

以 r 表示由于位移产生的电流值, h 表示位移值,麦克斯韦得出

$$r = \frac{dh}{dt}, \quad 即 \quad i_{位移} = \frac{dD}{dt}$$

麦克斯韦提出的"位移电流"的假设在电磁场理论中具有非常重要的地位。这是一个重大的突破,在这以前,甚至在麦克斯韦去世时(1879 年)还没有人做出过可靠的实验,证明位移电流的存在。这说明了麦克斯韦具有何等的理论胆略！

还有一件事表明了麦克斯韦的理论威力,就是他预见到光是起源于电磁现象的一种横波。

既然电介质中的粒子位移可以看成是电流,就可以把电流与磁力线的相互作用推广到绝缘体,甚至是充填于真空的以太。在这些介质中任一点产生的电粒子的振动,就可以通过相互作用在介质中扩展开去。

设弹性介质密度为 ρ,切变模量为 m,这种介质可以传播速度为 $v=\sqrt{\dfrac{m}{\rho}}$ 的横波。根据分子涡旋假设,麦克斯韦得到 $v=E/\sqrt{\mu}$,其中 E 是取决于介质性质的一个特殊系数, μ 为磁导率,对于真空或空气, $\mu=1$。

柯尔劳胥(R. H. A. Kohlrausch,1809—1858)和 W. 韦伯在 1857 年从莱顿瓶上测量电荷,根据静电单位和绝对单位的比值求出 E 值为：310 740 千米/秒。麦克斯韦以之与斐索(Fizeau)1849 年用齿轮法测到的光速 $c=315\ 000$ 千米/秒比较,认为相符甚好。于是,麦克斯韦在论文中用斜体字写道：

"我们难以排除如下的推论：光是由引起电现象和磁现象的同一介质中的横波组成的。" [2]

3.10.5 麦克斯韦建立电磁场理论的第三步

1865 年麦克斯韦发表了关于电磁场理论的第三篇论文：《电磁场的动力学理论》

---

[1] Scientific Papers of J. C. Maxwell, Vol. 1. Cambridge,1890.491

[2] Scientific Papers of J. C. Maxwell, Vol. 1. Cambridge,1890.500

（A dynamical theory of the electromagnetic field），全面地论述了电磁场理论。这时他已放弃分子涡旋的假设，然而他并没有放弃近距作用，而是把近距作用理论引向深入。

在这篇论文的引言中，他再次强调超距作用理论的困难，坚持假设电磁作用是由物体周围介质引起的。他明确地说：

"我提出的理论可以称为电磁场理论，因为它必须涉及电体和磁体附近的空间；它也可以称为动力理论，因为它假设在这一空间存在着运动的物质，观测到的电磁现象正是这一运动物质引起的。"

接着，麦克斯韦全面阐述了电磁场的含义，他指出："电磁场是包含和围绕着处于电或磁状态的物体的那部分空间，它可能充有任何一种物质"，"介质可以接收和贮存两类能量，即由于各部分运动的'实际能'（按：即动能）和介质因弹性从位移恢复时要作功的'势能'。"[①]

然后，麦克斯韦讨论了电磁感应。他再次运用类比方法来说明电流的电磁动量（electromagnetic momentum），这个量代表了"电应力状态"，就是先前用过的矢势 A。在这篇论文中，麦克斯韦提出了电磁场的普遍方程组，共 20 个方程，包括 20 个变量。这 20 个变量是：电磁动量 F,G,H；磁力（即磁场强度）α,β,γ；电动热 P,Q,R；传导电流 p,q,r；电位移 f,g,h；全电流（包括位移的变化）p',q',r'；自由电荷电量 e；以及电势 ϕ。

20 个方程是：

电位移方程：

$$\left.\begin{array}{l} p' = p + \dfrac{\mathrm{d}f}{\mathrm{d}t} \\[2mm] q' = q + \dfrac{\mathrm{d}g}{\mathrm{d}t} \\[2mm] r' = r + \dfrac{\mathrm{d}h}{\mathrm{d}t} \end{array}\right\} \tag{A}$$

磁场力方程：

$$\left.\begin{array}{l} \mu\alpha = \dfrac{\mathrm{d}H}{\mathrm{d}y} - \dfrac{\mathrm{d}G}{\mathrm{d}z} \\[2mm] \mu\beta = \dfrac{\mathrm{d}F}{\mathrm{d}z} - \dfrac{\mathrm{d}H}{\mathrm{d}x} \\[2mm] \mu\gamma = \dfrac{\mathrm{d}G}{\mathrm{d}x} - \dfrac{\mathrm{d}F}{\mathrm{d}y} \end{array}\right\} \tag{B}$$

电流方程：

$$\left.\begin{array}{l} \dfrac{\mathrm{d}\gamma}{\mathrm{d}y} - \dfrac{\mathrm{d}\beta}{\mathrm{d}z} = 4\pi p' \\[2mm] \dfrac{\mathrm{d}\alpha}{\mathrm{d}z} - \dfrac{\mathrm{d}\gamma}{\mathrm{d}x} = 4\pi q' \\[2mm] \dfrac{\mathrm{d}\beta}{\mathrm{d}x} - \dfrac{\mathrm{d}\alpha}{\mathrm{d}y} = 4\pi r' \end{array}\right\} \tag{C}$$

电动势方程：

---

① Scientific Papers of J. C. Maxwell, Vol. 1. Cambridge, 1890. 527

$$P = \mu\left(\gamma\frac{\mathrm{d}y}{\mathrm{d}t} - \beta\frac{\mathrm{d}z}{\mathrm{d}t}\right) - \frac{\mathrm{d}F}{\mathrm{d}t} - \frac{\mathrm{d}\varphi}{\mathrm{d}x}$$
$$Q = \mu\left(\alpha\frac{\mathrm{d}z}{\mathrm{d}t} - \gamma\frac{\mathrm{d}x}{\mathrm{d}t}\right) - \frac{\mathrm{d}G}{\mathrm{d}t} - \frac{\mathrm{d}\varphi}{\mathrm{d}y} \left.\right\} \quad (D)$$
$$R = \mu\left(\beta\frac{\mathrm{d}x}{\mathrm{d}t} - \alpha\frac{\mathrm{d}y}{\mathrm{d}t}\right) - \frac{\mathrm{d}H}{\mathrm{d}t} - \frac{\mathrm{d}\varphi}{\mathrm{d}z}$$

电弹性方程：

$$\left.\begin{array}{l} P = kf \\ Q = kg \\ R = kh \end{array}\right\} \quad (E)$$

电阻方程：

$$\left.\begin{array}{l} P = -\rho p \\ Q = -\rho q \\ R = -\rho r \end{array}\right\} \quad (F)$$

自由电荷方程：

$$e + \frac{\mathrm{d}f}{\mathrm{d}x} + \frac{\mathrm{d}g}{\mathrm{d}y} + \frac{\mathrm{d}h}{\mathrm{d}z} = 0 \quad (G)$$

连续性方程：

$$\frac{\mathrm{d}e}{\mathrm{d}t} + \frac{\mathrm{d}p}{\mathrm{d}x} + \frac{\mathrm{d}q}{\mathrm{d}y} + \frac{\mathrm{d}r}{\mathrm{d}z} = 0 \quad (H)$$

实际相当于 8 个方程，其中 6 个是矢量方程，用现代符号表示，就是：

$$\boldsymbol{C} = \boldsymbol{i} + \frac{\partial \boldsymbol{D}}{\partial t} \quad (A)$$

$$\mu\boldsymbol{H} = \mathrm{curl}\boldsymbol{A} \quad (B)$$

$$\mathrm{curl}\boldsymbol{H} = 4\pi\boldsymbol{C} \quad (C)$$

$$\boldsymbol{E} = \mu(\boldsymbol{v} \times \boldsymbol{H}) - \frac{\partial \boldsymbol{A}}{\partial t} - \nabla\varphi \quad (D)$$

$$\boldsymbol{E} = k\boldsymbol{D} \quad (E)$$

$$\boldsymbol{E} = -\rho\boldsymbol{i} \quad (F)$$

从电磁场理论的建立过程，我们又一次领会到壮伟的物理大厦是怎样一层一层地修筑起来的。

麦克斯韦生在电磁学已经打好基础的年代，他没有辜负时代的要求，及时地总结了已有的成就；他受到法拉第力线思想的鼓舞，又得到 W. 汤姆孙类比研究的启发；他深刻地洞察了以纽曼和韦伯为代表的大陆派电动力学的困难和不协调因素，看穿那种力图把电磁现象归结于力学体系的超距作用理论的根本弱点，决心致力于近距作用理论。他从类比研究入手，开始只是借用适当的数学工具定量地表述法拉第的力线图像。后来，他感到有必要对力线的分布及其应力性质给予机理性的说明，乃转而运用模型理论。在这个过程中，他敏锐地抓住了位移电流和电磁波这两个关键概念。最后，他终于甩掉一切机械论点，径直把电磁场作为客体摆在电磁理论的核心地位，从而开创了物理学又一个新的起点。对麦克斯韦的功绩，爱因斯坦作了很高的评价，他在纪念麦克斯韦 100 周年的文集中写道："自从牛顿奠定理论物理学的基础以来,物理学的公理基础的最伟大的变革,是由法拉第和麦克斯韦在电磁现象方面的工作所引起的"。"这样一次伟大的变革是同法拉第、麦克斯韦和赫兹的名字永远联在一起的。这次革命的最大部分出自麦克斯韦。"[1]麦克斯韦不愧为牛顿之后又一位划时代的杰出物理大师。[2]

爱因斯坦在这里提到赫兹是电磁波的发现者。实际上,赫兹在发展麦克斯韦的电磁场理论方面也有特殊贡献。应该补充的是,还有一位杰出的物理学家必须提到,这就是荷兰物理学家洛伦兹(H. A. Lorentz, 1853—1928),是他把电磁场理论扩充到了与物质相互作用的领域。

3.11　赫兹发现电磁波实验

麦克斯韦的电磁场理论把电、磁和光三个领域综合到了一起,具有划时代的意义。人们对麦克斯韦提出的电磁场方程组的对称和完美十分赞赏,但是因为从来没有人能够证明电磁波的存在,甚至物理学界的著名学者,都不敢相信这个未经证实的新理论是完全正确的,直到二十多年后,德国物理学家赫兹(Heinrich Rudolf Hertz, 1857—1894)从实验发现了电磁波,并证实它的传播速度正是光速,才打消了人们的疑虑。

3.11.1　法拉第的预见

其实,早在1832年,法拉第就预见到了电场和磁场的传播速度的有限性。他的力线思想和场的观念导致了他对电场和磁场的传播过程产生了初步想法。1832年3月12日,就在他发现电磁感应之后不久,他从场的观念出发,把电和声加以对比,预见到电和磁的感应需要一个传播过程。由于条件所限,当时他没有可能用实验加以证明,于是他写了一篇备忘录,密封好后交给当时的皇家学会秘书契尔德仑,锁在皇家学会的保险箱里,供日后查证,备忘录中写道:

"前不久在皇家学会宣读的题名'电学实验研究'的两篇论文,文中所提到的一些研究成果以及由其他观点和实验所引起的一些问题使我相信:磁作用是逐渐传播的,需要时间,也就是说,当磁体作用于远处的磁体或铁块时,产生作用的原因是从磁体逐渐传出,这种传播需要一定时间,这个时间看来也许是非常短促的。

"我还认为,有理由假定电感应(按:即静电感应),也是要经历类似的时间过程。

"我倾向于把磁力从磁极的扩散类比于起波纹的水之表面的振动,或空气中的声振动;也就是说,我倾向于认为,振动理论也可运用于上述现象,就像运用于声以至于光那样。

"对比之下,我认为也可以把振动理论运用于张力电的感应现象(按:即电磁感应现象)。

"我想用实验来证实这些观点,但是由于我要用很多时间从事公务,实验只好拖延,可

　① 许良英等编译.爱因斯坦文集,第一卷.商务印书馆,1977.292
　② 麦克斯韦不仅是伟大的理论家,也是卓有成效的实验家,他在晚年亲自筹备和主持了具有世界影响的剑桥大学卡文迪什实验室。参看本书14.2.3节。

能在别人的观察中得到。我希望,这篇备忘录交给皇家学会保存,将来上述观点被实验证实,我就有权宣布在这个日期我已提出上述观点。就我所知,此时除我以外,尚未有人知道或能够宣布这些观点。

M.法拉第(签字)

1832年3月12日于皇家研究所。"[1]

法拉第的这封备忘录预言了电磁波的可能性,当然他还无法从理论上证明光就是电磁波,也无法判定电磁波的速度就是光速。

1857年法拉第曾试图测出电磁感应作用的传播速度。他在一间大屋子里平行地放置三个线圈,中间的是施感线圈,两侧的是受感线圈,经电流计连在一起,让两个线圈的感应电流沿相反的方向通过电流计。法拉第希望,由于距离的不同,感应电流可能一先一后,从而显示它与位置的关系。但是不管线圈如何移动,实际测量总是零。显然,100英尺的距离太短了,无法直接察觉电磁波的速度。

3.11.2 赫兹的电磁波实验

赫兹是赫姆霍兹的学生,在老师的影响和要求下,他深入研究了电磁理论。1879年,德国柏林科学院悬奖征解,向当时科学界征求对麦克斯韦电磁理论进行实验验证,促使年轻的赫兹萌发了进行电磁波实验的雄心壮志。早在1853年W.汤姆孙就曾指出,当莱顿瓶通过一个有线圈的回路放电时,其放电电流呈现振荡现象。过了30年,1883年英国的费兹杰惹(G. F. FitzGerald)从理论推测用纯粹电学的办法使电路中的电流作周期性变化,就能产生电磁辐射,放电的电容器可以充当电磁波的振源。可惜,他本人没有去实地进行实验。赫兹当时并不知道他的研究。

赫兹的实验装置一部分如图3-58。AA'是两块40厘米见方的铜板,焊上直径0.5厘米,长70厘米的铜棒,头上各接一小铜球,相对放置,球中间留有空隙约0.75厘米。铜球表面仔细磨光,两棒分别接到感应圈的两端,当通电时,两棒之间产生放电,形成振荡。再取2毫米粗的铜棒做成圆环,半径为35厘米,如图3-58中的B。圆环的空隙f,宽度可用精密螺旋调节,从零点几毫米调到几毫米,当放到适当位置时,f间隙会跟随AA'产生火花放电,火花可长达6毫米~7毫米。B环可围绕平行于AA'面的法线mn旋转,旋转到不同位置,f放电的火花长度不一样。当f处于a或a'时,完全没有火花;转动些许角度,开始会产生火花;转至b或b'时,火花最大。

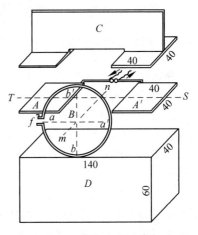

图3-58 赫兹的实验装置

赫兹把完全不产生火花的位置称为"中性点",用"中性点"的位置来鉴别各种物质的影响。

---

① Williams L P. Michael Faraday, A Biography. Chapman & Hall, 1965. 181

　　赫兹先取来一块金属箔片 C，当把 C 向 AA' 靠近时，看得出它对 B 放电的影响，因为"中性点"必须改变位置。他详细地做了试验，证明这是由于在金属 C 中产生的感应电流影响了电磁场的分布。

　　然后，他又拿一块重 800 公斤的沥青块 D 放在 AA' 下面。沥青块长 1.4 米，宽 0.4 米，高 0.6 米，实验结果正如麦克斯韦理论所预计的，绝缘体也会影响电磁场分布。

　　接着，赫兹用许多不同的材料研究它们对放电的影响，证明这些都是由于空间电磁场重新分布的结果。

　　赫兹最有说服力的实验是直接测出电磁波的传播速度。他用的装置如图 3-59，导体 AA'（赫兹称之为原导体）在感应圈的激励下产生电磁波。AA' 平面与地板垂直，在图中赫兹标了一条基线 rs，下面是距离标记，从离 AA' 中心点 45 厘米处计程。实验在一间 15.14 米的大教室进行，在基线的 12 米内无任何家具，整个房间遮黑，以便观察放电火花。次回路就是那个半径为 35 厘米的圆环 C 或边长 60 厘米的方形导线框 B。根据麦克斯韦理论，已经知道这个速度大概是每秒 3 万公里，要直接测这样的速度是十分困难的。赫兹想起了二十年前他的老师昆特（Kundt）用驻波测声速的方法，巧妙地设计了一个方案。

　　他在教室的墙壁上贴了一张 4 米高，2 米宽的锌箔，并将锌箔与墙上所有的煤气管道、水管等连接，使电磁波在墙壁遭遇反射。前进波和反射波叠加的结果就会组成驻波，如图 3-60。根据波动理论，驻波的节距等于半波长，测出节点的位置就可以知道波长。

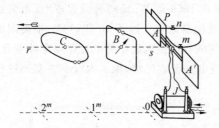

图 3-59　赫兹测电磁波速度的装置

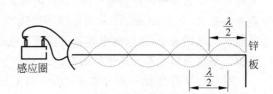

图 3-60　驻波的形成

　　赫兹沿基线 rs 移动探测线圈，果然在不同的位置上火花隙的长度不一样，有的地方最强，这是波腹；有的地方最弱，甚至没有火花，这是波节。根据电容器的振荡理论赫兹算得电磁振荡的周期，从光速就是电磁波的速度的假设和测得的波长也可算出周期，两者相差大约为 10%，赫兹证实了电磁波的速度就是光速。

　　为了进一步考察电磁波的性质，赫兹又设计了一系列实验，其中有聚焦、直进性、反射和折射。

　　他用 2 米长的锌板弯成抛物柱面形，如图 3-61。柱面的焦距大约为 12.5 厘米。他把发射振子和接收振子分别安在两块柱面的焦线上，调整感应圈使发射振子产生电火花。当两柱面正好面对面时，接收振子也会发出火花；位置离开就不产生效果，由此证明电磁波和光波一样也有聚焦和直进性的性质。

　　赫兹还用 1.5 米高重 500 多公斤的大块沥青做成三棱镜（如图 3-62），让电磁波通过。和光一样，电磁波也发生折射，他测得最小偏向角时偏角为 22°，三棱镜的棱角为 30°，由此算出沥青对电磁波的折射率为 1.69。此外，他还用"金属栅"显示了电磁波的偏振性。

图 3-61 赫兹的抛物柱面和振子

图 3-62 赫兹的金属栅和沥青棱镜

赫兹在 1888 年 12 月 13 日向柏林科学院作了题为《论电力的辐射》的报告,他以充分的实验证据全面证实了电磁波和光波的同一性。他写道:

"我认为,这些实验有力地铲除了对光、辐射热和电磁波动之间的同一性的任何怀疑。"[1]

3.12 麦克斯韦电磁场理论的发展

麦克斯韦电磁场理论的提出,揭开了电磁学发展史中新的一页,应该说,这一理论还不够完善,最大的问题是它只限于讨论空间里的电磁作用,回避了电磁作用的"源头",而这正是超距电动力学的核心。因此,在它提出之初,就遭到了质疑。

首先是 1870 年赫姆霍兹在麦克斯韦理论的基础上运用能量守恒原理讨论电磁场,他引进了媒质的极化概念,在调和"超距"电动力学和"近距"电磁场理论方面作了初步尝试。由于赫姆霍兹的支持,麦克斯韦的电磁场理论才得以受到物理学界的重视。正是在赫姆霍兹的倡导下,他的学生赫兹进行了实验研究,发现了电磁波。1884 年,赫兹对麦克斯韦理论作了系统研究,完成了《论麦克斯韦电磁学基本方程组与其相对立的电磁学基本方程

图 3-63 赫兹

图 3-64 洛伦兹

---

① Hertz H. Electric Waves. MacMillan,1900. 182

组之间的关系》一文，后来又在 1888 年和 1890 年多次发表论文，讨论麦克斯韦电磁场理论的改造问题，我们现在经常在教科书中见到的麦克斯韦方程就是经过赫兹等人整理和简化了的，如下所示：

$$\mathrm{div}\boldsymbol{E} = 4\pi\rho$$
$$\mathrm{div}\boldsymbol{B} = 0$$
$$\mathrm{curl}\boldsymbol{B} = \frac{1}{c}\frac{\partial \boldsymbol{E}}{\partial t} + \frac{4\pi}{c}\boldsymbol{j}$$
$$\mathrm{curl}\boldsymbol{E} = -\frac{1}{c}\frac{\partial \boldsymbol{B}}{\partial t}$$

赫兹的研究工作对后人有重要影响。洛伦兹就是在赫兹的启发下开始对电磁学的基本问题进行研究的。洛伦兹在 1892 年发表了《麦克斯韦电磁学理论及其对运动物体的应用》，对麦克斯韦理论作出了重大修正，由此提出了经典电子论。洛伦兹假设，物质中被称为电子的微粒是特定电荷的携带者（他在这篇论文中用的名词是电粒子，在 1895 年改用离子，在 1899 年后才用电子一词），这些电子可以在导体中自由移动而产生电流。在非导体中，电子的运动明显地受到电阻力。这些带电微粒——电子在物质的电磁现象中起着重要作用。他把电磁波（包括可见光）经过物质时呈现出的各种宏观电现象，都归结为电磁波与物质中在准弹性力作用下的电子相互作用的结果。从这一简单的假设出发，洛伦兹成功地解释了物质中一系列的电磁现象以及物质在电磁场中运动的一些效应。他还确定了电子在磁场中的受力情况，这个力现在我们称为洛伦兹力。洛伦兹的电子论为塞曼效应提供了理论依据和科学的解释。洛伦兹还证明了在磁场影响下分裂的那些谱线实际上是由偏振光组成的，换句话说，在磁场影响下，光振动是有一定方向的，并且光线随磁力线方向的不同而有不同的取向。这些研究成果显示了他的电子论在理解和解释光谱与原子结构的正确性。在洛伦兹的电子论中，电子的运动是一切电磁场的根源。而麦克斯韦从来不问及电磁场是怎样产生的，洛伦兹还用电子论解释了光的反射和折射、光的色散以及金属对光的吸收等问题。这都是麦克斯韦电磁场理论没有解决的问题。这样一来，洛伦兹巧妙地把超距的电动力学和无源的电磁场理论综合到了一起。

我们可以用一图表显示电磁场理论的渊源和发展历程，如图 3-65：

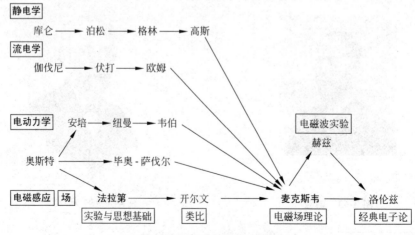

图 3-65　电磁场理论的渊源

第 4 章

经典光学的发展

4.1　历史概述

　　光学的起源也和力学、热学一样,可以追溯到二三千年前。我国的《墨经》就记载了许多光学现象和成像规律,例如投影、小孔成像(图 4-1)、平面镜、凸面镜、凹面镜等等。西方也很早就有光学知识的记载,欧几里得(Euclid,公元前约 330—前 260)的《反射光学》(Catoptrica)研究了光的反射,阿拉伯学者阿勒·哈增(Al Hazen,965—1038)写过一部《光学全书》,讨论了许多光学现象。

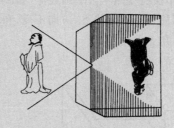

图 4-1　小孔成像示意图

　　光学真正形成一门学科,应该从建立反射定律和折射定律的时代算起,这两个定律奠定了几何光学的基础。

　　光的本性也是光学研究的重要课题。微粒说把光看成是由微粒组成,认为这些微粒按力学规律沿直线飞行,因此光具有直线传播的性质。19 世纪以前,微粒说比较盛行。但是,随着光学研究的深入,人们发现了许多不能用直进性解释的现象,例如干涉、衍射等,用光的波动性就很容易解释,于是光的波动说又占了上风。两种学说的争论构成了光学发展史中的一根红线。

4.2　反射定律和折射定律的建立

　　正如 4.1 节所述,我国古代很早就已经记载有大量与光的反射有关的现象和规律,虽然至今尚未找到中国古文献中涉及入射角和反射角之间严格定量的描述和研究,但是,仍然有多项记载,说明先人已有这方面的认识。例如,在《墨经》中,有"景迎日,说在转"[1]，"景日之光反烛人，则景在日与人之间。"[2]在古希腊，比墨翟稍晚的柏拉图学派则在讲授光的直线传播时，同时提到入射角等于反射角的知识。可见，光的反射定律早在公元前大约3世纪就已发现。

折射现象发现得也很早，折射定律却几经沧桑，经过漫长的岁月才得以确立。

早在古希腊时代，天文学家托勒密（约公元100年—公元170年），曾专门做过光的折射实验。他写有《光学》5卷，可惜原著早已失传。从残留下来的资料可知，在那部书中记有折射实验和他得到的结果：折射角与入射角成正比。

大约过了一千年，阿勒·哈增发现托勒密的结论与事实不符。他认识到入射线、反射线和反光镜的法线总是在同一平面，入射线与反射线各处于法线的一侧。

1611年，开普勒在系统研究的基础上，写了《折光学》一书，书中记载他做了两个实验。

第一个实验是比较入射角和折射角。他设计的装置如图4-2，日光 LMN 斜射到器壁 DBC 上，BC 边缘的影子投射到底座，形成阴影边缘 HK。另一部分从 DB 射进一玻璃立方体 $ADBEF$ 内，阴影的边缘形成于 IG。根据屏高 BE 和两阴影的长度 EH 和 EG，就可算出玻璃立方体的入射角和出射角之比。

开普勒的第二个实验是用一玻璃圆柱体（如图4-3）。令太阳光垂直于圆柱长轴入射，可以观测到，通过圆柱长轴的光线 S_1 方向不变，和圆柱边缘相切的光线 S_2 偏折最大。开普勒发现，最大偏折角 β 大约为42°。

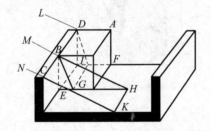

图4-2　开普勒比较入射角和出射角的实验装置

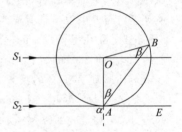

图4-3　开普勒的圆柱玻璃实验

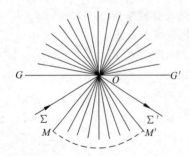

图4-4　开普勒通过此图发现全反射

开普勒虽然没有找到正确的折射定律表达式，但通过这些实验发现了全反射。他是这样思考的：

令 GG' 为玻璃与空气的分界面，如图4-4。光线从玻璃上方的空气由各个方向都经 O 点进入玻璃，这些光线必将组成夹角为 $2 \times 42° = 84°$ 的锥形 MOM'。他进一步设想，如果从玻璃有一束光 Σ 射向界面，其入射角大于42°，则到达 O 点后，既不能进入空气，也不能进入 MOM' 锥形区域，必定反射为 Σ'。

----

① "景迎日，说在转"，意思是说：人影出现在太阳与人体之间，这是因为光线转了方向。

② "景日之光反烛人，则景在日与人之间"，意思是说：当日光经过平面镜反射再照射人体时，人影就会出现在太阳和人之间。可以设想，墨家做过光线反射实验，并且认识到了光的反射特性。遗憾的是，他们在这里没有进一步提炼出反射定律。

开普勒的论证方法很巧妙,他利用光的可逆性,从反面倒推得出结论。这是科学论证中常用的一种很有说服力的方法。

折射定律的正确表述是荷兰的斯涅耳(W. Snell,1580—1626)在 1621 年从实验得到的。实验方法跟开普勒基本相同。斯涅耳发现,比值 OS'/OS(图 4-6)恒为常数,由此导出

$$\frac{OS'}{OS} = \frac{\csc\beta}{\csc\alpha} = \text{const}$$

图 4-5 斯涅耳

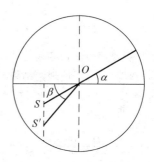

图 4-6 斯涅耳的折射实验

斯涅耳在世时并没有发表这一结果。1626 年,他的遗稿被惠更斯读到后才正式发表。

笛卡儿不久也推导出了同一结果,他用图 4-7 说明自己的思想。在他的名著《方法论》(1637 年)中有一附录,也叫《屈光学》,其中写道:

"首先,设想球从 A 被击向 B(图 4-7),打到 B 点,CBE 不是地面,而是薄脆的布,球穿过布,只损失了部分速度,例如损失了一半。我们假设过,为了确定它的路径,⋯⋯运动的趋势可看成是由两部分组成,其中只有从上而下的运动因与布相碰而必有变化,至于那向右运动的趋势,则总与过去一样,因为布并没有在这个方向与球相碰。我们再从中心 B 画圆 AFD,作三条直线 AC,HB,FE,各与 CBE 成直角,并要求 FE 与 HB 之间的距离为 HB 与 AC 之间的距离的两倍。于是我们看到,球应该向 I 点运动。因为,既然球在穿过布时失去

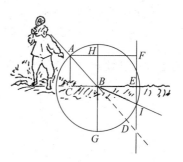

图 4-7 笛卡儿说明折射用图

了一半速度,那么它从 B 下落到圆周 AFD 上某一点所需时间,应等于 A 到 B 的两倍,而向右的运动趋势并无损失,所以在两倍时间内通过的距离应等于 AC 到 HB 的两倍,结果应在同一时刻达到 FE 线上的某一点。只有到达 I 点,其他任何点都不可能,因为在布 CBE 之下,只有 I 点是圆 AFD 和直线 FE 的交点。"[1]

从笛卡儿这一段说明可以看出:

---

[1] 转引自:Magie W F. A Source Book in Physics. McGraw-Hill,1935. 267

1. 他用球的运动来阐述光的折射，而球的运动服从力学规律。可见，他采用的是微粒说。

2. 他假设光在两种媒质中的速度不一样，把折射现象归因于光速不同。

3. 他假设平行于媒质交界面的光速分量不变。由此可以推出折射定律：

设图 4-7 中光在上层媒质的速度为 v_i，入射角 $\angle ABH$ 为 i；光在下层媒质的速度为 v_r，折射角 $\angle IBG$ 为 r，则

$$v_i \sin i = v_r \sin r, \qquad 所以 \qquad \frac{\sin i}{\sin r} = \frac{v_r}{v_i}$$

由此得

$$\frac{\sin i}{\sin r} = \text{const.}$$

这正是折射定律的正弦表达式。但是笛卡儿的推导是基于媒质交界面两侧光速的平行分量相等的假设。为了使理论结果与实验数据相符，他必须假设密媒质光速比疏媒质大。

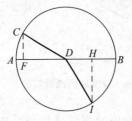

图 4-8　费马推导折射定律用图

笛卡儿的推导受到了他的同国人费马（Pierr Fermat，1601—1665）的批评。1661 年，费马把数学家赫里贡（Hérigone）提出的数学方法用于折射问题，推出了折射定律，得到了正确的结论。这就是著名的费马最短时间原理，用现代的数学语言可作如下推证：

假设图 4-8 中上层为疏媒质，光速为 v_i，下层为密媒质，光速为 v_r，光从 C 到达 I 所需时间为

$$\frac{CD}{v_i} + \frac{DI}{v_r}$$

令 $FD = x$，$FH = e$，则

$$\frac{CD}{v_i} + \frac{DI}{v_r} = \frac{\sqrt{CF^2 + x^2}}{v_i} + \frac{\sqrt{HI^2 + (e-x)^2}}{v_r} = 最小值 = M$$

将上式对 x 微分

$$\frac{\mathrm{d}M}{\mathrm{d}x} = 0$$

即得

$$\frac{\sin i}{v_i} - \frac{\sin r}{v_r} = 0$$

由此得

$$\frac{\sin i}{\sin r} = \frac{v_i}{v_r}$$

用费马的话说，这样做的前提就是，"线 DF 与 DH 之比等于密媒质的阻力与疏媒质的阻力之比……光线从疏媒质进入密媒质，会转向垂线。"[1]于是，费马为折射定律提供了严格准确的证明。值得特别指出的是，在媒质疏密与光速的关系上，由费马原理得出的结论与笛卡儿的粒子说所得正好相反，而与后来波动说（惠更斯原理）的结论却是一致的。

折射定律的确立是光学发展史中的一件大事。它的研究由于天文学的迫切要求而受到推动，因为天文观测总是会受大气折射的影响，后来又加上光学仪器制造的需要，所以

---

① 转引自：Magie W F. A Source Book in Physics. McGraw-Hill，1935. 279

到了 17 世纪,许多物理学家都致力于研究折射现象。一经建立起折射定律,几何光学理论很快得到了发展。

4.3 牛顿研究光的色散

牛顿是一位科学巨匠。他不仅在力学上有伟大的成就,在数学、天文学、化学以至光学上都有杰出的贡献。单就光学方面的工作,就足以被后人敬为科学上的伟人。和力学方面的综合工作不同,牛顿在光学方面的工作多是奠基性的实验研究,其中尤以色散的研究最为突出。

4.3.1 色散现象的早期研究

色散也是一个古老的课题,最引人注目的是彩虹现象。早在 13 世纪,科学家就对彩虹的成因进行了探讨。德国有一位传教士叫西奥多里克(Theodoric),曾在实验中模仿天上的彩虹。他用阳光照射装满水的大玻璃球壳,观察到了和空中一样的彩虹,以此说明彩虹是由于空气中水珠反射和折射阳光造成的现象。不过,他的进一步解释没有摆脱亚里士多德的教义,继续认为各种颜色的产生是由于光受到不同阻滞所引起。光的四种颜色:红、黄、绿、蓝,处于白与黑之间,红色接近白色,比较明亮,蓝色接近黑色,比较昏暗。阳光进入媒质(例如水),从表面区域折射回来的是红色或黄色,从深部折射回来的是绿色或蓝色。雨后天空中充满水珠,阳光进入水珠再折射回来,人们就看到色彩缤纷的景象。图 4-9 是他解释彩虹形成的一页手稿。

图 4-9 西奥多里克《论彩虹》手稿中的一页

笛卡儿对彩虹现象也很有兴趣,他用实验检验西奥多里克的论述。在他的《方法论》(1637 年)中还有一篇附录,专门讨论彩虹,并且介绍了他自己做过的棱镜实验,如图 4-10。他用三棱镜将阳光折射后投在屏上,发现彩色的产生并不是由于进入媒质深浅不同所造成。因为不论光照在棱镜的哪一部位,折射后屏上的图像都是一样的。遗憾的是,笛卡儿的屏离棱镜太近(大概只有几厘米),他没有看到色散后的整个光谱,只注意到光带的两侧分别呈现蓝色和红色。

1648 年,布拉格的马尔西用三棱镜演示色散成功。不过他解释错了。他认为红色是浓缩了的光,蓝色是稀释了的光;之所以会出现五颜六色,是由于光受物质的不同作用,因而呈现各种不同的颜色。

17 世纪正当望远镜、显微镜问世,伽利略运用望远镜观察天体星辰,胡克用显微镜观察微小物体,激起了广大科学

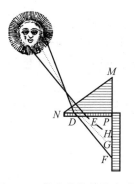

图 4-10 笛卡儿的棱镜实验

界的兴趣。然而，当放大倍数增大时，这些仪器不可避免地都会出现像差和色差，使人们深感迷惑。人们不理解，为什么在图像的边缘总会出现颜色？这和彩虹有没有共同之处？这类现象有什么规律性？怎样才能消除？

这时，牛顿正在英国剑桥大学学习。他的老师中有一位数学教授名叫巴罗（Isaac Barrow，1630—1677），对光学很有研究。牛顿听过巴罗讲光学，还帮巴罗编写《光学讲义》。牛顿很喜欢做光学实验，亲自动手磨制透镜，希望能按自己的设计装配出没有色差的显微镜和望远镜。这个愿望激励他对光和颜色的本性进行深入的探讨。

4.3.2　牛顿对色散现象的思考

牛顿从笛卡儿等人的著作中得到许多启示。例如笛卡儿说过："运动慢的光线比运动快的光线折射得更厉害"。胡克描述过肥皂泡的颜色变化，认为不同的颜色是光脉冲对视网膜留下的不同印象。红色和蓝色是原色，其他颜色都是由这两种颜色合成和冲淡而成。牛顿注意到这些说法的合理成分，同时也提出许多疑问。在牛顿留下的手稿中，记录了许多当年的疑问和思考，例如，他问道：

"如果光是脉冲，为什么不像声音那样在传播中偏离直线？"

"为什么弱的脉冲比强的脉冲运动快？"

"为什么水比水蒸气更清晰？"

"为什么煤是黑的，煤烧成的灰反而是白的？"等等。[①]

牛顿不满意前人（包括他的老师）对光现象的解释，就自己动手做起了一系列实验。

4.3.3　牛顿的色散实验

牛顿从笛卡儿的棱镜实验得到启发，又借鉴于胡克和玻意耳的分光实验。胡克用了一只充满水的烧瓶代替棱镜，屏距折射位置大约 60 厘米，玻意耳把棱镜散射的光投到 1 米多高的天花板上，而牛顿则将距离扩展为 6 米～7 米，从室外经洞口进入的阳光经过三棱镜后直接投射到对面的墙上。这样，他就获得了展开的光谱，而前面的几位实验者只看到两侧带颜色的光斑。牛顿高明之处就在于他已经意识到了不同颜色的光具有不同的折射性能，只有拉长距离才能分解开不同折射角的光线。

为了证明红光和蓝光各具不同的折射性能，牛顿用棱镜做了如下的实验。

如图 4-12，在一张黑纸上画一条线 opq，半边 op 为深蓝色，半边 pq 为深红色，经棱镜 adf 观看，只见这根线好像折断了似的，分界处正是红蓝之交，蓝色部分 rs 比红色部分 st 更靠近棱脊 ab。可见蓝光比红光受到更大的折射。

为了证明色散现象不是由于棱镜跟阳光的相互作用，也不是由于其他原因，而是由于不同颜色具有不同的折射性，牛顿又做了一个实验。

---

① Mc Guire T E and Tamny M. Certain Philosophical Questions：Newton's Trinity Notebook. Cambridge，1983

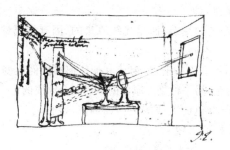

图 4-11 牛顿描绘色散实验的插图

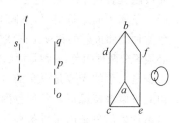

图 4-12 牛顿证明蓝光比红光折射性强

他拿三个棱镜做实验,三个棱镜完全相同,只是放置方式不一样,如图 4-13。倘若颜色的分散是由于棱镜的不平或其他偶然的不规则性,那么第二个棱镜和第三个棱镜就会增加这一分散性。可是实验结果是,原来分散的各种颜色,经过第二个棱镜后又还原成白光,形状和原来一样。再经过第三个棱镜,又分解成各种颜色。由此证明,棱镜的作用是使白光分解为不同成分,又可使不同成分合成为白光。

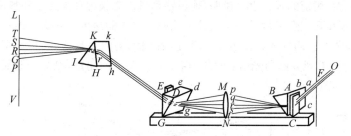

图 4-13 牛顿用三个棱镜做实验

牛顿这一科学论断和当时已流传上千年的观念是格格不入的。他预料会遭到科学界的反对,于是又做了一个很有说服力的实验。牛顿把这个实验称为"判决性实验",如图 4-14。他拿两块木板,一块 *DE* 放在窗口 *F* 紧贴棱镜 *ABC* 处,光从 *S* 平行进入 *F* 后经棱镜折射穿过小孔 *G*,各种颜色以不同的角度射向另一块木板 *de*。*de* 离 *DE* 约 4 米远,板上也开有小孔 *g*,在 *g* 后面也放有一块三棱镜 *abc*,使穿过的光再折射后抵达墙壁 *MN*。牛顿手持第一块棱镜 *ABC*,缓缓绕其轴旋转,这样使第二块木板上的不同颜色的光相继穿 *g* 到达三棱镜 *abc*。实验结果是,被第一块棱镜折射得最厉害的紫光,经第二块棱镜也偏折得最多。由此可见,白光确是由折射性能不同的光组成。

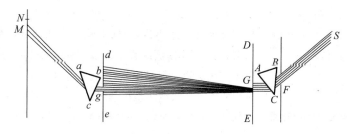

图 4-14 牛顿的判决性实验

在色散实验的基础上，牛顿总结出了几条规律，即

1. 光线随其折射率不同，色也不同。色不是光的变态，而是光线原来的、固有的属性。

2. 同一色属于同一折射率，不同的色，折射率不同。

3. 色的种类和折射的程度是光线所固有的，不会因折射、反射或其他任何原因而改变。

4. 必须区分两种颜色，一种是原始的、单纯的色，另一种是由原始的颜色复合而成的色。

5. 本身是白色的光线是没有的，白色是由所有色的光线按适当比例混合而成。

6. 由此可解释棱镜形成各种色的现象及彩虹的形成。

7. 自然物体的色是由于对某种光的反射大于其他光反射的缘故。

8. 把光看成实体有充分根据。

牛顿的这些结论相当全面，而且论据充分。但是当时人们难以接受，因为这涉及到中世纪以来关于光的本性的种种争论。他虽然没有对这个问题作出判决，但是他的结论与光的本性密切相关，这些结论对当时人们来说实在太新奇了，因此招致了不少怀疑和攻击。有人认为牛顿的光谱实验没有考虑到太阳本身的张角，有人主张光谱变长是一种衍射效应，还有人提出可能是天空中云彩的反映。胡克对牛顿挑剔得最厉害，他认为牛顿的实验不具判决性，用别的理论也可说明，他还特别指出牛顿的理论无法解释薄膜的颜色。

为此，牛顿在几年后又做了一个实验。他取一只长而扁的三棱镜（如图4-15），使它产生的光谱相当狭窄。用屏放在位置1接受光，看到的仍然是普通光，但将屏改变角度，放在位置2，就可以看到分解的光谱。这样，由于只涉及屏的角度，结果与棱镜无关，就回答了怀疑者提出的质疑。

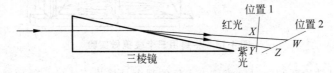

图 4-15　扁长三棱镜实验

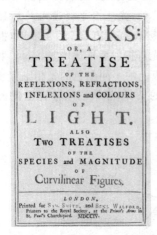

图 4-16　牛顿的《光学》封面

牛顿的光学研究具有独特的风格，他在光学领域中的成就集中反映在1704年出版的《光学》一书中。该书的副标题是《关于光的反射、折射、拐折和颜色的论文》（封面如图4-16所示）。全书共分三编，棱镜光谱实验收集在第一编中。正像牛顿在该书开始所说的："我的计划不是用假设来解释光的性质，而是用推理和实验来提出并证明这些性质。"[①]在第一编中，牛顿共提出19个命题，33个实验，他以大量篇幅详细描述实验装置、实验方法和观测结果。牛顿有一句名言："不作虚假的假设（hypotheses non fingo）。"他的光学研究正是从实验和观察出发，进行归纳综合，总结出一套完整的科学的理论。归纳法是科学研究的重要方法之一（当然不是惟一的方法），牛顿对色散的研究为后人树立了光辉的样板。

①　Newton I. Opticks. Bell, 1931

牛顿很善于总结科学研究方法,他在论述自己的方法时写道:

"在自然科学里,应该像在数学里一样,在研究困难的事物时,总是应当先用分析的方法,然后才用综合的方法。这种分析方法包括做实验和观察,用归纳法去从中作出普遍结论,并且不使这些结论遭到异议,除非这些异议来自实验或者其他可靠的真理方面。因为在实验哲学中是不应该考虑什么假说的。虽然用归纳法来从实验和观察中进行论证不能算是普遍的结论,但它是事物的本性所许可的最好的论证方法,并且随着归纳的越为普遍,这种论证看来也越为有力。如果在许多现象中没有出现例外,那么可以说,结论就是普遍的。但是如果以后在任何时候从实验中发现了例外,那时就可以说明有这样或那样的例外存在。用这样的分析方法,我们就可以从复合物论证到它们的成分,从运动到产生运动的力。一般地说,从结果到原因,从特殊原因到普遍原理,一直论证到最普遍的原因为止,这就是分析的方法;而综合的方法则假定原因已经找到,并且已把它们立为原理,再用这些原理去解释由它们发生的现象,并证明这些解释的正确性。"①

4.4 光的微粒说和波动说

什么是光?光的本性是什么?它由什么组成?每一位研究光学现象的物理学家都必然会涉及这些问题。从折射定律和色散现象的研究也可看出这一点。

笛卡儿主张波动说,认为光本质上是一种压力,在完全弹性的、充满一切空间的媒质(以太)中传递,传递的速度无限大。但他却又用小球的运动来解释光的反射和折射。牛顿倾向于微粒说,认为光可能是微粒流,这些微粒从光源飞出,在真空或均匀媒质中做惯性运动,但他在研究牛顿环时,却认识到了光的周期性,使他把微粒说和以太振动的思想结合起来,对干涉条纹作出了自己的解释。可见,不论是笛卡儿还是牛顿,都没有对光的本性作出肯定的判断。

4.4.1 早期的波动说

胡克明确主张光是一种振动,并根据云母片的薄膜干涉现象作出判断,认为光是类似水波的某种快速脉冲。在 1667 年出版的《显微术》一书中,他写道:

"在均匀媒质中,这种运动在各个方向都以同一速度传播,所以发光体的每个脉冲或振动都必然会形成一个球面。这个球面不断扩大,就如同把石块投进水中在水面一点周围的波或环,膨胀为越来越大的圆环一样(尽管要快得多)。由此可见,在均匀媒质中激起的这些球面的所有部分都与射线以直角相交。"

荷兰物理学家惠更斯发展了胡克的思想。他进一步提出光是发光体中微小粒子的振动在弥漫于宇宙空间的以太中的传播过程。光的传播方式与声音类似,而不是微粒说所设想的像子弹或箭那样的运动。1678 年他向巴黎的法国科学院报告了自己的论点(当时惠更斯正留居巴黎),并于 1690 年取名《光论》(Traite de la Lumiere)正式发表。他写道:

---

① H.S.塞耶编.牛顿自然哲学著作选.上海人民出版社,1974.212

"假如注意到光线向各个方向以极高的速度传播，以及光线从不同的地点甚至是完全相反的地方发出时，其射线在传播中一条穿过另一条而互相毫无影响，就完全可以明白：当我们看到发光的物体时，决不会是由于这个物体发出的物质迁移所引起，就像穿过空气的子弹或箭那样。"[1]

罗默(Ole Römer,1644—1710)在 1676 年根据木星卫蚀的推迟得到光速有限的结论（参看下节），使惠更斯大受启发。惠更斯根据罗默的数据和地球轨道直径计算出光速 $c = 2 \times 10^8$ 米/秒。这个结果虽然尚欠精确，却是第一次得到的光速值。于是惠更斯设想传播光的以太粒子非常之硬，有极好的弹性，光的传播就像振动沿着一排互相衔接的钢球传递一样，当第一个球受到碰撞，碰撞运动就会以极快的速度传到最后一个球。图 4-17 就是惠更斯自己画的一幅示意图。他认为，以太波的传播不是以太粒子本身的远距离移动，而是振动的传播。惠更斯接着写道：

"我们可以设想，以太物质具有弹性，以太粒子不论受到推斥是强还是弱都有相同的快速恢复的性能，所以光总以相同的速度传播。"[2]

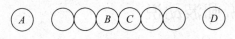

图 4-17   惠更斯的光波示意图

图 4-18 是惠更斯描绘光波的示意图。这样，惠更斯就明确地论证了光是波动（他认为是以太纵波），进而以光速的有限性推断光和声波一样必以球面波传播。接着，惠更斯运用子波和波阵面的概念，引进了一个重要原理，这就是著名的惠更斯原理。他写道：

图 4-18   惠更斯描绘光波的示意图

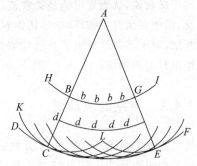

图 4-19   惠更斯原理示意图

"关于波的辐射，还要作进一步考虑，即传递波的每一个物质粒子，不仅将运动传给从发光点开始所画直线上的下一个粒子，而且还要传给与之接触的并与其运动相对抗的其他一切粒子。结果是，在每个粒子的周围，兴起了以该粒子为中心的波。所以（如图 4-19），设 DCF 是从发光点 A 发出的并以该点为中心的波，则在球面 DCF 内的一个粒子 B，将产生自己独有的波（按：即子波）KCL，与这个波在 C 点触及波 DCF 的同时，从 A 点发出的主波也到达 DCF。显然，波 KCL 与波 DCF 的惟一接触点是在 AB 直线上，即 C 点。球面

---

① 转引自：Кубрявцев П С. История Физики, T. 1. Учпедгиз, 1956. 220~221
② 同上注。

DCF 内的其他点 bb、dd 等等也将类似地产生各自的波。每个这样的波与波 DCF 相比虽然都无限微弱,但所有这些波距 A 点最远的那部分表面却组成了波 DCF(按:即波阵面)。"

接着,惠更斯用他的原理说明了光的反射和折射。从他的理论可以推出与笛卡儿不同的折射公式:

$$\frac{\sin i}{\sin r} = \frac{v_i}{v_r}$$

1669 年丹麦的巴塞林纳斯(Erasmus Bartholinus,1625—1698)发现了双折射现象。当他用方解石(也叫冰洲石)观察物体时,注意到有双像显示。经过反复试验,他确定是这种晶体对光有两种折射:寻常折射和非寻常折射。

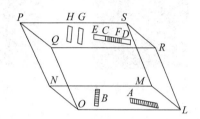

图 4-20　巴塞林纳斯用方解石看到的双像
(B 变为 G 和 H,A 变为 ECFD)

这是继干涉、衍射之后发现的又一光学新现象。对于这种新现象,是否能作出合理的解释,自然是微粒理论和波动理论面临的考验。惠更斯在得知巴塞林纳斯的发现后,立即重复进行了实验。他证实了这一现象,并且观察到在其他晶体,例如石英,也有类似效应,只是效果差些。进一步他还确定寻常折射仍然遵守折射定律,非寻常折射则不遵守折射定律。至于双折射现象的解释,惠更斯很巧妙地提出了椭球波的设想,认为方解石等晶体的颗粒可能具有特殊形状,以至光波通过时,在某一方向比在另一方向传播得更快一些,于是就出现了不同的折射。图 4-21 是惠更斯解释双折射的手稿。

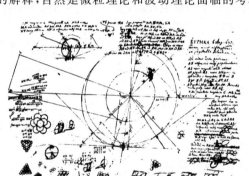

图 4-21　惠更斯解释双折射的手稿

惠更斯发展了波动理论。但是由于他把光看成像声波一类的纵波,因此不能解释偏振现象。他的波动理论也不能解释干涉和衍射现象,因为那时还没有建立周期性和位相等概念。早期的波动理论缺乏数学基础,还很不完善,而牛顿力学正节节胜利。以符合力学规律的粒子行为来描述光学现象,被认为是惟一合理的理论,因此,直到 18 世纪末,占统治地位的依然是微粒学说。

4.4.2　托马斯·杨的研究

托马斯·杨(Thomas Young,1773—1829)是英国人,从小聪慧过人,博览群书,多才多艺,17 岁时就已精读过牛顿的力学和光学著作。他是医生,但对物理学也有很深造诣,在学医时,研究过眼睛的构造和其光学特性。就是在涉及眼睛接受不同颜色的光这一类问题时,对光的波动性有了进一步认识,导致他对牛顿做过的光学实验和有关学说进行深入的思考和审查。1801 年,托马斯·杨发展了惠更斯的波动理论,成功地解释了干涉现象。图 4-23 是他在论文中用于说明干涉现象的插图。他是这样阐述他的干涉原理的：

图 4-22　托马斯·杨

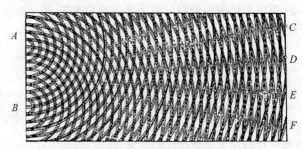

图 4-23　托马斯·杨解释干涉现象用图

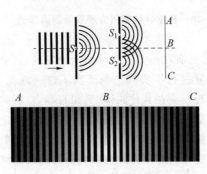

图 4-24　托马斯·杨的双缝干涉实验

"当同一束光的两部分从不同的路径，精确地或者非常接近地沿同一方向进入人眼，则在光线的路程差是某一长度的整数倍处，光将最强，而在干涉区之间的中间带则最弱，这一长度对于不同颜色的光是不同的。"[①]

托马斯·杨明确指出，要使两部分光的作用叠加，必须是发自同一光源。这是他用实验成功地演示干涉现象的关键。许多人想尝试这类实验往往都因用的是两个不同的光源而失败。

在 1807 年的论文中托马斯·杨描述了他的双缝实验，他写道：

"使一束单色光照射一块屏，屏上面开有两个小洞或狭缝，可认为这两个洞或缝就是光的发散中心，光通过它们向各个方向绕射。在这种情况下，当新形成的两束光射到一个放置在它们前进方向上的屏上时，就会形成宽度近于相等的若干条暗带。……图形的中心则总是亮的。"

"比较各次实验，看来空气中极红端的波的宽度约为三万六千分之一英寸，而极紫端则为六万分之一英寸。"[②]

托马斯·杨所谓的"波的宽度"，就是波长。他得到的这些结果与近代的精确值近似相等。

双缝干涉实验为托马斯·杨的波动学说提供了很好的证据，这对长期与牛顿的名字连在一起的微粒说是严重的挑战。托马斯·杨说得好："尽管我仰慕牛顿的大名，但我并不因此非得认为他是百无一失的。我……遗憾地看到他也会弄错，而他的权威也许有时甚至阻碍了科学的进步。"[③]

果然，托马斯·杨由于提出干涉原理受到了一些权威学者的围攻，其中有一位以牛顿

---

①　转引自：Concise Dictionary of Scientific Biography. Charles Scribner's Sons，1981. 744

②　转引自：Magie W F. A Source Book in Physics. McGraw-Hill，1935. 310～311

③　梅森著，周煦良等译. 自然科学史. 上海译文出版社，1980. 441

学术权威自居的布劳安（Henry Brougham）攻击得最为刻薄，说托马斯·杨的文章"没有任何价值""称不上是实验"，干涉原理是"荒唐"和"不合逻辑"的，等等。一二十年间，竟没有人理解托马斯·杨的工作。据说，托马斯·杨为回驳布劳安专门撰写的论文竟无处发表，只好印成小册子。小册子出版后，"只卖出了一本"。

图 4-25　马吕斯

1808 年，法国的马吕斯（Etienne Louis Malus，1775—1812）发现偏振现象，并认为找到了决定性的证据，证明光的波动理论与事实矛盾。然而，托马斯·杨面对困难并没有动摇自己的科学信念，他写信给马吕斯说："您的实验证明了我采用的理论（即干涉理论）有不足之处，但是这些实验并没有证明它是虚伪的。"[1]经过几年的研究，托马斯·杨逐渐领悟到要用横波的概念来代替纵波，而这正是菲涅耳（Augustin Jean Fresnel，1788—1827）继续发展波动理论的出发点。

4.4.3　菲涅耳的贡献

菲涅耳是法国的一位工程师，对光学很感兴趣，曾发明一种用于灯塔的螺纹透镜，人称菲涅耳透镜。他精通数学，因此有条件在光学的数学理论方面作出特殊的贡献。1817年 1 月 12 日，托马斯·杨写信给阿拉果，告诉他已找到了用波动理论解释偏振的线索，说："用这个理论也可以解释沿半径方向以相等速度传播的横向振动，其粒子的运动是在相对于半径的某个恒定的方向。这就是偏振。"[2]1818 年 4 月 29 日，托马斯·杨再次写信给阿拉果，又提到偏振问题，他把光比之于绳索的振动。阿拉果把这封信给菲涅耳看，菲涅耳立即看出这一比喻为互相垂直的两束偏振光之所以不能相干提供了真正的解释，而这一不相干性正可作为杨氏假说的极好佐证。

阿拉果和菲涅耳合作研究光学多年，互相垂直的两束偏振光的相干性是他们共同研究的课题，就这个课题已进行了多次实验，得到了重要成果。1819 年，他们联名发表了《关于偏振光线的相互作用》。但是当菲涅耳指出，只有横向振动才有可能把这个事实纳入波动理论时，阿拉果表示自己没有勇气发表这类观点，于是论文的第二部分乃以菲涅耳一人的名义发表。阿拉果在光学方面做出了许多贡献，但在关键问题上却令人遗憾地采取了暧昧态度。菲涅耳的光学研究和法国科学院 1818 年的悬奖征文活动有一些联系。这次竞赛的题目是：

"① ……利用精密的实验确定光线的衍射效应。

② 根据实验用数学归纳法推导出光线通过物体附近时的运动情况。"[3]

竞赛的评奖委员会的本意是希望通过这次征文，鼓励用微粒理论解释衍射现象，以期

①　Cajori F. A History of Physics. MacMillan，1933. 154

②　Gajori F. A History of Physics. MacMillan，1933. 154

③　Ъ. И. 斯杰潘诺夫著．尚惠春译．光学三百年．科学普及出版社，1981. 21

取得微粒理论的决定性胜利。主持这项活动的著名科学家,例如：毕奥(J. B. Biot)、拉普拉斯和泊松(S. D. Poission)都是微粒说的积极拥护者。

然而,出乎意料的是,不知名的学者菲涅耳(当时只有 30 岁)以严密的数学推理,从横波观点出发,圆满地解释了光的偏振,并用半波带法定量地计算了圆孔、圆板等形状的障碍物所产生的衍射花纹,推出的结果与实验符合得很好,使评奖委员会大为惊讶。毕奥叹服菲涅耳的才能,写道："菲涅耳从这个观点出发,严格地把所有衍射现象归于统一的观点,并用公式予以概括,从而永恒地确定了它们之间的相互关系。"[1]评奖委员泊松在审查菲涅耳的理论时,运用菲涅耳的方程推导圆盘衍射,得到了一个令人稀奇的结果：在盘后方一定距离的屏幕上影子的中心应出现亮点,如图 4-27。泊松认为这是荒谬的,在影子的中心怎么可能出现亮点呢？于是就声称这个理论已被驳倒。在这个关键时刻,阿拉果向菲涅耳伸出了友谊之手,他用实验对泊松提出的问题进行了检验。实验非常精彩地证实了菲涅耳理论的结论,影子中心果然出现了一个亮点。这一事实轰动了巴黎的法国科学院。

图 4-26　菲涅耳

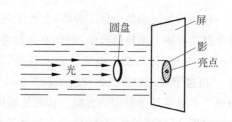

图 4-27　泊松亮点

菲涅耳于是就荣获了这一届的科学奖,而后人却戏剧性地称这个亮点为泊松亮点。[2]

菲涅耳开创了光学研究的新阶段。他发展了惠更斯和托马斯·杨的波动理论,成为"物理光学的缔造者"。

4.5　光速的测定

光的速度究竟有多大？水中光速和空气中光速究竟哪个大？这是物理学家一直非常关心的问题。开普勒主张光速无限大,笛卡儿也持类似观点,但是在推导光的折射公式时,不得不假设光在两种不同的媒质中的速度是不同的,甚至由于他运用微粒说来解释光的折射,他最后不得不作出光在水中的速度比在空气中还要快的结论。而主张波动说的

---

① Ъ. И. 斯杰潘诺夫著. 尚惠春译. 光学三百年. 科学普及出版社,1981.22

② 有人指出,这个故事可能夸大了亮点实验的作用。详情可阅：Worrall J. Fresnel, Poisson and the White Spot. In：Gooding D, et al, ed. The Uses of Experiment, Cambrigde Univ. Press, 1989. 137

惠更斯则得出了相反的结论,即光在水中的速度比在空气中要慢。究竟是更快还是更慢,只能靠实验来决定。这就引起了物理学家对测定光速的关注。

最早的光速实验是伽利略做的。他让两位助手在夜间各执一盏灯,站在相距很远的两个山头上,甲先打开灯,乙看到甲灯亮后立即也打开灯,光传到甲处,立即记下时间。光在两山之间往返一次,即可从距离与时间之比求出光速,但是由于光速太快了,实验者根本无法区分甲乙两人开灯的先后,更来不及记录时间间隔。后来伽利略的学生加长距离,改用望远镜观察,也未奏效。伽利略的光速实验虽然没有取得成功,但是他的设计思想对后人很有启发。

罗默在 1676 年首先获得光速有限的证据。他定期观测木星的卫星运动,如图 4-29,发现由于木星的遮掩造成的卫星蚀,时间间隔不规则。经过仔细推算,他证明这是由于地球运行在轨道的不同部位,光从木星卫星传到地球的时间有差异的缘故。1676 年 9 月罗默向巴黎的法国科学院宣布,预计在 11 月 9 日 5 时 25 分 45 秒发生的木星卫星蚀将推迟10 分钟。巴黎天文台的天文学家,莫不嗤之以鼻。等到那一天,众人守在天文望远镜旁,想看罗默的笑话。哪里想到,卫蚀不迟不早,正好推迟十分钟。

图 4-28 罗默在观察天体

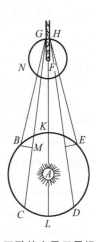

图 4-29 罗默的木星卫星运动示意图

后来惠更斯根据罗默的观测数据,推算出光速 c 约为 2×10^8 米/秒。

1728 年英国天文学家布拉德雷(James Bradley,1693—1762)根据恒星的光行差再一次得出光速。他曾长期观测某些恒星的方位,数据经过仔细校正后,把恒星一年十二个月的位置折算到天顶,发现都是一些圆形轨迹。难道恒星的位置不恒定吗?布拉德雷苦思不得其解。据说,有一天他乘帆船航行,偶然注意到当船改变航向时,船帆上的旗帜飘向不同方向,他猛然省悟,这不就是一种相对运动吗?恒星的圆周轨迹正是因为地球围绕太阳旋转的缘故。根据圆周轨迹的半径对地球所张的角(叫做光行差角)及地球公转的速度,布拉德雷求得光速 $c = 3.1 \times 10^8$米/秒。

图 4-30 布拉德雷

在地面上用实验方法测量光速直到 19 世纪 50 年代才由法国人斐索（A. H. Fizeau，1819—1896）和傅科（J. L. Foucault，1819—1868）实现。他们年轻时曾是合作者，一起进行过许多研究。上面提到的法国著名物理学家阿拉果，曾设计过一种方法，用旋转镜 SS'（如图 4-32），反射从电火花 Ⅰ 与 Ⅱ 同时发出的光线 1 和 2，在光线 1 的路径中安置水管，光线 2 则通过空气，由此比较光在水中和在空气中的速度。这就是旋转镜法的前身。阿拉果眼睛不好，就让斐索和傅科两人合作进行这项实验。

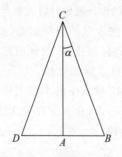

图 4-31　光行差角示意图

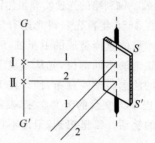

图 4-32　阿拉果的旋转镜

开始时，斐索和傅科合作得很好，两人共同商议如何用旋转镜测量光速。他们认识到凹面镜可以将光会聚从而保证光的强度。遗憾的是，后来两人发生争执，致使合作关系破裂。于是两人分别做了光速实验，方法上大同小异。

1849 年斐索先用旋转齿轮法求得光速 $c = 3.153 \times 10^8$ 米/秒。他是地面上用实验方法测定光速的第一位实验者。实验装置如图 4-33 所示。光从半镀银面 m 反射后经高速旋转的齿轮 W 投向反射镜 M，再沿原路返回。如果齿轮转过一齿所需时间正好与光往返的时间相等，就可经半镀银面观测到光，从而根据齿轮的转速计算出光速。

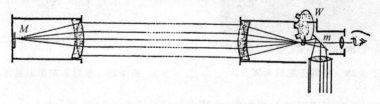

图 4-33　斐索的旋转齿轮法

图 4-34　斐索

图 4-35　傅科

次年,傅科用旋转镜法比较水中和空气中的光速,获得成功。实验装置如图 4-36 和图 4-37,光线经旋转镜 m 反射到 M 与 M',T 管中充满水,一束光经空气折返,一束光经水管折返。结果发现,从水中通过的一束总比从空气中通过的慢,可见水中的光速比空气中的光速慢,这正是惠更斯根据光的波动学说所作的预见。

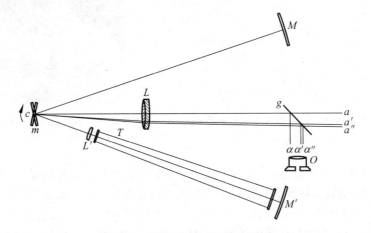

图 4-36 傅科用旋转镜法比较光速

图 4-37 傅科的旋转镜

图 4-38 迈克耳孙 27 岁开始做测定光速实验,这时他正在美国海军学院担任物理教师

1862 年,傅科改进了他的装置,直接用于测量空气中的光速,得 $c = 2.98 \times 10^8$ 米/秒。

第三位在地面上测到光速的人是考尔纽(A. Cornu,1841—1902)。1874 年他改进了斐索的旋转齿轮法,取得更精确的结果,光速 $c = 2.999 \times 10^8$ 米/秒。

1879 年,美国物理学家迈克耳孙(Albert Abraham Michelson,1852—1931)又改进了傅科的旋转镜法,测得光速 $c = (2.999\ 1 \pm 0.000\ 5) \times 10^8$ 米/秒。

迈克耳孙的实验非常精湛,他把毕生精力沉浸在光学实验之中,以光速精密测量作为己任,对结果精益求精。1883 年,他测得 $c = (2.998\ 53 \pm 0.000\ 60) \times 10^8$ 米/秒。40 多年后,他又将旋转镜法发展为旋转棱镜法,如图 4-39。棱镜在旋转过程中,间断地用相反两面反射光线,棱镜相反两面分别起发送和接受信号的作用。两块巨型凹面镜分别设在相距 35 公里的两山之巅,光速的测量结果是 $c=(2.997\,96\pm0.000\,04)\times10^8$ 米/秒。

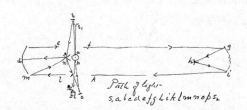

图 4-39　迈克耳孙(1926 年)的光速实验示意图
（这是他的手迹）

图 4-40　迈克耳孙晚年仍亲临观测现场

光速是基本物理常数之一。它的测定花费了好几代物理学家的心血,方法不断改进,测试结果越来越精,特别是由于激光的应用,光速已成为最精确的基本常数之一。1973 年国际标准值 $c=299\,792\,458$ 米/秒。1983 年第十七届国际计量大会决定,将光在真空中在 1/299 792 458 秒的时间隔内运行路程的长度作为"米"的新定义。1986 年,国际科技数据委员会又规定 1973 年的光速国际标准值为精确值。也就是说,从此光在真空中的速度不再变动了,人们就认定它精确地等于这一国际标准值。

光速的测定在历史上起了重要作用。对微粒说和波动说作出判决,只是其历史意义的一例。第 3 章曾经讲到,麦克斯韦在研究电磁理论时,当他发现理论推出的电磁波速度正是光速时,他抓住了一个最有说服力的证据,说明光就是电磁波。爱因斯坦也跟光速有特殊的缘分,他正是从光速不变的假设出发,提出了狭义相对论。可见,光速测定的丰硕成果既反映科学技术的进步,又推动了科学理论进一步发展。

4.6　光谱的研究

4.6.1　历史的回顾

在 4.3 节我们介绍过牛顿的色散实验。可以说,光谱学的历史就是从这里开始的。不过牛顿并没有观察到光谱谱线,因为他当时不是用狭缝,而是用圆孔作光阑。据说当时他也曾想到用狭缝,但他委托的助手不了解他的意图,因而失去了发现的机会。

以后一百多年这方面并没有重大进展。在文献上记载的只有英国的梅耳维尔(Thomas Melvill,1726—1753)。1748—1749 年间,他用棱镜观察了多种材料的火焰光谱,包括钠的黄线。直到 1800 年,赫谢尔(William Herschel,1738—1822)测量太阳光谱中各部分的热效应,发现红端辐射温度较高,他注意到红端以外的区域,也具有热效应,从而发现了红外线。1801 年,里特尔(Johann Wilhelm Ritter,1776—1810)发现了紫外线,他从氯化银变黑肯定在紫端之外存在看不见的光辐射。他还根据这一化学作用判断紫外线比可见光具有更高的能量。

1802 年，沃拉斯顿（William Hyde Wollaston，1766—1828）观察到太阳光谱的不连续性，发现中间有多条黑线，但他误认为是颜色的分界线。

1803 年，托马斯·杨进行光的干涉实验，第一次提供了测定波长的方法。

德国物理学家夫琅和费（Joseph von Fraunhofer，1787—1826）在光谱学上做过重大贡献。他对太阳光谱进行过细心的检验，1814—1815 年，他向慕尼黑科学院展示了自己编绘的太阳光谱图（如图 4-41），内有多条黑线，并对其中八根显要的黑线标以 A 至 H 等字母（人称夫琅和费线），这些黑线后来就成为比较不同琉璃材料色散率的标准，并为光谱精确测量提供了基础。是他发明了衍射光栅。开始他用银丝缠在两根螺杆上，做成光栅，后来建造了刻纹机，用金刚石在玻璃上刻痕，做成透射光栅。他用自制的光栅获得 D 线的波长为 0.000 588 77 毫米。

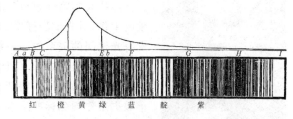

图 4-41　夫琅和费绘制的太阳光谱图

图 4-42　夫琅和费正在演示他的光谱仪

其后，光谱的性质逐渐被人们认识，光谱的研究受到了重视。许多人进行过光谱方面的实验，认识到发射光谱与光源的化学成分以及光源的激发方式有密切关系。1848 年，傅科注意到钠焰既发射 D 线，同时也会从更强的弧光吸收 D 线。

1859 年，基尔霍夫（Gustav Robert Kirchhoff，1824—1887）对光的吸收和发射之间的关系作了深入研究。他和本生（Robert Wilhelm Bunsen，1811—1899）制成了第一台棱镜光谱仪（图 4-43），并且用之于研究各种火焰光谱和火花光谱。他们在研究碱金属的光谱时发现了铯（1860 年）和铷（1861 年）。接着，克鲁克斯（W. Crookes）发现了铊（1861 年），赖希（F. Reich）和里希特（H. T. Richter）发现了铟（1863 年），波依斯邦德朗（L. Boisbaudran）发现了镓（1875 年），用的都是光谱方法。

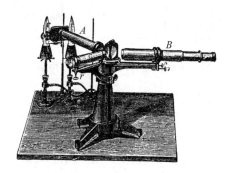

图 4-43　基尔霍夫和本生最早的棱镜光谱仪

图 4-44　基尔霍夫

　　光谱分析对鉴定化学成分的巨大意义，导致了光谱研究工作的急骤发展。然而，由于当时缺乏足够精度的波长标准，观测结果很是混乱。例如，基尔霍夫在论文中表述光谱用的是他自己从光谱仪测微计上得到的读数。显然，这样的数据别人是无法利用的。1868年，埃格斯特朗（Anders Jonas Ångström，1814—1874）发表"标准太阳光谱"图表，记有上

千条夫琅和费线的波长，以 10^{-8} 厘米为单位，精确到六位数字，为光谱工作者提供了极其有用的资料。埃格斯特朗是瑞典阿普沙拉大学物理教授，作过天文观测站工作，多年从事光谱学的工作，对光谱的性质、合金光谱、太阳光谱以及吸收光谱和发射光谱间的关系作过一系列研究，特别是对光谱波长的精确测量进行过大量的艰苦工作。为了纪念他的功绩，10^{-8} 厘米后来就命名为埃格斯特朗单位（简写作 Å）。埃格斯特朗的光谱数据用作国际标准达十几年，后来发现阿普沙拉市的标准米尺与巴黎的米原器相比，不是 999.81 毫米，而是 999.94 毫米，致使埃格斯特朗的光谱数据有系统误差，1893 年后，被罗兰的数据所代替。

图 4-45　埃格斯特朗

　　罗兰（Henry Augustus Rowland，1848—1901）是美国约翰·霍普金斯大学教授。他以周密的设计、精巧的工艺制成了高分辨率的平面光栅和凹面光栅，获得的太阳光谱极为精细，拍摄的光谱底片展开可达 50 英尺，波长从 2 152.91Å 到 7 714.68Å，用符合法求波长，精确度小于 0.01Å。

图 4-46　罗兰手持他的凹面光栅

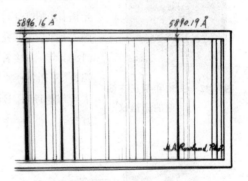

图 4-47　罗兰拍摄的太阳光谱中的两条 D 谱线

　　氢光谱的获得也要归功于埃格斯特朗，是他首先从气体放电的光谱中找到了氢的红线，即 $H_α$ 线，并证明它就是夫琅和费从太阳光谱发现的 C 线。后来，又发现另外几根可见光区域内的氢谱，并精确地测量了它们的波长。1880 年哈更斯（William Huggins，1824—1910）和沃格尔（Hermann Carl Vogel，1841—1907）成功地拍摄了恒星的光谱，发现这几根氢光谱线还可扩展到紫外区，组成一光谱系（如图 4-48）。这个光谱系具有鲜明的阶梯形，

一根接着一根,非常有规律。可是,即使这样明显的排列,人们也无法解释。

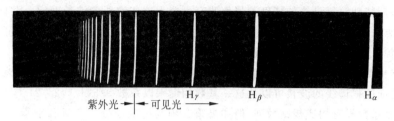

图 4-48　氢光谱的巴耳末谱系

19 世纪 80 年代初,光谱学已经取得很大发展,积累了大量的数据资料。摆在物理学家面前的任务,是整理这些浩繁杂乱的资料,找出其中的规律,并对光谱的成因,即光谱与物质的关系作出理论解释。

4.6.2　巴耳末发现氢光谱规律

正是在这一形势面前,许多物理学家都在试图寻求光谱的规律。法国的马斯卡特(E. E. N. Mascart),波依斯邦德朗都曾发表过这方面的文章。他们将光谱线类比于声学谐音,用力学振动系统说明光的发射,企图从中找到光谱线之间的关系。英国的斯坦尼(G. Johnstone Stoney,1826—1911)根据基音和谐音的关系,竟从三条可见光区域的氢谱线波长为 20:27:32 之比,猜测基音波长应为 131 277.14Å,这种说法当然过于牵强,于是有人,例如 1882 年舒斯特(A. Schuster),甚至悲观地指出:"在目前的精度内,要找到谱线的数量关系是没有意义的。"

当时的物理学家往往习惯于用力学系统来处理问题,摆脱不了传统观念的束缚,也许正是由于这个原因,在光谱规律的研究上首先打开突破口的不是物理学家,而是瑞士的一位中学数学教师巴耳末(Johann Jakob Balmer,1825—1898)。巴耳末曾在巴塞尔大学代课,巴塞尔大学一位对光谱很有研究的物理教授哈根拜希(E. Hagenbach)鼓励他寻找氢光谱的规律。巴耳末擅长投影几何,写过这方面的教科书,对建筑结构、透视图形、几何素描有浓厚兴趣。他在这方面的特长使他有可能取得物理学家没有想到的结果。

图 4-49　巴耳末

1884 年 6 月 25 日巴耳末在瑞士的巴塞尔市向全国科学协会报告了自己的发现:氢光谱公式。波长为

$$\lambda = b\,\frac{m^2}{m^2 - n^2}$$

其中 m, n 是与光谱有关的两个正整数。

次年巴耳末发表了论文,在论文中是这样叙述的:

"在 H. W. 沃格尔和哈更斯对氢光谱紫外线测量的基础上,我曾试图建立一公式,以满意地代表各谱线的波长。这件工作得到了哈根拜希教授的鼓励。

"埃格斯特朗对氢谱线的精确测量使我有可能为这些谱线的波长确定一共同因子，以最简便的方法表示这些波长的数量关系。于是，我逐渐达到了一个公式，至少可以对这四根谱线以惊人的精度得到它们的波长，这一公式是光谱定律的生动表示式。

"从埃格斯特朗的测定，推出这个公式的共同因子是 $b = 3\,645.6 \times 10^{-7}$ 毫米……

"氢的前四根谱线的波长可以从这一基数相继乘以系数 $9/5$，$4/3$，$25/21$ 与 $9/8$。初看起来这四个系数没有构成规则数列，但如果第二项与第四项分子分母分别乘4，则分子为 3^2、4^2、5^2、6^2，而分母相应地差4。

"由于几种原因，使我相信，这四个系数属于两个数列，第二数列包含有第一数列。最后，我终于提出一个更普遍的形式：$m^2/(m^2 - n^2)$，其中 m、n 均为整数。……"

"如果用这些系数和基数 $3\,645.6$ 计算波长，以 10^{-7} 毫米作单位，得下列数据：

依据公式	埃格斯特朗给出	差　值
$H_\alpha(C线)=\dfrac{90}{5}b=6\,562.08$	6 562.10	$+0.02$
$H_\beta(F线)=\dfrac{4}{3}b=4\,860.8$	4 860.74	-0.06
$H_\gamma(邻近G线)=\dfrac{25}{21}b=4\,340$	4 340.1	$+0.1$
$H_\delta(B线)=\dfrac{9}{8}b=4\,101.3$	4 101.2	-0.1

"公式与埃格斯特朗观测值的偏差最大不超过波长的 $1/40\,000$，这个偏差很可能就在观测的可能误差范围之内。这真是一个极好的证据，说明埃格斯特朗是以何等高超的科学技巧和细心从事这项工作的。"[①]

巴耳末在论文中没有具体介绍是怎样找到这个基本因子的。有人查考了他当年的手稿并根据旁人的回忆[②]，判断他有这样的一段经历：

（1）开始，巴耳末也是采用在谱线间找谐和关系的办法，后来感到这个不符合谱线的实际情况，终于摒弃了这一方案。

（2）他借助几何图形领悟到谱线波长趋近于某一极值，又从几何图形推测出平方关系，经过反复校核，确定埃格斯特朗的数据最为精确，并找到了这个共同因子。

（3）后来，他得到哈根拜希教授之助，将建立的公式与紫外区的五根氢谱线核对，证明也是正确的，这才有把握公之于众。

这就是巴耳末公式的发现经过。这个公式打开了光谱奥秘的大门，找到了译解原子"密码"的依据，此后光谱规律陆续总结出来，原子光谱学逐渐形成为一门系统的学科。

---

① 转引自：Magie W F. A Source Book in Physics. McGraw-Hill，1935.360
② Banet L. Am. J. Phys.，1966(34)：496

4.6.3 里德伯的普遍公式

瑞典物理学家里德伯(Johannes Robert Rydberg,1854—1919)则是沿另外一条途径找到光谱规律的。1890 年他发表了化学元素线光谱的普遍公式。为了研究元素的周期性，他收集和整理了大量光谱资料。光谱资料中锂、钠、钾和镁、锌、镉、汞、铝等元素的谱线波长数据，成了他总结光谱公式的重要依据。在他之前已经有一些物理学家做过光谱的整理工作，有人甚至开始用波长的倒数代替波长来表示谱线。

例如，1871 年，斯坦尼第一次尝试用波长的倒数表示光谱线，并建议取名为波数。1871 年《英国学会报告》中有过这样的报导：

"用这个尺度(指波数)对研究有很大方便，(因为谐和关系的)光谱线系可表示成等距的。这种方法还有更为方便之处，即这样描绘光谱，比埃格斯特朗的经典光谱图中用波长尺度描绘更接近于从光谱仪直接看到的情景。"[1]

1883 年，哈特莱(W. N. Hartrey)用波数表示法取得重大成功，他发现所有三重线的谱线系，例如锌光谱，如果用波数表示，同一谱系中各组三重线的间距总是相等的。利夫因(G. D. Liveing)和杜瓦(J. Dewar)同时也得到类似结果。1885 年，考尔纽(A. Cornu)观察到铊和铝的紫外光谱的双线中也有类似的情况。

1890 年，里德伯在《哲学杂志》上发表论文，题为《论化学元素线光谱的结构》，论文列举了大量光谱数据，对光谱规律作出总结，他写道：

"谱系的各项是相继整数的函数，各谱系可近似用下式表示

$$n = n_0 - \frac{N_0}{(m+\mu)^2}$$

其中，n 是波数，m 是正整数，$N_0 = 109\,721.6$，对所有谱系均为一共同常数，n_0 与 μ 是某一谱系特有的常数。将可见到，n_0 表示当 m 变为无穷大时波数 n 趋向的极值。"

"同一族(漫族或锐族)的谱系 μ 值相同，不同族中同一级的谱线 n_0 相同……"[2]

里德伯的工作在巴耳末之后，但他并不知道巴耳末公式。直到 1890 年，当他获知巴耳末公式并且将巴耳末公式用波数表示，发现这正是自己所得公式的一个特例，这才对自己的工作有了更充分的把握。

后来，凯塞(H. Kayser)、龙格(G. Runge)、舒斯特、里兹(Walther Ritz,1878—1909)等人继续进行了谱系的整理研究，续有进展。

里德伯和舒斯特独立地发现里德伯-舒斯特定律，即主系的极值与锐系、漫系的共同极值之差等于主系的初项。

1908 年，里兹提出组合原理，把谱线表示为二项之差

$$\tilde{\nu} = \frac{1}{\lambda} = T_1 - T_2$$

[1] 转引自：Conn K，Turner H D. The Evolution of the Nuclear Atom. London,1965. 74
[2] 转引自：Conn K Turner H D. The Evolution of the Nuclear Atom. London,1965. 74

其中波数 $\tilde{\nu}$ 被定义为波长 λ 的倒数，光谱项 $T=\dfrac{N_0}{(m+\mu+\beta/m^2)^2}$，其中 μ 与 β 都是某一谱系专有的常数。里兹还发现，任何二条谱线之和与差往往可以找到另一谱线，他预言氢谱 H_α 与 H_β 之差可得一新谱线，果然帕邢（Friedrich Paschen，1865—1947）1908 年从红外区找到了这根谱线，从而发现了氢的帕邢谱系。

里兹的组合原理使光谱研究由光谱线转向光谱项，比以前深入了一步。然而，所有这些光谱规律仍然是经验性的。究竟光谱的成因是什么？为什么会有这些规律？它和物质构造有什么本质上的联系？这些问题摆在物理学家面前亟待解决。我们在第 7 章将会再涉及这些问题。

第5章

实验新发现和现代物理学革命

5.1 历史概述

19世纪末,经典物理学已经有了相当的发展,几个主要部门——力学、热力学和分子动理论、电磁学以及光学,都已经建立了完整的理论体系,在应用上也取得了巨大成果。这时物理学家普遍认为,物理学已经发展到顶,伟大的发现不会再有了,以后的任务无非是在细节上作些补充和修正,使常数测得更精确而已。

然而,正在这个时候,从实验上陆续发现一系列经典物理学难以解释的事实,改变了这一局面,把人们的注意力引向更深入、更广阔的天地。这些新发现的事实与经典物理学的基本概念和基本规律发生了无法调和的矛盾,从而引起了现代物理学革命的序幕。从伦琴发现X射线的1895年开始,到1905年爱因斯坦发表三篇著名论文为止,在这10年左右世纪之交的年代里,具有重大意义的实验发现有如下表。[①]

表 5-1   19/20 世纪之交的重大实验发现

年　份	人　物	贡　献
1895	伦琴	发现 X 射线
1896	贝克勒尔	发现放射性
1896	塞曼	发现磁场使光谱线分裂
1897	J. J. 汤姆孙	发现电子

① 实际上,如果把时间再向前推移几十年,还可以列举好几项有重大意义的实验发现,例如 1858 年发现的阴极射线,1884 年发现的氢光谱公式,1881 年迈克耳孙发现以太漂移速度为零和 1887 年赫兹发现的光电效应。

续表

年　份	人　　物	贡　　献
1898	卢瑟福	发现 α,β 射线
1898	居里夫妇	发现放射性元素钋和镭
1899—1900	卢梅尔和鲁本斯等人	发现热辐射能量分布曲线偏离维恩分布律
1900	维拉德	发现 γ 射线
1901	考夫曼	发现电子的质量随速度增加
1902	勒纳德	发现光电效应基本规律
1902	里查森	发现热电子发射规律
1903	卢瑟福和索迪	发现放射性元素的蜕变规律

图 5-1　一幅描述 1896 年英国电力工业的图片

这一系列的发现集中在 19/20 世纪之交的年代里不是偶然的,是生产和技术发展的必然产物。特别是电力工业的发展,电气照明开始广泛应用,促使科学家研究气体放电和真空技术,才有可能发现阴极射线,从而导致了 X 射线和电子的发现,而 X 射线一旦发现,立即取得了广泛应用,又掀起了人们研究物理学的热潮。所以,随着 X 射线的发现而迅速展开的这一场物理学革命,有其深刻的社会背景和历史渊源。图 5-1 是一幅描述 19 世纪末电力工业的图片。

5.2　19/20 世纪之交的三大实验发现

在上述的众多实验发现之中,X 射线、放射性和电子的发现具有特殊的意义,人称世纪之交物理学的三大发现。这些发现直接或间接都与阴极射线的研究有关联。我们可以用一幅流程图来表示这些关联,如图 5-2。

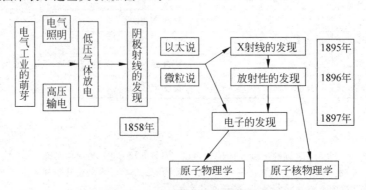

图 5-2　三大发现的历史渊源

下面先介绍阴极射线的研究经过。

5.2.1 阴极射线的研究

19世纪是电的世纪,如果说这个世纪的上半叶是电气工业的准备时期,则下半叶是电气工业从萌芽到大发展的时期,发电机、变压器和高压输电线路逐步在生产中得到应用,然而,漏电和放电损耗非常严重,成了亟待解决的问题。同时,电气照明也吸引了许多科学家的注意。这些问题都涉及低压气体放电现象,于是,人们竞相研究与低压气体发电现象有关的问题。德国物理学家和发明家盖斯勒(J. H. W. Geissler,1815—1879)在1855年发明了水银真空泵,1858年发明了放电管(图5-3),为低压气体放电的研究创造了良好条件。

图5-3 盖斯勒放电管

1858年德国人普鲁克尔(J. Plücker,1801—1868)在研究气体放电时,注意到在放电管正对阴极的管壁上发出绿色的荧光,证明是因为有一种射线从阴极发出打到管壁所致。1876年,另一位德国物理学家哥尔茨坦(Eügen Goldstein,1850—1930)认为这是从阴极发出的某种射线,并命名为阴极射线。他根据这一射线会引起化学作用的性质,判断它是类似于紫外线的以太波。他还演示了阴极射线被电极阻挡后,在管壁上形成阴影的现象,如图5-4。

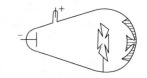

图5-4 阴极射线遇到障碍产生阴影

英国物理学家也对阴极射线做了大量研究。1871年瓦尔利(C. F. Varley,1828—1883)发现阴极射线在磁场中会发生偏转,这与带电粒子的行为很相似。克鲁克斯(W. Crookes,1832—1919)在实验中证实阴极射线不但按直线前进、能聚焦、在磁场中会偏转,而且还可以传递能量和动量。他在阴极射线管中安装了一个铂电极,从凹面形的阴极发出的阴极射线聚焦在铂电极上,如图5-5,在阴极射线的轰击下竟使铂电极发热,变成了灼红状。他还把一个可转动的风轮搁在由玻璃棍组成的水平轨道上,如图5-6,风轮叶片涂有各种成分的荧光材料。每当阴极射线打到叶片上时,叶片开始滚动,同时发出五颜六色的光彩。

图5-5 克鲁克斯演示阴极射线聚焦

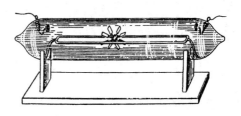

图5-6 克鲁克斯的电风轮

克鲁克斯认为阴极射线是由真空管中残余气体的分子组成，由于乱运动有些气体分子撞击到阴极，于是从阴极获得了负电荷，在电场的驱使下形成了带电的分子流。

舒斯特也认为阴极射线是带电粒子流。他在 1890 年根据阴极射线的磁偏转算出带电粒子的电荷 e 与质量 m 之比（简称荷质比）e/m，数值大约是 5×10^6 库仑/千克 $\sim 1 \times 10^{10}$ 库仑/千克，而电解所得氢离子的荷质比约为 10^8 库仑/千克。他认为这两个数据接近，说明阴极射线的成分可能就是原子类型的带电粒子。

这三位主张阴极射线是带电粒子的科学家都是英国人，于是很自然地形成了一个学派，人称英国学派。但是，当时威望更高的是持以太论的德国学派。除了哥尔茨坦以外，还有赫兹（H. Hertz）和勒纳德（P. Lenard，1862—1947）等德国物理学家。以太论者的观点虽然是错的，但他们对微粒说的反驳却很有份量。

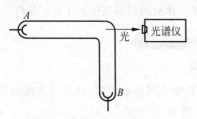

图 5-7　哥尔茨坦的光谱实验

例如：哥尔茨坦为了说明阴极射线不是分子流，特意做了一光谱实验。图 5-7 是他用的一支 L 形放电管，A，B 两电极可轮流当阴极。当 A 是阴极时，光谱仪看到的光来自趋向光谱仪的射线，射线如果是分子流组成，分子向光谱仪运动，由于多普勒效应，光的频率应有所增大；反之，当 B 是阴极时，光的频率应减小。

可是，改换电极极性，哥尔茨坦丝毫未发现光的谱线有任何变化；于是这一事实成为他驳斥带电分子说的有力证据。

赫兹也做过许多实验为自己的以太说辩护。他的实验并不都很成功。例如，他在阴极射线管中加静电场，却没有观察到阴极射线偏转，使他更确信阴极射线是不带电的一种波。

赫兹的另一个实验却很有价值，他注意到阴极射线可以穿过金属隔板，使被挡住的玻璃壁发出微弱荧光，这个现象后来由他的学生勒纳德继续研究。勒纳德在阴极射线管末端嵌上一片铝箔 F 作为窗口（图 5-8），铝箔厚度仅 0.000 265 厘米。实验结果证明，阴极射线可以穿过铝窗，在空气中继续穿行约 10 厘米。显然，这个实验事实是反驳带电分子说的有力论据，因为很难想象，气体的分子或原子竟能穿过成千个铝原子组成的铝壁。勒纳德认为，只有类似于光的某种波才有可能透过。

微粒说者也在积极寻找证据。1895 年法国物理学家佩兰（J. B. Perrin，1870—1942）将圆桶电极安装在阴极射线管中（图 5-9），用静电计测圆桶接收到的电荷，得到的结果是负电。他支持带电微粒说，发表论文表示了自己的观点。但是他的实验无法作出判决性的结论。因为反对者会反驳说：佩兰测到的不一定就是阴极射线所带的电荷。

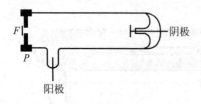

图 5-8　勒纳德的铝窗实验

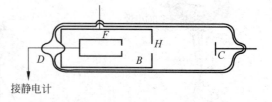

图 5-9　佩兰测阴极射线的电荷（其中 B 是阳极，C 是阴极，F 是法拉第圆桶）

阴极射线的本质究竟是什么？一时间成了科学界的热门课题,许多物理学家投入这项研究之中,希望找到问题的答案。争论持续了一二十年。这一争论促使人们做了许多实验和理论研究,引出了一系列重大成果。

5.2.2　X射线的发现

阴极射线研究导致的第一项重大成果是发现了X射线。德国维尔茨堡大学的伦琴(Wilhelm Konrad Röntgen,1845—1923)教授正是在研究阴极射线的过程中作出这一发现的。他是一位治学严谨、造诣很深的实验物理学家。1895年11月8日,他正在实验室中研究阴极射线,突然,他的注意力被一块荧光屏的微弱闪烁吸引住了。当时,房间一片漆黑,放电管用黑纸包严。亚铂氰化钡做成的荧光屏离开放电管大约一米远。他移远荧光屏继续试验。只见荧光屏的闪光,仍随放电过程的节拍断续出现。

他取来各种不同的物品,包括书本、木板、铝片等等,放在放电管和荧光屏之间进行试验,认定是有某种穿透力很强的射线从放电管发送出来。为了确证这一新射线的存在,并且尽可能了解它的特性,伦琴用了6个星期深入地研究这一现象。1895年底,他发表了题名《一种新射线(初步通信)》的论文,把这一发现公之于众,文中写道:

"……我们迅即发现,所有物体都能透过,尽管程度大有不同。

……荧光屏放在约1 000页的书后面,我仍看到亮光;油墨不产生可觉察的影响。

……单张纸牌置于装置和屏之间,眼睛根本无法察觉其影响。

……单张锡箔也难察觉,只有把许多张叠在一起才能在屏上看到清晰的阴影。

……厚木板也还透明;2厘米～3厘米厚的枞木只能少量吸收。

……一块大约15毫米厚的铝板,尽管会大大降低射线效果,但不能使荧光完全消失。

……同样厚度的玻璃板要看是否含铅(火石玻璃),含铅的比不含铅的透明性差得多,作用大不一样。

……如果把手置于放电装置和荧光屏之间,就可以看到在较淡的手影里露出深暗的骨骼阴影。

……即使不同金属的厚度和密度的乘积相等,它们的透明度也绝不相等,透明度的增加比其乘积的降低快得多。

……其他物质也会发生荧光,例如,磷光质的钙化合物,还有铀玻璃、普通玻璃、方解石、岩盐等等。

……照相干板对于X射线是敏感的,因此,我们用它作为许多现象的永久记录,以防出错。只要可能,我总是把自己在荧光屏上看到的现象记录下来,进行比较。……"[①]

伦琴在这篇论文中还描述了X射线的一些性质,如直线传播、不产生干涉现象、在磁场中不受偏转等等,他猜测X射线可能是以太中的纵振动。1896年1月1日,伦琴把这篇论文陆续给朋友们和知名的学者寄送。在一部分信中他还附上拍摄到的X射线照片。1月4日在柏林物理学会的会议上,展览了他的X射线照片。次日维也纳的一家报纸率先

① 转引自：Glasser O. Wilhelm Conrad Röntgen and the Early History of the Röntgen Rays. Bale,1933,224

报导了这一新闻,于是消息马上传遍全世界。1 月 13 日,伦琴向普鲁士国王演示了 X 射线,被授予二级荣誉勋章。1 月 23 日,伦琴在自己的研究所里作公开报告,当场一位教授举起手来,要求伦琴给他的手拍摄 X 射线照片,那位教授如愿以偿,兴奋地当众建议把这一射线命名为伦琴射线。一时间,沸沸扬扬,伦琴卷进了一股热浪之中,难以脱身,他怕失去研究时间,只好躲了起来,以便继续做他的研究。

图 5-10　伦琴在做实验

图 5-11　伦琴用过的阴极射线管

　　X 射线的发现令人激动,报刊杂志纷纷报导,消息越传越神奇。最先引起人们注意的,当然是它在医学中的应用价值。不出三个月,伦琴第一篇论文印了五次,并译成许多种文字。仅仅在 1896 年的一年中,随之而来的专著和小册子就有 49 种,有关 X 射线的论文竟达 1044 篇[1],真是盛况空前。这种情况在 19 世纪可以说是史无前例的,即使在后来的 20 世纪,也不容易找到类似的热潮。因为参加这一热潮的,不仅有物理学家、冶金学家,更有人数众多的医生和病理学家。厂商大做生意,发明家谋取专利(参看图 5-13)。伦琴则声明自己不申请专利,他更关心的是 X 射线的本质。他在 1896 年和 1897 年相继发表了另外两篇关于 X 射线性质的研究通信后,就回到自己主要的研究领域——实验固体物理学之中,把 X 射线的研究留给别人去做。

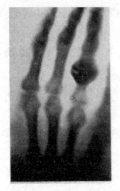

图 5-12　第一张人手 X 照片

图 5-13　1896 年英国的广告

①　Glasser O. Wilhelm Conrad Röntgen and the Early History of the Röntgen Rays. Bale,1933

由于尚不清楚这一射线的性质,伦琴称之为 X 射线,但是人们为了尊重他的功绩,又称之为伦琴射线。

X 射线的发现对物理学的发展具有重大意义,它像一根导火线,引起了一连串的反应。伦琴宣布 X 射线发现之后不久,很快就被医学界广泛利用,成为透视人体、检查伤病的有力工具,后来又发展到用于金属探伤,对工业技术也有一定的促进作用。更重要的是,这一热潮吸引了许多科学家研究 X 射线和阴极射线,从而导致了放射性、电子以及 α,β 射线的发现,为原子科学的发展奠定了基础。同时,由于科学家探索 X 射线的本质,发现了 X 射线的衍射现象,并由此打开了研究晶体结构的大门;根据晶体衍射的数据,可以精确地求出阿伏伽德罗常量。在研究 X 射线的性质时,还发现 X 射线具有特征谱线,其波长有特定值,和 X 射线管阳极元素的原子内层电子的状态有关,由此可以确定原子序数,并了解原子内层电子的分布情况。此外,X 射线的性质也为波粒二象性提供了重要证据。1901 年伦琴荣获首届诺贝尔物理学奖,就说明了人们对这项发现的高度评价。

5.2.3 放射性的发现

1895 年底,伦琴将他的第一篇描述 X 射线的论文,《一种新射线(初步通信)》和一些用 X 射线拍摄的照片分别寄送给各国知名学者。其中有一位是法国的彭加勒(Jules Henri Poincaré,1854—1912),他是著名的数学物理学家,当时任法国科学院院士,对物理学的基础研究和新进展非常关心,积极参与各种物理问题(例如阴极射线本性)的争论。法国科学院每周有一例会,物理学家在会上报告各自的成果并进行讨论。1896 年 1 月 20 日彭加勒参加了这天的例会,他带去了伦琴寄给他的论文和照片,展示给与会者看。正好在这个会上有两位法国医生。将他们拍到的人手 X 射线照片提交科学院审查。这件事大大激励了在场的物理学家亨利·贝克勒尔(A. Henri Becquerel,1852—1908),询问这种射线是怎样产生的? 彭加勒回答说,也许是从阴极对面发荧光的那部分管壁发出的,荧光和 X 射线可能是出于同一机理。不过他不太有把握。第二天,贝克勒尔就开始试验荧光物质在发荧光的同时会不会发出 X 射线。可是试来试去,却没有任何迹象。正当贝克勒尔准备放弃试验时,读到彭加勒的一篇科普文章介绍 X 射线,文中又一次提到荧光和 X 射线可能同时产生的看法。贝克勒尔很受鼓舞,于是再次投入试验,终于找到了铀盐有这种效应,他在 1896 年 2 月 24 日向法国科学院报告说:

图 5-14 贝克勒尔在做实验

"我用两张厚黑纸……包了一张感光底片,纸非常厚,即使放在太阳光下晒一整天也不致使底片变色,我在黑纸上面放一层磷光物质,然后一起拿到太阳光下晒几小时。显影之后,我在底片上看到了磷光物质的黑影。……在磷光物质和黑纸之间夹一层玻璃,也作出了同样的实验。这样就排除了由于太阳光线的热从磷光物质发出某种蒸气而产生化学作用的可能性。所以从这些实验可作如下结论：所研究的磷光物质会发射一种辐射，能贯穿对光不透明的纸而使银盐还原。"[①]

贝克勒尔所指的磷光物质就是铀盐。当时人们以为，荧光和磷光没有什么本质上的不同，只是发光时间的长短有区别而已。这里，贝克勒尔误以为X射线的产生是由于太阳光照射铀盐的结果。

一个星期以后，当法国科学院于3月2日再次例会时，贝克勒尔已经找到了正确的答案。这也许是偶然的机遇，但偶然中有必然。他本想在会前再做一些实验，可是2月26、27日连续阴天，他只好把所有器材放在抽屉里，铀盐也搁在包好的底片上，等待好天气。在对科学院的第二次报告中，贝克勒尔写道：

"由于好几天没有出太阳，我在3月1日把底片冲了出来，原想也许会得到非常微弱的影子。相反，底片的廓影十分强烈。我立即想到，这一作用很可能在黑暗中也能进行。"[②]

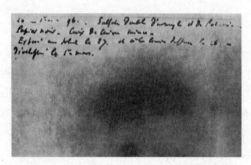

图 5-15　贝克勒尔的第一张放射性照片

图 5-15 就是贝克勒尔文中所述的那张照片。

贝克勒尔意识到，这一发现非常重要，说明原来以为荧光（和磷光）与X射线属于同一机理的设想不符合实际。他立即放弃了这种想法，转而试验各种因素，例如铀盐的状态（是晶体还是溶液）、温度、放电等等对这种辐射的影响，证明确与磷光效应无关。他发现，纯金属铀的辐射比铀化合物强好多倍。他还发现，铀盐的这种辐射不仅能使底片感光，还能使气体电离变成导体。这个现象为别人继续研究放射性提供了一种新的方法。

贝克勒尔搞清楚了铀盐辐射的性质后，在同年5月18日科学院的例会上再次报告，宣布这种贯穿辐射是自发现象，只要有铀这种元素存在，就会产生贯穿辐射。以后，这种辐射被人们叫做贝克勒尔射线，或者铀辐射，以区别于当时人们普遍称呼为伦琴射线的X射线。

贝克勒尔发现放射性虽然没有伦琴发现X射线那样轰动一时，意义却更为深远，因为这是人类第一次接触到核现象，为后来的发展开辟了道路。

贝克勒尔的发现，往往被后人作为科学发现的偶然性之重要例证。不过，贝克勒尔自己却喜欢说：在他的实验室里发现放射性是"完全合乎逻辑的。"[③]这是因为亨利·贝克勒尔具有特殊有利的条件，他的祖传三代都是研究磷光的世家。祖父名安东尼·贝克勒尔（Antoine Cesar Becquerel，1788—1878）是巴黎自然历史博物馆的物理教授，广泛研究过矿物学、化学以至磷光；父亲爱德蒙·贝克勒尔（Edmond Becquerel，1820—1891）继承父业，

①　转引自：Segrè E. From X-rays to Quarks. Freeman & Co.，1980. 28
②　同上注，第 29 页。
③　Badash L. Arch. Int. Hist. Sci.，1965(18). 55

是欧洲有名的固体磷光专家,在他家的实验室里拥有各种各样的荧光和磷光物质,长年进行各种试验,其中也包括铀盐。19世纪后半叶,铀盐开始广泛用于照相术、染色、上釉,后来成了商品化的化学试剂。由于铀盐会发出特别明亮的磷光,爱德蒙·贝克勒尔曾特地对它进行了研究。这些工作在1891年以后都由亨利·贝克勒尔继承了下来。更重要的是,前辈们注重收集实验资料,尊重客观事实的科学态度帮助亨利·贝克勒尔很快找到了正确的结论。由此可见,亨利·贝克勒尔之所以成为放射学的先驱,的确不是偶然的。

5.2.4　钋和镭的发现

贝克勒尔的发现由于居里夫妇的工作迅速地扩大了战果。居里夫人原名玛丽·斯可罗多夫斯卡(Marie Sklodowska,1867—1934),波兰人,1891年到巴黎攻读物理后与皮埃尔·居里(Pierre Curie,1859—1906)结婚。1897年,居里夫人选放射性作为自己的博士论文题目。在重复贝克勒尔的铀盐辐射实验时,将居里两兄弟早先发现的压电效应用于测量游离电流,得到了大量精确的数据,使放射性的研究很快走上了严密定量的道路。

居里夫人在1898年4月发表的第一篇论文中写道:

"我用……一平板电容器,极板之一覆盖了均匀的一层铀或其他细研过的物质。极板直径8厘米,极间距离3厘米,极板间加有100伏电位差,穿过电容器的电流用静电计和一压电石英晶体测量绝对值。"[①]

居里夫人首先证实了贝克勒尔关于铀盐辐射的强度与化合物中铀的含量成正比的结论,但她不满足于局限在铀盐,决定对已知的各种元素进行普查。正好这时,施密特(G. C. Schmidt,1856—1949)发现钍也具有贯穿辐射,居里夫人迅即予以证实。她找来各种矿石和化学品,一一按上述方法做了试验,断定钍也是一种放射性元素。她还发现沥青铀矿和辉铜矿比纯金属铀的活性还强得多。居里夫人在论文中写道:

"两种铀矿……比铀自身还更活泼。这个事实……使人相信,在这些矿中可能含有比铀活泼得多的元素。"

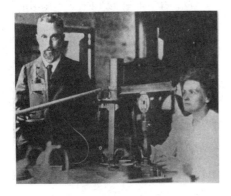

图5-16　居里夫妇在测试镭盐的放射性

图5-17　居里夫人带领女儿进行医疗服务

---

①　Curie M. Comptes Rendus. 1898,转引自:Dic. Sci. Bio. ,vol. 3,498

居里夫人相信，既然不止一种元素能自发地放出辐射，而这又是一种原子现象，肯定它具有普遍性。就在这篇论文中，居里夫人首次使用了"放射性"一词。

接着，居里夫人在居里先生的协助下，进行了艰苦的提纯工作。他们从铀矿渣中分离出含量仅占百分之一甚至更少的新元素。1898 年 7 月，分离出铋的成分带强烈的放射性，比同样质量的铀强 400 倍。

他们进一步确证，放射性并不是来自铋本身，而是混在铋中的一种微量元素。经过反复试验，终于从沉淀物中找到了那种放射性物质，居里夫妇写道：

"我们相信，从沥青铀矿提取的物质含有一种迄今未知的金属，在分析特性时跟铋有联系。如果这种新金属的存在得到证实，我们建议称之为钋（polonium），这个名称是根据我们之一的祖国命名的。"

他们继续进行试验，又发现在钡盐中有更强的放射性。他们"认为还有第二种物质，放射性更强，化学性质则与第一种完全不同。用硫化氢、硫化铵或氨都无法使之沉淀；""这种新的放射性物质在化学性质上完全像纯钡，其氯化物溶于水，却不溶于浓盐酸和酒精。由它可得钡的光谱。但我们相信，这种物质尽管绝大部分由钡组成，必定还有一种产生放射性的新元素，其化学性质极其接近于钡。"

"我们进行了一系列的分离，得到越来越活泼的氯化物，其活性竟比铀大 900 倍以上。种种理由使我们相信，新的放射性物质中有一种新元素，我们建议命名为镭（radium）。"[①]

居里夫妇历尽辛苦，用分离结晶的方法不断提高含镭的氯化钡中镭的含量。1899 年得到比铀的放射性强 7 500 倍的晶体，后来竟达到了 100 000 倍，然而仍然不是纯粹的镭盐。

为了提炼出足以进行实验的纯镭盐，居里夫妇经过 4 年的奋斗，终于从 8 吨矿渣石中提取了 0.1 克的纯镭盐。1902 年，居里夫妇宣布，他们测得镭的原子量为 225，找到了两根非常明亮的特征光谱线，直到这时，镭的存在才得到公认。

5.2.5　放射性的研究为核物理学的发展奠定了基础

钋和镭的发现大大促进了放射性的研究。1898 年，卢瑟福（Ernest Rutherford，1871—1937）通过吸收实验证明铀辐射具有两种穿透本领不同的成分，他把穿透力不强的称为 α 射线，穿透力强的称为 β 射线。1899 年，贝克勒尔在实验中证实 β 射线能被磁场偏转，其行为与阴极射线相似。1900 年，法国化学家维拉德（Paul Villard，1860—1934）发现，在铀辐射中还有另一种成分，穿透力更强，他称之为 γ 射线。

从 1902 年起，卢瑟福和他的合作者索迪（F. Soddy，1877—1956）等人，研究 α 射线和放射性物质的规律，终于导致了原子核嬗变规律和原子核的发现。

5.2.6　电子的发现

对阴极射线是以太的波动还是带电粒子流的争论给出正确答案的，是英国剑桥大学

---

① Curie P & M. Comptes Rendus，1898(127)：175，转引自：Magie. A Source Book in Physics. McGraw-Hill，1935. 613

卡文迪什实验室教授 J. J. 汤姆孙（Joseph John Thomson, 1856—1940）。从 1890 年起，他就带领自己的学生研究阴极射线。克鲁克斯和舒斯特的思想对他很有影响。他认为带电微粒说更符合实际，决心用实验进行周密考察，找出确凿证据。为此，他进行了以下几方面的实验：

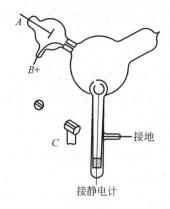

图 5-18　J. J. 汤姆孙测阴极射线所带电荷的实验装置

1. 直接测阴极射线携带的电荷。J. J. 汤姆孙将佩兰实验作了一些改进。他把联到静电计的电荷接收器（法拉第圆桶）安装在真空管的一侧，如图 5-18。平时没有电荷进入接收器。用磁场使射线偏折，当磁场达到某一值时，接收器接收到的电荷猛增，说明电荷确是来自阴极射线。

2. 使阴极射线受静电偏转。J. J. 汤姆孙重复了赫兹的静电场偏转实验，起初也得不到任何偏转。后来经仔细观察，注意到在刚加上电压的瞬间，射束轻微地摆动了一下。他马上领悟到，这是由于残余气体分子在电场的作用下发生了电离，正负离子把电极上射线所带电荷的实验装置的电压抵消了。显然这是由于真空度不够高的原因。于是，他在实验室技师的协助下努力改善真空条件，并且减小极间电压，终于获得了稳定的静电偏转。这样，J. J. 汤姆孙就获得了驳斥以太说的重要证据。

3. 用不同方法测阴极射线的荷质比。一种方法是在图 5-19 的管子两侧各加一通电线圈（图中未画，可参看图 5-21），以产生垂直于电场方向的磁场。然后根据电场和磁场分别造成的偏转，计算出阴极射线的荷质比 e/m 与微粒运动的速度。另一种方法是测量阳极的温升，因为阴极射线撞击到阳极，会引起阳极的温度升高。J. J. 汤姆孙把热电偶接到阳极，测量它的温度变化。根据温升和阳极的热容量可以计算粒子的动能，再从阴极射线在磁场中偏转的曲率半径，推算出阴极射线的荷质比与速度。

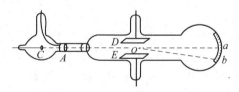

图 5-19　J. J. 汤姆孙静电偏转管

图 5-20　J. J. 汤姆孙在做实验

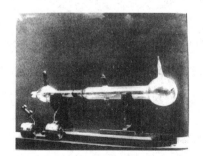

图 5-21　J. J. 汤姆孙的实验装置

两种不同的方法得到的结果相近，荷质比都是 $e/m \approx 10^{11}$ 库仑/千克。

4. 证明电子存在的普遍性。J. J. 汤姆孙还用不同的阴极和不同的气体做实验，结果荷质比也都是同一数量级,证明各种条件下得到的都是同样的带电粒子流,与电极材料无关,与气体成分也无关。

1897年4月30日,J.J.汤姆孙向英国皇家研究所报告了自己的工作,随即又以《论阴极射线》为题发表论文,其中写道:

"阴极射线的载荷子比起电解的氢离子,m/e值小得多。m/e小的原因可能是m小,也可能是e大,或两者兼而有之。我想,阴极射线的载荷子要比普通分子小。这可从勒纳德的结果看出。"[①]

这里指的就是勒纳德的薄窗实验,只有把阴极射线的载荷子看成比普通分子小得多,才能解释阴极射线透过薄铝片的事实。

接着,J.J.汤姆孙和他的学生们用几种方法直接测到了阴极射线载荷子所带的电量,证明的确跟氢离子的带电量相同。1899年,J.J.汤姆孙采用斯坦尼的"电子"一词来表示他的"载荷子"。"电子"原是斯坦尼在1891年用于表示电的自然单位的。

就这样电子被发现了。但是J.J.汤姆孙并未到此止步,他进一步又研究了许多新发现的现象,以证明电子存在的普遍性。

光电效应是1887年赫兹发现的,但时隔十几年,光电流的本质仍未搞清。1899年,J.J.汤姆孙用磁场偏转法测光电流的荷质比。得到的结果与阴极射线相近,证明光电流也是由电子组成的,详见7.3。

热电发射效应是1884年爱迪生(Thomas Edison,1847—1931)发现的,所以也称爱迪生效应。爱迪生当时正在研究白炽灯泡,他发现灯泡里的白炽碳丝加热后有负电逸出。1899年,J.J.汤姆孙同样用磁场截止法测其荷质比,证明这一负电荷也是电子。

β射线是卢瑟福在1898年发现的,不久,亨利·贝克勒尔用磁场和电场偏转法测得β射线的荷质比和速度,证明β射线是高速电子流。

J.J.汤姆孙掌握了大量的实验事实,果断地作出判断:不论是阴极射线、β射线还是光电流,都是电子组成的;不论是由于强电场的电离、正离子的轰击、紫外光的照射、金属受灼热还是放射性物质的自发辐射,都发射出同样的带电粒子——电子。这种带电粒子比原子小千倍,可见,电子是原子的组成部分,是物质的更基本的单元。这是一个非常重要的结论。原子不可分的传统观念彻底破灭了。

5.2.7 "电磁质量"的发现

在研究阴极射线并测量其荷质比时,人们遇到了一个奇特现象,电子的质量会随速度的增加而增加,这一事实为爱因斯坦狭义相对论提供了重要依据。不过,这中间也有不少曲折。1878年罗兰用实验演示了运动电荷产生磁场的事实,促使人们开始研究运动带电体的问题。1881年,J.J.汤姆孙首先提出,既然带电体运动要比不带电体需要外界做更多的功,带电体的动能就要比不带电体大,换言之,带电体应具有更大的质量。后来,人们用"电磁质量"来代表这一部分增加的质量。J.J.汤姆孙用麦克斯韦电磁理论计算半径为a

① Thomson J J. Phil. Mag,1897,44(5):293

的导体球,设其所带电荷为 e,则电磁质量为

$$m_e = \frac{4\mu e^2}{15a}$$

其中 μ 为磁导率。

1889 年,亥维赛(Oliver Heaviside)改进了 J. J. 汤姆孙的计算,并推导出当运动带电体的速度接近光速 c 时,物体能量可达无穷大,条件是电荷集中在带电球体的赤道线上。

1897 年,舍耳(Searle)假设电子相当于一无限薄的带电球壳,计算其电磁质量为

$$m_e = \frac{e}{2av^2}\left[\frac{2}{1-\beta^2} - \frac{1}{\beta}\ln\left(\frac{1+\beta}{1-\beta}\right)\right]$$

其中 $\beta \equiv v/c$.

这时,电子已经被发现,并被认为是物质的最小组成部分。人们开始注意在实验中研究电磁质量问题。

1901 年考夫曼(Walther Kaufmann,1871—1947)用 β 射线做实验,证实电子的质荷比确随速度的增大而增大,第一次观测到了电磁质量。图 5-22 是考夫曼 1901 年所用的实验装置。

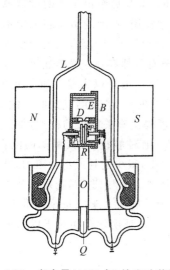

图 5-22　考夫曼(1901 年)的实验装置

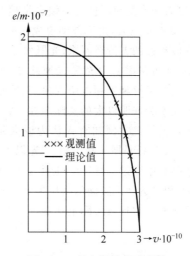

图 5-23　考夫曼的实验曲线

1903 年,阿伯拉罕(M. Abraham)用经典电磁理论系统地研究了电磁质量问题,导出了电磁质量随速度变化的关系

$$m = \frac{3}{4} \cdot \frac{m_0}{\beta^2}\left[\frac{1+\beta^2}{2\beta} \cdot \ln\left(\frac{1+\beta}{1-\beta}\right) - 1\right]$$

式中 m_0 为电子的静止质量。

1904 年,洛伦兹把收缩假设(见 5.3.10 节)用于电子,推出如下关系

$$m = \frac{m_0}{\sqrt{1-\beta^2}}$$

这个关系也可以从爱因斯坦的狭义相对论推导出来,所以叫洛伦兹-爱因斯坦公式。

电磁质量的研究对于爱因斯坦的狭义相对论既提供了实验依据,也形成了一道检验关卡。经过各种方案的实验,狭义相对论顺利地通过了实验检验。从经典物理学提出的电磁质量问题,成了相对论的重要实验证据。

5.3 "以太漂移"的探索

如果说,电子和"电磁质量"的发现,从电的方面为现代物理学开辟了道路,那么,"以太漂移"的探索则从光的方面打开了另一个缺口,促使现代物理学革命爆发。

5.3.1 以太观念的兴起

以太(ether)观念的提出可以追溯到古希腊时代。亚里士多德认为天体间一定充满有某种媒质。这种媒质当时就称为以太。笛卡儿 1644 年发表的《哲学原理》中也引用了以太的观念。他认为,由于太阳周围以太出现漩涡,才造成行星围绕太阳的运动。1678 年惠更斯把光振动类比于声振动,看成是以太中的弹性脉冲。但是后来由于光的微粒说占了上风,以太理论受到压抑。牛顿主张超距作用,倾向于微粒说,在他的引力理论中不需要以太。1800 年以后,由于波动说成功地解释了干涉、衍射和偏振等现象,以太学说重新抬头。在波动说的支持者看来,光既然是一种波,就一定要有载体存在。光能通过万籁俱寂的虚空,证明在虚空中充满这种载体,这种载体就是以太。由于以太是一种假想的"物质",人们为了解释光和电磁现象,只能根据光和电磁现象的行为,推测以太的特性,却无法直接用实验证明以太的实际存在。人们从不同的角度提出有关以太的模型,得到的是相互矛盾的结论。例如有人认为以太是一种无所不在、绝对静止、极其稀薄的刚性"物质"。1804 年托马斯·杨写道:"光以太充满所有物质之中,很少受到或不受阻力,就像风从一小丛林中穿过一样"[①]。也就是说,地球在以太的"汪洋大海"中遨游,在地球和以太之间,必有相对运动。法国的阿拉果就是这样想的,他认为英国天文学家布拉德雷 1728 年观测到的光行差现象实际上就是一个"以太漂移"实验,可以证明地球相对于以太的漂移运动。

·5.3.2 光行差的观测

1725—1728 年,布拉德雷对恒星的方位作了一系列的精确测量,把恒星一年四季的位置折算到天顶,发现都呈圆形轨迹。他领悟到这一现象是因为地球围绕太阳旋转所致。他在 1729 年的《哲学杂志》上发表题为《一种新的恒星运动的说明》的论文,从光速有限的假设来解释他发现的光行差现象,他写道:

"假想 CA(见第 4 章图 4-31)是一条光线,垂直地落到直线 BD 上,如果眼睛(指观察者)静止于 A 点,那么不管光的传播需要时间还是只需瞬间,物体必然出现在 AC 方向上。

---

① Miller A I. Einstein's Special Theory of Relativity. Addison-welley,1981. 15

但是,如果眼睛(观察者)从 B 向 A 运动,而光的传播又需要时间,光的速度与眼睛(观察者)的速度比等于 CA 与 BA 之比,则当眼睛(观察者)从 B 运动到 A 时,光从 C 传播到了 A……"[1]

若用 α 表示 $\angle ACB$,v 表示观察者的速度,则

$$\tan\alpha = v/c$$

其中 $v=30$ 千米/秒。布拉德雷测到的 α 角为 $(40.5/2)'' \approx 20''$,代入上式,得

$$c = v/\alpha = 3.04 \times 10^{10} \text{ 厘米} / \text{秒} = 3.04 \times 10^5 \text{ 千米} / \text{秒}$$

这是最早的光速数值。所以,这一结果发表后,受到了广泛注意。

5.3.3 阿拉果的望远镜实验

阿拉果曾从事过大气折射的光学研究,因而对光速的测定有兴趣。他从牛顿力学速度叠加原理出发,认为如果发光体和观测者的运动速度不同,光速应有差别,布拉德雷的观测精度有限,没有显示出有这种差别。于是他亲自做了一个实验:在望远镜外用消色差棱镜加于望远镜视场的半边,然后用望远镜观测光行差。但是实际观测结果却是经过棱镜和不经过棱镜的两边,光行差完全相同。其实这正说明经典的速度叠加原理不适用于光的传播。但是阿拉果却和布拉德雷一样,都是光微粒说的信仰者,只能在微波说的前提下作一个很勉强的假设。他假设星体以无数种速度发射光的微粒,只是因为人眼对光有选择性,只能接收某一特定速度的光微粒,所以看不出差别。

不久,托马斯·杨和菲涅耳倡导光的波动说获得进展,阿拉果转向波动说,1815 年他写信给菲涅耳,告诉他几年前自己做的望远镜实验,征询菲涅耳能否用波动理论予以说明。

5.3.4 菲涅耳提出部分曳引假说

对于阿拉果的人眼选择光速的假设,菲涅耳认为很难令人信服。他在 1818 年给阿拉果写信,指出这种解释不可取。为了使两个实验的结果能够协调,他提出了部分曳引假说,即在透明物体中,以太可以部分地被这一物体拖曳。他再假设透明物体的折射率决定以太的密度,令 ρ 与 ρ_1 分别表示真空中和透明物体中以太的密度,假设这些密度与折射率的平方成正比,则

$$\rho/\rho_1 = 1/n^2 = c_1^2/c^2$$

或

$$\rho_1 = n^2 \rho$$

其中 c 为真空中的光速,c_1 为透明物体中的光速,n 为透明物体的折射率。菲涅耳进一步假设,真空中的以太是绝对静止的,透明物体运动时,物体只能带动多于真空的那一部分以太。所以,设透明物体相对于以太的速度为 v,则以太重心的移动速度为

$$\left(\frac{n^2-1}{n^2}\right)v = \left(1 - \frac{1}{n^2}\right)v = kv$$

---

[1] Magie W F. A Source Book in Physics. McGraw-Hill,1935. 337

其中 $k \equiv 1 - \dfrac{1}{n^2}$ 就叫菲涅耳部分曳引系数。

如果透明物体运动速度 v 与光的传播方向一致，则在透明物体中，光的绝对速度等于

$$c/n + \left[1 + \frac{1}{n^2}\right]v$$

如 $n=1$，则 $k=0$，以太完全不受拖曳。这一结果既解释了光行差现象，又解释了阿拉果的实验。

1845 年，英国物理学家斯托克斯（George Gabriel Stokes，1819—1903）提出黏性流体运动理论，次年，他把这一理论用于以太漂移运动，认为在运动物体的表面，以太会被运动物体完全拖曳。他假设在运动物体表面附近有一速度逐渐减慢的区域，形成梯度，离开一定的距离，以太才完全静止。设物体以速度 v 运动，在运动过程中密度为 ρ 的以太从前方进入物体，立即压缩成 ρ_1，然后从后方放出。于是就有质量为 ρv 的以太穿过单位面积，相当于以太有一曳引系数为 $\rho v / \rho_1$，所以光相对于物体的速度为

$$\frac{c}{n} - \frac{v\rho}{\rho_1}$$

运动物体中光的绝对速度则为

$$\frac{c}{n} + v - \frac{v\rho}{\rho_1} = \frac{c}{n} + \frac{n^2 - 1}{n^2}v$$

与菲涅耳的结论一致，同样也可解释阿拉果的实验。

斯托克斯的完全曳引假说看起来比菲涅耳的部分曳引假说更合理些，但是由于不久就有斐索的流水实验支持了菲涅耳，所以斯托克斯的假说没有受到重视。

5.3.5 斐索的流水实验

1851 年斐索做了在流水中比较光速的实验，证明了菲涅耳公式。实验原理如图 5-24。两束光从光源 S 发出，经半透射的镀银面 G 反射后，分别通过狭缝 S_1 和 S_2 进入水管，一束为顺水流方向，一束为逆水流方向，均经反射镜 M 反射，在 S' 处会合发生干涉。观察干涉条纹，可以检定由于受流水曳引形成的光程差。

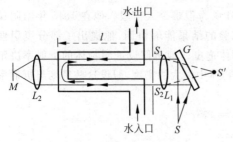

图 5-24 斐索的流水实验

设光在水中的行程为 $2l$，水流速度为 v，以太被水流曳引，得到 kv 的速度，则两束光到达 S' 的时间会有差别。计算如下

$$\Delta t = 2l\left(\frac{1}{\dfrac{c}{n} - kv} - \frac{1}{\dfrac{c}{n} + kv}\right)$$

$$\approx 4ln^2 kv/c^2$$

条纹移动

$$\delta = \frac{c}{\lambda}\Delta t \approx 4ln^2 kv/\lambda c$$

斐索的数据为：光的波长 $\lambda = 5.26 \times 10^{-7}$ 米（黄光），$l = 1.487$ 米，水的 $n = 1.33$，$v = 7.059$ 米/秒，观察到条纹平均移动 $\delta = 0.23$ 条。

用菲涅耳部分曳引系数 $k = 1 - \dfrac{1}{n^2}$ 计算，预期值为 $\delta' = 0.2022$ 条，斐索作出结论："两者接近相等。"

1868 年霍克（M. Hoek）用更为严密的以太漂移实验，进一步证实了菲涅耳的部分曳引假说，从而使这一假说成了以太理论的重要支柱。但由它引出的另一条结论，却始终未见分晓。那就是当 $n = 1$ 时，曳引系数 $k = 1 - \dfrac{1}{n^2} = 0$，以太应处处静止。物体在以太中运动，从物体上看，就好像以太在漂移。地球沿轨道绕太阳运转，也必沿相反方向形成以太风。这就给人们提供一种可能的途径，通过测量以太相对于地球的漂移速度，来证实以太的存在和探求以太的性质。

5.3.6 麦克斯韦的建议

然而，直到 1879 年还没有一个实验能测出上述漂移速度。麦克斯韦很关心这件事，他在为《大英百科全书》撰写的《以太》条目中写道："如果可以在地面上从光由一站到另一站所经时间测到光速，那么我们就可以比较相反方向所测速度，来确定以太相对于地球的速度。然而实际上地面测光速的各种方法都取决于两站之间的往返行程所增加的时间，以太的相对速度等于地球轨道速度，由此增加的时间仅占整个传播时间的亿分之一，所以的确难以观察。"[①]

我们可以作一推导：设光速为 c，地球相对于以太的速度（即地球运动速度）为 v，两站之间的距离为 l，则麦克斯韦所说的"增加的时间"占"整个传播时间"的比值为

$$\frac{\Delta t}{t} = \left[\left(\frac{l}{c+v} + \frac{l}{c-v}\right) - \frac{2l}{c}\right] \Big/ \frac{2l}{c} = \frac{v^2}{c^2 - v^2} \cong \frac{v^2}{c^2}\left(1 + \frac{v^2}{c^2}\right) \cong \frac{v^2}{c^2}$$

近似为 v/c 的二级效应。已知 $c = 3 \times 10^5$ 千米/秒，$v = 30$ 千米/秒，所以 $\dfrac{\Delta t}{t} \cong 10^{-8}$。

1879 年 3 月 19 日，麦克斯韦写信给美国航海历书局的托德（D. P. Todd），询问地球围绕太阳运行于不同部位时，观测到的木星卫蚀有没有足够的精度来确定地球的绝对运动。信中又一次提到，没有可能测量"取决于地球速度与光速之比的平方的量。"[②]

这封信被迈克耳孙读到了。这时他正在托德所在的美国航海历书局工作，协助这个局的局长纽科姆（Simon Newcomb, 1835—1909）进行光速测定。麦克斯韦的信件激励迈克耳孙设计出了一种新的干涉系统，用两束相干的彼此垂直的光比较光速的差异，从而对以太漂移速度进行检测。这种干涉仪的灵敏度极高，有可能达到麦克斯韦要求的量级：亿分之一。

---

① Maxwell J C. Scientific Papers, vol. 2. Dover, 1952. 763
② 转引自：Livingston D M. The Master of Light. Univ. Chicago, 1973. 73

5.3.7　迈克耳孙的干涉仪实验

迈克耳孙当时是美国安纳波利斯（Annapolis）海军学院的一名物理教师，擅长光学测量。1879 年靠纽科姆的帮助，赴欧洲学习。1880 年，他在柏林大学的赫姆霍兹实验室，利用德国光学仪器生产发达的优越条件，创造性地进行了干涉仪实验。光路如图 5-25。光源 S 发出的光，经半透射的 45°玻片 A 的镀银面，分成互相垂直的两束光 1 和 2。透射光束 1 经反射镜 M_1 反射，返回 A 后再反射到望远镜 T 中；反射光束 2，经反射镜 M_2 反射后也返回 A，再穿过 A 到达望远镜 T。两束光在望远镜中发生干涉。B 是与 A 相同的补偿玻片。

设以太的漂移速度为 v，v 与 l_1 臂平行，与 l_2 臂垂直，则光束 1 从 A 经 M_1 回到 A 的过程所需时间为

$$t_1 = \frac{l_1}{c-v} + \frac{l_1}{c+v}$$

$$= \frac{2l_1}{c}\left(\frac{1}{1-v^2/c^2}\right) \tag{5-1}$$

设光束 2 从 A 经 M_2 再回到 A 所需时间为 t_2，由于以太正以速度 v 垂直于光路 l_2 漂移，根据速度合成法则可以推得合速度应为 $\sqrt{c^2-v^2}$，（参看图 5-26）。所以

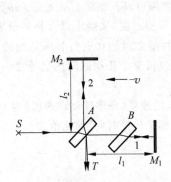

图 5-25　迈克耳孙干涉仪原理图

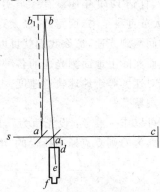

图 5-26　迈克耳孙解释以太漂移影响观测的用图
（由于以太的漂移，光线 ab_1 实际走的路线是 aba_1）

$$t_2 = 2l_2/(c^2-v^2)^{1/2} \tag{5-2}$$

两束光到达望远镜的时间差为

$$\Delta t = t_1 - t_2$$

$$= \frac{2l_1/c}{1-(v^2/c^2)} - \frac{2l_2/c}{\sqrt{1-(v^2/c^2)}}$$

$$\approx \frac{2l_1}{c}\left(1+\frac{v^2}{c^2}\right) - \frac{2l_2}{c}\left(1+\frac{v^2}{2c^2}\right) \tag{5-3}$$

如将整个仪器转 90°，时间差变为

$$\Delta t' \approx \frac{2l_1}{c}\left(1+\frac{v^2}{2c^2}\right) - \frac{2l_2}{c}\left(1+\frac{v^2}{c^2}\right) \tag{5-4}$$

时间差的改变将导致干涉条纹移动 δ 个条纹。由式(5-3)及式(5-4)可以求得

$$\delta = \frac{l_1 + l_2}{\lambda c^2} v^2$$

如果 $l_1 = l_2 = l$，则

$$\delta = \frac{2(v/c)^2}{\lambda/l}$$

　　迈克耳孙根据已知数据：地球的轨道速度 v 为 30 千米/秒，$v/c = 10^{-4}$，$\lambda = 6 \times 10^{-7}$ 米，$l = 1.2$ 米，估算出干涉条纹移动的预期值 $\delta = 0.04$ 条纹。干涉条纹移动 0.04 个条纹，这在实验技术上是可能观测到的。

　　图 5-27 是迈克耳孙最初的干涉仪装置。开始他在柏林大学做实验，因振动干扰太大，无法进行观测，于是改到波茨坦天文台的地下室，实验在 1881 年 4 月完成。可是，出乎迈克耳孙的意料，他看到的条纹移动远比预期值小，而且所得结果与地球运动没有固定的位相关系。于是迈克耳孙大胆地作出结论："结果只能解释为干涉条纹没有位移。可见，静止以太的假设是不对的。"[1]

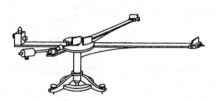

图 5-27　第一台迈克耳孙干涉仪

5.3.8　1887 年的迈克耳孙-莫雷实验

　　迈克耳孙 1881 年在波茨坦做的实验遭到人们的怀疑，自己也觉得实验结果不满意。只是由于著名物理学家瑞利(Lord Rayleigh，1842—1919)和开尔文的鼓励与催促，他才下决心跟莫雷(Edward Williams Morley，1838—1923)合作，进一步改进干涉仪实验。

　　1886 年开始，他们在美国克利夫兰州的阿德尔伯特(Adelbert)学院继续实验。为了提高仪器的稳定性和灵敏度，他们把光学系统安装在大石板上，如图 5-28。石板浮在水银槽上，可以自由旋转，改变方位。光路经多次反射，光程延长至 11 米，如图 5-29。他们满怀信心，认为这一次一定有把握测出以太漂移速度。

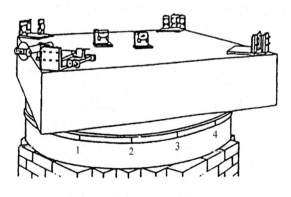

图 5-28　迈克耳孙-莫雷实验装置图

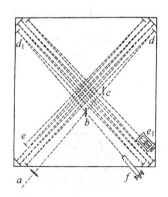

图 5-29　迈克耳孙-莫雷实验光路图

① Michelson A A. Am. J. Sci, 1881(22):120

然而,实验的结果依然如故。他们一共观测了 4 天,得到的曲线比预期值小得多。他们写道:

"观测结果用曲线表示如图 5-30。上面是中午观测的曲线,下面是傍晚观测的曲线。虚线代表理论位移的八分之一。从图形可以肯定:即使由于地球与光以太之间的相对运动会使条纹产生任何位移,这位移不可能大于条纹间距的 0.01。"[1]

但根据理论推算,条纹位移最大应为 0.4 个条纹间距。这使他们非常失望,连原来打算在不同季节进行观测的计划也取消了。

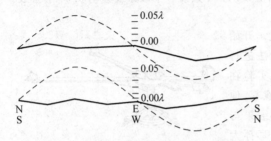

图 5-30　迈克耳孙和莫雷得到的实验曲线
（λ 为光波波长,虚线表示预期值的八分
之一,E、S、W、N 分别表示东南西北。）

图 5-31　迈克耳孙-莫雷实验装置现场照片

5.3.9　洛奇的转盘实验

迈克耳孙和莫雷的实验结果发表后,科学界大为震惊。这个零结果对菲涅耳部分曳引假说是一个致命打击。迈克耳孙和莫雷倾向于斯托克斯的完全曳引假说,但是从斯托克斯的完全曳引假说出发,必然会引出一个结论,即在运动物体表面有一速度梯度的区域。如果靠得很近,总可以察觉出这一效应。于是英国物理学家洛奇(Oliver Joseph Lodge,1851—1940)在 1892 年做了一个钢盘转动实验,以试验以太的漂移。他把两块靠得很近(相距仅 1 英寸)的大钢锯圆盘(直径为 3 英尺)平行地安装在电机的轴上(如图 5-32),让它们高速旋转(转速可达 4000 转/分)。一束光线经半镀银面分成相干的两路,分别沿相反方向,绕四方框架在钢盘之间走三圈,再会合于望远镜产生干涉条纹(如图 5-33)。

图 5-32　洛奇钢盘实验装置

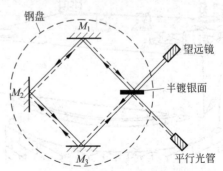

钢盘　M_1　望远镜　半镀银面　M_2　M_3　平行光管

图 5-33　洛奇钢盘实验原理图

①　Michelson A A,Morley E W. Am. J. Sci. ,1887(34c):333

如果钢盘能带动其附近的以太旋转,则两路光线的时间差会造成干涉条纹的移动。但是,不论钢盘转速如何,钢盘正转与反转造成的条纹移动都是微不足道的。洛奇写道:

"以太被转盘携带的速度不大于转盘速度的 1/800。"[1]

洛奇的钢盘实验虽然没有迈克耳孙-莫雷实验的影响大,但是它的结果导致人们对斯托克斯的完全曳引假说也失去了信心,这就迫使人们接受费兹杰惹在 1889 年和洛伦兹在 1892 年分别提出的收缩假说。这个收缩假说在推动物理学的革命方面曾经起过承前启后的历史作用。

5.3.10　收缩假说的提出

费兹杰惹(G. F. FitzGerald,1851—1901)是爱尔兰物理学家,他是麦克斯韦理论的积极支持者,也很关心从以太漂移实验对以太进行的各种探讨,所以当迈克耳孙-莫雷实验的零结果发表后,他立即进行了周密的思考。1889 年,他向英国《科学》杂志投寄信件,写道:

"我很有兴趣地读到了迈克耳孙和莫雷先生极其精密的实验结果,这个实验是要判定地球是如何带动以太的,其结果看来跟其他证明了空气中以太只在不大程度上被带动的实验(按:指斐索流水实验)相反。我建议,惟一可能协调这种对立的假说就是要假设物体的长度会发生改变,其改变量跟穿过以太的速度与光速之比的平方成正比。"[2]

然而,由于《科学》杂志不久就停刊了,这封信虽然发表但却鲜为人知,连费兹杰惹本人也不知道这封信是否问世。两年后,费兹杰惹去世,只是由于他的学生特劳顿(F. T. Trouton,1863—1922)多次提到他的工作,人们才知道他比荷兰物理学家洛伦兹更早就提出了收缩假说。

1892 年,洛伦兹在《论地球对以太的相对运动》中独立地提出了收缩假说,他给出了严格的定量关系,文中写道:

"这个实验(指迈克耳孙-莫雷实验)长期使我迷惑,我终于想出了一个惟一的办法来协调它的结论和菲涅耳的理论。这个办法就是:假设固体上两点的连线,如果开始平行于地球运动的方向,当它后来转 90° 时就不再保持相同的长度。"[3]

他根据牛顿力学的速度加法规则,推出只要长度的收缩系数 α 为 $v^2/2c^2$,就可以在 $(v/c)^2$ 的量级上解释迈克耳孙-莫雷实验的零结果。

1895 年,洛伦兹发表《运动物体中的电和光现象的理论研究》一文,更精确地推出了长度收缩公式

$$l_{//} = l\sqrt{1 - \frac{v^2}{c^2}}$$

他认为,这一结果不仅能解释迈克耳孙-莫雷实验,而且可以预言在地球上不可能观察到以太风的各种效应,包括各个量级。他把长度收缩效应看成是真实的现象,归之于分子力的作用,并把这些结论纳入他的电子论中。

---

① Lodge O. Phil. Trans. ,1893(184A):727

② FitzGerald G F. Science,1889(13):390,转引自:Brush S G. ISIS,1967(58):230

③ Lorentz H A. Collected Papers,vol. 4. Martinus Nijhoff,1937.219

也许有必要对历史的真实过程作一点补充。不论是费兹杰惹，还是洛伦兹，都确实从迈克耳孙-莫雷实验的零结果得到了明确的证据，才使他们有把握提出收缩假说。但是，理论的发展不能光靠事实的拼凑，应该有自己的逻辑联系，收缩假说自然也不例外。事实是，早在迈克耳孙-莫雷实验之前，理论家已经在研究动体电动力学的过程中遇到了收缩问题。就是那位推导过电磁质量的亥维赛（参看 5.2.7 节），1888 年就根据麦克斯韦电磁场理论，推算出运动电荷 q 的电场与运动速度 v 之间的关系为

$$E = \frac{q}{r^2} \frac{\left(1 - \frac{v^2}{c^2}\right)}{\left(1 - \frac{v^2 \sin^2\theta}{c^2}\right)^{3/2}}$$

其中 r 为电场中某点至电荷的距离，c 为光速，θ 为 r 与 v 间的夹角。这就相当于电场强度在运动中发生了变化（电场收缩）。上式中出现的 $\left(1 - \frac{v^2}{c^2}\right)$，正是长度收缩因子的平方。

亥维赛曾在 1888 年底将论文寄给费兹杰惹，并和他就电磁场理论和运动电荷问题进行过多次讨论。不久，费兹杰惹就提出了收缩假说。他显然是在电磁理论和迈克耳孙-莫雷实验之间找到了理论和实验的结合点，所以在那封给《科学》的信上，费兹杰惹接着写道：“带电体相对于以太的运动会影响电力，假设分子力也受这一运动的影响，因而物体的大小会改变，看来并非不现实的。”

从收缩假说的起源可以看出，爱因斯坦的狭义相对论和麦克斯韦电磁理论之间存在着内在的渊源关系。

5.3.11　收缩假说的实验验证

长度收缩假说提出之后，由于它的提出纯属推测，理所当然地要受到人们的猜疑。人们为了证实长度收缩是不是真实的效应，在世纪之交的年代里用了各种方法，从不同的角度进行实验验证。

1902 年瑞利提出，长度收缩可能导致透明体的密度发生变化，从而产生双折射现象。瑞利估计这也是二级效应，可能小到 $\left(\frac{v^2}{c^2}\right) \approx 10^{-8}$ 的量级，但是用光学的办法还是足以察觉的。瑞利亲自做了实验，他用水和亚硫酸氢碳作媒质，实验精度可达 10^{-10}，然而不论是中午还是黄昏，都未观察到双折射。

两年后，美国的光学专家布雷斯（De Witt Bristol Brace，1859—1905）以其精湛的实验技术重复了瑞利的双折射实验。他取一根横梁置于天花板与地板之间，横梁可沿垂直轴自由转动，梁上有一长 4.13 米、宽 15 厘米、深 27 厘米的水槽。光在水中往返通过数次，再送入特制的偏振仪观察。如果光束有极为微小的双折射，就可以从光的强度比较中察觉。观测的灵敏度达 $10^{-12} \sim 10^{-13}$，但是，他也没有观察到双折射。看来，长度收缩假说未能弥补实验和理论之间的裂缝。

类似的实验还有很多，例如：特劳顿和诺布尔（H. R. Noble）的电容器扭矩实验未能观察到电容器的扭转；洛奇的磁流实验未能观察到磁场对光速的影响；特劳顿和兰金

(A. O. Rankine)的电阻实验未能观测到电阻因"长度收缩"而变值,等等[①]。这迫使理论家进一步作出假设,例如,假设电容器悬丝的弹性也会随运动速度作相应的改变;假设组成物质的带电粒子也按同样的比例收缩,……,这样就可以在保留费兹杰惹-洛伦兹收缩假说的前提下解释上述零结果。这些煞费苦心的修补工作引起了思想敏锐的物理学家深思,迫使他们作出最概括的结论:"以太只是一种人为的惯性坐标系,"(Cunningham, 1907),以太是不可能探测到的,长度收缩也是不可能探测到的。这一切都为狭义相对论的诞生预备了条件。

5.4 热辐射的研究

热辐射是19世纪发展起来的一个物理学新领域,它的研究得到了热力学和光谱学的支持,同时用到了电磁学和光学的新兴技术,因此发展很快。19世纪末,物理学正是从这个领域打开了一个缺口,导致了量子论的诞生。由此,它的历史对于现代物理学革命的起源具有特殊的意义。

5.4.1 热辐射研究发展简史

1800年,英国的赫谢尔在观察太阳光谱的热效应时发现了红外线,并且证明红外线也遵守折射定律和反射定律,但比可见光更易于被空气和其他介质吸收。1821年,德国的塞贝克(T. J. Seebeck,1780—1831)发现温差电现象并用之于测量温度。1830年,意大利的诺比利(L. Nobili,1784—1835)利用温差电堆发明了热辐射测量仪。1835年,他的同胞梅隆尼(M. Melloni,1798—1854)改进这一装置(如图5-35)并用之于接收包括红外线在内的热辐射能量,再用不同材料置于其间,比较它们的折射和吸收作用。他发现岩盐对热辐射几乎是完全透明的,后来就用岩盐一类的材料做成了各种适用于热辐射的"光学"器件。

图 5-34 梅隆尼

图 5-35 梅隆尼的热辐射测量仪

---

① 详情可参阅:郭奕玲,沈慧君. 著名经典物理实验. 北京科技出版社,1991. 第25、26章。

在热辐射的研究中,热辐射的辐射能量,特别是这一辐射的能量随波长分布的特性,往往是物理学家研究的重点。例如:德国的夫琅和费在观测太阳光谱的同时也对光谱的能量分布作了定性观测;英国的丁铎尔(J. Tyndall,1820—1893)、美国的克罗瓦(A. P. P. Crova,1833—1907)等人都测量了热辐射的能量分布曲线。

其实,热辐射的能量分布问题很早就在人们的生活和生产中有所触及。例如:炉温的高低可以根据炉火的颜色判断;明亮得发青的灼热物体比暗红的温度高;在冶炼金属中,人们往往根据观察凭经验判断火候。因此,人类很早就对热辐射的能量分布问题发生了兴趣。

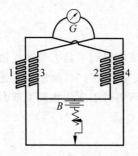

图 5-36　兰利的热辐射计
四个铂电阻丝 1,2,3,4 组成电桥,
从检流计 G 测出电阻的温度变化

美国人兰利(Samuel Pierpont Langley,1834—1906)对热辐射做过很多工作。1881 年,他发明了热辐射计(图 5-36),可以很灵敏地测量辐射能量。为了测量热辐射的能量分布,他设计了很精巧的实验装置,用岩盐作成棱镜和透镜,仿照分光计的原理,把不同波长的热辐射投射到热辐射计中,测出能量随波长变化的曲线,从曲线可以明显地看到最大能量值随温度增高向短波方向转移的趋势。1886 年,他用罗兰凹面光栅作色散元件(实验装置如图 5-37 和图 5-38),测到了相当精确的热辐射能量分布曲线(图 5-39)。

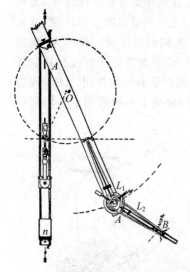

图 5-37　兰利的凹面光栅热辐射
测量装置

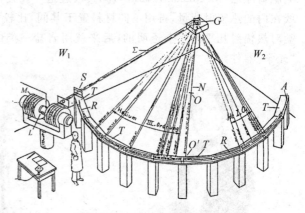

图 5-38　凹面光栅测量装置

兰利的工作大大激励了同时代的物理学家从事热辐射的研究。随后,普林舍姆(Ernst Pringsheim,1859—1917)改进了热辐射计;波伊斯(Charles Vernon Boys,1855—1944)创制了微量辐射计;帕邢(Friedrich Paschen,1865—1947)又将微量辐射计的灵敏度

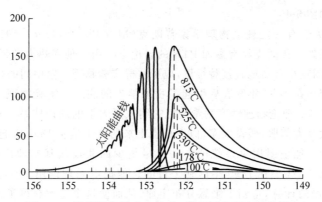

图 5-39 兰利的能量分布曲线（横坐标表示光谱位置）

提高了多倍。这些设备为热辐射的实验研究提供了有力武器。

与此同时，理论物理学家也对热辐射展开了广泛研究。1859 年，基尔霍夫提出热辐射的定律：任何物体的发射本领和吸收本领的比值与物体特性无关，是波长和温度的普适函数。1862 年他又进一步得出绝对黑体的概念。1879 年，斯忒藩（Josef Stefan，1835—1893)总结出黑体辐射总能量 E 与黑体温度 T 四次方成正比的关系：$E=\sigma T^4$。1884 年这一关系得到玻尔兹曼从电磁理论和热力学理论的证明。1893 年，维恩（Wilhelm Wien，1864—1928)提出辐射能量分布定律（也称维恩辐射定律）

$$u = b\lambda^{-5}\mathrm{e}^{-a/\lambda T} \tag{5-5}$$

其中 u 为能量随波长 λ 分布的函数，称作能量密度，T 表示绝对温度，a,b 为两个任意常数。

从公式(5-5)可得维恩位移公式

$$\lambda_m T = \mathrm{const.} \tag{5-6}$$

即对应于能量分布函数 u 最大值的波长 λ_m 与温度 T 成反比。这个结果解释了兰利热辐射曲线中的最大能量值随温度增高向短波方向转移的现象。

5.4.2 维恩分布定律的研究

维恩是一位理论、实验都有很高造诣的物理学家。他所在的研究单位叫德国帝国技术物理研究所（Physikalisch Technische Reichsanstalt)，简称 PTR，以基本量度基准为主要任务。当时正值钢铁、化工等重工业大发展时期，急需高温量测、光度计、辐射计等方面的新技术和新设备，所以，这个研究所就开展了许多有关热辐射的实验。所里有好几位实验物理学家对热辐射的研究作出了重大贡献，其中有鲁本斯（Heinrich Rubens，1865—1922)、普林舍姆、卢梅尔（Otto Richard Lummer，1860—1925)和库尔班（Ferdinand Kurlbaum，1857—1927)。

1895 年，维恩和卢梅尔建议用加热的空腔替换涂黑的铂片来代表黑体，使得热辐射的实验研究又大大地推进了一步。随后，卢梅尔和普林舍姆用专门设计的空腔炉进行实验（本来是维恩和卢梅尔合作，后来维恩离开了柏林，就改由普林舍姆和卢梅尔合作)。他们用的加热设备如图 5-40。

这时,柏林大学有一位理论物理学家普朗克(Max Planck,1858—1947),也对热辐射的研究发生了兴趣。普朗克经常参加 PTR 的讨论会。由于他在热力学领域有深厚造诣,维恩离开后,普朗克很自然地就接替维恩,成了这群实验物理学家中间的理论核心人物。

维恩分布定律在 1893 年发表后引起了物理学界的注意。实验物理学家力图用更精确的实验予以检验;理论物理学家则希望把它纳入热力学的理论体系。普朗克认为维恩的推导过程不大令人信服,假设太多,似乎是凑出来的。于是从 1897 年起,普朗克就投身于研究这个问题。他企图用更系统的方法以尽量少的假设从基本理论推出维恩公式。经过二三年的努力,终于在 1899 年达到了目的。他把电磁理论用于热辐射和谐振子的相互作用,通过熵的计算,得到了维恩分布定律,从而使这个定律获得了普遍的意义。

然而就在这时,PTR 成员的实验结果表明维恩分布定律与实验有偏差,如图 5-41。1899 年卢梅尔与普林舍姆向德国物理学会报告说,他们把空腔加热到 800K～1400K,所测波长为 $0.2\mu m$～$6\mu m$,得到的能量分布曲线基本上与维恩公式相符,但公式中的常数,似乎随温度的升高略有增加。1900 年 2 月,他们再次报告,在长波方向(他们的实验测到 $8\mu m$)有系统偏差。图 5-42 是当时他们用来表示偏差的对数曲线。

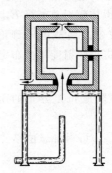

图 5-40　卢梅尔等人用于加热
空腔的双壁煤气炉

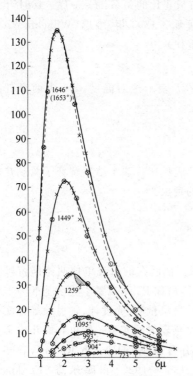

图 5-41　卢梅尔和普林舍姆的实验数据
（实线）与维恩公式（虚线）比较,
可见在长波方面有明显的偏离
阴影部分是水蒸气吸收所致

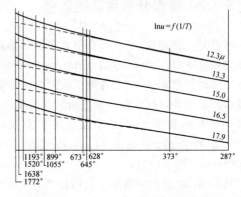

图 5-42　卢梅尔和普林舍姆的等色线

根据式(5-5),应有

$$\ln u = \ln(b\lambda^{-5}) - a/\lambda T$$

所以,$\ln u \sim \dfrac{1}{T}$ 曲线应为一条直线。然而,他们的结果却是偏离直线的曲线,温度越高,偏离得越厉害。

接着,鲁本斯和库尔班将长波测量扩展到 $51.2\mu m$。他们发现在长波区域辐射能量分布函数(即能量密度)与绝对温度成正比。

普朗克刚刚从经典理论严格推导得出的维恩分布定律,看来并没有得到实验的完全支持。正在这时,瑞利从另一途径也提出了能量分布定律。

5.4.3 瑞利的补充

瑞利是英国著名物理学家,他看到维恩分布定律在高温和长波情况下的偏离,感到有必要提醒人们,在高温和长波的情况下,麦克斯韦-玻尔兹曼的能量均分原理似乎有效。他认为:"尽管由于某种尚未澄清的原因,这一原理普遍地不适用,但似乎有可能适用于(频率)较低的模式。"[1]于是他假设在辐射空腔中,电磁谐振的能量按自由度平均分配,由此得出

$$u \propto v^2 T \tag{5-7}$$

或

$$u \propto \lambda^{-4} T \tag{5-8}$$

这个结果要比维恩分布定律更能反映高温下长波辐射的情况,因为当 $\lambda T \to \infty$ 时,式(5-5)$u = b\lambda^{-5} e^{-a/\lambda T} \propto \lambda^{-5}$,与温度无关,可是实验证明,此时 u 与 T 成正比。

瑞利申明:他的方法"很可能是先验的",他"没有资格判断(5-8)式是否代表观测事实。希望这个问题不久就可以从投身这一课题的卓越实验家之手中获得答案。"[2]

图 5-43 德国帝国技术物理研究所

1905 年,瑞利计算出了公式(5-7)的比例常数,但计算中有错。金斯(J. H. Jeans,1877—1946)随即撰文予以纠正,得

$$u = \frac{8\pi v^2}{c^3} \cdot kT \tag{5-9}$$

于是这公式就称为瑞利-金斯定律。由于它代表了能量均分原理在热辐射问题上的运用,所以常常被人引用。

应该肯定,1900 年瑞利提出上述公式对热辐射的研究是有益的,它代表了一种极端情况,有利于普朗克提出全面的辐射公式。

① Rayleigh. Phil. Mag .,1900,49(5):539
② Rayleihgh. Phil. Mag .,1900,49(5):539

图 5-44　维恩

图 5-45　普朗克

5.4.4　普朗克辐射定律

　　普朗克是理论物理学家，但他并不闭门造车，而是密切注意实验的进展，并保持与实验物理学家的联系。正当他准备重新研究维恩分布定律时，他的好友鲁本斯告诉他，自己新近红外测量的结果，确证长波方向能量密度 u 与绝对温度 T 有正比关系，并且告诉普朗克，"对于（所达到的）最长波长（即 $51.2\mu m$），瑞利提出的定律是正确的。"这个情况立即引起了普朗克的重视。他试图找到一个公式，把代表短波方向的维恩公式和代表长波方向的瑞利公式综合在一起，很快就得到了

$$u = b\lambda^{-5} \cdot \frac{1}{e^{a/\lambda T} - 1} \tag{5-10}$$

这就是普朗克辐射定律，和维恩辐射定律相比，仅在指数函数后多了一个（-1）。

　　鲁本斯得知这一公式后，立即把自己的实验结果跟这个公式比较，发现完全符合。于是，普朗克和鲁本斯就在 1900 年 10 月 19 日向德国物理学会作了汇报。普朗克以《维恩光谱方程的改进》为题，报告了他得到的经验公式。

　　作为理论物理学家，普朗克当然并不满足于找到一个经验公式。实验结果越是证明他的公式与实验相符，就越促使他致力于探求这个公式的理论基础。他以最紧张的工作，经过两三个月的努力，终于在 1900 年底用一个能量不连续的谐振子假设，按照玻尔兹曼的统计方法，推出了黑体辐射公式（参看 7.2 节）。

5.4.5　紫外灾难

　　普朗克的能量不连续谐振子假设也叫能量子假设，这个假设的提出对物理学有划时代的意义。但是，坚持经典理论的物理学家还大有人在，怀疑和非难接踵而来。例如，

1908年,作为物理学泰斗的洛伦兹竟在罗马第四届国际数学大会上发表演讲,对普朗克的能量子假设表示怀疑,同时对瑞利-金斯的理论表示支持,于是在物理学界中引起了很大的思想混乱。后来,在一些物理学家的批评下,洛伦兹承认了自己的错误,并站到了普朗克这一边。

经典物理学家们的错误实质在于不适当地把只在极端情况下证明有实际意义的理论当作普遍真理,力图推广到全过程,甚至连出现了荒谬的结果也在所不顾。这不能不引起某些实验家和思想敏锐的理论家的反对。1908年,卢梅尔和普林舍姆在驳斥洛伦兹的文章中举了一个很浅显的例子:熔融的钢($T \approx 1\,700$K)发出强得令人眼花的光,如果按瑞利-金斯的理论,辐射能量密度与绝对温度成正比,则在室温($T \approx 300$K)下,辐射能量理应为高温下的$300/1700 \approx 1/6$,但事实显然并非如此;1911年,埃伦费斯特(F. A. Ehrenfest,1879—1952)用"紫外灾难"来形容经典理论的困境。因为按照瑞利-金斯的理论,辐射能量密度与频率的平方成正比,则在高频的情况下能量就要趋于无限大,或者说,在紫色一端趋于发散。这当然是荒谬的。经典理论的维护者千方百计要弥补漏洞,但都无济于事。在那世纪之交的转折关头,在他们看来,物理学面临着一场深刻的"危机"。

5.5 经典物理学的"危机"

关于经典理论的"危机"和它的维护者所持的态度,有一个事例,被人们作为典型经常引证,这就是开尔文的"两朵乌云"。开尔文在19世纪后半叶,对经典物理学作过许多贡献。1900年,这时他已76岁了,是一位德高望重的物理学界老前辈。这一年4月27日,他在英国皇家研究所(Royal Institution)发表了一篇讲演,题为《在热和光动力理论上空的19世纪乌云》,开头的一段话是这样说的:

"动力学理论断言热和光都是运动的方式,现在这一理论的优美性和明晰性被两朵乌云遮蔽得黯然失色了。第一朵乌云是随着光的波动论而开始出现的。菲涅耳和托马斯·杨研究过这个理论,它包括这样一个问题:为什么地球能够穿过本质上是光以太这样的弹性固体而运动呢?"

开尔文回顾了以太的各种学说,并阐述了自己的看法。他认为菲涅耳和托马斯·杨的学说不能完满解释与以太有关的各种现象,物体在以太中,必然跟以太有相互作用。"如果把以太看成是可伸可缩的固体,就不难回答这一问题。我们只要假设原子对以太会产生力,靠这个力的作用,在原子占据的空间(以太)被浓缩和稀释。"他肯定了费兹杰惹和洛伦兹的收缩假说,认为已经摆脱了困境,迈克耳孙-莫雷实验的"结果不能否定以太通过地球所占空间的自由运动。"

不过,开尔文并不因此而表示乐观,他宣称:"恐怕我们还必须把第一朵乌云看成是很稠密的。"[1]

接着,开尔文以大量篇幅讨论第二朵乌云,这指的是能量均分原理遇到了麻烦。他认为这朵乌云应该驱散,二十多年来,麦克斯韦、玻尔兹曼、瑞利等人总希望维护能量均分原理,

---

[1] Kelvin. Phil. Mag. ,1901,2(6):1

"避免破坏普遍结论的简单性。"但是实际上不可能有这种简单性。开尔文提到他自己就在十年前向能量均分原理提出过质疑。经过一番论证之后，开尔文宣称："要达到所需结果，最简单的途径就是否定这一结论，这样就可以在20世纪开始之际，使⋯⋯这朵乌云消失。"

有人说，开尔文关于两朵乌云的演讲预见到物理学正酝酿着一场伟大的革命。这种说法恐怕不大符合事实，但是他这篇演讲确实反映了当时物理学家的普遍情绪，认为物理学正处于危机之中。

其实，物理学面临的不是危机，而是一场伟大的革命。实验上一系列新发现，跟经典物理学的理论体系产生了尖锐的矛盾，暴露了经典物理理论中的隐患，指出了经典物理学的局限性。物理学只有从观念上、从基本假设上、以及从理论体系上来一番彻底的变革，才能适应新的形势。

由于这些变革，物理学面临大发展的局面，请看：

（1）电子的发现，打破了原子不可分的传统观念，开辟了原子物理学的崭新领域；

（2）放射性的发现，导致了放射学的研究，为原子核物理学作好必要的准备；

（3）以太漂移的探索，使以太理论处于重重矛盾之中，为从根本上抛开以太存在的假设、创立狭义相对论提供了重要依据；

（4）黑体辐射的研究导致了普朗克辐射定律，由此提出了量子假说，为量子理论的建立打响了第一炮。

总之，在19/20世纪之交的年代里，物理学正处于新旧交替的阶段。所谓新旧交替，并不是指旧的经典物理学完全被新的物理学取代，而是指物理学在原有的基础上扩展，从低速宏观的领域扩展到高速和微观的领域。对于低速宏观的领域，经典物理学仍然是有效的。

第 6 章

相对论的建立和发展

6.1 历史背景

相对论是现代物理学的重要基石。它的建立是 20 世纪自然科学最伟大的发现之一,对物理学、天文学乃至哲学思想都有深远影响。

相对论是科学技术发展到一定阶段的必然产物,是电磁理论合乎逻辑的继续和发展,是物理学各有关分支又一次综合的结果。

在第 5 章中我们已经介绍了以太漂移实验的否定结果。这些结果促使人们对以太和绝对坐标系的存在产生怀疑。表 6-1 列举了 1908 年以前一些著名的以太漂移实验。

表 6-1 著名的以太漂移实验[①]

光行差实验	布拉德雷(1728),阿拉果(1810),(爱里 1871)
部分曳引实验	斐索(1851),霍克(1868),迈克耳孙-莫雷(1886),肯定了菲涅耳部分曳引假说。
偏振面旋转实验	法拉第(1845 年发现),玛斯卡特(1872),瑞利(1902),布雷斯(1905),洛仑兹理论预计有 10^{-4} 的效应,实验未得到。
干涉仪实验	迈克耳孙(1881),迈克耳孙-莫雷(1887),有利于斯托克斯完全曳引假说
转盘实验	洛奇(1892)
磁流实验	洛奇(1897),对拉摩理论有很大影响。
双折射实验	瑞利(1902),布雷斯(1904),精度达 10^{-13} 。
电容器扭转实验	特劳顿与诺伯尔(1903)
电阻实验	特劳顿与兰金(1908)
单极感应实验	法拉第(1831 年发现),勒赫特(1895),找不到统一的解释。

---

① 详见:郭奕玲,沈慧君.著名经典物理实验.北京科技出版社,1991.第 23 至 27 章。

19世纪后半叶,光速的精确测定为光速的不变性提供了实验依据。

与此同时,电磁理论也为光速的不变性提供了理论依据。1865年麦克斯韦在《电磁场的动力学理论》一文中,就从波动方程得出了电磁波的传播速度。并且证明,电磁波的传播速度只取决于传播介质的性质。

1890年赫兹把麦克斯韦电磁场方程改造得更为简洁。他明确指出,电磁波的波速(即光速)c,与波源的运动速度无关。可见,从电磁理论出发,光速的不变性是很自然的结论。然而这个结论却与力学中的伽利略变换抵触。

为了解决这些矛盾,洛伦兹在1892年一方面提出了长度收缩假说,用以解释以太漂移的零结果;另一方面发展了动体的电动力学。他假设以太是绝对静止的,从他的电磁理论推出了菲涅耳曳引系数。随后,又在1895年与1904年先后提出一阶与二阶变换理论,建立一组变换方程(洛伦兹变换)

$$\gamma = (1 - v^2/c^2)^{-1/2} \tag{6-1}$$

$$x' = \gamma(x - vt), \quad y' = y, \quad z' = z, \quad t' = \gamma(t - vx/c^2) \tag{6-2}$$

从而把一个时空坐标系(x', y', z', t')与另一个以不变速度v相对于它运动的时空坐标系(x, y, z, t)联系起来。

然而尽管他的理论能够解释一些现象(例如能解释为什么探测不到地球相对于以太的运动),但却是在保留以太的前提下,采取修补的办法,人为地引入了大量假设,致使概念繁琐,理论庞杂,缺乏逻辑的完备性和体系的严密性。洛伦兹提出的时空变换方程在形式上与后来爱因斯坦的狭义相对论几乎完全相同,但是仍然没有跳出绝对时空观的框架。他已经走到了狭义相对论的边缘,却没有能够创立狭义相对论。

还有一位英国物理学家,名叫拉摩(Joseph Larmor,1857—1942),他以发现在外磁场中转动的电子的进动(1895年)而闻名于世,1898年完成《以太和物质》一文,文中不仅包含精确的变换方程(方程(6-1)和方程(6-2)),而且还推出了费兹杰惹-洛伦兹长度收缩假设。有证据证明,拉摩的工作独立于洛伦兹,而且早于洛伦兹。[①]

图 6-1　彭加勒

法国著名科学家彭加勒(Henri Poincarè)对洛伦兹理论起过积极作用。他在1895年就对用长度收缩假说解释以太漂移的零结果表示不同看法。

1898年,他在《时间的测量》一文中指出:"我们对于两个时间间隔的相等没有直觉。——要从时间测量的定量问题中分离出同时性的定性问题是困难的。"

1902年,彭加勒在他的《科学的假设》一书中,对牛顿的绝对时空提出质疑。他写道:

"1. 没有绝对空间,我们能够设想的只是相对运动;可是通常阐明力学事实时,就好像绝对空间存在一样,而把力学事实归诸于绝对空间。

①　Pais A. Subtle is the Lord. . . . Oxford Univ. Press,1982. 126

2. 没有绝对时间；说两个持续时间相等是一种本身毫无意义的主张，只有通过约定才能得到这一主张。

3. 不仅我们对两个持续时间相等没有直接的直觉，而且我们甚至对发生在不同地点的两个事件的同时性也没有直接的直觉。

4. 力学事实是根据非欧几里得空间陈述的，非欧几里得空间虽说是一种不怎么方便的向导，但它却像我们通常的空间一样合理。"①

1904 年彭加勒第一次提出"相对性原理"。他在一次演说中讲道：

"相对性原理（就是）根据这个原理，不管是对于固定不动的观察者还是对于一个匀速平移着的观察者来说，各种物理现象的规律应该是相同的；因此，我们既没有，也不可能有任何方法来判断我们是否处于匀速运动之中。"②

他把局域时当作物理概念来研究，考虑处于匀速相对运动的两个观察者，他们希望用光信号使他们的钟同步，他指出："用这种方法调节的钟，不会标志出真正的时间，它们所标志的是我们所称的局域时。——根据相对性原理的要求，不可能知道自己是在静止中还是在做绝对运动。"

他接着说："不幸的是（这一推理）并不充分，还需要补充假设，人们应该假设，运动着的物体在它们的运动方向上受到均匀的收缩。"彭加勒走到了相对论的大门，却止步在收缩假说前。

彭加勒的这篇演讲词以惊人的预见力结束，他写道：

"也许我们还要构造一种全新的力学，我们只不过是成功地瞥见到它，在这种力学中，惯性随速度而增加，光速会变为不可逾越的极限。通常的比较简单的力学可能依然是一级近似，因为它对不太大的速度还是正确的，以至于在新动力学中还可以找到旧动力学。"

但是，他接着又说："我急于要说的是，我们现在仍未达到这种地步，直到目前为止，还没有任何东西证明（旧原理）不会胜出，并且经过斗争保持纯净"③。

1905 年，彭加勒先后完成了两篇题为《电子的电动力学》的论文，他从光行差及其有关现象以及迈克耳孙的工作，得出结论："看来，表明绝对运动的不可能性是自然界的普遍规律"。他还对洛伦兹变换进行加工整理，使它的数学形式更加简洁。他指出，与洛伦兹变换相关的是不同参照系里测量到的空间和时间的坐标，因此是一种真实的变换。于是，长度收缩不再是为了解释某一实验而引起的特设假定，而是满足物理学的相对性原理的结果。

显然，此时彭加勒已经非常接近狭义相对论的实质，不过他的论文还没有正式发表，爱因斯坦的划时代文献《论动体的电动力学》就已经问世了。

6.2　爱因斯坦创建狭义相对论的经过

1905 年，爱因斯坦在《论动体的电动力学》一文中，第一次提出了崭新的时间空间理

---

① 彭加勒著，李醒民译. 科学的价值. 光明日报出版社，1988：73～74
② 转引自：杨建邺著. 窥见上帝秘密的人——爱因斯坦传. 海南出版社，2003.159～160
③ Pais A. Subtle is the Lord.... Oxford Univ. Press，1982.128

论,一举解决了光速的不变性与速度合成法则之间的矛盾以及电磁理论中的不对称等难题。爱因斯坦把这个理论称为相对性理论,简称相对论,后来又叫狭义相对论。狭义相对论是爱因斯坦伟大的一生中取得的最有划时代意义的重大成果,是他在前人的基础上经过长期的酝酿和探索才取得的。我们在学习相对论时,很自然要问,为什么是爱因斯坦而不是别人创建了狭义相对论? 爱因斯坦受到过哪些启发,抓住了什么关键,找到了什么突破口,才取得如此重大的成果的呢?

6.2.1　走在爱因斯坦前面的人

爱因斯坦的《论动体的电动力学》是一篇非常独特的科学文献,他用明快简洁的词语,严密精炼的推理,高屋建瓴地建立了整个理论体系,通篇没有引证任何参考文献。这样一来,给读者的感觉好像是他完全是独立构思的,甚至有人惊叹爱因斯坦的头脑异乎常人。我们不否认,爱因斯坦是难得的天才,他的治学和社会经历确有许多独特之处,但是,在介绍爱因斯坦创建相对论之前,我们有必要把走在他前面的人再重述一遍,这样不但对阐明爱因斯坦的时代背景有所裨益,也有助于领会爱因斯坦的高明之处。请看下表:

人　名	贡　献	影　响
麦克斯韦	创建电磁场理论	
赫兹	修改麦克斯韦方程	
佛格特(Voigt)	1887年提出佛格特变换,与洛伦兹变换相似	洛伦兹知道佛格特的工作,但是没有足够注意
拉摩	拉摩进动和拉摩变换	
费兹杰惹	独立地提出洛伦兹变换	
洛伦兹	提出电子论和洛伦兹变换	爱因斯坦读过洛伦兹1895年的著作
彭加勒	提出相对性原理	

图6-2　爱因斯坦和洛伦兹在一起

总之,到了20世纪初,大量的实验和理论研究,为狭义相对论的创建已经准备了必要的条件,正如后来爱因斯坦在一封信中所说:"毫无疑问,要是我们从回顾中去看狭义相对论的发展的话,那么它在1905年已到了发现的成熟阶段。洛伦兹已经注意到,为了分析麦克斯韦方程,那些后来以他的名字而闻名的变换是重要的;彭加勒在有关方面甚至更深入钻研了一步"。[1]

但是经典理论的烙印太深了,他们无法摆脱绝对时空观的束缚。他们为狭义相对论的创立

---

① 玻恩.我这一代的物理学.商务印书馆,1964.232

准备了条件,却没有能够创立狭义相对论。历史的重任只能由没有传统思想包袱而有独立批判精神的年轻学者爱因斯坦来承担。

6.2.2　爱因斯坦的思想发展

根据爱因斯坦本人的《自述》和讲演:《我是怎样创立狭义相对论的?》以及其他资料,我们可以追溯他走过的道路。

阿尔伯特·爱因斯坦(Albert Einstein,1879—1955)是犹太人,1879年诞生于德国乌尔姆一家经营电器作坊的小业主家庭里,在德国度过少年时代,1895年迁居瑞士,1901年成为瑞士公民。他小时并不显得才华出众,直到五岁话还说不清楚,曾被医生认为发育不正常。不过,他很爱思考,总是向大人盘问"为什么?"有强烈的求知欲和好奇心。例如,四五岁时就对罗盘发生过浓厚兴趣。"为什么罗盘的针总是指向南北?这里一定有什么东西深深地隐藏在事物后面。"爱因斯坦后来回忆时这么说。12岁时他对几何定理的神奇也深有触动。例如他曾想到:"三角形的三个高交于一点,虽然不是显而易见,却可以很可靠地加以证明,以致任何怀疑似乎不可能。"他说:"这种明晰性和可靠性给我造成了一种难以形容的印象。"①

爱因斯坦不喜欢当年德国的教育制度,中学没有毕业就退了学,在家自修,16岁通过自学掌握了微积分。在自学中,爱因斯坦从伯恩斯坦(A. Bernstein)所著《自然科学通俗读本》中了解了整个自然科学领域里的主要成果和方法。在这部几乎完全是定性的描述的读物中,伯恩斯坦用引人入胜的提问引导着读者去理解深奥的自然科学知识。

1894年,15岁的爱因斯坦放弃德国国籍,随家迁居意大利,后只身到瑞士的苏黎世,目的是上那里的联邦工业大学,却因不善记忆而没有录取,乃转到阿劳(Aarau)州立中学补习功课。他在自述中写道:"这所学校以它的自由精神和那些毫不仰赖外界权威的教师们的淳朴热情给我留下了难忘的印象"。这样,他就可以利用这里的条件尽情自由地自学。当他17岁作为学习数学和物理学的学生进入苏黎世联邦工业大学时,已经学过一些理论物理学了。

在《自述片断》中他写道:

"在阿劳这一年中,我想到这样一个问题:倘若一个人以光速跟着光波跑,那么他就处在一个不随时间而改变的波场之中。但看来不会有这种事情!这是同狭义相对论有关的第一个朴素的思想实验。"②

爱因斯坦在另一次回忆他的生平时,这样写道:"经过十年沉思之后,我从一个悖论中得到了这样一个原理,这个悖论我在16岁时就已经无意中想到了:如果我以速度 c(真空中的光速)追随一条光线运动,那么我就应当看到,这样一条光线就好像一个在空间里振荡着而停滞不前的电磁场。可是,无论是依据经验,还是按照麦克斯韦方程,看来都不会有这样的事情。从一开始,在我直觉地看来就很清楚,从这样一个观察者的观点来判断,一切都应当像一个相对于地球是静止的观察者所看到的那样按照同样的一些定

---

① 爱因斯坦文集,第一卷.商务印书馆,1976.4
② 同上注,第44页。

律进行。因为，第一个观察者怎么会知道或者能够判明他是处在均匀的快速运动状态中呢？"[1]

爱因斯坦对这个问题的思考，经历了十年之久的长过程。他在1922年的讲演中回忆说："最初当我有这个想法时，我并不怀疑以太的存在，不怀疑地球相对以太的运动"。甚至他还设想用热电偶做一个实验，比较沿不同方向的两束光线所放出的热量。[2]

不久爱因斯坦得知迈克耳孙-莫雷实验的零结果。他由此认识到，地球相对于以太的运动是不能用任何仪器测量的。他继续回忆说："如果承认迈克耳孙的零结果是事实，那么地球相对于以太运动的想法就是错的，这是引导我走向狭义相对论的第一步。"[3]

后来，爱因斯坦读到了洛伦兹1895年的论文，对洛伦兹方程发生了兴趣。他很欣赏洛伦兹方程不但适用于真空中的参照系，而且适用于运动物体的参照系。他试图用洛伦兹方程讨论斐索的流水中光速实验。当时他坚信麦克斯韦和洛伦兹电动力学方程是正确的，但是进一步推算，发现要保持这些方程对动体参照系同样有效，必然导致光速不变性的概念，而光速的不变性明显地与力学的速度合成法则相抵触。

图6-3　在专利局工作的爱因斯坦

为什么这两个概念会相互矛盾呢？爱因斯坦苦思不得其解。起初他想修改洛伦兹的观念，以解决这个矛盾，结果白白花了一年时间，没有取得进展。

1900年，爱因斯坦从苏黎世联邦工业大学毕业，但毕业即失业，两年后才在伯尔尼瑞士专利局找到技术员的工作。谋生的困难并没有阻断他对科学的探讨。

经过十年的思考，正在瑞士专利局工作的爱因斯坦终于在1905年的一天，突然找到了解决问题的关键。他在1922年的讲演中这样形容当时的情景：

"为什么这两个观念相互矛盾呢？我感到这一难题相当不好解决。我花了整整一年的时间，试图修改洛伦兹的思想，来解决这个问题，但是却徒劳无功。

"是我在伯尔尼的朋友贝索偶然间帮我摆脱了困境。那是一个晴朗的日子，我带着这个问题访问了他，我们讨论了这个问题的每一个细节。忽然我领悟到这个问题的症结所在。这个问题的答案来自对时间概念的分析，不可能绝对地确定时间，在时间和信号速度之间有着不可分割的联系。利用这一新概念，我第一次彻底地解决了这个难题。"

不出五个星期（1905年6月），爱因斯坦就写好了那篇历史性文献《论动体的电动力学》，1905年9月发表在著名的德文杂志《物理学年鉴》（如图6-4）上。开头是这样说的：

---

①　爱因斯坦文集，第一卷.商务印书馆，1976.24

②　Einstein A. How I Created the Theory of Relativity. Phys. Today,1982,Aug:45

③　同上注。

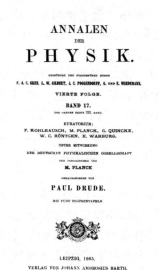

图 6-4 《论动体的电动力学》发表在《物理学年鉴》上

"大家知道,麦克斯韦电动力学——像现在通常为人们所理解的那样——应用到运动的物体上时,就要引起一些不对称,而这种不对称似乎不是现象所固有的。比如设想一个磁体同一个导体之间的电动力的相互作用。在这里,可观察到的现象只同导体和磁体的相对运动有关,可是按照通常的看法,这两个物体之中,究竟是这个在运动,还是那个在运动,却是截然不同的两回事。"

他接着写道:"诸如此类的例子,以及企图证实地球相对于'光媒质'运动的实验的失败,引起了这样一种猜想:绝对静止这概念,不仅在力学中,而且在电动力学中也不符合现象的特性,倒是应当认为,凡是对力学方程适用的一切坐标系,对于上述电动力学和光学的定律也一样适用,对于第一级微量来说,这是已经证明了的。"

爱因斯坦明确指出:在他的理论里,以太的概念将是多余的,因为这里不需要特设的绝对静止参照系。爱因斯坦不是像洛伦兹那样,事先假设某种时空变换关系,而是以两个公设(相对性原理和光速不变原理)为出发点,推导出时空变换关系。他非常简洁地建立了一系列新的时空变换公式之后,立即推导出了运动物体的"长度收缩"、运动时间的"时钟变慢"、同时性的相对性以及新的速度合成法则等等,由此形成一套崭新的时空观(详见下节)。

关于爱因斯坦创建狭义相对论的过程,最令人关注的是他的思路。他的思想究竟是沿着光学的线索,还是沿着电学的线索发展而来?迈克耳孙的工作占有怎样的地位?在20 世纪的很长时间里,人们怀着极大的兴趣讨论这些问题。我们不妨简要作一追溯。

长期以来,许多教科书、通俗读物和名人演说往往把迈克耳孙-莫雷实验直接与爱因斯坦创建狭义相对论联系在一起,过分地扩大了这一实验所起的作用。例如,常有人说迈克耳孙-莫雷实验导致了爱因斯坦的相对论,爱因斯坦根据迈克耳孙-莫雷实验的零结果提出了光速不变原理,也有人说这一实验否定了以太的存在,使经典理论遭遇到不可克服困难而导致狭义相对论的产生。这与爱因斯坦在正式论文中的提法不同,他在第一篇论文中只是笼统地提到"企图证实地球相对于'光媒质'运动的实验的失败",甚至没有涉及迈克耳孙-莫雷实验。迈克耳孙的功绩被过分夸大，也许是由于他是美国第一位获得诺贝尔物理学奖的科学家而获得广泛舆论推崇的缘故。这种情况到 20 世纪 50 年代，晚年的爱因斯坦实在看不过去，多次表示迈克耳孙实验对他的工作是无足轻重的。1954 年 2 月 9日，在给达文波特（F. G. Davenport）的信中，爱因斯坦写道：“在我自己的思想发展中，迈克耳孙的结果并没有引起很大的影响。我甚至记不起，在我写关于这个题目的第一篇论文时（1905 年），究竟是不是知道它。对此的解释是：根据一般的理由，我深信绝对运动是不存在的，而我的问题仅仅是这种情况怎么能够同我们的电动力学知识协调起来。因此人们可以理解，为什么在我本人的努力中，迈克耳孙实验没有起什么作用，至少是没有起决定性的作用。”①

在 1950 年 2 月 4 日同香克兰（R. S. Shankland）教授的谈话中，爱因斯坦说他是通过洛伦兹的著作知道迈克耳孙-莫雷实验的，“但是只有在 1905 年以后它才引起他的注意”，他还说：“对他影响最大的实验结果，是对星的光行差的观察和斐索对流水中光速的量度。”他说：“它们已足够了。”在 1952 年纪念迈克耳孙诞生 100 周年的贺信里，爱因斯坦对迈克耳孙及其工作作了高度的评价，但他同时指出：“著名的迈克耳孙-莫雷实验对我自己思考的影响倒是间接的。我是通过洛伦兹关于动体电动力学的决定性的研究（1895）而知道它的，而洛伦兹这一工作在建立狭义相对论以前我就已经熟悉了”。“直接引导我提出狭义相对论的，是由于我深信：物体在磁场中运动所感生的电动力，不过是一种电场罢了。但是我也受到了斐索实验结果以及光行差现象的指引。”②

1969 年，以研究爱因斯坦著称的美国科学史家霍尔顿（G. Holton）教授在《爱因斯坦、迈克耳孙和“判决性”实验》一文中指出：“迈克耳孙-莫雷实验对爱因斯坦理论的产生所起的作用是微小的、间接的，以致人们可以设想，即使没有做这个实验，对爱因斯坦的工作也不会产生什么影响。”③

然而，1982 年，在《今日物理》杂志上发表爱因斯坦 1922 年在日本京都大学的演讲记录的英译文，题为《我是怎样创造相对论的》，文中明确提到，“如果承认迈克耳孙的零结果是事实，那么地球相对于以太运动的想法就是错的，这是引导我走向狭义相对论的第一步。”④

显然，这与上面的说法明显相悖。是翻译有误，还是爱因斯坦的观点有所改变？会不会有人作假？爱因斯坦在思考追光悖论的前后究竟知不知道、看不看重迈克耳孙的零结果？

正在公众对这一分歧议论纷纷之际，发表了爱因斯坦 1898 年至 1902 年之间给他的同学和未婚妻马里奇（Mileva Maric）的 42 封从未公开的私人信件。这些信件收录在 1987年出版的爱因斯坦全集第一卷中。这些信件中有许多内容涉及他当时潜心研究的课题。例如，1899 年他在一封信中写道：

“我越来越相信，按现在这个样子表述的动体电动力学是不正确的，应该可以用更简单的方式来表述。把‘以太’一词引入电学就导致一个媒质的概念，它的运动，我相信，没

①　爱因斯坦文集，第一卷. 商务印书馆，1977. 617～618
②　同上注，第 566 页。
③　Holton G. ISIS，1969(60)：133
④　同上注。

有人能够说出用这种表述会与任何物理意义取得联系。"

另一封信里写道：

"在阿劳，我就有一个好主意，探讨物体对光以太的相对运动，对于光在种种透明体中的传播速度有什么样的影响。关于这一课题我还思考过一个理论，这个理论在我看来似乎很有道理。"

"关于那篇受到'老板'（按：指 H. F. 韦伯教授）像继母般对待的有关光以太对有重物质相对运动的研究论文，我也给在亚琛（Aachen）的维恩写了信。"

"我读过此人（指维恩）1898 年就同一题目发表的一篇很有意思的论文。"[1]

这些信件证明，爱因斯坦确从 16 岁起就在探讨物体对光以太的相对运动。维恩 1898 年的论文列举了 13 个以太漂移实验，最后一个就是迈克耳孙-莫雷实验，显然爱因斯坦至少从维恩的论文早就知晓迈克耳孙的工作。这些信件为爱因斯坦 1922 年的京都演讲提供了旁证。说明爱因斯坦京都演讲记录不是伪造。

上述看似矛盾的两种说法其实并不矛盾，说明爱因斯坦在思考相对论的过程中，既注意到电磁学的进展，也关注光学，特别是光速与运动物体的关联。

根据史料和爱因斯坦的原著可以判断，引导爱因斯坦创建狭义相对论的最基本的线索还是电磁学。以太漂移实验的结果，特别是迈克耳孙-莫雷实验的零结果对于爱因斯坦的思考并不占据主导地位。也就是说，知道不知道迈克耳孙的工作，实际上并不影响爱因斯坦对旧理论体系的怀疑。爱因斯坦最喜欢的学科是电磁学，这也许跟他的家庭有联系，他的父亲和叔父的电气作坊涉及许多电气问题，其叔父本人是电气工程师，曾获得多项发明专利。1896 年，17 岁的爱因斯坦进入苏黎世联邦工业大学的师范系学习。在许多课程中，韦伯（H. F. Weber）教授的许多课程他用的心思可以说是最多的了。起初，他以很大的热情听取韦伯教授的物理学和电工学，还经常到韦伯的实验室里做实验。但是后来，爱因斯坦发现韦伯教授的课程内容体系过于陈旧，大失所望。特别是电磁理论，讲的还是多年前的理论体系，不包括麦克斯韦电磁场理论。他以批判的眼光对待电磁学的理论体系，从他给马里奇的信件可以看出，他对包括赫兹在内的前辈提出了严厉的批评。

爱因斯坦本人在 1919 年写的一篇从未发表过的手稿中写道：

"在构思狭义相对论的过程中，关于法拉第电磁感应（实验）的思考对我起了主导作用。按照法拉第的说法，当磁体对于导体回路有相对运动时，导体回路就会感应出电流。不管是磁体运动还是导体回路运动，结果都一样。依照麦克斯韦-洛伦兹理论，只需涉及相对运动。然而，对这两种情况

图 6-5 爱因斯坦在苏黎世联邦工业大学的实验室里做过许多实验，这是他用过的仪器

① Stachel J. Einstein and Ether Drift Experiment. Physics Today，1987，May：45

理论上的解释截然不同……想到面对着的竟是两种根本不同的情况，我实在无法忍受。这两种情况不会有根本的差别，我深信只不过是选择参考点的差别。从磁体看，肯定没有电场；可是从导体回路看，却肯定有电场。于是电场的有无就成为相对的了，取决于所用坐标系的运动状况。只能假设电场与磁场的总和是客观现实。电磁感应现象迫使我假设（狭义）相对性原理。必须克服的困难在于真空中光速的不变性，我最初还不得不想要放弃它。只是在经过若干年的探索之后，我才注意到这个困难在于运动学上一些基本概念的任意性上。"[1]

这里所谓的任意性大概是指"同时性"这类概念。

爱因斯坦追求的目标是普遍性的自然法则。他在《自述》中写道：

"不论是力学还是热力学（除非在极限情况下）都不能要求严格有效。渐渐地我对那种根据已知事实用构造性的努力去发现真实定律的可能性感到绝望了。我努力得愈久，就愈加失望，也就愈加确信，只有发现一个普遍形式的原理，才能使我们得到可靠的结果。我认为热力学就是放在我面前的一个范例。"[2]

哲学的思考也是引导爱因斯坦前进的重要因素。在《自述》中他这样讲道："只要时间的绝对性或同时性的绝对性这条公理不知不觉地留在潜意识里，任何想要令人满意地澄清这个悖论的尝试都是注定要失败的。清楚地认识到公理以及它的任意性实际上就意味着问题的解决。对于发现这个中心点所需要的批判思想，就我的情况来说特别是由于阅读了戴维、休谟、恩斯特、马赫的哲学著作而得到决定性的进展。"[3]

图6-6　爱因斯坦和两个年轻朋友组成"奥林比亚科学院"

爱因斯坦少年时期就对哲学有兴趣。康德的《纯粹理性批判》，马赫的《力学史评》都给了他深刻的影响。1902年前后，爱因斯坦和几个年轻朋友组成"奥林比亚科学院"每晚聚在一起，研读斯宾诺莎、休谟、彭加勒等人的科学和哲学著作。斯宾诺莎关于自然界统一的思想，休谟的时空观，马赫对牛顿绝对时空观的批判都引起爱因斯坦极大的兴趣。

6.3　狭义相对论理论体系的建立

从上述论文、信件、演讲和回忆录可看出爱因斯坦创建狭义相对论的曲折历程。

爱因斯坦和洛伦兹不同，他不是人为地拼凑出种种特设，企图解释地球相对于光以太运动的实验的零结果，而是把它看做自然界普遍规律的表现，从中领悟到这正是相对性原理在力学领域和电磁学领域普遍成立的证明；并且因此概括出了光速不变原理。1922年

---

① 转引自：Holton G. Thematic Origins of Scientific Thought：Kepler to Einstein. Harvard Univ. Press，1973. 363

② 爱因斯坦文集，第一卷.商务印书馆，1977.23

③ 爱因斯坦文集，第一卷.商务印书馆，1977.24

爱因斯坦在日本京都大学的演讲中回忆道:"我有幸读到 1895 年洛伦兹的专著。在其中他讨论并在一级近似的范围内解决了电动力学的问题,这时他忽略了 v/c 的高次项,其中 v 是物体的运动速度,c 为光速。然后我假定,关于电子的洛伦兹方程不仅在洛伦兹原先讨论的真空参照系中成立,而且也应该在运动物体的参照系中成立。我试着用这一假定去讨论斐索实验。在那时,我坚信麦克斯韦和洛伦兹的电动力学方程都是正确的。此外,如果假定这些方程对运动物体参照系也成立,就会得出光速不变性的概念。不过,这一概念同力学中的速度相加法则相矛盾。"①

在《论动体的电动力学》中的运动学部分,爱因斯坦首先讨论了"同时性"的定义。他说:"凡是时间在里面起作用的我们的一切判断,总是关于同时的事件的判断。比如我说'那列火车 7 点钟到达这里',这大概是说:'我的钟的短针指到 7 同火车的到达是同时的事件'"。②

爱因斯坦指出,这种用静止在静止坐标系中的钟来定义的时间只是"静系时间"。

然后,爱因斯坦以两个公设为依据来考察长度和时间的相对性。

他开宗明义对这两个公设下了定义:

"1. 物理体系的状态据以变化的定律,同描述这些状态变化时所参照的坐标系究竟是用两个在互相匀速移动着的坐标系中的哪一个并无关系。"(相对性原理)

"2. 任何光线在'静止的'坐标系中都是以确定的速度 V 运动着,不管这道光线是由静止的还是运动的物体发射出来的。"③(光速不变原理)

接着,爱因斯坦设想在空间有 A,B 两点,一个刚性杆从 A 至 B 沿 AB 方向作匀速平移运动,同动杆一起运动的观察者采用光信号来核对原先静止于 A,B 的两只钟是否同步。由于光速不变原理在动杆坐标系里同样成立,"因此,同动杆一起运动着的观察者会发现这两只钟不是同步运行的,可是处在静系中的观察者却会宣称这两只钟是同步的。"④

爱因斯坦由此得出了同时性或时间的相对性的概念。他写道:"由此可见,我们不能给予同时性这概念以任何绝对的意义;两个事件,从一个坐标系看来是同时的,而从另一个相对于这个坐标系运动着的坐标系看来,它们就不再被认为是同时的事件了。"⑤

在《论动体的电动力学》的第三节(从静系到另一个相对于它做匀速移动的坐标系的坐标和时间的变换理论)中,爱因斯坦以两个公设为基础得到了不同惯性系的各个时空坐标之间确定的数学关系,即洛伦兹变换(公式(6-1)和公式(6-2))。

在《论动体的电动力学》的第四节"关于运动刚体和运动时钟所得方程的物理意义"中,爱因斯坦首先论述了长度收缩效应,他写道:

"我们观察一个半径为 R 的刚性球(即在静止时看来是球形的物体),它相对于动系 k 是静止的,它的中心在 k 的坐标原点上。这个球以速度相对于 K 系⑥运动着,它的球面方

①　Einstein A. How I Created the Theory of Relativity. Phys. Today,1982,Aug:45

②　爱因斯坦全集,第二卷. 湖南科技出版社,2002.245

③　同上注,第 247 页。

④　同上注,第 248 页。

⑤　同上注。

⑥　K 系指的是另一个静止的坐标系。

程是

$$\xi^2 + \eta^2 + \zeta^2 = R^2$$

用 x, y, z 来表示，在 $t = 0$ 时，这个球面的方程是

$$\frac{x^2}{\left[\sqrt{1 - \left(\frac{v}{V}\right)^2}\right]^2} + y^2 + z^2 = R^2$$

一个在静止状态看起来是球形的刚体，在运动状态——从静系看来——则具有旋转椭球的形状了，这椭球的轴是

$$R\sqrt{1 - \left(\frac{v}{V}\right)^2}, R, R$$

"这样看来，球（因而也可以是无论什么形状的刚体）的 Y 方向和 Z 方向的长度不因运动而改变，而 X 方向的长度则好像以 $1 : \sqrt{1 - \left(\frac{v}{V}\right)^2}$ 的比率缩短了。v 愈大，缩短得就愈厉害。对于 $v = V$，一切运动着的物体——从静系看来——都缩成扁平的了。对于大于光速的速度，我们的讨论就变得毫无意义了；此外，在以后的讨论中，我们会发现，光速在我们的物理理论中扮演着无限大速度的角色。"[①]

"长度收缩"效应说明空间两点之间的距离不是绝对的，而是相对的，它随运动状态的改变（即随参照系的选择）而不同。

接着，爱因斯坦论证了"时间延缓"效应，他写道：

"进一步，我们设想有若干只钟，当它们同静系相对静止时，它们能够指示时间 t；而当它们同动系相对静止时，就能够指示时间 τ，现在我们把其中一只钟放到 k 的坐标原点上，并且校准它，使它指示时间 τ。从静系看来，这只钟走得快慢怎样呢？

"在同这只钟的位置有关的量 x, t 和 τ 之间，显然下列方程成立

$$\tau = t \frac{1}{\sqrt{1 - \left(\frac{v}{V}\right)^2}} \left(t - \frac{v}{V^2} x\right) \quad \text{和} \quad x = vt,$$

因此，$\tau = t\sqrt{1 - \left(\frac{v}{V}\right)^2} = t - \left(1 - \sqrt{1 - \left(\frac{v}{V}\right)^2}\right) t$。

由此得知，这只钟所指示的时间（在静系中看来）每秒钟要慢 $1 - \sqrt{1 - \left(\frac{v}{V}\right)^2}$ 秒，或者——略去第四级和更高级的（小）量——要慢 $\frac{1}{2}\left(\frac{v}{V}\right)^2$ 秒。

"从这里产生了如下的奇特后果。如果在 K 的 A 点和 B 点上各有一只在静系看来是同步运行的静止的钟，并且使 A 处的钟以速度 v 沿着 AB 联线向 B 运动，那么当它到达 B 时，这两只钟不再是同步的了，从 A 向 B 运动的钟要比另一只留在 B 处的钟落后 $\frac{1}{2} t\left(\frac{v}{V}\right)^2$ 秒（不计第四级和更高级的（小）量），t 是这只钟从 A 到 B 所费的时间。"[②]

---

① 爱因斯坦全集，第二卷.湖南科技出版社，2002. 252

② 同上注，第 253 页。

这就是所谓的"时间延缓"效应。

在《论动体的电动力学》的第五节："速度的加法定理"及1907年发表的《关于相对论原理和由此得出的结论》中,爱因斯坦推导出了相对论的速度加法定理。

设一个相对于参照系 S' 的质点按照下列方程

$$x' = u'_x t', \quad y' = u'_y t', \quad z' = u'_z t'$$

而匀速运动着。利用变换方程(6-1)和方程(6-2),把 x', y', z', t' 用它们的 x, y, z, t 的表示式来代替,即可得到质点参照于 S 的速度分量 u_x, u_y, u_z。我们设

$$u^2 = u_x^2 + u_y^2 + u_z^2, \quad u'^2 = u'^2_x + u'^2_y + u'^2_z$$

如果两个速度(v 和 u')是同一方向,就可得到

$$u = \frac{v + u'}{1 + \dfrac{vu'}{c^2}}$$

爱因斯坦写道:"从这个方程得出:两个小于 c 的速度相加,合成的速度总是小于 c";"光速 c 同一个小于光速的速度相加,得到的结果仍等于光速 c";"从速度加法定理还可以进一步得出一个有意思的结论,即不可能有这样的作用,它可用来作任意的信号传递,而其传递速度大于真空中的光速。"[①]

这样,爱因斯坦就修正了经典的速度合成法则,论证了光在真空中的传播速度 c 是一切物体运动的极限速度,而无限大速度的瞬时信号是不存在的。他不需要任何附加假定,只要依据相对论性速度相加定理,就能导出菲涅耳"曳引系数"。这与洛伦兹理论截然不同,洛伦兹必须借助于光受到介质拖曳的假定才能作出解释,而爱因斯坦仅仅作为运动学的简单推论,就得到了正确的结果。

根据相对论性速度相加原理,爱因斯坦还直接推导了光行差和多普勒效应的精确解;而洛伦兹理论却只能给出精确到 v/c 的一阶的近似公式。特别要指出的是,这些效应在相对论看来纯粹是运动学问题,不像洛伦兹理论那样,需要对以太的行为作出虚拟的特设。(在1905年第一篇论文中,爱因斯坦还把光行差和多普勒效应的理论列入电动力学部分,到1907年再一次讨论相对论时,他把这类问题改放在运动学部分之中。)

接着,爱因斯坦讨论了洛伦兹变换对各种电动力学现象的应用。他证明了无源和有源的麦克斯韦电磁场方程组在洛伦兹变换下保持形式不变。这就表明本来仅仅适用于静止坐标系的麦克斯韦方程组,在经过空间、时间坐标变换后,对任何运动的惯性系也是适用的。他写道:"麦克斯韦-洛伦兹理论的电动力学基础符合于相对性原理。"[②]也就是说,麦克斯韦-洛伦兹方程对于洛伦兹变换是协变的。

爱因斯坦进一步把洛伦兹变换施加于电场、磁场、电荷密度和电流密度,经过简单计算,得出结论说:"电场强度或磁场强度本身并不存在,因为在一个地点(更准确地说,在一个点事件的空间-时间附近)是否有电场强度或磁场强度存在,可以取决于坐标系的选择。"[③]

---

① 爱因斯坦全集,第二卷.湖南科技出版社,2002.379.

② 同上注,第385页。

③ 同上注,第385页。

这样一来，前面提出的考查由磁体同导体的相对运动而产生电流时所出现的不对称性就迎刃而解了。"电力和磁力都不是独立于坐标系的运动状态而存在的"，也就是说，在相对论看来，电场和磁场都是相对量，与坐标系的选择有关。如果在一个参照系内只有电场或只有磁场，则在另一个相对于它做匀速运动的参照系内，则既有磁场也有电场。

爱因斯坦还证明了电荷的守恒性，他写道："电荷是一个同参照系的运动状态无关的量。因此，如果一个任意运动的物体的点电荷从随之运动的参照系看来是守恒的，那么，它对任何其他参照系也是守恒的"。[①]

质量的相对论性效应也是爱因斯坦的一个重要发现。这一效应及时得到了实验家的验证，成了相对论的重要实验证据之一（参看 5.2.7 节（"电磁质量"的发现）和 6.4 节）。

在《论动体的电动力学》的最后一节，爱因斯坦导出了电子动能公式

$$W = \mu V^2 \left[\frac{1}{\sqrt{1 - \left(\frac{v}{V}\right)^2}} - 1 \right]$$

其中 μ 为电子的质量，V 为真空中的光速。爱因斯坦解释说："当 $v = V$，W 就变成无限大。超光速的速度——像我们以前的结果一样——没有存在的可能。"[②]

爱因斯坦在这里又一次论证了超光速不可能。1907 年，他在《论相对性原理所要求的能量的惯性》一文中，再次讨论到这个问题。

第一次发表相对论以后几个月，爱因斯坦发现了一个特别引起他兴趣的关系，即惯性质量和能量的关系。他写信给好友哈比希特（Conrad Habicht）说道：

"我又发现电动力学论文的一个推论。相对性原理同麦克斯韦方程一道，要求质量成为一个物体中包含的能量的一种直接量度；要求光传递物质。在镭这个例子中应当出现质量的明显减少。论据是有趣和吸引人的；但我不能说上帝是否正在嘲笑它并在和我变把戏。"[③]

爱因斯坦第二篇有关狭义相对论的论文，题为：《物体的惯性同它所含的能量有关吗》（1905 年 9 月发表），专门讨论了惯性和能量的关系。他利用洛伦兹变换和相对性原理发现：

"如果有一物体以辐射形式放出能量 L，那么它的质量就要减少 L/V^2······

"物体的质量是它所含能量的量度；如果能量改变了 L，那么质量也就相应地改变 $L/9 \times 10^{20}$，此处能量是用尔格来计量，质量是用克来计量的。

"用那些所含能量是高度可变的物体（比如用镭盐）来验证这个理论，不是不可能成功的。

"如果这一理论同事实符合，那么在发射体和吸收体之间，辐射在传递着惯性。"[④]

---

① 爱因斯坦全集，第二卷. 湖南科技出版社，2002.386。

② 同上注，第 266 页。

③ 同上注，第 236 页。

④ 爱因斯坦全集，第二卷. 湖南科技出版社，2002.275

不过,在这篇论文中,爱因斯坦的论述仅仅涉及到一个过程的初末态能量的差值与质量变化的关系。

在 1907 年《关于相对论原理和由此得出的结论》的第十一节"关于质量对能量的相依关系"中,爱因斯坦对上述关系作了推广。他证明了一个处在外部电磁场中的物理系统,在一个以速度 v 相对于它运动的参照系里,其能量

$$E = \left(\mu + \frac{E_0}{c^2}\right)\frac{c^2}{\sqrt{1 - \frac{v^2}{c^2}}}$$

其中 μ 为系统原来的惯性质量,E_0 是系统在静止系中的能量(也即内能)。这样一来,所考察的物理系统的情况就像是一个质量为 M 的质点,其中 M 按照下列公式同系统的内能 E_0 建立了如下关系

$$M = \mu + \frac{E_0}{c^2}$$

爱因斯坦写道:"这个结果具有特殊的理论重要性,因为在这个结果中,物理体系的惯性质量和能量以同一种东西的姿态出现。同惯性有关的质量 μ 相当于其量为 μc^2 的内能。既然我们可以任意规定 E_0 的零点,所以我们无论如何也不可能明确地区分体系的'真实'质量和'表观'质量。把任何惯性质量理解为能量的一种储藏,看来要自然得多。

"按照我们的结果来看,对于孤立的物理体系,质量守恒定律只有在其能量保持不变的情况下才是正确的,这时这个质量守恒定律同能量原理具有同样的意义。"[1]

这样一来,爱因斯坦就大大地扩充了质量的内涵,质量成了能量的一种量度。由于质量和能量之间的密切联系,封闭系统中,既然质量守恒,必有能量守恒,可以统一为"能量-质量守恒定律。"经典物理学中彼此独立的两个基本定律,原来是同一个自然规律的不同侧面。

关于质能关系的实验验证,由于条件的限制,直到 20 世纪 30 年代才在伽莫夫(G. Gamov)的隧穿理论指导下,由英国剑桥大学的两位物理学家考克饶夫(J. D. Cockcroft)和瓦尔顿(E. T. S. Walton)利用高压倍加器得到了严格的检验。(参看 9.11 节)

时空的四维描述是相对论理论框架中的又一发展。这是首先由爱因斯坦的老师闵科夫斯基(H. Minkowski,1864—1909)提出的方法。闵科夫斯基是德国数学家和物理学家,1896—1902 年任苏黎世联邦工业大学教授,爱因斯坦听过他的《分析力学应用》数学课。1908 年,闵科夫斯基提出把三维空间和时间结合成一个四维空间的思想。实际上,彭加勒也提出过类似的方案。这样的四维空间也叫闵科夫斯基空间(闵科夫斯基称之为"四维世界"),在这空间里的元素,就是在空间某一点和某一时刻发生的事件。这样一来,闵科夫斯基的四维世界里的元素(即事件)就具有物理的实在性,而不依赖于参考系。此外,他还假定,一切物理定律相对于一组洛伦兹变换具有不变性。他在其著作《动体中电磁过程的基本理论》(1908 年)中,推导了任意物质中的电磁场方程,并且发展了相对论物理学的全部概念。

爱因斯坦开始并不赞赏闵科夫斯基的工作,他认为过分细致的数学形式会掩盖物理

① 爱因斯坦全集,第二卷.湖南科技出版社,2002.396

内容。但他很快认识到运用几何方法，是进一步发展相对论理论的重要方向。正是他的老师——闵科夫斯基教授，清楚地揭示出了他的新理论所含的普遍意义。

对于闵科夫斯基的贡献，几十年后，爱因斯坦是这样评论的：

"在闵科夫斯基之前，为了检验一条定律在洛伦兹变换下的不变性，人们就必须对它实行一次这样的变换；可是闵科夫斯基却成功地引进了这样一种形式体系，使定律的数学形式本身就保证了它在洛伦兹变换下的不变性。"[①]

1948 年，爱因斯坦在为《美国人民百科全书》撰写条目《相对性：相对论的本质》时总结性地写道："狭义相对论导致了对空间和时间的物理概念的清楚理解，并且由此认识到运动着的量杆和时钟的行为。它在原则上取消了绝对同时性概念，从而也取消了牛顿所理解的那个即时超距概念。它指出，在处理同光速相比不是小到可忽略的运动时，运动定律必须加以怎样的修改。它导致了麦克斯韦电磁场方程的形式上的澄清；特别是导致了对电场和磁场本质上的同一性的理解。它把动量守恒和能量守恒这两条定律统一成一条定律，并且指出了质量同能量的等效性。从形式的观点来看，狭义相对论的成就可以表征如下：它一般地指出了普适常数 c（光速）在自然规律中所起的作用，并且表明以时间作为一方，空间坐标作为另一方，两者进入自然规律的形式之间存在着密切的联系。"[②]

6.4　狭义相对论的遭遇和实验检验

由于人们的思想长期受到传统观念的束缚，一时难以接受崭新的时空观，爱因斯坦的论文发表后，相当一段时间受到冷遇，被人们怀疑甚至遭到反对。在法国，直到 1910 年以前，几乎没有人提到爱因斯坦的相对论。在实用主义盛行的美国，爱因斯坦的相对论在最初十几年中也没有得到认真对待。迈克耳孙至死（1931 年）还念念不忘"可爱的以太"，认为相对论是一个怪物。英国也不例外，在人们的头脑里以太的观念太深了，相对论彻底否定以太的必要性，被人们看成是不可思议的事。当时甚至掀起了一场"保卫以太"的运动。J. J. 汤姆孙在 1909 年宣称："以太并不是思辨哲学家异想天开的创造，对我们来说，就像我们呼吸空气一样不可缺少"[③]。1911 年美国科学协会主席马吉（M. F. Magie）说："我相信，现在没有任何一个活着的人真的会断言，他能够想象出时间是速度的函数。"被爱因斯坦誉为相对论先驱的马赫，竟声明自己与相对论没有关系，他"不承认相对论"。有一位科学史家叫惠特克（S. E. Whittaker）在写相对论的历史时，竟把相对论的创始人归于彭加勒和洛伦兹，认为爱因斯坦只是对彭加勒和洛伦兹的相对论加了一些补充。

观念的改变不是一朝一夕之事。1911 年索尔威会议召开，由于爱因斯坦在固体比热的研究上有一定影响（参看第 7 章），人们才注意到他在狭义相对论方面的工作。只是到了 1919 年，爱因斯坦的广义相对论得到了日全食观测的证实，他成为公众瞩目的人物，狭义相对论才开始受到应有的重视。

---

①　爱因斯坦文集，第一卷. 商务印书馆，1976. 26
②　同上注，第 458 页。
③　Goldberg S. HSPS, vol. 2. 1970. 88

爱因斯坦是 1921 年获诺贝尔物理学奖的。不过不是由于他建立了相对论,而是"为了他的理论物理学研究,特别是光电效应定律的发现"。诺贝尔物理奖委员会主席奥利维拉(Aurivillus)为此专门写信给爱因斯坦,指明他获奖的原因不是基于相对论,并在授奖典礼上解释说:因为有些结论目前还正在经受严格的验证。

普朗克和闵可夫斯基可以说是支持相对论的代表。正是普朗克,当时作为《物理学年鉴》的主编,认识到爱因斯坦所投论文的价值,及时地予以发表。所以人们常说,普朗克有两大发现,一是发现了作用量子,二是发现了爱因斯坦。他的学生劳厄(M. V. Laue)在1911 年就致力于宣传相对论,大概也是受了他的影响。闵可夫斯基在 1908 年提出四维空间,使相对论的规律以更加简洁的形式表达出来。泡利(W. Pauli)也对宣传相对论作出了杰出贡献。1921 年泡利受他的老师索末菲(A. J. W. Sommerfeld)推荐为《数学科学百科全书》撰写了一篇关于相对论的长篇综述文章,这一作品立刻成了有关相对论的普及读物,得到了爱因斯坦本人的高度赞许,至今还是相对论方面的名著之一。

图 6-7　1911 年劳厄发表了《相对性原理》,这是该书的扉页

关于狭义相对论受人们怀疑和反对的情况,可以举电磁质量的实验检验来作些说明(参看第 5 章)。狭义相对论有一重要结果,就是预言电子质量会随运动速度增长。从经典电磁理论出发也可以得到类似的结论,因为运动电荷会产生磁场,电磁场的能量增大,相当于质量也增大。经典电磁理论家阿伯拉罕(M. Abraham)假设电子是一个有确定半径的钢性带电小球,它在运动中产生的磁场引起电磁质量,由此推出了电子的质量公式。1901 年,实验物理学家考夫曼用 β 射线的高速电子流进行实验,证实电子的质量确实是随速度变化的。洛伦兹到 1904 年则根据收缩假说也推出了电子质量公式。后来证明洛伦兹公式与狭义相对论的结果一致。1906 年,考夫曼宣布,他的量度结果证实了阿伯拉罕的理论公式,而"与洛伦兹-爱因斯坦的基本假定不相容"。这件事一度竟成了否定相对论的重要依据。在这一事实面前,洛伦兹失望了,他表示,"不幸我的电子变形假说与考夫曼的新结果矛盾,我只好放弃它了。"[①]

然而,爱因斯坦却持另一种态度,他在 1907 年写道:"阿伯拉罕……的电子运动理论所给出的曲线显然比相对论得出的曲线更符合于观测结果。但是,在我看来,那些理论在颇大程度上是由于偶然碰巧与实验结果相符。因为它们关于运动电子质量的基本假设不是从总结了大量现象的理论体系得出来的。"[②]

果然,一年后布雪勒(A. H. Bucherer)用改进了的方法测电子质量,得到的结果与洛伦兹-爱因斯坦公式基本相符,只是速度大于 $0.7c$ 的电子偏离相对论公式。

30 年后,查恩(C. T. Zahn)和斯皮斯(A. H. Spees)重新分析了布雪勒的实验,指出那

---

①　Miller A I. Einstein's Special Theory of Relativity. Addison-Wesley,1981. 334
②　范岱年等编译. 爱因斯坦文集,第二卷. 商务印书馆,1979. 181

是由于散射效应,使得速度大的电子不服从相对论公式。他们在布雪勒实验的基础上作了一个关键性的改进,消除了散射效应,把精确度提高到 1.5%。

1940 年,罗吉斯(M. M. Rogers)等人用径向静电场聚焦法,对高速电子的荷质比作了更精确的测定,证实速度大到 $v<0.75c$ 时,电子质量的变化仍服从洛伦兹-爱因斯坦公式,其不确定度小于 1%。

此后,加速器发展了,各种类型的加速器的设计和运转为带电粒子的质量对速度的依赖关系提供了更为丰富的例证。1963 年,迈尔(V. Meyer)等人比较电子和质子的磁偏转,以 0.04% 的精度证实速度高达 $0.987c\sim0.990c$ 的电子仍服从质量的相对论公式。至此,质量—速度的相对论公式得到了严格的验证。[①]

除了电子质量和速度的关系,还有许多实验都证明,狭义相对论的结果是正确的。

在处理理论和实验的关系上,爱因斯坦为我们提供了光辉的范例。他尊重实验事实,但又不拘泥于个别实验的结果。个别实验总难免有误差,甚至失误,会造成理论和实验的不符。考夫曼的实验曾一度否定了爱因斯坦的相对论质量—速度关系,但爱因斯坦没有动摇,坚定地相信自己的狭义相对论是"总结了大量现象得到的理论体系",是经得起考验的。历史证明,真理在他这边。

6.5　广义相对论的建立

6.5.1　狭义相对论的局限性

狭义相对论建立以后,爱因斯坦并没有止步。他认为狭义相对论还有许多问题没有解决。例如:为什么惯性坐标系在物理学中比其他坐标系更为优越?(马赫最先提出这个问题)为什么惯性质量随能量变化?为什么一切物体在引力场中下落都具有同样的加速度?刚刚经受住考验的狭义相对论,为什么一用到引力场中就遇到了矛盾?爱因斯坦感到极大的疑惑。他坚信自然界的和谐与统一,认为要么对惯性坐标系为什么会特别优越作出解释,要么放弃惯性坐标系的特殊优越地位。

1922 年,爱因斯坦在京都大学访问期间所作的《我如何创立相对论》的讲演中,讲道:

"我对广义相对论的最初想法出现在两年之后的 1907 年。思想是突然产生的。我对狭义相对论并不满意,因为它被严格地限制在一个相互具有恒定速度的参照系中,它不适用于一个做任意运动的参照系,于是我努力地把这一限制取消,以使这一理论能在更为一般的情况下讨论。"[②]

爱因斯坦坚信世界的内在和谐,他追求的是理论的逻辑统一,不能容许惯性系与非惯性系之间这种内在不对称性情况的存在。如何来解决这个难题呢?惟一的途径就是把狭义相对性原理扩大到非惯性系统。

狭义相对论面临的另一严重困难来自引力,因为它与牛顿的引力公式和引力势方程

---

①　详见:郭奕玲,沈慧君. 近代物理著名实验简介. 山东教育出版社,2001. 234

②　Einstein A. How I Created the Theory of Relativity. Phys. Today,1982,Aug:47

不相容。

自狭义相对论提出后，许多人曾致力于检验各种物理定律在洛伦兹变换下的协变性，他们都获得了成功，但是包括爱因斯坦本人在内，都发现当把牛顿的引力理论纳入到相对论理论之中时，却遇到了明显的矛盾。起初，爱因斯坦认为寻找一个描述引力场变化的结构定律也许并不难。他试图在狭义相对论的框架内处理引力定律，推出引力的场定律。他在1933年的演讲《广义相对论的来源》中讲道：

"最简单的做法当然是保留拉普拉斯的引力标量势，并且用一个关于时间的微分项，以明显的方式来补足泊松方程，使狭义相对论得到满足。引力场中质点的运动定律也必须适应狭义相对论。"[①]

可是，研究得到的结果却是，落体的加速度与它的内能有关，这引起了爱因斯坦的强烈怀疑。因为这样的结果不符合众所周知的实验事实：在引力场中一切物体都具有同一加速度。这一尝试使爱因斯坦在1907年认识到：在狭义相对论的框子里，不可能有令人满意的引力理论。

爱因斯坦1922年回忆他创建广义相对论的过程时讲道：当他正在思考如何突破狭义相对论的框架，以解决惯性与重量之间的不协调时，一个突然的闪念出现了。他说："有一天，突破口突然找到了。当时我正坐在伯尔尼专利局办公室的椅子上，脑子里突然闪现了一个念头：如果一个人正在自由下落，他决不会感到他的重量。我吃了一惊。这个简单的思想实验给我的印象太深了。它把我引向了引力理论。我继续想下去：下落的人正在作加速运动，可是在这个加速参照系中，他有什么感觉？他如何判断面前所发生的事情？于是我决定把相对性理论推广到加速参照系。"[②]

爱因斯坦1933年在《广义相对论的来源》一文中，这样写道："在引力场中一切物体都具有同一加速度，这条定律也可以表述为惯性质量与引力质量相等的定律，它当时就使我认识到它的全部重要性。我为它的存在感到极为惊奇，并猜想其中必定有一把可以更加深入地了解惯性和引力的钥匙。"[③]

爱因斯坦从古老的实验事实寻找到了解决这一难题的钥匙。这就是惯性质量与引力质量等价的实验结果。

6.5.2　惯性质量与引力质量的等价

质量有两个定义，一个反映惯性的大小，叫惯性质量，以符号 $m_惶$ 表示，根据的是牛顿第二定律

$$F = m_惶 \cdot a$$

式中 a 为力 F 作用下物体的加速度，另一个反映引力的大小，叫引力质量，以符号 $m_引$ 表示，根据的是万有引力定律

①　爱因斯坦文集，第一卷. 商务印书馆，1977. 320
②　Einstein A. How I Created the Theory of Relativity. Phys. Today，1982，Aug：45
③　爱因斯坦文集，第一卷. 商务印书馆，1977. 320

$$F = m_{引} \cdot \frac{GM}{R^2}$$

式中 G 为引力常数，M 与 R 为地球的质量与半径，F 为物体所受地球的引力。对于地面上的自由落体运动，应有

$$m_{惯} \cdot a = m_{引} \cdot \frac{GM}{R^2}$$

这两个定义不同的质量，是否有一定的比例关系，这个问题在经典理论中得不到解答，只能靠实验作出判断。实验证明，它们之间有严格的比例关系。

最早的证据就是自由落体实验。从伽利略时代就知道自由落体的加速度相同，与物体的成分及轻重无关。考虑两个物体 A 和 B 同时下落，

对于物体 A，有
$$m_{惯A} \cdot a_A = m_{引A} \cdot \frac{GM}{R^2},$$

对于物体 B，有
$$m_{惯B} \cdot a_B = m_{引B} \cdot \frac{GM}{R^2},$$

既然 $a_A = a_B$ 必有
$$\frac{m_{惯A}}{m_{引A}} = \frac{m_{惯B}}{m_{引B}} = 常数,$$

可见，惯性质量与引力质量成正比。

牛顿提出运动定律和万有引力定律时必然要碰到两种质量的关系问题。他亲自做了实验，用不同材料充当单摆的摆锤，比较它们的摆动周期。

摆长为 l 的单摆，振动周期为

$$T = 2\pi \sqrt{\frac{l}{g}} \cdot \sqrt{\frac{m_{惯}}{m_{引}}}$$

如果实验证明，当 l 一定时振动周期 T 确为常数，与摆锤的成分无关，则 $m_{惯}/m_{引}$ 应为常数。

牛顿用空心容器当作摆锤，里面分别放进重量精确相等的各种不同物质，例如：金、银、铅、玻璃、砂、食盐、木料、水和麦子等物。他写道：

"我做了两个一样的木盒。一个装满木材，另一个在摆动中心处挂上等量的金（尽可能准确）。两个盒子用 11 英尺（1 英尺＝0.304 8m）长的同样的线挂起来成为一对摆，它们的重量和形状完全一样，并同样地受到空气阻力。把两者挨着放，我观察到，它们长久地以同一频率一起来回摆动。因此，金里的物质的量与木料里物质的量之比同作用在全部金上的力与作用在全部木料上的力之比是相同的。"[①]

用数学形式表示，正是

$$\frac{m_{惯(金)}}{m_{惯(木)}} = \frac{m_{引(金)}}{m_{引(木)}}$$

即
$$\frac{m_{惯(金)}}{m_{引(金)}} = \frac{m_{惯(木)}}{m_{引(木)}}$$

既然这两种质量之比是常数，适当调整引力常数的数值，就可使 $m_{惯} = m_{引}$，所以牛顿在创

---

① Newton I. Mathematical Principles of Natural Philosophy. University of California Press, 1946. 568

建经典力学的理论体系时,就不再区分惯性质量和引力质量了。

从实验方法来说,不论是自由落体实验,还是单摆实验,测量精度都不高,因为这两种实验都是动态的,涉及位置和状态的变化,会受其他因素,例如空气阻力的干扰。根据牛顿的记述,他的实验精度为千分之一。

我们可以引用参数 $\eta(A,B)$ 来代表两种质量的差异,定义

$$\eta(A,B) = \frac{\left(\dfrac{m_{引}}{m_{惯}}\right)_A - \left(\dfrac{m_{引}}{m_{惯}}\right)_B}{\dfrac{1}{2}\left[\left(\dfrac{m_{引}}{m_{惯}}\right)_A + \left(\dfrac{m_{引}}{m_{惯}}\right)_B\right]},$$

对于牛顿的实验来说,$\eta(A,B)<1\times10^{-3}$。

更精确的质量等价实验是匈牙利物理学家厄缶(R. V. Eötvös,1848—1919)在 1889 年做的。他采用扭秤方法,把动态实验改为静态实验,直接比较两个物体的惯性质量和引力质量,从而大大地提高了实验精度。

厄缶实验的原理如图 6-9 所示。

图 6-8 厄缶

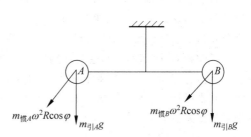

图 6-9 厄缶的扭秤实验原理图

一根横杆悬挂在细线下,横杆两端对称地固定着不同材料但重量相同的重物 A 和 B。这两个重物都会受到重力 $m_{引} \cdot g$ 和地球自转造成的离心力 $m_{惯} \cdot \omega^2 R\cos\varphi$ 的作用。其中 ω 是地球自转的角速度,φ 是地理纬度。如果惯性质量与引力质量等价,则两重物所受离心力相等,力矩互相抵消,扭秤维持平衡。如果惯性质量与引力质量不成正比,则扭秤失去平衡,而使悬丝扭转。

厄缶实验的原理虽然简单,但结果非常精确。和大多数精确的实验一样,这个实验也用示零法。装置如图 6-10,横杆长 40cm,悬丝用铂铱合金。他用望远镜对准悬丝上挂着的小反射镜,观察望远镜上方的短刻度标尺,从而测量偏转角。从悬丝到刻度尺的距离为 62cm。为了避免系统误差,厄缶还将横杆转 180°,换一个方向测量。1889 年得到第一次结果,平均为 $\eta(A,B)<5\times10^{-8}$。1908 年得到第二次结果

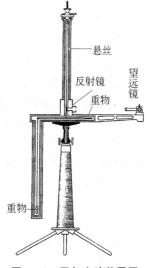

图 6-10 厄缶实验装置图

（直到 1922 年才正式发表，这时厄缶已经去世），实验精度达 $\eta(A,B)<2\times10^{-9}$。这个实验是 20 世纪初最引人注目的经典实验之一。

6.5.3　作为广义相对论基础的两个基本公设

和构思狭义相对论构架的过程一样，爱因斯坦在构思广义相对论的基本公设时，也力图寻找已有的实验基础。他从这样一个基本事实出发，即在引力场中任一点，一切自由落体加速度相同，进而认识到引力场与参照系相当的加速度在物理上完全等效。

1907 年，爱因斯坦在他的《关于相对性原理和由此得出的结论》一文中首次提出两个基本原理。一个叫等效原理，或者叫等价原理，即："引力场同参照系的相当的加速度在物理上完全等价。"另一个叫广义相对性原理，他写道："迄今为止，我们只把相对性原理，即认为自然规律同参照系的状态无关这一假设应用于非加速参照系。是否可以设想，相对性运动原理对于相互作加速运动的参照系也依然成立？"[①]他假设可以用一个均匀加速的参照系来代替均匀引力场。值得注意的是，均匀加速的参照系并不是普遍的参照系。在 1913 年之前，爱因斯坦并没有明确地提出广义协变原理，而是认为应该有广义协变性。正是这种矛盾状态促使爱因斯坦做进一步深入的研究。到了 1916 年，爱因斯坦发表《广义相对论的基础》，这是关于广义相对论的第一篇完整的总结性论文，他明确提出："物理学的定律必须具有这样的性质，它们对于以无论哪种方式运动着的参照系都是成立的。"[②]这就是推广了的相对性公设："普遍的自然规律是由那些对一切坐标系都有效的方程来表示的，也就是说，它们对于无论哪种代换都是协变的（广义协变）。"[③]

两个基本原理：一个是等效原理，一个是广义协变原理，就成了爱因斯坦推广相对性理论的基本出发点。

6.5.4　时空柔性度规的创建

然而，跟狭义相对论的两条看来似乎矛盾的基本公设一样，广义相对论的两条基本原理也存在一定的矛盾。爱因斯坦为了克服这一困难，花了好几年的时间，希望寻到满意的解决办法。正如他在《自述》中说的："其主要原因在于：要使人们从坐标必须具有直接度规意义这一观念中解放出来，可不是那么容易。"[④]

所谓直接度规，指的是坐标差等于可量度的长度或时间。这是一条自古以来的传统观念。多少年来，人们都是把时间看成是均匀流逝的时间，把空间看成是平直的空间，从来没有人怀疑，认为是理所当然的。也就是说，空间是欧几里得几何学的空间，可以用一组正交坐标系来表示。在同一参照系中有统一的时间、空间的测量标准，具有"刚性"的尺和"同步"的钟。

———————————

①　爱因斯坦全集，第二卷.湖南科技出版社，2002.407
②　爱因斯坦文集，第二卷.商务印书馆，1979.281
③　同上注，第 284 页。
④　爱因斯坦文集，第一卷.商务印书馆，1977.30

爱因斯坦认识到,洛伦兹变换的协变性对应于速度的相对性,因此对应于加速度的相对性以及加速度与引力场之间的等效性,就应该扩大为更普遍的非线性变换的协变性。1909—1912年,他一直在思考这个问题,这时他正在苏黎世和布拉格大学讲授理论物理学。闵科夫斯基四维时空的数学表示形式,对爱因斯坦起到了很好的启发作用。他后来写道:"用了闵科夫斯基所给予狭义相对论的形式,相对论的这种推广就变得很容易;这位数学家首先清楚地认识到空间坐标和时间坐标形式上的等价性,并把它应用在建立这一理论方面。广义相对论所需要的数学工具已经在'绝对微分学'(按:即张量分析)中完全具备"。[1]

在闵科夫斯基的四维时空几何学中的线元 ds 的平方表示为

$$ds^2 = c^2 dt^2 - (dx^2 + dy^2 + dz^2)$$

其中 (x, y, z, t) 表示的是时空的四个坐标。在这一准欧几里得空间里,存在着一个不依赖于坐标的"刚性"度规,从而使坐标差直接与可量度的空间间隔、时间间隔联系起来;它对应于线性洛伦兹变换。对于爱因斯坦来说,要把线性洛伦兹变换推广到非线性变换,以适应于非惯性系或引力场中的物理现象,就应该把四维时空中两相邻事件的四维间隔(线元 ds)的平方表示成

$$ds^2 = \sum_{\mu\nu} g_{\mu\nu} \, dx_\mu \, dx_\nu$$

式中 μ 和 ν 代表 $1, 2, 3, 4$,$g_{\mu\nu}$ 代表四维度规张量,是四个坐标的函数。这样一来,引力问题就归结为一个纯粹的数学问题了。要解决引力问题,建立普遍的新理论,研究 $g_{\mu\nu}$ 的数学性质和物理意义就可以了。

1912年初,爱因斯坦曾经分析过刚性转动圆盘,意识到在引力场中欧几里得几何并不严格有效。同时他还发现:洛伦兹变换不是普适的,需要寻求更普遍的变换关系;为了保证能量—动量守恒,引力场方程必须是非线性的;等效原理只对无限小区域有效。他意识到大学时学过的高斯曲面理论对建立引力场方程该会有用。

但是,爱因斯坦对这样的数学问题并不熟悉,于是,1912年他找到老同学、苏黎世联邦工业大学数学教授格罗斯曼(M. Grossman,1878—1936),这立即引起了格罗斯曼的兴趣。爱因斯坦回忆道:"他查阅了文献并且很快发现,上面所提的数学问题早已由黎曼、里奇(Ricci)和勒维-契维塔(Levi-Civita)解决了。全部发展是同高斯的曲面理论有关的,在这一理论中第一次系统地使用了广义坐标系。"[2]

格罗斯曼帮助爱因斯坦引入黎曼张量运算,把平直空间的张量运算推广到弯曲的黎曼空间。1913年,二人联名发表了《广义相对论和引力理论纲要》[3]一文,提出了引力的度规场理论。爱因斯坦负责物理学部分,格罗斯曼负责数学部分,文中第一次提出了引力场方程。他们把牛顿引力理论中的标量引力势 φ 的泊松方程

$$\Delta \varphi = 4\pi\kappa\rho$$

推广为

$$\kappa \Theta_{\mu\nu} = \Gamma_{\mu\nu}$$

① 爱因斯坦文集,第二卷.商务印书馆,1979.278
② 爱因斯坦文集,第一卷.商务印书馆,1977.49
③ 爱因斯坦全集,第四卷.湖南科技出版社,2002.258

1916.   № 7.

ANNALEN DER PHYSIK.
VIERTE FOLGE. BAND 49.

**1. *Die Grundlage
der allgemeinen Relativitätstheorie;
von A. Einstein.***

Die im nachfolgenden dargelegte Theorie bildet die denk-
bar weitgehendste Verallgemeinerung der heute allgemein als
„Relativitätstheorie" bezeichneten Theorie; die letztere nenne
ich im folgenden zur Unterscheidung von der ersteren „spezielle
Relativitätstheorie" und setze sie als bekannt voraus. Die
Verallgemeinerung der Relativitätstheorie wurde sehr er-
leichtert durch die Gestalt, welche der speziellen Relativitäts-
theorie durch Minkowski gegeben wurde, welcher Mathe-
matiker zuerst die formale Gleichwertigkeit der räumlichen
Koordinaten und der Zeitkoordinate klar erkannte und für
den Aufbau der Theorie nutzbar machte. Die für die allge-
meine Relativitätstheorie nötigen mathematischen Hilfs-
mittel lagen fertig bereit in dem „absoluten Differentialkalkül",
welcher auf den Forschungen von Gauss, Riemann und
Christoffel über nichteuklidische Mannigfaltigkeiten ruht und
von Ricci und Levi-Civita in ein System gebracht und
bereits auf Probleme der theoretischen Physik angewendet
wurde. Ich habe im Abschnitt B der vorliegenden Abhand-
lung alle für uns nötigen, bei dem Physiker nicht als bekannt
vorauszusetzenden mathematischen Hilfsmittel in möglichst
einfacher und durchsichtiger Weiss entwickelt, so daß ein
Studium mathematischer Literatur für das Verständnis der
vorliegenden Abhandlung nicht erforderlich ist. Endlich sei
an dieser Stelle dankbar meines Freundes, des Mathematikers
Grossmann, gedacht, der mir durch seine Hilfe nicht nur
das Studium der einschlägigen mathematischen Literatur er-
sparte, sondern mich auch beim Suchen nach den Feldglaichun-
gen der Gravitation unterstützte.

Annalen der Physik. IV. Folge. 49.   50

图 6-11   《广义相对论的基础》原文中的一页

其中 κ 是引力常数，不变；质量密度 ρ 推广为物质系的能量张量 $\Theta_{\mu\nu}$；$\Gamma_{\mu\nu}$ 是由基本张量 $g_{\mu\nu}$ 的导数构成的二秩抗变张量。在这里，用来描述引力场的不是标量 φ，而是度规张量 $\Gamma_{\mu\nu}$，即要用 10 个引力势函数来确定引力场。这是首次把引力和度规结合起来，使黎曼几何获得实在的物理意义。可是他们当时得到的引力场方程只对线性变换是协变的，还不具有广义相对性原理所要求的任意坐标变换下的协变性。这是由于爱因斯坦当时不熟悉张量运算，错误地认为，只要坚持守恒定律，就必须限制坐标系的选择，为了维护因果性原理，不得不放弃普遍协变的要求。

1915 年到 1917 年的 3 年是爱因斯坦科学成就的第二个高峰期。他在 1915 年最后建成了被公认为人类思想史中最伟大的成就之一的广义相对论，1916 年在辐射量子论方面作出了重大突破（详见第 11 章），1917 年又开创了现代科学的宇宙学。

1915 年的 10 月，爱因斯坦在经过了两年多的弯路之后，终于建成了广义相对论。这时他认识到放弃普遍协变要求的失误，回到普遍协变的要求，集中精力探索新的引力场方程，于 1915 年 11 月 4 日、11 日、18 日和 25 日一连向普鲁士科学院提交了 4 篇论文。在第一篇和第二篇论文《关于广义相对论》中他得到了满足守恒定律的普遍协变的引力场方程，但加了一个不必要的限制，那就是只允许幺模变换。第三篇论文《用广义相对论解释水星近日点运动》第一次用广义相对论计算出了水星的剩余进动，完满地解决了 60 多年来天文学一大难题，这给爱因斯坦以极大的鼓舞。他郑重声明："在本文中我找到了这种最彻底和最完全的相对论的一个重要证明。"[①]。第四篇论文《引力的场方程》宣告广义相对论作为一种逻辑结构终于完成，在这里，他放弃了对变换群的不必要限制，建立了真正普遍协变的引力场方程。1916 年春天，爱因斯坦写了一篇总结性的论文《广义相对论的基础》；同年底，又写了一本普及性小册子《狭义与广义相对论浅说》。

**图 6-12   爱因斯坦正在讲解
广义相对论**

---

① 爱因斯坦文集，第二卷.商务印书馆,1979.268

爱因斯坦研究广义相对论,经历了一条比建立狭义相对论更漫长,也更艰难的探索道路。从 1907 年到 1916 年的九年时间,他的思想发展过程可划分为三个阶段:从 1907 年冬到 1912 年春的 4 年多时间里,他确立了广义相对论的两个基本原理;从 1912 年夏到 1915 年夏解决了广义相对论的数学表述;1915 年完成了普遍协变的引力场方程。

广义相对论的结构体系可以表示为如图 6-13。

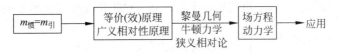

图 6-13　广义相对论的结构体系

迄今为止,广义相对论的应用主要是在宇观领域,即宇宙学和天体物理学方面。从广义相对论出发建立起来的引力理论是目前最好的一种引力理论。在现有的几种与广义相对论竞争的理论中,广义相对论占有明显的优势,不过它是不是惟一可能的正确理论,尚未有定论。所以人们非常关心对广义相对论的实验检验,并且期望通过各种实验检验,进一步丰富和发展这一理论。

6.6　广义相对论的实验验证

在广义相对论建立之初,爱因斯坦提出三项实验检验。一是水星近日点的进动,二是光线在引力场中的弯曲,三是光谱线的引力红移。其中只有水星近日点进动是已经确认的事实,其余两项只是到后来才陆续得到证实。20 世纪 60 年代以后,又有人提出观测雷达回波延迟、引力波等方案。通过实验检验,广义相对论越来越被人们接受。现在各种实验仍在继续进行。下面我们分别作些介绍。

6.6.1　水星近日点进动

1859 年法国天文学家勒维里埃(Le Verrier)发现水星近日点进动的观测值,比根据牛顿定律推算的理论值每百年快 $38''$(角秒)。他猜测可能在水星以内还有一个小行星,这小行星对水星的引力导致两者不符,可是经过多年的摸索,始终未找到这颗假想的小行星。1882 年,美国天文学家纽科姆(S. Newcomb)对这个问题进行了更仔细的计算,得出水星近日点的多余进动值为 $43''$/百年。他提出,有可能是发出黄道光的弥漫物质使水星的运动受到阻尼。但是这又不能解释其他几颗行星也有类似的多余进动。纽科姆于是怀疑引力是否服从平方反比定律。后来又有人用电磁理论来解释水星近日点进动的反常现象,均未获成功。

1915 年,爱因斯坦根据广义相对论,把行星的绕日运动看成是它在太阳引力场中的运动,由于太阳的质量造成周围空间发生弯曲,使行星每公转一周近日点产生的进动为

$$\varepsilon = 24\pi^3 \frac{a^2}{T^2 c^2 (1 - e^2)}$$

其中 a 为行星的长半轴,c 为光速,以 cm/sec 表示,e 为偏心率,T 为公转周期。

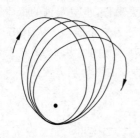

图 6-14 水星近日点的进动

对于水星，计算出 $\varepsilon = 43''/$百年，正好与纽科姆的结果相符，一举解决了牛顿引力理论几十年未能解决的悬案。这个结果成了当时广义相对论最有力的一个证据。

水星是最接近太阳的内行星。离中心天体越近，引力场越强，时空弯曲的曲率就越大，如图 6-14。再加上水星轨道的偏心率比较大，所以进动的修正值也比其他行星大。表 6-2 列出了近年来观测所得的太阳系几个内行星以及小行星伊卡鲁斯每百年多余进动值。

表 6-2 行星近日点多余进动				
行星	长半轴 $a(10^6\,\text{km})$	偏心率 e	公转次数/百年	多余进动值（角秒/百年）
				理论值	观测值
水星	57.91	0.2056	415	43.03	43.11 ± 0.45
金星	108.21	0.0068	149	8.6	8.4 ± 4.8
地球	149.60	0.0167	100	3.8	5.0 ± 1.2
伊卡鲁斯	161.0	0.827	89	10.3	9.8 ± 0.8

从列出的数据可以看出，理论值和观测值在误差的范围内都相符。

6.6.2 光线在引力场中的弯曲

1911 年爱因斯坦在"引力对光传播的影响"一文中就讨论过光线经过太阳附近时由于太阳引力的作用会产生弯曲。当时他把坐标系等价原理运用于经典理论推算出偏角为

$$\alpha \approx \frac{2GM}{c^2 r}$$

其中 G 为引力常数，M 为太阳质量，c 为光速，r 为光线至太阳中心的距离（如图 6-15）。以 r 等于太阳半径 R_0 代入上式，得

$$\alpha \approx 0.83''$$

爱因斯坦还提出，这一现象可以在日全食时进行观测，他表示希望天文学家进行这项实地考察。

1914 年德国天文学家弗劳德（E. F. Freundlich）曾率队去克里木半岛准备对当年 8 月间的日食进行观测。正值第一次世界大战爆发，观测未能进行。

同年爱因斯坦根据完整的广义相对论对光线在引力场中的弯曲重新作了计算，这时他不仅考虑到太阳引力的作用，还考虑到太阳质量导致空间几何形变，光线的偏角为

$$\alpha \approx \frac{4GM}{c^2 R_0} \approx 1.75''$$

当距离大于太阳半径时可表示成

$$\alpha \approx 1.75'' R_0 / r$$

广义相对论的结果是经典理论的两倍,孰是孰非。有待实际观测的检验。

　　1919 年日全食期间,英国皇家学会和皇家天文学会派出了由爱丁顿(A. S. Eddington)等人率领的两支观测队分赴西非几内亚湾的普林西比(Principe)岛和巴西的索布腊尔(Sobral)两地观测。经过比较,两地观测结果分别为 $1.61'' \pm 0.30''$ 和 $1.98'' \pm 0.12''$。把当时测到的偏角数据跟爱因斯坦的理论预期效应画在一起,可以看出测量结果与广义相对论的预计基本相符(如图 6-16)。

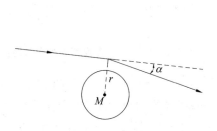 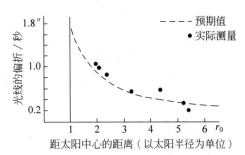

图 6-15　光线在引力场中弯曲　　　　图 6-16　偏角随距离的变化

　　不过 1919 年的观测精度仅为 30%。实在太粗略了。因此 1922 年以后,每逢日全食都有人进行观测。其结果如表 6-3。

表 6-3　历年日全食测到的引力偏角

日　　　期	地　　　点	偏角(角秒)
1922.9.21	澳大利亚	1.72 ± 0.11
1929.5.9	印度尼西亚	2.24 ± 0.10
1936.6.19	前苏联	2.73 ± 0.26
1947.5.20	巴西	2.01 ± 0.27
1952.2.25	苏丹	1.70 ± 0.10
1973.9	毛里塔尼亚	1.66 ± 0.18

　　观测结果大多比预期值略大,原因可能是太阳表面发射有某种耗散物质。看来仅在日全食期间直接观测太阳引起的星光弯曲,太受环境的约束,日食时气象条件一般都较差,可以看到的星数少,难以得到更精确的结果。

　　早在 1913 年爱因斯坦就曾去信(参看图 6-18)美国天文学家黑尔(G. Hale)询问有无可能在日全食之外观测星光的引力弯曲。回答是否定的,但 20 世纪后半世纪发展起来的射电天文学克服了这一困难。进入 20 世纪 60 年代,用射电望远镜发现了类星射电源。20 世纪 70 年代射电干涉仪已可测量 0.01 角秒的角位差,分辨率高达 2×10^{-4} 角秒。例如:类星体 3C279,每年十月初被太阳遮掩,都可进行观测。1974 年和 1975 年对类星体观测的结果为

$$\alpha = (1.761'' \pm 0.016'') r^{-1.02 \pm 0.03}$$

或

$$\alpha = (1.007 \pm 0.009) 1.75'' r^{-1.02 \pm 0.03}$$

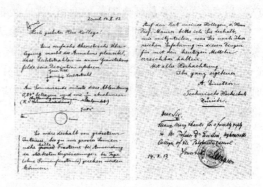

图 6-17　1930 年爱因斯坦和爱丁顿在一起　　图 6-18　1913 年 10 月 14 日爱因斯坦给黑尔的信件

　　引力透镜效应使人们有可能不依赖太阳引力而从别的途径观测到光线的引力弯曲现象，为间接地检验广义相对论作出贡献。这一效应也是爱因斯坦最先预见到的。1936 年他还作了详细计算，但对能否观测到表示没有信心。几十年过去了，人们对这可能的效应讨论得很多，但始终没有观测到。20 世纪 60 年代里，人们用引力透镜效应解释刚刚发现的类星体（如图 6-19），很有说服力，却一直没有得到确证。

图 6-19　引力透镜示意图

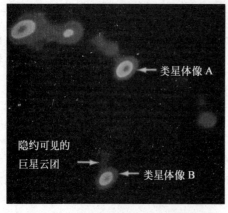

图 6-20　用现代大型射电望远镜阵列
VLA 拍摄到的引力透镜成像

　　1979 年 3 月 29 日，瓦尔希（Walsh）等人用 2.1 米光学望远镜发现了一对相距 5.7 角秒的类星体 0957±561A，B，它们的亮度差不多，等级均为 17 等，光谱中有相同的发射谱系，谱线的宽度和强度相同。谱线的红移也相同，由此确定它们的退行速度均为光速的 70.7%。人们推断，这一对孪生类星体可能就是经过引力透镜放大后形成的双像。不久用高分辨率的射电望远镜观测，这两颗星不但在可见光波段内辐射相同，在射电波段内也相同，而且还找到了引起引力透镜效应的星系团。除了 0957±561A，B 之外，天文学家还找到另外一些引力透镜的例证。图 6-20 是现代大型射电望远镜阵列 VLA 拍摄的引力透镜成像的照片,图中可以隐约见到巨星系团,其上方和下方各有一个相似的类星体 A 和 B。这些研究从另一侧面证明了光线的引力弯曲。

6.6.3 光谱线引力红移

广义相对论指出,在强引力中时钟要走得慢些,因此从巨大质量的星体表面发射到地球上的光的谱线,会向光谱的红端移动,这就是谱线的引力红移效应。1911 年爱因斯坦在那篇讨论"引力对光传播的影响"的论文中,以 φ 表示太阳表面与地球之间的引力势差,ν_0,ν 分别表示光线在太阳表面和到达地球时的频率,得

$$\frac{\nu_0 - \nu}{\nu_0} = -\frac{\varphi}{c^2} = 2 \times 10^{-6}$$

爱因斯坦指出这一结果与法布里(C. Fabry)、布依松(Boisson)等人 1909 年的实验数据在量级上相符。法布里和布依松曾测量过谱线精细结构向光谱红端的移动,不过,他们当时误认为是由于吸收层的压力的影响。

1. 天文观测

1925 年美国威尔逊山天文台的亚当斯(W. S. Adams)观测了天狼星的伴星天狼 A。这颗伴星是所谓的白矮星,其密度比铂大 2000 倍。观测它发出的谱线,得到的频移与广义相对论的预计基本相符。

但是要进一步从天文观测寻找引力红移的证据遇到了很大困难,主要是因为引力红移比相对运动造成的多普勒频移还要小,两者难以区分。20 世纪 60 年代,对太阳红移的观测最好的结果是预期值的 (1.05 ± 0.05) 倍,对白矮星的观测比较有效,但却难以确定其引力势,因此理论值与观测值的比较仍有困难。1971 年,格林斯坦(J. L. Greenstein)等人利用一种精巧的衍射技术,测出天狼星伴星的红移为 $\Delta\nu/\nu = (30 \pm 5) \times 10^{-5}$,而理论值为 $\Delta\nu/\nu = (28 \pm 1) \times 10^{-5}$,相对偏差小于 7%。

2. 用穆斯堡尔效应测引力红移

20 世纪 50 年代以后,由于穆斯堡尔效应的发现,人们可以在实验室里进行引力红移实验,验证广义相对论的工作取得了突破性进展。1958 年德国物理学家穆斯堡尔(R. L. Mössbauer)发现,如果把发射 γ 光子和吸收 γ 光子的原子核束缚在大块晶体的晶格中,就可以实现无反冲的 γ 光子发射和吸收,从而得到分辨率极高的 γ 射线共振吸收。这一发现刚一发表,就有人想到利用其分辨率极高的特点来检验广义相对论。因为在地面上引力频移与重力势能有关,物体从高度为 h 处下落到地面,频移等于 $\frac{\Delta\nu}{\nu} = \frac{gh}{c^2} \approx 1.1 \times 10^{-16} h$,其中 g 为重力加速度。如果 $h = 100$m,得 $\Delta\nu/\nu \approx 10^{-14}$。这一频移虽然极为微小,用穆斯堡尔效应还是有可能检测得到。

1959 年,美国的庞德(R. v. Pound)和雷布卡(G. Rebka)首先提出应用穆斯堡尔效应检测引力频移的方案。接着他们成功地进行了实验。他们把 ^{57}Co γ 放射源放在哈佛大学杰

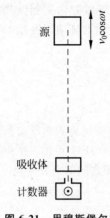

源

$v_0\cos\omega t$

吸收体

计数器

图 6-21　用穆斯堡尔效应测重力频移

佛逊物理实验室一座 22.6 米高的塔上，把 ^{57}Fe 吸收体和闪烁计数器放在塔底，如图 6-21。垂直距离 22.6 米，预计引力频移不大于 2.5×10^{-15}，比 ^{57}Fe 的 14.4keV γ 辐射的线宽 1.13×10^{-12} 窄得多。为了测量这么微小的效应，他们在放射源上加一简谐驱动，使放射源以声频作上下方向的简谐运动。这样就在微小的引力频移上迭加较大的多普勒频移，从计数率的变化求出引力频移。

为了减小干扰，他们还采取了另外两个措施。一是用聚酯薄膜圆筒把 γ 射线的通道圈起来，圆筒内通以氦气，以防 γ 射线被空气吸收；二是注意温度均匀，并在实验中对换放射源和吸收体的位置，进行上升和下降的对称实验，以消除由于温度不均匀引起的系统误差。他们得到的结果是 $(5.13\pm0.51)\times10^{-15}$，相当于 $\Delta\nu/\nu=(2.57\pm0.26)\times10^{-15}$，与理论值 2.46×10^{-15} 比较，比值是 1.05 ± 0.10。

后来，庞德和斯尼德尔(Snider)改进了这一实验，加强恒温措施，增进控制系统和电子系统的稳定性，加大放射源强度，1965 年他们发表的实验结果为理论值的 0.9990 ± 0.0076，偏差小于 1%。

3. 用原子钟测量引力红移

当原子钟的构想刚刚出现，就有人想到用它来检验广义相对论。

1940 年，美国物理学家拉比(I. I. Rabi)和他的小组曾经设想用原子钟测不同高度的引力红移。他们准备在山顶和山下分别测原子钟的频率，认为有可能从两者之差作出判断。这个愿望直到 20 世纪 70 年代才实现。

1971 年，海菲勒(J. C. Hafele)和凯丁(R. E. Keating)用几台铯原子钟比较不同高度的计时率。在地面上放一台作为参考钟，其余几台由民航机携带登空，在 1 万米高空沿赤道环绕地球航行。实验结果不仅包括引力频移引起的计时差，还伴有由于相对于惯性参照系引起的时间延缓。飞行速度是飞机对地面速度与地球自转速度的复合，因此东—西和西—东飞行的运动学效果不一样。表 6-4 列出了实验测量结果。

表 6-4　海菲勒-凯丁的测量结果

	原子钟观测到的时间延迟（单位：10^{-9}秒）	
	东—西行	西—东行
实验值	-57	277
	-74	284
	-55	266
	-51	266
平均值	-59 ± 10	273 ± 7
运动学修正	-184 ± 18	96 ± 10
剩余	125 ± 21	177 ± 12
理论预期值	144 ± 14	179 ± 18

比较理论预期值与观测结果,两者在 10％内相符。

1977 年阿勒(C. O. Alley)用铷钟做了类似实验,结果在 2％内相符。

1980 年魏索特(R. F. C. Vessot)等人用氢原子钟做实验。他们把氢原子钟用"探索号"火箭发射至一万公里太空,然后降落到地面,得

$$\left(\frac{\Delta\nu}{\nu_e}\right)_{\text{实验}}\Big/\left(\frac{\Delta\nu}{\nu_e}\right)_{\text{引力红移}} = 1 + (2.5 \pm 70) \times 10^{-6}$$

其中 ν_e 表示地面钟的频率。这一结果相当于理论值和实验值相差不大于 $\pm 7 \times 10^{-5}$。

6.6.4　雷达回波延迟

光线经过大质量物体附近的弯曲现象可以看成是一种折射,相当于光速减慢,因此从空间某一点发出的信号,如果途经太阳附近,到达地球的时间将有所延迟。1964 年,麻省理工学院夏皮罗(I. I. Shapiro)首先提出这个建议。他的小组先后对水星、金星与火星进行了雷达实验,图 6-22 是 1971 年发表的曲线,表明雷达回波确有延迟现象。图中的"上合"点相当于太阳边缘"触及"地球与金星的联线。这时出现了最大延时。整个运行时间约半小时,最大延时约 200 微秒。实验中遇到了相当多困难,其中主要是回波信号太弱。雷达波从地面发射时功率虽达 300 千瓦,可是回波功率仅为 10^{-21} 瓦。再加上各种干扰和星体表面的复杂因素,实验精度难以提高。近年来开始有人用人造天体作为反射靶,实验精度有所改善。这类实验所得结果与广义相对论理论值比较,相差大约 1％。

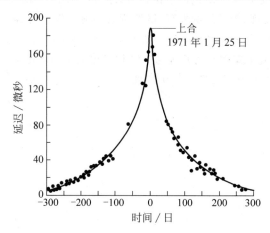

图 6-22　从金星返回的雷达回波数据(1971 年)

6.6.5　引力波

引力波的预见最早也是爱因斯坦提出的。几十年过去了,一直没有迹象表明它的存在,连爱因斯坦本人在内的广大物理学家也不相信能观测到,因为引力波即使有,其强度也极为微弱。人们猜测,也许某些特殊天体有可能发出足够强大的引力波。为此美国马里兰大学的韦伯(J. Weber)专门安装了巨大的引力波天线。1969 年他宣布接收到了来自

银河中心的爆发式的引力波讯号，一时间轰动了全球，从那时起，掀起了探测引力波的热潮。但是他的结果后来未能重复，人们认为，他得到的可能是误信号，因为所用设备还不够灵敏。

后来从另一条途径间接地证明了引力波的存在。这就是通过脉冲双星的观测。

6.6.6　脉冲双星的观测

1974 年，赫尔斯（Russell A. Hulse）和小约瑟夫·泰勒（Joseph H. Taylor, Jr）发现了第一颗脉冲双星 PSR 1913＋16（PSR 代表脉冲星，1913＋16 表示脉冲星在天空的位置）。这是两个非常特殊的小天体，每个天体的半径只有大约十公里，但其质量却相当于太阳，两者的距离甚近，仅为月地距离的几倍。在人们对脉冲星体系追踪了几年之后，一个非常重要的观测结果就得到了。人们发现，它们的轨道周期不断减小：两个天体在越来越紧缩的轨道上越来越快地互相绕着旋转，相当于轨道周期每年大约减小 1 秒的百万分之 75，经过时间足够长的观测，可以精确地进行测量。这一变化之所以发生，根据爱因斯坦在 1916 年对相对运动的质量所作的预言，是因为这个体系正以引力波的形式发射能量。经过十几年积累的大量数据证明，广义相对论的理论计算值与观测值相符在约千分之五以内。这是广义相对论迄今为止所得到的最可靠的实验验证。为此赫尔斯和小约瑟夫·泰勒分享了 1993 年诺贝尔物理学奖。

用天文学观测检验广义相对论的事例还有许多（详见第 12 章）。例如：有关宇宙膨胀的哈勃定律、黑洞的发现、中子星的发现、微波背景辐射的发现等等。通过各种实验检验，广义相对论越来越令人信服。然而，有一点应该特别强调：尽管广义相对论引力理论是目前最好的一种引力理论；在现有的几种与广义相对论竞争的理论中，广义相对论占有明显的优势，但我们仍然不能说它是惟一的正确理论。

第7章

早期量子论和量子力学的准备

7.1 历史概述

19世纪末一系列重大发现,揭开了近代物理学的序幕。1900年普朗克为了克服经典理论解释黑体辐射规律的困难,引入了能量子概念,为量子理论奠下了基石。随后,爱因斯坦针对光电效应实验与经典理论的矛盾,提出了光量子假说,并在固体比热问题上成功地运用了能量子概念,为量子理论的发展打开了局面。1913年,玻尔在卢瑟福有核模型的基础上运用量子化概念,对氢光谱作出了满意的解释,使量子论取得了初步胜利。从1900年到1913年,可以称为量子论的早期。

以后,玻尔、索末菲和其他许多物理学家为发展量子理论花了很大力气,却遇到了严重困难。要从根本上解决问题,只有待于新的思想,那就是"波粒二象性"。光的波粒二象性早在1905年和1916年就已由爱因斯坦提出,并于1916年和1923年先后得到密立根光电效应实验和康普顿X射线散射实验证实,而物质粒子的波粒二象性却是晚至1923年才由德布罗意提出。这以后经过海森伯(W. K. Heisenberg,1901—1976)、薛定谔(E. Schrödinger,1887—1961)、玻恩(Max Born,1882—1970)和狄拉克(P. A. M. Dirac,1902—1984)等人的开创性工作,终于在1925—1928年形成完整的量子力学理论,与爱因斯坦相对论并肩形成现代物理学的两大理论支柱。本章介绍的是量子论的早期史和量子力学的准备。

7.2 普朗克的能量子假设

本书第5章中讲到普朗克在黑体辐射的维恩公式和瑞利公式之间寻求协调统一,找到了与实验结果符合极好的内插公式,迫使他致力于从理论上推导这一新定律。

关于这个过程，普朗克后来回忆道：

"即使这个新的辐射公式证明是绝对精确的，如果仅仅是一个侥幸揣测出来的内插公式，它的价值也只能是有限的。因此，从 10 月 19 日提出这个公式开始，我就致力于找出这个公式的真正物理意义。这个问题使我直接去考虑熵和概率之间的关系，也就是说，把我引到了玻尔兹曼的思想。"[①]

这里指的熵和概率的关系就是玻尔兹曼对热力学第二定律所作的统计解释。玻尔兹曼在 1877 年提出，一个系统的任意状态的熵 S 和该系统的热力学概率 W 的对数成正比，即

$$S \propto \ln W$$

所谓系统的热力学概率，指的是对应于宏观状态的微观状态数。每种微观状态表示能量在分子中的一种分配方式（也称为配容），各种分配方式的机会均等，也即配容数相等。（参看 2.8 节）

普朗克不同意统计观点，曾经跟玻尔兹曼有过论战。他认为，概率定律每一条都有例外，而热力学第二定律则普遍有效，所以他不相信这一统计解释。

但是，经过几个月的紧张努力，普朗克从热力学的普遍理论，没有能直接推出新的辐射定律。最后，只好"孤注一掷"用玻尔兹曼的统计方法来试一试。

玻尔兹曼的方法首先要求把能量分成一份一份，分给有限个数的谐振子，就像分配给单个的分子原子那样。设能量 E 划分为 P 个相等的小份额 ε（能量元），即

$$E = P\varepsilon$$

这些能量元 ε 在 N 个谐振子中可以按不同的比例分给单个谐振子。假设有 W 种分配方式（配容数），根据排列组合法则，可得

$$W = \frac{(N+P-1)!}{(N-1)!P!}$$

由于 $N, P \gg 1$，利用斯特林(Stirling)公式：$\ln x! = x \ln x - x$，得

$$W = (N+P)^{N+P}/N^N P^P \tag{7-1}$$

将式(7-1)取对数，得

$$\ln W = (N+P)\ln(N+P) - N\ln N - P\ln P$$

因为 N 个谐振子系统的熵 S_N 是单个谐振子的熵的 N 倍，即 $S_N = NS$，单个谐振子的平均能量

$$U = \frac{E}{N} = \frac{P\varepsilon}{N}, \quad \text{而} \quad S_N = k\ln W$$

其中 k 称为玻尔兹曼常数，得

$$S = k\left[\left(1+\frac{U}{\varepsilon}\right)\ln\left(1+\frac{U}{\varepsilon}\right) - \frac{U}{\varepsilon}\ln\frac{U}{\varepsilon}\right] \tag{7-2}$$

从热力学公式 $\dfrac{1}{T} = \dfrac{\mathrm{d}S}{\mathrm{d}U}$ 可求出

$$\frac{1}{T} = \frac{k}{\varepsilon}\left[\ln\left(1+\frac{U}{\varepsilon}\right) - \ln\frac{U}{\varepsilon}\right]$$

于是得

$$U = \frac{\varepsilon}{\mathrm{e}^{\varepsilon/kT}-1} \tag{7-3}$$

---

① 赫尔曼著.周昌忠译.量子论初期史.商务印书馆,1980.19

另一方面,普朗克通过熵的运算,得到了与维恩位移定律相当的熵函数,对于一个谐振子系统,熵 S 是系统能量 U 与频率 ν 之商的函数,即 $S = f\left(\dfrac{U}{\nu}\right)$。普朗克于 1900 年 12 月 14 日在德意志物理学会上作了题为《论正常光谱中的能量分布定律》的报告,文中写道:

"可见,对于在任意透热介质中振动的振子而言,决定其熵值的,除了一些普适常数外,只有一个变量 $\dfrac{U}{\nu}$。这个方程是我所知的维恩位移定律的最简单的形式。"[1]

接着,普朗克作出了具有历史意义的决断,他继续写道:

"如果将维恩定律的这一公式和关于 S 的方程(7-2)一起考虑,就会发现能量单元 ε 一定和频率成正比,即

$$\varepsilon = h\nu$$

因此有

$$S = k\left[\left(1 + \frac{U}{h\nu}\right)\ln\left(1 + \frac{U}{h\nu}\right) - \frac{U}{h\nu}\ln\frac{U}{h\nu}\right]$$

这里 h 和 k 是普适常数"。

于是,公式(7-3)就可改写为

$$U = \frac{h\nu}{e^{h\nu/kT} - 1}$$

或能量密度

$$u = \frac{8\pi h\nu^3}{c^3} \cdot \frac{1}{e^{h\nu/kT} - 1}$$

普朗克还根据黑体辐射的测量数据,计算出普适常数 h 值:$h = 6.65 \times 10^{-27}$ 尔格·秒 $= 6.65 \times 10^{-34}$ 焦·秒。

(b) 能量密度公式

(c) 普适常数 h

(a) 第一页

图 7-1　普朗克的论文

(发表在 Annalen der Physik, v.4(1901)553)

① 沙摩斯著. 史耀远等译. 物理史上的重要实验. 科学出版社,1985.374

　　后来人们称这个常数为普朗克常数（就是普朗克所谓的"作用量子"），而把能量元称为能量子。1900年12月14日往往被人们看成是量子物理学的诞生日。1918年诺贝尔物理学奖授予普朗克，以承认由于他发现能量子对物理学的进展所作的贡献。

　　能量子假设的提出，具有划时代的意义。但是，不论是普朗克本人还是他的同时代人当时对这一点都没有充分认识。在20世纪的最初5年内，普朗克的工作几乎无人问津，普朗克自己也感到不安，总想回到经典理论的体系之中，企图用连续性代替不连续性。为此，他花了许多年的精力，但最后还是证明这种企图是徒劳的。

7.3　光电效应的研究

　　爱因斯坦最早明确地认识到，普朗克的发现标志了物理学的新纪元。1905年，爱因斯坦在著名论文《关于光的产生和转化的一个试探性的观点》中，发展了普朗克的能量子概念。他提出了光量子假说，并用之于光的发射和转化上，很好地解释了光电效应等现象。后来，爱因斯坦称这篇论文是非常革命的，因为它为研究辐射问题提出了崭新的观点。

7.3.1　爱因斯坦的光量子理论

　　爱因斯坦在那篇论文中，总结了光学发展中微粒说和波动说长期争论的历史，揭示了经典理论的困境，提出只要把光的能量看成不是连续分布，而是一份一份地集中在一起，就可以作出合理的解释。他写道：

　　"确实现在在我看来，关于黑体辐射、光致发光、紫外光产生阴极射线（按：即光电效应）以及其他一些有关光的产生和转化的现象的观察，如果用光的能量在空间中不是连续分布的这种假说来解释，似乎就更好理解。按照这里所设想的假设，从点光源发射出来的光束的能量在传播中不是连续分布在越来越大的空间之中，而是由个数有限的、局限在空间各点的能量子所组成，这些能量子能够运动，但不能再分割，而只能整个地被吸收或产生出来。"[①]

　　也就是说，光不仅在发射中，而且在传播过程中以及在与物质的相互作用中，都可以看成能量子。爱因斯坦称之为光量子，也就是后来所谓的光子（photon）。光子一词则是1926年由路易斯（G. N. Lewis）提出的。

　　作为光量子理论的一个事例，爱因斯坦提到了光电效应。他解释说：

　　"能量子穿透物体的表面层，……最简单的设想是，一个光量子把它的全部能量给予了单个电子……。一个在物体内部被供给了动能的电子当它到达物体表面时已经失去了它的一部分动能。此外还必须假设，每个电子在离开物体时还必须为它脱离物体做一定量的功 P（这是物体的特性值——按：即逸出功）。那些在表面上朝着垂直方向被激发的电子，将以最大的法线速度离开物体。"[②]

---

①　爱因斯坦全集，第二卷.湖南科技出版社，2002.132
②　同上注，第142页。

这样一些电子离开物体时的动能应为　　$h\nu - P$

爱因斯坦根据能量转化与守恒原理提出,如果该物体充电至正电位 V,并被零电位所包围(V 也叫遏止电压),又如果 V 正好大到足以阻止物体损失电荷,就必有

$$eV = h\nu - P,$$

其中 e 即电子电荷。这就是众所周知的爱因斯坦光电方程。

爱因斯坦的光量子理论和光电方程,简洁明了,很有说服力,但是当时却遭到了冷遇。人们认为这种把光看成粒子的思想与麦克斯韦电磁场理论抵触,是奇谈怪论。甚至量子假说的创始人普朗克也表示反对。1913 年普朗克等人在提名爱因斯坦为普鲁士科学院会员时,一方面高度评价爱因斯坦的成就,同时又指出:"有时,他可能在他的思索中失去了目标,如他的光量子假设。"[①]

爱因斯坦提出光量子假设和光电方程,的确是很大胆的,因为当时还没有足够的实验事实来支持他的理论,尽管理论与已有的实验事实并无矛盾。爱因斯坦非常谨慎,所以论文题目取为一个试探性的观点(heuristischen gesichtspunkt)。爱因斯坦所谓的"非常革命性的",实际上指的就是"非常大胆的"。如果我们比较详细地回顾光电效应的发现史,就会更加佩服爱因斯坦的胆略。

7.3.2　光电效应的早期研究

1. 光电效应的发现

说来有趣。如果说光电效应是光的粒子性的实验证据,发现这一效应却是赫兹(H. Hertz)在研究电磁场的波动性时偶然作出的。这件事发生在 1887 年,当时赫兹正用两套放电电极做实验,一套产生振荡,发出电磁波;另一套充当接收器。为了便于观察,赫兹偶然把接收器用暗箱罩上,结果发现接受电极间的火花变短了。赫兹工作非常认真,用各种材料放在两套电极之间,证明这种作用既非电磁的屏蔽作用,也不是可见光的照射,而是紫外线的作用。当紫外线照在负电极上时,效果最为明显,说明负电极更易于放电。

2. 揭示光电效应的机制

赫兹的发现以论文《紫外线对放电的影响》发表于 1887 年。[②] 随即引起了广泛反响。1888 年,德国物理学家霍尔瓦克斯(W. Hallwachs)、意大利的里奇(A. Righi)和俄国的斯托列托夫(A. G. Staletov)几乎同时作了新的研究(图 7-2 是斯托列托夫的实验原理图)。实验表明负电极在光照射下(特别是紫外线照射下),会放出带负电的粒子,形成电流。1889 年,爱耳斯特(J. Elster)和盖特尔(H. F. Geitel)进一步指出,有些金属(如钾、钠、锌、铝等)不但对强弧

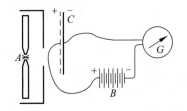

图 7-2　斯托列托夫的实验原理图

① 转引自:Pais A. Subtle is the Lord. . . . Oxford,1982. 382

② Hertz H. Annalen der Physik,vol. 31. 1887

光有光电效应,对普通太阳光也有同样效应,而另一些金属(如锡、铜、铁)则没有。对于锌板,要加+2.5伏电压,才能在光照之下保持绝缘。

1899年,J.J.汤姆孙测出了光电流的荷质比(实验原理如图7-3),计算得光电粒子的荷质比 e/m 与阴极射线的荷质比相近,都是 10^{11} 库仑/千克的数量级。这就肯定光电流和

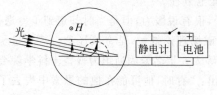

阴极射线实质相同,都是高速运动的电子流。原来光电效应就是由于光,特别是紫外光,照射到金属表面使金属内部的自由电子获得更大的动能,因而从金属表面逃逸到空间的一种现象。不过,这只是一种定性解释。要根据经典电磁理论建立定量的光电效应理论,却遇到了难以克服的困难。特别是1900年勒纳德的新发现使物理学家感到十分迷惑。

图 7-3 J.J.汤姆孙测光电流荷质比的实验原理图

7.3.3 勒纳德的新发现

勒纳德为了研究光电子从金属表面逸出时所具有的能量,在电极间加反向电压,直到使光电流截止,从反向电压的截止值(即遏止电压)V,可以推算电子逸出金属表面的最大速度。图7-4是勒纳德研究光电效应的实验装置。入射光照在铝阴极 A 上,反向电压加在阳极 E 与 A 之间。阳极中间挖了一个小孔,让电子束穿过,打到集电极 D 上。

勒纳德用不同材料做阴极,用不同光源照射,发现都对遏止电压有影响,惟独改变光的强度对遏止电压没有影响。

电子逸出金属表面的最大速度与光强无关,这就是勒纳德的新发现。

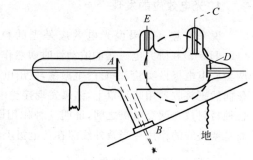

图 7-4 勒纳德研究光电效应的实验装置图

但是这个结论与经典理论是矛盾的。根据经典理论,电子接受光的能量获得动能,应该是光越强,能量也越大,电子的速度也就越快。

和经典理论有抵触的实验事实还不止此,在勒纳德之前,人们已经遇到了其他的矛盾,例如:

1. 光的频率低于某一临界值时,不论光有多强,也不会产生光电流,可是根据经典理论,应该没有频率限制。

2. 光照到金属表面,光电流立即就会产生,可是根据经典理论,能量总要有一个积累过程。

本来,这些矛盾正是揭露了经典理论的不足,可是,勒纳德却煞费苦心地想出了一个补救办法,企图在不违反经典理论的前提下,对上述事实作出解释。他在1902年提出触发假说,假设在电子的发射过程中,光只起触发作用,电子原本就是以某一速度在原子内

部运动,光照到原子上,只要光的频率与电子本身的振动频率一致,就发生共振,所以光只起打开闸门的作用,闸门一旦打开,电子就以其自身的速度从原子内部逸走。他认为,原子里电子的振动频率是特定的,只有频率合适的光才能起触发作用。他还建议,由此也许可以了解原子内部的结构。

勒纳德的触发假说很容易被人们接受,当时颇有影响。1905年,还没有当上专利局二级技术员的爱因斯坦提出了光量子理论和光电方程。就在这一年,勒纳德因阴极射线的研究获得了诺贝尔物理学奖。难怪人们没有对爱因斯坦的光电效应理论给予应有的重视。

7.3.4 密立根的光电效应实验

爱因斯坦的光量子理论没有及时地得到人们的理解和支持,并不完全是由于勒纳德的触发假说占有压倒优势,因为不久这一假说即被勒纳德自己的实验驳倒。爱因斯坦遭到冷遇的根本原因在于传统观念束缚了人们的思想,而他提出遏止电压与频率成正比的线性关系,并没有直接的实验依据。因为测量不同频率下纯粹由光辐射引起的微弱电流是一件十分困难的事。

直到1916年,才由美国物理学家密立根(Robert Millikan,1868—1953)作出了全面的验证。他的实验非常出色,主要是排除了表面的接触电位差、氧化膜的影响,获得了比较好的单色光。他选了三种逸出功较低的材料——Na,K,Li(均为碱金属)作为光阴极,置于特制的真空管中,分别接受光的照射,同时测其光电流,如图7-5。

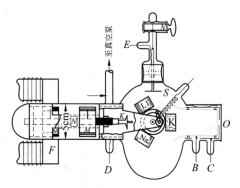

图7-5 密立根光电效应实验装置原理图

图7-6和图7-7是密立根1916年发表的两张实验曲线图。图7-6给出6种频率的单色光(对应于汞的6根谱线)照射下的光电流曲线,由此所得的遏止电压值与对应的频率得到图7-7中的直线。从直线的斜率求出普朗克常数 $h = 6.56 \times 10^{-34}$ 焦耳·秒,与普朗克1900年从黑体辐射求得的结果符合甚好。爱因斯坦对密立根光电效应实验作了高度评价,指出:"我感激密立根关于光电效应的研究,它第一次判决性地证明了在光的影响下电子从固体发射与光的振动周期有关,这一量子论的结果是辐射的粒子结构所特有的性质。"

正是由于密立根全面地证实了爱因斯坦的光电方程,光量子理论才开始得到人们的承认。后来他们两人分别获得了诺贝尔物理学奖。

密立根的光电实验是从1904年开始的,到1914年发表初步成果,历经十年,在1923年的领奖演说中,密立根公开承认自己曾长期抱怀疑态度,他说道:

"经过十年之久的实验、改进和学习,有时甚至还遇到挫折,在这之后,我把一切努力从一开头就针对光电子发射能量的精密测量,测量它随温度、波长、材料(接触电动势)改

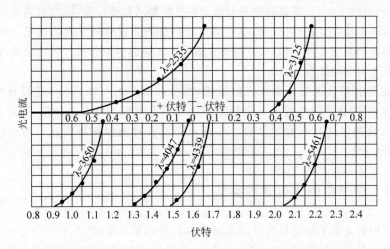

图 7-6　密立根发表的光电流曲线之一（曲线与横坐标的交点即为遏止电压）

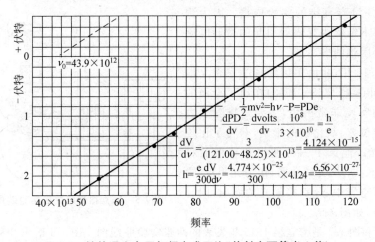

图 7-7　钠的遏止电压与频率成正比（从斜率可算出 h 值）

变的函数关系。与我自己预料的相反,这项工作终于在 1914 年成了爱因斯坦方程在很小的实验误差范围内精确有效的第一次直接实验证据,并且第一次直接从光电效应测定普朗克常数 h。"[1]

密立根并不讳言,他在做光电效应实验时,本来的目的是希望证明经典理论的正确性,甚至在他宣布证实了光电方程时,他还声称要肯定爱因斯坦的光量子理论还为时过早。

密立根对量子理论的保守态度有一定的代表性,说明量子理论在发展过程中遇到的阻力是何等的巨大!

---

① Milllikan R A. "Nobel Lecture" in Nobel Lectures：Physics,1922—1941. Elsevier, 1965. 61

7.4 固体比热

在量子论初期史中,固体比热的研究是继黑体辐射和光电效应之后的又一重大课题。1907 年爱因斯坦进一步把能量子假说用于固体比热,克服了经典理论的又一困难,并及时得到了能斯特(Walther Nernst,1864—1941)的实验验证和大力宣传,使量子论开始被人们认识,从而打开了进一步发展的局面。

7.4.1 固体比热的历史

固体比热是化学家和物理学家共同关心的问题。1819 年,化学家杜隆(P. L. Dulong,1785—1838)和物理学家珀替(A. T. Petit,1791—1820)在长期合作研究物质的物理性质与原子特性的关系之后,进行了一系列比热实验。他们选择的对象是各种固体,想通过比热研究其物理性质。在大量数据的基础上他们发现,对于许多物质原子量和比热的乘积往往是同一常数。由此总结出一条定律:所有简单物体的原子都精确地具有相同的热容量。

这个经验定律在分子动理论中得到解释。根据麦克斯韦-玻尔兹曼能量均分原理,如果每个原子都看成是谐振子,则定容原子热(按:原子热即摩尔热容)应为

$$C_V = 6 \times N \times \frac{1}{2} k = 3R \approx 6 \text{ 卡 / 克原子·度}$$

与杜隆-珀替的实验数据基本相符。

1864 年,化学家柯普(H. F. M. Kopp)将这一定律推广到化合物,解释了 1832 年纽曼(F. E. Neumann)的分子热定律。这个定律是说:化学式为 A_a, B_b, C_c 的化合物,其分子热容量等于

$$C = aC_A + bC_B + cC_C + \cdots$$

其中 $C_A, C_B, C_C, \cdots$ 分别为不同元素 $A, B, C, \cdots$ 的原子热。

这两个定律在实际上有重要的应用价值,因为根据杜隆-珀替定律可以从比热推算未知物质的原子量,而根据纽曼-柯普定律可以推算化合物的分子热。

然而,实验并不都与杜隆-珀替定律相符。人们早就知道较轻的某些固体:例如铍、硼、碳、硅,其原子热(摩尔热容)小于 $3R$,特别是金刚石,在常温下只有 1.8 卡/克原子·度。1872 年,H. F. 韦伯(Heinrich Friedrich Weber)经过仔细实验,发现在高温(约 1 300℃)时,金刚石的 C_V 值竟达到了 6 卡/克原子·度。这正是杜隆-珀替定律的标准结果,说明那些例外情况与物质的熔点高有关。以此类推,室温下原子热接近正常值的物质应在低温下偏离杜隆-珀替定律,这就引起了人们研究物质比热随温度变化的兴趣。随即,H. F. 韦伯的发现为许多实验家在低温下测量不同物质的比热实验所证实。1898 年贝恩(U. Behn)、1905 年杜瓦均有文章论述。温度越低,比热越小,已成为众所周知的事实。

H. F. 韦伯是苏黎世联邦工业大学的物理教授,他的工作成果自然会受到他的学生重视,而爱因斯坦早年就学于苏黎世时,正好听过他的讲课,并在他的实验室中工作过。

7.4.2   爱因斯坦对固体比热的研究

1906 年,爱因斯坦应用普朗克的量子假说于固体比热,发表了《普朗克的辐射理论和比热容理论》一文。他假设固体中所有原子都是以同一频率 ν 振动,每个原子有三个自由度,N 个原子的平均能量为

$$E = 3N \frac{h\nu}{\exp\left(\dfrac{h\nu}{kT}\right) - 1}$$

其中 N 为阿伏伽德罗常数,T 为绝对温度,由此得定容原子热为

$$C_V = \frac{\mathrm{d}\bar{E}}{\mathrm{d}T} = 3R \frac{\left(\dfrac{h\nu}{kT}\right)^2 \exp\left(\dfrac{h\nu}{kT}\right)}{\left[\exp\left(\dfrac{h\nu}{kT}\right) - 1\right]^2}$$

或如爱因斯坦那样,取 $\beta \equiv \dfrac{h}{k}$,得

$$C_V = 5.94 \frac{\left(\dfrac{\beta\nu}{T}\right)^2 \exp\left(\dfrac{\beta\nu}{T}\right)}{\left[\exp\left(\dfrac{\beta\nu}{T}\right) - 1\right]^2}$$

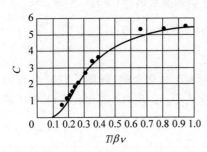

图 7-8   金刚石的原子热曲线

他引用 H. F. 韦伯的测量数据,与理论曲线比较(如图 7-8),理论和实验基本相符。

爱因斯坦写道:"必可期望,……在足够低的温度下,一切固体的比热容将随着温度的下降而显著下降。"[1]

爱因斯坦第一次用量子理论解释了固体比热的温度特性并且得到定量结果。然而,这一次跟光电效应一样,也未引起物理学界的注意。不过,比热问题很快就得到了能斯特的低温实验所证实,比光电效应要有利得多。有趣的是,能斯特从事低温下固体比热的测量,原来并不是为了检验爱因斯坦的比热理论,而是从自己的目的出发,为了检验他自己的热学新理论(参看 2.6 节)。实验的结果不仅证实了能斯特的理论,也给爱因斯坦提供了直接的证据。

7.4.3   能斯特的工作

能斯特的低温比热实验有相当难度。他要求把比热的测量做到液氢温度(氢的沸点为 $-252.9℃$,即 20.3K),可是氢的液化还刚由杜瓦实现不久,技术上存在很多问题。以前测低温下的比热,都是取很大一段温度间隔,得到的是比热的平均值,不能反映真实情

---

① 爱因斯坦全集,第二卷.湖南科技出版社,2002.145

况。为此,能斯特和他的学生作了重大改进。他们创制了真空量热计,温度间隔只需取 $1° \sim 2°$。这是一项十分细致的工作,因为待测的量极其微小。实验历时 3～4 年,直到 1910 年 2 月,才发表实验结果。能斯特在论文中宣称所得结果与爱因斯坦的理论定性相符。

为了探讨比热的理论,能斯特亲自到苏黎世访问爱因斯坦。能斯特本来并不相信量子理论,是他的学生林德曼(F. Lindemann)促使他接近量子理论。1910 年,林德曼发展了爱因斯坦的比热理论,并根据物质的熔点温度、分子量和密度计算原子振动频率,结果与实验所得光学吸收频率相符,使能斯特对爱因斯坦的工作产生了信心。当液氢温度下获得的新数据说明爱因斯坦的理论确实是解决比热问题的惟一途径时,能斯特写道:

"我相信没有任何一个人,经过长期实践对理论获得了相当可靠的实验验证之后(这可不是一件轻而易举的事),当他再来解释这些结果时,会不被量子理论强大的逻辑力量所说服,因为这个理论一下子澄清了所有的基本特征。"[1]

能斯特不只是宣布自己是量子理论的支持者,而且还促使这个理论进一步得到发展。他发现,当温度降到接近绝对零度时,比热并不是像爱因斯坦公式表示的那样按指数下降,而是下降得更慢一些。1911 年,能斯特与林德曼根据爱因斯坦的方程提出一经验公式

$$C_V = \frac{3R}{2}\left\{ \frac{\left(\frac{\beta\nu}{T}\right)^2 \exp\left(\frac{\beta\nu}{T}\right)}{\left[\exp\left(\frac{\beta\nu}{T}\right) - 1\right]^2} + \frac{\left(\frac{\beta\nu}{2T}\right)^2 \exp\left(\frac{\beta\nu}{2T}\right)^2}{\left[\exp\left(\frac{\beta\nu}{2T}\right) - 1\right]^2} \right\}$$

这是对爱因斯坦理论的重要补充。爱因斯坦旋即承认这是一个有价值的公式。其实,他早就申明过,用单一频率是为了简化,不可避免某些地方会造成理论和实验结果的分歧。

7.4.4　第一届索尔威会议

量子理论应用于比热问题获得成功,引起了人们的注意,有些物理学家相继投入这方面的研究。在这样的形势下,能斯特积极活动,得到比利时化学工业巨头索尔威(Ernest Solvay,1838—1922)的资助,促使有历史意义的第一届索尔威国际物理会议于 1911 年 10 月 29 日在比利时的布鲁塞尔召开,讨论的主题就是《辐射理论和量子》。在这次会议上,能斯特和爱因斯坦对比热问题都作了发言。他们的看法虽有不同,但在对待量子理论的态度上没有重大分歧。[2]

索尔威会议在宣传量子理论上起了很好的作用。与会者多是一流的科学家,他们把会议的内容带回各自的国家,影响到更多的同行。例如,卢瑟福回到英国,曾与玻尔详细讨论过索尔威会议的内容,法国的路易斯·德布罗意从他兄长莫里斯·德布罗意编辑的索尔威会议文集中获得了会议的信息,引起了极大的兴趣。他们两人后来都对量子理论的发展做出了卓越的贡献。索尔威会议以后每隔 3～4 年召开一次,每一次都及时地讨论了重大的科学前沿问题,对物理学的发展起了推动作用。

---

① Klein M J. Science,1965(148):176
② Mehra J. The Solvay Conference on Physics. Reidel,1975

图 7-9　第一届索尔威国际物理会议

图中从左到右，坐者：能斯特、布里渊、索尔威、洛伦兹、瓦伯、佩兰、维恩、居里夫人、彭加勒；站者：哥茨米特、普朗克、鲁本斯、索末菲、林德曼、莫里斯·德布罗意、克努曾、海申诺尔、霍斯特勒、赫森、金斯、卢瑟福、卡麦林-昂纳斯、爱因斯坦、朗之万

7.5　原子模型的历史演变

　　电子的发现，证明原子内含有确定数目的电子，而光谱的发射似乎与电子的行为有密切关系。这个问题的澄清有极为重要的意义。在这以前，人们对原子的内部状态一无所知，只能把原子看成是一个不可分的整体，顶多假设它是一个谐振子在作机械运动或是一个赫兹振子在作电磁振荡。从这些假设出发，虽然也可进行数学计算，但却无助于物质结构的了解。只有在发现电子和确证原子可分之后，才有可能真正建立原子结构的模型，探索原子结构的理论，从而对光谱的发射和其他原子现象作出正确的解释。

　　所谓原子结构模型（以下我们简称为原子模型），实际上也就是针对下列问题给出答案：原子内部有带负电的电子，但原子是中性的，所以必定还有带正电的部分，这些正电荷具有什么性质？是怎样分布的？正、负电荷之间如何相互作用？原子内究竟有多少电子？电子的数目如何确定？怎样才能保持原子的稳定状态？怎样解释元素的周期性？怎样解释线光谱？怎样解释放射性？等等。

　　面对这些问题，物理学家们根据自己的实践和见解从不同的角度提出各种不同的模型。经过实践的检验，有的成功，有的失败。下面选取一些有代表性的例子来说明原子模型的历史演变。

7.5.1　长冈的土星模型

　　长冈半太郎（1865—1950）是日本东京大学教授，1903 年根据麦克斯韦的土星卫环理论推测原子的结构，他的论文《用粒子系统的运动学阐明线光谱、带光谱和放射性》发表于

1904 年《哲学杂志》。在论文中,长冈写道:

"我要讨论的系统,是由很多质量相同的质点,连接成圆,间隔角度相等,互相间以与距离成平方反比的力相互排斥。在圆中心有一大质量的质点对其他质点以同样定律的力吸引。如果这些互相排斥的质点以几乎相同的速度绕吸引中心旋转,只要吸引力足够大,即使有小的干扰,这系统一般将保持稳定。"[1]

然后,长冈仿照麦克斯韦的理论进行计算,说明电子运动和光谱的关系。

虽然长冈的理论很不完善,但他实际上已经提出了原子核的观念,为后来卢瑟福的有核原子模型开辟了道路。

其实,核的观念并不是长冈首先提出来的,在他之前,斯坦尼讨论过这种可能性,1901年佩兰(J. B. Perrin)在论文中也曾假设过类似的模型,即原子有正核,外面围绕着负电子,电子沿轨道运行的频率是辐射的光波频率。还有,洛奇也曾指出,麦克斯韦的土星系也许适用于电子系统。可见,原子的有核模型由来已久,只是未获充分证据而已。然而,它的致命弱点是无法满足经典理论提出的稳定性要求,所以长冈的论文发表不久,就有人写文驳斥。

7.5.2　勒纳德的中性微粒模型

1902 年勒纳德已经接受了阴极射线是电子束的结论。这时他对赫兹和他自己发现的阴极射线穿透金属箔的现象作出新的解释。他认为这件事说明金属中的原子并非实心的弹性球,其中必有大量的空隙。他假设原子内的电子和相应的正电荷组成中性微粒,取名为"动力子"(dynamids),无数动力子浮游在原子内部的空间。

他的模型未获实验证实,因此影响不大。

7.5.3　里兹的磁原子模型

1908 年里兹提出原子光谱的组合原理,同时也指出:从已知光谱规律来看,这些规律仅仅涉及频率 ν,而不涉及 ν^2,可见电子所受作用力不是与其位移成正比,而是与其速度成正比。根据电磁理论,这种情况正好与电荷在电磁场中运动的情况相当。由此他提出一个假说,光谱线的频率决定于磁场作用力。

里兹进一步假设磁场是由分子磁棒产生的,磁分子的磁极强度为 μ,磁极距离为 l,电荷 e 处于沿磁棒轴线上距最近的磁极为 r 的某一点上,该点磁场为

$$H = \mu\left[\frac{1}{r^2} - \frac{1}{(r+l)^2}\right]$$

在磁场作用下,电荷 e 将在与磁场垂直的平面内作螺旋运动,频率为 $\frac{eH}{2\pi mc}$(其中 c 为光速)

---

[1]　Nagaoka H. Phil. Mag.(6),Vol. 7,1904:445～455

所以
$$\nu = \frac{eH}{2\pi mc} = \frac{\mu e}{2\pi mc}\left[\frac{1}{r^2} - \frac{1}{(r+l)^2}\right]$$

这个方程与氢光谱的巴耳末公式

$$\nu = R\left[\frac{1}{a^2} - \frac{1}{(a+n)^2}\right]$$

完全对应。

里兹根据电磁理论,进一步推测分子磁棒是由圆柱形的电子沿轴旋转。(有趣的是,他比乌伦贝克和高斯密特的自旋电子概念还早17年!)里兹还推导出光谱的一些性质,与实验结果很符合。

7.5.4　汤姆孙的实心带电球模型

J.J.汤姆孙的原子模型在1910年之前是影响最大的一种。他根据1902年开尔文提出的实心带电球的想法,对原子结构进行了长期的研究,于1904年发表论文《论原子的构造:关于沿一圆周等距分布的一些粒子的稳定性和振荡周期的研究》。[①] 在这篇论文里,他运用经典力学理论,根据电荷之间的平方反比作用力,进行了大量计算,求证电子稳定分布所应处的状态。他假设原子带正电的部分像"流体"一样均匀分布在球形的原子体积内,而负电子则嵌在球体的某些固定位置。电子一方面要受正电荷的吸引,一方面又要自相排斥,因此,必然有一种状态可使电子平衡。他证明这些电子必然组成环,然而六个以上的电子不能稳定在一个环上,数目更多就要组成两个以上的环。汤姆孙还借助磁棒吸引水面上漂浮的磁针(1878年A.梅尼做过的实验,如图7-10和图7-11),用模拟实验方法证明自己理论的正确性。

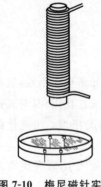

图7-10　梅尼磁针实验

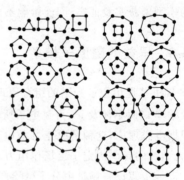

图7-11　梅尼磁针的分布图

在汤姆孙的原子模型中最重要的是原子内的电子数 n。开始他根据电子荷质比实验,得知电子质量 $m_e \approx \frac{1}{1836} m_H$(其中 m_H 为氢原子质量),再假设正负电荷具有对称的性质,估计原子中的电子数 n 约为原子量 A 的一千倍,即 $n=1\,000A$。这个数究竟符不符合实

① Thomson J J. Phil. Mag.,1904(7):237

际,惟一的检验方法就是实验。为此,汤姆孙设计了 X 射线和 β 射线的散射实验,希望通过射线和原子中电子的相互作用,探明原子内部电子的数目。

然而,从巴克拉(C.G.Barkla)的 X 散射实验,得到的结果是 $n \approx 2A$;而从 β 散射实验,得到 $n \approx 0.2A$。据此汤姆孙判定 n 与 A 同数量级。1910 年,克劳瑟根据汤姆孙的 β 散射理论,推证得出 $n = 3A$,而卢瑟福从 α 散射实验得到 $n \approx \frac{1}{2}A$。

这是汤姆孙和他的学生对原子理论作出的一项重大贡献。这些工作的意义不仅在于打破了原子中正负电荷互相对称的观念,而且由此导致了 α 大角度散射实验——证实了原子核的存在。

汤姆孙模型的根本困难在于:一方面要满足经典理论对稳定性的要求,一方面要能解释实验事实,而这两方面往往是矛盾的。所以尽管汤姆孙千方百计地改善自己的理论,仍无补于事,终于被卢瑟福的有核模型代替。

7.5.5 哈斯将量子假说运用于原子模型的尝试

哈斯(A. E. Haas,1884—1941)是奥地利物理学家,他在研究黑体辐射时很早就注意到了量子论。他读过 J.J.汤姆孙专门讨论原子结构的书《电与物质》和维恩的文章。维恩在文章中提到:能量元也许"可以从原子性质中推导出来"。这些论著促使哈斯运用量子公式来阐述原子结构。

哈斯的论文发表于 1910 年。他在汤姆孙模型的基础上,设想电子在原子内部以振荡频率 ν 旋转,运用普通力学公式计算原子的能量。设原子的半径为 a,电子的轨道半径为 r,则电子受力为 $\frac{e^2 r}{a^3}$,动能为 $\frac{e^2 r^2}{2a^3}$。他又大胆地作一近似,取 $r = a$,则电子动能为 $\frac{e^2}{2a}$。势能等于动能,所以总能量为 $\frac{e^2}{a}$。

再从作用力求频率 ν。设电子作简谐运动,则受力应为 $m \cdot 4\pi^2 \nu^2 r$,

而
$$m \cdot 4\pi^2 \nu^2 r = \frac{e^2 r}{a^3}$$

所以
$$\nu = \frac{e}{2a\pi(am)^{1/2}} = \left[\frac{e}{4a^3\pi^2} \left(\frac{e}{m} \right) \right]^{1/2}$$

哈斯将 $a, e, e/m$ 和 h 的实验值代入上式,得 $\frac{e^2}{a}$ 与 $h\nu$ 的比值在 $0.70 \sim 1.92$ 之间。于是,他得出近似结果,认为 $h\nu$ 与原子的总能量大概相等。

再令 $h\nu = \frac{e^2}{a}$,得 $h = \frac{e^2}{a} \bigg/ \dfrac{e}{2a\pi(am)^{1/2}}$

所以
$$h = 2\pi e \sqrt{am}$$

这个结果虽然十分粗略,但却是将量子假说运用于原子结构的最初尝试。

哈斯的文章受到了洛伦兹的注意,后来,洛伦兹曾把哈斯的工作介绍到 1911 年的第一届索尔威会议上,引起了与会者的兴趣,大家对这个问题还进行了一番讨论。

7.5.6 尼科尔松的量子化原子模型

尼科尔松(J. W. Nicholson)是英国颇有名气的数学和天文物理学家,擅长于星光光谱和日冕光谱的研究。1911—1912 年间,他发表了一系列关于天体光谱的论文,其中也讨论到原子模型。这时,曼彻斯特大学的卢瑟福已经发现了原子核,并且提出了原子的有核模型(见后),他了解卢瑟福的有核模型面临着深刻的矛盾,认识到有必要引进量子假设。他在解释天体光谱时提出一种新颖的想法,认为恒星和太阳这样高温的物体,原子应具有特殊的状态,这时电子的能量会高到使原子的电子环半径远大于原子的半径。他认为对这种状态卢瑟福的有核模型和汤姆孙的实心带电球模型可看成是一致的。他假设天体中除了氢和氦以外,还有两种最简单的元素,叫 Nebulium 和 Protofuorine,它们的原子分别具有 $4e$ 和 $5e$ 的电子。这些电子组成环。他从力学原理计算系统的能量,发射能量与振动频率之间有一确定的比值,这使他想到可以把原子看成普朗克振子。他说:

"由于这一类原子系统的能量的可变部分与 $mna^2\omega^2$ 成正比(其中 m 是电子质量,n 是电子数,a 是电子环半径,ω 是振动角频率),$E/$频率＝$mnfa^2\omega$ 或 $mna\nu$,即等于电子绕核旋转的总角动量。所以,如果普朗克常数,像索末菲所主张的那样,有原子意义,也就意味着当电子离开或返回时,原子的角动量只能以一分立值来增减。"[1]

这正是玻尔(Niels Bohr)后来在原子理论中得到的一条重要结论,玻尔在其论文中还特地提到尼科尔松。

不过,尼科尔松只是照搬普朗克的振子概念,认为辐射的光频率就是振子的振动频率,也就是说,原子以什么频率振动,就以什么频率发射,于是不得不对光谱系的分立值武断地解释为:

"一个谱系的各条谱线也许不是由同一个原子发出,……而是由不同的原子,其内在的角动量由于辐射或其他原因而受到阻滞,因此与标准值相差某些分立值。例如,氢原子就可能有好几类,这几类的化学性质甚至重量都相等,只是内部运动不同而已。"[2]

他这样解释分立的线光谱,当然不可能成功。

以上列举了几例在玻尔之前的原子模型,这些模型虽然都失败了,但给后来者提供了有益的启示。下面再介绍卢瑟福创立有核模型和玻尔提出定态跃迁模型的经过。

7.6 α散射和卢瑟福有核原子模型

卢瑟福在 1898 年研究放射性时发现 α,β 射线,并经过多年工作,在 1908—1909 年证明 α 粒子就是氦离子 He^{++}(详见第 9 章)。他在研究 α 射线对物质的作用时,发现 α 射线在底片上形成的图像会由于极薄物质的散射作用而变得边缘模糊。根据 J. J. 汤姆孙的散射理论可以解释这个现象。

---

[1] Nicholson J W. Month. Nat. Roy. Astro. Soc. (London) v. 72, 1911: 679

[2] 同上注。

1908 年卢瑟福的助手盖革（H. Geiger, 1882—1945）在用闪烁法观测 α 散射时，发现金箔的散射作用比铝箔强。卢瑟福建议盖革系统地考察不同物质的散射作用，以便在"这些物质的散射能力和遏止能力之间建立某种联系"，并让学生马斯登（E. Marsden）协助工作。他们的 α 射线管长达 4 米，本来是希望使 α 射束尽量地窄，以便测出准确数据。然而，出乎意料地他们发现在闪锌屏上总出现不正常的闪光，有可能是经管壁反射

图 7-12　卢瑟福和盖革在用闪烁法观测 α 散射

所致。为此，卢瑟福建议他们试试让 α 粒子从金属表面上直接反射，这就导致了马斯登观察到 α 射线大角度散射的惊人结果。1909 年，他们报导说：

"α 粒子的漫反射取得了判决性证据。一部分落到金属板上的 α 粒子方向改变到这样的地步，以至于重现在入射的一边。"α 粒子经反射后落到闪锌屏上，平均角度为 90°，在屏上不同位置统计反射粒子数，得到"入射的 α 粒子中每 8 000 个粒子有一个要反射回来"的统计结果[①]。当卢瑟福知道这个结果时，他觉得实在难以置信，因为这无法用 J. J. 汤姆孙的实心带电球原子模型和散射理论解释。即使用汤姆孙后来提出的多次散射理论，也只能定性地说明这一反常现象，而多次散射的概率则小到微不足道，比 1/8 000 的结果相差太远了。卢瑟福对这个问题苦思了好几星期，终于在 1910 年底，经过数学推算，证明"只有假设正电球的直径小于原子作用球的直径，α 粒子穿越单个原子时，才有可能产生大角度散射。"[②]

1911 年，卢瑟福在《哲学杂志》上发表了题为《物质对 α, β 粒子的散射和原子构造》的论文，他写道：

"众所周知，α, β 粒子与物质原子碰撞之后将从其直线运动偏折。对于 β 粒子，要比 α 粒子散射得更厉害，因为 β 粒子的动量和能量小得多。这些快速运动粒子的轨道会穿越原子，并且观测到的偏折是由于原子系统中存在着强电场，这两点似已无疑问。一般都假设，α, β 射线在穿过物质薄片时遭到的散射是由于物质原子多次微弱散射的结果。但是盖革和马斯登的 α 射线散射观测却表明 α 射线有一部分经单次碰撞必定会遭到大于直角的偏折。例如他们发现，入射 α 射线的一小部分，大约两万分之一，在穿过约 0.000 04 厘米厚的金箔时发生了平均为 90° 角的偏折。盖革随后证明，α 射线束穿过这样厚的金箔，其偏折角的最概然值约为 0.87°。根据概率论作一简单计算，表明 α 粒子偏折到 90° 角的机会是极小的。另外，可以看到，如果把大角度偏折看成是多次小偏折造成的，则 α 粒子的大角度偏折应按期待的概率规律有一定分布，（但实际上）并不服从这个概率规律。似乎有理由假设，大角度偏折是由于单个原子碰撞，因为第二次碰撞能产生大角度偏折的机会在大多数情况下是极为微小的。简单的计算表明，原子一定是处于强大电场的位置中，以至于一次碰撞竟能产生这样大的偏折。"

①　Geiger H. and Marsden E. Proc, Roy. Soc. 1909（A82）：495

②　Rutherford E. Phil. Mag. 1911（21）：669

卢瑟福接着写到:"由于 α,β 粒子穿越原子,应有可能从周密研究偏折的性质中,形成原子结构的某些概念,正是这种结构产生出上述效应。实际上,高速带电粒子受物质原子的散射是解决这个问题的最适宜的方法之一。"[①]

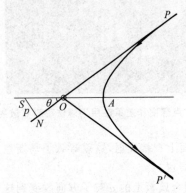

图 7-13   卢瑟福(1911 年)理论推导图

然后,卢瑟福从理论上探讨能够产生 α 粒子大角度偏折的简单原子模型,再将理论推出的结果与当时的实验数据比较。

图 7-13 是卢瑟福的理论推导用图。他首先假设,对于小于 10^{-12} 厘米的距离,中心电荷和 α 粒子的电荷都可看成是集中在一点。"设粒子沿 PO 方向进入原子,离开原子时沿 OP' 运动,而 A 是抛物线的拱点,$p=SN=$ 原子中心 S 到粒子原方向的垂直距离。"

经过推导,得出落在偏折角为 ϕ 的方向单位面积上的 α 粒子数

$$y = \frac{ntb^2 \cdot Q \cdot \csc^4(\phi/2)}{16r^2}$$

式中 n 为物质单位体积的原子数,t 为其厚度,Q 为落在散射物质的粒子总数,ϕ 为偏折角,$\phi=\pi-2\theta$,r 为 α 射线在散射物质上入射点到硫化锌屏的距离,系数

$$b = \frac{NeE}{\frac{1}{2}mu^2}$$

其中 Ne 为原子中心的电荷,E 为 α 粒子的电荷,$\frac{1}{2}mu^2$ 为 α 粒子的平均动能。

"由此式可见,α 粒子在距入射点 r 处的硫化锌屏上的闪烁数正比于:

(1) $\csc^4\left(\frac{\phi}{2}\right)$ 或 $\frac{1}{\phi^4}$(设 ϕ 很小);

(2) 散射物质的厚度 t(设 t 很小);

(3) 中心电荷量 Ne;[②]

反比于 $(mu^2)^2$,或反比于速度的四次方(设 m 为常数)。"

卢瑟福将盖革和马斯登的初步数据与这些推论比较,基本相符。

接着,盖革和马斯登对 α 散射实验又作了许多改进,在 1913 年发表了全面的实验数据,进一步肯定了卢瑟福的理论。

卢瑟福提出有核原子模型是经过深思熟虑的。他清楚地知道,这个模型面临与经典理论相矛盾的危险,因为正负电荷之间的电场力无法满足稳定性要求。卢瑟福在论文最后特别提到"长冈曾从数学上考虑过'土星'原子的性质",他肯定知道长冈的土星模型和佩兰 1901 年提过的核模型都因上述困难而未获成功。但他却大胆地坚决地站在他们这一边,勇敢地向经典理论挑战,因为他有大角度 α 散射的实验事实作为依据。他相信自己

①   Rutherford E. Phil. Mag. 1911(21):669

②   原文如此。

的散射理论要比 J. J. 汤姆孙的散射理论更具有普遍性,既能解释 α 大角度散射,又能解释 β 散射,是经得起实践检验的。不过,在论文中他的提法很慎重,只是确认"正电荷集中在原子中心"这一点,没有作更多的推断。至于稳定性问题,他并不讳言,在论文一开始就申明:"在现阶段,不必考虑所提原子的稳定性,因为显然这将取决于原子的细微结构和带电的组成部分的运动。"卢瑟福有自知之明,知道自己的原子模型还很不完善。1911 年 4 月 11 日在给友人波尔特武德(B. B. Boltwood)的信中写道:"希望在一二年内能对原子构造说出一些更明确的见解。"卢瑟福严谨的科学态度,从他的著作中也可看出一二,不论是 1911 年的论文,还是 1913 年的专著《放射性物质及其辐射》[①]都没有"核"这个词。在那本 700 页的专著中,只有 4 页介绍这个重要问题。不过他很中肯地指出:

图 7-14 卢瑟福 1911 年的手迹
右上角的草图画的是
J. J. 汤姆孙原子模型,
左下角画的是大角度 α 散射

"从原子内部结构获取信息的最有力的方法之一,在于研究高速粒子穿过物质的散射,例如 α 粒子和 β 粒子。由于它们的巨大运动能量,高速 α 粒子或 β 粒子一定会穿过挡在其路途中的原子。与原子碰撞的结果就使带电粒子偏离其直线轨道,这就可以搞清楚原子中造成偏折的电力的强度和分布。"

卢瑟福的方法和理论开辟了一条正确研究原子结构的途径,为原子科学的发展建立了不朽的功勋。然而在它提出之初,竟遭到了为时不短的冷遇。例如,1911 年第一届索尔威国际物理讨论会,卢瑟福参加了,但在会议记录中竟没有提到卢瑟福的新近工作。1913 年,J. J. 汤姆孙在作原子模型系列讲座时,也没有提到。有人查过当年的报刊文献,对卢瑟福的原子模型理论几乎没有任何反响。也许当时人们觉得卢瑟福的理论过于粗糙,把它置于形形色色的假说和猜想之列,认为它无非是一种说法而已,所以不值得一提。

然而,以卢瑟福为核心的曼彻斯特大学物理实验室的同事们继续坚定地走下去。盖革和马斯登为检验卢瑟福散射理论进行了系统实验研究,全面肯定了这个理论的正确性,从丹麦来的玻尔十分敬佩卢瑟福和他的学说。玻尔把放射现象解释为核的反应;将量子学说应用于有核模型,并且成功地解释了氢原子光谱;依万士(E. J. Evans)的氢光谱实验证实了玻尔关于匹克林(E. C. Pickering)谱系的判断(参看第 12 章)。莫塞莱(H. G. J. Moseley)测定各种元素的 X 射线标识谱线,证明它们具有确定的规律性,为卢瑟福和玻尔的原子理论提供了有力证据。到 1914—1915 年,这个理论终于得到了世人的公认。

---

① Rutherford E. Radioactive Substances and their Radiations. Cambridge,1913

7.7　玻尔的定态跃迁原子模型和对应原理

尼尔斯·玻尔是丹麦人，早年在哥本哈根大学攻读物理，1909和1911年作硕士和博士论文的题目是金属电子论，在这过程中接触到量子论，1911年，赴英国剑桥大学学习和

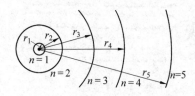

图7-15　玻尔定态跃迁原子模型
　　　　示意图

工作，1912年在曼彻斯特大学卢瑟福的实验室里工作过四个月，其时正值卢瑟福发表有核原子理论并组织大家对这一理论进行检验。玻尔参加了α射线散射的实验工作，帮助同事们整理数据和撰写论文。他很钦佩卢瑟福的工作，坚信有核原子模型符合客观事实。他也很了解卢瑟福的核模型理论所面临的困难，认为要解决原子的稳定性问题，惟有靠量子假说，也就是说，要描述原子现象，就必须对经典概念进行一番彻

底的改造。卢瑟福参加索尔威会议后回到英国，曾与玻尔详细讨论会议的内容，使玻尔更加坚定到量子理论的信心。正在他试图运用量子理论解决原子稳定性而日夜苦思之际，他的一位朋友汉森（H. M. Hansen）向他介绍氢光谱的巴耳末公式和斯塔克（J. Stark）的著作。后来，玻尔回忆道："当我一看到巴耳末公式，我对整个事情就豁然开朗了。"他从斯塔克的著作学习了价电子跃迁产生辐射的理论，于是很快就写出了题名《原子构造和分子构造》Ⅰ，Ⅱ，Ⅲ的三篇论文，人称玻尔"三部曲"，这三篇论文先后发表在1913年《哲学杂志》上。在第一篇的开头，玻尔写道：

"近几年来对这类问题的研究途径发生了根本的变化，由于能量辐射理论的发展和这个理论中的新假设从实验取得了一些直接证据，这些实验来自各不相同的现象，诸如比热、光电效应和伦琴射线等等。这些问题讨论的结果看来一致公认经典电动力学并不适于描述原子规模的系统的行为。不管电子运动定律作何变动，看来有必要引进一个大大异于经典电动力学概念的量到这些定律中来。这个量就叫普朗克常数，或者是经常所称的基本作用量子。引进这个量之后，原子中电子的稳定组态这个问题就发生了根本的变化，……"[1]

图7-16　玻尔夫妇（右）和
　　　　卢瑟福一家在
　　　　剑桥聚会

下面简要介绍玻尔是怎样提出他的定态跃迁原子模型理论的。

他在《原子构造和分子构造－Ⅰ》一文中，首先作了一个粗略估算，证明从他的假设推算出的结果，与实验定量相符：

设电子沿椭圆定态轨道绕氢核旋转时无能量辐射，旋转频率为ω，轨道主轴为$2a$。将

① Bohr N. Phil. Mag. , 1913(26)：1

电子移到无穷远,要给以能量 W,则

$$\omega = \frac{\sqrt{2}W^{3/2}}{\pi eEm^{1/2}}, \quad 2a = \frac{eE}{W} \tag{7-4}$$

其中 e 与 E 分别为电子与氢核的电荷。

从普朗克辐射理论得知,频率为 ν 的原子振子一次辐射的能量等于 $nh\nu$,其中 n 为正整数。假设电子原来在距核极远处,相互作用后进入定态轨道。假设因此发射出的辐射频率 ν 等于电子沿这一轨道的旋转频率 ω 的一半(原来旋转频率为 0),即令

$$W = nh \cdot \frac{1}{2}\omega \tag{7-5}$$

则由式(7-4)得

$$W = \frac{2\pi^2 me^2 E^2}{n^2 h^2}, \quad \omega = \frac{4\pi^2 me^2 E^2}{n^3 h^3}, \quad 2a = \frac{n^2 h^2}{2\pi^2 meE} \tag{7-6}$$

其中 $n=1,2,3,\cdots$。一系列的 W,ω 和 a 值相应于不同的系统组态。他写道:

"在上式中取 $n=1,E=e$,引进实验值 $e=4.7\times10^{-10}, \frac{e}{m}=5.31\times10^{17}, h=6.5\times10^{-27}$,得 $2a=1.1\times10^{-8}\,\mathrm{cm}, \omega=6.2\times10^{15}\,\mathrm{s}^{-1}, \frac{W}{e}=14\mathrm{V}$。

"我们看到,这些数值与原子的线度、光的频率和游离电位具有相同的数量级。"[1]

玻尔继续讨论氢原子。对于氢原子,形成某一定态所辐射的总能量为

$$W_n = \frac{2\pi^2 me^4}{h^2 n^2}$$

系统从 $n=n_1$ 态过渡到 $n=n_2$ 态,放射的能量为

$$W_{n_2} - W_{n_1} = \frac{2\pi^2 me^4}{h^2}\left(\frac{1}{n_2^2} - \frac{1}{n_1^2}\right) = h\nu$$

由此得

$$\nu = \frac{2\pi^2 me^4}{h^3}\left(\frac{1}{n_2^2} - \frac{1}{n_1^2}\right) \tag{7-7}$$

玻尔写道:"我们看到,这个式子解释了氢光谱线的规律。取 $n_2=2$,令 n_1 可变,得普通的巴耳末系。取 $n_2=3$,则得帕邢在红外区观测到的、里兹早先预言过的谱系。如取 $n_2=1$ 和 $n_2=4,5,\cdots$,将分别得到远紫外区和远红外区的谱系,这些谱系都尚未观测到,但它们的存在却是可以预期的。

"相符性不仅是定性的,而且是定量的。取 $e=4.7\times10^{-10}, \frac{e}{m}=5.31\times10^{17}, h=6.5\times10^{-27}$,得 $\frac{2\pi^2 me^4}{h^3}=3.1\times10^{15}$。"式(7-7)括号外因子的观测值为 3.290×10^{15}。

玻尔于是声称,"理论值和观测值之间的相符在这些常数所引入的误差范围之内"。

然后玻尔提出在上述计算中用到的两条基本假设,即:

---

① Bohr N. Phil. Mag. ,1913(26):1

"(1) 体系在定态中的动力学平衡可以借普通力学进行讨论,而体系在不同定态之间的过渡则不能在这基础上处理;

"(2) 后一过程伴随有均匀辐射的发射,其频率与能量之间的关系由普朗克理论给出。"

玻尔认为第一条假设是理所当然的,而第二条假设则是解释实验事实所必需的。

玻尔进而推出了角动量量子化的重要结果,在这里他运用了在以后经典量子论中一直起指导作用的"对应原理"。下面简述他的论证方法:

设辐射的总能量与电子在不同定态下旋转的频率之间的比可用方程 $W = f(n) \cdot h\omega$ 表示,按照前面的方法进行推导,方程(7-6)就变成

$$W = \frac{\pi^2 m e^2 E^2}{2h^2 f^2(n)}, \quad \omega = \frac{\pi^2 m e^2 E^2}{2h^3 f^3(n)}$$

假设体系从 $n = n_1$ 过渡到 $n = n_2$,发射的能量等于 $h\nu$,则

$$\nu = \frac{\pi^2 m e^2 E^2}{2h^3} \left(\frac{1}{f^2(n_2)} - \frac{1}{f^2(n_1)} \right)$$

与巴耳末公式比较,只有取 $f(n) = Kn$。

"为了求得 K 值,我们来考虑两相邻定态 $n = N$ 与 $n = N - 1$ 之间的过渡,引入 $f(n) = Kn$,得辐射的频率

$$\nu = \frac{\pi^2 m e^2 E^2}{2K^2 h^3} \cdot \frac{2N - 1}{N^2(N-1)^2}$$

辐射的前后,电子旋转频率分别为

$$\omega_N = \frac{\pi^2 m e^2 E^2}{2K^2 h^3 N^3}, \quad \omega_{N-1} = \frac{\pi^2 m e^2 E^2}{2K^2 h^3 (N-1)^3}"$$

"如果 N 很大,发射前后频率之比将非常接近于 1。根据普通电动力学应能期望辐射频率与旋转频率之比也非常接近于 1。这一条件只有当 $K = 1/2$ 才能满足。"

这样,玻尔用对应原理推证出了一开始作出的假设,即

$$W = \frac{1}{2} n \cdot h\omega$$

再根据圆轨道的力学关系 $\pi M = \dfrac{T}{\omega}$

其中 M 为电子绕核旋转的角动量,T 为电子的动能。而 $T = W$

所以 $\pi M = \dfrac{1}{2} nh$

得 $M = nM_0$

其中 $M_0 = \dfrac{h}{2\pi} = 1.04 \times 10^{-27}$,这就是现在通用的物理量 $\hbar$。

玻尔 1913 年第二篇论文,以角动量量子化条件作为出发点来处理氢原子的状态问题,得到能量、角频率和轨道半径的量子方程。

由上可见,玻尔的对应原理思想早在 1913 年就有了萌芽,并成功地应用于原子模型理论。1916 年,他曾写过一篇题为《论量子论对周期体系的应用》的论文,文中明确叙述了

对应原理的基本思想。可是这篇论文没有及时发表。正当玻尔收到这篇论文的校样时,他读到了索末菲讨论量子理论的两篇重要论文。于是他决定先研究索末菲的工作,将自己的论文作重大修改后,再送出发表。可是,这篇论文一直拖到 1922 年才完稿。由于这个缘故,世人往往以为对应原理是 1923 年才提出的。其实,这条原理一直是玻尔和他的学派研究量子理论的指导思想之一。

图 7-17　1919 年玻尔和索末菲在一起

玻尔的原子理论取得了巨大的成功,完满地解释了氢光谱的巴耳末公式;从他的理论推算,各基本常数如 e,m,h 和 R(里德伯常数)之间取得了定量的协调。他阐明了光谱的发射和吸收,并且成功地解释了元素的周期表,使量子理论取得了重大进展。

玻尔之所以成功,在于他全面地继承了前人的工作,正确地加以综合,在旧的经典理论和新的实验事实的矛盾面前勇敢地肯定实验事实,冲破旧理论的束缚,从而建立了能基本适于原子现象的定态跃迁原子模型。下面的图表摘自洪德(F. Hund)著:《量子理论史》[1],对玻尔理论的渊源作了精辟的总结。

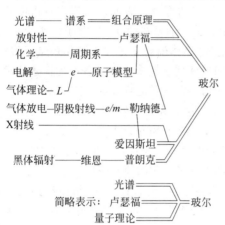

7.8　索末菲和埃伦费斯特的贡献

7.8.1　玻尔理论的局限性

1913 年玻尔一举对氢原子光谱和类氢离子光谱的波长分布规律作出完满解释,随后又得到多种渠道的实验验证[2],使卢瑟福-玻尔原子模型以及能级、定态跃迁等概念逐渐得到了人们的承认。然而,从玻尔的理论却无法计算光谱的强度,对其他元素的更为复杂的光谱,包括氦原子光谱在内,往往理论与实验分歧很大。至于塞曼效应,光谱的精细结构等实验现象,玻尔理论更是无能为力。显然,事情正如玻尔所料,他的理论还很不完善,原子中电子的运动不可能像他所假设的那样简单,但是就在处理这一最简单的模型中,找到

---

①　Hund F. The History of Quantum Theory. Bibliographisches,德文版,1967;英文版,1973

② 　其中有:匹克林谱系的验证、弗兰克-赫兹实验、斯塔克效应的发现和 X 射线标识谱的研究,详见:郭奕玲,林木欣,沈慧君编著. 近代物理发展中的著名实验. 湖南教育出版社,1990

了一条将量子理论运用于原子结构的通道。他的初步成功吸引了不少物理学家试图改进他的理论，并推广到更复杂的体系中去。

7.8.2　推广玻尔理论的初步尝试

在没有建立量子力学和发现电子自旋之前，所有这些努力往往是在经典力学上加某些量子条件而已，并未能根本摆脱玻尔理论所面临的困境。我们常常把早期的量子理论称为旧量子论。时至今日，某些理论已经只有历史意义，早已被量子力学代替，但是回顾旧量子论这一段发展历史，可以帮助我们认识经典物理学到量子力学的过渡，并了解至今仍在应用的某些概念的起源。

早在玻尔的原子理论出现之前，物理学家就认识到将量子假说推广到多自由度的体系的必要性。普朗克的量子假说乃建立在线性谐振子的基础之上，只限于一个自由度。1911年在第一届索尔威会议上，当讨论普朗克题为《黑体辐射定律和基本作用量子假说》的报告时，彭加勒就提出过这样的问题，他问普朗克处理谐振子的量子条件怎样才能用于多于一个自由度的体系。普朗克在回答中表示有信心在不久的将来做到这一点。

果然不出4年，这一工作由好几个人做了出来，除了普朗克外，还有著名理论家索末菲（他当时也参加了索尔威会议）以及英国的W.威尔逊（William Wilson，1875—1965）和日本的石原纯（Ishiwara，1881—1947），他们有的立即将这一推广用于玻尔原子理论，有的与玻尔理论没有直接联系。索末菲则全面推广和发展了玻尔的原子理论。

普朗克一直在考虑如何将量子假说推广到多自由度，他曾在1906年提出相空间理论。1915年他在德国物理学会上发表了《具有多自由度的分子的量子假说》的论文。他考虑有 f 个自由度的原子体系，用由整数规定的一组曲面 $F(p_K, q_K) = \text{const}$，把相空间分割成一些小区域，他认为定态就相当于这些曲面的 f 维交点。他也曾讨论过电子在正核的库仑场中运动的情况，但没有用于玻尔原子理论，因为他不相信分立态的基本假设。

W.威尔逊是英国国王学院的助教，他在1915年发表的论文《辐射的量子理论和线光谱》中表示希望能够用单一形式的量子理论推导出普朗克和玻尔的结果。他的方法奠基于两个假设：一是动力体系（原子）和以太的相互作用以不连续的方式发生，二是在不连续变化之间体系可用哈密顿力学描述，但需满足下式：

$$\int p_i \mathrm{d}q_i = n_i h \qquad (i = 1, 2, 3, \cdots)$$

其中 n_i 为正整数，积分路径遍及力学变量 p_i 及 q_i 的所有值。由此，威尔逊得到了普朗克的谐振子平均能量公式，接着又推出了玻尔的电子动能公式和玻尔的频率公式即巴耳末公式。

日本物理学家石原纯，早年在德国求学，曾受教于爱因斯坦和索末菲，对相对论和量子论都很有兴趣。1915年，他回到日本任教，在《东京数学物理学报》上发表题为《作用量子的普遍意义》的论文，文中写道：

"假设有一小块物质实体，或一组数量极大的小物体，正处于稳定的周期运动状态或正处于统计平衡，令其状态完全由坐标 $q_1, q_2, \cdots, q_f$ 和相应的动量 $p_1, p_2, \cdots, p_f$ 决定。在自然界中，运动往往以这样的方式发生，即：每一状态面 q_i, p_i 可以以同样的概率分解

成一些区域,这些区域在相空间的某一给定点上的平均值

$$\frac{1}{f}\sum_{i=1}^{f}p_i\,\mathrm{d}q_i = h$$

等于一普适常数。"[1]

不过,由于石原纯将两个自由度用于围绕核旋转的电子的运动,他推出的巴耳末公式竟要求氢原子带两个正电荷,因而中性的氢原子该含两个电子。对此石原纯并不介意,他似乎比较赞成尼科尔松的原子理论。

普朗克、威尔逊和石原纯虽然都没有得到具体成果,但他们的努力对于量子论的发展起到了促进作用。

7.8.3　索末菲全面推广玻尔理论

和上述理论家的工作几乎同时,索末菲在1915年独立地提出了自己的理论。索末菲是德国慕尼黑大学的著名理论物理教授,他擅长理论分析。早年在博士论文工作中就发展了新的数学方法——复变函数方法。后来在应用这个方法中取得多项成就。20世纪初他曾对电子理论作过系统研究。很早他就在论战中站在相对论一边。

1911年,索末菲开始卷入量子论的工作,也尝试用一种新的量子假说来解释非周期过程,不过没有取得实际成果。不久,帕邢和拜克(Ernst Back)研究强磁场作用下的塞曼效应,他们的发现(即帕邢-拜克效应)吸引索末菲把洛伦兹弹性束缚电子理论推广到反常塞曼效应。正好这时,他收到了玻尔在《哲学杂志》1913年7月那一期上发表的第二篇论文的抽印本。他立即给年轻的玻尔写信,信中写道:

"谢谢您寄赠大作,我已在《哲学杂志》上读过了。我曾长期考虑如何用普朗克常数表示里德伯-里兹常数的问题,几年前我曾跟德拜讨论这个问题。尽管我对各种原子模型仍然有种种怀疑,但无疑这一常数的计算是一很大成就。"[2]

索末菲在1914年冬季开设系列讲座:《塞曼效应和光谱线》。这一讲座成了讲述玻尔理论的课程,就在这一课程中,索末菲广泛讨论了玻尔理论的推广,其中包括椭圆轨道理论和相对论修正。他的讲稿迟至1915年底才交付出版,部分原因是想等爱因斯坦的意见。因为这时正值爱因斯坦发展了广义相对论,他不知道爱因斯坦的新理论会不会影响对玻尔原子理论的修正,直至接到爱因斯坦答复说不影响时,他才正式向巴伐里(Bavarian)科学院提交这方面内容的报告。

索末菲首先把氢原子中电子的开普勒运动看成是

图 7-18　索末菲正在讲解他的
量子理论

[1]　转引自:Mehra J, Rechenberg H. The Historical Development of Quantum Theory, vol. 1, Part 1. Springer-Verlag, 1982 . 210.

[2]　同上注,第213页。

二维问题，引入平面极坐标，在轨道平面内以矢径 r 和方位角 ψ 表示这个运动。他假设不仅 ψ，而且 r，都要服从量子条件，即

$$\oint p_r \mathrm{d}r = n'h$$

与

$$\oint p_\psi \mathrm{d}\psi = kh$$

其中 n' 为辐向量子数，k 为方位量子数。索末菲还推出

$$k/(k+n') = b/a$$

其中 a, b 分别为椭圆的长半径和短半径，并证明相应的定态轨道能量为

$$E = -Rhc/(k+n')^2$$

对类氢原子，$Z > 1$，则

$$E = -RhcZ^2/(k+n')^2$$

其中 $k = 0$ 相当于电子以直线轨道穿过原子的核，应除去。于是 $k+n'$ 的系列值就与玻尔公式

$$E = -Rhc/n^2$$

中的 n 一致。

由此可见，尽管椭圆轨道比圆轨道复杂，却没有引起任何附加能级。

索末菲接着又把这个问题看成是三个自由度的体系，为此他引入了极坐标 r, θ 与 φ，以核为原点，r 表矢径，θ 表纬度，φ 表方位，取量子条件

$$\oint p_r \mathrm{d}r = n'h, \quad \oint p_\varphi \mathrm{d}\varphi = n_1 h, \quad \oint p_\theta \mathrm{d}\theta = n_2 h$$

比较用 r, θ, φ 表示的动能和用 r, ψ 表示的动能，发现

$$k = n_1 + n_2$$

由于总角动量 $p_\psi = \dfrac{kh}{2\pi}$，垂直于轨道平面，而其在极轴上的投影为 P_φ，索末菲得出

$$n_1 = k\cos\alpha, \quad \text{或} \quad \cos\alpha = n_1/(n_1+n_2)$$

其中 α 是 P_ψ 与极轴间的夹角。这一方程表示轨道平面与极轴之间的倾角存在分立性，这就是"空间量子化"。如果极轴有一确定方向，例如由于外磁场和外电场而确定了方向，则这个关系具有明确的物理意义。空间量子化是索末菲提出的一个重要概念，可以对斯塔克效应和塞曼效应提供相当满意的描述。后来，朗德（Alfred Landé）和斯梅卡尔（Adolf Smekal）甚至还用之于解释 X 射线谱，讨论氦光谱等等。及至 1922 年，斯特恩（Otto Stern）和盖拉赫（Walther Gerlach）用他们的银原子束在不均匀磁场中证实了空间量子化的实际存在。

然而，空间量子化并不能解释氢光谱的精细结构。索末菲将相对论用于电子的周期运动，证明电子在有心力的作用下将作玫瑰花环形的运动，或者作近日点缓慢进动和以原子核为焦点之一的椭圆运动。他用分离变量法求解哈密顿—雅可比微分方程，再用傅里叶级数展开，得到能量

$$E_{nk} = -Z^2 Rhc\left[\frac{1}{n^2} + \frac{\alpha^2 Z^2}{n^4}\left(\frac{n}{k} - \frac{3}{4}\right)\right]$$

如取 $n=k, Z=1$，就是玻尔理论的最初结果。

上式中的第二项是相对论修正，由此证明能量是 n、k 的函数，能级确是多重的。

就这样，索末菲对氢谱线的精细结构作出了理论解释。从上式可以看到，附加项与 Z^4 成正比，氦光谱应比氢光谱更容易观测到精细结构。果然，1916 年帕邢报导说，他的氦谱精密测量与索末菲的预见定量相符，相差不超过 10^{-3}Å。

附带指出一点，帕邢的氦谱精密测量对爱因斯坦的狭义相对论也起了间接验证的作用，因为根据阿伯拉罕的"刚性电子"理论推导出的氦谱分裂，与帕邢的观测结果根本不符。

1919 年，索末菲出版了《原子结构与光谱线》一书，系统地阐述了他的理论。1920 年他进一步对碱金属的谱线作出解释。索末菲开创的用相对论处理原子问题的方法后来又经过许多人的研究，继续有所进展，但仍然存在许多障碍，例如光谱强度问题、反常塞曼效应问题等等，看来根本的出路在于建立一套适合于微观体系的崭新理论，靠修补是无济于事的。在这里，要说明一个重要问题。不论是普朗克、威尔逊、石原纯，还是玻尔与索末菲，他们都是以 $\int p\mathrm{d}q = nh$ 或其推广形式作为量子条件。可是他们的理论根据是什么？能不能给出证明？索末菲曾申明，这些条件是无法证明的。应该说，他是正确的，因为直到 1926 年，当量子力学出现后，才能借 WKB 法经近似展开后推导出这一关系。20 世纪 20 年代之前当然只能作为假设提出。

其实，这一量子条件的提出和推广并不是偶然的，它有深刻的物理涵义。其理论支柱就是"浸渐原理"（adiabatic principle）。

7.8.4 埃伦费斯特和他的浸渐原理

如果说，玻尔的对应原理是在经典物理学和量子力学之间架起的一座桥梁，那么，埃伦费斯特（Paul Ehrenfest，1880—1933）的浸渐原理则是两者之间的又一座桥梁。

"浸渐（adiabatic）"表示无限缓慢的变化过程，也可译"绝热"，但意义不够准确。这个概念起源于玻尔兹曼和克劳修斯企图将热力学第二定律还原为纯力学的尝试。玻尔兹曼在 1866 年证明，假如制约力学体系行为的定律服从最小作用原理，周期为 τ（或频率为 ν）的简单周期性体系的动能为 $2\mathrm{d}(\tau\overline{E}_K)/\tau$，其中 $\overline{E}_k = \left(\dfrac{1}{\tau}\right)\displaystyle\int_0^\tau E_K \mathrm{d}t$ 为体系的平均动能，所以如果外界不提供能量（相当于绝热过程 $\mathrm{d}Q=0$），则比值 $\overline{E}_k/\nu$ 应为不变量。[①]

1871 年，克劳修斯重申了这一论点，并且指出研究渐变过程的重要性。后来，赫姆霍兹和 H.赫兹对浸渐变化续有研究。1902 年瑞利指出，某些简谐振动系统，例如摆长缓慢缩短的单摆，或正在作横向振动并缓慢被一窄环遮蔽的弦，或缓慢收缩的空腔中的驻波，就会产生这类"浸渐运动"。他还证明在这类过程中，能量和频率之比保持不变。

1911 年，洛伦兹提出过这样的问题：一个量子化的摆，当它的弦缩短时，是否仍处于量子状态？对此，爱因斯坦回答说："如果摆长无限缓慢地变化，则摆的能量将保持等于

---

① Jammer M. The conceptual Development of Quantum Mechanics. McGraw-Hill, 1966. 97

$h\nu$,如果它原来是 $h\nu$ 的话。"[①]

　　就在这个时候,埃伦费斯特已经认识到浸渐不变性概念对量子理论的重要性。他大约是在 1906 年开始研究普朗克辐射定律的统计力学基础时,就对这个理论的逻辑缺陷感到极大的疑虑,为此,曾于 1912 年专程走访爱因斯坦。爱因斯坦对他的思想给予很高评价,1914 年称埃伦费斯特的原理为"浸渐假说"。

　　埃伦费斯特是奥地利人,1904 年毕业于维也纳大学,在维也纳大学听过玻尔兹曼讲授热的分子动理论。1904 年获博士学位后从事统计物理学研究。鉴于他出色的理论素养,洛伦兹在 1912 年推荐他接任自己在荷兰莱顿大学的教授职务。此后,埃伦费斯特一直在莱顿大学主持工作。

　　1912 年底,埃伦费斯特在与洛伦兹的通信中提出一个重要思想,他写道:"一个被镜面器壁限制的体积,里面充满了辐射,正在作无限缓慢的压缩,对所有振动模式来说,有一个量 E/ν 应保持常数,故可写为 $\delta'(E/\nu)=0$(加 $'$ 表示'浸渐、可逆'变量)",他问道:"假如从简谐振动变换到别的周期运动,什么量(可以代替 E/ν)在'浸渐可逆'过程中保持常数呢?"[②]

　　1913 年,埃伦费斯特的论文经洛伦兹介绍发表在荷兰的阿姆斯特丹科学院学报上,题为《玻尔兹曼的力学理论及其与能量子理论的关系》,他提出一条原理:两个相互以浸渐变换联系的体系 A,B 之间存在如下关系:

$$\frac{\bar{T}_A}{\nu_A}=\frac{\bar{T}_B}{\nu_B}$$

其中 $\bar{T}_A$,$\bar{T}_B$ 为体系 A,B 的平均动能,ν_A,ν_B 为其频率。也就是说,从无限缓慢变化的一

图 7-19　埃伦费斯特(居中)和他的学生们在一起
其中有:乌兰贝克(左起第二人)、费米(右第一人)

个或几个参量,可以使不同体系在它们之间相互导出。这些参量,埃伦费斯特称为浸渐不变量。浸渐原理揭示了量子化条件的奥秘。因为玻尔在不久前提出的量子化条件,式(7-5):$2W/\omega=nh$ 及由此推出的角动量量子化条件 $M=nh/2\pi$ 都是埃伦费斯特的浸渐不变量。而索末菲的结果,在埃伦费斯特看来,也是理所当然的,因为作圆形轨道的氢原子和椭圆形轨道的氢原子是通过浸渐过程互相联系着的两种状态,所以 $\bar{E}_K$ 应该相等。

　　玻尔充分肯定埃伦费斯特的贡献,承认在自己后来的工作中浸渐原理起了很重要的作用。1918 年,他给埃伦费斯特的信中写道:"您可以看到,这些内容(指玻尔当时发表的论文)在很大程度上是基于您的重要原理——浸渐不变性原理。不过根据我的理解,我是从多少有点不同的观点来考虑问题,因此我没有用您的原始论文所用的那些词汇。在我

　　① Jammer M. The conceptual Development of Quantum Mechanics. McGraw-Hill,1966. 98
　　② 转引自:Mehra J, Rechenberg H. The Historical Development of Quantum Theory, vol. 1, Part l. Springer-Verlag, 1982. 234

看来,定态之间运动的连续转变条件可以看成是保证这些状态稳定性的直接结果,其主要问题在于如何判断将普通'力学'用于计算体系的连续转变效应的正确性。因为我似乎以为,不太可能把这一判断完全置于热力学的考虑,而很自然地应从用普通力学计算定态与实验的一致性上进行判断。"[①]

7.9 爱因斯坦与波粒二象性

7.9.1 波粒二象性是波动力学的基础

第一个肯定光既有波动性又有微粒性的是爱因斯坦。他认为电磁辐射不仅在被发射和吸收时以能量 $h\nu$ 的微粒形式出现,而且在空间运动时,也具有这种微粒形式。爱因斯坦这一光辉思想是在研究辐射的产生和转化时逐步形成的。与此同时,实验物理学家也相对独立地提出了同样的看法。其中有 W. H. 布拉格和 A. H. 康普顿(Arthur Holly Compton,1892—1962)。康普顿证明了光子与电子在相互作用中不但有能量变换,还有一定的动量交换。1923 年,德布罗意把爱因斯坦的波粒二象性推广到微观粒子,提出物质波假说,论证了微观粒子也具有波动性。他的观点不久就得到电子衍射等实验的证实。

波粒二象性是人类对物质世界的认识的又一次飞跃,这一认识为波动力学的发展奠定了基础。下面几节将介绍这一方面的情况。

7.9.2 爱因斯坦的辐射理论

早在 1905 年,爱因斯坦在他提出的光量子假说中,就隐含了波动性与粒子性是光的两种表现形式的思想。他分析了从牛顿和惠更斯以来,波动说和微粒说之间的长期争论,指出麦克斯韦电磁波理论的局限性,审查了普朗克处理黑体辐射的思路,总结了光和物质相互作用有关的各种现象,认为光在传播过程和与物质相互作用的过程中,能量不是分散的,而是一份一份地以能量子的形式出现的。

1909 年 1 月和 4 月,爱因斯坦又撰文讨论辐射问题。他利用能量涨落的概念,考察一个挂在空腔中的完全反射性的镜子的运动,空腔中充有温度为 T 的热辐射。如果镜子是以一个非零的速度运动,则从它的正面反射出去的具有给定频率 ν 的辐射要比从它的背面反射出去的多一些;因此镜子的运动将会受到阻尼,除非它从辐射涨落获得新的动量。爱因斯坦利用普朗克的能量分布公式,推导出体积 v 中,时间 τ 内,频率在 $\nu \rightarrow \nu + \mathrm{d}\nu$ 之间的那一部分黑体辐射所具有的动量均方涨落为

$$\overline{\Delta^2} = \frac{1}{c}\left(h\rho\nu + \frac{c^3}{8\pi}\frac{\rho^2}{\nu^2}\right)\mathrm{d}\nu f\tau$$

或能量均方涨落为

---

① 转引自:Mehra J, Rechenberg H. The Historical Development of Quantum Theory, vol. 1, Part l. Springer-Verlag,1982. 232~233

$$\overline{\varepsilon^2} = \left(h\rho\nu + \frac{c^3 \rho^2}{8\pi\nu^2} \right) \upsilon \mathrm{d}\nu$$

其中 ρ 是辐射能量密度，f 是镜子表面积。[①]

接着，爱因斯坦对上式两项分别作了说明。前一项正是能量子的涨落，它是以 $h\nu$ 作为基数的。后一项具有从麦克斯韦理论求出的电磁场涨落的形式。前者代表粒子性，后者代表波动性。爱因斯坦虽然还没有用"类点量子"一词来明确地表明他的观点，但他此时确已把光量子当作粒子来看待。他在 1909 年还没有形成完整的辐射理论，但他已经明确到，遵循普朗克能量分布公式的辐射，同时具有粒子和波动的特性。

1909 年 9 月爱因斯坦在萨尔茨堡举行的第 81 届德国物理学家和医学家会议上作了题为《论我们关于辐射的本质和组成的观点的发展》的演讲，解释上述均方涨落：

"因此，我认为，从上面的公式（它本身是普朗克辐射公式的结果）出发，不得不作出如下的结论：除了从波动论得出的辐射动量分布的空间不均匀性，还存在动量分布的另一种不均匀性，在辐射能量密度很小的情况下，后一种不均匀性的影响远远超过前一种。"[②]

爱因斯坦对辐射理论的状况表示了如下的见解：

"我早已打算表明，必须放弃辐射理论现有的基础"；"我认为，理论物理学发展的下一阶段将给我们带来一个光的理论，这个理论可以解释为波动理论与发射理论的融合"；"不要把波动结构和量子结构……看成是互不相容的。"[③]

爱因斯坦在这里预见到了将有一种新的理论使波动性和微粒性融合于一体。

7.9.3 《关于辐射的量子理论》的论述

1916 年爱因斯坦再次回到辐射问题上来，发表了《关于辐射的量子理论》一文，这篇论文总结了量子论的成果，指出旧量子论的主要缺陷，并运用统计方法，又一次论证了辐射的量子特性。

他考虑的基本点是，分子的分立能态的稳定分布是靠分子与辐射不断进行能量交换来维持的。他假设能量交换的过程，即分子跃迁的过程有两种基本方式，一种叫自发辐射，一种叫受激辐射。根据这两种方式发生的概率，他推导出玻尔的频率定则和普朗克的能量分布公式。这样他就把前一阶段量子论的各项成果，统一在一个逻辑完备的整体之中。

爱因斯坦在这篇论文中，认为分子与辐射在相互作用的过程中，不仅有能量转移，也同时会发生动量转移。他假设在辐射束传播的方向上，传递给分子的冲量为 $\dfrac{\varepsilon_m - \varepsilon_n}{c}$，也就是说，他假设能量为 $h\nu$ 的量子携带了大小为 $h\nu/c$ 的动量，这一动量具有确定的方向。他这样写道：

"看来，只有当我们把那些基元过程看作是完全有方向的过程，我们才能够得到一个

---

① 爱因斯坦全集，第二卷. 湖南科技出版社，2002. 478

② 同上注，第 505 页。

③ 转引自：Pais A. Subtle is the Lord. . . . Oxford，1982. 404

贯彻一致的理论"。[1]

"应当把那个小的作用(指冲量交换)和辐射所引起的明显的能量转移完全同等看待，因为能量和冲量总是最紧密地联系在一起的。"[2]

值得特别指出的是，爱因斯坦的受激辐射理论，为 50 年后激光的发展奠定了理论基础(参看 11.1 节)。

7.9.4　量子辐射理论的实验检验

激光的产生可以看成是对量子辐射理论的一种检验。其实，早在 20 世纪 20 年代初，爱因斯坦的辐射理论就得到了验证。1921 年，德拜(P. J. W. Debye)在一次演讲中讨论到爱因斯坦的量子辐射理论。作为一个例题，他计算了光量子和电子相互碰撞的情况，结果显示光在碰撞后波长变长了。当时他曾建议他的同事舒勒(P. Scherrer)做一个 X 射线实验来检验波长是否真有改变。可惜舒勒没有及时做这个实验，德拜也就暂时放下这项研究。就在这段时间里，康普顿却一直在为 X 射线散射后波长变长的实验结果探求理论解释。在介绍康普顿的工作之前，还应当提到另一桩与波粒二象性有关的事件，这就是 W. H. 布拉格和巴克拉(C. G. Barkla)之间发生的关于 X 射线本性的争论。

7.10　X射线本性之争

X 射线的波动性是 1912 年德国人劳厄(M. V. Laue，1879—1960)用晶体衍射实验发现的。在此之前，人们对 X 射线的本性众说纷纭。伦琴声称 X 射线可能是以太中的某种纵波，斯托克斯认为 X 射线可能是横向的以太脉冲。由于 X 射线可以使气体分子电离，J. J. 汤姆孙也认为它是一种脉冲波。

X 射线是波还是粒子？是纵波还是横波？最有力的判据是干涉和衍射这一类现象到底是否存在。1899 年哈加(H. Haga)和温德(C. H. Wind)用一个制作精良的三角形缝隙，放在 X 射线管面前，观察 X 射线在缝隙边缘是否形成衍射条纹。他们采用三角形缝隙的原因，一方面是出于无法预先知道产生衍射的条件，另一方面是因为在顶点附近便于测定像的展宽。他们从 X 射线的照片判断，如果 X 射线是波，其波长只能小于 10^{-9} 厘米。这个实验后来经瓦尔特(B. Walter)和泡尔(R. W. Pohl)改进，得到的照片似乎有微弱的衍射图像。直到 1912 年，有人用光度计测量这一照片的光度分布，才看到真正的衍射现象。索末菲据此计算出 X 射线的有效波长大约为 $4×10^{-9}$ 厘米。

X 射线还有一种效应颇引人注目。当它照射到物质上时，会产生二次辐射。这一效应是 1897 年由塞格纳克(G. Sagnac)发现的。塞格纳克注意到，这种二次辐射是漫反射，比入射的 X 射线更容易吸收。这一发现为以后研究 X 射线的性质作了准备。1906 年巴

①　爱因斯坦文集，第二卷. 商务印书馆，1979.337
②　同上注，第 350 页。

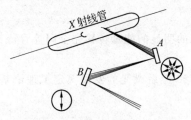

图 7-20　巴克拉 X 射线二次辐射 实验原理

克拉在这个基础上判定 X 射线具有偏振性。巴克拉的实验原理如图 7-20。从 X 射线管发出的 X 射线以 45°角辐照在散射物 A 上，从 A 发出的二次辐射又以 45°角投向散射物 B，再从垂直于二次辐射的各个方向观察三次辐射，发现强度有很大变化。沿着既垂直于入射射线又垂直于二次辐射的方向强度最弱。由此巴克拉得出了 X 射线具有偏振性的结论。

但是偏振性还不足以判定 X 射线是波还是粒子。因为粒子也能解释这一现象，只要假设这种粒子具有旋转性就可以了。果然在 1907—1908 年间一场关于 X 射线是波还是粒子的争论在巴克拉和 W. H. 布拉格之间展开了。W. H. 布拉格根据 γ 射线能使原子电离，在电场和磁场中不受偏转以及穿透力极强等事实主张 γ 射线是由中性偶——电子和正电荷组成。后来他把中性偶假设用于 X 射线，解释了已知的各种 X 射线现象。巴克拉则坚持 X 射线的波动性。两人各持己见，在科学期刊上展开了辩论，双方都有一些实验事实支持。这场争论虽然没有得出明确结论，但还是给科学界留下了深刻印象。

1912 年劳厄发现 X 射线衍射，对波动说提供了最有力的证据。W. H. 布拉格这时已不再坚持他的中性偶假说。不过，他总是直觉地认为，就像他自己说的那样，似乎问题"不在于（微粒和波动）哪一种理论对，而是要找到一种理论，能够将这两方面包蓄并容。"[①]

W. H. 布拉格的思想对后来的德布罗意有一定影响。

7.11　康普顿效应

在 1923 年 5 月的《物理评论》上，A. H. 康普顿发表了题为《X 射线受轻元素散射的量子理论》的论文，文中用光量子假说对后来以他的名字命名的效应作出解释。他写道：

"从量子论的观点看，可以假设：任一特殊的 X 射线量子不是被辐射器中所有电子散射，而是把它的全部能量耗于某个特殊的电子，这电子转过来又将射线向某一特殊的方向散射，这个方向与入射束成某个角度。辐射量子路径的弯折引起动量发生变化。结果，散射电子以一等于 X 射线动量变化的动量反冲。散射射线的能量等于入射射线的能量减去散射电子反冲的动能。由于散射射线应是一完整的量子，其频率也将和能量同比例地减小。因此，根据量子理论，我们可以期待散射射线的波长比入射射线大"，而"散射辐射的强度在原始 X 射线的前进方向要比反方向大，正如实验测得的那样。"[②]

康普顿用图 7-21 解释射线方向和强度的分布，根据能量守恒和动量守恒，考虑到相对论效应，得散射波长为

$$\lambda_\theta = \lambda_0 + \left(\frac{2h}{mc}\right)\sin^2\left(\frac{1}{2}\theta\right)$$

① Bragg W H. Nature,1912(90)：360

② Compton A H. Phys. Rev. ,1923(21)：483

即波长的改变量

$$\Delta\lambda=\lambda_\theta-\lambda_0=\left(\frac{2h}{mc}\right)\sin^2\left(\frac{1}{2}\theta\right)$$ 　　　(7-8)

$\Delta\lambda$ 为入射波长 λ_0 与散射波长 λ_θ 之差，h 为普朗克常数，c 为光速，m 为电子的静止质量，θ 为散射角。

　　这一简单的推理对于现代物理学家来说早已成为普通常识，可是，康普顿却是得来不易的。这类现象的研究历经了一二十年才在 1923 年得出正确结果，而康普顿自己也走了 5 年的弯路，这段历史从一个侧面说明了现代物理学产生和发展的不平坦历程。

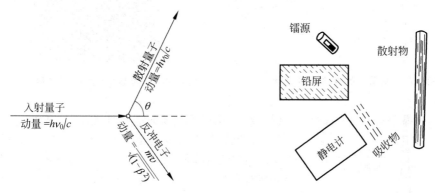

图 7-21　康普顿理论用图　　　　　图 7-22　伊夫（1904 年）的装置

　　从式(7-8)可知，射线波长的改变决定于 θ，与 λ_0 无关，即对于某一角度，波长改变的绝对值是一定的。入射射线的波长越小，波长变化的相对值就越大。所以，康普顿效应对 γ 射线要比 X 射线显著。历史正是这样，早在 1904 年，英国物理学家伊夫（A. S. Eve）就在研究 γ 射线的吸收和散射性质时，首先发现了康普顿效应的迹象。他的装置如图 7-22。图中辐射物和吸收物实际上是铁板、铝板之类的材料，镭管发出 γ 射线，经散射物散射后投向静电计。在入射射线或散射射线的途中插一吸收物以检验其穿透力。伊夫发现，散射后的射线往往比入射线要"软"些。[①]

　　后来，γ 射线的散射问题经过多人研究，英国的弗罗兰斯（D. C. H. Florance）在 1910 年获得了明确结论，证明散射后的二次射线决定于散射角度，与散射物的材料无关，而且散射角越大，吸收系数也越大。所谓射线变软，实际上就是射线的波长变长，当时尚未判明 γ 射线的本质，只好根据实验现象来表示。

　　1913 年，麦克基尔大学的格雷（J. A. Gray）又重做 γ 射线实验，证实了弗罗兰斯的结论并进一步精确测量了射线强度。他发现："单色的 γ 射线被散射后，性质会有所变化。散射角越大，散射射线就越软。"[②]

　　实验事实明确地摆在物理学家面前，可就是找不到正确的解释。

　　1919 年康普顿也接触到 γ 散射问题。他以精确的手段测定了 γ 射线的波长，确定了散射后波长变长的事实。后来，他又从 γ 射线散射转移到 X 射线散射。图 7 23 是康普顿自制的 X 射线分光计，钼的 K_α 线经石墨晶体散射后，用游离室测量不同方位的散射强度。

---

①　Eve A S. Phil. Mag. ,1904(8):669

②　Gray J A. Phil. Mag. ,1913(26):611

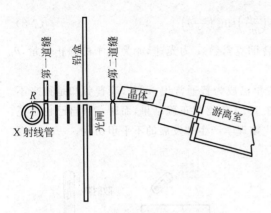

图 7-23　康普顿的 X 射线分光计

图 7-24　康普顿正在操纵 X 射线光谱仪

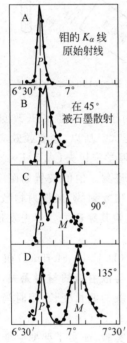

图 7-25　康普顿发表的部分曲线

图 7-25 是康谱顿发表的部分曲线。从图中可以看出，X 射线散射曲线明显地有两个峰值，其中一个波长等于原始射线的波长（不变线），另一个波长变长（变线），变线对不变线的偏离随散射角变化，散射角越大，偏离也越大。

遗憾的是，康普顿为了解释这一现象，也和其他人一样，走了不少弯路。

他开始是用 J. J. 汤姆孙的电子散射理论解释 γ 射线和 X 射线的散射，后来又提出荧光辐射理论和大电子模型。他设想电子具有一定的大小和形状，认为只要"电子的电荷分布区域的半径与 γ 射线的波长大小可比拟"就可以"在经典电动力学的基础上解释高频辐射的散射。"他为了解释荧光辐射的频率变低，曾试图用多普勒效应进行计算，在计算中，他把 X 射线对散射物质中电子的作用看成是一个量子过程。开始他用能量 $h\nu = \frac{1}{2}mv^2$ 进行计算，结果与实际不符。后来，他终于采用了两个条件，在碰撞中既要遵守能量守恒，又要遵守动量守恒，从而，导致了 1923 年 5 月在《物理评论》上发表了那篇有历史意义的文献。

接着，德拜也发表了早已准备好的论文。他们两人的论文引起了强烈反响。然而，这一发现并没有立即被科学界普遍承认，一场激烈的争论迅即在学术界中展开。这件事发生在 1922 年以后，一份内有康普顿关于 X 射线散射的报告在交付出版之前，先要经美国研究委员会的物理科学部所属的一个委员会讨论。他是这个委员会的成员。可是，这个委员会的主席杜安（W. Duane）却极力反对把康普顿的工作写进去，认为实验结果不可靠。因为杜安的实验室也在做同样的实验，却得不到同样的结果。双方展开了激烈的论战。

康普顿的学生,从中国赴美留学的吴有训(1897—1977)对康普顿效应的进一步研究和检验作出过重大贡献,除了针对杜安的否定作了许多有说服力的实验外,还证实了康普顿效应的普遍性。他测试了多种元素对 X 射线的散射曲线,结果都满足康普顿的量子散射公式(7-8)。图 7-26 就是康普顿和吴有训 1924 年发表的曲线,他们的论文题目是:《被轻元素散射时钼 K_α 线的波长》。文中写道:"这张图的重要点在于:从各种材料所得之谱在性质上几乎完全一致。每种情况,不变线 P 都出现在与荧光 $M_0 K_\alpha$ 线(钼的 K_α 谱线)相同之处,而变线的峰值,则在允许的实验误差范围内,出现在上述的波长变化量子公式所预计的位置 M 上。"[①]

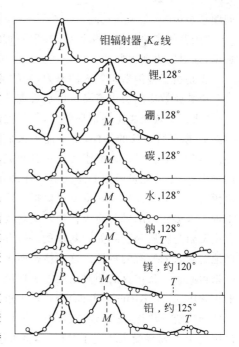

图 7-26　康普顿和吴有训 1924 年
发表的曲线

爱因斯坦在肯定康普顿效应中起了特别重要的作用。前面已经提到,1916 年爱因斯坦进一步发展了光量子理论。根据他的建议,玻特和盖革(Geiger)也曾试图用实验检验经典理论和光量子理论谁对谁非,但没有成功。当 1923 年爱因斯坦得知康普顿的结果时,他热忱地宣传和赞扬康普顿的发现,多次在会议和报刊上提到它的重要意义。例如,1924 年 4 月 20 日在《柏林日报》副刊上发表题为"康普顿的实验"的文章,文中写道:

"我想在下面对涉及光或电磁辐射的一个重要实验的讨论中报导大约一年以前美国物理学家康普顿做的实验。为了全面认识这一实验的意义,我们必须了解此刻辐射理论正处于高度显要的地位。"

爱因斯坦全面论述了光的微粒理论和波动理论的发展历史。他从牛顿的微粒说或发射说一直讲到普朗克的量子假说。他讲到麦克斯韦的理论无法解决热辐射定律,然后写道:

"对普遍理论的失败所作的解答是提出光量子假说。尽管波动理论具有普遍性,这一工作假说还是有根据的,因为辐射是属于一种能量联系行为,就好像它是由能量投射体组成的,其能量仅仅决定于辐射的频率(颜色)并与频率成正比。牛顿的光的微粒理论又重新复活,尽管它在光的基本波动特性领域内完全是失败的。

"所以,现在有两种关于光的理论,全都是不可缺少的,而且没有任何逻辑联系——虽然经过理论物理学家们的二十年的巨大努力,我们今天还必须予以承认。量了理论还使玻尔的原子理论成为可能,并且解释那么多事实,以至于它包括了大量的真理。考虑到这些事实,思考把投射体的性质赋予光粒子或光量子究竟还应走多远,这该成为极其重要的

---

①　Compton A H, Woo Y H. Proc. Nat. Acad. Sci, 1924(10): 27

问题了……

"康普顿实验的正效果证明，辐射不但在能量传递方面，而且对于碰撞中的相互作用来说，辐射也表现得好像是由一些分立能量投射体所组成的一样。"[1]

正是由于爱因斯坦等人的努力，光的波粒二象性迅速获得了广泛的承认。

康普顿效应的历史意义可以从香克兰（R. S. Shankland）的评述得到说明：

"康普顿效应决定性地证明了，仅仅把经典的波动电动力学作某些修改，例如玻尔-克拉默斯-斯莱特建议的那样，是不能被人们接受的，而是辐射的波动性和粒子性两方面都必须得到承认。另一方面康普顿理论也是建立在旧量子论上的，它的预言也显示有重大的局限性，作为能量函数的总散射截面和作为角度函数的微分散射截面都不能精确地作出预言。还有其他的一些重要现象指引理论发生变革，不久新量子力学发展起来了，很快出现了许多新的结果。而康普顿效应确实在激励这一重大进展方面起了重要作用。因为它是辐射与物质相互间如此基本的相互作用，以至于任何可接受的理论都必须精密而正确地解释它的所有的特性。这一精密而正确的解释最终从新的量子力学获得的一些基本结果得到了。狄拉克的相对论性电子理论，包括了电子自旋效应，导出了康普顿散射截面的克莱因-仁科（Klein-Nishina）公式。更重要的是，狄拉克辐射场的量子化，对波动性和粒子性作了统一描述，这正是康普顿效应所要求的。再有，当温策尔（G. Wentzel）把这一理论用之于 X 射线受束缚电子散射时，就可以把变线和不变线全部解释清楚了。"[2]

光电效应和康普顿效应都为光的粒子性提供了令人信服的证据。然而，康普顿效应比光电效应更前进了一步，因为在解释康普顿效应时不但要考虑能量守恒，还要考虑动量守恒，由此为光的波粒二象性及德布罗意物质波假说提供了更完全的证据。美国科学史专家斯徒埃尔（Roger H. Stuewer）把康普顿效应与物理学的转折点联系在一起，是很有道理的。[3]

下面一章就来介绍从德布罗意物质波假说到量子力学的建立和发展的历史进程。

　① Shankland R S, ed. Scientific Papers of A. H. Compton. Univ. of Chicago Press, 1973

　② 转引自：郭奕玲，沈慧君. 吴有训的科学贡献. 鹭江出版社, 1997. 108

　③ Roger H Stuewer. The Compton Effect—Turning Point of Physics. New York: Science History Publications, 1975

第8章

量子力学的建立与发展

8.1 历史概述

玻尔的量子理论尽管取得了不少令人惊奇的成果,但也遇到严重困难。困难之一是它面临着一系列解决不了的问题,例如,它无法解释氦原子光谱,也无法对诸如反常塞曼效应一类新现象作出令人满意的说明;困难之二是内在的不协调。例如,对应原理的应用往往因人因事而异,没有统一规则。有人曾这样形容当时物理学界的处境:星期一、三、五用辐射的经典理论;而在星期二、四、六则应用辐射的量子理论。这确实反映了当时物理学的混乱情况,需要重新认识电子的行为,建立新的概念,对玻尔理论作进一步的改造。

1924 年泡利(W. Pauli)提出不相容原理。这个原理促使乌伦贝克(G. E. Uhlenbeck)和高斯密特(S. A. Goudsmit)在 1925 年提出电子自旋的假设,从而使长期得不到解释的光谱精细结构、反常塞曼效应和斯特恩-盖拉赫实验等难题迎刃而解。正好在这个时候,海森伯创立了矩阵力学,使量子理论登上了一个新的台阶。

1923 年德布罗意提出物质波假设,导致了薛定谔在 1926 年以波动方程的形式建立新的量子理论。不久薛定谔证明,这两种量子理论是完全等价的,只不过形式不同罢了。

1928 年狄拉克提出电子的相对论运动方程——狄拉克方程,奠定了相对论量子力学的基础。他把量子论与相对论结合在一起,很自然地解释了电子自旋和电子磁矩的存在,并预言了正负电子对的湮没与产生。后来又经海森伯、泡利等人的发展,形成了量子电动力学。1947 年,从实验发现了兰姆移位,与此同时,费因曼(R. P. Feynman,1918—1988)、施温格(J. Schwinger,1918—1994)和朝永振一郎(1906—1979)用重正化概念发展了量子电动力学。它从简单明确的基本假设出发，所得结果与实验高度精确地相符。

量子理论和相对论是现代物理学的两大基石。如果说相对论给我们提供了新的时空观，就可以说量子理论给我们提供了新的关于自然界的表述方法和思考方法。量子力学是描述微观物质世界的基本理论，揭示了微观物质世界的基本规律，为原子物理学、固体物理学、核物理学和粒子物理学奠定了理论基础。而量子电动力学更进一步研究电磁场与带电粒子的相互作用，成为量子场论中最为精确的一个分支。

8.2　电子自旋概念和不相容原理的提出

玻尔定态跃迁原子模型理论提出之后，最令人头疼的事情莫过于反常塞曼效应的规律无法解释。1921年，杜宾根大学的朗德（A. Landé）认为，根据反常塞曼效应的实验结果看来，描述电子状态的磁量子数 m 应该不是 $m=l, l-1, l-2, \cdots, -l$（共 $2l+1$ 个），而应该是 $m=l-\frac{1}{2}, l-\frac{3}{2}, \cdots, -\left(l-\frac{1}{2}\right)$（共 $2l$ 个）。为了解释半量子数的存在，理论家费尽了心机，提出了种种假说。

1924年，泡利通过计算发现，满壳层的原子实应该具有零角动量，因此他断定反常塞曼效应的谱线分裂只是由价电子引起，而与原子实无关。显然价电子的量子论性质具有"二重性"。他写道：

"在一个原子中，决不能有两个或两个以上的同种电子，对它们来说，在外场中它们的所有量子数 n, k_1, k_2, m（或 n, k_1, m_1, m_2）都是相等的。如果在原子中出现一个电子，它们的这些量子数（在外场中）都具有确定的数值，那么这个态就说是已被占据了。"[①]

图8-1　泡利（左）和玻尔正在
玩旋转中的陀螺

这就是著名的不相容原理。泡利提出电子性质有二重性实际上就是赋予电子以第四个自由度。第四个自由度再加上不相容原理，已经能够比较满意地解释元素周期表了。所以泡利的思想得到了大多数物理学家的赞许。然而二重性和第四个自由度的物理意义究竟是什么，连泡利自己也说不清楚。

这时有一位来自美国的物理学家克罗尼格（R. L. Kronig），对泡利的思想非常感兴趣。他从模型的角度考虑，认为可以把电子的第四个自由度看成是电子具有固有角动量，电子围绕自己的轴在作自转。根据这个模型，他还作了一番计算，得到的结果竟和用相对论推证所得相符。于是他急切地找泡利讨论，哪里想到，克罗尼格的自转模型竟遭到泡利的强烈反对。泡利对克罗尼格说："你的想法的确很聪明，但是大自然并不喜欢它。"泡利不相信电子会有本征角动量。他早就考虑过绕轴自旋的电子模型，由于电子的表面速度有可能超过光速，违背了相对论，所以必须放弃。更根本的原因是泡

① Pauli W. Zeit. Phys., 1925(31): 765

利不希望在量子理论中保留任何经典概念。克罗尼格见泡利这样强烈的态度,也就不敢把自己的想法写成论文发表。

半年后,荷兰著名物理学家埃伦费斯特的两个学生,一个叫乌伦贝克,一个叫高斯密特,在不知道克罗尼格工作的情况下提出了同样的想法。他们找埃伦费斯特讨论,埃伦费斯特认为他们的想法非常重要,当然也可能完全错了,建议他们写成论文拿去发表。于是,他们写了一篇只有一页的短文请埃伦费斯特推荐给《自然》杂志。接着他们两人又去找物理学界老前辈洛伦兹请教。洛伦兹热诚地接待了他们,答应想一想再回答。

图 8-2 1926 年在莱顿大学卡麦林-昂纳斯实验室合影,
(最左边的是乌伦贝克,左侧穿黑上衣的是狄拉克,
最右侧的是高斯密特,后排右侧是埃伦费斯特夫妇)

一周后再见到洛伦兹时,洛伦兹给他们一叠稿纸,稿纸上写满了计算式子和数字。并且告诉他们,如果电子围绕自身轴旋转,其表面速度将达到光速的十倍。这个结果当然是荒唐的,于是他们马上回去请埃伦费斯特还给他们那篇论文,承认自己是在胡闹。可是出乎他们意料,埃伦费斯特早已把论文寄走了,大概马上就要发表。乌伦贝克和高斯密特感到非常懊丧,埃伦费斯特劝他们说:"你们还很年轻,做点蠢事不要紧。"

乌伦贝克和高斯密特的论文刊出后,海森伯立刻来信表示赞许,并认为可以利用自旋-轨道耦合作用,解决泡利理论中所谓"二重性"的困难。不过,棘手的问题是如何解释双线公式中多出的因子 2。对于这个问题,乌伦贝克和高斯密特一时无法回答。

正好这时爱因斯坦来到了莱顿大学进行访问讲学。爱因斯坦向他们提供了关键性的启示:在相对于电子静止的坐标系里,运动原子核的电场将按照相对论的变换公式产生磁场,再利用一级微扰理论可以算出两种不同自旋方向的能量差。

玻尔也很赞赏乌伦贝克和高斯密特的工作,他真没想到困扰多年的光谱精细结构问题,居然能用"自旋"这一简单的力学概念就可以解决。不过他也感到棘手,因为从相对论推出的双线公式还没有能对因子 2 作出完全解释。

泡利则始终反对运用力学模型来进行思考。他对玻尔争辩说:"一种新的邪说将被引入物理学。"他有自己独特的见解。

1926 年,因子 2 的困难终于被在哥本哈根研究所工作的英国物理学家托马斯(L. H. Thomas)解决了。他运用相对论进行计算,发现人们的错误在于忽略了坐标系变换时的相对论效应,只要考虑到电子具有加速度,加上这一相对论效应就可以自然地得到因子 2。

这样一来,物理学界很快就普遍接受了电子自旋的概念。连泡利也承认这一假设是有效的。他给玻尔写信说:"现在对我来说,只好完全投降了。"

应该说,泡利并没有错。他在两年后也实现了自己的目标,把电子自旋纳入量子力学的体系。不久狄拉克建立相对论量子力学,在这一崭新的理论中可以自然地得出电子具有内禀角动量的结论。

8.3   德布罗意假说

作为量子力学的前奏,路易斯·德布罗意的物质波理论有着特殊的重要性。

路易斯·德布罗意是法国物理学家,原来学的是历史,对科学也很有兴趣。第一次世界大战期间,在军队服役,从事无线电工作。平时爱读科学著作,特别是彭加勒、洛伦兹和朗之万(P. Langevin,1872—1946)的著作。后来对普朗克、爱因斯坦和玻尔的工作发生了兴趣,乃转而研究物理学。退伍后跟随朗之万攻读物理学博士学位。他的兄长莫里斯·德布罗意是一位研究 X 射线的专家,路易斯曾随莫里斯一道研究 X 射线,两人经常讨论有关的理论问题。莫里斯曾在 1911 年第一届索尔威会议上担任秘书,负责整理文件。这次会议的主题是关于辐射和量子论。会议文件路易斯看到了,受到很大启发。莫里斯和另一位 X 射线专家 H. W. 布拉格联系密切。H. W. 布拉格曾一度主张 X 射线的粒子性。这个观点对莫里斯很有影响,所以他经常跟弟弟讨论波和粒子的关系。这些条件促使路易斯·德布罗意深入思考波粒二象性的问题。

法国物理学家布里渊(M. Brillouin)在 1919—1922 年间发表过一系列论文,提出了一种能解释玻尔定态轨道原子模型的理论。他设想原子核周围的"以太"会因电子的运动激发一种波,这种波互相干涉,只有在电子轨道半径适当时才能形成环绕原子核的驻波,因而轨道半径是量子化的。这一见解使德布罗意受到启发。他吸收了布里渊的驻波思想,但是去掉了以太的概念,把以太引起的电子波动性直接赋予电子本身。

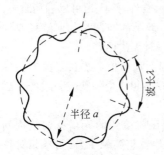

图 8-3   德布罗意的原子谐振条件示意图

1923 年 9 月—10 月间,德布罗意连续在《法国科学院通报》上发表了三篇有关波和量子的论文。第一篇题目是《辐射——波与量子》,提出实物粒子也有波粒二象性,认为与运动粒子相应的还有一正弦波,两者总保持相同的位相。后来他把这种假想的非物质波称为相波。他考虑一个静质量为 m_0 的运动粒子的相对论效应,把相应的内在能量 $m_0 c^2$ 视为一种频率为 ν_0 的简单周期性现象。他把相波概念应用到以闭合轨道绕核运动的电子,推出了玻尔量子化条件。在第三篇题为《量子气体运动理论以及费马原理》的论文中,他进一步提出,"只有满足位相波谐振,才是稳定的轨道。"在第二年的博士论文中,他更明确地写下了:"谐振条件是 $l=n\lambda$,即电子轨道的周长是位相波波长的整数倍。"(如图 8-3)

在第二篇题为《光学——光量子、衍射和干涉》的论文中,德布罗意提出如下设想:"在一定情形中,任一运动质点能够被衍射。穿过一个相当小的开孔的电子群会表现出衍射现象。正是在这一方面,有可能寻得我们观点的实验验证。"[①]

在这里要说明两点:第一,德布罗意并没有明确提出物质波这一概念,他只是用位相波或相波的概念,认为这是一种假想的非物质波。可是究竟是一种什么波呢? 在他的博

---

① Broglie L d. Comptes Rend. 1923(177):548

士论文结尾处,他特别声明:"我特意将相波和周期现象说得比较含糊,就像光量子的定义一样,可以说只是一种解释,因此最好将这一理论看成是物理内容尚未说清楚的一种表达方式,而不能看成是最后定论的学说。"物质波是在薛定谔方程建立以后,在诠释波函数的物理意义时由薛定谔提出的。第二,德布罗意并没有明确提出波长 λ 和动量 p 之间的关系式:$\lambda = h/p$(h 即普朗克常数),只是后来人们发觉这一关系在他的论文中已经隐含了,就把这一关系称为德布罗意公式。

德布罗意的博士论文得到了答辩委员会的高度评价,认为很有独创精神,但是人们总认为他的想法过于玄妙,没有认真地加以对待。例如,在答辩会上,有人提问有什么可以验证这一新的观念。德布罗意答道:"通过电子在晶体上的衍射实验,应当有可能观察到这种假定的波动的效应。"在他兄长的实验室中有一位实验物理学家道威利尔(M. A. Dauvillier)曾试图用阴极射线管做这样的实验,试了一试,没有成功,就放弃了。后来分析,可能是电子的速度不够大,当作靶子的云母晶体吸收了空中游离的电荷,如果实验者认真做下去,肯定会做出结果来的。

德布罗意的论文发表后,当时并没有多大反应。后来引起人们注意是由于爱因斯坦的支持。朗之万曾将德布罗意的论文寄了一份给爱因斯坦,爱因斯坦看到后非常高兴。他没有想到,自己创立的有关光的波粒二象性观念,在德布罗意手里发展成如此丰富的内容,竟扩展到了运动粒子。当时爱因斯坦正在撰写有关量子统计的论文,于是就在其中加了一段介绍德布罗意工作的内容。他写道:"一个物质粒子或物质粒子系可以怎样用一个(标量)波场相对应,德布罗意先生已在一篇很值得注意的论文中指出了。"[①]

这样一来,德布罗意的工作立即得到了物理学界的注意。

8.4 物质波理论的实验验证

上一节讲到,德布罗意曾设想,晶体对电子束的衍射实验,有可能观察到电子束的波动性。人们希望能够实现这一预见。耐人寻味的是,正在这个时候,有两个电子束实验得到了反常的结果却得不到理论解释。这两个实验就是冉绍尔(C. W. Ramsauer)的电子-原子碰撞实验和戴维森(C. J. Davisson)的电子散射实验。

8.4.1 冉绍尔效应

1913 年,德国物理学家冉绍尔发展了一种研究电子运动的实验方法,人称冉绍尔圆环法。用这种方法可以高度精确地确定慢电子的速度和能量。粒子间相互碰撞的有效截面概念就是冉绍尔首先提出来的。第一次世界大战后,冉绍尔继续用他的圆环法进行慢速电子与各种气体原子弹性碰撞的实验研究。1920 年,他在题为《气体分子对慢电子的截面》一文中报导了他发现氩气有特殊行为。

实验装置如图 8-4 所示。

---

① 爱因斯坦文集,第二卷.商务印书馆,1979.420

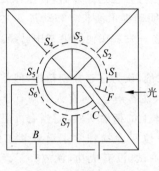

图 8-4　冉绍尔圆环法

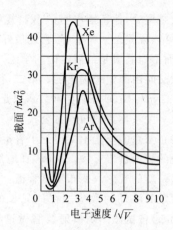

图 8-5　冉绍尔的实验结果

冉绍尔在腔室中分别充以各种不同的气体，例如氢、氦、氮和氩。他经过多次测量，发现一般气体的截面"随电子速度减小均趋于常值，惟独氩的截面变得特别小"。由氩的这一反常行为，冉绍尔得出的结论是："在这个现象中人们观察到最慢的电子对氩原子是自由渗透的。"[1]

图 8-5 是冉绍尔综合多人实验结果而作出的惰性气体 Xe,Kr,Ar 对电子的散射截面随电子速度变化的曲线，图中横坐标是与电子速度成正比的加速电压平方根值，纵坐标是散射截面 Q，用原子单位，其中 α_0 为玻尔原子半径。三种惰性气体的曲线具有大体相同的形状。约在电子能量为 10eV 时，Q 达极大值，而后开始下降；当电子能量逐渐减小到 1eV 左右时，Q 又出现极小值；能量再减小，Q 值再度上升。事实确凿地证明，低能电子与原子的弹性碰撞是无法用经典理论解释的。这就是当年令人不解的冉绍尔效应。

8.4.2　戴维森的电子散射实验

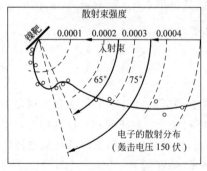

图 8-6　戴维森（1921 年）发表的电子
散射曲线

戴维森的电子散射实验比冉绍尔的电子碰撞实验更早得到奇特的结果。戴维森是美国西部电气公司工程部（即后来的贝尔电话实验室）的研究员，从事热电子发射和二次电子发射的研究。1921 年，他和助手孔斯曼（Kunsman）在用电子束轰击镍靶时，发现从镍靶反射回来的二次电子有奇异的角度分布，其分布曲线如图 8-6，出现了两个极大值。戴维森没有放过这一现象，反复试验，并撰文在 1921 年的《科学》（Science）杂志上进行了讨论。他当时认为极大

① 转引自：Mehra J,Rechenberg H. The Historical Development of Quantum Theory, Vol. 1,Part2. 621

值的出现可能是电子壳层的象征,文中提出这样的看法,认为这一研究也许可以找到探测原子结构的另一途径。

8.4.3 埃尔萨塞的构想

戴维森(1921)发表的电子散射曲线引起了德国著名物理学家玻恩(M. Born)的注意,他让一名叫洪德(F. Hund,著名光谱学家)的研究生,根据戴维森的电子壳层假设重新计算电子散射曲线的极大极小值。在一次讨论班上洪德作了汇报,引起另一名研究生埃尔萨塞(W. Elsasser)的兴趣。埃尔萨塞的思想特别活跃,非常关心物理学各个领域的新进展,当他得知爱因斯坦和玻色(S. N. Bose)新近发表了量子统计理论,就想找到爱因斯坦的文章来阅读。爱因斯坦在文章中特别提到了德布罗意的物质波假说,使埃尔萨塞获得很大启发。不久,埃尔萨塞又读到了德布罗意给玻恩寄来的论文。德布罗意的相波概念使他的思想突然产生了一个飞跃,会不会戴维森和孔斯曼的极大极小值,就是电子波动性造成的?

他迅即按德布罗意公式用计算尺估算了最大值所需的电子能量,发现数量级正确。几个星期之后,他写了一篇通讯给德文《自然科学》杂志,题为《关于自由电子的量子力学的说明》[①]。在这篇短文中,他特别提到用波动性的假说不但可以解释戴维森和孔斯曼的实验,还可以解释冉绍尔效应,在文章最后,他申明要取得定量验证,有待于他自己正在准备的进一步实验。他花了三个月的时间考虑实验方案,终因技术力量不足而放弃。

8.4.4 戴维森发现电子衍射

戴维森从1921年起就没有间断电子散射实验,一直在研究电子轰击镍靶时出现的反常行为。由于他缺乏与外界的联系,没有机会读到埃尔萨塞的论文。1925年,一次偶然的事故使他的工作获得了戏剧性的进展。有一天,他的助手革末(L. H. Germer)正准备给实验用的管子加热去气,真空系统的炭阱瓶突然破裂了,空气冲进了真空系统,镍靶严重氧化。过去也曾发生过类似事故,整个管子往往报废,这次戴维森决定采取修复的办法,在真空和氢气中加热,给阴极去气。经过两个月的折腾,又重新开始了正式试验。在这中间,奇迹出现了。1925年5月初,结果还和1921年所得差不多,可是5月中曲线发生特殊变化,出现了好几处尖锐的峰值,如图 8-7 所示。他们立即采取措施,将管子切开看看里面发生了什么变化。在公司 位显微镜专家的帮助下,发现镍靶在修复的过程中发生了变化,原来磨得极光

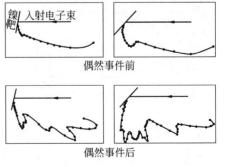

图 8-7 偶然事件(1925 年)前后的对比

① Elsasser W. Naturwissenschaften. 1925(13): 711

的镍表面，现在看来构成了一排大约十块明显的结晶面。他们断定散射曲线反常的原因就在于原子重新排列成晶体阵列。

这一结论促使戴维森和革末修改他们的实验计划。既然小的晶面排列很乱，无法进行系统的研究，他们就作了一块大的单晶镍，并切取一特定方向来做实验。他们事前并不熟悉这方面的工作，所以前后花了近一年的时间，才准备好新的镍靶和管子。有趣的是，他们为熟悉晶体结构做了很多 X 射线衍射实验，拍摄了很多 X 射线衍射照片，可就是没有将 X 射线衍射和他们正从事的电子衍射联系起来。他们设计了很精巧的实验装置，镍靶可沿入射束的轴线转 360°，电子散射后的收集器也可以取不同角度，显然他们的目标已从探索原子结构，转向探索晶体结构。1926 年继续做电子散射实验，然而结果并不理想，总得不到偶然事件之后的那种曲线。

这时正值英国科学促进会在牛津开会。戴维森参加了会议。在 1926 年 8 月 10 日的会议上，他听到了著名德国物理学家玻恩讲到：“戴维森和孔斯曼……从金属表面反射的实验”可能就是德布罗意波动理论所预言的电子衍射的“证据”。戴维森没有想到自己三年前的实验竟有这样重要的意义。

会议之后，戴维森找到玻恩和其他一些著名的物理学家，让他们看新近得到的单晶散射曲线，跟他们进行了热烈的讨论。玻恩建议戴维森仔细研究薛定谔有关波动力学的论文。这次讨论对戴维森的工作有决定性的影响。回到纽约后，他重新制定了研究方案。有了明确的探索目标，工作进展相当迅速。这时，戴维森已经自觉接受量子理论的指导，有效地发挥自己的技术专长。经过精巧的实验研究，戴维森在 1927 年完全证实了电子衍射的存在，为德布罗意的物质波假说提供了重要证据。

图 8-8　戴维森所用的电子衍射管

图 8-9　戴维森（左）手持电子衍射管，
右为他的助手革末

8.4.5　G.P.汤姆孙也发现了电子衍射

如果说戴维森发现电子衍射走的是一条曲折的道路，那么，G.P.汤姆孙走的却是一条直路。他是电子的发现者 J.J.汤姆孙的独生子，从小接受到良好的科学教育，在父亲的指

导下做气体放电等方面的研究工作。1922年,30岁的G.P.汤姆孙当了阿伯登(Aberdeen)
大学教授,继续做他父亲一直从事的正射线的研究,实验设备主要是电子枪和真空系统。
他很欣赏1924年德布罗意的论文,并于1925年向《哲
学杂志》投过一篇论文,试图参加有关物质波的讨论。
1926年在牛津召开的英国科学促进会他也参加了,不
过当时没有见到戴维森。是玻恩的报告引起他对德布
罗意物质波假说的进一步兴趣,促使他按照埃尔萨塞的
方案去探讨电子波存在的可能性。他的实验室有优越
的条件可以进行电子散射实验。果然当他把正射线的
散射实验装置作些改造,把感应圈的极性反接,在电子
束所经途中加一赛璐珞薄膜作为靶子,让电子束射向感
光底片,不久就得到了边缘模糊的晕环照片,如图8-10。
这一照片虽然模糊,却是最早的电子衍射花纹。

图8-10　G.P.汤姆孙早期的电子
衍射图像(样品为金箔)

　　由于电子衍射的发现对物理学的发展具有重要意义,戴维森和G.P.汤姆孙共同获得
1937年诺贝尔物理学奖。[①]

8.5　矩阵力学的创立

　　矩阵力学的创立者海森伯原是索末菲的学生。1922年6月玻尔应邀到哥廷根讲学,
索末菲带领海森伯和泡利一起去听讲。在讲演后的讨论中,海森伯发表的意见引起玻尔
的注意,尔后两人一起散步继续讨论。玻尔对这位年轻的学者印象深刻,邀请他和泡利在
适当的时候到哥本哈根去作研究。1922年海森伯就去了,开始了他们之间的长期合作。
1924年海森伯又到哥本哈根跟玻尔和克拉末斯(H.A.Kramers)合作研究光的色散理论。

图8-11　玻尔和海森伯、泡利
在一起

　　在研究中,海森伯认识到,不仅描写电子运动的
偶极振幅的傅里叶分量的绝对值平方决定相应辐射
的强度,而且振幅本身的位相也是有观察意义的。海
森伯由这里出发,假设电子运动的偶极和多极电矩辐
射的经典公式在量子理论中仍然有效。然后运用玻
尔的对应原理,用定态能量差决定的跃迁频率来改写
经典理论中电矩的傅里叶展开式。谱线频率和谱线
强度的振幅都是可观察量。这样,海森伯就不再需要
电子轨道等经典概念,代之以频率和振幅的二维
数集。

　　但是令海森伯奇怪的是,这样做的结果,计算中的乘法却是不可对易的。当时他还不
知道这就是矩阵运算,于是他把论文拿给他的另一位导师、格丁根大学教授玻恩,请教有
没有发表价值。玻恩开始也感到茫然,经过几天的思索,记起了这正是大学学过的矩阵运

　　①　有关电子衍射和物质波实验的详情可参看:郭奕玲.大学物理中的著名实验.科学出版社,1994.第21章

算，认出海森伯用来表示观察量的二维数集正是线性代数中的矩阵。从此以后，海森伯的新理论就叫"矩阵力学"。

玻恩认识到海森伯的工作有重要意义，立即推荐发表，并着手运用矩阵方法为新理论建立一套严密的数学基础。一次偶然的机会，玻恩遇见了年轻的数学家约丹（P. Jordan）。约丹正是这方面的内行，欣然应允合作。1925年9月，两人联名发表了《论量子力学》一文，首次给矩阵力学以严格表述。

接着，玻恩、约丹和海森伯三人合作，又写了一篇论文，把以前的结果推广到多自由度和有简并的情况，系统地论述了本征值问题、定态微扰和含时间的定态微扰，导出了动量和角动量守恒定律，以及强度公式和选择定则，还讨论了塞曼效应等问题，从而奠定了矩阵力学的基础。

海森伯等人的工作很快得到了英国剑桥大学狄拉克的响应。1925年狄拉克得知海森伯提出了矩阵力学，立即产生了新的想法。他利用哈密顿力学，发现矩阵力学中的对易关系形式上与经典力学中的泊松括号相当。1925年11月他以《量子力学的基本方程》为题，运用对应原理，很简单地把经典力学方程改造为量子力学方程。1926年1月又发表《量子力学和氢原子的初步研究》，建立了一种代数方法，用于氢原子光谱，推导出了巴耳末公式。

泡利也对矩阵力学的发展作出了自己的贡献。他在《从新量子力学的观点讨论氢光谱》一文中用矩阵力学的方法解决了氢原子能级，得到了巴耳末公式，解释了斯塔克效应。[1]

8.6　波动力学的创立

在海森伯、玻恩和约丹创立矩阵力学的同时，薛定谔从另一途径创建了波动力学。

薛定谔是奥地利人，1906—1910年在维也纳大学物理系学习，1910年获得博士学位后留在维也纳大学从事实验物理学研究。第一次世界大战期间，服役于一个偏僻的炮兵要塞，利用闲暇研究理论物理，1921年受聘于瑞士苏黎世大学任数学物理教授，主要研究热力学和统计力学，1925年夏秋之际，从事量子气体理论研究。这时正值爱因斯坦和玻色关于量子统计理论的著作发表不久，爱因斯坦在论文中提到了德布罗意的物质波假说。在他的启示下，薛定谔萌发了用新观点研究原子结构的想法。可以说，爱因斯坦是薛定谔的直接引路人，正是由于爱因斯坦那篇关于单原子理想气体量子理论的论文，引导了薛定谔的研究方向。1925年10月，薛定谔得到了德布罗意的博士论文，使他有可能深入地研究德布罗意的位相波思想。薛定谔在他的第一篇论文中，提到了德布罗意的博士论文对他的启示。他写道："我要特别感谢路易斯·德布罗意先生的精湛论文，是它激起了我的这些思考和对'相波'在空间中的分布加以思索。"[2]著名化学物理学家德拜对他也有积极影响。据说，在苏黎世定期召开的讨论会上，薛定谔被德拜指定作有关德布罗意工作的报告。在报告之后，主持人德拜表示不满，向他指出，研究波动就应该先建立波动方程。薛

---

① 详见：Van der Waerden B L. Sources of Quantum Mechanics. North-Holland，1967
② Schrödinger E. Annalen der Physik. Leipzig，1926(79)：361

定谔在他的启示下,下工夫研究这个问题,几星期后,薛定谔再次报告,宣布找到了这个方程。[①]

这个有关薛定谔创建波动力学的故事,流传甚广,德拜本人也表示确有此事。但应该指出,这件事情即使发生过,对薛定谔的工作也不会起决定性的影响。[②]

1926 年 1 月—6 月间,薛定谔一连发表了四篇论文,题目都是《量子化就是本征值问题》,对他的新理论作了系统论述。薛定谔是从经典力学和几何光学的对比,提出了对应于波动光学的波动方程。开始,他试图建立一个相对论运动方程,但由于当时还不知道电子有自旋,所以在关于氢原子光谱的精细结构的理论上与实验数据不符。后来他改用非相对论波动方程来处理电子,得到了与实验相符的结果,这个波动方程现在就叫薛定谔方程。他在第一篇论文中引入波函数 ψ 的概念,利用变分原理,得到不含时间的氢原子波动方程

$$\nabla^2\psi+\frac{2m}{K^2}\left[E+\frac{e^2}{r}\right]\psi=0$$

或

$$\nabla^2\psi+\frac{8\pi^2 m}{h^2}\left[E+\frac{e^2}{r}\right]\psi=0$$

其中 $h=2\pi K$。

薛定谔从这个方程得到的解正是氢原子的能级公式。这样,量子化就成了薛定谔方程的自然结果,而不是像玻尔和索末菲那样需要人为规定某些量子化条件。

薛定谔在论文一开始就写道:“通常的量子化法则可以用另一个假设来代替了,在这个假设中,不引入任何一个关于‘整数’的概念,而整数性倒会像振动的弦的波节数是整数一样很自然地得出来。这种新的理解是可以普遍化的,而且像我认为的那样,是很深地渊源于量子法则的真正本质之中的”。[③]

在第二篇论文中,薛定谔从经典力学与几何光学的类比及物理光学到几何光学过渡的角度,阐述了他建立波动力学的思想,并建立了一般的含时间的波动方程。

接着,薛定谔解出了谐振子的能级和定态波函数,结果与海森伯的矩阵力学所得相同。他还处理了普朗克谐振子和双原子分子等问题。[④]

薛定谔的第三篇论文阐述了定态微扰理论,他用波函数详细计算了氢原子的斯塔克效应,结果与实验符合得很好。

薛定谔的第四篇论文推出了含时间的微扰理论,并用之于计算色散等问题。

这一组论文奠定了非相对论量子力学的基础。薛定谔把自己的新理论称为波动力学。

总括起来,薛定谔的思想大概是从以下四个方面的前提得出来的:

(1)原子领域中电子的能量是分立的;

---

① Bloch. Phys. Tod. ,1975,Dec(28):293

② Raman V V,Forman P. HSPS,v. 1. 1969. 293

③ Schrödinger E. Annalen der Physik. Leipzig,1926(79):361

④ 同上注,第 489 页。

（2）在一定的边界条件下，波动方程的振动频率只能取一系列分裂的本征频率；

（3）哈密顿-雅可比方程不仅可用于描述粒子的运动，也可用于描述光波；

（4）最关键的是爱因斯坦和德布罗意关于波粒二象性的思想。电子可以看成是一种波，其能量 E 和动量 p 可用德布罗意公式与波长 λ 和频率 ν 联系在一起。

波动力学形式简单明了，数学方法基本上是解偏微分方程，对大家都比较熟悉，也易于掌握，所以，人们普遍欢迎这一新理论。但是，波动力学和矩阵力学究竟有什么关系，谁也说不清楚，开始双方都抱有门户之见。后来，薛定谔认真钻研了海森伯等人的著作，于1926年发表了题为《论海森伯、玻恩与约丹和我的量子力学之间的关系》的论文，证明矩阵力学和波动力学的等价性，指出两者在数学上是完全等同的，可以通过数学变换从一种理论转换到另一种理论，它们都是以微观粒子的波粒二象性为基础。与此同时，泡利也作了同样的证明。

图 8-12　1932 年和 1933 年诺贝尔物理学奖得主合影
从右到左：薛定谔、海森伯、狄拉克、薛定谔夫人
和狄拉克及海森伯的母亲

8.7　波函数的物理诠释

薛定谔的波动力学提出后，人们普遍感到困惑的是其中某些关键概念（例如波函数）的物理意义还不明确。薛定谔把波函数解释成是描述物质波动性的一种振幅，用波群的运动来描述力学过程。在他的理论中，粒子不过是波集中在一起形成的波群，即所谓的波包。又是玻恩对薛定谔的波动力学作了重要补充，他在1926年6月发表题为《散射过程的量子力学》一文，指出："迄今为止，海森伯创立的量子力学仅用于计算定态以及与跃迁相关的振幅"，但对于散射问题，则"在各种不同形式中，仅有薛定谔的形式看来能够胜任"。他在对两个自由粒子的散射问题进行计算后对波函数的物理意义作了探讨，指出：发现粒子的概率正比于波函数 ψ 的平方。只要把波函数作这样的诠释，散射结果就有明确的意义。由于有了玻恩的诠释，波动力学才为公众普遍接受。

**图 8-13　玻恩（中间坐者）和（从左到右）
欧森（Carl W. Oseen）、玻尔、
夫兰克（James Franck）、
克莱因（Oskar Klein）等人合影**

玻恩在回忆他是怎样想出这一诠释时写道："爱因斯坦的观点又一次引导了我。他曾

经把光波振幅解释为光子出现的概率密度,从而使粒子(光量子或光子)和波的二象性成为可以理解的。这个观念马上可以推广到 ψ 函数上: $|\psi^2|$ 必须是电子(或其他粒子)的概率密度"[1]。可见,爱因斯坦在量子力学的发展中起了何等重要的作用。

8.8　不确定原理和互补原理的提出

不确定原理也叫测不准原理,是海森伯在 1927 年首先提出的,它反映了微观粒子运动的基本规律,是物理学中又一条重要原理。

海森伯在创立矩阵力学时,对形象化的图像采取否定态度。但他在表述中仍然需要"坐标"、"速度"之类的词汇,当然这些词汇已经不再等同于经典理论中的那些词汇。可是,究竟应该怎样理解这些词汇新的物理意义呢?海森伯抓住云室实验中观察电子径迹的问题进行思考。他试图用矩阵力学为电子径迹作出数学表述,可是没有成功。这使海森伯陷入困境。他反复考虑,意识到关键在于电子轨道的提法本身有问题。人们看到的径迹并不是电子的真正轨道,而是水滴串形成的雾迹,水滴远比电子大,所以人们也许只能观察到一系列电子的不确定的位置,而不是电子的准确轨道。因此,在量子力学中,一个电子只能以一定的不确定性处于某一位置,同时也只能以一定的不确定性具有某一速度。可以把这些不确定性限制在最小的范围内,但不能等于零。这就是海森伯对不确定性最初的思考。据海森伯晚年回忆,爱因斯坦 1926 年的一次谈话启发了他。爱因斯坦和海森伯讨论可不可以考虑电子轨道时,曾质问过海森伯:"难道说你是认真相信只有可观察量才应当进入物理理论吗?"对此海森伯答复说:"你处理相对论不正是这样的吗?你曾强调过绝对时间是不许可的,仅仅是因为绝对时间是不能被观察的。"爱因斯坦承认这一点,但是又说:"一个人把实际观察到的东西记在心里,会有启发性帮助的……在原则上试图单靠可观察量来建立理论,那是完全错误的。实际上恰恰相反,是理论决定我们能够观察到的东西……只有理论,即只有关于自然规律的知识,才能使我们从感觉印象推论出基本现象。"[2]

海森伯在 1927 年的论文一开头就说:"如果谁想要阐明'一个物体的位置'(例如一个电子的位置)这个短语的意义,那么他就要描述一个能够测量'电子位置'的实验,否则这个短语就根本没有意义。"海森伯在谈到诸如位置与动量,或能量与时间这样一些正则共轭量的不确定关系时,说:"这种不确定性正是量子力学中出现统计关系的根本原因。"

海森伯不确定原理是通过一些实验来论证的。设想用一个 γ 射线显微镜来观察一个电子的坐标,因为 γ 射线显微镜的分辨本领受到波长 λ 的限制,所用光的波长 λ 越短,显微镜的分辨率越高,从而测定电子坐标不确定的程度 Δq 就越小,所以 $\Delta q \propto \lambda$。但另一方面,光照射到电子,可以看成是光量子和电子的碰撞,波长 λ 越短,光量子的动量就越大,所以有 $\Delta p \propto 1/\lambda$。经过一番推理计算,海森伯得出: $\Delta q \Delta p = h/4\pi$。海森伯写道:"在位置被测定的一瞬,即当光子正被电子偏转时,电子的动量发生一个不连续的变化,因此,在确知电

① 参见:M. 玻恩. 我这一代的物理学. 商务印书馆,1964

② Heisenberg W. Physics and Beyond. Allen,1971. 62

子位置的瞬间,关于它的动量我们就只能知道相应于其不连续变化的大小的程度。于是,位置测定得越准确,动量的测定就越不准确,反之亦然。"

海森伯还通过对确定原子磁矩的斯特恩-盖拉赫实验的分析证明,原子穿过偏转所费的时间 ΔT 越长,能量测量中的不确定性 ΔE 就越小。再加上德布罗意关系 $\lambda = h/p$,海森伯得到 $\Delta E \Delta T < h$,并且作出结论:"能量的准确测定如何,只有靠相应的对时间的不确定量才能得到。"

图 8-14 玻尔正在讲解他的互补原理

海森伯的不确定原理得到了玻尔的支持,但玻尔不同意他的推理方式,认为他建立不确定关系所用的基本概念有问题。双方发生过激烈的争论。玻尔的观点是不确定关系的基础在于波粒二象性,他说:"这才是问题的核心。"而海森伯说:"我们已经有了一个贯彻一致的数学推理方式,它把观察到的一切告诉了人们。在自然界中没有什么东西是这个数学推理方式不能描述的。"玻尔则说:"完备的物理解释应当绝对地高于数学形式体系。"

玻尔更着重于从哲学上考虑问题。1927 年玻尔作了《量子公设和原子理论的新进展》的演讲,提出著名的互补原理。他指出,在物理理论中,平常大家总是认为可以不必干涉所研究的对象,就可以观测该对象,但从量子理论看来却不可能,因为对原子体系的任何观测,都将涉及所观测的对象在观测过程中已经有所改变,因此不可能有单一的定义,平常所谓的因果性不复存在。对经典理论来说是互相排斥的不同性质,在量子理论中却成了互相补充的一些侧面。波粒二象性正是互补性的一个重要表现。不确定原理和其他量子力学结论也可以从这里得到解释。

以玻尔、玻恩、海森伯为代表的一批物理学家关于量子力学的诠释不断发展,形成了对二十世纪物理学和哲学有重大影响的学派,人们称之为哥本哈根学派。

8.9 关于量子力学完备性的争论

玻恩、海森伯、玻尔等人提出了量子力学的诠释以后,不久就遭到爱因斯坦和薛定谔等人的批评,他们不同意对方提出的波函数的概率解释、不确定原理和互补原理。双方展开了一场长达半个世纪的大论战,许多理论物理学家、实验物理学家和哲学家卷入了这场论战,这一论战至今还未结束。现在正在进行的关于隐参量的辩论就是他们论战的继续。

早在 1927 年 10 月召开的第五届索尔威会议上就爆发了公开论战。那次会议先由德布罗意介绍自己对波动力学的看法,提出了所谓的导波理论。在讨论中泡利对他的理论进行了激烈的批评,于是德布罗意声明放弃自己的观点。接着,玻恩和海森伯介绍矩阵力学波函数的诠释和不确定原理。最后他们说:"我们主张,量子力学是一种完备的理论,它的基本物理假说和数学假设是不能进一步被修改的。"玻尔也在会上发表了上节提到的演讲内容。这些话显然是说给爱因斯坦听的,但爱因斯坦一直保持沉默。只是在玻恩提到爱因斯坦的工作时,才起来作了即席发言,他用一个简单的理想实验来说明他的观点。

图 8-15　第五届索尔威会议参与者合影

(从左到右)第三排:A. Piccard,E. Henriot,埃伦费斯特,E. Herzen,T. De Donder,薛定谔,E. Verschaffelt,泡利,海森伯,R. H. Fowler,L. Brillouin,第二排:德拜,M. Knudsen,劳伦斯·布拉格,克拉末斯,狄拉克,康普顿,德布罗意,玻恩,玻尔,第一排:I. Langmuir,普朗克,居里夫人,洛伦兹,爱因斯坦,朗之万,C. E. Guye,C. T. R. 威尔逊,O. W. Richardson(读者不妨将此图中的人物与图 7-9 第一届索尔威会议的参与者对比)。

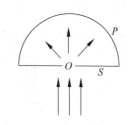

"设 S 是一个遮光屏,在它上面开一个不大的孔 O(见图 8-16),P 是一个大半径的半球面形的照相胶片。假定电子沿着箭头所指示的方向落到遮光屏 S 上。这些电子的一部分穿过孔 O,由于孔小,而电子具有速度,因此它们均匀地分布在(按:即衍射到)所有的方向从而作用在胶片上。"这一事件的发生概率可由衍射的球面波在所考虑的点上的强度来量度。爱因斯坦说,可以有两种不同的观点来解释实验结果。按照第一种观点,德布罗意-薛定

图 8-16　爱因斯坦的示意图

谔的 ψ 波不是代表一个电子,而是一团分布在空间中的电子云;量子论对于任何单个过程是什么也没有说的。它只给出关于一个相对说来无限多个基元过程的集合的知识。按照第二种观点,量子论可以完备地描述单个过程。落到遮光屏上的每个粒子,不是由位置和速度来表征而是用德布罗意-薛定谔波束来描述,这些描述概括了全部的事实和规律性。

在经过一番论证之后,爱因斯坦表示:"我认为德布罗意先生在这个方向上的探索是对的。仅就薛定谔波而言,第二种解释我认为是同相对性假设相矛盾的。"[①]

爱因斯坦实际上是反对玻尔等人对量子力学的诠释,他的反对意见引起了热烈讨论。

---

① 爱因斯坦文集,第一卷.230

会议本来的主题是《电子和光子》，却变成了对量子力学诠释的一次全面讨论会。讨论的结果是玻尔、海森伯等人经过仔细分析，批驳了爱因斯坦的意见。爱因斯坦没有坚持已见，但他在内心是不服气的。

图 8-17　第六届索尔威会议的参与者合影

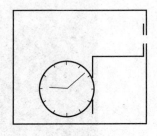

图 8-18　爱因斯坦的光子箱

1930 年 10 月第六届索尔威会议召开。爱因斯坦主动出击，用一个被人们称为"爱因斯坦光子箱"的理想实验为例，试图从能量和时间这一对正则变量的测量上来批驳不确定原理。为了提高测量时间和能量精确度，爱因斯坦想出了一个办法。他考虑一个具有理想反射壁的箱子（如图 8-18），里面充满辐射。箱子上有一快门，用箱内的时钟控制，快门启闭的时间间隔 Δt 可以任意短，每次只释放一个光子，能量可以通过重量的变化来测量。只要测出光子释放前后整个箱子重量的变化，就可以根据相对论质能转化公式 $E = mc^2$ 计算出来，箱内少了一个光子，能量相应地减少 ΔE，ΔE 可以精确测定。这样，Δt 和 ΔE 就都可以同时精确测定，于是证明了不确定原理不能成立。

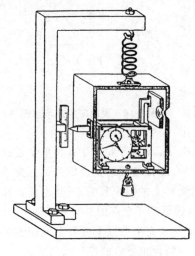

图 8-19　玻尔"加工"过的
爱因斯坦光子箱

玻尔等人对爱因斯坦的光子箱实验毫无思想准备，一时无言以对。然而经过一个不眠之夜的紧张思考，玻尔终于找到了缺口。他发现爱因斯坦没有注意到广义相对论的红移效应。第二天一早，玻尔就在索尔威会议上发言，首先在黑板上画了一幅与图 8-18 相似的草图（见图 8-19），实际上是昨天爱因斯坦那幅图的改进，他假设箱子是挂在弹簧秤下，箱子上装有指针，从标尺可以读出指针的位置。然后他说：

"在给定的精确度 Δq 下对箱子位置的任一测定，都会给箱子的动量控制带来一个最小不确定量 Δp，它同 Δq 是由关系式 $\Delta q \Delta p \approx h$ 联系着的。这一不确定量 Δp 显然又一定小于引力场的整段时间 T 中所能给予一个质量为 Δm 的物体的总冲量，或者

$$\Delta p \approx h / \Delta q < Tg\,\Delta m$$

其中 g 是重力恒量[①]。由此可见,指针读数 q 的精确度越高,秤量时间就必须越长,如果箱子及其内含物的质量要测到一个给定精确度的话。

"但是根据广义相对论,一个时钟当沿着引力方向移动一段距离 Δq 时,其快慢就会改变,它的读数在一段时间间隔 T 内将差一个量 ΔT,它由下面的关系式给出

$$\Delta T/T = g\Delta q/c^2$$

比较以上两式我们就可以看到,在称量过程之后,我们关于时钟校准的知识中将有一个不确定量 $\Delta T > h/(c^2 \cdot \Delta m)$。这个关系式和公式 $E=mc^2$ 一起,再次得出 $\Delta T\Delta E > h$,与不确定原理是一致的。"[②]

玻尔的论证是如此的有力,使爱因斯坦不得不放弃自己的看法,承认量子力学在理论上是自洽的,海森伯的不确定原理是合理的。以后爱因斯坦就转而论证量子力学理论的不完备性。

1935 年,爱因斯坦与玻多尔斯基(B. Podolsky)以及罗森(N. Rosen)合作,三人联名发表《能认为量子力学对物理实在的描述是完备的吗?》一文,提出:"波函数所提供的关于物理实在的量子力学描述是不完备的。"[③]并且表示,相信会有比量子力学更充分的描述。他们通过理想实验提出一个著名的悖论,人称 EPR 悖论。他们的论点是,完备理论的必要条件应该是:物理实在的每一要素在理论中都必须具有对应的部分,而要鉴别实在要素的充分条件则应是:"不干扰这个体

图 8-20 爱因斯坦和玻尔在沉思

系而能够对它作出确定的预测。"量子力学中一对共轭的物理量,按照海森伯的不确定原理,精确地知道了其中一个量就要排除对另一个量的精确认识。对于这一对共轭的物理量,在下面两种论断中只能选择一个:或者认为量子态 ψ 对于实在的描述是不完备的;或者认为对应于这两个不能对易的算符的物理量不能同时具有物理的实在性。

玻尔立即以同一题目作答。他认为:物理量本来就同测量条件和方法紧密联系,任何量子力学测量结果的报导给我们的不是关于客体的状态,而是关于这个客体浸没在其中的整个实验场合。这个整体性特点保证了量子力学描述的完备性。

以爱因斯坦为代表的 EPR 一派和以玻尔为代表的哥本哈根学派的争论,促使量子力学完备性的问题得到了系统的研究。1948 年爱因斯坦对这个问题又一次发表意见,进一步论证量子力学表述的不完备性。1949 年,玻尔发表了长篇论文,题为《就原子物理学的认识论问题和爱因斯坦商榷》,文中对长期论战进行了总结,系统阐明了自己的观点。而爱因斯坦也在这一年写了《对批评者的回答》,批评了哥本哈根学派的实证主义倾向。双方各不相让。1955 年爱因斯坦去世后,玻尔仍旧没有放下他和爱因斯坦的争议,论战持续进行。玻尔在 1962 年去世,在他去世的前一天,还在思考这个问题。他在办公室黑板上

---

① 即重力加速度。

② 转引自:Jammer M. The Philosophy of Quantum Mechanics. John Wiley&sons,1974.134

③ Einstein A,Podolsky B,Rosen N. Phys. Rev. ,1935(47):777~780

画的最后一张图，就是爱因斯坦1930年提出的那个光子箱。

一代科学伟人，他们既是严肃论战的对手，又是追求真理的战友，争论时不留情面，生活中友谊真诚，这样的事例在科学史中实在难得。

1953年，玻姆（D. Bohm）提出隐参量理论，也认为哥本哈根学派的量子力学只给微观客体以统计性解释是不完备的。他提出有必要引入一些附加的参量，以便对微观客体作进一步描述，这些新参量就叫隐参量。1965年，贝尔（J. Bell）在定域性隐参量理论的基础上，提出了一个著名的关系，人称贝尔不等式。于是有可能对隐参量理论进行实际的实验检验，从而判断哥本哈根学派对量子力学的解释是否正确。从20世纪70年代初开始，各国物理学家先后完成了十几项检验贝尔不等式的实验。大家主要从三个方面来进行实验，一是从原子级联辐射的两个光子的偏振关联分析，一是从电子偶素湮没所产生的两个γ光子的偏振关联分析，再就是质子-质子散射的自旋关联分析。这些实验结果的大多数都明显地违反了贝尔不等式，而与量子力学理论预言的相符。但也有几个实验满足贝尔不等式。应该指出，即使实验证明贝尔不等式不成立，也不能认为对爱因斯坦-玻尔争论作出了最后裁决。目前这场论战还在进行之中，未有最后结论。

8.10 量子电动力学的发展

量子电动力学是关于电磁相互作用的量子理论，是量子场论中发展历史最长，也是最成熟的一个分支。

8.10.1 经典电磁场理论和量子力学的局限性

经典电磁场理论把电磁场看成是连续的，满足对空间坐标和时间的偏微分方程，它反映了电磁场的普遍规律，却无法解释诸如电磁辐射能谱、原子的稳定性以及原子线状光谱等现象。量子力学虽然能够对这些现象作出恰当解释，然而它也不能圆满地解决所有问题。按照量子力学的基本原理，微观客体都具有粒子与波、分立与连续的二象性。它对电子的描述则是量子性的，通过引进相应于电子坐标和动量的算符和它们的对易关系实现单个电子运动的量子化，但是它对电磁场的描述则是经典的。这样的理论没有反映电磁场的粒子性，不能容纳光子，更不能描述光子的产生和湮没。量子力学虽然能很好地说明原子和分子的结构，却不能直接处理原子中光的自发辐射和吸收这类十分重要的现象。因此，有必要把量子理论进一步扩展到电磁场。量子电动力学就是在量子力学和经典电磁场理论的基础上发展起来的。

8.10.2 狄拉克的贡献

狄拉克是量子力学的创始人之一，他不仅参与了量子力学的建立，而且是量子电动力学和量子场论的奠基者。当1925年海森伯提出矩阵力学时，狄拉克就开始了这方面的研究，并且独立地提出了一种数学上的对应，主要是计算原子特性的非对易代数。为此他写了一系列论文，从而逐步形成了他的相对论性电子理论和空穴理论。1926 年，狄拉克在薛定谔的多体波函数启示下，开始研究全同粒子系统。他发现，如果描述全同粒子的多体波函数是对称的，这些粒子将服从玻色-爱因斯坦统计，如果这一波函数是反对称的，这些粒子将服从另一种统计。虽然费米在几个月前提出了这种统计法，但狄拉克却更深刻地揭示了统计类型与波函数对称性质间的关系，并证明了在波函数反对称条件下，新的统计是量子力学的必然结果。这就是人们所称的费米-狄拉克统计。1927 年，狄拉克在讨论辐射的量子理论时引入电磁场的量子化，从而第一次提出了二次量子化理论；这一理论为建立量子场论奠定了基础。1928 年狄拉克又提出电子的相对论性运动方程，这个人们通称为狄拉克方程的方程，后来发展成为相对论性量子力学的基础。量子论与相对论经过狄拉克的这一结合，自然地推出了电子的自旋，并且论证了电子磁矩的存在。狄拉克还赋予真空以新的物理意义并预示了正电子的存在。狄拉克方程不但有正能解，还可以有负能解，而负能解意味着正能电子向负能态跃迁，这显然是不合理的。正是为了克服这一困难，狄拉克提出了"空穴假说"。他认为真空实际上是所有负能态都被填满的最低能态，负能态如果有一个没有被填满，就是由于缺少一个负能电子而出现了一个"空穴"，"空穴"相当于正能粒子。于是狄拉克的理论就预言了正负电子对的湮没和产生。

图 8-21 狄拉克在演讲

图 8-22 狄拉克和费因曼在交谈

8.10.3 约丹和维格纳的贡献

1928 年，约丹和维格纳(E. Wigner)建立了量子场论的基本理论。在这一理论中，任何物质粒子的基本形态就是场，每一种粒子都对应于一种场，它们有各种形态，能量最低的态就是真空。当场被激发时，它就处于较高的状态，这就产生了相应的粒子；反之，当能量处于最低状态时，就是粒子的湮没。由此，量子场论预言了所有的物质都可以像光子一样地产生与湮没，这样就解决了经典场论所无法解决的问题。

量子场论实质上是无穷维自由度系统的量子力学。它给出的物理图像是在空间充满着各种不同物质的场，它们相互渗透并相互作用着。场的激发态就是粒子的出现。不同的激发态，就相当于粒子的数目与状态的不同。场的相互作用又可以引起激发态的改变，这就表现为粒子的各种反应过程。量子场论能很好地描述原子中光的自发辐射与吸收，以及粒子物理学中的各种粒子的产生与湮没过程。

量子场论是粒子物理学的基础理论并被广泛地应用于统计物理、核理论和凝聚态理论等近代物理学的许多分支。这门学科的建立，也为量子电动力学的发展创造了条件。

8.10.4   量子电动力学的创建

量子电动力学研究的是电磁场与带电粒子相互作用的基本过程，电磁相互作用的量子性质、带电粒子的产生和湮没以及带电粒子之间的散射、带电粒子与光子之间的散射等现象。

继狄拉克于 1927 年提出关于辐射的量子理论之后，海森伯和泡利也于 1929 年相继提出了这方面的理论，他们为量子电动力学的建立奠定了基础。

用量子力学处理光的吸收与受激发射问题，往往是把带电粒子与电磁场的作用当作一种微扰，虽然这种方法行之有效，但在处理光的自发发射时，却遇到了困难。因为在发射光子之前并不存在辐射场，没有辐射场作为微扰。为了解释自发发射这一事实，并定量地给出这一现象的发生概率，只有采取某些理论技巧，诸如利用对应原理，或者通过爱因斯坦提出的自发射概率与吸收概率的关系。虽然这样得到的结果与实验结果相符，却同时带来了更严重的问题，这就是必须假设定态寿命无穷大。

狄拉克、海森伯和泡利关于辐射能量的量子理论解决了量子力学在自发射问题上的困难。这一理论还对光的波粒二象性给出了明确的表述，使电磁场量子化，电场强度和磁场强度都成为一种算符，它们的各分量满足一定的对易关系，实验测量值的平均值均满足海森伯不确定关系。在无辐射场的真空时，即没有光子存在的条件下，电场强度与磁场强度的平均值为零，但它们的均方值不为零，这就是量子化辐射场中所谓的真空涨落。

辐射场的量子理论，还可以成功地用于康普顿效应、光电效应、韧致辐射、电子对的产生与湮灭等现象的研究，其研究结果都能与实验有较好的符合。

然而，进一步的研究却发现，量子辐射理论的有效性只是局部的，并没有取得彻底的成功。新的实验结果又提出了挑战。1947 年，美国《物理评论》杂志同时发表了两项原子束实验的精密测量结果。一项是关于氢原子光谱的兰姆移位。测出氢谱的谱线裂距与理论的计算结果不符。第二项是对电子磁矩的测量。实验结果发现，电子磁矩的 g 因子与狄拉克理论所得的 2 有微小的偏差，这就是所谓的反常磁矩。当人们使用了微扰法再度应用狄拉克的辐射量子理论重新考察这两个实验数据时发现，取微扰法展开幂级数以后，若只取低次项做近似计算时，计算值能与实验值符合；然而加入高次项进行计算时，计算结果不是变得更精确，反而变为无穷大了。这就是所谓的发散困难。辐射量子理论面临着难以逾越的障碍，只有停步等待新的发展。

8.10.5 重正化解决发散困难

1947年，由奥本海默发起，在谢尔特岛（Shelter Island）召开了理论物理工作者会议，主要讨论量子场论问题。在这次会议上，与会者们对新理论进行了长时间的激烈讨论，并且谈到了刚刚发表的兰姆移位和电子反常磁矩的实验结果。会议结束后，康奈尔大学的贝特（Hans A. Bethe）对兰姆移位做了进一步的分析与计算，判断高次项的无穷大很可能是高动量光子相互作用与事实不符。其实早在1936年就有人提出过这类猜想，这种来自高动量光子的无穷大，可能不仅与无穷大自质量、无穷大电量，甚至还与真空量，例如真空介电常数的不可测量性质有关。这样一种所谓的重正化方法就显露出了端倪。1934—1938年，瑞士理论家斯图克尔贝格（C. G. Stueckelberg）一连写了好几篇论文，提出了补偿量子电动力学中发散的思想，得到了场论的不变量公式，这实际上就是重正化的思想基础，但是他写出来的论文太晦涩了，令人很难理解。还有一位荷兰理论物理学家，名叫克拉默斯（H. A. Kramers），1937年发展了狄拉克的空穴理论，1938年最先指出在量子电动力学中正确减去无穷大量的必要性。他认为，如果从自由电子能量中，减去束缚电子的无限大能量，就可以把辐射场与原子耦合的效应计算出来。后来，贝特曾成功地忽略与能量大于 mc^2 的光子的耦合作用来估算辐射耦合。因为这种效应大多数都是由低能光子的耦合引起的，所以采用这种非相对论理论是可行的。后来，由外斯柯夫（V. F. Weisskop）、克洛尔（N. M. Kroll）、兰姆（Willis Lamb, jr.）与弗仑奇（J. B. French）完成的按最低能级的精确计算，其结果与实验符合得很好。然而他们采用的是两个无穷大量相减的方法，既复杂又不可靠。

图 8-23　谢尔特岛理论物理工作者会议的参与者
图中从左到右：兰姆、派斯（A. Pais）、惠勒（A. Wheeler）、
费因曼、费希巴赫（H. Fechbach）和施温格，
他们正在讨论物理问题。

8.10.6 朝永振一郎、施温格和费因曼的贡献

朝永振一郎（1906—1979）是日本理论物理学家，1929年毕业于京都大学理学部物理学科，3年之后，赴东京理化研究所，在仁科芳雄研究室当研究员，1937年留学德国，在海森伯的领导下研究原子核理论和量子理论，1939年底，回国接受东京帝国大学的理学博士学位，1941年，任东京文理科大学物理学教授，提出量子场论的超多时理论，第二次世界大战后继续研究和发展这一理论和介子耦合理论。1947年，朝永振一郎以他的超多时理论

为基础,找到了一种避开量子电动力学中发散困难的重正化方法,利用这种方法,可以成功地解释兰姆位移和电子反常磁矩的实验。

图 8-24　1949 年汤川秀树(中)和
朝永振一郎(右)访问
普林斯顿
（左为普林斯顿高级研究中心主任奥本海默）

几乎与此同时,美国的施温格和费因曼也独立地完成了类似的研究。施温格幼儿时是一位神童,在数学和科学方面显示有非凡的才能。他多次跳班,14岁考入纽约市立学院,后转入哥伦比亚大学。18岁时大学毕业,21岁获博士学位。然后到伯克利加州大学当了奥本海默的研究助理。1941年到柏图大学任教,后来到芝加哥大学参加原子反应堆设计。为了避免卷入原子弹计划,施温格在 1943 年离开芝加哥,转到麻省理工学院,从事雷达系统的改进。正是这项工作使他对电磁辐射理论发生了兴趣,把工作重点转到量子电动力学的理论。1945 年施温格应聘成为哈佛大学副教授,两年后升教授,成为该校最年轻的教授。在哈佛大学任教期间,他开始系统地研究量子电动力学。他认为采用微扰法计算电磁相互作用时,计入高次近似之所以会出现发散困难,是由于按精细结构常数展开成无穷多级数,在这些级数中出现了无数多个发散积分引起的。在谢尔特岛会议的几个月以后,施温格于 1948 年独立地提出了重正化方法。

图 8-25　施温格正在演讲

图 8-26　费因曼正在演示

费因曼是俄裔犹太族美国物理学家,1935 年进入麻省理工学院,先学数学,后转物理。1939 年本科毕业,毕业论文发表在《物理评论》(Phys. Rev.)上,内有一个后来以他的名字命名的量子力学公式。1939 年 9 月在普林斯顿大学当惠勒(J. Wheeler)的研究生,致力于研究量子电动力学中的发散困难。第二次世界大战中,参加洛斯阿拉莫斯科学实验室研制原子弹。1942 年获得普林斯顿大学哲学博士学位。战争结束后到康奈尔大学任教。费因曼 20 世纪 40 年代发展了用路径积分表达量子振幅的方法,并于 1948 年提出量子电动力学新的理论形式、计算方法和重正化方法,从而避免了量子电动力学中的发散困难。费因曼对量子力学理论的贡献是多方面的,量子场论中的"费因曼振幅"、"费因曼传播子"、"费因曼规则"等均以他的姓氏命名。他提出的费因曼图用于表述场与场间的相互作用,可以简明扼要地体现出过程的本质,得到了广泛运用,至今仍是物理学中对电磁相互作用的基本表述形式。重正化方法的指导思想是,把理论中所有能产生发散困难的基本费因曼图挑出来,并通过重新定义一些参量,如消除部分原始参量、对质量与电量重新定义,重新引入电子电荷与质量等。在考虑了各级修正之后,包含发散困难的基本费因曼图还有三种,即电子自能、真空极化和顶角修正。采用重正化处理后,各阶修正的结果都不再包含发散,所计算出的结果与实验之间的一致性达到惊人的程度。

朝永振一郎、施温格和费因曼从不同的渠道达到了同样的目的,真可谓殊途同归。他们的研究使得描写微观世界的量子电动力学成为高度精确的一门理论。

第9章

原子核物理学和粒子物理学的发展

9.1 历史概述

原子核物理学起源于放射性的研究,是 1896 年发现放射性之后兴起的崭新课题。在这以前,人类对这个领域毫无所知。从事这项研究的物理学家,他们既没有史料可查,更没有理论可循,全靠自己用新创制的简陋仪器进行各种实验和观察,从中收集数据,总结经验,寻找规律,探索前进的方向,在原有的基础上不断开拓新的领域。

从 1896 年发现放射性到 1932 年,可以说是核物理学的前期。在这 30 多年中,新发现层出不穷,大大丰富了微观世界的知识宝库,但是基本上还处于经验阶段。

1932 年中子、正电子和氘的发现可以说是核物理学真正诞生的标志。1933 年以后,原子核理论才逐渐形成,各种核模型提了出来,大量实验为"基本"粒子的性质提供依据。及至 20 世纪 40—50 年代,核能的开发和利用,大大地促进了核物理学的进展。

与此同时,高能粒子的研究发展成粒子物理学。粒子物理学专门研究基本粒子的性质、运动和相互作用、相互转化的规律以及这些粒子的内部结构。由于新发现的粒子能量一般都很大,所以也称为高能物理学。

9.2 放射性的研究

9.2.1 α,β 与 γ 射线的发现

第 5 章介绍了贝克勒尔发现放射性和居里夫妇发现钋和镭的经过。这些新发现引起了人们对这类陌生现象的广泛注意。

但人们并不清楚这些辐射的性质。来自新西兰 J. J. 汤姆孙的研究生卢瑟福（Ernest Rutherford，1871—1937）从贝克勒尔射线"分离"出两种性质不同的射线——α 射线与 β 射线，开始了对这种贯穿辐射的探索。卢瑟福是在 1895 年来到卡文迪什实验室的，起初从事自己早就涉足的无线电检波研究，1896 年，被 X 射线的奇特性吸引，也卷入了汤姆孙 X 射线激发空气电离的研究。卢瑟福注意到，贝克勒尔曾经发现铀辐射也会引起空气电离，于是决定做些试验，看看这两种情况有什么不同。贝克勒尔在论文中曾提过，铀辐射的性质跟 X 射线的根本区别在于：铀辐射可以折射和偏振，而 X 射线则不能。于是，卢瑟福也用一些玻璃、铝和石蜡之类材料做成的棱镜进行试验。然而，他从照相底片上没看出铀辐射有任何偏折，判定贝克勒尔的说法有错。后来，他想从贯穿能力上加以鉴别。于是，就用一系列极薄的铝箔放在铀盐上，而铀盐则置于电容器两平行板之一的上面。加电压后从串接于电容器的静电计上读取游离电流值，实验装置如图 9-1。在汇集的数据中，卢瑟福看出有两种不同的吸收变化率，说明辐射具有两种不同的成分。他在题为《铀辐射和它产生的电导》一文中写道：

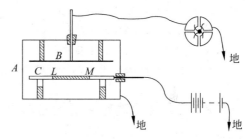

图 9-1　卢瑟福测量铀盐辐射的实验装置

　　"这些实验表明铀辐射是复杂的，至少有两种明显不同的辐射——一种非常容易被吸收，为方便起见称之为 α 辐射；另一种具有更强的贯穿本领，称之为 β 辐射"。[①]

　　这篇文章作于 1898 年初，由于同年 9 月卢瑟福到加拿大蒙特利尔（Montreal）市的麦克吉尔（McGill）大学担任教授职务，此文乃迟至年底才从麦克吉尔大学寄出，发表于 1899 年《哲学杂志》上。所以，两种贯穿能力不同的辐射——α，β 射线的存在是在 1899 年才为公众知道。

　　这个时候，已有多人用磁场使贯穿辐射偏转。盖赛尔（F. Giesel）和梅尔（S. Meyer）分别观测到贯穿辐射有两种成分，一种成分受磁场偏转，一种成分不受磁场偏转。居里夫妇则从偏转方向证明受磁场偏转的成分带的是负电。这一结论随即为贝克勒尔和唐恩（F. E. Dorn）的电场偏转所证实。皮埃尔·居里更证明了镭的这两种辐射即 α 与 β 射线，不受磁场偏转的是 α 射线，受磁场偏转的是 β 射线。1900 年，贝克勒尔进一步从电场和磁场的偏转确定 β 射线的 e/m 为 10^{11} 库仑/千克，与阴极射线同数量级，速度约为 2×10^8 米/秒，肯定 β 粒子就是高速的电子。至此，β 射线的本质基本清楚了，可是 α 射线仍旧是个谜。

　　γ 射线是 1900 年由法国物理学家维拉德（Paul Villard，1860—1934）发现的。他是一位热忱的实验家，积极从事阴极射线和 X 射线的研究。当时他正研究阴极射线的反射和折射性质，试图将含镭的氯化钡拿来比较，看看它的射线有没有类似行为。就在这一实验中，他发现了 γ 射线。维拉德把镭源放在铅管中，铅管一侧开了一个 6 毫米宽的长

①　Chadwick J, ed. The Collected Papers of Lord Rutherford of Nelson. Inter-science, 1962(1):169

方口，让一束辐射射出，经过磁场后用照片记录其轨迹。照片包在几层黑纸里，前面还有一张铝箔挡着，β射线肯定已被偏折，剩下的只是α射线，α射线肯定不能穿透。可是照片记录下的轨迹，除了在预期的偏角处有β射线的轨迹外，在无偏角的方向上却仍然记录到了轨迹，即使加 0.2 毫米的铅箔仍能穿透，显然，这不是α射线。于是维拉德写道：

"上述事实导致如下结论：在镭发出的不受偏折的辐射成分中，含有贯穿力非常强的辐射，它可以穿过金属箔片，用照相法显示出来。"[①]

后来，卢瑟福称这一贯穿力非常强的辐射为γ射线，并于 1902 年 11 月初，第一次对镭辐射进行了全面的分类。他写道：放射性物质——例如镭，放出三种不同类型的辐射：

"(1)α射线，很容易被薄层物质吸收……

(2)β射线，由高速的负电粒子组成，从所有方面看都很像真空管中的阴极射线。

(3)γ射线，在磁场中不受偏折，具有极强的贯穿力。"[②]

9.2.2　卢瑟福确定α射线的本质

卢瑟福对放射性辐射的分类很快就得到了同行的公认，并被运用于放射性的研究中。后来对放射性陆续有新的认识，但是α射线的本质却始终难以判断。1900 年，皮埃尔·居里从游离作用发现，不同的放射性元素放出的α射线在空气中穿越的距离不一样，钋放出的射程为 4 厘米，镭放出的为 6.7 厘米。4 种不同的镭盐，尽管其活性和化学性质各不相同，发出的α射线却射程相同，都是 6.7 厘米。与此同时，居里夫人发现游离的衰减率不是常数，随距离的增大而增大，与一般射线的规律不符。据此，居里夫人认为，"α射线的行为就像弹丸那样，在前进中会由于克服阻力而失去动能。"斯特拉特猜测，这种"不可偏的射线（即α射线）可能是某种带正电的快速粒子，其质量大到和原子一样，正是由于质量远大于电子，所以在磁场中运动方向不显示偏折。卢瑟福赞同他们的看法，认为问题的关键

图 9-2　卢瑟福在演讲

在于用实验证明α射线在磁场中确有偏转，哪怕偏转很小，也能作出判决性的结论。他大概从 1901 年起就开始做这项试验，用当时他能获得的最强的电磁铁，做了一年多却毫无成功的迹象，但他相信居里和斯特拉特的粒子假说是言之有据的。1903 年，他终于用自制的简易仪器，但却是精心设计的实验，判定α射线确受磁场偏转，从方向上判断是带正电荷，接着又从电场和磁场的共同作用，初步测出荷质比与氢离子同数量级，速度大约为光速的十分之一。这样就判明了α射线是原子类型的带正电的粒子流。至于是哪种类型的原子，则一时难以确定，根据种种现象和事实，有人猜测是比氢重的氦。用计数的方

①　Villard P. Comptes Rendus,1900(130):1012

②　Chadwick J,ed. ，The Collected Papers of Lord Rutherford of Nelson. Inter-science, 1962(1):549

法已经测出，α粒子的电荷是电子的两倍。再从荷质比的数据可以推得，其质量是氢原子的 4 倍，这正是氦离子的参数。含铀和含钍的矿石往往伴随有氦气，一经加热就会释放出来，似乎暗示铀、钍等放射性元素在自发衰变中会生成新的元素——氦。但是也有人说，这种氦气可能是在 α 粒子轰击之下驱赶出来的。又是卢瑟福，他于 1909 年以巧妙的方法从光谱作出了判决，实验装置如图 9-3。方法是用一极薄的玻璃管 A 密封着镭射气（一种镭衰变后生成的放射性气体），玻璃薄到这样的程度以至于 α 粒子可以穿越无阻，而普通气体分子却不能越出。他把这支射气管装在另一大玻璃器皿 T 中，然后用水银驱赶含 α 粒子的气体至一放电管 V，进行放电试验。果然，经光谱分析找到了氦的特征谱线。卢瑟福和他的学生罗依兹（T. Royds）写道："实验作出了判决性的证明，证明 α 粒子在失去电荷之后就是氦原子。"[①]

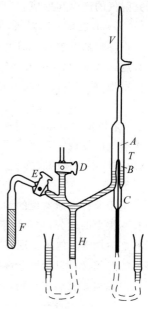

图 9-3　卢瑟福的光谱实验

确定 α 射线的本质对认识放射性元素的衰变规律有很重要的意义，因为从此就可以对衰变规律作出全面解释。这就是为什么卢瑟福狠抓 α 射线不放的目的所在。

9.2.3　放射性衰变规律的发现

放射性衰变规律是核物理学早期发展的重要基石之一，是大量实验事实的总结。早在 1899 年，皮埃尔·居里发现镭和钍可以使周围的物质获得暂时的放射性，他称之为感生放射性。他注意到，感生放射性的强度会随时间变化，开始逐渐增加直至达到某一限度，该限度不依赖这些物质的种类，只和放射源有关。他认为，这是放射性引起的二次放射。如果把这些物质加热或置于真空中，感生放射性就会减轻。1900 年，克鲁克斯也发现：如果氢氧化铁在铀盐溶液中沉淀，沉淀物会呈现放射性，而铀盐却失去了放射性，几天后，沉淀物失去了放射性，铀盐又恢复了放射性。

诸如此类令人迷惑的现象层出不穷。怎样才能拨开迷雾见到光明呢？

1899 年，卢瑟福来到加拿大麦克吉尔大学后，电机系的一位教授欧文斯（R. B. Owens，1870—1940）曾一度和他合作，共同研究钍的放射性，他们选取氧化钍作为试验对象，和卢瑟福一年前一样，用的是测量游离电流的方法。欧文斯发现这种材料和铀盐大不一样，游离电流极不稳定，他怀疑是由于空气扰动，于是改用密闭的游离室。游离电流的测量虽然稳定了下来，但却发现了新的现象。欧文斯注意到需要经过一段时间才能达到最大值，如果开启小门，电流下降，但经过一段时间，又会恢复到最大值。这件事情引起了卢瑟福的注意。通过试验，他证实氧化钍会放出一种具有放射性的气体，他称之为钍射气，正是由于钍射气的散布，影响了游离电流的稳定性。后来，他和化学家索迪合作继续

① Rutherford E，Royds T. Phil. Mag.，1900(17)：281

研究射气的产生和效应,证明钍射气是一种很重的惰性气体。不久,德国物理学家唐恩(F. E. Dorn)发现了镭射气,1905 年盖赛尔(F. O. Giesel)发现锕射气。

卢瑟福从钍射气的研究中发现它的放射性衰减得很快。后来查明,所有放射性物质都有这一特性,只是时间长短不同。为了定量表征这一特性,卢瑟福引用了半衰期一词。他还发现,放射性的强度随时间的变化遵守如下规律:

$$I = I_0 e^{-\lambda t}$$

I 是原来强度为 I_0 的放射性经时间 t 后的强度,λ 叫做衰减系数,与放射性物质有关。

射气的发现完全解释了"感生放射性",原来是镭或铀衰变为射气后,逐渐扩散到周围,附在周围物体的表面上,并且随着时间的推移,射气的量和活性逐渐达到最高值而趋于平衡。

至于克鲁克斯发现的铀盐沉淀物,也可作类似的解释。当时克鲁克斯判断,在沉淀物中有一很少的成分,它可以获得铀盐的全部活性。由于对这种成分毫无了解,所以克鲁克斯称之为铀 X。他还发现,铀 X 的活性会逐渐衰减,而剩余的铀却逐渐恢复活性。经过足够长的时间又可以从铀分离出活性的铀 X。

卢瑟福和索迪注意到了克鲁克斯的实验,他们发现钍也有类似变化。1901 年末,索迪

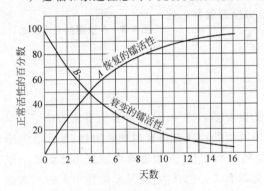

图 9-4　放射性的衰变曲线

从氢氧化钍溶液中分离出放射性很强的物质,他仿照克鲁克斯,称之为钍 X,分离后的氢氧化钍几乎失去了放射性。再过一些时候,钍 X 的放射性完全消失,氢氧化钍则恢复了放射性。他们判断,这件事说明钍放射性实际上是钍 X 的生成和衰变的总和,两者都作指数变化(如图 9-4),一个上升,一个下降,总和则保持常值。据此,他们进一步提出了放射性元素衰变的理论。1902 年 9 月—1903 年 5 月间,他们连续发表了 6 篇论文,主要的论点是:

(1) 在放射性元素镭、钍和铀中连续产生新物质,这些新的物质自身也有放射性;

(2) 当几个变化一起发生时,它们不是同时的,而是相继的,即钍产生钍 X,钍 X 产生钍射气等等;

(3) 放射性现象包含下列过程:一部分原子自发衰变为不同性质的原子,这类变化性质上与以前在化学中涉及的任何变化都不同,因为能量来自与化学反应无关的原子内部;

(4) 单位时间衰变的原子数与在场的尚未衰变的原子数 N_t 有确定的比例。比值 λ 是放射性物质的特征常数,即

$$\frac{\mathrm{d}N_t}{\mathrm{d}t} = -\lambda N_t$$

(5) 发出的射线是原子变为下一代原子的伴生物,实际也是变化的结果。

1903—1905 年,卢瑟福证实,镭射气之后还有一些成员,1903 年夏发现镭 A 和镭 C,1905 年又发现镭 D、镭 E 和镭 F。他猜测,这些生成物中必有一个与钋等同,后来证明镭 F 就是钋。最引人注目的是卢瑟福对镭 B 的假设,因为那时没有发现在其转变为镭 C 时有

任何辐射,无法证明它的存在,惟一的理由是,如果假设镭 C 是镭 A 的直接生成物,就违背了 1902—1903 年的放射性衰变规律。

放射性衰变规律的提出,引起了这样的疑问:镭既然是从自然界的铀矿中发现的,就应是铀的后代。铀是原子量高于镭的少数几个元素之一,而镭在沥青铀矿中的比例,大体上与镭和铀的活性之比相符。1904 年,索迪做实验证明,镭并不是铀的直接产物。而卢瑟福的助手、耶鲁大学的波尔特武德经过多年试验,终于在 1907 年,成功地证明了镭是一种新发现的放射性元素的直接后代。他把这个从铀衍生出来的新元素取名为镭(ionium)。

由于放射系的新成员不断被发现,人们看到往往有两个或三个不同的元素有相同的化学特性,在周期表中属于同一位置。例如:曾经一度与卢瑟福合作,后来到伦敦大学拉姆赛(William Ramsay)处工作的哈恩(Otto Hahn)发现钍 X 的母体,他命名为镭—钍。这种成分无法用化学方法跟钍分开。卢瑟福的另两名合作者鲁塞尔(A. S. Russell)和罗西(K. Rossi)也证明,镭的光谱无法与钍的光谱分辨开。然而,这三种物质的放射性质却迥异。原子量也不相同,化学上则是同一元素的不同形式。索迪等人对此进行了多年的研究,后来索迪称之为同位素。

同位素的存在有一引人注目的实例。放射性变化的最终产物是什么?早在 1905 年,卢瑟福就已经认为镭系的最终产物不像是氦,看来也许是铅,因为铅是铀—镭矿中含量最多的稳定成分。果然,这个建议被实验证实。他还发现铅也是钍系的最终产物。然而,这两种铅的原子量并不相同。镭铅是 206,钍铅是 208,而普通铅的原子量却是 207.20。

1913 年,索迪、鲁塞尔和法詹斯(K. Fajans)提出位移定律。系统总结了原子衰变的规律。这个定律的内容是:发射 α 粒子的衰变使原子在周期表中下降两格,原子量减小,发射 β 粒子的衰变使原子上升一格,但原子量不变。

由于卢瑟福在这以前早就弄清了 α 粒子的性质,这一定律的物理实质就是不言而喻的了。

到此为止,原子转变的现象仅限于天然范围。人们自然要问,有没有可能用人工方法进行原子转变,以实现自古以来人类幻想中的"点金术"呢?

9.3　人工核反应的初次实现

用人为的方法实现原子的转变也要首先归功于卢瑟福。1914 年,卢瑟福的学生马斯登在用闪烁镜观测 α 射线在空气中的射程时,注意到出现了一些射程特别长的粒子。这是反常的现象,因为当时已经掌握,α 粒子在空气中的射程大约为 7 厘米,而他得到的却长达 40 厘米。马斯登反复检验,证明实验没有错误。他的解释是由于空气中的氢离子(即质子)受到 α 粒子撞击所致,氢比氦轻 4 倍,所以碰撞后氢的速度要比原来 α 粒子的速度大得多。不久,马斯登因工作调动离开曼彻斯特,就没有继续这项工作。

但是卢瑟福没有放过这件事。其时正值第一次世界大战,他虽忙于军事任务,却抽空做了大量实验。他在 1917 年底给玻尔的信中写道:"我已经得到了一些终将证实为具有巨大重要性的结果……我试图用这种方法把原子击破。"

卢瑟福在助手的协助下,前后做了 3 年左右的实验,于 1919 年发表了惊人的结果,宣布实现了轻元素原子的转变。

卢瑟福的实验装置极为简单（如图9-5）。这是一个密封的容器A，从活栓可灌入或抽去气体。α射线源D放在可以左右移动的支架上，位置由刻度尺B指示。不远处有闪烁屏S，背后用显微镜M观察。他先后将不同的气体充入容器。当用氮气充入时，发现放射源至闪烁屏的距离即使超过α粒子的射程很多，仍有闪烁可见。射程之长确与氢离子的射程相近；而容器充以氧气时却没有这种情况。卢瑟福经过反复试验。终于判定是氮原子在α粒子的轰击下发生了核的转变，也就是说，从氮核中放出了氢核。他在论文中写道：

"我们必须作这样的结论，氮原子在快速α粒子的直接碰撞所产生的巨力作用下转变了，放出的氢原子曾是氮核的组成部分……由整个结果看出，如果α粒子，或类似的投射粒子，有更大的能量可供实验的话，我们就可以期望击破许多轻元素的核结构。"[①]

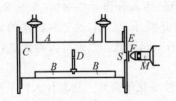

图 9-5　卢瑟福用 α 粒子轰击轻元素的实验装置

左：原理图；右：实物照片

从上述简单而且原始的实验，得到了如此重大的科学结论！卢瑟福的研究开辟了通向人工核反应的道路。

1919年，卢瑟福继J.J.汤姆孙任剑桥大学卡文迪什实验室物理教授，在那里，他进一步确证氮原子经α粒子轰击发生了如下转变：

$$^{14}_{7}\text{N} + ^{4}_{2}\text{He} \longrightarrow ^{17}_{8}\text{O} + ^{1}_{1}\text{H}$$

后来，卡文迪什实验室的布拉开特（P. M. S. Blackett）用威尔逊云室记录粒子的径迹，找到了氮气在α粒子轰击下产生氢核的证据。不过概率非常小，在两万多张照片中，只有八条径迹出现氢核径迹的分叉。

1921年卢瑟福和查德威克（James Chadwick，1891—1974）发现硼、氟、钠、铝和磷都可以产生类似的转变。

9.4　探测仪器的改善

9.4.1　早年的仪器设备

核物理学是一个完全陌生的领域，全靠人们通过实验进行探索，所以仪器设备的创制至关重要。然而，从19世纪末到20世纪初，人类刚开始触及核现象，初创阶段实验者使

---

① Chadwick J，ed. The Collected Papers of Lord Rutherford of Nelson，Vol. 2. Interscience，1965.585

用的仪器极其简陋。

在核物理的发源地之一的英国剑桥大学卡文迪什实验室,仪器多为自制,有的甚至是木制品。价值 5 英镑的用于放射性研究的新型静电计被认为太贵。研究生们往往自己动手制作静电计。直到 1906 年,卢瑟福还介绍说金箔验电器是最理想的仪器。金箔、悬丝、火漆乃是当时实验家必备的基本器材,而感应圈、水银柱泵、干电池或蓄电池则是实验室中最重要的一些设备。当时甚至还没有机械真空泵,机械真空泵是 1905 年才由德国物理学家盖德(W. Gaede)发明的。水银柱泵也能达到"很高"的真空度,例如 10^{-3} 毫米汞柱(相当于 0.1 帕),但非常费时,需要实验者付出极大的耐力。哈恩回忆他和卢瑟福在蒙特利尔的时期(1905—1906),讲到经费不足、仪器简陋时说:

"我们用大的锡罐头皮做 β 和 γ 射线静电计,在它上面焊上更小些的烟草盒或香烟盒。绝缘用硫磺,因为我们没有琥珀。"[1]

就是靠这样一些简易自制的仪器,开拓了核物理学的新领域。

在第 7 章中,我们已经介绍过,原子核是从 α 粒子大角度散射实验发现的。观测 α 粒子散射靠的是闪锌屏,用肉眼通过显微镜一个个计数。实验者要在暗室中长时间地观测闪光,积累数据。这样的工作既单调又乏味。但是观测结果却比照相法精确得多,所以这种方法在早期核物理学中有重要地位。甚至到 20 世纪 20 年代,闪锌屏计数还是物理学家必须受到的基本训练呢!

但是,如果停留在这个水平上,物理学就难以前进了。正是由于一系列新的创造和发明,原子核物理学才得到进一步的发展。

9.4.2 盖革计数器

盖革计数器起源于放射性的游离作用,这一效应早在 1896 年贝克勒尔就发现了,后来居里夫妇和卢瑟福都利用这一效应来测量放射性。剑桥大学卡文迪什实验室的汤森德(J. A. Townsend) 曾和卢瑟福共同做过研究工作,在研究气体导电时发现一种碰撞游离的现象,即在低压气体中加以高电压,这个电压虽然还不足以引起火花放电,但却能使气体中的离子加速,当加速到一定能量后与其他分子碰撞就会产生新的离子。新的离子又被电场加速,这样一连串地碰撞下去,就会引起雪崩似的电离。根据这个道理,卢瑟福和盖革做了一个电离管,管内装有圆柱形电极,电极轴线上按一根金属丝。管的一端开有小孔,嵌以极薄的云母片,可以让 α 粒子穿过。电极与金属丝之间加电压,串一静电计测电流。电压调整到正好小于点火电压。如果有 α 粒子平行于轴线穿过两电极之间,就会引起游离。不过这种装置使用起来很不方便,一百万颗粒子也许只有一颗能从小孔平行穿入,而且反应很不灵敏,恢复时间也很慢。1912 年,他们改用一种弦线静电计来进行观测,弦线的张弛可随意调整,弦线的振动用光学方法记录在移动的胶卷上,这样,观测速度大大提高,甚至可以达到每分钟 14 次。

1913 年,盖革继续改进计数管,仍然根据碰撞游离的原理,不过用一根金属杆代替了金属丝,再接于弦线静电计,杆的顶端很细,正对电离管的入口,这样就大大增加了灵敏度。这样的计数管对 β 粒子也有效。

---

① 转引自:Jenkins E N. Radioactivity. Butterworth,1979

1928 年,缪勒(W. Müller)对盖革计数管又加以改进,仍用原先的同轴柱形电极,但却同时配以电子线路,使计数技术大大提高了一步,在核物理实验中得到了极广泛的应用。

9.4.3　威尔逊云室

云室是 C. T. R. 威尔逊(Charles Thomson Rees Wilson,1869—1959)在 1911 年发明的。由于它能直接显示粒子运动的径迹,所以一经出现就成了研究核物理的重要工具。后来发展为气泡室,在粒子物理学中继续发挥作用。

C. T. R. 威尔逊是卡文迪什实验室出身的又一位实验物理学家。1896 年获博士学位后,先当表演员,后当物理实验教师。他业余对气象有特殊爱好,有兴趣了解云雾现象的成因,于是在实验室中进行模拟实验。1895 年初,他曾采用爱特肯(J. Aitkin)创造的方法,让潮湿空气膨胀,制造人工云雾。在实验中他发现,爱特肯有一个经验不符合事实,即当空气中没有尘埃时,不能产生云雾。威尔逊的结果却是,如果膨胀比足够大,也可能出现云雾。显然,在尘埃完全清除的密室中,一定还有别的凝结核心,他想到可能是出现了某种带电的原子。

正好不久以后,J. J. 汤姆孙和卢瑟福研究 X 射线的电离作用,提出气体电离理论,威尔逊用他还不成熟的云室方法,对这个理论进行验证。他用 X 射线照射云室,可使原来在膨胀时没有液粒产生的云室,立即产生云雾,从而肯定了电离作用,同时,也使同事们认识到这种方法的用途,有可能用来显示射线。

在这以后,威尔逊坚持实验研究,不断改进方法,经历十余年,终于在 1911 年从云室的照片中找到了 α,β 粒子的径迹。图 9-6 是最初的云室原理图和实物照片。

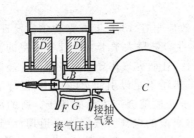

图 9-6　威尔逊云室
左:原理图;右:实物照片

**图 9-7　布拉开特从云室拍摄到的
氮核蜕变的照片**

1925 年,布拉开特进一步改进云室方法,他把云室置于两个盖革计数器之间,安排了一套电路,使得只有当带电粒子相继穿过两个计数器,才能使云室动作,同时拍下照片。这种自动方法大大地提高了探测粒子的效率。就在这一年,他从改进的云室拍摄到了氮核蜕变的证据,如图 9-7。

1923 年,康普顿发现 X 射线经石墨散射后波长变长的现象,他假设这是光子与电子碰撞的结果,作出了正确的解释。正在人们将信将疑之际,威尔逊用云室方法找到了反冲电子的径迹,令人信服地证实了康普顿效应。

9.4.4 质谱仪精确测定同位素的质量

质谱仪是在 J.J. 汤姆孙长期研究正射线的基础上创制出来的。所谓正射线,实际上就是正离子束。他用磁场使之偏转,再用电场沿垂直方向偏转,于是在照相底片上记录下抛物线轨迹。质量不同的正离子形成不同的抛物线,由此可以鉴别各种原子的质量,不过结果相当粗略。

1910 年,阿斯通(E. W. Aston,1877—1945)开始协助汤姆孙改进正射线的设备,并于 1912 年投入使用,仪器的分辨率虽然不同,但质量数相差 10% 的抛物线已经可以分开。

阿斯通在测试中,曾将氖气充入正射线仪内,电离后使之偏转,出乎意料,原子量为 20.2 的氖气竟出现了两条抛物线,一条粗的相当于 20 个原子质量单位,另一条相当于 22 个原子质量单位,非常暗淡。

后来知道这是第一次获得的非放射性同位素的信息。可是当时汤姆孙误判为可能是一种特殊分子,例如 NeH_2 之类,它的分子量正好是 22。当时还没有同位素的概念。但是,阿斯通希望通过事实作出结论,他找来最纯的氖做试验,结果仍然是两条抛物线,使他建立了氖有两种不同成分的信心。

正当他用不同途径试图分离这两种成分之际,爆发了第一次世界大战。战后,他用电磁聚焦的方法继续这项工作,终于获得成功,并确证氖是由两种成分 ^{20}Ne 和 ^{22}Ne 组成的。阿斯通称他的仪器为质谱仪。用这套仪器他继续分离出了氯、汞、氮及其他几种稀有气体的同位素。图 9-8 是阿斯通早期的质谱仪外形图。

与此同时,美国芝加哥大学的丹普斯特(A. J. Dempster)也独立设计出了质谱计。他精确地测定了许多金属,例如镁、锂、钾、钙及锌的同位素的丰度。

以上举的几个例子说明,经过二三十年的摸索,物理学家已经可以借助许多特制的仪器设备来探测原子核的各种性质和行为,这就极大地推动了核物理学的前进步伐。

图 9-8 阿斯通的质谱仪

9.5 宇宙射线和正电子的发现

在现代物理学发展史中,宇宙射线的研究占有一定的地位,许多新的粒子都是首先在宇宙射线中发现的。例如,用云室从宇宙射线发现了正电子和 μ 介子,用原子核乳胶从宇宙射线发现了 π 介子。在高能加速器尚未出现以前,人们只有靠天然的源泉进行研究,而宇宙射线正是理想的观测对象,它具有高能量、低强度的特点,很便于观测。所以它一经发现,就成为人们竞相研究的对象。

9.5.1   早期迹象

宇宙射线的迹象早在最初运用游离室观测放射性时就被人们注意到了。当初曾一度认为验电器的残余漏电是由于空气或尘土中含有放射性物质。1903 年,卢瑟福和库克(H. L. Cooke)曾研究过这个问题。他们发现,如果小心地把所有放射源移走,在验电器中每立方厘米内,每秒钟还会有大约十对离子不断产生。他们用铁和铅把验电器完全屏蔽起来,离子的产生几乎可减少 30%。他们在论文中提出设想,也许有某种贯穿力极强,类似于 γ 射线的某种辐射从外面射进验电器,从而激发出二次放射性。

为了搞清这个现象的缘由,莱特(Wright)于 1909 年在加拿大安大略(Ontario)湖的冰面上重复上述实验,游离数略有减小,看来可能是离地面远的原因。1910 年法国的沃尔夫(F. T. Wulf)在巴黎 300 米高的艾弗尔塔顶上进行实验,比较塔顶和地面两种情况下残余电离的强度,得到的结果是塔顶约为地面的 64%,比他预计的 10% 要高。他认为可能在大气上层有 γ 源,也可能是 γ 射线的吸收比预期的小。

1910—1911 年,哥克尔(A. Gockel)在瑞士的苏黎世让气球把电离室带到 4500 米高处,记录下几个不同高度的放电速率。他的结论是:"辐射随高度的增加而降低的现象……比以前观测到的还要显著。"

人们对这一反常辐射的来源议论纷纷,占上风的看法认为是来源于地上。

9.5.2   赫斯发现宇宙射线

奥地利物理学家赫斯(Victor Franz Hess,1883—1964)正好是一位气球飞行的业余爱好者。他设计了一套装置,吊在气球下,里面主要是一只密闭的游离室,壁厚足以抗一个大气压的压差,静电计的指示经过温度补偿,直接记录。他一共制作了十只侦察气球,每只都装载有 2 台～3 台能同时工作的游离室。

1911 年,第一只气球升至 1 070 米高,结果是在那一高度以下,辐射与海平面差不多。翌年,气球达到 5 350 米,得到的结果是:起初游离电流略有下降,800 米以上似乎略有增加,在 1 400 米～2 500 米之间显然超过海平面的值,到 5 000 米高处已数倍于地面。

1912 年赫斯在《物理学杂志》发表题为《在 7 个自由气球飞行中的贯穿辐射》的论文,结尾写道:

"这里给出的观测结果所反映的新发现,可以用下列假设作出最好的解释。即假设强大穿透力的辐射是从外界进入大气的,并且甚至在大气底层的计数器(指游离室)中都会产生游离。辐射的强度似乎每小时都在变化。由于我在日蚀时或在晚间进行气球放飞都未发现辐射减少,所以我们很难考虑太阳是辐射的来源。"[①]

1914 年,德国物理学家柯尔霍斯特(W. Kolhörster)将气球升至 9 300 米,游离电流竟比海平面大 50 倍,确证赫斯的判断。

———————————

① Hess V F. Phys. Zeitschr. 1912(XIII):1084

　　赫斯的发现引起了人们的极大兴趣,促使物理学界针对宇宙射线的各种效应和起源问题进行了广泛的研究。

9.5.3　安德逊发现正电子

　　C. D. 安德逊(Carl David Anderson,1905—1991)是美国加州理工学院物理教授密立根的学生,从1930年开始跟密立根做宇宙射线的研究工作。尽管密立根对宇宙射线的起源的见解后来证明是错误的,但他和他的学生们在宇宙射线的研究方面作出过许多贡献,发展了观测宇宙射线的各种实验技术,组织过多次科学考察。安德逊1930年起就负责用云室观测宇宙射线。云室置于磁场中。为了鉴别粒子的性质,在云室中安有几块金属板,粒子穿过金属板,就可以区别其能量。1932年8月2日,安德逊在照片(如图9-9中)发现一条奇特的径迹,与电子的径迹相似,却又具相反的方向,显示这是某种带正电的粒子。从曲率判断,又不可能是质子。于是他果断地得出结论,这是带正电的电子。当时安德逊并不了解狄拉克的相对论电子理论,更不知道狄拉克关于正电子存在的预言。

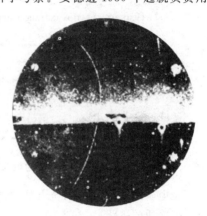

图 9-9　C. D. 安德逊在云室照片中发现一条与电子的径迹相似而方向相反的径迹

　　狄拉克是在他的相对论电子理论中作出这一预言的。从他的方程式可以看出,电子不仅应具有正的能态,而且也应具有负能态。他认为这些负能态通常被占满,偶尔有一个态空出来,形成“空穴”,他写道:“如果存在空穴,则将是一种新的,对实验物理学来说还是未知的粒子,其质量与电子相同,电荷也与电子相等,但符号不同。我们可以称之为反电子。”他还预言:“可以假定,质子也会有它自己的负态。……其中未占满的状态表现为一个反质子。”关于反质子的预言,到1945年才由西格雷(Emilio Segrè)证实。

　　由于没有及时地得到狄拉克电子理论的指导,C. D. 安德逊错误地解释了正电子产生的机理。他认为,初级宇宙射线撞击到核内的一个中子,会使中子分裂成为正电子和负质子。为此,他还建议实验家寻找这种“负质子”。稍晚才由布拉开特和奥基亚利尼(G. Occhialini)从簇射现象的观测搞清正电子产生的机理。他们用盖革计数器自动控制云室,首次看到了正负电子对的产生。他们正确地解释簇射现象是由于 γ 射线从原子核近旁通过时,转化为正、负电子对,同时又有更多的 γ 射线产生,从而产生雪崩现象。

　　由于发现宇宙射线和正电子的功绩,赫斯和C. D. 安德逊共享1936年诺贝尔物理学奖,而布拉开特因改进云室技术和由此作出有关核物理和宇宙射线的一系列新发现也获1948年诺贝尔物理学奖。

9.5.4 赵忠尧的贡献

在反物质世界的探讨中,有一项先驱性的工作值得提到,这就是中国物理学家赵忠尧(1902—1998)在 1930 年进行的附加辐射实验。他也是密立根的研究生。他在用 γ 射线散射验证克莱因-仁科(Klein-Nishina)公式时,发现当硬 γ 射线通过重元素(比如铅)时,有反常吸收现象。进一步研究使他首次发现:伴随着硬 γ 射线在重元素中的反常吸收,还存在一种从未见过的附加散射射线,能量为 0.5MeV。这实际上是一对正负电子湮灭并转化为一对 γ 光子的湮灭辐射。尽管赵忠尧并没有能够对自己的新发现作出这样的解释,但却为布拉开特和奥基亚利尼的关键性解释提供了有力依据。遗憾的是,布拉开特和奥基亚利尼在发表论文时并没有正确地引用文献,使得这项有历史价值的工作被人们忽视了几乎有六十年。直到 20 世纪 80 年代末,才由杨振宁等人予以澄清(图 9-10)。[①]

International Journal of Modern Physics A, Vol. 4, No. 17 (1989) 4325—4335
© World Scientific Publishing Company

C. Y. CHAO, PAIR CREATION AND PAIR ANNIHILATION

BING AN LI*

Physics Department, University of Kentucky, Lexington, Kentucky 40506, USA

and

C. N. YANG

Institute for Theoretical Physics, State University of New York at Stony Brook, Stony Brook, New York 11794-3840, USA

Received 7 June 1989

C. Y. Chao's contribution to physicists' acceptance of QED in 1933—1934 through his experiments of 1930 is analyzed. It is pointed out that Blackett and Occhialini's key suggestion of 1933 about hole theory was based on identifying Chao's "additional scattered rays" (1930) as due to pair annihilation.

图 9-10 李炳安和杨振宁的论文摘要

正电子的发现,对研究光与实物之间的转变有重要意义,使人们对"基本粒子"的认识有了一次质的飞跃。

9.6 中子的发现

核物理学在 20 世纪 20 年代经历了一个低潮时期,似乎没有很多惊人的发现,但却酝酿着新的萌芽。到了 30 年代初期,一下子都涌现了出来。正电子是一例,氘是一例,人工放射性又是一例。而中子的发现,影响最为深远,因为从此对核的结构有了更正确的了解,为建立核理论奠定了基础。同时,利用中子作为入射粒子,为进一步探索核反应的规律找到了更有力的武器。

9.6.1 早期设想

1920 年以前,人们根据积累的事实,普遍认为原子核是由质子和电子组成的。这种观念既包含了 1815 年普劳特(Prout)关于一切元素的原子都由氢原子构成的假说,又解释了汤姆孙和阿斯通用质谱仪作出的新发现。但是新的矛盾也出现了,莫塞莱精确建立了核电荷数 Z 与原子序数的恒等关系,证明质子数与电子数不可能相等,这就促使卢瑟福在 1920 年提出大胆的,却是经过深思熟虑的新假说。他讲到:

---

① Bing An Li, Yang C N. International Journal of Modern Physics A,1989,4(17):4325~4335

"在某些情况下,也许有可能由一个电子更加紧密地与 H 核结合在一起,组成一种中性的双子。这样的原子也许有很新颖的特性。除非特别靠近原子核,它的外场也许实际为零。结果就会使它有可能自由地穿透物质。它的存在也许很难用光谱仪进行检测。也许不可能把它禁闭在密封的容器里。换句话说,它应很容易进入原子结构内部,或者与核结合在一起,或者被核的强场所分解。……"

"要解释重元素核的组成,这种原子的存在看来几乎是必需的。"[1]

这就是著名的卢瑟福中子假说。

9.6.2　持续的探索

为了检验卢瑟福的假说,卡文迪什实验室从 1921 年起就开始了实验工作。卢瑟福的早年学生和得力助手查德威克目标明确、坚持不懈地进行探索,历经 11 年,终于在 1932 年找到了确实的证据。

开始,查德威克和他的同事们试图在氢气的放电中找到这种贯穿力极强的辐射,但没有成功。1923 年查德威克用盖革发明的点计数器进行测量,也无效果。次年他向卢瑟福建议用 200 000 伏来加速质子,因为在强电场中中子可能形成或存在,而用快速质子打入原子,也许能找到一些证据。但事与愿违,他只能用忒斯拉(Tesla)线圈产生的高压来进行实验。

1929 年,卢瑟福和查德威克在《剑桥哲学会刊》上汇报了以前采用过的各种方法,并讨论了寻找中子的可能方案。他们寄希望于在人工转变实验中不发射质子的某些元素,认为也许会有不受磁场偏转的辐射引起微弱的闪烁。

他们对铍特别感兴趣,因为铍在 α 粒子轰击下不发射质子。据说,铍矿往往含有大量的氦,也许铍核在辐射的作用下,会分裂成两个 α 粒子和一个中子。

查德威克安排他的学生用钋作为放射源对铍进行辐照,他们做了大量实验,一度曾出现有利的证据,但由于放射源(钋)不够强,信号太弱,无法作出判断。

1930 年,当他们有了比较强的钋源和用放大线路增强灵敏度的计数装置后,德国人玻特(W. Bothe)已经率先发表了用钋 α 轰击铍的实验结果。

9.6.3　错误的判断

玻特曾在盖革的研究所工作,研究盖革计数器,并用之于探测微观粒子,对核物理研究方法的改进作出过贡献。从 1928 年起,玻特和他的学生贝克尔(H. Becker)用钋的 α 粒子轰击一系列轻元素,发现 α 粒子轰击铍时,会使铍发射穿透能力极强的中性射线,其强度比其他元素所得大过 10 倍,穿透力比 γ 射线强得多。他们认为这是一种特殊的 γ 射线。

在巴黎,居里实验室的约里奥-居里夫妇(F. Joliot,1900—1958 与 I. Curie,1897—1956)也正在进行类似实验,很快就证实了玻特的结果。他们虽然尚未采用电子学方法,

---

[1]　Rutherford E. Proc. Roy. Soc.,1920(A97):374

但却拥有比别人强得多的放射源。他们将含氢的石蜡置于铍辐射源的游离室之间，发现计数大增，显然，石蜡又发出了一种更强的射线。用磁场可使石蜡发出的射线产生微小偏转。经过比较，证明这一射线是质子流，速度很高。他们和玻特一样，把铍辐射看成 γ 射线，认为质子流的产生是 γ 粒子撞击氢离子的结果，是类似于康普顿效应的某种特殊现象。就这样，玻特和约里奥-居里夫妇都错过了发现中子的机会。约里奥-居里夫妇后来讲，如果他们读过并且领会 1920 年卢瑟福的演讲，肯定会对这个实验的意义有正确的理解。

9.6.4　查德威克发现中子

约里奥-居里夫妇的失误还在于他们没有认真核算高速质子的动量和能量是如此之大，靠 γ 粒子撞击而作反冲运动，是否符合动量守恒和能量守恒。据查德威克回忆，当他读到约里奥-居里报导铍辐射的惊人特性的那一篇文章时，他把约里奥-居里的看法告诉了卢瑟福。卢瑟福喊道：“我不相信。”他不相信这是康普顿效应，认为很可能这里出现了多年寻找的中子！

查德威克经过几天紧张的实验，用准备好的钋源和新的探测仪器，复核了玻特和约里奥-居里的结果。1932 年 2 月 17 日，查德威克给《自然》杂志写了一篇通信，题为《中子可能存在》，这时离约里奥-居里夫妇的论文发表不到一个月。

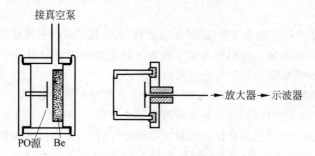

图 9-11　查德威克的实验装置

接着，查德威克在《英国皇家学会通报》上发表了题为《中子的存在》一文，详细报告了实验结果及理论分析。他首先证明高速质子流并非来自石蜡之类的含氢成分，因为即使不含氢的材料也会产生高速质子流，因此这里面必有蜕变过程。再用吸收法测质子的能量，结果约为 5.7MeV。根据能量守恒定律推算，铍辐射如果是 γ 射线，γ 光子应具有能量 55MeV。用同样的铍辐射轰击氮，推算氮原子的反冲能量最大为 0.45MeV。但实验得到的却是 1.2MeV，不满足能量守恒定律。查德威克在论文中写道：

“显然，在这些碰撞过程中，我们要么放弃应用能量与动量守恒，要么采用另一个关于辐射本性的假设。如果我们假设这一辐射不是量子辐射（即 γ 光子），而是质量与质子几乎相等的粒子，所有这些与碰撞有关的困难都会消除。”[1]

查德威克进一步用云室方法测定中子的质量，结果是与质子的质量非常接近。再根

---

① Chadwick J. Proc. Roy. Soc.(London)，1932(A136)：692

据质谱仪的数据推算,得到中子质量的精确值为 1.006 7 原子质量单位。各方面的事实确凿证明了中子的存在。

查德威克这样快就取得如此全面的结果,固然是与其有准备的实验研究有关系,也和卡文迪什实验室整个集体的支持分不开。卢瑟福自不待说,其他成员,包括年轻的研究生和来自各地的研究人员也大力相助,发挥了集体的智慧和力量。当时,卢瑟福的亲密同事,前苏联物理学家卡皮察曾组织过一个"俱乐部",每周定期聚会,交流工作中的问题和体会。查德威克有关中子的设想也常向与会者报告。所以在卡文迪什实验室里大家对中子的存在早已没有怀疑。大家从各个角度协助查德威克寻找中子的证据,这就大大促进了中子实验的进程,使查德威克迅速由"中子可能存在"转变为"中子肯定存在"。

9.6.5　中子发现以后

中子的发现引起一系列的后果,主要有三方面:第一是为核模型理论提供了重要依据,从此核物理学进入了一个崭新的阶段;其次是激发了一系列新课题的研究,引起一连串的新发现,其中最重要的是:人工放射性、慢中子和核裂变;第三是打开了核能实际应用的大门。中子的发现证实了卢瑟福的判断,原子核中有中性粒子,然而这种中性粒子并不是卢瑟福想象的那样,是质子和电子复合组成的双子,它也不能转变为质子和电子,而是一种稳定的粒子。于是代替原先质子-电子核模型的,是质子-中子核模型。

其实在中子发现以前,就有一位意大利物理学家叫马觉朗拉(Majorana)的,有过质子-中子核模型的想法,不过当时文章没有发表,因为他觉得还不太有把握。

1932 年 4 月 21 日,在查德威克的通信发表后不久,伊万年科(Д. Д. Иваненко,1904—1980)向《自然》杂志提交一份极短的评论,提出"电子不可能以独立的粒子存在于核中,核仅仅由质子和中子组成。"早在 1930 年,他就和安巴祖米安(Ambarzumian)在《法国科学院学报》联名发表过电子不可能在核中存身的思想。

1932 年 6 月,海森伯也提出类似的思想。他针对核的组成写了一系列论文,为以后建立核的各种模型奠定了理论基础。

9.7　人工放射性的发现

9.2.3 节中我们曾经提到,20 世纪初曾"发现"过感生放射性,后来证明是在核衰变过程中放射性物质转变为射气,随空气散逸在周围,有的就附着在器皿上,因此误认为周围的物体感应产生了放射性。可是,真正的"感生"放射性到 20 世纪 30 年代又被发现了,这是法国的约里奥-居里夫妇作出的又一贡献。

1933 年,约里奥-居里夫妇在第十届索尔威会议上报告,某些物质在 α 粒子轰击下发射出正电子连续谱。他们一直坚持研究这个现象,于 1934 年 1 月 19 日作了结论,并向《自然》杂志写了一则通信,里面写道:

"我们最近的一些实验显示出了一个十分令人惊奇的事实。铝箔放在钋制品上受到辐射,如果将该放射性制品移走,正电子的发射并不立即停止。铝箔保持有放射性,并且

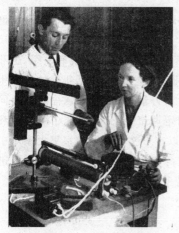

图 9-12   约里奥-居里夫妇在做实验

这种放射性的辐射也和一般放射性元素一样，作指数衰减。对于硼和镁，我们也观察到了同类现象"。"当我们把辐照过的铝箔溶于盐酸中，放射性就以气态跟随氢气逸走了，还可以收集在管中。化学反应必定是形成了氢化磷（PH_3）或氢化硅（SiH_4）"。[1]

写成反应式，就是

$$^{27}_{13}Al + {}^{4}_{2}He \longrightarrow {}^{30}_{15}P + {}^{1}_{0}n$$

磷 30 不稳定，继续转变为硅 30：

$$^{30}_{15}P \longrightarrow {}^{30}_{14}Si + {}^{0}_{1}e$$

人工放射性的发现，为放射性同位素研究开辟了一个新领域。从此，科学家不再仅仅依靠自然界的天然放射性物质来研究问题，大大加快了核物理学的发展速度。

9.8   重核裂变的发现

人工放射性引发的直接后果是重核裂变的发现，但是人们对重核裂变的认识却有一个曲折过程。

9.8.1   费米的中子实验

费米（Enrico Fermi，1901—1954）是意大利物理学家，1926 年，只有 25 岁的他就当上了罗马大学理论物理学教授。1927 年他曾提出一种统计理论（即费米-狄拉克统计），在微观世界有广泛运用，是核物理学的理论基础之一。1933 年，费米又提出 β 衰变理论。在国际上享有很高声望，在国内成了意大利振兴物理学的中坚人物。由于他的努力，罗马在 20世纪 30 年代成了世界上又一个物理学研究中心。

1934 年约里奥-居里发现人工放射性的消息传到罗马，使费米想到用中子作为入射粒子要比 α 粒子有效得多。这个想法实际上早在 1920 年卢瑟福就提出过。费米预计到，困难在于中子不会自发地由物质发射出来，还要靠 α 粒子轰击某些元素。例如铍，这个过程只有十万分之一的概率，即十万个 α 粒子才能激发一个中子。这样低的效率，当然很难保证一定成功。他决心亲自试试。因为只有实践才能取得第一手资料。

费米周围有一批合作者，例如：西格雷（E. Segrè）、阿玛尔迪（E. Amaldi）、拉塞第（F. Rasetti），后来还有达哥斯廷诺（O. D'Agostino）。他们大多是实验家。费米在他们的协助下，用镭射气和铍作为中子源，按着周期表的顺序依次轰击各种元素。他的目的显然是要检测中子作入射粒子的有效性，以及在中子轰击下产生放射性的可能性。1934 年3 月 25 日费米寄出了第一篇通信，报导在轻元素中获得了人工放射性，其中包括氟和铝。

费米小组继续进行实验，他们用中子辐照了 68 种元素，其中有 47 种产生了新的放射性产物。

---

[1]   Joliot F，Curie I. Nature，1934（133）：201

9.8.2　是"超铀元素"吗？

1934 年夏天来到之前，费米小组依顺序用中子轰击当时所知的最重元素——铀$^{238}_{92}$U，得到了半衰期为 13 分钟的一种放射性产物。经过分析，测出这种产物的化学性质，发现它不属于从铅到铀之间的那些重元素。这个结果和用中子轰击其他重元素不一样，使费米等人大为惊异。其实，这就是最早出现的重核裂变现象。不过，从费米当时掌握的实验证据，难以作出这一判断，他们也很难猜测到这种可能性。1934 年 5 月，费米以《原子序数高于 92 的元素可能生成》为题，在《自然》杂志上发表这一信息，文中写道：

图 9-13　1934 年费米小组自制的计数管

"13 分钟的放射性与很多重元素等同的否定证据，提示了这样的可能性：元素的原子序数也许大于 92。如果它是 93 号元素，它应在化学上与锰及铼类似。这一假设在某种程度上还得到下列事实的支持：不溶于盐酸溶液的硫化铼可以携带 13 分钟放射物沉淀下来。"[1]

如果真是 93 号元素，那确是一件大事。大于 92 号的元素就叫做超铀元素。不过，费米并未作定论。可是这件事被意大利当时的法西斯政权利用，大肆宣传是法西斯主义在文化领域里的胜利。费米对此极为不满，郑重声明，尚需作若干精密实验，才能肯定 93 号元素的生成。

图 9-14　1934 年费米小组用过的电子计数装置

图 9-15　1934 年费米小组自制的中子源
（管中密封的小管装有镭射气）

这个问题历经 4 至 5 年还没有查清楚，却有更多的事实对"超铀元素"的假说有利。欧洲好几个研究机构，特别是巴黎的居里实验室和柏林大学的化学研究所都肯定了费米的实验，甚至后来还陆续"发现"了 94 号、95 号、96 号以至 97 号元素。"超铀元素"的说法已经得到科学界的公认。某些教科书把它当作"新成就"列入教材，甚至 1938 年诺贝尔物理学奖授予费米时还把超铀元素的生成作为他的主要功绩之一。只有一位德国的女化学家，叫诺达克夫人（F. Noddack）在 1934 年 9 月对费米的超铀元素假说表示怀疑，发表文章说："可以想像，当重核被中子轰击时，该核可能分裂成几大块，这些裂片无疑将是已知元素的同位素，而不是被辐照元素

---

① Nobel Lectures：Physics，1922—1941，(Elsevier，1965).430

的近邻。"但是她也只是一种猜测，既没有亲自动手做实验，也没有认真分析他人的结果。

后来判断，费米 1934 年中子轰击铀的实验，结果是很复杂的，确也含有超铀元素的成分，不过费米测量的不是那一部分。

9.8.3　发现慢中子的作用

1934 年 10 月，费米小组又发现一新奇现象。阿玛尔迪等人正在辐照一块银制圆筒，圆筒中间是中子源，整个装置又放在防护用的铅盒内。他们发现，银的放射性随装置在铅盒中的位置而变动。鉴于铅是重元素，费米建议他们用质轻的材料，例如用石蜡代替铅来试试。于是，他们把大块石蜡挖了个洞，把装有中子源的银圆筒放在里面，让银圆筒接受中子辐射，没有想到，由于石蜡的在场，银的放射性竟增大了百倍。再放到水下实验，证实水也有类似的作用。费米即时对这个现象作了解释，认为是氢核（即质子）与中子的质量相近，由于它的在场，中子碰

图 9-16　罗马大学的实验小组合影
从左到右：达哥斯廷诺、西格雷、阿玛尔迪、拉塞第和费米

撞后速度大大减慢。速度低，被原子核俘获的机会增多，因此放射性的生成也就大大增加。

认识到慢中子的作用，人类更接近于重核裂变的发现了，因为慢中子可以大大增强中子轰击的效果。

9.8.4　接近于成功

1937 年，伊伦·居里和沙维奇（P. Savitch）在用中子辐射铀盐时，发现一新现象，分离出来一种半衰期为 3.5 小时的成分，其化学性质很像镧。镧是稀土族元素中的第一名，原子序数为 57，与它化学性质相近的重元素是锕 $_{89}$Ac。他们先判断 3.5 小时放射物为锕，但进一步追踪，当用结晶分离法分离出锕时，出乎意料，3.5 小时的放射性却不在锕中，镧的放射性反而加强了。本来他们已经接近于铀核分裂的结论，可是他们却没有迈出这关键的一步。在 1938 年 5 月的《科学院通讯》上，他们写道：

"用快中子或慢中子辐照的铀中，产生了一种放射性元素，半衰期为 3.5 小时，其化学特性很像镧。……它或许也是一种超铀物质，但我们暂时还未确定其原子序数。"

后来查明，在他们的铀裂变产生的碎片中，还有一种元素，叫钇（Y），其半衰期也正好是 3.5 小时，居里小组没有能够完全把 3.5 小时的放射性分离出来，所以无法作出准确的判断。

9.8.5　哈恩作出精确分析

哈恩（Otto Hahn，1879—1968）是德国化学家，早年曾随卢瑟福和拉姆塞（W. Ramsay）从事放射性研究，发现过射钍和射锕。1907 年，在柏林大学化学研究所工作。女物理学家

迈特纳(Lise Meitner,1878—1968)和他在那里开始了长期合作,1917 年共同发现镤。20 世纪 30 年代他们合作研究人工放射性,卓有成效。

迈特纳是犹太血统的奥地利人,由于种族迫害,在他们的研究到了最关键的 1938 年,被迫离开德国。

不久,伊伦·居里和沙维奇报导镧出现的文章传到哈恩这里。他认为没有可能,一定是居里和沙维奇搞错了,就和助手斯特拉斯曼(F. Strassmann)立即重复居里的实验。

他们用慢中子轰击铀。经过一系列精细的实验在铀的生成物中找到一种放射性物质,其放射性的半衰期为 4 小时,接近 3.5 小时,不过,化学性质却与镧不同,而与钡类似。但是钡的原子序数是 56,与镭同一族。他们想也许这是镭的一种尚未发现的同位素。可是,费尽心机也无法从钡中分离出那种放射性的"镭",它总是伴随作为载体的钡沉淀。他们只好承认它就是钡。后来又经过多次实验,证实了伊论·居里和沙维奇的结果,确有镧的生成。也就是说,他们从化学分析得到的结果,无可辩驳地肯定了中间化学元素(镧和钡)的出现。哈恩对这件事情实在无法理解,他如实地报导了实验结果。

图 9-17 哈恩和迈特纳在做实验

1939 年 1 月德国的《自然科学》杂志发表了哈恩和斯特拉斯曼的论文。在结尾,他们写道:

"作为化学家,我们真正应将符号 Ba,La,Ce 引进衰变表中来代替 Ra,Ac,Th,但作为工作与物理领域密切相关的'核化学家',我们又不能让自己采取如此剧烈的步骤来与核物理学迄今所有的经验相抗庭。也许一系列巧合给了我们假象。"[①]

9.8.6 肯定了裂变

上述论文还未发表,哈恩事先写信告诉了正在斯德哥尔摩诺贝尔研究所工作的迈特纳。她有一个侄子,叫弗利胥(Otto Frisch),也是物理学家,1934 年流亡到国外,在玻尔的理论物理研究所工作。他们利用圣诞节假到瑞典南部会面,自然就要对哈恩的结果讨论一番。弗利胥起初对哈恩的结果表示怀疑,但迈特纳坚信哈恩工作严谨,不可能有错。在争论中,弗利胥想起了玻尔不久前提出的"液滴核模型"。这个模型是说,在某些情况下,可以把核想象成液滴,核子(质子和中子)就像真正的水分子。强相互作用造成的"表面张力"使核平常保持球形,但在外来能量的作用下,"液滴"也可能由于振动而拉长。他们想,如果这时被中子击中,也许会以巨大的能量分裂。

几天后,弗利胥回到哥本哈根,正值玻尔准备离开去美国。弗利胥告诉他哈恩的化学结论以及自己与迈特纳的看法。玻尔听了十分高兴,惊呼:"正应该如此。"

重核裂变的现象终于真相大白。弗利胥和迈特纳随即联名写文论证重核裂变的产

① 转引自:Graetzer H G,Anderson D L. The Discovery of Nuclear Fission. Reinhold,1971. 47

生。"裂变"(fission)一词就是他们提出来的。

玻尔将重核裂变的新进展向华盛顿的第五届理论物理讨论会作了汇报。正好费米也参加了这个会议。与会者对这个问题极感兴趣。就在会议期间，华盛顿卡尔内奇(Carnegie)学院、约翰·霍普金斯大学、哥伦比亚大学都分别证实了这一现象。

9.9 链式反应

重核裂变一经证实，人们立即转向由此可能释放的核能。许多实验证实了理论预期的能量，但是要利用这一巨大的能源，必要的条件是有可能产生自持的链式反应。

1939 年 3 月间，约里奥所在的巴黎核化学实验室，费米所在的哥伦比亚大学和西纳德(L. Szilard)所在的纽约大学同时对这项研究做出了贡献。

约里奥和他的同事首先提出了"中子过剩"问题。比较核的组成可以发现，轻核一般是质子和中子数量近于相等，中等大小的核往往中子数略大于质子数，而重核则中子数较质子数大得多。于是在重核分裂为两个较轻的核时；必然出现中子过剩的情况。如果过剩的中子又去轰击别的重核，不就可以出现连锁反应了吗？

然而，事情并不那么简单。多余的中子会不会被吸收？会不会转变为质子？有没有可能出现连锁反应？惟一的答案只能依靠实验。

约里奥的实验是用镝($_{66}$Dy)探测器测量两种溶液中慢中子的密度分布。一种是硝酸铵，一种是硝酸铀酰。测量距中子源（镭＋铍）不同距离处的中子密度。实验证明由于铀的存在，在一段距离之外，中子密度比没有铀的情况大些，有可能产生链式反应。

费米小组证明铀核每次裂变产生的中子平均数可能是 2，他们选择铀 235 和石墨作试验。在美国军方的支持下，开始了曼哈顿(Manhattan)工程。这实际上是一座试验性的原子反应堆。

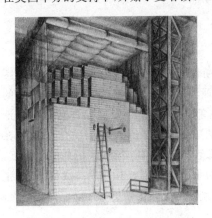

图 9-18 画家笔下的试验反应堆

图 9-19 曼哈顿工程成员在运动场大门口合影

（前排左起第一人是费米）

这一工程是 1941 年 12 月开始的。费米选了芝加哥大学的一座运动场的看台下的网球场作为试验区（图 9-18）。他和一大批物理学家以及工程技术人员研究了各种设计方案。他们认为,要实现自持的链式反应,必须解决两个问题。一是要找到合适的减速剂,把快中子变为慢中子,才能有效地激发核裂变;重水(即 D_2O)虽然效果好,但不易制备,成本太高。普通水(即 H_2O)也可以充当减速剂,但又减速太快,甚至还有很强的吸收效应,所以也不能用。费米建议用石墨。为此他和同事们做了大量实验,研究石墨的吸收中子和慢化中子的特性。另一个问题是必须严格控制裂变反应的速率,使裂变既能不断进行,又不致引起爆炸。他们利用镉吸收中子的特性,把镉棒插入反应堆,通过调节镉棒深度,来控制裂变反应的速率。后来又想出把反应堆设计为立方点阵的方案,让铀层和石墨层间隔地布置在方阵中。

1942 年 12 月 1 日,最后一层石墨和铀砖砌好,反应堆已达临界状态。次日上午,抽出控制用的镉棒,果然产生了自持的链式反应。当时得到的功率仅有 0.5 瓦。但这却是人类第一次实现了原子能的可控释放。从此人类开始了原子能利用的新纪元。

9.10　原子核模型理论

正如原子模型的建立是原子物理学发展中的重要环节一样,原子核模型的建立也是核物理学发展中的重要环节。模型是人类认识自然的必要途径,也是理论思维的基本方式之一。在物理学的研究中,往往是先提出恰当的模型,然后才能得出简明的运动规律,建立相应的理论体系。恰当的模型,可以概括已知的事实,这些事实经一定的理论联系在一起,得到统一的解释,而建立在可靠事实基础上的理论进一步又能预言新的事实,指导人们作出新的发现。

然而,原子核模型的研究,比起原子模型来,经历了更漫长的过程,至今仍在发展之中。几十年来,先后有好几种核模型被提出,它们从不同侧面反映了原子核的某些现象和某些性质,每种模型都只能解释一定范围内的实验事实,难以用同一种模型概括和解释全部实验事实。这反映了原子核的复杂性,也反映了人们对原子核的认识还不很充分。

下面略举几种最著名的核模型。

1. 气体模型,是费米在 1932 年提出的。他把核子(中子和质子)看成是几乎没有相互作用的气体分子,把原子核简化为一个球体,核子在其中运动,遵守泡利不相容原理。每个核子受其余核子形成的总势场作用,就好像是在一势阱中。由于核子是费米子,原子核就可看成是费米气体,所以,对核内核子运动起约束作用的主要因素就是泡利不相容原理。但由于中子和质子有电荷差异,它们的核势阱的形状和深度都各不相同。

气体模型成功之处,在于它可以证明质子数和中子数相等的原子核最稳定。这一结论与事实相符。再有,用气体模型计算出的核势阱深度约为 -50meV,与其他方法得到的结果接近。不过这一模型没有考虑核子之间的强相互作用,过于简单,难以解释后来发现的许多新事实。

2. 液滴模型,是 N. 玻尔和弗伦克尔(Я. И. Френкель)在 1935 年提出的。其事实根据有二,一是原子核每个核子的平均结合能几乎是一常数,即总结合能正比于核子数,显示了核力的饱和性;二是原子核的体积正比于核子数,即核物质的密度也近似于一常数,显示了原子核的不可压缩性。这些性质都与液滴相似,所以把原子核看成是带电荷的理想液滴，提出液滴模型。

1936年玻尔用这个模型计算核反应截面，由此说明了一些核现象。1939年玻尔和惠勒在解释重核裂变时，又用上了液滴模型。

但是早期的液滴模型没有考虑核子运动，所以不能说明核的自旋等重要性质。后来加进某些新的自由度，液滴模型又有新的发展。

3.壳层模型，是迈耶夫人（M. G. Mayer，1906—1972）和简森（J. H. D. Jensen，1907—1973）在1949年各自独立提出的。在这之前，当有关原子核的实验事实不断积累时，1930年后不久，就有人想到，原子核的结构可以借鉴于原子壳层的结构，因为自然界中存在一系列幻数核，即当质子数 Z 和中子数 N 分别等于下列数（称作幻数）之一：2，8，20，28，50，82，126 时，原子核特别稳定。这跟元素的周期性非常相似，而原子的壳层结构理论正是建立在周期性这一事实基础之上的。

然而，最初的尝试却是失败的，人们从核子的运动，求解薛定谔方程，却得不到与实验相等的幻数。再加上观念与壳层模型截然相反的液滴模型已取得相当成功，使得人们很自然地对壳层模型采取否定态度。

后来，支持幻数核存在的实验事实不断增加，而不论是气体模型还是液滴模型，都无法对这一事实作出解释。直到1949年，迈耶和简森由于在势阱中加入了自旋—轨道耦合项，终于成功地解释了幻数，并且计算出了与实验正好相符的结果。

壳层模型可以相当好地解释大多数核基态的自旋和宇称，对核的基态磁矩也可得到与实验大致相符的结果；但对电四极矩的预计与实验值相差甚大，对核能级之间的跃迁速率的计算也大大低于实验值，这些不足导致了核的集体模型的诞生。

4.集体模型也叫综合模型，是1953年由阿格·玻尔（A. Bohr，1922—　）和莫特尔逊（B. B. Mottelson，1926—　）提出的。在他们之前，雷恩沃特（L. J. Rainwater，1917—1986）1950年就曾指出：具有大的电四极矩的核素，其核不会是球形的，而是被价核子永久地变形了。因为原子核内大部分核子都在核心，核心也就占有大部分电荷，因此即使出现小的形变，也会导致产生相当大的四极矩。在这一思想的基础上，A. 玻尔和莫特尔逊提出了集体模型。他们指出，不仅要考虑核子的单个运动，还要考虑到核子的集体运动。集体模型（综合模型）实际上是对原子核中单粒子运动和集体运动进行统一描写的一种唯象理论。

壳层模型和集体模型各有成功之处，把两种模型综合起来，可以更全面地解释各种原子核的实验事实。

9.11　加速器的发明与建造

核物理学的发展和加速器有密切的关系。因为有了加速器，人们就可以得到比天然放射性（包括宇宙射线在内）种类更多、能量更高、更便于控制的各种粒子，以从事各种试验。从20世纪30年代开始，由于加速器的发明和建造，物理学转入了大规模集体研究的轨道，物理学家越来越多地参加有组织的研究工作，实验室的规模越来越大，物理学与技术的关系越来越密切。这意味着人类开始以更积极的方式探索自然、变革自然、开发自然和更充分地利用大自然的潜力。

9.11.1 人工加速带电粒子的各种尝试

1919 年,卢瑟福宣称,如果粒子有更大的能量,就有希望击破更多元素的核。人们开始认识到,利用实验条件加速粒子,向各种原子轰击,是进一步实现核转变的关键所在。大约在 1925 年,美国的布赖特(G. Breit)、托夫(M. Tuve)和达耳(O. Dahl)首先进行了一项试验。他们建造了一个可以产生几百万伏高压的变压器(忒斯拉线圈),并且把这一电压加在可用于加速粒子的管道上。不过他们并没有实现核反应。不久,柏林的布拉什(A. Brasch)和兰格(F. Lange)利用脉冲发生器加速质子。1928 年,布拉什企图利用大气电,将它接到放电管,希望能引起核转变。指导最初几次大气高压电实验的乌尔班(C. Urban)竟因遭闪电袭击而丧生。他们的尝试证明是不成功的。

1925 年,美国的索伦森(R. W. Sorensen)发明了多级变压器,劳里参(C. C. Lauritsen)和他的助手们将它用于放电管的加速电极。后来,克朗(H. R. Crane)从放电管获得了高强度 X 射线和质子流。

早在 1890 年,开尔文勋爵就提出过,可以利用电荷分布于导体表面的原理得到高电压。1931 年,美国普林斯顿大学的范德格拉夫(R. J. van de Graaf)采用在绝缘的金属球中心连续供给电荷的方法,发明了一种能够有稳定输出的高压发生器,电压达 1 500 千伏。这种高压装置成功地用于加速带电粒子,在后来的核物理和高能粒子的研究中发挥了作用。

图 9-20　1931 年范德格拉夫(左)
正在试验他的高电压装置

图 9-21　1932 年 4 月考克饶夫-瓦尔顿加速器,
瓦尔顿正坐在那里观测闪烁

1930 年卡文迪什实验室的考克饶夫 (J. D. Cockcroft,1897—1967)和瓦尔顿 (E. T. S. Walton,1903—1995)发展了瑞士人格雷纳切(H. Greinacher)的电压倍加方法,用于加速质子。这件工作受到了他们的导师卢瑟福的支持和鼓励,更得益于伽莫夫(G. Gamov)的势垒穿透理论。1932 年,他们用 770 千伏电压获得了锂分裂为两个 α 粒子的核转变。

然而，所有上述试验都要受到高电压的限制，因为粒子的能量都是从高电压直接获得的。例如：能量为 1MeV 的质子，电压必须加高到 1 兆伏。这样高的电压在绝缘上会有极大的困难。因此，人们早就想利用较低的电压，使粒子加速到高能量。

9.11.2　劳伦斯发明回旋加速器

劳伦斯(Ernest Lawrence，1901—1958)是美国伯克利加州大学教授，很早就选定了核物理学作为自己的科研方向。1929 年，正当他苦思如何利用低电压获得高能粒子之际，一篇讨论正离子多级加速的论文吸引了他，使他想到让正离子在磁场的作用下，在两个半圆形电极（D 形电极，如图 9-22）之间进行回旋运动，从而得到加速的方法。他不仅提出了巧妙的方案，更为重要的是以不懈的努力实现了自己的方案。

1930 年春，劳伦斯让他的研究生爱德勒夫森(Nels Edlefson)做了两个结构相当简陋的回旋加速器模型。真空室只有 10.16 厘米的直径，其中之一居然显示出了使离子回旋加速的效果。

1931 年，他又让利文斯顿(M. S. Livingston)做一微型回旋加速器，直径（指真空室）11.43 厘米，在两 D 形电极上加不到 1 千伏电压，竟得到了 8 万伏的加速效果。

图 9-22　劳伦斯正在讲解同步加速器的原理　　　　**图 9-23　　第一台回旋加速器**

1932 年，劳伦斯继续试验。新的装置使质子加速到 1.25MeV，并且很容易地就检验了考克饶夫和瓦尔顿的锂转变，显示了回旋加速器的优越性。这个新的回旋加速器直径只有 27.94 厘米。

图 9-24　劳伦斯（右）和利文斯顿站在 37 英寸回旋加速器旁

接着，劳伦斯用 D 形电极直径为 68.58 厘米的回旋加速器加速氘核，取得更佳效果。因为氘核是由一个质子和一个中子组成的复合核，氘核在强电场作用下会解体为质子和中子，而中子的穿透力特别强，所以用氘核作入射粒子，可以实现许多新的人工核反应。

1936 年，在劳伦斯的主持下，伯克利的 68.58 厘米回旋加速器改装成 0.94 米，使粒子能量达 6MeV，用它测量了中子的磁矩，并且产生了第一个人造元素——锝(Tc)。

1939年,大型的1.52米回旋加速器问世。用这台仪器发现了一系列超铀元素。

9.11.3　同步回旋加速器的发展

回旋加速器也有其不足之处,当粒子速度达到一定值后,由于相对论性效应,粒子的回旋运动频率同加速电场的频率不能保持一致,粒子能量不能继续提高。为此人们想出了一些加速频率与粒子回旋频率保持同步的办法,于是各种同步加速器发展起来。1944—1945年,前苏联物理学家维克斯列尔(В. И. Векслер)和美国物理学家麦克米伦(E. M. McMillan,1907—1991)分别提出谐振加速原理。美国伯克利辐射实验室在1949年建成4.67米电子同步稳相加速器。

还有一种办法是调节磁场强度,以使粒子回旋频率保持与加速电场频率同步。这些加速器在核物理研究中发挥了重要作用,发现了许多新现象,产生了几千种稳定的和放射性的同位素。根据这一原理制成的重离子加速器有广泛应用。20世纪60年代,美国和前苏联先后合成了102至106号元素,20世纪70年代末联邦德国合成了107,108,109号元素。

后来人们把磁铁做成环形,采用同时调变磁场强度和电场频率的办法,将粒子约束在环形区域内运动。这类加速器称为同步加速器。第一台质子同步加速器于1952年在美国纽约长岛的布鲁海文国家试验室(BNL)建成,质子能量可达3GeV,称为宇宙线级加速器(COSMOTRON)。1953年用它所加速的粒子束打出了K,Λ,Σ等奇异粒子。两年后,美国加州大学又建成一台同类加速器,可把质子加速到6.4 GeV,由此于1955年第一次发现了反质子,次年又发现了反中子。1957年前苏联在杜布纳联合原子核研究所建成的同步加速器能量达10 GeV,以中国物理学家王淦昌(1907—1998)为首的国际小组在1955年用它发现了反西格马负超子。这些发现为证实反物质的存在做出了重要贡献。

高能加速器的设计由于采用了强聚焦法又取得了重大突破。由西欧各国组成的欧洲核研究中心(CERN)于1959年在日内瓦建成的强聚焦质子同步加速器(CPS),能量达28 GeV。1973年就用它发现了中性弱流,为电弱统一理论提供了证据。布鲁海文实验室于1960年建成了33 GeV的强聚焦质子同步加速器。利用这座加速器1962年发现了两种不同的中微子,1974年发现了J/Ψ粒子,为粲夸克的存在提供了证据。至此,新发现的粒子增加到上百种。

20世纪70年代采用了分离作用强聚焦原理,加速器能量又提高一个数量级。主要是两台,美国伊利诺依州巴塔维亚(Batvia)的费米国立加速器实验室(FNAL)的质子同步加速器(TEVATRON I),最高能量达到500 GeV。欧洲核研究中心的质子同步加速器(SPS)平均直径2.2公里,跨越瑞士、法国两国国界,最高能量400 GeV。

从20世纪60年代开始运用超导磁体代替常规磁体,不仅可产生高磁场而且大大节约电能。世界上第一台采用超导磁体的高能质子同步加速器

图 9-25　费米国立加速器实验室(FNAL)的主环

图 9-26　欧洲核研究中心的质子
同步加速器（SPS）平均
直径 2.2 公里，跨越瑞
士、法国两国国界

（TEVATRON Ⅱ）是费米实验室在原有 500 GeV 同步加速器隧道内增设超导磁体环，于 1986 年建成，磁场强度增加 10 倍，质子能量可达 1 000 GeV。

美国物理学家开斯特（D. W. Kerst）和奥尼耳（G. K. O'Neill）在 1956 年提出对撞机原理。根据动量和能量守恒定律，粒子碰撞的有效能量（即能引起粒子反应的能量）只取决于粒子的相对速度。例如，一个具有能量 1 000 GeV 的质子打一个静止的质子，有效能量只有 43 GeV，其余的都变成了质子的动能。而如果用对撞的办法，只要 21.5 GeV 的能量，即可使有效能量达到 43 GeV，因为碰撞后动能为零，没有损失任何能量。这种对撞的效果对于更高能量和更轻的粒子（如电子）更为显著。我国于 1988 年建成的 $2×2.2$ GeV 的正负电子对撞机（代号为 BEPC）就是根据这一原理。这台对撞机虽处低能区，但正是研究 J/Ψ 粒子和 τ 轻子的最好能区，且对撞点亮度是同类中最高的，用它测得的 τ 轻子质量比原有结果精确了 5 至 7 倍（见图 9-28）。

图 9-27　BEPC 的北京谱仪

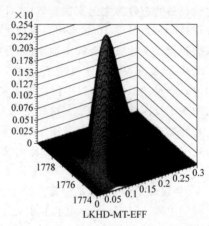

图 9-28　BEPC 在 1991 年 11 月 1 日至 1992 年 1 月 2 日间进行的 τ 轻子质量测量的数据结果，纠正了过去 τ 轻子质量约 7MeV 实验偏差，并把精度提高了 10 倍。

9.12　β 衰变的研究和中微子的发现

9.12.1　中微子概念的提出

中微子概念的提出，与原子核的 β 衰变有直接联系。1914 年查德威克证明 α 射线和 γ 射线的能谱是分立的，α 衰变和 γ 衰变中发射的粒子所带走的能量正好与原子核初态末态的能量差相等。然而，β射线的能谱却有明显的不同，是连续谱而不是分立谱。也就是说，β衰变放射出来的电子，能量从零到某一个最大值都有分布（如图9-29），可是，原子核的初态和末态能量都是稳定的定值。衰变电子的能量竟会小于两态之间的差值。人们感到极为迷惑。多余的那一部分能量到哪里去了？是什么原因造成β连续谱的呢？

物理学家对这个问题提出了不同的见解。迈特纳曾认为，β射线通过原子核的强电场时会辐射一部分能量。但1927年埃利斯（C. D. Ellis）和伍斯特（W. A. Wooster）用量热学实验精确地测量这一辐射能量，并没有测到任何能量损失。这一结果曾促使N. 玻尔一度主张，有可能能量守恒只是在统计意义上成立，对每一次衰变并不一定成立。

泡利不相信在自然界中惟独β衰变过程能量不守恒。他在1930年提出："只有假定在β衰变过程中，伴随每一个电子有一个轻

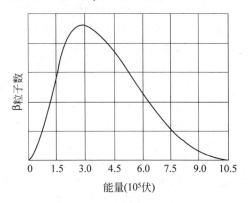

图9-29　β射线的能谱图

的中子一起被发射出来，使中子和电子的能量之和为常数，连续β谱才是可以理解的。"[1]
这里泡利所谓的"中子"，实际上是后来的中微子。他还指出：这种中微子的具有自旋$1/2$，服从不相容原理，质量与电子同数量级，穿透力极强，因此很难探测到。

泡利的中微子假说提出后，不少人持怀疑态度，而费米不仅接受了这一假说，还在1934年进一步提出了弱相互作用的β衰变理论。

费米认为，正像光子是在原子或原子核从一个激发态跃迁到另一个激发态时产生的那样，电子和中微子是在β衰变中产生的。他指出，β^-衰变的本质是核内一个中子变为质子，β^+衰变是一个质子变为中子。中子与质子可以看成是核子的两个不同状态，因此，中子与质子之间的转变相当于一个量子态跃迁到另一量子态，在跃迁过程中同时放出电子和中微子，它们事先并不存在核内，导致产生光子的是电磁相互作用，而导致产生电子和中微子的是一种新的相互作用，费米称之为弱相互作用。

β^+衰变就是那一年约里奥—居里夫妇发现的放射正电子的人工放射性。

接着，维克（G. C. Wick）和贝特（H. Bethe）又分别根据费米理论预言了轨道电子俘获过程的可能性。这一现象于1938年被阿尔瓦雷兹（L. W. Alvarez）观察到了。

费米的β衰变理论取得了很大成功，得到了公认。然而直到20世纪40年代初，还没有任何实验能够实际观测到中微子的存在。

9.12.2　中微子存在的间接验证

中微子的性质很独特，它不带电，不能引起电离效应，不参与电磁相互作用和强相互作用，所以很难观测到它的踪迹。它很稳定，要观测到必须通过它与物质的相互作用。

---

①　转引自：Franklin A. Are there really Neutrinos? Westview Press，2004.71

1933 年,埃利斯和莫特(N. F. Mott)分析了 ThC 衰变为 ThD 的两个分支,提出与泡利一样的假设。

1934 年,亨德森(W. J. Henderson)利用磁聚焦的方法测量 ThC 和 ThC″的 β 连续能谱的上限,发现 β 曲线的上限急剧中断,与泡利预计的相符。

1938—1939 年,克兰(H. R. Crane)和哈尔彭(J. Halpern)用云室观察放射性元素^{38}Cl和 β 衰变,从观察到的电子在磁场中的偏转和核反冲的径迹,估算原子核的能量和动量,数据表明在衰变中存在第三个粒子。

在探测中微子的历程中,我国物理学家王淦昌作出过突出的贡献。1941 年,王淦昌从抗战中的中国后方投寄论文给美国的《物理评论》杂志,题为《关于探测中微子的建议》。他分析了克兰和哈尔彭有关 β 衰变中核反冲的实验后,认为由于反冲原子的电离效应太小,有必要用不同的方法来探测中微子。他指出:"当一个 β$^+$ 放射性原子不是放射一个正电子而是俘获一个 K 层电子时,反应后的原子的反冲能量和动量仅仅取决于所放射的中微子,原子核外电子的效应可以忽略不计。于是,只要测量反应后原子的反冲能量和动量,就比较容易找到所放射的中微子的质量和能量。而且,由于没有连续的 β 射线放射出来,这种反冲效应对所有的原子都是相同的。"[①]他还建议以^{7}Be 为实验样品,通过 K 俘获的两种不同过程得到^{7}Li 的反冲能量。

文章发表于 1942 年。同年艾伦(J. S. Allen)就按照王淦昌的方案测量了^{7}Li 的反冲能量,取得了肯定的结果,但由于所用样品较厚以及存在孔径效应,没有观察到单能的^{7}Li 反冲。后来,又有几起实验,均未获成功,直到 1952 年,罗德拜克(G. W. Rodeback)和艾伦的^{37}Ar 的 K 俘获实验才第一次测出^{37}Cl 的单能反冲能。同年戴维斯(R. Davis)测出^{7}Li 的单能反冲能量,与王淦昌的预期相符,间接地得到了中微子存在的实验证据。

9.12.3　直接捕捉中微子

1953 年,美国洛斯阿拉莫斯实验室的莱因斯(F. Reines)和柯恩(C. L. Cowan, Jr.)利用美国原子能委员会在南卡罗来纳州的萨凡纳河工厂的大型裂变反应堆,设计了一个规模巨大的实验方案。他们研究 $\bar{\nu}+p \longrightarrow e^+ + n$ 反应,若能探测出反应的产物,正电子 e^+ 和中子 n,并测出确切的反中微子 $\bar{\nu}$ 与质子 p 的反应截面,就可以证明反中微子的存在。

经过艰苦的工作,莱因斯和柯恩终于在 1956 年宣布,实验结果与理论预期相符,从而打消了关于中微子存在的任何怀疑。40 年后,莱因斯由于这项贡献获得1995 年诺贝尔物理学奖。

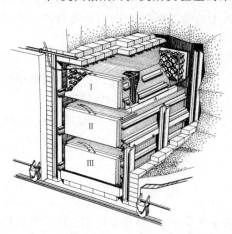

图 9-30　莱因斯和柯恩探测中微子的实验装置

---

①　Kan Chang Wang,Phys Rev.,1942(61):97

9.13 介子理论和 μ 子的发现

在研究原子核性质的过程中,逐渐明确了核子之间的相互作用是一种短程力,其作用范围约为 10^{-13} 厘米。这种力远比电磁相互作用强大,因此不能简单归结为电磁相互作用,它是一种强相互作用。

1935 年日本物理学家汤川秀树(H. Yukawa)提出介子理论,用于解释强相互作用。他认为,核子之间是通过交换一种可称为介子(meson)的粒子发生相互作用。根据核力的作用范围,可以估算出介子的静止质量约为电子的二百多倍。

1937 年,C. D. 安德逊和尼德迈耶(S. H. Neddemeyer)在宇宙线的研究中果然发现了质量约为电子的 207 倍的新粒子,这种粒子被称为 μ 介子。当时人们以为这就是汤川理论所预言的介子。后来经过多年的研究证明,μ 介子与原子核的相互作用很弱,不可能是汤川所预计的介子。直到 1947 年,英国物理学家鲍威尔(C. F. Powell)用核乳胶技术探测宇宙射线,发现另外还有一种粒子,质量为电子静止质量的 273 倍,被称为 π 介子。π 介子才真正是汤川理论所预言的粒子。然而,进一步研究表明,核力的机制远比汤川理论复杂,不能简单地用核子之间交换粒子来解释,但汤川理论仍不失为粒子物理学历史上的重要工作。汤川型粒子是人们研究的一种重要模型,至今仍是研究的对象。

9.14 奇异粒子的研究

1947 年在宇宙射线的研究中,首先观察到了奇异粒子,但只是在 1954 年加速器实验中产生了奇异粒子之后,再经过系统研究,这类粒子的"奇异"特性才逐渐明朗。所谓奇异粒子,是指当时新发现的一大批新粒子,如 K^+,K^-,K,$\bar{K}_0$,Λ,Σ^+,Σ^-,Σ^0,Ξ^0,Ξ^+ 等等,它们的共同特点是:当它们由于粒子之间相互碰撞而产生时,总是一起产生,而且产生得很快,可是衰变却各自独立地行事,而且衰弱得很慢。简单说来,就是它们总是协同产生、非协同衰变。1953 年盖耳曼用一个新的量子数,即奇异数来表述这一特性,并假定在强相互作用中奇异数守恒,而在弱相互作用中奇异数可以不守恒,这样就可以对奇异粒子的特性作出恰当的解释。

在描述粒子物理学中发生的各种过程,物理学家除了运用能量、动量、质量和电荷这些基本概念和有关的守恒定律外,还提出了一些重要的物理量,其中有宇称、电荷共轭和时间反演。宇称以 P 表示,宇称守恒反映了镜像反射的不变性,也就是说,把一个过程换成它的镜像过程后仍然遵从原来的规律;电荷共轭以 C 表示,电荷共轭守恒反映了正反粒子变换的不变性,也就是说,把参与一个过程的所有粒子换成相应的反粒子时,其物理规律不变;时间反演以 T 表示,时间反演守恒即时间反演不变,也就是说,如果时间倒转,物理规律不变。宇称是描写粒子在空间反演下变换性质的物理量,有正负之分,如果在空间反演下波函数不变,则粒子具有正宇称,如果改变符号,则为负宇称。粒子系统的宇称等于各粒子宇称的乘积,还要乘上轨道运动的宇称。如果粒子或粒子系统在相互作用前后宇称不改变,就叫做宇称守恒,它反映了物理规律在空间反演下的对称性。

20 世纪 50 年代,对最轻的奇异粒子(K 介子)的衰变过程发现了一个疑难,即所谓的"θ-τ"疑难。这个疑难在于:实验中发现了质量、寿命和电荷都相同的两种粒子,一个叫 θ

介子,另一个叫τ介子。这两种粒子惟一的区别在于:θ介子衰变为两个π介子,而τ介子衰变为三个π介子。分析上述的实验结果可以得出:三个π介子的总角动量为零,宇称为负,而两个π介子的总角动量如为零,则其宇称只能为正。鉴于质量、寿命和电荷这三项相同,这两种粒子应是同一种,但从衰变行为来看,如果宇称守恒,则θ和τ不可能是同一种粒子。这一奇特的现象导致了宇称不守恒的发现。这一发现归功于年轻的中国旅美物理学家李政道(1926—　)和杨振宁(1922—　)。

9.15　弱相互作用中宇称不守恒和CP破坏的发现

宏观物理规律在空间反演下具有不变性,这是大家都熟知的事实。例如牛顿定律和电磁原理都具有这种性质。图9-31就是一幅描述宇称守恒的示意图。在微观领域内空间反演下的不变性,由于量子理论的发展,早就得到人们的注意。量子场论也可证明,物理规律在CPT联合变换下严格保持不变,这就是所谓的CPT定理。人们往往认为,不论是强相互作用还是弱相互作用,宇称(P)和宇称+电荷(CP),都应该毫无例外保持守恒。但是"θ-τ"疑难却对这一定论提出了挑战。

1924年拉坡特(O. Laporte)在研究铁原子辐射的光谱后,认为可以把铁的状态分为两类,他取名为受折(gestrichene)和不受折(ungestrichene),即现在所谓的偶能级和奇能级。他发现只有当原子从一类能级跃迁到另一类能级时才发生辐射。他当时没有给出说明。在物理文献中,这项选择定则又叫拉坡特定则。

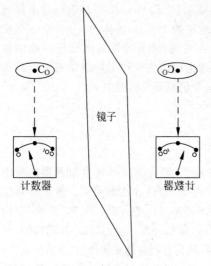

图9-31　宇称守恒示意图

1927年,维格纳(E. Wigner)对拉坡特定则作出了说明。他应用了宇称概念,将拉坡特的两种类型的能级归结为一种是正宇称,一种是负宇称。辐射的光子本身具有负宇称,为了使辐射前、后整个系统的宇称保持守恒,原子的宇称必须改变。也就是说,从宇称守恒原理出发,原子在同一宇称的状态间跃迁是禁戒的。后来,这一原理迅速推广到其他许多新的领域,例如核反应、β衰变、介子相互作用以及奇异粒子的物理学,成为物理学界公认的定律之一。这是1956年以前的情况。

1953—1954年,戴利兹(R. Dalitz)和法布里(E. Fabri)分别对θ-τ疑难指出质疑,他们指出,从θ介子和τ介子衰变过程:

$$\theta \rightarrow \pi^+ + \pi^0$$
$$\tau \rightarrow \pi^+ + \pi^+ + \pi^0$$

可以分别获得这两种介子的自旋和宇称的信息。初步看来,这两种介子的宇称是一正一负。为了进一步确证,许多实验室测量研究了π介子的动量分布和角分布。到了1956年春,积累的实验数据肯定θ和τ确是具有不同的宇称,因此不可能是同一种粒子。然而,这两种粒子却具有相同的质量和寿命,应该属于同一种粒子。这就是一个明显的矛盾。

起初物理学家们都试图在常规理论的框架内处理这一疑案。1955年,李政道和奥利尔(J. Orear)猜测是不是较重的介子先衰变为较轻的。1956年4月3日至6日在罗彻斯特(Rochester)召开的第六届罗彻斯特会议上,阿尔瓦雷茨(L. W. Alvarez)报告说,没有观察到李政道—奥利尔所预言的γ射线脉冲。

于是李政道和杨振宁提出了另一种解释θ和τ介子质量相等的建议。他们设想每一种奇异粒子都是宇称的双子,形成另一对称性。他们称之为宇称共轭(parity conjugation)。于是其他各种奇异粒子,例如Λ_1^0及Λ_2^0等等均应有相反的宇称。然而不久有实验说明Λ^0粒子没有这类现象。

在第六届罗彻斯特会议上,马夏克(E. R. Marshark)还提出另一设想,会不会单个的θ,τ粒子具有更大的自旋值。不久,奥利尔等人又确证这是不可能的。

物理学家开展了广泛而热烈的讨论。众说纷纭,莫衷一是。但也有人敢怀遐想。就在李、杨提出宇称双子的建议时,费因曼(R. Feynman)发言说,他和同室的布洛克(M. Block)讨论过好几夜,布洛克提出了一个问题,会不会θ,τ是同一类粒子而又具有不同的宇称态。杨振宁回答,他和李政道考虑过这个看法,但还没有作出定论。那位首先提出宇称守恒原理的维格勒教授也表示或许一种粒子有两种宇称。

李政道和杨振宁受到著名物理学家如此热情的鼓励,感到有必要对宇称守恒定律的实验基础作一番详细的调研。他们认真分析了已有的实验资料,发现在基本粒子弱相互作用的领域内,没有一个例子证明宇称是守恒的。于是他们大胆设想,在弱相互作用的领域内,宇称可以不守恒,他们还研究了几个有关的现象,提出利用这些现象可以进行实验,对他们的假说进行验证。这些现象就是:β衰变、介子衰变和超子衰变。

其实,宇称不守恒的实验证据在1928年和1930年就已经显露了出来。1928年,柯克斯(R. T. Cox)等人以题名《β粒子射线的极化的明显证据》的论文,报导了他们对镭中发射的β射线的双重散射进行了研究,观察到当镭源处于90°与270°的位置时,探测器得到的结果有显著的不对称性。

1930年切斯(C. T. Chase)重复了柯克斯等人的实验,进一步证实了这一现象。但是由于实验的不确定性和当时理论发展还未达到足够的高度,他们的结果未被重视,直到1959年,才有人作为历史资料向公众推荐,而这时宇称不守恒原理早已得到公认。当时找的是β衰变和弱相互作用方面的资料,而那些早期实验则是在电子散射方面的,只是用β衰变作为电子束源。由于早在20世纪30年代就被人们忽略,自然李、杨也就无从查找了。

也许有人会这样想:θ-τ疑难本身就是宇称不守恒的确凿证据。李、杨完全可以根据这一事实作出论断,为什么还要千方百计去找新的实验方案,以验证自己的假说呢?

这是因为粒子物理学还处于初创阶段,人们对奇异粒子的行为分类规律都还不大清楚,杂乱无章的状态使人们无法作出明确的结论,甚至还没有肯定θ,τ是同一类粒子。所以,必须在纷乱的局面中理出头绪,关键要设法找到某种毫不含糊的,也即判决性的实验证据来为自己的假说提供支持。他们首先找到β衰变,这是非常明智的,是在占有了充分的资料和信息之后,经过周密研究作出的合理建议。

李政道在哥伦比亚大学有一位精通β衰变实验的同事,她就是吴健雄(1915—1997)博士。1956年春,李政道来找吴健雄请教,向她提出了一系列有关β衰变方面实验现状的问题,并且向她介绍了θ-τ疑难以及为什么对β衰变感兴趣的原因,说明如果在极化核的β衰变中测出空间分布的不对称性,就可以对宇称的守恒性作出判断。但是必须测量赝标量$\langle \sigma \cdot \rho \rangle$（其中 σ 是核的自旋，ρ 是电子角动量），看$\langle \sigma \cdot \rho \rangle$的符号是否对称。

图 9-32　吴健雄在做实验

图 9-33　吴健雄低温钴 60 实验装置

　　吴健雄当时无法提供任何有关$\langle \sigma \cdot \rho \rangle$的信息，还没有人对这方面进行过测量。吴健雄问李政道，有没有人想到要去做实验研究这个问题。李政道回答说，有人建议用核反应得到的极化核或从反应堆取出的极化慢中子束做实验。吴健雄对 β 衰变实验有丰富的经验，她建议不要采用那些办法，最好还是用钴 60（^{60}Co）作为 β 源，它可以经去磁法极化，极

图 9-34　李政道和杨振宁在一起讲演

化率可高达 65%。

　　非常幸运的是，就在 1956 年之前，吴健雄自己对高频磁极化方法发生了很大兴趣，已经研究了好几年。于是，她和她所领导的小组，在强磁场和低温条件下观测钴 60 在 β 衰变时发射出的电子，结果证明，电子在空间中的分布果然是不对称的。于是李、杨的理论得到了证实，θ 和 τ 是同一粒子也得到了确认（称为 K^0 介子）。由于这一成就，杨振宁和李政道于 1957 年获得诺贝尔物理学奖。

　　虽然吴健雄的实验证实了弱相互作用中宇称（P）不守恒，但人们仍然相信宇称（P）和电荷共轭（C）的联合作用（CP）的对称性。然而，1964 年，美国物理学家克罗宁（J. W. Cronin，1931—　）和菲奇（V. L. Fitch，1923—　）在布鲁克海文交变梯度回旋加速器上，通过 τ 介子衰变实验证实了（CP）也不守恒，这一现象叫做 CP 破坏。1980 年，克罗宁和菲奇也获得了诺贝尔物理学奖。

　　宇称不守恒和 CP 对称性破坏的发现，不仅改变了弱相互作用研究的理论基础，有助于理解粒子物理学中的大量实验事实，还开辟和推动了对称性研究，促进了粒子物理学的发展。

9.16　强子结构和夸克理论

　　1932 年查德威克发现中子，是继 1911 年卢瑟福论证原子有核之后的又一重大进展，从此关于原子核结构的知识与日俱增。不久海森伯提出核是由质子和中子构成的主张，于是

中子、质子和电子被认为是物质的三种基本成分。后来又认识到,质子和中子是比电子复杂的粒子,因为核子具有反常磁矩,会产生出乎意料的强磁场,这只能解释成核子内部有电流。50年代,用电子散射方法研究核子结构,对核子内部电荷分布和磁性分布进行了测量。与此同时,一大批强子陆续被发现,这些强子的性质与核子类似。于是促使人们进行有关强子结构与分类的研究,最早提出强子结构模型的是费米和杨振宁。1949年他们提出,当时已知的所有原子核及介子,都是由质子、中子和它们的反粒子组成。1955年,坂田推广了费米—杨模型,提出所有强子都是由质子、中子和超子以及它们的反粒子组成。1961年盖耳曼(M. Gell-Mann)和奈曼(Y. Ne'man)提出用SU(3)对称性对强子进行分类的"八重法"。

　　1964年,盖耳曼据此预言的重子Ω^-被实验证实,进一步促使他提出假设,即作为SU(3)群的物理基础的三重态,不仅是某种数学框架,而是三种不同的粒子。盖耳曼统称之为夸克,并且认为,夸克是自然界中更基本的物质组成单元,所有已知的强子都是由这三种夸克及其反粒子组成。由于夸克模型能够成功地解释许多已知事实,把极为复杂的事情变得非常简单,所以这一模型理论立即得到人们的普遍重视,于是掀起了一场寻找夸克的热潮。人们用海水和陨石作实验,探测宇宙射线,运用各种高能加速器,希望能找到夸克存在的证据。然而各种尝试最终都归于失败。

图 9-35　盖耳曼(左)和费因曼在加州理工学院

　　1967年,美国斯坦福大学直线加速器中心(SLAC)建成一座长达3千米的电子直线加速器,可使电子加速到20GeV。以费里德曼(J. I. Friedman)、肯德尔(H. W. Kendall)和泰勒(R. E. Taylor)为核心的实验小组用这台加速器进行深度非弹性电子质子散射实验,得到了意想不到的结果。当时有一位理论家布约肯(D. Bjorken)把他们的新发现归结为所谓的无标度性(scaling)。然而,无标度性表示什么物理意义,一时尚不明了。

图 9-36　SLAC 长达 3 千米的电子直线加速器

图 9-37　SLAC 的大型测量终端

这时著名物理学家费因曼正好提出了部分子(parton)模型,他认为 SLAC 的深度非弹性电子质子散射的反常结果,可以用部分子模型作出非常形象的说明。只要把核子看成是由许多部分子组成,电子打进去,跟部分子发生了弹性碰撞,就可以解释上述现象。因此,无标度性正是部分子模型的重要证据。

费因曼的部分子模型实际上就是盖耳曼的夸克模型。人们很快就明白了,这两种模型是等同的。于是夸克理论得到了实验的证实。

值得一提的是,1965—1966 年,北京基本粒子理论组分析了当时理论和实验上的问题,认为对称性的产生和破坏都只能是强子内部有某种结构的反映,于是提出了强子由"层子"构成的层子模型。层子概念实际上和夸克也是等同的。

9.17　量子色动力学的建立

早在 1954 年,杨振宁和米尔斯(R. L. Mills,1927—　)提出了非阿贝尔规范理论,这个理论的基本内容是,假使物理规律有某种定域对称性,与之相应必定存在某种相互作用。20 世纪 70 年代由于实验上的一系列新发现,这一理论重新得到重视,成为描写强相互作用的基本理论——量子色动力学的基石。众多的理论物理学家积极地参与了这一理论上的创新活动。1973 年帕利策尔(David Politzer,1949—　),格罗斯(David Gross,1941—　),和威尔查克(Frank Wilczek,1951—　)提出"渐进自由"理论,很好地解释了夸克因禁的事实。这一理论不仅深刻地改变了科学家们对自然界基本作用力作用方式的理解,为量子色动力学理论奠定了基础,使完善粒子物理学标准模型成为可能,而且也使统一描述自然界 4 种力的宏愿向前走了一大步。他们的发现有助于解释为什么夸克只有在极高能量下才会表现出近乎自由的状态。在此基础上,霍夫特(Gerardus 't Hooft)和维尔特曼(Martinus J. G. Veltman)等人进一步对量子色动力学作出

图 9-38　威尔查克正在演讲

完善和发展,使之成为强相互作用的规范场理论。为此,帕利策尔、格罗斯和威尔查克分享了 2004 年诺贝尔物理学奖,而霍夫特和维尔特曼则获得了 1999 年诺贝尔物理学奖。

量子色动力学的中心思想是,与电磁场对应的是胶子场,电磁场的作用量子是光子,胶子场的作用量子是胶子。光子和胶子都是静止质量为零、自旋为 $\hbar$ 的粒子。夸克和胶子都带有色荷,胶子在色荷与色荷之间传递强相互作用,胶子自身可以直接作用,形成胶球;也可以把夸克组合成为强子。介子由一个夸克和一个反夸克组成,夸克有不同的种类,称为夸克的味。夸克还有一个内部自由度,可以取三种不同状态,人们以不同的"色"加以区别。正反夸克的颜色互相抵消;重子中的 3 个夸克各具不同颜色(红、绿、蓝),3 种颜色合在一起,则成为白色。夸克虽然是带色的,由其组合而成的重子和介子却是白色的。在量子色动力学看来,当夸克之间距离增大时,其耦合常数也增大,相互作用因之增强;反之,夸克之间的距离减小,则耦合常数减小,相互作用减弱。这就很好地解释了强相互作用的渐进自由特性。

9.18　弱电统一理论的提出

早在 20 世纪 20 年代,爱因斯坦就试图把当时所知的仅有的两种相互作用——引力和电力统一起来。他把后半生的主要精力放在统一场论的探索上,虽然由于条件不成熟而未取得成功,但是他的努力和法拉第研究电力与重力的统一性一样,给后人留下了宝贵的遗产。20 世纪 30 年代发现弱相互作用和强相互作用后,物理学家鉴于物质世界的多样性,普遍认为追求统一场论的努力是不可能成功的。但到了 20 世纪 50 年代,人们又开始了探讨弱相互作用与电磁相互作用统一的新征程。

1956 年量子电动力学创始人之一的施温格就已开始考虑弱电统一理论。这件事的由来还应追溯到李政道和杨振宁对弱相互作用中宇称不守恒的发现。这一发现促使人们认识到弱相互作用是普适的 V-A 型理论,并使人们注意到弱相互作用和电磁相互作用之间有某种共同点,从而进一步考虑两者之间的统一性。施温格在 1957 年发表的论文中提出弱相互作用是由光子和两个矢量玻色子传递的,这三种粒子应该组成三重态。这个理论由于本身的缺陷——是张量型的而不是 V-A 型的,又没有考虑到弱中性流,因此没有成功。

1958 年格拉肖(S. L. Glashow,1932—　)把他的博士论文附录扩展为以《矢量介子相互作用的可重正性》为题的论文,他主张弱电统一理论应以杨振宁和米尔斯的规范理论为基础。在这篇论文中他还试图证明杨-米尔斯理论是可重正的。

这一年格拉肖到英国就他自己对弱电统一理论的看法作了一次学术报告,听众中有来自巴基斯坦的萨拉姆(A. Salam,1926—1996)。萨拉姆也是受施温格的启发正在研究统一弱电相互作用的问题,并对重正化大伤脑筋,因为他和他的合作者还一时无法克服无穷大的问题。当他听格拉肖说到自己的理论是可重正化时,竟大为惊奇。于是仔细研究了格拉肖的做法,结果发现格拉肖的论文有错误。

格拉肖并没有因为这件难堪的事灰心,他继续进行弱电统一理论的研究。1960 年,格拉肖发现描述弱电相互作用的规范群必须大于 SU(2)。由此他想出了一条通向可重正化的方案,即在 SU(2)×U(1)群中有两个电中性的传播子,一个是无质量的光子,另一个是有质量的中性矢量介子。格拉肖把这个想象中的中性矢量介子称为 B。他把这些思想写成论文《弱相互作用的部分对称性》。这篇论文与 1958 年写成的那一篇不同之处在于,他假设弱电统一规范粒子是四个,而前一篇假设的是三个,即一个矢量玻色子的三重态。他现在假设应该在三重态之外再引入一个中性矢量玻色子。也就是说,还存在有一种全新的弱相互作用,是由假设中的中性矢量玻色子传播的。这一矢量介子 B 多年后才得到证实,人们称之为 Z^0。

然而,格拉肖的理论仍然没有得到人们的响应,主要的原因当然是他假设的 B 矢量介子一时得不到证实,而且他的理论仍然是不可重正的,他把量子电动力学和杨-米尔斯的规范理论这两种理论联合成一体,可是电磁作用力宇称守恒,而弱相互作用宇称不守恒,有点自相矛盾。

格拉肖没有气馁,1961 年又写了一篇论文讨论弱电统一理论。他的同学温伯格(S.

图 9-39　温伯格在演讲

Weinberg,1933—　）和正在英国的萨拉姆继续推进这项研究使之达到完善。

对于弱电统一理论的研究,温伯格开始得比较晚,大约在 1965—1967 年,他涉足手征对称性问题。他导出了 π 介子散射长度的一般结果,解决了计算形状因子的问题。他研究了强相互作用破坏 SU(2)×U(2) 对称性的含义。他认为 SU(2)×U(2) 对称性也许不仅是整体对称性,很可能是定域对称性。也就是说,强相互作用有可能用像杨-米尔斯理论之类的形式来描述。在此基础上他提出了一个模型,模型中起传播作用的是介子三重态。在研究中他发现了谐函数求和规则。然而,SU(2)×U(2) 理论不是规范不变的,由此不能重正化。要使理论满足规范不变性,轴矢量介子应为重粒子,ρ 介子是无质量的,则 π 介子应该不存在。可是,这样似乎又与实验相矛盾。

1967 年秋季的一天,温伯格在开车时偶然地闪现出一道思想火花。为什么不可以把强相互作用的数学工具用在弱相互作用和中间矢量玻色子的问题上？没有质量的粒子不是 ρ 介子,而应该是光子,伴随着它的不是轴矢量介子,而应该是有质量的中间玻色子。而中间玻色子是传递弱相互作用的。这样一来,弱相互作用和电磁相互作用就可以在规范对称性的思想下统一地描述。于是,温伯格就开始构筑弱电统一规范理论,并利用对称性自发破缺机制（黑格斯机制）解释了光子和中间玻色子的质量差异。

当温伯格向公众发表自己的新理论时,萨拉姆也提出了相同的理论。

弱电统一理论是 20 世纪物理学理论达到的最高点,是一个得到实验相当严格检验的科学理论。它所预言的中性弱流,于 1973 年被欧洲核研究中心（CERN）的高能中微子实验所证实。这个理论所预言的 W⁺ 和 W⁻ 中间玻色子,于 1983 年 1 月由鲁比亚（C. Rubbia,1934—　）领导的实验小组在欧洲核研究中心的高能质子－反质子对撞机中找到。其静止质量约为质子的 86 倍（约 81GeV）。同年 4 月,他们又找到了 Z⁰ 粒子,质量约为质子的 97 倍（约 91GeV）。这些实验结果都同理论预言基本一致。

图 9-40　发现 W± 和 Z⁰ 粒子所用的
检测仪——UA1 探测器

图 9-41　鲁比亚和计算机显
示的 W 粒子径迹

9.19　夸克模型的发展

9.19.1　J/Ψ粒子的发现

20世纪70年代,对强子结构的认识又有了新的发展。在研究强子的弱作用时,发现把温伯格和萨拉姆的理论推广到包含强子时遇到了困难。为此格拉肖、伊利奥普洛斯(J. Iliopoulos)等人于1970年提出有第四种夸克存在的假设。第四种夸克取名粲夸克(C、$\bar{C}$),带有粲数C。

1974年丁肇中(1936——　)的实验小组在布洛克海文国立实验室的30GeV质子加速器和里希特(B. Richter,1931——　)的实验小组在斯坦福高能物理实验室的SLAC正负电子对撞机(SPEAR)上分别独立发现了一个大质量、长寿命的新的窄共振态介子,称为J/Ψ粒子。J/Ψ的质量是质子的3.3倍,寿命却比同样重的共振态介子长1 000倍。这种特性不可能用原有的夸克模型来解释,而用刚刚提出的第四种夸克,才能作出满意的解释,即:J/Ψ是由粲夸克和反粲夸克(C、$\bar{C}$)组成。这一发现促使人们认识到,夸克不止三种,确实还有第四种夸克,这就打开了通向基本粒子新家族的道路,为建立新的更完善的理论提供了实验基础。

图9-42　里希特和他的小组在一起讨论

图9-43　20世纪70年代丁肇中和他的小组正在展示所得结果

9.19.2　底夸克和顶夸克的发现

1977年5—6月间,莱德曼(L. M. Lederman,1922—　)领导的小组在费米实验室寻找μ子时的实验中,又意外地发现了一个质量约为质子10倍左右的长寿命窄共振态粒子,命名为Ψ(宇普西隆)。这个粒子由于其寿命长,在理论上被解释为一种新的重夸克——底夸克b及其反夸克$\bar{b}$的束缚态。于是夸克的数量增加到5种。

底夸克发现后,实验上揭示底夸克在标准模型理论中的弱同位旋不等于零,它必定有一个伙伴,即第六种夸克——顶夸克t存在。从20世纪70年代末开始,世界各国的高能实验物理中心纷纷投入顶夸克的寻找：其中有德国汉堡的正负电子对撞机（PETRA）、美国斯坦福的正负电子对撞机（PEP）、日本的正负电子对撞机（TRISTAN）、欧洲核研究中心的质子对撞机（SPS）和正负电子对撞机（LEP）、美国斯坦福的正负电子对撞机（SLAC）。经过漫长的过程和反复的探究，最后在1994年，才有一个国际合作实验组——CDF（对撞探测器）组——在美国费米国家实验室的质子—反质子对撞机（Tevatron）上获得了12个顶夸克存在的证据。1994年4月26日这个组宣布其能量为$(174\pm10^{+13}_{-12})\text{GeV}/c^2$[1]，与理论预言相近。又经近一年的寻找，1995年3月2日，在费米国家实验室召开学术会议，正式宣布顶夸克已被发现（准确地说，应该是确证了顶夸克的存在）。两个小组分别报告了他们的实验结果。CDF组测得的t夸克质量为$(176\pm8\pm10)\text{GeV}/c^2$[2]。另一个组（D0组）也独立地探测到顶夸克的存在，测得t夸克质量为$(199\pm10^{+19}_{-20}\pm22)\text{GeV}/c^2$[3]。两组的结果在误差范围内相符。

这样一来，夸克和轻子的数量都增加到6种，并且它们之间存在着一一对应关系，从而构成了物质的"基本单元"。这是人类迄今为止得到的对物质构造的最基本认识。

底夸克和顶夸克的发现，使夸克模型得到了发展和完善，促进了标准模型理论的建立。

9.19.3　标准模型理论的建立

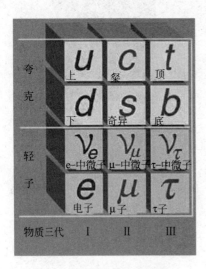

图 9-44　物质的标准模型

把夸克模型理论和量子色动力学综合在一起，就形成了标准模型理论，它的主要内容是：物质的基本组成单元是三代带色夸克和三代轻子（如图9-44）；这些基本单元之间的相互作用有四种，即引力相互作用、电磁相互作用、弱相互作用和强相互作用；后三种作用的媒介都是规范场；传递强相互作用的是胶子，传递电磁作用的是光子，传递弱相互作用的是中间玻色子W^+，W^-和Z^0。在现有实验条件下，标准模型能够比较满意地解释粒子物理学的主要规律，并且得到了大量实验事实的支持。但是也有一些重大问题尚待解决。例如，标准模型中包含了不少于19个待定参数，需由实验确定；这个理论的基石之一是希格斯机制，可是它所预言的希格斯粒子却至今未找到，人们只有期待比现有的能量更大的加速器问世，才能作出明确的结论。

下面以一幅示意图（图9-45）表示各种相互作用走向统一的进程。

①　Abe F，et al.（CDF Collaboration），Phys. Rev. D，1994(50):2966

②　Abe F，et al.（CDF Collaboration），Phys. Rev. Lett.，1995(74):2626

③　Abachi S，et al.（D0 Collaboration），Phys. Rev. Lett.，1995(74):2632

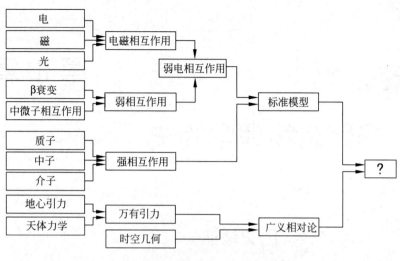

图 9-45 相互作用大统一的进程

Chapter 16

第 10 章

凝聚态物理学简史

10.1 历史概述

一般说来,物质具有四种基本状态:即气态、等离子体态、液态和固态。凝聚态物理学研究的是后面两种状态。固态和液态是人类经常接触的物质形态,它们的宏观变化规律人类早已有所了解,不过大多属于表象规律。从结构来说,凝聚态物质比气态要复杂得多,因为凝聚态物质的原子(或分子)间距与原子(或分子)本身的线度在数量级上大致相同,原子(或分子)间有较强的相互作用,因此经典理论不适于处理凝聚态的微观过程。只有进入 20 世纪,在认识了原子结构和量子规律之后,才对这些物质的物理性质、结构及其内部运动规律取得真正的认识。

凝聚态物理学的发展应该从固体物理学的形成说起。20 世纪初叶,物理学发展史中有好几个里程碑事件与固体物理学有关,例如,1907 年爱因斯坦把量子概念用于点阵振动来解释固体的比热,1912 年劳厄发现晶体的 X 射线衍射,1913 年布拉格父子用 X 射线衍射研究晶体点阵,1927 年索末菲提出金属的半经典电子论,1928 年海森伯提出铁磁性的微观理论,布洛赫(F. Bloch,1905—1983)提出能带论。20 世纪 30 年代,固体物理学以量子力学作为理论基础蓬勃发展起来,成为一门研究固体各种物理性质(包括力学、电学、光学、热学、磁学等等)、微观结构及其内部运动规律的学科。以后的几十年里,固体物理学的研究对象主要是晶体,即由原子(或离子、分子)规则排列而构成的固体。20 世纪 70 年代以来,由于社会对新材料的需要,使固体物理学的研究集于固体的表面和原子、分子无规则的排列形态,开创了表面物理学和非晶态物理学;此外,还研究了液晶和超流动性。20 世纪末,固体物理学的领域已扩大成为包括量子液体 H3,H4 及其他液体的综合性学科,形成了凝聚态物理学。时至今日,我们已经可以从凝聚态的微观理论出发,建立物理模型,借助于大型计算机计算电子结构,并依据物质的原子结构和电子结构来解释材料的各种特性;可以按照预先的构想和设计,制备具有新奇性能的微结构,或制备具有优异性能的人工材料和器件;可以利用扫描隧道显微镜直接观察固体中原子的形貌及其运动;还可以在超低温、超高压、超真空、超强磁场和强光作用等极端条件下研究凝聚态的原子结构、电子结构及其与宏观性质的关系。凝聚态物理学正方兴未艾,前途无量。由于凝聚态领域的研究具有很强的应用背景,新材料的研制、电子工业的发展,都与它有密切关系,因此从 20 世纪中叶以来,这门学科就成了物理学中发展最快、规模最大的一个分支。下面我们就先从固体物理学的发展说起。

10.2　固体物理学的早期研究

固体理论的初建应该提到 1830 年布拉维(A. Bravais)提出的晶体结构的空间点阵学说。他认为晶体的内部结构可以概括为是由一些相同的点子在空间有规则地作周期性地无限分布;后来,熊夫利(A. M. Schoenflies)用群论方法解决了空间结晶系的分类问题,并引入了熊夫利记号;1895 年居里在研究不同材料的磁性之后提出居里定律。尽管上述中固体的结构、固体在外场中的特性都是固体物理学的研究课题,尽管已经发现了很多新现象、新效应,但是当时还没有形成固体物理学,因为那时还没有提出能够用于计(估)算并与实验相符的物理模型。经过漫长岁月的孕育,特别是有了 19 世纪以来在晶体结构、固体的电学、磁学、光学、热学等方面的发展所奠定的基础,固体物理学才形成一门完整的学科。

进入 20 世纪,固体物理学开始深入到微观领域,人们利用微观概念总结微观规律来计算实验观测量。经过二十几年的时间,在金属电导理论、晶体的微观模型、晶格振动理论、固体的磁性理论等方面都取得了重要的进展。但是这些理论仍然是经典或半经典的唯象理论。

10.2.1　经典电子论

20 世纪以前,人们已经掌握了有关金属导电的一些经验规律(如欧姆定律、维德曼-夫兰兹定律等),动理论在处理理想气体问题上获得了很大的成功,1897 年 J. J 汤姆孙发现电子。基于这些事实,1900 年特鲁德(P. K. L. Drude)为了解释金属的特性提出了能够利用微观概念计算实验观测量的第一个固体理论模型——自由电子气模型。他把金属中的电子看成服从玻尔兹曼统计的自由电子气,成功地证明了欧姆定律和维德曼-夫兰兹定律。但是由于其基础是经典的,因此无法单独确定热导率和电导率,不能说明电子平均自由程较长和电子对比热贡献小等实验现象。

10.2.2　半经典电子论

1925 年,泡利提出不相容原理,1926 年出现了费米-狄拉克量子统计,1927 年 9 月索末菲抛弃了特鲁德模型中的玻尔兹曼统计,提出了金属的半经典电子论,认为金属中的电子是服从费米-狄拉克量子统计的简并电子气,由此得出了费米能级,费米面等一系列重要概念并成功地解决了电子比热比经典值小等经典模型所无法解释的问题。但是索末菲只是采用了量子统计方法,其理论的出发点仍然是经典的,因此未能解决霍尔系数随温度或磁场变化,也没有说明为什么霍尔系数会有正负的不同,未能解释电阻与温度的关系等问题。

10.2.3   晶格振动理论

爱因斯坦在 1907 年首次提出了固体比热的量子理论(参看 7.4 节),他假设晶体中所有原子的振动相互独立,但频率相同的简单模型,得出比热随温度下降作指数性下降,并在 $T \to 0K$ 时趋于 0 的结果。尽管由于假设过于简单,这一指数性下降过程与实验结果不甚符合,这项工作对量子理论的发展仍然起了重要的作用,同时由于开创性地把量子与晶格振动联系起来,对晶格振动的研究也起了推动作用。1912 年,德拜修正了爱因斯坦的比热理论,考虑到低频振动对比热的贡献,把晶格振动看成是连续介质中传播的弹性波,得到了与实验符合得很好的结果,即:在低温情况下,比热与温度的三次方成正比,这就是德拜定律。与此同时,玻恩和冯·卡门(T. v. Karman)建立了简单晶格的动力学方程,引入周期性边界条件(玻恩-卡门条件),得到了色散关系的 ω^2 规律,为晶格动力学理论的建立和发展做出了巨大的贡献。

10.2.4   晶体结构

1912 年,劳厄提出了一个非常卓越的思想:既然晶体的相邻原子间距和 X 射线波长是相同数量级的,那么 X 射线通过晶体就会发生衍射。当时,曾在伦琴实验室内研究过 X 射线的弗里德里希(W. Friedrich)和尼平(R. Knipping)着手从实验上证实劳厄的思想,

他们把一块亚硫 酸铜晶体放在一束准直的 X 射线中,而在晶体后面一定距离处放置照相底片。他们发现,当晶轴与 X 射线同向时,底片上出现规则排列的黑点,排列的形状与晶体光栅的几何形状有关。他们的实验初步证实了把晶体结构看成是空间点阵的正确性。对于晶体 X 射线衍射现象的解释,应当主要归功于布拉格父子的工作。按照他们的看法,X 射线在晶体中被某些平面所反射,这些平面可以是晶体自然形成的表面,也可以是点阵中原子规则排列形成的任何面。这些"原子平面"互相平行,平面间距决定了一定波长的 X 射线发生衍射的角度。分析晶体衍射图样,就可以确定晶体内部原子的排列情况。

图 10-1   弗里德里希和尼平的 X 射线衍射实验装置

劳厄与布拉格父子开创性的工作已成为晶体结构

分析的基础,是固体物理学发展史中一个重要的里程碑。它证实了布拉维提出的晶体空间点阵学说,使人们建立了正确的晶体微观几何模型。为正确认识晶体的微观结构与宏观性质的关系提供了基础。后来又发展了多种 X 射线结构分析术,电子衍射、离子衍射、中子衍射等技术,使人们对固体的结构很快就取得了详细的认识。人们常常把这项重要工作看成是近代固体物理学的一个开端。

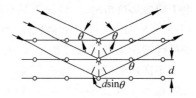

图 10-2　劳伦斯·布拉格的原子面反射原理图

10.2.5　固体的磁性

物质的磁性是科技史中的一个古老又常青的课题,1820 年安培提出分子电流学说,开辟了探索物质磁性起源的正确道路。1845—1847 年,法拉第相继发现抗磁性和顺磁性。1895 年皮埃尔·居里提出居里定律。1905 年法国物理学家朗之万首先根据磁矩在磁场中的取向现象对物质的顺磁性进行了系统的理论分析,提出了顺磁性理论。他指出,顺磁性是物质原子固有磁矩在外磁场中取向排列的结果。朗之万的理论成了顺磁性理论的重要基础。1907 年,外斯(P. Weiss)提出铁磁性理论。他提出两个假设:第一是假设在铁磁质内部存在着强大的等效磁场——分子场,即使无外加磁场,在分子场的作用下,其内部各区域也自发地被磁化,在较弱的外磁场下即可达到饱和。每一种铁磁性物质都有一个确定的磁性转变温度(居里温度),高于这个温度物质便失去铁磁性。第二是磁畴假设,铁磁性物质内部自发磁化分为若干区域,每一区域都自发磁化到饱和,但各区域的磁化强度方向分布紊乱,磁性互相抵消,故总体不表现出磁化。外磁场的作用是促使不同磁畴的磁化强度矢量取向一致的方向,最终铁磁体表现为宏观磁体。尽管这一理论没有揭示分子场的本质,也没有给出磁畴理论的基本根据,但却是系统地建立固体铁磁理论的最早尝试。

10.3　固体物理学的理论基础

最先把量子力学应用于固体物理的是海森伯和他的学生布洛赫。海森伯在 1928 年建立了铁磁性的微观理论,同年布洛赫提出固体的能带理论。其后几年,世界上许多物理学家都卷入到固体物理学的研究领域,如布里渊、朗道(Л. Д. Ландау)、莫特(N. F. Mott)、佩尔斯(R. E. Peierls)、A. H. 威尔逊(A. H. Wilson)、赛兹(F. Seitz)、威格纳(E. P. Wigner)、弗伦克尔(Я. И. Френкель)等等,他们都对固体物理理论的发展作出了贡献。

10.3.1　固体磁性量子理论的建立

外斯在 1907 年提出的分子场理论相当成功地描述了铁磁体的磁特性,但是,这个理论是唯象的,不能说明分子场的本质。1928 年海森伯用量子力学对铁磁性作出解释,建立了以局域磁矩为基础的交换相互作用理论。这个理论的要点有:(1)铁磁性分子场来源于电子间的交换作用；（2）两个原子的交换能决定于各自的自旋 S_i 和 S_j，可表示为 $u=2J_eS_i \cdot S_j$，其中 J_e 是交换积分，决定于两个原子轨道的重叠；（3）交换积分 $J_e>0$ 将导致铁磁性，$J_e<0$ 则导致反铁磁性。

布洛赫在 1929 年提出金属中自由电子气在一定条件下也可能产生铁磁性。后来通过斯通纳（E. C. Stoner）、斯莱特（J. C. Slater）的继续努力，形成了巡游电子模型。1931 年布洛赫又提出自旋波概念，进一步发展了磁性理论。

对固体磁学做出贡献的还有法国物理学家奈耳（Louis Eugène Félix Néel，1904—2000），1932 年他发现了反铁磁性，这是由于在同一种材料中有两种不同的铁磁亚点阵引起的，虽然每一个亚点阵的磁性都很强，但由于两套亚点阵的磁化方向相反，从整体上看，它们的铁磁性大部分互相抵消了。16 年后奈耳又发现了亚铁磁性，并成功地作出了解释。

10.3.2　能带理论与电子的输运性质

固体能带论是固体物理学中最重要的基础理论，它的出现是量子力学、量子统计理论在固体中应用的最直接、最重要的结果。能带论成功地解决了索末菲半经典电子理论处理金属所遗留下来的问题，为其后固体物理学的大发展准备了条件。

1926 年布洛赫在瑞士的苏黎世读大学时参加了薛定谔第一次关于他的波动力学的报告会，了解了微观粒子的运动规律。1927 年秋他到莱比锡大学海森伯处进修。1928 年初海森伯认识到量子力学可能在固体的研究中结出丰硕成果，他为布洛赫提出了两个急待解决的问题，一个是铁磁性理论，揭示外斯分子场理论的实质；另一个是金属电导理论，探讨特鲁德和索末菲理论所不能解决的问题。布洛赫选择了后一个，海森伯解决了前一个。

布洛赫非常了解经典电子论及半经典电子论的成功和困难。他敏感地看到，尽管索末菲用量子统计代替了特鲁德的玻尔兹曼统计，但他保留了理想自由电子气的假设，所以不能真正解释电子长平均自由程，电阻与温度有关等问题。布洛赫抓住了关键：电子是在离子间运动的，所以不能忽略离子的影响而看成自由电子。

布洛赫决定以这个问题作为他的博士论文题目。他从电子的波动性入手，物理图像的启发来自海特勒（W. H. Heitler）、伦敦（F. W. London）和洪德（F. Hund）对分子中电子特性的论述，以及耦合摆运动的迁移现象。数学上他采用传统的傅里叶展开法来处理最简单的一维单原子周期势场中的电子运动问题。他发现薛定谔方程的解与自由电子德布罗意波的解差一个周期性的调幅因子：

$$\psi_k(x) = e^{ikr}u_k(x)$$

其中

$$u_k(x) = u_k(x+na)$$

这里 n 为任意整数，a 为一维单原子链中的原子间距（晶格常数），e^{ikr} 描述平面波，$u_k(x)$ 是平面波的调幅因子。布洛赫开始并没有完全理解这个结果的意义，而是先告诉了海森伯，海森伯兴奋地说："这就是问题的答案"[①]。这一理论可以概括为在周期性势场中运动的

---

① Bloch F. Physics Today，1976，29：23～27

电子波函数具有调幅平面波的形式,调幅因子是与晶格周期性相同的周期函数,这种电子的波函数称为布洛赫函数。这一理论后来被命名为布洛赫定理,是现代固体理论的重要基础,在这以后,长期以来很多固体物理难解之谜都迎刃而解。例如,布洛赫第一次提出波包在电场中被加速的概念,然后考虑电子与晶格振动的相互作用。经过详细的推导,他成功地得到了在高温情况下,电阻率与温度成正比;在低温情况下,电阻率与温度的 5 次方成正比的结果。1927 年佩尔斯利用能带模型解释了正霍尔系数。1931 年,英国物理学家 A. H. 威尔逊依据能带理论,成功地解释了金属、绝缘体和半导体的差别。经过布洛赫、佩尔斯、A. H. 威尔逊、布里渊等物理学家的努力,逐渐建立了完整的固体能带理论。这个理论的基本内容是:晶体中电子的允许能级形成能带;能带既不像孤立原子中的分立能级,也不像无限空间中自由电子的连续能级,而是由准连续的能级构成;相邻两个能带之间的能量范围称为禁带;在绝对零度,被电子填充满的能量最高的电子能带称为价带,通常价带中的电子对应于组分原子的价电子;在能带之上,部分被电子占据的能带称为导带,完全没有被电子占据的能带称为空带。金属中存在着不满带(导带),其中的电子可以导电,所以是良导体;绝缘体中没有不满带,所以不能导电;半导体在 $T=0K$ 时,能带填充情况与绝缘体相同,其差别在于禁带宽度 E_g,而在 $E_g<2eV$, $T\neq0K$ 时,依靠热激发把满带的电子激发到空带,从而使其变为导带,于是有了导电能力,成为半导体。

10.3.3　费米面的研究

费米面概念是能带理论的又一重要内容。索末菲和他的学生贝特(Hans Bethe)在 1933 年发表了《金属电子论》的著名述评[1],全面奠定了金属理论的基础。贝特利用布洛赫的能带理论研究电子在布里渊区中的填充情况时首先提出了费米面的概念,当时称为"波数空间的等能面"。人们通过在其附近电子对固体一些重要物理性质的决定性作用,认识了费米面的重要性。

接着,1931 年,弗伦克尔考虑电子和空穴的相互作用,提出绝缘体和半导体中激子的概念。同年,布洛赫首次提出固体中集体运动模式,引出了自旋波的概念。1934 年赛兹和威格纳研究了电子间的相互作用,并计算了碱金属的结合能。随后,很多能带计算方法,如正交化平面波法,缀加平面波法等相继提出,特别是后来计算技术的发展使人们能实际计算材料的能带。1936 年赫尔曼提出赝势概念,1937 年巴丁(J. Bardeen)研究了金属中电子-声子相互作用时电子对离子运动的散射问题。电子-电子、电子-声子、电子与其他固体元激发的相互作用等方面都成为重要的研究领域,固体物理学作为一个独立学科开始蓬勃发展。但是,直到二战后,人们才真正开始处理固体物质中的粒子相互作用,在 1947—1958 年间开拓了固体的多粒子问题。玻姆(D. J. Bohm)和派尼斯(D. Pines)把固体看作是由价电子和带正电荷的原子核组成的量子等离子体,提出了描述固体中的量子等离子体振荡的集体运动模式理论。后来,量子场论的理论方法也被引入固体的多粒子问题研究中,建立了准粒子、元激发、相互作用重整化等等新概念,并在此基础上,较为系统地处理了固体的大量性质,并解释和预言了一系列新的物理现象。

---

[1]　Sommerfeld A, Bethe H. Electron Theory of Metals. Handbuch der Physik, 1933(24):2

10.4   固体物理学的实验基础

与此同时,固体电子结构的实验研究也有广泛的发展。布洛赫定理一方面解释了很多实验现象,另一方面也为实验提出了新的研究课题。历史上第一次用实验方法确定固体费米面的是英国物理学家肖恩伯(D. Shoenberg)。1930 年德哈斯(W. J. de Haas)和范·阿尔芬(P. M. van Alphen)发现在磁场变化的情况下,处在低温的铋单晶磁化率随磁场强度的单调增加而发生振荡式的变化。1937 年,肖恩伯在卡皮察(П. Л. Капица)的指导下进行铋单晶的磁致伸缩效应的研究,在低温下测量铋单晶的磁化率随磁场的变化,发现了明显的德哈斯-范·阿尔芬效应。当时朗道刚刚完成铋单晶量子振荡的理论计算,及时地把他的结果告诉了肖恩伯。经过几个月的努力,肖恩伯终于运用朗道提出的"三椭球模型"成功地解释了实验结果,第一次用实验方法测定了铋单晶的费米面。他的工作大大促进了人们对固体电子结构的认识。从此以后,很多金属、半导体等材料的费米面被实验确定,这不仅大大促进了人们对材料能带结构的认识,也大大加深了人们对固体中电子行为的了解。

20 世纪 30 年代初期发展的研究固体能带结构的一种实验方法是 X 射线谱。我们知道,阴极射线可以激发原子的内层电子,从而产生内层空能级,外层电子填充这些空能级时,发射出 X 光子。固体价电子的能带在 X 射线发射中表现为连续带,X 射线发射谱的强度决定于能态密度和发射概率的乘积,因此,发射谱能比较直接地反映价电子能带的能态密度情况。1932 年斯京纳(H. W. B. Skinner)等人用软 X 射线发射谱研究了钾、钠、镁等轻金属的能带结构。

固体物理学在 20 世纪 30 年代奠定的基础上进一步发展,结出了丰硕果实。其中最大的硕果就是发明了晶体管。又由于晶体管的研制推动了半导体物理和半导体技术的迅猛发展。另一方面,固体物理学的基础理论在继续巩固的同时,也不断长出新的分支。例如,超导电性理论的建立和高温超导材料的研究导致了超导物理学的发展,无序结构的研究生长出一门崭新的学科——非晶态物理学。此外,凝聚态物质的研究又生长出了超流体和软物质等新领域。下面对这几个方面略作介绍。

10.5   晶体管的发明

晶体管的发明是固体物理学理论指导实践的产物,也是科学家长期探索的结果。

早在 19 世纪中叶,半导体的某些特性就受到科学家的注意。法拉第观察到硫化银的电阻具有负的温度系数,与金属正好相反。史密斯(W. Smith)用光照射在硒的表面,发现硒的电阻变小。1874 年,布劳恩(F. Braun)第一次在金属和硫化物的接触处观察到整流特性。1876 年,亚当斯(W. G. Adams)和戴依(R. E. Day)发现硒的表面会产生光生电动势。

1879 年,霍尔(E. H. Hall)发现(后来以他的名字命名的)霍尔效应。对于金属,载流子是带负电的电子,这从金属中的电流方向所加磁场的方向以及霍尔电位差的正负可以作出判断。可是,也有一些材料显示出正载流子而且其迁移率远大于正离子,这正是某些半导体的特性。可是,所有这些特性——电阻的负温度系数、光电导、整流、光生电动势以及正电荷载流子,都无法得到合理的解释。在 19 世纪物理学家面前,半导体的各种特性都是一些难解之谜。

然而,在没有揭示其导电机理之前,半导体的某些应用却已经开始了,而且应用得还相当广泛。

1883 年,弗立兹(C. E. Fritts)制成了第一个实用的硒整流器。无线电报出现后,天然矿石被广泛用作检波器。

1911 年,梅里特(E. Merritt)制成了硅检波器,用于无线电检波。1926 年左右,锗也用于制作半导体整流器件。这时,半导体整流器和光电池都已成为商品。人们迫切要求掌握这些器件的机理。然而,作为微观机制理论基础的量子力学,这时才刚刚诞生。

电子管问世之后,获得了广泛的应用。但是电子管体积大、耗电多、价格昂贵、寿命短、易破碎等缺点,促使人们设法寻找能代替它的新器件。早在 1925 年前后,已经有人在积极试探有没有可能做成像电子管一样,在电路中起放大作用和振荡作用的固体器件。

人们设想,如果在半导体整流器内"插入"一个栅极,岂不就能跟三极真空管一样,做成三极半导体管了吗? 可是,如何在只有万分之几厘米的表面层内安放"栅板"呢?

1938 年,德国的希尔胥(R. Hilsch)和 R. W. 波尔(R. W. Pohl)在一片溴化钾晶体内成功地安放了一个栅极,如图 10-3。可惜,他们的"晶体三极管"工作频率极低,只能对周期长达 1 秒以上的信号起作用。

在美国贝尔实验室工作的布拉顿(W. H. Brattain)和贝克尔(J. A. Becker)1939 年和 1940 年也曾多次试探实现固体三极管的可能性,都以失败告终。成功的希望在哪里? 有远见的人们指望固体物理学给予理论指导。

上节我们说过,A. H. 威尔逊在 1931 年提出了固体导电的量子力学模型,用能带理论能够解释绝缘体、半导体和导体之间的导电性能的差别。接着在 1932 年,他在这一基础上提出了杂质(及缺陷)能级的概念,这是认识掺杂半导体导电机理的重大突破。

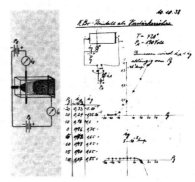

图 10-3 希尔胥和波尔的溴化钾晶体放大实验记录[1]

1939 年,苏联的达维多夫(А. С. Давыдов)、英国的莫特(Mott)、德国的肖特基(W. Schottky)各自独立地提出了解释金属-半导体接触整流作用的理论。达维多夫首先认识到半导体中少数载流子的作用,而肖特基和莫特提出了著名的"扩散理论"。

至此,晶体管的理论基础已经准备就绪,关键在于如何把理论和实践结合在一起。1945 年 1 月在美国贝尔实验室成立的固体物理研究组出色地做到了这一点。

上面提到的布拉顿就是这个组的成员之一。他是实验专家,从 1929 年起就在贝尔实验室工作。另有一位叫肖克利(B. Shockley)是理论物理学家,1936 年进入贝尔实验室。

1945 年夏,贝尔实验室决定成立固体物理研究组,其宗旨就是要在固体物理理论的指

---

① 引自:Eckert M,Schubert H. Crystals,Electons,Transistors. AIP,1990

导下，"寻找物理和化学方法，以控制构成固体的原子和电子的排列和行为，以产生新的有用的性质"。这个组共有 7 人，组长是肖克利，另外还有半导体专家皮尔逊（G. L. Pearson）、物理化学家吉布尼（R. B. Gibney）、电子线路专家摩尔（H. R. Moore）。最关键的一位是巴丁，他也是理论物理学家，1945 年刚来到贝尔实验室，是他提出的半导体表面态和表面能级的概念，把半导体理论又提高了一步，使半导体器件的试制工作得以走上正确的方向。

贝尔实验室的另外几位专家：欧尔（R. S. Ohl）和蒂尔（G. K. Teal）等致力于硅和锗的提纯并研究成功生长大单晶锗的工艺，使固体物理研究组有可能利用新的半导体材料进行实验。肖克利根据莫特-肖特基的整流理论，并且在自己的实验结果之基础上，作出了重要的预言。他认为，假如半导体片的厚度与表面空间电荷层厚度相差不多，就有可能用垂直于表面的电场来调制薄膜的电阻率，从而使平行于表面的电流也受到调制。这就是所谓"场效应"，是以后的场效应管的理论基础。可是，当人们按照肖克利的理论设想进行实验时，却得不到明显的效果。后来才认识到，除了材料的备制还有缺陷之外，肖克利的场效应理论也还不够成熟。

表面态的引入，使固体物理研究组的工作登上了一个新的台阶。他们测量了一系列杂质浓度不同的 p 型和 n 型硅的表面接触电势，发现经过不同表面处理或在不同的气氛中，接触电势也不同，还发现当光照射硅的表面时，其接触电势会发生变化。接着，他们准备进一步测量锗、硅的接触电势跟温度的关系。就在为了避免水汽凝结在半导体表面造成的影响，他们把样品和参考电极浸在液体（例如可导电的水）中时意外的情况出现了。他们发现，光生电动势大大增加，改变电压的大小和极性，光生电动势也随之改变大小和符号。经过讨论，他们认识到，这正是肖克利预言的"场效应"。

巴丁提出了一个新方案。他们用薄薄的一层石蜡封住金属针尖，再把针尖压进已经处理成 n 型的 p 型硅表面，在针尖周围加一滴水，水与硅表面接触。带有蜡层的针同水是绝缘的。正如他们所预期的，加在水和硅之间的电压，会改变从硅流向针尖的电流。这一实验使他们第一次实现了功率放大。后来，用 n 型锗做实验，效果更好。然而，这样的装置没有实用价值，因为水滴会很快被蒸发掉。由于电解液的动作太慢，这种装置只能在 8 赫以下的频率才能有效地工作。

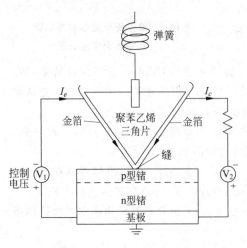

图 10-4　功率放大效应的实现

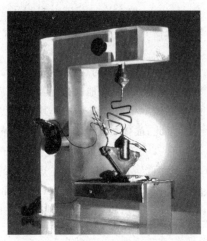

图 10-5　最初的晶体管

他们发现,在电解液下面的锗表面会形成氧化膜,如果在氧化膜上蒸镀一个金点作为电极,有可能达到同样的目的。然而,这一方案实现起来也有困难。

最后,他们决定在锗表面安置两个靠得非常近的触点,近到大约 5×10^{-3} 厘米的样子。而最细的导线直径却有 10×10^{-3} 厘米。实验能手布拉顿想出了一条妙计。他剪了一片三角形的塑料片,并在其狭窄而平坦的侧面上牢固地粘上金箔。然后用刀片从三角形塑料片的顶端把金箔割成两半。再用弹簧加压的办法,把塑料片和金箔一起压在锗片上,如图 10-4。于是,他们在 1947 年 12 月 23 日做成了世界上第一只能用于音频的固体放大器,这就是点接触型晶体管。这一天布拉顿的实验室日志如图 10-6。

接着,肖克利又想出了一个方案。他把 n 型半导体夹在两层 p 型半导体之间。1950年 4 月根据这一方案做成了结型晶体管。

晶体管的发明,是电子学发展的一个重要里程碑。

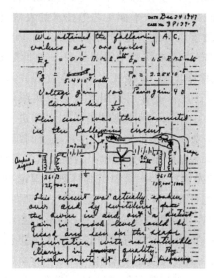

图 10-6　1947 年 12 月 23 日
布拉顿的实验室日志

图 10-7　巴丁(左边站立者)和布拉顿(右边站立者)
正在看肖克利观察显微镜

10.6　半导体物理学和实验技术的蓬勃发展

半导体基础理论和实验技术的研究在阐明半导体微观结构和宏观性质方面所取得的杰出成就使得半导体物理成为现代固体物理学最活跃的研究领域之一。

10.6.1　1960 年以前半导休单晶材料及半导体物理的发展

在发明晶体管时,只有中等纯度的多晶材料,无论是基础研究还是晶体管性能的改进都需要纯度高、完整性好的晶态半导体材料。第一个锗单晶的生长工作是蒂尔(G. K. Teal)和李特尔(J. B. Little)完成的,这就使得制造出结型晶体管成为可能。结型晶体管的问世大大促进了半导体工业的出现。虽然人们从理论上认识到硅应该比锗好，但是由于硅的提纯更加困难，第一批硅晶体管直到 1954 年才出现。20 世纪 60 年代初发明了平面晶体管，正是这一重大发现，开辟了通往现代集成电路的道路。

20 世纪 60 年代以前半导体的发展经历了如下步骤：

1947—1948 年	点接触型晶体管
1949 年	单晶生长，区域提纯
1950 年	结型晶体管
1952 年	晶体管助听器，收音机等
1954 年	硅晶体管
1960 年	平面晶体管技术

上述半导体器件和技术所取得的成就，主要依赖于高质量的半导体材料，而研制优质的单晶又有力地推动了半导体材料工艺、区域提纯、掺杂控制、平面工艺等技术的发展，使得锗和硅单晶成为纯度最高、结晶完整性最好、品质鉴定得最清楚的固体材料。由于有这些技术和材料，才使固体物理学家的很多理论设想有可能在实验中得到体现。20 世纪 50 年代初海纳斯（Haynes）等人发表了著名的漂移迁移率实验，直接观察到了空穴的注入和运动，对能带理论给出了有决定意义的肯定和支持。皮尔逊等用磁阻实验第一次测定了 Ge 和 Si 的具体能带结构。1955 年德累塞豪斯（Dresselhause）用回旋共振实验方法进一步研究了 Ge，Si 能带结构的很多细节。光吸收的方法在研究禁带宽度、直接跃迁、间接跃迁过程也发挥了很重要的作用，这些重要实验不仅为深入认识半导体的电子结构提供了条件，而且也揭示了大量半导体的物理性质。在晶体管的发展过程中，非常好地体现了理论与实验之间相辅相成的关系。实验促进了理论的发展，能带理论得到令人信服的验证，新的物理概念不断涌现。20 世纪 60 年代以前在半导体物理学中出色的理论成果有：肖克利小组以固体能带论为理论基础，发明了点接触型晶体管，并在 1949 年根据能带论的基本思想创立了 p-n 结理论，发明了结型晶体管，为半导体事业的飞跃发展奠定了基础。1958 年日本物理学家江崎对一种特殊掺杂分布的 p-n 结二极管的正向特性用量子隧道效应从理论上作出了精辟的说明。在实验中江崎发现，用高浓度材料制成的狭窄 p-n 结的伏安特性同一般晶体管不同，在加反向偏压时，电流很快增加；在加正向偏压时，开始电流增加很快，达到峰值后下降，形成一个负阻区。江崎用量子力学的隧道效应对这种反常伏安特性所作的解释不仅在理论上带来了突破性的进展，而且导致了隧道二极管的发明和使用。

10.6.2 1960 年以后，集成电路引发了真正的电子革命

20 世纪 60 年代初，在晶体管发展的基础上发明了集成电路，这是半导体发展中的一次飞跃。它标志着半导体器件由小型化开始进入集成化时期。所谓集成电路指的是把二极管、三极管（晶体管）以及电阻、电容都制作在同一个硅芯片上，使一个片子所完成的不再是一个晶体管的放大或开关效应，而是具有一个电路的功能。就在集成电路刚刚发明不久，硅谷的先驱者之一的摩尔（Gordon Moore）提出了一个经验定律，其内容是说：集成电路的性能，包括其上的元器件数目，对于同样的芯片价格，每 18～24 个月增加一倍。这

就是著名的摩尔定律。值得注意的是,过了几乎四十年,这条定律仍然保持有效,集成电路的性能一直在加倍!当然,加倍不可能总是这样延续下去。这就激发了物理学家致力于探索其他类型的微电子学元件。

1. 怎样估计集成电路的意义呢?

应该说,1947年巴丁等人发现晶体管效应具有划时代的伟大意义,可以看成是现代半导体时代的发端。又过了好几年才使晶体管发展成为有用的器件,而真空电子管在上半个世纪已经发展成高度复杂的器件。开始时晶体管只是作为真空电子管的代替品,晶体管更小、更可靠、比电子管消耗更少的能量。因此,电子系统中元器件的数量可以大大增多,这一进步当然也是非常巨大的,但是在本质上没有太大的区别。如果科学的发展只是停留在以晶体管代替电子管,就根本不可能达到现在的水平。可以说,只有在电子学中引进了集成电路,才能说开始了真正的电子革命。当然,集成电路的诞生也离不开半导体技术的发展。正是由于半导体技术的发展引起了固体物理学和材料科学研究的高涨。一个重要的突破是把硅引进为晶体管材料,这是得克萨斯仪器公司的蒂尔在1954年首先演示的。后来发现,就地氧化的硅是很理想的绝缘体,而且硅和二氧化硅的界面研究得最为彻底。这就为集成电路的发明准备了条件。

在集成电路发明之后大约十年,已经可以把足够的元器件连接在一个集成电路之中,以便把整个处理器安置在一块单个芯片中。微处理器是在20世纪70年代初发明的。这一新器件后来成了一系列应用的动力,并且使个人计算机有可能大大发展。就像蒸汽机是工业革命的主力机械一样,个人计算机也成了信息和知识革命中的主力机械。计算机连接在信息网络之中,相互通信。这就代表了两门主要技术:计算机技术和通信技术的结合。随着对处理和传输速度越来越高的要求,不仅芯片上的元件数是重要的,而且元件的速度也很重要。元件做得越来越小,能耗越来越少可以部分地达到这一目的。但是最终还需求助于新的材料和新的半导体结构。当创造信息和处理信息的能力提高了,必然会提出把信息储存在记忆里和储存银行里的更高的要求。快速随机存取存储器(RAM)和只读存储器(ROM)等大容量储存技术急速发展,既增大了容量,又降低了价格。由于集成电路的发明,微电子学已成为所有现代技术发展的基础,微型芯片的广泛应用,使我们周围的环境到处都是小型电子装置,可以说,集成电路成了现代科学技术最重要的核心器件之一,它几乎无处不在,极大地影响了人类的生活,深刻地改变了社会的面貌,而且这种影响和改变还正在开始,远未完结。

2. 集成电路的发明

把几个晶体管组合在同样一块半导体晶体上的观念在20世纪50年代初已经很流行,例如,达默(W. A. Dummer)在英国的一次会议上讲到电子学的可靠性时说过:"随着晶体管的出现和半导体工作的普遍化,现在似乎可以设想在固体板块中的电子设备无需连接的导线。板块本身就包括了绝缘的导电层、整流和放大的材料,通过切割各层面积的办法直接把电学功能连接在一起。"

基尔比(Jack S. Kilby,1923—)是美国得克萨斯州(Texas)达拉斯(Dallas)得克萨斯仪器公司的成员,1958年刚刚任职。由于无权享受休假,那年的暑期他独自留在实验室里。从他以前的工作,他正对如何解决由于电路中元件数目越来越多的问题深感兴趣。

就在这年暑期,他演示了有可能把一个振荡器各种不同的分立元件全都在同一块作为基极材料的硅片上制作出来(参看图 10-8 基尔比的笔记)。他继续沿这一方向做下去,这一年 9 月,他又证明有可能在一块锗片上制作整个电路,锗是当时生产线上流行的一种半导体材料。1959 年 2 月 6 日他为他的小型化电子线路的思想提出了一份专利申请书。平面晶体管和被动元件都可由金丝连接。基尔比在他的专利申请书中提到有可能以绝缘材料上沉积的金片作为导线,把不同部分连接起来。

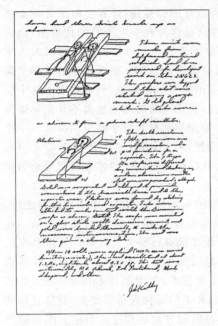

图 10-8　基尔比的笔记,记录了他对集成电路的思想

大约与此同时,在另一家美国的实验室里也出现了类似的进展,加州仙童电子公司(Fairchild Electronics)的一位瑞士科学家洪尼(J. A. Hoerni)证明有可能利用平面工艺避免平面晶体管从半导体台基的表面上凸出。这在当时流行的技术中是不可避免的,因而造成了连接的困难。平面工艺使得导线能够更容易地沉积在半导体材料制成的芯片上。在同一家公司里的诺依斯(Robert Noyce)发现,铝金属可以很牢固地附着在硅和二氧化硅上。在他 1959 年 1 月 23 日的实验室笔记上,他详细地描述了如何用铝作为导电条制作集成电路。他在 1959 年 7 月 30 日提交的专利申请,题为“半导体器件与导线结构”,在 1961 年 4 月 25 日得到批准。这比基尔比的专利批准的日期(1964 年 6 月)要早得多,尽管基尔比提出申请的时间要更早些。诺依斯和他的一些同事组成了一家新公司,这就是英特尔公司,专注于集成电路的发展。

人们公认基尔比和诺依斯是集成电路的共同发明者。后来诺依斯成了“硅谷”的奠基人之一,并于 1990 年逝世。而基尔比则于 2000 年荣获诺贝尔物理学奖。

20 世纪 60 年代出现了在一块硅芯片上(通常面积小于 1 厘米)包含几十个晶体管的小规模集成电路;随着硅平面工艺的突破和进展,20 世纪 70 年代集成度大大提高,发展了包括几万个晶体管的大规模集成电路。集成电路的发展使电子器件的成本大大降低,

图 10-9　第一块集成电路

图 10-10　计算机里的大规模集成电路板

图 10-11　集成电路里用铜做导线，
导线宽度仅为 0.13 微米

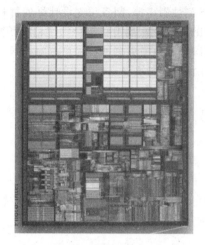

图 10-12　集成电路做成的微处理器，
里面有近一千万个晶体管

1976 年的成本只有 1956 年的十万分之一。所以半导体电子设备深入到社会各个角落，并且使人类社会从工业社会发展到信息社会。1971 年美国英特尔公司 4004 微处理器芯片的诞生是个重要的里程碑，这个芯片有 2300 个晶体管，1982 年英特尔公司又推出 16 位的 80286 微处理器芯片，片内集成了 13.4 万个晶体管。1986 年出厂的 80386 的 32 位微处理器，片内有 27.5 万个晶体管。1989 年的英特尔 486 则有 120 万只晶体管。1993 年的英特尔奔腾芯片上有 320 万只晶体管。1995 年的高能奔腾增至 550 万只晶体管。随后又推出奔腾 II 则有 750 万只晶体管。有人统计，在这些年月里，微处理器性能，正如摩尔所预言的那样，平均每 18 个月提高一倍。

3. 半导体物理和技术的大发展

半导体物理是一门技术性很强的科学，特别是小型化、集成化对材料质量的极高要求，有力地促进了超纯、超净、超精细加工技术的开发和发展。杂质及其含量对半导体性能有极明显的影响，例如硅中只要掺入百万分之一的磷原子，电导率就会提高十万倍左右。所以要严格地控制半导体中杂质的含量，这就要求发展超纯技术。灰尘不仅会在材料加工中混入而影响纯度，而且器件加工过程中站污了灰尘会造成表面和结构缺陷以及不需要的杂质吸附，使器件性能变坏。小型化必须要求发展精细加工。现在，超纯、超净、超精细加工技术不仅推动了半导体技术的发展，而且已成为一项重要的现代科学实验技术。

半导体的小型化、集成化过程中不断地提出许多理论和基础研究课题，如由于不断小型化，器件结构越来越接近表面；而半导体器件的特性受表面影响很大，使得表面物理的研究受到了极大的重视。现在人们对表面结构、能带的弯曲、表面态的分布等进行着深入的研究。

小型化的不断前进，要求对半导体器件进行原子级加工。即人类利用现代的微加工实验手段，在精确控制的情况下，一层一层地把原子生长到材料上，也可以一个一个地把原子刻蚀剥离掉,制备预先设计好的材料和器件。20世纪后半叶发展起来的分子束外延(MBE)技术、金属有机氯化物汽相沉积(MOCVD)技术可以进行原子层级生长超晶格半导体材料,离子束刻蚀技术可以对半导体材料进行原子级刻蚀剥离。这是半导体小型化技术的一次重大革新。

10.7　超导电性的研究

极低温下的物质由于极大地降低了粒子的热扰动,有些物质表现出了某些奇特的性质,第4章提到的超导电性就是其中的一种。由于这是大量粒子的量子行为引起的,因此统称为宏观量子现象。超导电性被发现后,经过长期的研究,才得到充分的理论解释和实际应用。

10.7.1　迈斯纳效应的发现和伦敦方程的提出

卡麦林-昂纳斯是在1911年首次发现在4.2K水银的电阻突然消失的超导电现象。长期以来,物理学家一直致力于建立微观理论,试图定性地和定量地说明超导电性的本质。但是,近半个世纪屡攻不克,超导电性问题成为科学上有名的悬案。1928年,布洛赫在提出布洛赫定理,并成功地建立了金属正常电导理论之后,试图解决超导问题。虽经艰

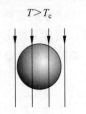

$T > T_c$　　　$T < T_c$

图10-13　迈斯纳效应的磁通分布

苦努力,最终不但没有找到正确答案,反而得出超导电性是不可能的结论。1933年,迈斯纳(W. Meissner, 1882—1974)通过实验发现另一个效应,超导体内部的磁场是保持不变的,而且实际上为零,说明超导体具有完全的抗磁性。这个现象叫做迈斯纳效应(如图10-13和图10-14)。这种完全的抗磁性是超导体的一个独立于完全导电性的又一个基本特性。从卡麦林-昂纳斯到迈斯纳20多年的时间内,人们一直认为超导体只不

过是电阻为零的理想导体。而完全抗磁性的发现,使人们认识到超导态是一个真正的热力学态,完全导电性和完全抗磁性是超导体的两个基本特性。1934年,戈特(C. J. Gorter)和卡西米尔(H. B. G. Casimir)为了解释超导电现象提出了二流体模型。这个模型认为:金属内部有两种流体,即正常流体和超导流体。它们的相对数量随温度和磁场而变化。正常流体导电性与金属中电子气相同,而超导流体在晶格中运动完全自由,畅通无阻。低于超导转变温度,所有电子都凝聚到超导态了。这个模型可以解释超导体的电子比热实验和直流电阻为零的实验现象。1935年,伦敦兄弟(F. London, H. London)提出了描述超导体的宏观电动力学方程——伦敦方程。他们认为超导体内有两部分电子:正常电子和超导电子。正常电子服从欧姆定律。超导电子运动服从

图10-14　迈斯纳效应的演示

伦敦方程,利用伦敦方程可以解释超导体的完全抗磁性。在伦敦方程的基础上,还有人提出了一系列理论处理,例如金茨堡-朗道方程(1950年)和皮帕德方程。虽然这些理论都在伦敦方程基础上有一定的改进,但是它们都是唯象理论。

10.7.2　BCS理论的提出

第二次世界大战结束后,超导方面的研究又有了新的发展。1950年,弗留里希(H. Frölich)首先给出了解决超导微观机制的一个重要线索。他认为电子-晶格振动之间相互作用导致电子之间相互吸引是引起超导电性的原因。这种相互作用可以这样设想,当一个电子经过晶格离子时,由于异号电荷的库仑吸引作用,会在晶格内造成局部正电荷密度增加。这种局部正电荷密度的扰动会以晶格波的形式传播开来,它会影响一个电子。在一定条件下,两个电子通过晶格便实现相互吸引。就在同一年(1950年),麦克斯韦(E. Maxwell)和雷诺(Reynold)等人同时独立发现,超导的各种同位素的超导转变温度 T_c 与同位素原子质量 M 之间存在下列关系: $T_c \propto M^{-\alpha}$,对一般元素 $\alpha \approx \frac{1}{2}$ 。这就叫同位素效应。这个实验结果的发现肯定了超导电性与晶格振动有关。也就是说电子与声子的相互作用是决定超导转变的关键性因素。1956年,库柏(L. N. Cooper,1930—　)利用量子场论方法,经过理论处理得到两个动量和自旋都大小相等而方向相反的电子能结合成对。这种电子对后来被称为库柏对。电子对能量比费米面能量略低一些,形成所谓超导能隙。库柏电子对的概念获得很大成功,次年(1957年),巴丁、库柏和施里弗(J. R. Schrieffer,1931—　)根据基态中自旋方向和动量方向都相反的电子配对作用,共同提出了超导电性的微观理论:当成对的电子有相同的总动量时,超导体处于最低能态。电子对的相同动量是由电子之间的集体相互作用引起的,它在一定的条件下导致超流动性。电子对的集体行为意味着宏观量子态的存在。这一超导的微观理论称为BCS理论,1972年他们三人共同获得了诺贝尔物理学奖,而朗道和金茨堡分别获得了1962年和2003年的诺贝尔物理学奖。

10.7.3　约瑟夫森效应的发现

BCS理论最突出的成果是约瑟夫森效应的发现。1962年,英国剑桥大学的研究生约瑟夫森(B. D. Josephson)根据BCS理论计算出,由于量子隧道的作用,可以有一直流电流通过两个超导金属中间的薄的绝缘势垒,而且这个电流的大小应当正比于阻挡层两侧超导体之间位相差的正弦。这个效应称为直流约瑟夫森效应。他还指出,当势垒两边施加直流电压 V 时,会有交流电流通过势垒,其基频为 $v = 2eV/h$,其数值与连接电路所用的材料无关。这个效应叫交流约瑟夫森效应。约瑟夫森的这些预言后来都被实验证实。利用这个效应制成了极其灵敏的探测器。由于这一效应的发现,约瑟夫森获得了1973年诺贝尔物理学奖。

10.7.4　高温超导的探索

自从发现超导电性以来，人们逐渐认识到超导技术有广泛应用的潜在价值，世界各国花了很大力气开展这方面的工作，但是超导转变温度太低，离不开昂贵的液氦设备。所以，从卡麦林-昂纳斯的时代起，人们就努力探索提高超导转变临界温度 T_c 的途径。

为了寻找更适于应用的超导材料，几十年来，物理学家广泛搜查各种元素的低温特性。除了汞、锡和铅以外，又发现铟、铊和镓也有超导特性，这些材料都是金属，而且具有柔软易熔的共同性质。后来迈斯纳把试验扩展到坚硬难熔的金属元素，又发现了钽、铌、钛和钍等金属具有超导特性。当磁冷却法应用于低温后，在极低温区（1K 以下）又找到了许多金属元素和合金有超导迹象。后来甚至知道上千种物质的超导特性，可是，它们的转变温度都在液氦温度附近或在 1K 以下。

1941 年，德国物理学家阿瑟曼（G. Ascherman）发现第一个转变温度高于液氦温度的超导材料：氮化铌（NbN），其临界温度可达 15K。

1953 年，美国物理学家哈迪（G. F. Hardy）和休姆（J. Hulm）开辟了另一条新路，他们找到了四种 A-15 结构或 β 钨结构的超导体，其中钒三硅（V_3Si）的临界温度最高，达 17.1K。A-15 结构是一种结晶学符号，它代表的化学组成一般为 A_3B 的形式，其中铌（Nb）、钒（V）等过渡元素为 A 组元，第Ⅲ或第Ⅳ主族的元素或其他过渡元素为 B 组元。

贝尔实验室的马赛阿斯（B. T. Matthais）沿着这一线索坚持了长期的探索。他和他的同事围绕 A-15 结构进行了大量实验，总结出了一些经验规律，收集了大量数据，并于 1954 年找到了铌三锡（Nb_3Sn），T_c 为 18.3K；1967 年制备了组成非常复杂的合金 $Nb_{3.8}(Al_{0.75} \cdot Ge_{0.25})$，$T_c$ 为 20.5K；1973 年进一步获得铌三锗（Nb_3Ge）薄膜，T_c 提高为 23.2K。照这样的速度发展下去，人们大概可以指望在 20 世纪 80 年代或 20 世纪 90 年代将超导临界温度提高至 30K 附近的液氖区。

令人遗憾的是，他们持续的努力没有取得进一步成果。1973 年以后的 13 年，临界温度一直停滞不前。

世界上还有许多物理学家研究其他类型的超导体，诸如有机超导体、低电子密度超导体、超晶体超导体、非晶态超导体等等，其中金属氧化物超导体吸引了许多人的注意。

金属氧化物也是马赛阿斯研究的项目。1967 年他和伦梅卡（J. P. Remeika）等人共同发现了 Rb_xWO_3 的超导特性。随即休姆等人在 1968 年发现 TiO 的超导特性，不过 T_c 都在 10K 以下。1973 年约翰斯通（D. C. Johnston）发现 $Li_{1+x}Ti_{2-x}O_4$ 的 T_c 达 13.7K。

令人不解的是，金属氧化物一般都是非导体，可是某些组成却可以在低温下变成超导体，这个事实确是对现有的物理学理论的挑战。人们只有在经验的基础上摸索前进。

正是这一条朦胧不清的道路引导了缪勒（K. A. Müller，1927—　）和柏诺兹（J. G. Bednorz，1950—　）对高 T_c 超导体的研究作出了突破性的进展。

缪勒是国际商用机器公司（IBM）苏黎世研究实验室的研究员，物理部的负责人，他多年来一直在材料科学领域，特别是电介质方面进行卓有成效的研究。他对超导体也很熟悉，1978 年就开始作过研究，课题是颗粒超导电性。纯铝的 T_c 是 1.1K，如果铝的颗粒被氧化物层包围，颗粒系统的 T_c 可提高到 2.8K。

柏诺兹是联邦德国年轻的物理学家，原在瑞士联邦工业大学当研究生，后来到 IBM 苏黎世研究实验室在缪勒指导下做博士论文,1982年获博士学位,留在IBM从事研究工作。

从1983年起,缪勒和柏诺兹合作,探索金属氧化物中高 T_c 超导电性的可能性。从BCS理论可以作出这样的推测:在含有强的电—声耦合作用的系统中,有可能找到高 T_c 超导材料。他们认为,氧化物符合这一条件。于是就选择了含有镍和铜的氧化物作为研究对象。在这方面他们进行了三年的研究,取得了很多经验。

其实,这方面的工作早在20世纪70年代就已经有人在做。他们的突破在于从金属氧化物中找到钡镧铜氧的化合物—— 一种多成分混合的氧化物。

1985年,几位法国科学家发表了一篇关于钡镧铜氧(Ba-La-Cu-O)材料的论文,介绍这种材料在−100℃至300℃的范围内具有金属导电性。正好这时缪勒和柏诺兹因实验遇到挫折需要停下来研究文献资料。有一天柏诺兹看到了这篇论文,很受启发,立即和缪勒一起对这种材料进行加工处理,终于在1986年1月27日取得了重要成果。

1986年4月,柏诺兹和缪勒向德国的《物理学杂志》投寄题为《Ba-La-Cu-O系统中可能的高 T_c 超导电性》的文章[①],他们只是说可能有,一方面是因为尚未对抗磁性进行观测,另一方面也是出于谨慎。在此之前曾有过多次教训,有人宣布"发现"了高 T_c 超导体,后来都证明是某种假象所误。

不久,日本东京大学的几位学者根据IBM的配方备制了类似的样品,证实Ba-La-Cu-O化合物具有完全抗磁性。缪勒和柏诺兹随即也发表了他们的磁性实验结果,不过论文到1987年才问世。

一场国际性的角逐在1987年初展开了,柏诺兹和缪勒的发现引起了全球性的"超导热"。1987年他们两人共同获得诺贝尔物理学奖,在领奖演说中引用了一张图表[②],如图10-15。这张图表展现了几十年来探索高 T_c 超导体的漫长历程和1986年1月到1987年2月间的突破性进展。

由于以液氮代替了液氢,为超导技术实际应用展开了广阔的前景。经过以后十几年的努力,高温超导在应用上已经初现端倪,例如:做成了高温超导微波滤波器系统,可用于移动通信、卫星通信、信息战武器装备等领域,达到提高灵敏度、选择性和通信质量的效果;利用超导实现无损探伤和大地矿藏探测方面也有较大进展;制备出了较长尺寸的高温超导输电线材,1991年10月,日本原子能研究所和东芝公司共同研制成铌锡化合物超导线圈,可用于核聚变堆,1996年美国和欧洲制成了第一条高温超导电线地下输电电缆;美国一研究小组研制了一种由氧化铝薄层连接的铌导线制成的计算机芯片,这种芯片比普通芯片运行的速度快得多,而且产生的热量特别低。

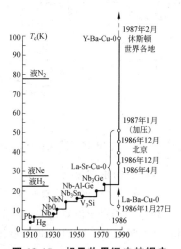

图10-15 超导临界温度的提高

---

① Bednorz J G, Müller K A. Zeit. Phys., 1986, 64B: 189
② Bednorz J G, Müller K A. Rev. Mod. Phys., 1988, 60: 585～600

10.8　超流动性的发现

超流动性是又一种宏观量子效应。当液体变为超流体时，液体中的原子会突然失去随机运动的特性，而以有序的方式运动。于是，液体失去了所有的内摩擦力，表现出一系列奇特的性质。

10.8.1　液氦相变和氦4超流动性的发现

卡麦林-昂纳斯在1908年成功实现氦的液化之后，很长时间致力于氦的固化，但都没有成功，直到1926年他的合作者开索姆（W. H. Keesom）采取降温同时加压的办法，才终于实现了这一目标。与此同时，他们和其他学者对液氦进行了系统的测量和研究，陆续发现了一些异常的迹象。

1923年，卡麦林-昂纳斯和丹纳（L. I. Dana）在2.2K附近测量了液氦的潜热和比热，首次在这一温度下观察到了不连续性。

1927年，开索姆和沃尔夫克（M. Wolfke）证实这一不连续性是由于在液氦中发生了相变，他们把高于相变点的氦称为HeI，把低于相变点的称为HeII。

1932年，开索姆和克鲁休斯（K. Clusius）又在对液氦比热的测量中，确定了这一相变点，从曲线上可以看出，在2.17K处出现了突变，他们根据曲线的形状（如图10-16），把这一相变点取名为λ点。

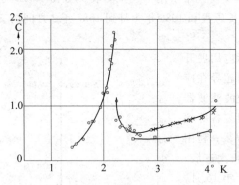

图 10-16　液氦比热曲线[1]

1938年，有两个研究小组，一个以卡皮察为首，一个以阿伦（John F. Allen）为首，在同一期的《自然》杂志分别发表通讯，描述对2.2K以下温度的氦通过狭窄通道时进行粘滞性测量的结果。两个小组都宣布液氦的粘滞系数小到无法测量。卡皮察把这一现象称为"超流动性"。卡皮察是用两块夹在一起、中间留有狭窄缝隙的玻璃板，让液氦在缝隙中流动。阿伦则是用毛细管进行观察。

随后，阿伦和琼斯（H. Jones）又在《自然》杂志上报导液氦的热-机械效应。其中有一个实验第一次显现了所谓的"喷泉效应"，如图10-17，他们用一个底部填充金刚砂细粉的U形管，管子置于液氦池中，下部有开口，顶部有一窄口，当用光对着有金刚砂细粉的管壁辐照时，液氦便会从顶部向上喷出。又过了几个月，牛津的顿特（J. G. Daunt）等人发现了所谓的"爬行膜"现象，他们在盛有液氦的大容器里放了一个小容器，液氦就在小容器壁上形成薄膜并以薄膜的形式流动。

---

①　转引自：Trigg G L. Landmark Experiments in Twentieth Century. Crane；Russak ＆ Co. ，1975. 61

一系列实验上的新发现对液氦理论提出了挑战。1938年,梯沙察(L. Tisaza)在 F.伦敦有关液氦的玻色-爱因斯坦凝聚的基础上,提出了液氦的"二流体模型"。这模型认为,液氦 II 由正常流体和超流体两种成分组成。这一理论不但能够解释液氦的一些性质,还预言了喷泉效应的逆效应(机械-热效应)。

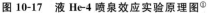

图 10-17 液 He-4 喷泉效应实验原理图[①]

图 10-18 液 He-4 喷泉效应实验演示

1941年,朗道从微观入手,将量子理论直接用于液氦的超流问题。他提出了元激发概念,并推导出液氦元激发能谱。朗道的理论成功地解释了液氦超流动性的许多性质,并预言了在液氦中温度波的存在。三年后,这一预言得到了苏联物理学家彼什科夫(В. П. Пешков)的实验证实。20世纪50年代,朗道和金茨堡把他们的平均场理论用于描述超流体相中的输运特性;美国物理学家费因曼则进一步完善发展了液氦超流动性理论,使得理论与实验更为相符。

10.8.2 氦3超流动性的发现

在自然界,氦有两种同位素。两种形式的氦具有完全不同的基本特性。^{4}He 是最普遍的,而 ^{3}He 只占很少一部分。构成 ^{4}He 的粒子是偶数,因而是玻色子。^{3}He 则是费米子。当两种同位素冷却到接近绝对零度时,它们的特性表现出巨大的差异。^{4}He 遵从玻色-爱因斯坦统计,处于能量最低的状态会发生玻色-爱因斯坦凝聚。

理论家普遍认为,对于像 ^{3}He 这样的费米子,它们遵从费米-狄拉克统计,即使在最低能量下也不能发生凝聚。由于这种原因,在绝对零度以上几度,^{3}He 似乎不可能发生像 ^{4}He 那样的超流动现象。但是,事实上 ^{3}He 也能发生凝聚现象,不过发生的机理更加复杂。这种现象可以出金属的超导理论——BCS 理论来解释。人们预期 ^{3}He 也能形成玻色了对,在极低温下的 ^{3}He 同位素也会形成超流体。然而,虽然许多研究小组致力于这方面的

① 转引自:Trigg G L. Landmark Experiments in Twentieth Century. Crane:Russak & Co.,1975.71

研究,尤其是 20 世纪 60 年代从事这方面研究的组织更多,但是没有一个小组获得成功,于是许多人认为 ^{3}He 不可能形成超流体。

但是,1972 年情况发生了变化,美国康奈尔大学低温物理实验室里的戴维·李(David M. Lee,1931—　)、奥谢罗夫(Douglas D. Osheroff,1945—　)和 R. C. 里查森(Richard C. Richardson,1937—　)发现 ^{3}He 在大约 0.002K 时有奇特的相变。他们采用的是 20 世纪 50 年代苏联人波梅兰丘克(Pomeranchuk)提出的制冷方法,即在低温下绝热压缩液态 ^{3}He,利用液态逐渐转化为固态时吸热的制冷效应,使温度下降。这一制冷效应,也称波梅兰丘克效应,是当时获得极低温的一种新方法(装置如图 10-19)。一般的情况是,物质的液相原子的排列是无序的,而固相中原子作周期性的排列,非常整齐有序,但其原子的核磁矩间相互作用很弱。根据理论计算,磁有序转变温度大约在 2mK,在这一温度以上,核磁矩取向混乱,而液相的 ^{3}He 原子间的相互作用并不改变费米液体的特征。在低温下,熵随温度变化,在 300mK 以下,液相 ^{3}He 的熵比固相 ^{3}He 的自旋熵小得多,因此,靠绝热压缩液态 ^{3}He,可以使液态 ^{3}He 的一部分变成固态,并降低混合物的温度。

通过耐心细致的实验,戴维·李等人在 2mK 的低温下发现了两个新的液氦 3 相,具有不寻常的磁学性质。他们的观测描绘在如图 10-20 的曲线上。这一发现一经宣布,马上掀起了一场新量子液体的研究热。在这中间理论物理学家勒格特(Anthony Leggett)作出了重要贡献,他对发现作出了理论解释。他的解释进一步使人们认识到,用于微观系统的量子物理学定律有时可直接影响宏观系统的行为。

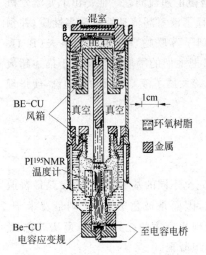

图 10-19　波梅兰丘克制冷和压强测量装置①

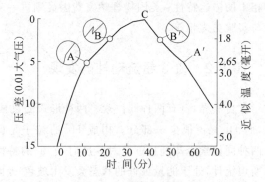

图 10-20　图形表示含有液态 ^{3}He 液体和固态 ^{3}He 冰的混合物样品的内部压强随时间的变化关系。首先对样品加一个外部的压强,时间大约为 40 分钟,此后压强逐渐减小。请注意 A,B 段的曲线及所对应的温度。曲线的形状说明在这些温度下发生了相变。

①　引自:Osheroff D D,Richardson R C, Lee D M. Phys. Rev. Lett.,1972(28):885~888

上述的发现公布不久，人们就进一步证实了新的流体是超流体，在这方面作出贡献的有赫尔辛基技术大学劳那斯玛（O. Lounasmaa）领导下的研究小组。他们测量了样品中振弦的阻尼，发现当样品由相变变为新的态时，阻尼减小了 1 000 倍。这说明液体没有内摩擦（粘滞性）。就这样，^{3}He 的超流动性终于被发现了。

稍后的研究又证实 ^{3}He 至少有三种不同的超流体相，其中有一个相只有把样品放置于磁场中才会出现。作为量子液体，^{3}He 比 ^{4}He 具有更加复杂的结构。例如，^{3}He 超流体具有各相异性的特性，即在不同的空间方向表现出不同的特性，这在经典液体中是没有的，这一点倒很类似于液晶的特性。

如果超流体以一定的速度旋转，当旋转速度超过临界值时，微观的涡旋产生了。这种现象在 ^{4}He 中也是存在的，但是人们对 ^{3}He 进行了更深入的研究，因为它的涡旋具有更复杂的结构。芬兰的研究人员已经发明了一项技术，他们用光纤直接观察到了在绝对温度 0.001K 下 ^{3}He 旋转时的表面涡流效应。

^{3}He 超流体的发现有重要的意义。首先是在天体物理学上有着奇特的应用。有两个实验研究组已经使用相变产生的 ^{3}He 超流体来验证关于在宇宙中如何形成所谓宇宙弦的理论。这种浩瀚的假想物体对于星系的形成可能是重要的。人们认为，在宇宙大爆炸后的若干分之一秒内，由于快速相变导致这些物体的形成。研究小组使用中微子引起的核反应局部快速加热超流体 ^{3}He，当它们重新冷却后，会形成一些涡旋球。这些涡旋球就相当于宇宙弦。这个结果虽然不能作为宇宙弦存在的证据，但可以认为是对 ^{3}He 流体涡旋形成的理论验证。

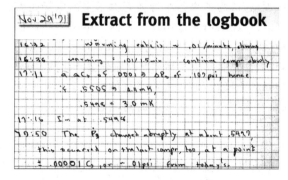

图 10-21　康奈尔低温小组实验日志摘要

图 10-22　戴维·李、奥谢罗夫（左）
和里查森（右）合影

10.9　量子霍尔效应与量子流体的研究

10.9.1　整数量子霍尔效应的发现

霍尔效应是 1879 年美国物理学家霍尔（Edwin Hall）研究载流导体在磁场中导电的性质时发现的一种电磁效应。他在长方形导体薄片上通以电流，沿电流的垂直方向加磁场发现在与电流和磁场两者垂直的两侧面产生了电势差（如图 10-23）。后来这个效应广泛应用于半导体研究。一百年过去了。1980年一种新的霍尔效应又被发现。这就是德国物理学家冯·克利青（Klaus von Klitzing，1943—　　）从金属—氧化物—半导体场效应晶体管（MOSFET）发现的量子霍尔效应。他在硅 MOSFET 管上加两个电极，把 MOSFET 管放到强磁场和深低温下，证明霍尔电阻随栅压变化的曲线上出现一系列平台，如图10-24，与平台相应的霍尔电阻等于 $R_H = h/i \cdot e^2$，其中 h 是普朗克常数，e 是电子电荷，i 是正整数 1，2，3，…。这一发现是 20 世纪以来凝聚态物理学、各门新技术（包括低温、超导、真空、半导体工艺、强磁场等）综合发展的重要成果。

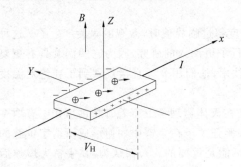

图 10-23　霍尔效应示意图

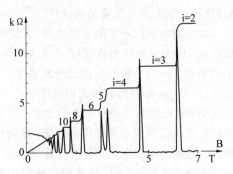

图 10-24　量子霍尔效应实验曲线

从 20 世纪 50 年代起，由于晶体管工业的兴盛，半导体表面研究成了热门课题，半导体物理学中兴起了一个崭新领域——二维电子系统。1957 年，施里弗（J. R. Schrieffer）提出反型层理论，认为如果与半导体表面垂直的电场足够强，就可以在表面附近出现与体内导电类型相反的反型层。由于反型层中的电子被限制在很窄的势阱里，与表面垂直的电子运动状态应是量子化的，形成一系列独立能级，而与表面平行的电子运动不受拘束。这就是所谓的二维电子系统。当处于低温状态时，垂直方向的能态取最低值——基态。

图 10-25　用于研究量子霍尔效应的硅片

由于半导体工艺的发展，20 世纪 60 年代初出现了平面型硅器件，用 SiO_2 覆盖硅表面制成了硅 MOSFET 管，为研究反型层的性能提供了理想器件，改变 MOSFET 的栅极电压可以控制反型层中的电子浓度。

1966 年，美国 IBM 公司的福勒（A. B. Fowler）、方复（F. F. Fang）、霍华德（W. E. Howard）与斯泰尔斯（P. J. Styles）用实验证实了施里弗的理论预见。他们把 P 型硅作为衬底的 MOSFET 放在强磁场中，在深低温下测源极与漏极之间的电导。改变栅压 V_G，测出的电导呈周期性变化，有力地证实了二维电子系统的存在。

这个实验激起了物理学家的浓厚兴趣，使二维电子系统成了国际上普遍重视的研究对象。20 世纪 70 年代中期，日本东京大学年轻的物理学家安藤恒也（T. Ando）和他的老师植村泰忠（Y. Uemura）从理论上系统地研究了二维电子系统在强磁场中的输运现象，对二维电子系统的霍尔效应作了理论分析。与此同时，世界上有好几个机构在进行有关二维电子系统的实验工作，其中尤以冯·克利青所在的维尔茨堡大学最为积极。

冯·克利青在大学生期间曾经利用假期到联邦技术物理研究所(PTB)的半导体实验室做学生工,在那里他认识了著名的物理学家兰德威尔(G. Landwehr)教授,后来跟随兰德威尔教授到维尔茨堡大学物理研究所,在兰德威尔指导下当博士研究生。兰德威尔安排他研究强磁场和液氦温度下处于量子极限的 Te 单晶的输运特性。获得博士学位后,留在维尔茨堡大学,当兰德威尔教授的研究助手。

图 10-26　冯·克利青在做实验

兰德威尔教授专门从事半导体输运特性的研究,是联邦德国开展二维电子系统研究的先驱。他们跟西门子公司的研究组有密切联系,而西门子公司在硅 MOSFET 管的制作上有丰富经验,可以为他们提供高质量的产品以供试验。1976 年维尔茨堡大学又新添置了超导磁体(采用 Nb_3Sn 和 NbTi 线圈),磁场可达 14.6T,为精密测量霍尔电阻作好了物质准备。这些条件为冯·克利青研究二维电子系统,作出新的发现准备了条件。

在研究二维电子系统的过程中,冯·克利青和他的合作者恩格勒特(T. Englert),以及研究生爱伯特(G. Ebert)都曾在霍尔电阻随栅极电压变化的曲线上观察到平台。日本人川路绅治也报导过类似的现象。在 1978 年中已有多起文献记载了这一特性,当时并没有引起人们的重视,只有冯·克利青敏锐地注意到并作了坚持不懈的研究。

他们拥有一台强达 25T 的磁场设备,比别的地方强得多,得到的霍尔平台也显著得多。1980 年 2 月 5 日凌晨,冯·克利青发现 MOSFET 的霍尔电阻与 h/e^2 的关系。他比较测量过的所有样品,发现都显示有同样的特征,$i = 4$ 的平台霍尔电阻都等于 $6\,450\,\Omega$,精确地等于 $h/4e^2$。这个值与材料的具体性质无关,只决定于基本物理常数 h 与 e。实验结果一经公布,立即引起了轰动。

冯·克利青发现的量子霍尔效应,量子数只能取整数,因此被称为整数量子霍尔效应。

10.9.2　分数量子霍尔效应

分数量子霍尔效应是继整数量子霍尔效应之后发现的又一项有重要意义的凝聚态物质中的宏观量子效应。图 10-27 表示的就是分数量子霍尔效应的实验曲线图。它和冯·克利青所得霍尔电阻随磁场变化的台阶形曲线相似。这些台阶高度也与物理常数 h/e^2 成比例,不过比例系数不是量子数 $i = 1, 2, 3, 4, \cdots$,而是所谓的填充因子 f,填充因子 f 由电子密度和磁通密度确定,可以定义为电子数 N 和磁通量子数 $N_\phi = \phi/\phi_0$ 之比 $f = N/N_\phi$,其中 ϕ 为通过某一截面的磁通,ϕ_0 为磁通量子,$\phi_0 = h/e = 4.1 \times 10^{-15}\,Vs$。$f$ 可以是整

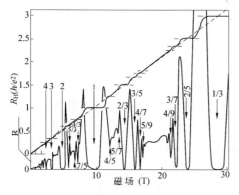

图 10-27　分数量子霍尔效应的实验曲线

数,也可以是分数。当 f 是整数时,电子完全填充相应数量的简并能级(朗道能级),这就是冯·克利青观测到的整数量子霍尔效应。

分数效应是在整数效应发现之后的两年,由美国新泽西州姆勒山 AT&T 贝尔实验室的崔琦(Daniel C. Tsui,1939—)和施特默(Horst L. Störmer,1949—)发现的。他们在研究霍尔效应中用质量极佳的以砷化镓为基片的样品做实验。样品的纯度是如此之高,以至于电子在里面竟可以像子弹一样运动。也就是说,它在相当长的路程中不会受到杂质原子的散射。为了获得这样的样品,半导体样品要经过"调制"——在传导层旁边的一层特别予以掺杂。散射长度在低温下会增大,因此实验要在 1K 以下和非常强的磁场中进行。在原始的实验中,磁场的强度高达 20T。出乎他们意料的是,这一实验所得的霍尔平台相当于填充因子要取分数值。他们最早发表的论文中公布了 $f=1/3$ 的平台。他们还发现有迹象表明在 2/3 处也有平台。根据最低朗道能级的粒子—空穴对称性,他们认为可能相当于空穴的 1/3 填充因子。

图 10-28   崔琦正在做实验

图 10-29   施特默(其身后的图像表示分数电荷)

分数量子霍尔效应的发现使凝聚态物理学界大为惊奇。从来没有人预言过以分数填充的朗道能级有什么特殊值得注意的特性。崔琦和施特默完全知道,与整数量子霍尔效应相反,用忽略电子间相互作用的模型是无法对分数量子霍尔效应作出解释的。他们设想,理解整数效应的论据不能用于这种情况。然而,他们注意到,如果为了某种理由还要用到那些论据,就必须承认有携带分数电荷的准粒子存在,例如当 $f=1/3$ 时,准粒子所带电荷为 $e/3$。然而,为什么会出现携带分数电荷的准粒子呢?

10.9.3   分数量子霍尔效应理论的提出

分数量子霍尔效应的发现,是对理论家的严峻挑战。一时间理论方面没有多少进展。贝尔实验室的劳克林(Robert B. Laughlin,1950—)则独辟蹊径,他对分数量子霍尔效应作出了出乎人们意料的理论解释。劳克林证明,当电子体系的密度相当于"简单"分数填充因子为 $f=1/m$(m 是奇整数,例如 $f=1/3$ 或 1/5)时,电子体系凝聚成某种新型的量子液体。他甚至提出了一个多电子波函数,用以描述电子间有相互作用的量子液体的基态。劳克林还证明,在基态和激发态之间有一能隙,激发态内存在分数电荷 $\pm e/m$ 的"准粒子"。这就意味着霍尔电阻正好会量子化为 m 乘 h/e^2。(请读者注意:此处 m 并非

电子质量,而是某一奇整数)

劳克林认为,从基态到基本激发态会产生特殊的漩涡。例如,可以想象我们从体系中移走一个(带整数电荷的)电子。在劳克林的图像中,有 m 个漩涡未受束缚,每个"准粒子"带一负 $1/m$ 电荷,即被移走的整数电荷的 $1/m$。类似地,如有一普通电子加到劳克林的液体中,就会立刻分出奇数的准粒子,每个准粒子带着电子电荷的同一分值。由于电子倾向于在基态中相互联系,这样库仑斥力可减到最小。增加或减少一个电子或磁通量子都会干扰这一次序,并造成相应的能量损失。正因为如此,$f=1/m$ 量子态代表了凝聚的多粒子基态。由于电子的位置像在固体中那样是不固定的,劳克林态成了一种新型量子液体(如图 10-30 和图 10-31)。

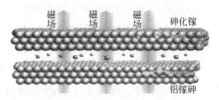

图 10-30　新型量子流体示意图

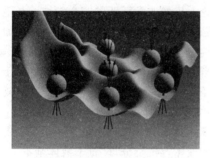

图 10-31　人们用这幅图表示劳克林的分数电荷理论

图 10-32　劳克林正在演讲

分数量子霍尔效应的存在,本身就是上述理论的一项间接验证。然而,这一理论也得到了实验的直接验证,例如,证明在激发谱和含有局域性分数电荷准粒子激发的激发态之间有一能隙。霍尔平台在分数填充因子 $1/m$ 附近有一有限的宽度(否则,分数量子霍尔效应就观察不到了)。在有限的温度下,准粒子可以成对产生,所带电荷为 $+e/m$(电子类型)和 $-e/m$(空穴类型),而整体处于电中性。这些准粒子是可动的,会消耗能量,从而对体系的普通电阻有贡献。与超导体中或绝缘体中的情况类比,产生准粒子对的能隙 Δ 应是产生电子型和空穴型准粒子的能量之和。可以从欧姆电阻随温度变化的关系求得 Δ 的实验值。早期的实验(在日本、德国和美国都有人做)只能与理论作定性比较,因为样品还不够纯。无序抑制了分数效应,加强了整数效应。1989 年 AT&T 贝尔实验室的维勒特(R. L. Willett)和英吉利(J. H. English)与崔琦、施特默和哥萨德合作,获得了更好的样品。他们实验的 Δ 值为 5 K～6 K 或 0.5 meV～1 meV,与劳克林的理论预计相差不超过 20%。

除了准粒子激发,新型的量子液体还以密度(以及自旋密度)涨落的形式产生集体激发。这种激发可以用一波矢量 k 来表示,其长波限 $k\to 0$,可以看成是准粒子激发的相干叠加;而其短波限 $k\to\infty$,密度涨落代表的是非相干准粒子激发。印地安纳大学的吉尔文(S. Girvin)及麦克唐纳德(A. MacDonald)和贝尔实验室的普拉兹曼(P. Platzman)发展了一种可用于集体激发的理论,这种理论类似于费因曼的超流氦理论。它基于劳克林对基态的描述,预言在激发谱中存在有限的能隙。1993 年贝尔实验室的宾朱克(A. Pinczuk)及其合作者,用非弹性光散射测量了 $k=0$ 时 $f=1/3$ 态的能隙值,与理论相符甚好。碰巧,能隙在有限波矢量 k_0 时有最小值,正好与朗道-费因曼的"旋子最小"完全对应。根据这一理论,当 m 增大时,能隙变小;$m=7$ 或 9 时,能隙消失。这表明点阵常数为 $1/k_0$ 时,劳克林电子液体有不稳定性,有可能会产生电子固体-维格纳点阵。这种相变在实验中已经观察到了。

分数量子霍尔效应理论解释的第二项中心内容是电荷的分裂。分数电荷准粒子的存在已有三个小组用两种不同的方法获得。一种是 1995 年美国石溪纽约州立大学的哥尔德曼(V. Goldman)和苏(B. Su)经过共振隧道电流的测量,另一种是 1997 年以色列维兹罗科学研究所的海伯朗(M. Heiblum)和法国原子能委员会的格拉特利(C. Glattli)领导的小组所进行的研究。这两个小组测量隧道电流中的散粒噪声,这一测量清楚地表明电流是由电荷为 $e/3$ 的物体携带的。

分数粒子霍尔体系物理学是在实验上和理论上仍然非常活跃的一个领域。在最初的几年里,由于做出了更好、更纯的样品,又不断发现了一系列量子霍尔平台。新增加的平台相当于更复杂的分数填充因子 $f=p/q$,其中 p 是一偶整数或奇整数,而 q 是奇整数。哈尔丹、劳克林和哈尔佩林把劳克林的 $1/m$ 态当作"母"态,将分数量子态"分级",于是对新平台作出了说明。他们把分数量子霍尔效应看成是复合粒子的整数效应,这种复合粒子则是由奇数的磁通量子束缚在每个电子上,组成了复合费米子。

1989 年发现,当磁场调制到霍尔电阻等于电阻量子除以 1/2 或 1/4,而不是 1/3 或 1/5,新的现象出现了。这些"偶分母"量子液体是费米液体,与"奇分母"量子液体基本上不同。这进一步说明了强磁场电子物理学的多样性。

总之,分数量子霍尔效应的实验发现及其用新的分数电荷激发的不可压缩量子液体作出的理论解释导致了我们认识宏观量子现象的一次突破,并且引发了一系列对基本理论有真正深刻意义的现象出现,其中包括了电荷的分裂。

10.10　非晶态物理的发展

第二次世界大战后,凝聚态物理学在理论和实验方面有巨大发展的另一个重要领域是非晶态物理学。20 世纪 50 年代初期,正当能带理论以压倒优势向前发展的时候,一些目光敏锐的物理学家就根据实验事实向能带论提出了挑战。能带论强调能态的延展性,用布洛赫波描述电子行为,这是由晶体结构平移对称性决定的。而挑战者强调能态的定域性,这是物质的无序结构决定的。

10.10.1　P.W.安德森等人的贡献

研究无序体系电子态的开创性工作是 P. W. 安德森(P. W. Anderson)在 1958 年发表的一篇题为《扩散在一定的无规点阵中消失》的论文[①]。他首先把无规势场和电子波函数

---

① 　Anderson P W. Absence of diffusion in certain random lattices. Phys. Rev. ,1958(109):1492~1505

定域化联系起来,在紧束缚近似的基础上,考虑了三维无序系统。证明当势场无序足够大时,薛定谔方程的解在空间是局域化的;给出了发生局域化的定量判据,并具体描述了定域态电子和扩展态电子的行为,为非晶态材料的电子理论奠定了重要的理论基础。

10.10.2　非晶态金属的研究

与理论方面的进展同时发展的是实验与技术的进步。1959 年,美国加州理工学院教授杜威兹(P. Duwez)等人用喷枪法获得非晶态 An-Si 合金。这是制备非晶态金属和合金工艺上的重要突破。1963 年,派诺考斯基(P. Pietrokowsky)提出了活塞砧座法,用以制备非晶金属箔片。1970 年至 1973 年,陈鹤寿等人进一步发展了可连续浇铸和连续制备非晶态合金的双辊急冷轧制法和单滚筒离心急冷法。1973 年,美国联合化学公司的吉尔曼(J. J. Gilman)等人做到以每分钟两千米的高速度连续生产非晶态金属玻璃薄膜,并以商品出售。杜威兹的研究成果不仅在金属玻璃的制备上取得了显著成就,而且开拓了非晶态金属的研究领域,大批物理学家开始研究金属玻璃的形成条件,研究金属玻璃的结构与稳定性,研究和利用金属玻璃的优异物理性质,例如高强度、软磁性、抗腐蚀性、抗辐照等性能。金属玻璃磁性的研究就是一个很好的例子。早在 1960 年库柏诺夫(A. N. Gubanov)就预言非晶态材料也具有铁磁性,并用径向分布函数计算出非晶态材料的铁磁转变温度,指出非晶态铁磁材料在不少实际应用中具有晶态铁磁材料所没有的优越性能。后来人们发现非晶软磁合金比晶态软磁合金有更优异的性能和更重要的使用价值。这就导致了日本在 20 世纪 60 年代以后利用非晶软磁合金大量制作各类磁头的成功范例。

10.10.3　非晶态半导体的研究

1967—1969 年,在安德森局域化理论的基础上,莫特(N. F. Mott)、科恩(M. H. Cohen)、弗里希(H. Fritzsche)和奥弗辛斯基(S. R. Ovshinsky)提出了非晶态半导体的能带模型,称为莫特-CFO 模型,如图 10-33。这个模型认为非晶态半导体中的势场是无规变化的,但是它的无规起伏并没有达到安德森局域化的临界值,因此电子态是部分局域化的。即非晶态半导体能带中的电子态可分为两类:扩展态和局域态。模型描述了非晶态半导体的能带结构,并进一步提出迁移率边、最小金属化电导率等概念。尽管这个模型从开始提出来就有争论,但它实际上已成为十多年来非晶态半导体电子理论的基础,对说明非晶态半导体的电学和光学性质起着重要作用。1972 年,莫特进一步提出,禁带中央的态是来自缺陷中心,也就是来自悬挂键,它们既能作为深施主,又能作为深受主,把费米能级"钉扎"在禁带中央。1975 年,安德森提出了负相关能的概念,即当定域态上占有电子时可能引起晶格畸变,若由于晶格畸变降低的能量超过电子之间的库仑排斥能,就可能出现负相关能。此后不久,卡斯特纳(M. Kastner)等人提出了换价对的物理图像,使得人们对硫系玻璃的电子结构及其宏观性质的关系的研究不断深入。1975 年,这一问题终于得到了解决。斯皮尔(W. E. Spear)在硅烷(SiH_4)辉光放电中引入硼烷(B_2H_6)和磷烷(PH_3),制备出了 p 型和 n 型非晶硅,在非晶态掺杂问题上取得了重要突破。这一突破使得非晶半导体材料有可能像晶态半导体材料那样制成各种具有独特性能的半导体器件,激起了对非晶态半导体研究的新高潮。1976 年美国物理学家卡尔森（D. E. Carlson）制成了第一个非晶硅太阳能电池。这是非晶半导体应用的又一个成功范例。

从安德森 1958 年关于无序体系电子态的开创性工作到 1971 年莫特和戴维斯合写的《非晶固体中的电子过程》[1]一书问世；从杜威兹 1960 年用喷枪法制备出非晶合金到 1976 年卡尔森制造出第一个非晶硅太阳能电池，短短十几年的时间非晶态物理的研究取得了很大的进展。莫特和安德森正是由于在非晶态物理学方面的贡献，获得了 1977 年诺贝尔物理学奖。

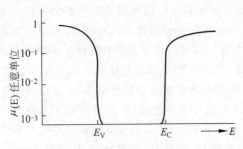

图 10-33　莫特-CFO 模型[2]

图 10-34　1977 年莫特夫妇（中间坐着）和安德森夫妇合影

10.10.4　准晶态的发现

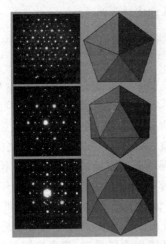

图 10-35　Al-Mn 合金的电子衍射斑点（左侧）及由此判定的晶体结构（右侧）

1984 年以前普遍认为，固体不是晶态就是非晶态，二者必居其一，晶体中的原子排列不但有长程序，而且具有周期性。实验事实确是如此。为了满足周期性平移的条件，要求晶体中的旋转对称只能有 1,2,3,4 和 6 次，而 5 次和 6 次以上的旋转对称都是不允许的。这成了晶体学中的一条基本法则。可是到了 1984 年，在美国国家标准局实验室工作的谢克特曼（D. Shechtman）却在研究用急冷凝固方法使较多的 Cr,Mn 和 Fe 等合金元素固溶于 Al 中，以期得到高强度铝合金时，在急冷 Al-Mn 合金中发现了一种奇特的具有金属性质的相，这种相具有相当明锐的电子衍射斑点，但不能标定成任何一种布拉维点阵，其电子衍射花样明显地显示出传统晶体结构所不允许的 5 次旋转对称性。谢克特曼等人在美国物理评论快报上发表的"具有长程取向序而无平移对称序的金属相"一文中首次报导了发现一种具有包括 5 次旋转对称轴在内的 20 面体点群对称合金相（如图 10-35），并称之

①　Mott N F, Davis E A. Electronic Processes in Non-Crystalline Materials. 1971
②　Cohen M H. Fritzsche H, Ovshinsky S R. Phys. Rev. Lett. ,1969(22):1965

为 20 面体相[①]。随后,在当年的同一份杂志上,刊载了另外两位物理学家的理论研究成果,他们指出,上述 20 面体的壳层在一定的成分和温度范围内,可能会由于自由能很低而存在,并且有 10 个 3 次旋转轴和 6 个 5 次旋转轴。由此计算出的电子衍射图的斑点位置和强度都与谢克特曼等人的实验结果相一致。据此,他们提出了“准晶体”的概念,并指出这种准晶体具有 20 面体旋转对称性,它们是“准周期性的”,而不是“非周期性的”。随着对准晶态物质研究的不断深入,人们逐渐明确了认识,认为准晶体仍然是晶体,它有着严格的位置序(因此能给出明锐的衍射),只不过不是像经典晶体那样原子呈三维周期性排列,而是呈准周期排列。

　　就这样,准晶态物质被人们发现并且认识了。随即开始了研究的热潮。不出四年,继三维准晶态之后,二维和一维的准晶态也陆续被发现。有人评论说,准晶态的发现引起了晶体学的革命。

　　迄今为止,已经在 Al 合金、过渡族金属合金及含有稀土元素或锕系元素的合金等众多合金系中发现了上百种准晶材料;准晶材料的制备方法大大改善;广泛开展了准晶态材料的性能和应用的研究。与传统晶体和非晶体物质相比较,准晶态物质有可能在物理性能、化学性能和力学性能等方面表现出许多新的特性。例如,准晶态物质呈现出比钢还硬的特性,具有非常高的电阻率和非常低的热传导系数,等等。随着对准晶态物质研究的不断深入,准晶态物质的特性必将得到广泛的开发和利用。

10.11　高压物理学的发展

　　物理学研究的是物质的各种存在形式及其运动规律。某些极端条件,例如:极低温、超低温、超高压、超强磁场、超强光辐照,等等,对研究物质的微观结构和变化往往有特殊意义。而超高压则是多年来人们梦寐以求而又极难达到的境界。在超高压下,物质原子的空间位置和电子结构都会发生变化,从而发生相变。在超高压下,电子云的重叠增加,对金属来说,电子的公有化程度提高,原子的热振动减小,所以电阻会随压力的增加而减少;对绝缘体来说,禁带宽度变窄,会出现金属化的现象。材料科学家可以通过超高压作用合成新的材料,地质学家和地球物理学家可以利用超高压在实验室里模拟地壳和地幔之下的物理化学过程。总之,超高压物理学作为凝聚态物理学的一个分支,可以把人类带进一个新的天地。

　　然而,在超高压物理学面前,有一道拦路虎,就是如何实现超高压状态。多少年来,人们致力于高压技术的发展,可是进展艰难。

　　早在 18 世纪,就已有高压技术的研究文献,不过多是限于气体。1762 年和 1764 年,英国物理学家坎顿(J. Canton)发表了有关高压实验的成果,可以说是最早的文献。1861年,爱尔兰化学家安德鲁斯(T. Andrews)做了气体的高压实验,在研究中发现了气体相变的临界现象。接着,法国物理学家阿马伽(E. H. Amagat)和盖勒特(L. Cailletet)也做了高压气体实验。阿马伽创制了一种保证有效密封的特殊技术,在 19 世纪 80 年代后期,他成

---

　　①　Shechtman D, Blech I, Cratias D, Cahn J W. Rev. Rev. Lett. ,1984;2477～2480

功地获得了 3 000 大气压（1 标准大气压约等于 10^5 Pa）的压力。1893 年，德国的塔曼（G. Tammann）利用这一技术进行了一系列高压物理实验研究，研究了高压下固体材料的相变。

1905 年，美国哈佛大学刚毕业的大学生布里奇曼（Percy Williams Bridgman，1882—1961）在阿马伽高压技术的基础上作出了重大发展。他根据压力对水银电阻的影响，发展了阿马伽的自由活塞压力秤，并采用传统的旋转螺旋压缩机来获得高压。最高压强达到了 6 500 大气压。1908 年又以论文"压力对汞电阻的效应"获哲学博士学位。1908—1909 年，布里奇曼发表了三篇对高压物理学有深远影响的论文，从而奠定了高压物理学在 20 世纪里大发展的基础。

对于布里奇曼来说，要发展超高压技术面临着两大难题：一是传递压力的流体会泄漏；一是压力容器会破裂。布里奇曼非常喜欢思考，他一反传统的做法，发明了建立在无支持面原理上的新装置，其密封度会随压强的升高而增大，使他成功地解决了第一个难题，获得了高压技术上的突破。这样，高压装置就不再受漏压的限制，而只与材料强度有关。1910 年，他采用这一原理，并用水锤泵代替传统使用的螺旋压缩机，使产生的高压一下子提高到 20 000 大气压。后来，他又采用碳化钨高耐压强度材料，并且设计出"外部支持"的方法，解决了压力容器的破裂问题。从而成功地解决了第二个难题。这样一来，布里奇曼大大提高了容器的抗压能力，1937 年抗压能力达到 50 000 大气压。1941 年达到 100 000 大气压。他还采用"交叉刀刃原理"，使抗压能力达到 425 000 大气压。他创造性地提出大质量支持原理。他发现，在对顶压砧中获得的压强，可以远远超过压砧材料本身的抗压强度，这是由于压砧的非工作区部分支持了压砧工作区部分的结果。根据这一原理，他于 1952 年发明了一种更为完善的高压设备——对置砧装置，人称"布里奇曼压砧"，这种装置可使高压达到 200 000 大气压以上，而且操作和测量都比较方便。设备中的砧是用烧结碳化物材料制成，支持环用经过预应力处理的钢材制成。由金刚石构成的压砧，压强可以达到更高的数值。这一设备的原理一直被高压物理学界沿用至今。

图 10-36　布里奇曼（右）和他的助手
正在做高压物理实验

图 10-37　布里奇曼设计的剪切装置，
用于极高压力的测量

由于布里奇曼的开创性工作，几十年来，高压物理学取得了许多意义重大的成果。他利用陆续发展的超高压装置研究了许多不同物质在超高压下的物理性质：导电性、导热性、压缩性、抗张强度和粘滞性等。例如：发现了几十种物质具有前所未知的特性；发现许多物质在超高压下的多形性，发现冰在超高压下至少有六种变态，其中一种是所谓的热冰，融点高达200℃；发现除水以外，液体的黏度一般都随压力的增大而增加；发现黑磷和铯在某一转变压力下的电子重新排列。他所测定的数据，至今还有一些被当作标准。他的研究对地球物理学也有重大意义，证明了岩石处在超高压状态下，其物理性质和晶体结构必然会发生剧烈的变化，这种现象在地球内部是经常出现的。

1953年，美国通用电气公司在布里奇曼装置的基础上，设计了一种叫做"BELT"型的高压装置，利用这种装置在1955年首次合成了金刚石。他们以石墨为原料，并加含镍的催化剂，所施的压力达到60 000大气压，温度约为1 500℃。高压合成金刚石的成功，引起了轰动，在此基础上后来又合成了多种超硬材料。时至今日，世界各国都有人在研究高压物理学，大大小小的高压实验室超过了一百所。美国和日本的物理学家用金刚石高压设备的研究，提供了许多重要数据。他们利用X射线和激光加热高压容器，肯定了地幔深处的相变。以前人们认为地幔的相变是正交晶系变成尖晶石，并最后变成密堆积的氧化物。现在发现存在着有钙钛矿和钛铁矿结构的尖晶石相。这一结果导致对地震数据的修正。20世纪70年代以来，许多国家开展了超高压实验，得到了有关 H, H_2O, NiO 等物质在超高压下相变的数据。在英国，开展了多种关于固体相变和能带结构的研究，对凝聚态物理学提供了重要信息。超高压是一个没有止境的境界，在21世纪中必将得到更辉煌的成就。

10.12　软物质物理学的兴起

软物质或软凝聚态物质是指处于固体和理想流体之间的物质。一般由大分子或基团（固、液、气）组成，如液晶、聚合物、胶体、膜、泡沫、颗粒物质、生命体系等，在自然界、生命体、日常生活和生产中广泛存在。软物质与人们生活休戚相关，如橡胶、墨水、洗涤液、饮料、乳液及药品和化妆品等；在技术上有广泛应用，如液晶、聚合物等；生物体基本上由软物质组成，如细胞、体液、蛋白、DNA等。对软物质的深入研究，将对生命科学、化学化工、医学、药物、食品、材料、环境、工程等领域及人们日常生活有广泛影响。

软物质运动规律和行为主要不是由量子力学和相对论的基本原理直接导出，而是由内在特殊相互作用和随机涨落而引起。软物质的许多新奇行为、丰富的物理内涵和广泛的应用背景引起越来越多物理学家的兴趣。

1991年，诺贝尔物理学奖获得者、法国物理学家德热纳（P. G. De Gennes）在诺贝尔奖授奖会上以"软物质"为演讲题目[①]，用"软物质"一词概括复杂液体等一类物质，得到广泛认可。从此软物质这个词逐步取代美国人所说的"复杂流体"，开始推动一门跨越物理、化学、生物三大学科的交叉学科的发展。近年来，美国及欧洲的主要物理学杂志均开辟了"软物质物理"新栏目，表明软物质物理已成为一门新的学科领域。

软物质包括范围广泛，这类物质均属于复杂体系，与一般固体和液体有不同的运动规

---

① De Gennes P G. Soft Matter. Rev. Mod. Phys., 1992(64):645

律，是多学科相关的研究领域，更是通向研究生命体系的桥梁。20世纪的物理学开拓了对物质世界的新认识，相对论和量子力学起了支配作用。在此基础上，研究和深入认识了"硬物质"（如金属、半导体及各种功能物质），对技术和社会产生了巨大推动作用。然而，却存在另一类型的物质，其运动规律和行为主要不是由量子力学和相对论的基本原理直接导出。软物质就是这样的领域，其自组织行为和标度对称性等是由内在特殊相互作用和随机涨落而引起。正如德热纳在他的科普作品《脆性物体、软物质、硬科学与发现的震撼》一书中写道："如果你数一数与硫磺反应的碳原子数目，你会发现其只占 1/200，这是一个具有代表性的数据。然而，这种极其微弱的化学反应已经足可以引起物质的物理状态从液态变到固态：流体变成了橡胶。这证明物质状态能够通过微弱的外来作用而改变状态，就如雕塑家轻轻地压一压大拇指就能改变黏土的形状。这便是软物质的核心和基本定义。"[①]

有人把 21 世纪称为生命科学的世纪，然而，任何生命结构（DNA、蛋白质等）却正是建立在软物质的基础上。作为人类未来技术中的重要组成部分以及生命本身不可或缺的基石，软物质的许多新奇行为、丰富的物理内涵和广泛的应用背景引起越来越多物理学家的兴趣。软物质物理学已经成为物理学的一个新的前沿学科，是具有挑战性和迫切性的重要研究方向。

---

① Pierre-Gilles de Gennes, Jacques Badoz, Fragile Objects. Soft Matter, Hard Science, and the Thrill of Discovery. Translated by Axel Reisinger. Copernicus Books, Springer-Verlag, 1996. 中文译本名为：《软物质与硬科学》

第 11 章

现代光学的兴起

现代光学是一个比较含混的概念，我们这里泛指 20 世纪 60 年代激光出现以后光学的新进展，其中包括激光科学、量子光学、激光光谱学、非线性光学、全息术、信息光学等方面。它们共同的理论基础是量子力学和量子电动力学。从广义上说，微观粒子都具有波动性，都应表现出波的特征，因此也可把微观粒子的波动行为收容在一系列光学分支里，例如，中子衍射属于中子光学的范畴，电子衍射属于电子光学，此外还有原子光学、离子光学、分子光学等。所以，中子光学、电子光学、原子光学和分子光学都可以认为是现代光学的组成部分。下面我们将就激光科学、全息术、激光光谱学、非线性光学、信息光学、原子光学的发展简单作些介绍。我们可以看到，现代光学是一个丰富多彩的领域，说明 20 世纪物理学向物质世界的深度和广度进军，取得了丰硕的成果。[①]

11.1 激光科学的孕育和准备

激光科学是 20 世纪中叶以后发展起来的一门新兴科学技术。它是现代物理学的一项重大成果，是量子理论、无线电电子学、微波波谱学以及固体物理学的综合产物，也是科学与技术、理论与实践紧密结合产生的灿烂成果。激光科学从它的孕育到初创和发展，凝聚了众多科学家的创造智慧。

---

① 本章主要参考下列资料写成：Bertolotti. Masers and Lasers, An Historical Approach. Adam Hilger, 1983；Lasers&Applications, Laser Pioneer Interviews. High Tech. ,1985；Thompson J M T, ed, Vision of the future: Physics and Electronics. Cambridge Univ. Press,2001

11.1.1　爱因斯坦提出受激辐射概念

激光的理论基础早在 1916 年就已经由爱因斯坦奠定了。他以深刻的洞察力首先提出了受激辐射的概念。所谓受激辐射的概念是这样的：处于高能级的原子，受外来光子的作用，当外来光子的频率正好与它的跃迁频率一致时，它就会从高能级跳到低能级，并发出与外来光子完全相同的另一光子。新发出的光子不仅频率与外来光子一样，而且发射方向、偏振态、位相和速率也都一样。于是，一个光子变成了两个光子。如果条件合适，光就可以像雪崩一样得到放大和加强。特别值得注意的是，这样放大的光是一般自然条件下得不到的"相干光"。爱因斯坦是在论文《辐射的量子理论》[①]中在论述普朗克黑体辐射公式的推导中提出受激辐射概念的。不过爱因斯坦并没有想到利用受激辐射来实现光的放大。因为根据玻尔兹曼统计分布，平衡态中低能级的粒子数总比高能级多，靠受激辐射来实现光的放大实际上是不可能的。因此在爱因斯坦提出受激辐射理论以后的许多年内，这个理论并没有得到太多运用，仅仅局限于理论上讨论光的散射、折射、色散和吸收等过程。直到 1933 年，在研究反常色散问题时才触及到光的放大。

图 11-1　爱因斯坦把普朗克的量子假说大大向前推进。1929 年普朗克（左）亲自把奖章颁发给爱因斯坦

11.1.2　负色散的研究

色散理论早在 1900 年就由特鲁德（P. Drude）建立，能够解释一部分实验结果。但它是建立在经典电磁理论上的，与玻尔的稳态原子模型有矛盾，所以在 20 世纪一二十年代里陆续有一些学者致力于用量子理论说明色散现象，其中包括德拜和索末菲。到了 1928 年，德国光谱学家拉登堡（R. W. Ladenburg）得到了一个折射率 n 随波长 λ 变化的量子理论公式

$$n - 1 = e^2/4\pi mc^2\left[\lambda_{21}^3/(\lambda - \lambda_{21})\right] \cdot F$$

而
$$F = N_1 f_{21}\left[1 - (N_2/N_1) \cdot (g_1/g_2)\right]$$

其中 e 和 m 分别表示电子的电荷与质量，N_2 与 N_1 分别是高能级 2 与低能级 1 的原子数，g_1 与 g_2 表示相应能级的统计权重，λ_{21} 是 2→1 跃迁的辐射波长，f_{21} 是一系数。式中 $\left[1 - (N_2/N_1)(g_1/g_2)\right]$ 称为负色散项，表示由于高能级 2 有一定的原子数而作的修正，F 叫做色散系数。

拉登堡和他的合作者在 1926—1930 年做了一系列实验，研究氖的色散，观测色散随

①　此文发表在 1917 年《物理学杂志》（Physikalishe Zeischrift）上，中译文见：范岱年等编译. 爱因斯坦文集·第二卷. 商务印书馆，1977.335～350

放电电流密度变化的情况。他们利用贾民(Jamin)干涉仪,如图 11-2。光经过玻璃板 P_1 分成两束,一束经受激介质,另一束经正常介质,再会合于 P_2 后用光谱仪观测。他们在氖的谱线 6334Å,6383Å 及 6402Å 附近观察到了钩形的干涉图形。根据仪器的结构、相邻干涉条纹的间隙和干涉条纹的弯曲程度可以求得色散系数。

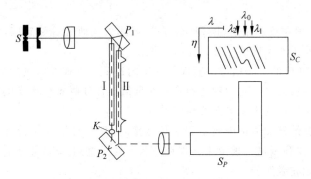

图 11-2　观测反常色散的仪器

最引人注目的是色散系数随放电电流密度变化的关系。拉登堡用的放电管长 50 厘米和 80 厘米,直径 8 毫米~10 毫米。放电电流在 0.1 毫安~700 毫安之间变化。实验结果表明,放电电流在 100 毫安以下时,色散系数 F 一直随电流增加,说明负色散项中的比值 $N_2 g_1/N_1 g_2$ 可以忽略不计,而当电流超过 100 毫安时,该系数开始下降(如图 11-3)。这表示高能级的 N_2 值不能忽略。如果拉登堡继续增大放电电流,肯定会发现 F 值由正变负的情况。$F<0$,意味着 $N_2 g_1/N_1 g_2>1$,也即 $N_2/g_2>N_1/g_1$。可是无论是拉登堡还是其他研究反常色散的研究者都没有继续这项试验,因为人们对平衡态是如此坚信不移,以至于都认为不可能偏离太远,不会得到负吸收。

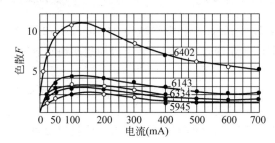

图 11-3　拉登堡的色散系数随放电电流密度变化的曲线(1933 年)

到了 1940 年,苏联有一位物理学家在做博士论文时注意到了负吸收。他在博士论文中写道:

"对于分子(原子)的放大,N_2/N_1 大于 g_2/g_1 是必需的。尽管这一集居数(即粒子数)之比在原则上可以达到,但迄今尚未观测到这种情况。"[1]

他显然已经预见到了利用某种辅助手段使高能级的"浓度"大于平衡态下的"浓度"。

① 转引自:Bertolotti M. Masers and Lasers: An Historical Approach. Adam Hilger,1983. 27

这位物理学家叫法布里坎特(В. А. Фабрикант)。他虽然没有具体实现自己的方案，但作为粒子数反转这一物理思想的倡导者，他的贡献是不应忽视的。

11.1.3　磁共振的研究

1946 年，瑞士科学家布洛赫(F. Bloch)在斯坦福大学研究核磁感应，实验中他和他的合作者观察到了粒子数反转的信号。他报告说：

"正如我们所期望的……信号一直保持原来的正值。然而几秒钟后信号变小了，消失了，然后以负值出现，又过了几秒钟达到最大的负值。在外界条件固定的情况下出现信号的异常逆转表示质子自旋重新取向的渐变过程"。[①]

布洛赫一心想的是如何精确测定原子的弛豫时间，没有把这一新现象联系到集居数问题，更没有想到要利用这一现象来实现粒子数反转。直到 1958 年才有人重新研究并运用于二能级固体微波激射器。

图 11-4　布洛赫在做实验

图 11-5　兰姆正在做实验

1947 年，兰姆(W. E. Lamb, jr.)和雷瑟福(R. C. Retherford)在关于氢的精细结构的著名论文中加有一个附注，指出通过粒子数反转可以期望实现感应辐射(即受激辐射)。

1973 年，兰姆回顾往事时写道：

"当时负吸收的概念对我们来说是新颖的，我们又不知道先前的文献……我们没有把负吸收与自持振荡联系到一起。"

"不过，即使我们这样做了，至少还有三个因素会使我们发明不成脉塞：1. 我们的兴趣集中在氢的精细结构上；2. 预期的吸收(增益)很小，其正负可疑；3. 在我们用的频率上很容易实现振荡。"[②]

1948 年，核磁共振的另一位发现者帕塞尔有意识地研究了磁场中各子能级的集居数。1951 年他和合作者第一次在实验中实现了粒子数反转，观察到了负吸收。他们首先提出了负温度的概念。帕塞尔发现 LiF 晶体在 50kHz 附近会产生零场谐振，时间很长。于是

①　Bloch F, et al. Phys. Rev. ,1946(70):474

②　Lamb W E, Jr. . In: Kursuneglu B, Erlmutter A, ed. Impact of Basic Research on Technology. Plenum, 1973.85

将这晶体置于磁场中并突然令磁场反向,反向的时间比自旋-点阵的弛豫时间要短得多。因此在磁场换向时,核自旋的组态还来不及改变,这时就发生了负吸收(即辐射)。图11-8记录的是一份典型的实验曲线。最左边的峰是正常的谐振曲线。磁场换向后,第二个谐振峰向下,就相当于负吸收。负峰越来越小,直到被正吸收抵消,最后回到正值。这时,高能级和低能级集居数相等。逐渐增加的正峰表示重建热平衡分布。

图 11-6　帕塞尔在做实验

图 11-7　帕塞尔用过的核磁共振池

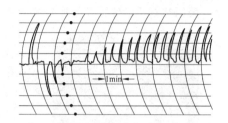

图 11-8　帕塞尔的反转核磁化记录

1949年,法国物理学家卡斯特勒(A. Kastler)发展了光泵方法,为此他获得了1971年诺贝尔物理学奖。所谓光泵,实际上就是利用光辐射改变原子能级集居数的一种方法。他原来的目的是要建立一种用光探测磁共振的精密测量方法,没有想到可以实现粒子数反转,更没有想通过这一途径进行光的放大。不过,他的工作为以后的固体激光器提供了重要的抽运手段。

由于第二次世界大战中雷达得到广泛运用,微波技术发展很快,微波器件充分发展,磁共振方法因而得到研究,光泵方法也大显身手。微波波谱学发展起来了,也就为发明微波激射放大器(脉塞)准备了充分条件。

图 11-9　由于雷达的使用,微波技术在第二次世界大战中得到了急剧发展,图为1940年11月麻省理工学院的辐射实验室,正在紧张研究雷达

1952年,韦伯(F. Weber)在著名光谱学家赫兹堡(G. Herzberg)主持的受激辐射讨论会上得到启示,产生了利用受激辐射诱发原子或分子,从而放大电磁波的思想。他提出了

微波激射器的原理。韦伯的方法后来并没有实现，但是他的论文对汤斯（C. H. Townes，1915— ）产生了影响。

11.2　微波激射器的发明

汤斯是美国南卡罗林纳人，1939年在加州理工学院获博士学位后进入贝尔实验室。二次大战期间从事雷达工作。他非常喜爱理论物理，但军事需要强制他置身于实际工作之中，使他对微波等技术逐渐熟悉。当时，人们力图提高雷达的工作频率以改善测量精度。美国空军要求他所在的贝尔实验室研制频率为24000MHz的雷达，实验室把这个任务交给了汤斯。汤斯对这项工作有自己的看法，他认为这样高的频率对雷达是不适宜的，因为他观察的这一频率的辐射极易被大气中的水蒸气吸收，因此雷达信号无法在空间传播，但是美国空军当局坚持要他做下去。结果仪器做出来了，军事上毫无价值，却成了汤斯手中极为有利的实验装置，达到当时从未有过的高频率和高分辨率，汤斯从此对微波波谱学产生了兴趣，成了这方面的专家。他用这台设备积极地研究起微波和分子之间的相互作用。

图11-10　汤斯在调整他的第二台氨分子束微波激射器

这时帕塞尔和庞德在哈佛大学已经实现了粒子数反转，不过信号太弱，人们无法加以利用。"并不是人们认为不能实现粒子数反转，而是没有办法放大，无法利用这一效应，"汤斯回忆说。他也和其他物理学家一起，正在苦思这个问题。他设想如果将介质置于谐振腔内，利用振荡和反馈，就可以放大。汤斯很熟悉无线电工程，所以别人没有想到的，他先想到了。关于他是如何构思出第一台微波激射器的，汤斯回忆他于1951年春天在华盛顿参加一个毫米波会议时的情景：

"很偶然，当时我正与肖洛（A. L. Schawlow）同住一个房间。后来他也参与了激光工作。我起身很早，为了不打扰他，我出去在公园旁的长凳上坐下，思考是什么原因没有制成（毫米波发生器）？很清楚，需要找到一种制作体形极小而又精致的谐振器的方法。这种谐振器具有可以与电磁场耦合的某种能量。这像是分子一类的东西，要做出这样小的谐振器并供给能量会遇到多么大的技术困难？看来真正的希望在于找到一种利用分子的方法。也许正是早晨新鲜的空气使我突然看清了这个方案的可行性。几分钟内我就草拟好了方案，并计算出下列过程的条件：把分子束系统的高能态从低能态分开，并使之馈入腔中，腔中充有电磁辐射以激发分子进一步辐射，从而提供了反馈，保持持续振荡。"[①]

汤斯在会上没有透露任何想法，立即返回哥伦比亚，把他的研究组成员召集拢来，开始按他的新方案进行工作。这个组的成员有博士后齐格尔（H. J. Zeiger）和博士生戈登

---

①　转引自：Bertolotti M. Masers: An Historical Approach. Adam Hilger，1983. 27

（J. P. Gordon）。后来齐格尔离开哥伦比亚，由中国学生王天眷（1912—1989）接替。汤斯
选择氨分子作为激活介质，这是因为他从理论上预见
到，氨分子的锥形结构中有一对能级可以实现受激辐
射，跃迁频率为23870MHz。氨分子还有一个特性，就
是在电场作用下，可以感应产生电偶极矩。氨的分子
光谱早在1934年即有人用微波方法作出了透彻研究。
1946年又有人对其精细结构作了观察，这都为汤斯的
工作奠定了基础。汤斯设计的微波激射器如图11-11
所示。他们在论文中作了如下说明：

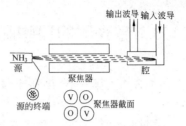

图11-11 汤斯的微波激射器原理图

　　"氨分子束从束源射出后进入聚焦电极系统。这些电极建成沿射线轴的柱形四极静
电场。在反转能级中，高能态分子受沿半径方向向内的（聚焦）力，而低能态受沿半径方向
向外的力，于是到达空腔的分子实际上都是高能态的。当腔内存有分子束时，空腔中感应
出跃迁，从而引起了空腔能量的变化。不同频率的功率输经空腔，当速调管的频率调到分
子跃迁频率时，观察到了发射谱线。

　　"如果从分子束发射的功率足以在腔内保持足够的场强，以达到可以引起后续分子束
感应跃迁的程度，就会产生自持振荡。这样的振荡已经产生，尽管功率尚未直接测出，但
估计约为10^{-8}瓦。振荡的频率稳定度可与各种可能的'原子钟'不相上下。"[1]

　　汤斯小组历经两年的试验，花费了近3万美元。1953年的一天，汤斯正在出席波谱学
会议，戈登急切地奔入会议室，大声呼叫道："它运转了。"这就是第一台微波激射器。汤斯
和大家商议，给这种方法取了一个名字，叫"微波激射放大器"。英文名为"Microwave
Amplification by Stimulated Emission of Radiation"，简称MASER（脉塞）。

　　与此同时，还有几个科学集体在尝试实现微波的放大。在苏联的莫斯科，列别捷夫物理
研究所普洛霍洛夫（Прохоров）和巴索夫（Басов）的小组一直在研究分子转动和振动光谱，探
索利用微波波谱方法建立频率和时间的标准。他们认定，只要人为地改变能级的集居数就
可以大大增加波谱仪的灵敏度，并且预言，利用受激辐射有可能实现这一目标。他们也用非
均匀电场使不同能态的分子分离，不过他们的装置比汤斯小组的晚了几个月才运转。

　　另有一位美国学者布洛姆伯根（N. Bloembergen）也对微波激射器作出了重要贡献。他
原是荷兰人，曾在第二次世界大战后到美国参加帕塞尔小组的核磁共振研究。1956年，他
提出利用顺磁材料中的塞曼能级做成可调谐的微波激射器。特别值得提出的是他和前面两
位苏联科学家利用三能级系统的思想，为后来微波激射器和激光器的发展指明了方向。

　　不久，贾万（A. Javan）提出用非线性双光子过程进行微波放大。斯柯维尔（H. E. D.
Scovil）等人在1957年实现了固体顺磁微波激射器，布洛姆伯根等人在1958年也做成了红
宝石微波激射器。

　　至此，激光的出现已是指日可待了。人们经过各方面的努力，为激光的诞生作好了各
种准备。1958年，许多物理学家活跃在分子束微波波谱学和微波激射器的领域里，他们自
然会想到，既然微波可以实现量子放大，为什么不能推广到可见光，实现光的放大？

---

① Gordon J P, et al. , Phys. Rev. , 1954(95):282

一场竞争在国际间展开,看谁最先摘下激光这顶桂冠。

11.3   激光器的设想和实现

11.3.1   第一份专利申请书和超发光的设想

20世纪50年代初,尽管微波激射器还刚刚兴起,已经有人开始考虑在比微波波长更短的范围内实现量子放大。上面提到的苏联科学家法布里坎特在1951年就曾向苏联邮电部提出一份专利申请书,题目叫:"电磁波辐射(紫外光、可见光、红外光和无线电)放大的一种方法,特点是被放大的辐射通过一种介质,用其他方法和辅助辐射使相当于激发态的高能级上的原子、其他粒子或系统的浓度增大,超过平衡浓度。"可是这项申请直到1959年才得到批准和发表。看来,这项建议即使在苏联也没有起到显著影响。

在美国,1956年狄克(R. H. Dicke)发展了一个概念,叫"超发光"(superradiance),还提出了"光弹"(optical bomb)的设想,里面包含了粒子数反转的思想。所谓超发光,是指当激发脉冲过后,由于自发辐射会产生一极强的光。同时他还在专利申请书中提出了运用法布里-珀罗干涉仪作为谐振腔的设想。不过,这项申请书是在1957年才批准的,对公众的影响也不大。

11.3.2   汤斯和肖洛的方案

最先发表激光器的详细方案是汤斯和肖洛。1957年他们开始考虑"红外和可见光激射器"的可能性。

图 11-12   肖洛在做实验

肖洛1921年生于美国纽约,在加拿大多伦多大学毕业后又获硕士和博士学位。第二次世界大战后,肖洛在拉比(I. I. Rabi)的建议下,到汤斯手下当博士后,研究微波波谱学在有机化学中的应用。他们两人1955年合写过一本《微波波谱学》[①],是这个领域里的权威著作。当时,肖洛是贝尔实验室的研究员,汤斯正在那里当顾问。

1957年,正当肖洛开始思考怎样做成红外激射器时,汤斯来到贝尔实验室。有一天,两人共进午餐,汤斯谈到他对红外和可见光激射器很感兴趣,有没有可能越过远红外,直接进入近红外区或可见光区。近红外区比较容易实现,因为当时已经掌握了许多材料的特性。肖洛说,他也正在研究这个问题,并且建议用法布里-珀罗标准具作为谐振腔。两人谈得十分投机,相约共同攻关。汤斯把自己关于光激射器的笔记交给肖洛,里面记有一些思考和初步计算。汤斯原来考虑选铊(Tl),在以玻璃为壁的四方盒

①   Townes C H, Schawlow A L. Microwave Spectroscopy. McGraw-Hill, 1955

中,充有铊作为工作介质,用铊灯的紫外线照射以激发铊原子,使它从基态 6p 跃迁到高能态 6d 或 8s。

对于汤斯这一构思,肖洛进行分析。他认为这个方案不容易实现,因为铊原子低能态的空出时间要比高能态的填充时间慢,无法实现粒子数反转。肖洛在许多数据表中查找,希望能使振荡器满足要求,最后选择了碱金属的钾。钾也不很理想,因为它并不稳定,选钾的原因是因为钾光谱中有两条是可见光。

再就是谐振腔。肖洛想了各种方案,其中包括利用衍射光栅作为谐振腔腔壁,后来才选定法布里-珀罗式的结构。肖洛在做研究生论文时就熟悉光谱方法,尤其擅长运用法布里-珀罗干涉仪。他很欣赏法布里-珀罗干涉仪的特点,其选频特性是如此之尖锐,竟可以把空腔里大多数振荡模滤掉,达到选模目的而不至于跳模。不过,后来他实际上只利用了两个平行反射镜,让光在中间往复反射,已经失去了光谱学上的意义。前面讲过狄克在肖洛之前也想到利用法布里-珀罗干涉仪。肖洛显然不是从他那里得到的启发,因为狄克的设想当时并没有发表,何况肖洛想到的远比狄克具体,肖洛还想到要让两面反射镜中有一面可以透光。

1958 年春,汤斯和肖洛决定将自己的理论分析写成论文,并申请专利。在申请专利时,竟遭到贝尔实验室专利办公室负责人的拒绝,他认为光对通信不会有什么重要性,不涉及贝尔实验室的利益。只是由于汤斯的坚持,才作了申请并于 1960 年获得批准。肖洛和汤斯的论文 1958 年 12 月在《物理评论》上发表后,引起强烈反响。这是激光史上有重要意义的历史文献。

这篇论文的题目叫:《红外区和光学激射器》,主要是论证将微波激射技术扩展到红外区和可见光区的可能性。

他们建议:有选择地增大某些模的 Q 值,从而增强选择性。他们从理论上对振荡条件作了推导,并且举例说明产生振荡的可能性。

文中具体报导了肖洛以钾作的初步实验。他们提出还可以利用铯作工作介质,靠氦谱线进行激发。他们也考虑到了固体器件,然而并不十分乐观,因为固态谱线一般较宽,选模会更困难,而可利用的频率合适的抽运辐射又很有限。他们表示:“可能还有更美妙的解答。也许可以抽运到亚稳态以上的一个态,然后原子会降到亚稳态并且积累起来,直到足以产生激射作用。”[①]

在肖洛和汤斯的理论指引下,许多实验室开始研究如何实现光学激射器,纷纷致力于寻找合适的材料和方法。

汤斯和他的小组也在用钾进行试验。他的小组成员里有一名高反膜专家,是英国人,叫海文思(O. S. Heavens)。汤斯深知腔镜是整个系统的关键问题,希望靠这位专家解决技术问题。然而实验仍然归于失败。看来,由于反射镜处于谐振腔内部,离子不断轰击造成膜层退化,即使反射镜的质量再高也无济于事。

在贝尔实验室,肖洛开始研究把红宝石当作工作

图 11-13　汤斯和肖洛在一起
(图中右上角是早期的激光器)

①　Schalow A L,Townes C H. Phys. Rev.,1958(112):1940

介质的激光器。他对固体器件很有信心，认为："在气体中所作到的任何事情，在固体中都能做得更好。"但是他在工作中犯了一个错误，误以为红宝石的 R 线（即 6934Å 与 6929Å）不适于产生激光。肖洛没有做成红宝石激光器，却启示梅曼（Theodore Harold Maiman, 1927— ）做出了第一支激光器。

11.3.3　梅曼与第一支激光器的诞生

图 11-14　梅曼正在演示他的第一支红宝石激光器

梅曼是美国休斯（Hughes）研究实验室量子电子部年轻的负责人。他于 1955 年在斯坦福大学获博士学位，研究的正是微波波谱学。在休斯实验室里，梅曼做微波激射器的研究工作，并发展了红宝石微波激射器，不过需要液氮冷却，后来改用干冰冷却。梅曼能在红宝石激光器首先作出突破，并非偶然，因为他已有用红宝石进行微波激射器的多年经验，他预感到红宝石作为激光器的可能性，这种材料具有相当多的优点，例如能级结构比较简单，机械强度比较高，体积小巧，无需低温冷却等等。但是，当时他从文献上知道，红宝石的量子效率很低，例如：外德尔（I. Weider）在 1959 年曾报导过，量子荧光效率也许仅为 1%。如果真是这样，那就没有用场了。梅曼寻找其他材料，但都不理想，于是他想根据红宝石的特性，寻找类似的材料来代替它。为此他测量了红宝石的荧光效率，没有想到，荧光效率竟是 75%，接近于 1。梅曼喜出望外，决定用红宝石做激光元件。

通过计算，他认识到最重要的是要有高色温（大约 5 000K）的激励光源。起初他设想用水银灯作为激励光源，把红宝石棒放在椭圆柱聚光腔中，这样也许有可能起动。但再一想，觉得无需连续运行，脉冲即可，于是决定利用 Xe 灯。梅曼查商品目录，根据商品的技术指标选定通用电气公司出产的闪光灯，是用于航空摄影的，有足够的亮度。但这种灯具有螺旋状结构，不适于椭圆柱聚光腔。他又想了一个妙法，把红宝石棒插在螺旋灯管之中，红宝石棒直径大约为 1 厘米，长为 2 厘米，正好塞在灯管里。红宝石两端蒸镀银膜，银膜中部留一小孔，让光逸出，孔径的大小，通过实验决定。图 11-15 就是梅曼的第一台红宝石激光器。

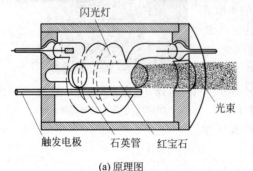

(a) 原理图

(b) 实物图

图 11-15　梅曼的第一台红宝石激光器

就这样，梅曼经过 9 个月的奋斗，花了 5 万美元，做出了第一台激光器。可是当梅曼将论文投到《物理评论快报》时，竟遭拒绝。该刊主编误认为这仍是微波激射器，而微波激射器发展到了这样的地步，已没有什么必要用快报的形式发表了。梅曼只好在《纽约时报》上宣布这一消息，并寄到英国的《自然》杂志去发表。第二年，《物理评论》才发表他的详细论文。

11.3.4　四能级激光器

梅曼发明红宝石激光器后才几个月，用掺三价铀的氟化钙做工作介质的激光器也诞生了。这种激光器是根据四能级系统原理工作的，这个原理在梅曼的论文中已有详尽讨论。它的优点是阈值较低，容易形成振荡。发明者是 IBM 公司的两位年轻科学家，一位叫索洛金（P. Sorokin），是布洛姆伯根的研究生，另一位叫史蒂文森（M. J. Stevenson），是汤斯的研究生。两人获得博士学位后进入 IBM 公司从事固体的微波共振研究。肖洛和汤斯的论文发表后，他们决心转向光学激射器的研制，希望找到一种更理想的固体材料，用普通的灯进行抽运。他们先是想把固体的工作介质做成长方形块，表面抛光。光线在固体块中来回往返，最后从切去的一个角输出。只要介质的折射率稍大于 $\sqrt{2}$，光线就可以经全反射近乎无损耗地在里面多次往返。他们选择氟化钙作为基质材料，因为这种材料的折射率正好符合要求。激活离子则考虑稀土元素，因为这类元素具有 4f 壳层。他们在文献中查找资料，最后从苏联人费阿菲洛夫的论文中找到了两种材料可以掺进氟化钙。一种是与稀土族非常相近的三价铀（U^{3+}），在 2.5 微米处产生荧光；另一种二价钐（Sm^{2+}）。这两种结构都属于四能级系统，不过要工作在低温状态。他们请两家公司生长了这两种不同的掺杂的晶体，再加工成长方形。正在这时，梅曼的红宝石激光器宣告成功，他们受到启发，立即将自己的晶体也改为圆柱形，在表面镀银，很快就试验成功了 CaF_2：U^{3+} 激光器，接着又做成了 CaF_2：Sm^{2+} 激光器。

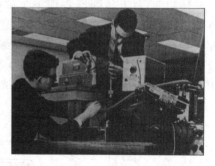

图 11-16　1960 年索洛金和史蒂文森在调整 CaF_2：U^{3+} 激光器

索洛金和史蒂文森演示的第二台和第三台激光器实用价值不大，但他们利用四能级系统为后来的工作开辟了道路。

11.3.5　氦氖激光器的诞生

氦氖激光器是 20 世纪 60 年代至 80 年代广泛使用的一种激光器。它是紧接着固体激光器出现的一种以气体为工作介质的激光器。它的诞生首先应归功于多年对气体能级进行测试分析的实验和理论工作者。到 20 世纪 60 年代，所有这些稀有气体都已经被光谱学家作了详细研究。

不过，要应用到激光领域，还需要这个领域的专家进行有目的的探索。

又是汤斯的学派开创了这一事业。他的另一名研究生，来自伊朗的贾万1954年以微波波谱学的研究获博士学位后，留在哥伦比亚大学任教。贾万的基本思路就是利用气体放电来实现粒子数反转，他认为这要比光泵方法更有效，因为这是气体而不是固体。这实际上是苏联的法布里坎特早在1940年就提过的设想。1950年兰姆明确提出，气体放电中的电子碰撞可以改变粒子的集居数。1959年，贝尔实验室的英国学者桑德尔斯（J. H. Sanders）和贾万同时发表了用电子碰撞激发的理论。不过，贾万考虑得更深入、更具体，他在分析了各种碰撞情况后，提出可以由两种原子的混合气体来实现粒子数反转，并且推荐了氦—汞和氦—氖两种方案。

图11-17 贾万在贝尔实验室演示第一台氦氖激光器

贾万最初得到的激光束是红外谱线1.15微米。氖有许多谱线，后来通用的是6328Å。为什么贾万不选6328Å，反而选1.15微米呢？这也是贾万高明的一着。他根据计算，了解到6328Å的增益比较低，所以宁可选更有把握的1.15微米。如果一上来就取红线6328Å，肯定会落空的。

贾万和他的合作者在直径1.5厘米，长80厘米的石英管两端贴有蒸镀13层介质膜的镜片，放在放电管中，用射电频率进行激发。在1960年12月12日下午4点20分，终于获得了红外辐射。

1962年，贾万转到麻省理工学院（MIT）任教。实验工作由他的同事怀特（A. D. White）和里顿（Rigden）继续进行。他们获得了6328Å的激光束。这时激光器的调整已积累了丰富经验。图11-18是经里格罗德（W. W. Rigrod）等人改进的氦氖激光器。他们把反射镜从放电管内部移到外部，避免了复杂的工艺；窗口做成按布鲁斯特角固定，再把反射镜做成半径相等的共焦凹面镜。激光管的设计日臻完善。

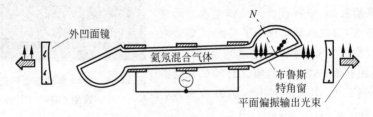

图11-18 经里格罗德等人改进的氦氖激光器

氦氖激光器在两方面有里程碑意义。一方面它第一次实现了连续性。固体激光器都是脉冲型的，不适于一般使用。连续激光束有很多好处，为应用开辟了广阔的道路；另一方面证明了可以用放电方法产生激光，只要在两种不同的工作介质中选定适当的能级，就有可能实现光的放大，为激光器的发展展示了多种渠道的可能性。

在激光发展史中有一个小插曲，是古尔德（Gorden Gould）提出的发明权问题。当汤斯和肖洛在构思光学激光器之际，古尔德正在哥伦比亚大学当博士研究生，在库什（P. Kusch）教授手下做铊原子束共振实验。起初他用热学或放电方法激发铊原子，已经搞了三四年了，一直未见成效。这时，拉比教授从国外开会回来，带回了光泵（即光抽运）方法的新闻，建议古尔德试试。古尔德经过试验，果然灵验，有 5% 的原子进入亚稳态，这促使他对光泵方法发生了浓厚兴趣。

就在这时，古尔德产生了用光泵方法实现粒子数反转的想法，并且设计了用法布里-珀罗干涉仪镜片作成的谐振腔。他的想法和汤斯、肖洛可以说是异曲同工。他在笔记本上写下了自己的想法和计算，并为光学激射器起了一个名字叫 LASER，取自英文"Light Amplification by Stimulated Emission of Radiation"（靠辐射受激发射的光放大）的头几个字母。1957 年 10 月，他在家里接到汤斯的电话，询问有关铊灯的知识，从而得知汤斯正在进行类似的工作，预感到将会发生一场发明权之争。于是他连忙请一位公证人将自己的笔记签封，以备申辩。这个笔记本的前 9 页载有古尔德的初步设计和计算，还包括有 LASER 的定义（见图 11-19）。

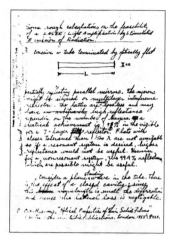

图 11-19　古尔德封存的笔记中的一页

然而，由于某些原因，古尔德没有及时申请专利，他的导师库什又不同意他以激光代替原来的题目："原子束共振"。他愤而放弃博士学位，离开哥伦比亚，转入一家名叫 TRG 的公司任职。这家公司欣赏他的激光研究计划，以"激光用于雷达、测距和通讯系统"为题向美国国防部的高级研究规划局申请 30 万元经费，而这个局以为由此可能导致"死光"的实现，又加码到 100 万美元。这件事本来对激光技术会有促进作用，可是由于国防保密的人事审查，古尔德因其夫人有参加过马克思小组的嫌疑而被排除在项目之外，只当挂名的顾问。这家公司虽然在 1961 年做出了光泵铊激光器，但没有什么实用价值。

古尔德心中不平，多次向专利局申请专利，进行诉讼，一直被推迟判决。1977—1979 年才取得两个具体项目的专利。古尔德坚持上诉，直到 1987 年 11 月 4 日才得到胜诉，但时光已经过去快三十年。在这中间汤斯和肖洛都因激光的研究先后获得了诺贝尔物理学奖。

科技史上同时而又独立地作出发现或发明的事例不胜枚举，激光的发展史中也不乏其例。这些事例正说明了，激光的出现是科学技术发展的产物，是历史的必然。

11.4　激光技术的发展

以红宝石激光器为代表的固体激光器和以氦氖激光器为代表的气体激光器相继问世，引起了全世界科技界研究激光的热潮。人们认识到这是一块大有可为的新领域，在理论上和技术上又都已有相当充分的准备，于是就在 20 世纪 60 年代初期展开了百花争艳的局面。

首先是对激光工作介质进行了普查。各种状态下近百种物质上千条谱线得到了研究。许多学科，例如：放电物理学、等离子体物理学、固体物理学、气体动力学、化学动力学等和激光科学结合，纷纷取得成果，新的激光器陆续问世。下面略举几例。

11.4.1   固体激光器

1961年钕（Nd）激光器的出现引人注目。首先由贝尔实验室的约翰森（L. F. Johnson）和纳桑（K. Nassan）做成的钕激光器是以钨酸钙作为基质，发出1.06微米的红外线。钕属于四能级系统，是一种很有效的固体激光材料，可以在室温下发出连续激光。同年11月，斯尼泽（E. Snitzer）发展钕玻璃激光器，可得大功率脉冲，后来在激光核聚变得到应用。1964年4月贝尔实验室的范尤特（L. G. van Uitert）制成掺钕钇铝石榴石激光器（Nd^{3+}：YAG）。这种固体激光器阈值低，增益大，后来在科学技术上取得广泛应用。

11.4.2   气体激光器

与此同时，气体激光器也有长足的发展。特性普查的结果，使氩、氪、氙等惰性气体和某些金属蒸气激光器陆续出现。贝尔实验室在1963年推出汞离子激光器。同年，来自印度的佩特尔（C. K. N. Patel）研制成功大功率的二氧化碳（CO_2）激光器。贝尔实验室在激光器的发展和应用上独占鳌头。

图 11-20   佩特尔正在调整他的第一台 CO_2 激光器

11.4.3   化学激光器和染料激光器

1960年梅曼的第一支激光器诞生后，即有人建议从化学反应获得能量，以产生激光。许多人在这方面进行研究。1965年美国加州伯克利分校的卡斯帕（J. V. V. Kasper）等人演示了第一支化学激光器——HCl激光器，辐射出3.7微米的红外激光。

人们对连续可调的激光器有特别兴趣，因为这种激光器有广泛用途，于是染料激光器应运而生。在1961年就有人建议用有机染料作为工作介质，但由于通用电气公司试验失败，使许多人没有信心。直到1966年索洛金和他的小组才获得成功。

当时，索洛金是用有机染料作为红宝石激光器的Q开关，由此他对染料的光谱特性发生了兴趣。他首先观察到，当红宝石激光器的脉冲光照到溶于酒精的氯化铝酞花青染料时，染料发生了强烈的脉冲辐射，当他们把镜面布置在染料的两侧，想用照相底片记录红外辐射时，染料中红外辐射是如此的强烈，以至于竟把底片上乳胶烧了一个洞。不久西德普朗克研究所的科学家也独立地观察到这一现象。

1967年可见光的染料激光器问世，随即出现了可调式染料激光器。首先作出可调式染料激光器的是休斯实验室的索佛尔（B. H. Soffer）和麦克发兰（B. B. McFarland）。他们把两面反射镜中的一面换成可以转向的衍射光栅。他们证明染料的自然宽带辐射可以变窄，并在很宽的光谱内调谐。后来又几经改进，染料激光器终于从脉冲型转变为连续型，从而在实验研究，特别是高精度的光谱实验方面得到了广泛应用。

11.4.4　双异质结半导体激光器

半导体物理学在 20 世纪 50 年代后期是热门课题,科学家很自然会想到,有没有可能在半导体内实现粒子数反转,从而运用半导体来充当微波激射器和激光器。纽曼(John v. Neumann)就曾经在 1953 年亲自在笔记本上写下了他自己的想法:从半导体内的受激辐射得到光的放大。不过他并没有发表,只是逝世后才出现在他的文集中。1957 年有两位日本研究者曾经申请半导体激光器的专利,并于 1960 年得到批准。最深入的应该是前苏联莫斯科的巴索夫小组,他们提出了一系列建议。1961 年他们建议用高度掺杂的简并半导体中的 p-n 结。他们的办法最后被证明是成功的。好几个地方都对这一方案作过详细分析。与此同时,实验也得到了进展。1962 年初,苏联有一个科研小组报导说,他们观测到了 GaAs 二极管在 77K 和高电流密度下运行时发出的光谱线有变窄的现象。美国麻省理工学院林肯实验室的凯斯(R. J. Keyes)和奎斯特(T. M. Quist)在那年 6 月报导,他们的 GaAs 二极管可达 85％发光效率,不过发出的光是不相干的。在 7 月的国际固体器件研讨会上许多人报告了各自的工作,促使半导体激光器的竞赛白热化,大大地激励了同行的热情,其中包括来自通用电气公司研究和发展实验室的霍尔(R. Hall),使他产生了半导体激光器的想法,回到实验室后,9 月份就做成了能工作的半导体激光器。随后,又有一些人相继发表了做成半导体激光器的报告。其中有四处独立的小组得到的是极其相似的结果。三处是用 GaAs 的 p-n 结,不过,工作时都要置于 77K 的液氮低温中,并需用高电流密度的微秒脉冲进行抽运。这些早期的半导体激光器都是"单结型"的,它们的电流密度阈值很高,量级达 $10\ 000\mathrm{A/cm^2}$,只能在低温下以脉冲的方式运行,离实用还有相当距离,但是曙光已经在望。随后发展起来的是单异质结半导体激光器,它可以在室温下工作,但是仍然只能运用于脉冲型式。双异质结激光器是关键性的发展,它可以在室温下运用于连续波。

双异质结激光器的原理是任职于美国加州 Varian 公司的克勒默(Herbert Kroemer, 1928—　)在 1963 年发表的一篇论文中提出的。而列宁格勒(现为彼得堡)约飞物理技术研究所的阿尔费罗夫(Zhores I. Alferov,1930—　)和卡扎林诺夫(R. F. Kazarinov)也独

图 11-21　阿尔费罗夫

图 11-22　克勒默

立地在其专利申请书中发表了同样的原理。处于反转态的载荷子集中在带隙更小的薄层里，这一薄层像三明治一样嵌插在高带隙的各层之间，形成活性区。这些被激发的载荷子的密度变得越来越比掺杂的区域高。光子都限制在这一活性区内，带隙低而折射率高。异质结构就像光导管一样工作，在高带隙的区域内光损失可以忽略不计。于是，引起激光效应的反转载流子和光子都集中在活性区里。这样就有可能在不加冷却的情况下大大降低阈电流并且实现连续操作。

从1963年起，阿尔费罗夫领导的小组对双异质结激光器作出了一系列改进。最早的GaAsP/GaAs结构被晶格匹配的AlGaAs/GaAs结构所代替，这种材料性能更优越。1968年后半年获得了双异质结构的脉冲激光模，最后在1970年5月，这个小组送出了室温下连续激光器的报告。

20世纪60年代苏联和西方处于冷战时代，因此在苏联的科研机构和美国的贝尔实验室、国际商用机器公司（IBM）和美国无线电公司（RCA）的工业实验室之间，异质结构存在着平行而又独立的发展。在美国也展开了一场竞赛。贝尔实验室的潘尼希（M. B. Panish）小组赢得了奖牌，他们关于室温下连续运行的报告是在1970年6月提交的，比阿尔费罗夫小组晚了一个月。不过，半导体激光器进一步发展成商业产品还是美国工业率先实现。

图11-23　一种新型激光二极管正在试验

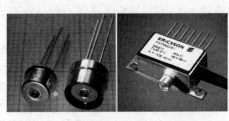

图11-24　光通信中的光电子学器件

图11-25　用于激光聚变实验的
巨型 Shiva 激光器

又过了一些年，基于双异质结的室温连续半导体激光器进入商业市场，大大地推动了信息技术的发展。时至今日，运用异质技术制成的半导体激光器已成为光缆通信中的关键元件，广泛用于信息传播和信息储存技术。

此外，尚有自由电子激光器、准分子激光器、离子激光器等。这些激光器各有特点，它们像雨后春笋一般地涌现出来，以适应科学技术各方面发展的需要。图11-25显示的是用于激光聚变实验的巨型 Shiva 激光器，是用钕玻璃激光器做成的，可产生27万亿瓦的瞬时功率。

11.5　全息术的发明和应用

激光器的发明出人意料地引出了光学中的另一支灿烂鲜花，这就是全息术。当人们观看到色彩绚丽、栩栩如生的全息画面时，无不对激光的功能表示惊讶和赞许。然而，人们也许并不知道,早在激光器出现以前,匈牙利裔的英国物理学家伽博(Dennis Gabor, 1900—1979)就已经于 20 世纪 40 年代末做出了第一张全息照片。

伽博发明全息术与激光器的应用无关。20 世纪 40 年代末,他正在一家公司的研究室里工作,该公司制造电子显微镜需要提高分辨率。如何提高电子显微镜分辨率的课题摆在了伽博的面前。

当时电子显微镜的分辨能力已比最好的光学显微镜提高了一百倍,但仍不足以分辨晶格,其中球差和衍射差是限制分辨率的主要因素,要减少衍射差就要加大孔径角,把孔径角增加一倍则衍射差减少一半,但这时球差则增加了 8 倍。为了兼顾两者,不得不把电子透镜的孔径角限制为 0.005 弧度,从而算得分辨率的理论极限约为 0.4nm。而分辨晶格起码要 0.2nm。面对这样的难题,伽博苦苦思索。1947 年复活节的一天,天空晴朗,伽博在网球场等待一场球赛时脑子里突然出现一道闪念,他想到:"为什么不拍摄一张不清楚的电子照片,使它包含有全部信息,再用光学方法去校正呢?"他考虑到电子物镜永远不会完善,若把它省去,利用相干电子波记录相位和强度信息,再利用相干光可再现无象差的像,这样一来,电子显微镜的分辨率就可以提高到 0.1nm,达到观察晶格的要求了。

伽博从这一思想出发,发明了全息术。

应该说,全息术的基本概念是波动光学的产物。17 世纪末,惠更斯在建立光的波动说时,就提出了他的"次波"原理,这是理解波前和衍射的有力武器。19 世纪初,托马斯·杨用波动说解释他的双缝干涉实验,菲涅耳用光的干涉思想补充了惠更斯原理,完善了光的衍射理论。应该说,在这样的基础上,早就该有人发明全息术了。可是,为什么要等到 20 世纪中叶,由一位研究电子显微镜的专家无意中对全息术作出发明呢?关键在于伽博抓住了全息术的核心思想:波前重建。

在发明全息术的前几年,伽博看过 W. L. 布拉格的《X 射线显微镜》一书,布拉格采用两次衍射使晶格的像重现。尽管 X 射线无法利用透镜成像,但原子的间距与 X 射线的波长同数量级,周期性排列的原子对入射 X 射线散射的相互干涉,会产生衍射点阵;用相干光对这种衍射图样作第二次衍射,便可恢复晶格的像,这就是伽博两步成像法的由来。然而他注意到,布拉格的方法还不足以记录傅里叶变换的全部信息,虽然振幅可从强度的平方根得到,但相位已被丢失,所以只适用于那些晶体点阵到衍射场的绝对相位能预先判断,使得入射线与衍射线之间相位改变量已知的特殊物体。为了解决相位的记录问题,伽博想到了策尼克在研究透镜象差时使用过的"相干背景"。他认为:如果没有什么东西作比较,丢失相位是不可避免的;但加上一个标准,也就是采用某种"相干背景"作为参考波,那么参考波与衍射波之间产生相互干涉,再用照相底片记录这一干涉图样,就可以得到包含相位信息在内的干涉图像。这就是伽博所谓的"全息图"。衍射波又称物波,在全息图上两个波相位相同处产生极大,相反处产生极小。若制作的是正片,则仅在极大处透光。因透光的狭缝处参考光与物波的相位相同,故用参考光照明全息图可重建物波的波前。伽博把这一过程称之为"波前重建"。由于过去没有人掌握波前重建的概念,所以直到 1947 年伽博的脑子里萌生"波前重建"时,全息术才有可能被人们发明。

伽博用重建波前的方法考虑他的电子显微镜方案,提出了两步过程的建议。第一步为电子分析,即用电子束来照明物,被物衍射的电子束与相干背景(即入射电子束的未衍射部分）之间产生干涉记录在底片上；第二步为光学综合，即用光学系统来再现，并校正电子光学的象差，然后在照相底片上拍摄再现的像。伽博和他的助手威廉斯（J. Williams），首先在光学的范围里进行全息实验。

他们用汞灯作光源，经滤光片使入射光单色化，借助一个针孔滤光器使这束光达到所要求的空间相干性。他们的实验是很不容易做的，因为高压水银灯提供的单色光仅有0.1mm的相干长度，也就是只有200个条纹。但是，为了得到空间相干性，他们必须用一根水银谱线照明直径为3微米的针孔，这光足以制作直径为1cm物体的全息图。他们用直径为1mm的显微照片作实验物体，由于光源很弱，用当时最灵敏的照相乳胶也要几分钟曝光时间。相干长度小逼使他们把每件东西都布置在同一轴线上，根据这个特征，这种实验称为同轴全息实验，在当时来说是惟一可行的方案。他们在相干长度和强度这两个互相矛盾的因素中间力图找到最佳的折中方案。再现的图像不大理想，照片中尚有系统性缺陷。另外，同轴全息术还会受到不可避免的孪生像的干扰。伽博力图用聚焦来分离同轴的孪生像，但是不可能完全消除。尽管如此，这次实验还是克服了重重困难首次实现了全息记录和重建波前，得到了第一张全息照片，如图11-26。

图 11-26　伽博的第一张全息照片　　　　图 11-27　伽博站在他的全息相片面前

第一张全息照片的发表引起了研究全息术的首次热潮。接着，罗杰斯（G. L. Rogers）制作了第一张相位全息图，对全息理论作了全面论述；他还提出全息术也适用于无线电波，可用于检测电离层。巴兹（A. Baez）进行了X光全息术实验。柯帕特里克（P. Kirpatrick）指导研究生爱尔-松（Hussein El-Sum）写的博士论文成了当时研究伽博全息术的重要文献。

然而在全息术早期的工作中，人们最关注的还是在电子显微镜中的应用。从1950年开始，海恩（M. E. Haine）、戴森（J. Dyson）和马尔维（T. Muivey）等从事这方面的研究，伽博当顾问。可是，取得的成果不大。

至于纯光学的全息术研究，由于当时还没有理想的相干光源，因而受到伽博同轴全息孪生像的困扰，有成效的工作很少。因此，20世纪50年代中期，全息术的研究工作处于停顿状态，很少新的进展。只有美国密歇根大学的利思（E. N. Leith）还在把波前重建的理论用于雷达工作。苏联也有一些科学家继续进行着新的探索。

1960年激光器的出现给全息术带来了新的生命。1963年，利思和乌帕特尼克斯（J. Upatnicks）发表了第一个激光全息图，立刻引起了轰动，全息术一下子复苏了！

由于激光的相干长度比水银灯大几千倍，实验中不受同轴全息术的限制，因此可以采用"斜参考波"的方法,从而创造了离轴全息术。实验者很容易就消除了孪生像的干扰。另外,由于激光的强度超过水银灯几百万倍,在适当的曝光时间内便可用很细颗粒的和低速的照相乳胶制作大的全息图,并取得非常好的再现效果。利思等第一次发表的黑暗背景上透明字的全息照片、景物照片和肖像照片等,图像都很清晰。1964 年,他们又用漫射照明制作全息图,成功地得到三维物体的立体再现像。

利思的成功不仅是由于有了激光,而且也要归功于他从 1955 年就开始的理论准备。他把通信理论和全息概念结合起来,用于侧视雷达的研究,实际上就是电磁波的两维全息术。从而在激光出现以后,便把他所提出的斜参考波法应用于激光全息,取得了全息术的重大突破。

11.6　激光光谱学

激光光谱学是以激光为光源的现代光谱学。与普通光源相比,激光光源具有单色性好、亮度高、方向性强和相干性强等特点,用于研究光与物质的相互作用,对于辨认物质及其所在体系的结构、组成、状态及其变化,起着革命性的作用。

激光光谱学的先驱就是上面提到的肖洛。1961 年肖洛转入斯坦福大学,在这里建立了一个激光光谱学研究中心。这个研究中心始终站在激光光谱研究领域的最前列。这个研究组除了肖洛外,还有来自德国的汉胥(T. W. Hänsch)。1968 年汉胥从德国海德堡大学获得博士学位后不久,便来到斯坦福大学任教。他们领导着由世界各地前来的访问学者和博士研究生群体。在整个 20 世纪 70 年代中,这个富有创造性的研究集体在激光光谱学的研究中,做出了许多重要贡献,他们创造的一系列激光光谱学方法居世界领先地位。例如饱和吸收光谱、内调制荧光光谱、双光子光谱、偏振光谱、光电流光谱等。其中饱和吸收光谱是一系列激光光谱方法中最早提出的一种。

图 11-28　汉胥小组使用的激光光谱学实验装置[1]

1971 年,汉胥、勒文森(M. D. Levenson)和肖洛首先针对原子光谱中由于原子热运动产生的多普勒增宽现象,利用激光具有极高的单色定向亮度的特点,采用可调谐染料激光器,使原子光谱中许多以前被掩盖的细节一一展现出来,从而创造了饱和吸收光谱方法。

---

① 引自:Mohr P J,Taylor B N. Physics Today. 2001,March:29

图 11-29 是饱和吸收光谱法的原理图。可调谐的激光光束经半透射镜片分为较强的激发光束和较弱的探测光束,以几乎相反的方向通过气体样品。用斩波器调制激发光束,当激发光束和原子作用时,由于光束非常强,使原子的吸收能力饱和,即把能够吸收光子的原子激发到激发态,从而不能更多地吸收其他光子,这时另一路光束(探测光束)通过气体样品到达接收器。这里有一个条件,就是两束光必须是和同一群原子发生相互作用时才会出现以上情况,而只有那些轴向速度分量为零的原子才能有贡献,因为这些原子对于相向而行的两束光均没有多普勒频移。由于激发光束是受到调制的,所以在调谐激光波长时,通过锁定放大器接收到相应的光谱。这样饱和吸收光谱就把那些对光束无多普勒频移的原子挑选出来,其光谱是无多普勒增宽的。运用这一方法肖洛等人测到了钠黄谱线之一的 D_1 线的 7 个分量,其中最窄的线宽仅为 (40 ± 4) MHz。而在这以前,它们被宽度达数百 MHz 的多普勒频宽所淹没,人们只能从理论上推测这些分量的存在而无法测出,即使用分辨率最高的摄谱仪、置于极低的温度下也无济于事。激光饱和吸收光谱术的灵敏度大大超过了以往任何光谱技术。例如,1975 年,肖洛和他的合作者用这种方法对浓度低到每立方厘米仅有 100 个原子的钠蒸气进行测量。在这一浓度下,平均每次只有 1～2 个原子处于探测光束之中,这是传统光谱技术根本无法察觉到的。肖洛等人借助可调谐染料激光器,使测量灵敏度提高了百万倍,可观测目标达到了单个原子的水平。图 11-30 是用饱和吸收光谱法测出的氢巴耳末谱系的一根谱线 H_α 的细节。可见,从饱和吸收光谱测到的精细结构是何等的细致!

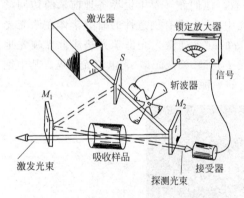

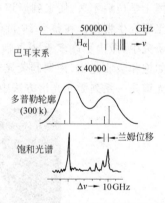

图 11-29　饱和吸收光谱法的原理图　　　图 11-30　用饱和吸收光谱法测出的氢谱线 H_α

激光光谱学的精确性还可以从物理常数的测定中得到体现。例如 1974 年,肖洛的合作者汉胥应用饱和吸收光谱法精确测量了氢原子的 H_α 线中最强的精细结构分量 $^3P_{3/2}$-$^3D_{2/5}$ 的跃迁波长,由此计算出里德伯常数为 $R_\infty = 109\,737.314\,3(10)\,\mathrm{cm}^{-1}$,其精确度比以前最精密的测量结果提高了 10 倍。里德伯常数是光谱学与原子物理学中的一个重要常数,是计算能级的基础,常常出现在有关原子和分子的理论中,与其他一些基本物理常数,如电子的质量与电荷、普朗克常数、真空中光速等都有直接的关系。通过对里德伯常数的精确测量,不仅可以改善其他基本常数的精确程度,还可以检验物理学基本理论之间的自洽性。

1978 年,汉胥等人又用偏振光谱法测量了 H_α 中的另一分量 $^3S_{1/2}$-$^3P_{1/2}$ 的波长,得到的里德伯常数为 $R_\infty = 109\,737.314\,76(32)\,cm^{-1}$,使精度又提高了 3 倍。后来,随着激光光谱学的飞速发展,里德伯常数的测量纪录不断地被刷新。1987 年的测量结果是 $R_\infty = 109\,737.315\,71(7)\,cm^{-1}$。此后,又陆续出现更精确的测量值。1989 年,里德伯常数的测量结果已达到 $R_\infty = 109\,737.315\,709(18)\,cm^{-1}$。里德伯常数成为最精确的物理常数之一。

肖洛在研究激光光谱学的过程中还成功地发展了双光子光谱技术,1974 年,通过这项技术,首次观察到了双光子跃迁现象。在传统的光谱技术中,这一现象难以观测。激光光谱学技术消除了分子、原子热运动引起的多普勒频移影响,获得无多普勒增宽的谱线,并运用可调谐激光器,得到半频的单色强激光束。通过粒子双光子吸收后发射的荧光,实现对双光子吸收的探测。肖洛和他的合作者在这项探测中,使可测频宽达到了 1Hz,分辨率达到 10^{-15},谱线位置测量的精确度达到了 10^{-17} 的水平。利用双光子光谱技术,他们精确地比较了氢原子 1s 和 2s 间,2s 和 4s 间能级间距之比。由此,他们量度了基态 1s 的兰姆位移,从而对量子电动力学进行了严格的检验。这一切都是由于发挥了激光的优异特性。激光越来越成为人类探索物质世界奥秘的重要手段。

激光的出现使光谱技术发生了革命性的变化,不但在灵敏度和分辨率方面达到了空前的高度,而且可以获得强度极高、脉冲宽度极窄的激光,对多光子过程、非线性光化学过程以及分子被激发后的弛豫过程的观察成为可能,从而形成了一系列新的光谱技术。激光光谱学已成为与凝聚态物理学、生物学及材料科学等学科密切相关的研究领域。

11.7　非线性光学

非线性光学是随着激光技术的出现而发展形成的一门新兴的学科分支,是近代科学前沿最为活跃的学科领域之一。非线性光学研究光和物质相互作用过程中出现的一系列新现象,探索光和物质相互作用的本质和规律,为一系列具有重要应用价值的科学技术提供了新的物理基础。

非线性光学的早期工作可以追溯到 1906 年泡克耳斯效应的发现和 1929 年克尔效应的发现。但是,激光问世之前,光学研究的对象基本上都是弱光束在介质中的传播,而确定介质光学性质的折射率或极化率是与光强无关的常数,介质的极化强度与光波的电场强度成正比,因此,光波叠加时遵守线性叠加原理。这样的光学就叫线性光学。对很强的激光,例如,当光波的电场强度可与原子内部的库仑场相比拟时,光与介质的相互作用将产生非线性效应,反映介质性质的物理量(如极化强度等)不仅与场强 E 的一次方有关,而且还决定于 E 的更高幂次项,从而导致线性光学中不明显的许多新现象。

1960 年激光的出现,为人们提供了一种强大的相干光源,这种强相干光源与物质相互作用时不遵从平常的线性关系,也就是说,在介质极化强度与光波电场的关系式中,除了包含有原来的线性项外,还要包含非线性项,即光波电场高次项。这些光波电场高次项,引起了一系列的非线性光学效应。1961 年弗兰肯(P. A. Franken)等人利用红宝石激光器首次发现光学二次谐波。

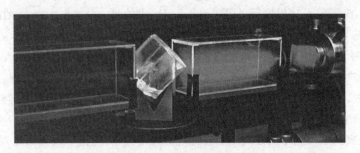

图 11-31   利用石英晶体把红宝石激光器发出的红光变成蓝光

　　布洛姆伯根（Nicolaas Bloembergen，1920—   ）是非线性光学理论的奠基人。他提出了一个能够描述液体、半导体和金属等物质的许多非线性光学现象的一般理论框架。他和他的学派在以下三个方面为非线性光学奠定了理论基础：一、物质对光波场的非线性响应及其描述方法；二、光波之间以及光波与物质激发之间相互作用的理论；三、光通过界面时的非线性反射和折射的理论。他把各种非线性光学效应应用于原子、分子和固体的光谱学研究，从而形成了激光光谱学的一个新领域——非线性光学光谱学。

　　布洛姆伯根和他的学派在非线性光学的研究中，建立了一系列非线性光学光谱学方法。例如所谓的四波混频法，就是利用三束相干光的相互作用在另一方向上产生第四束光，从而得到无法以其他渠道得到的红外和紫外波段的激光。利用这一方法，可以高精度地确定原子、分子和固体的能级结构。

　　在激光技术飞速发展的推动下，非线性光学也得到了快速发展。20 世纪 60 年代主要进行了二次谐波产生、和频、差频、双光子吸收、受激喇曼散射、受激布里渊散射、光参量振荡、自聚焦、光子回波、自感应透明等非线性光学现象的观察和研究。20 世纪 70 年代人们更深入地研究了上述现象，并进行了自旋反转受激喇曼散射、光学悬浮、消多普勒加宽、双光子吸收光谱技术、相干反斯托克斯喇曼光谱学、非线性光学相位共轭技术、光学双稳效应等非线性光学现象的研究。20 世纪 80 年代以后，进一步扩展到包括气体、原子蒸气、液体、固体以至液晶的非线性效应的研究；由二阶非线性效应为主的研究发展到三阶、五阶以至更高阶效应的研究；由一般非线性效应发展到共振非线性效应的研究；由纳秒（10^{-9} s）进入皮秒（10^{-12} s）甚至飞秒（10^{-15} s）领域。非线性光学已逐渐由基础研究阶段进入应用基础研究和应用研究阶段。

　　研究非线性光学可以开拓新的相干光波段，提供从远红外（8 微米～14 微米）到亚毫米波，从真空紫外线到 X 射线的各种波段的相干光源；可以解决诸如自聚焦、激光打靶中的受激喇曼散射、受激布里渊散射等损耗的激光技术问题；可以提供一些新技术，并向其

图 11-32   布洛姆伯根 1974 年在哈佛实验室里

他学科渗透,促进它们的发展(例如,非线性激光光谱学大大提高了光谱分辨率;非线性光学相位共轭技术促进了自适应光学的发展,改善了激光束的质量;光纤和光波导非线性光学研究了光纤光弧子的产生和传输,推动了光弧子通信的发展;表面、界面与多量子阱非线性过程的研究,已成为探测表面物理和化学的工具);可以利用非线性光学研究物质结构,获取有关原子、分子微观特性的信息。例如,飞秒(fs)区非线性光学的研究取得了惊人的成果。20世纪90年代,fs激光器已经实现商品化,并在实验室中得到广泛应用。加州理工学院的泽外尔(Ahmed Zewail)在20世纪80年代就开始利用飞秒激光研究化学反应过程,并在1998年获得了诺贝尔化学奖。人们利用飞秒激光对光合作用的原始过程、视觉的超快响应、蛋白质以及DNA的有关过程进行了广泛研究,取得了一系列成果。

11.8 量子光学

量子光学与量子信息是20世纪末期兴起的最具生命力的两门新兴学科,它们对某些有争议的量子力学基本原理所作的实验验证,有不可替代的作用。同时,它们的基本理论以及操纵单量子的实验方法应用到信息处理,开辟了量子信息的新领域。现在,这两门学科正以巨大的魅力吸引大量理论与实验物理学家从事研究和开发,成果不断涌现。可以判断,这两门学科正处于取得重大突破的前夜,一旦突破,对科学技术以至社会和经济,将会产生无法估量的作用。

11.8.1 量子光学的兴起和HBT实验

人类认识到光的量子性已经一百年,但是应用量子理论研究光辐射与光场的相干性及统计性还只是近年来的事情。20世纪前半叶,尽管量子力学已经得到普遍应用,但是在光学领域中,经典电磁理论却仍然占据主导地位,原因可能是光的量子性只在几个特定光现象中才能观察到。人们所接触到的光都是发自大量彼此独立的原子或分子,在相位上毫无关联。这就是所谓的混沌光场,判断相干光也只是以这种光场能否发生干涉为依据。因此,这一相干性概念具有极大局限性。1956年(激光问世之前!),汉堡-布朗(R. Hanbury-Brown)和特维斯(R. Q. Twiss)完成了光学关联实验[①](这一实验常被称为HBT实验),对传统的相关性提出了挑战。通过这一实验,他们首次证实了光场存在有高阶相关效应。HBT实验测出的光场起伏表明,传统的相干性描述并不完备,必须补充二阶或更高阶的相关函数。在普通光源情况下,不可能获得真正的完全相干光。只有激光器问世后,才有可能获得完全相干光。

随着认识的深入,人们已经发现有三类光:一是混沌光,它是自发辐射过程产生的光子构成的,给出的是最大噪声的光场;二是相干光即激光,具有很低的总噪声(真空噪声);三是由非线性过程产生的非经典光,如压缩光、光子数态光等。

---

① Hanbury-Brown R, Twiss R Q. Nature (London),1956(178):1046

11.8.2　光场压缩态

根据量子场论,处于真空中的量子场,所有振动模式仍在不停地振动,这种振动称为真空零点振荡。真空中各量子场间仍有相互作用,虚粒子会不断地产生、转化和消失,这就是所谓的真空量子涨落。也就是说,真空并不空虚,而是某种特殊媒质。根据不确定原理,完全相干光条件下的量子相干态,在振幅平面上不再对应一个点,而是一个大小等于电场真空起伏涨落的圆斑,这就是零点振动。在真空中,电磁场仍存在微小的起伏,这就叫真空起伏。普通光波是经典光波和真空起伏的叠加,它们相干的结果构成噪音场,由于噪音场的存在,测量的精度从根本上受到限制。人们十分关注的是,如何使这种无规则的起伏压缩至最小,能不能实现光场的压缩。

最初设想使用一种周期性抽运的方法。令谐振腔一端的反射镜往返运动,当腔长变化的频率达到光频的两倍时,到达反射镜上的光波能量会周期性地被放大和缩小。但是事实上,不可能使反射镜以光频数量级振动。1985 年,美国贝尔实验室的斯鲁施尔(R. E. Slusher)研究小组提出了一种代替反射镜振动的实验方案。他们选用运转于钠原子共振线附近的非简并四波混频作为非线性过程,"证明了从被激发原子发出的自发辐射在用于压缩的空腔中导致了广谱频率的光谱"[①]。由于在钠原子束中光速比真空中低,光经过钠蒸气室的光程加大。当用激光激发钠原子时,钠原子蒸气室的光程迅速变化,其变化频率正好与光频相当,这就相当于反射镜的往返振动。他们在实验中测定噪声功率相对真空涨落降低了 7%。这一结果虽然不够理想,却是首次利用驻波场激光获得了压缩光。1986 年,得克萨斯大学的金布尔(J. Kimble)研究组利用运转于阈值以下光学参量下转换过程,使输出场噪声功率相对于真空涨落降低 63%。接着,美国 IBM 公司 Almaden 研究中心的谢尔比(Robert M. Shelby)、MIT 的夏皮洛(I. Shapiro)等人利用不同的方法也得到了光场的压缩态。

压缩光是非经典光,它的量子特性对于揭示场的物理本质有着重要的价值。压缩态光场又是通过非线性过程由相干光场产生的,对它的研究可使量子光学与非线性光学实现交叉。

由于压缩光具有比一般标准量子噪音低的起伏,使得大幅提高信噪比成为可能,有望在引力波之类的微弱信号检测、光通信及原子、分子物理学等方面得到广泛应用。光场压缩态的研究已成为现代光学中的一个重要前沿课题。

11.8.3　腔量子电动力学

在 1946 年以前,人们普遍认为,原子的自发辐射是原子的一种固有特性,是不能改变的。1946 年,帕塞尔(E. M. Purcell)[②]首次发现,如果把原子置于腔内,在一定条件下原子的自发辐射率较之处于自由空间中的自发辐射会发生变化,证明自发辐射不是孤立原子

①　Slusher R E,et al. Phys. Rev. A1985(31):3512~3515

②　Purcell E M. Phys. Rev,1946,69:681

的行为,而是原子与真空相互作用的结果。1963 年,加尼斯(E. T. Jaynes)和孔明斯(F. W. Cummings)建立了 J-C 模型,很好地说明了原子在腔内的量子行为。这以后,一系列与腔有关的现象相继被发现。其中有慕尼黑大学伦姆佩(G. Rempe)和他的合作者1987 年在单原子微波激射器中观察到量子坍塌和复苏现象;1987 年杰赫(W. Jhe)等将研究拓展到了光频范围,观察到了腔诱变频率漂移;1990 年伦姆佩等人又在微型微波激射器中观察到了亚泊松光子统计;1991 年加州理工学院的汤普森(R. J. Thompson)等人观察到了单原子的真空拉比分裂;1995 年法国高等师范学校的布朗尼(M. Brune)小组在用实验检验腔中场的量子化时,发现了非线性量子特性。一门被称为腔量子电动力学(C-QED)的研究学科逐步建立并发展起来。它主要是研究原子与光子在小型谐振腔中的相互作用。起初目标集中在里德伯原子与毫米波的相互作用。随着技术的进步,特别是20 世纪 90 年代冷原子技术和光电测试技术的发展,高品质微腔和原子冷却与俘获的结合使单原子和单光子作用的 J-C 模型可以得到很好的实验检验。单原子和单光子之间的耦合在 1992 年以后进入所谓强相互作用,由原子、光场和腔组成的系统成了具有重要潜在应用的量子装置,不仅可以用于探索量子物理世界某些非经典行为的重要工具,例如薛定谔猫态、量子测量,而且在量子计算、量子态的制备以及量子通信等领域都具有重要价值。

11.9 量子信息光学

量子特性在信息领域中有着独特的功能,有可能在提高运算速度、确保信息安全、增大信息容量和提高检测精度等方面突破现有经典信息系统的极限,于是便诞生了一门新的学科分支——量子信息光学。它是量子力学与信息光学相结合的产物。在 20 世纪70—90年代里,这门学科在理论和实验上已经取得了重要突破,引起了广泛重视。人们普遍相信,量子信息光学必将在 21 世纪发挥巨大威力。

11.9.1 量子计算机与量子算法

1982 年费因曼(R. Feynman)最先指出,采用经典计算机不可能有效地模拟量子力学系统。他建议,要有效地模拟量子力学系统,惟一的途径就是运用另一量子力学系统。他的意思就是,只有建立在量子力学定律的计算机,才能用于模拟量子力学系统。我们知道,经典计算机与量子系统遵从不同的物理规律,用于描述量子态演化所需要的经典信息量,远远大于用来以同样精度描述相应的经典系统所需的经典信息量。量子计算则可以精确而方便地实现这种模拟。采用少数量子比特的量子计算机可以进行有效的量子模拟。

1985 年,道奇(D. Deutsch)第一个明确地提出,在量子计算机上运算比在经典计算机上有可能更有效地计算。在提出这个问题的同时,他进一步推广了量子计算理论,发展了普适量子计算机和量子图灵机;1989 年,道奇又进一步提出了量子计算网络的概念,还设计了第一种量子算法。

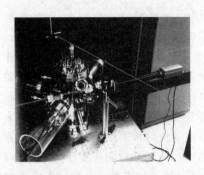

图 11-33 用于量子计算的激光设备，可以使钙离子在两态之间变换

1994 年，肖尔（P. W. Shor）提出量子平行算法[1]，证明量子计算机可以破译目前广泛使用的 RSA（Rivest-Shamir-Adleman）密码体系。肖尔算法可以有效地用来进行大数因子分解。大数因子分解是现在广泛用于电子银行、网络等领域的公开密钥体系 RSA 安全性的依据。采用现有计算机对数 N（二进制长度为 $\lg N$）做因子分解，其运算步骤（时间）随输入长度（$\lg N$）指数增长。目前已经成功被分解的最大数为 129 位，是 1994 年同时使用 1 600 个工作站，花了 8 个月才完成的。用同样的计算能力来分解 1 000 位的数，则要花 1 025 年。将来如果有了量子计算机，采用肖尔算法，就可以在几分之一秒内实现 1 000 位数的因子分解。可见肖尔量子算法的威力。

随着激光与光电子技术的成熟以及非线性光学与量子光学的发展，已经能够在单量子水平上产生、控制和操纵光，加之光学器件易于集成，量子计算机已经是指日可待了。

11.9.2 量子态的制备与操作

在量子信息处理系统中，量子态是信息的携带者，量子信息的提取、传送和处理实质上就是量子态的制备和操作过程。目前，已设计出诸多新的原理和方法实现对量子态的制备与操作，特别是采用腔量子电动力学与量子测量相结合的方法，可以实现众多光场量子态和原子量子态的制备。量子光学实验科学家正积极探究实现单光子福克（Fock）态，光量缠态、光场与原子纠缠态及其他任意量子态的产生、测量、控制与传输方法，并已取得很大进展。这些研究为以光子作为信息载体的光量子信息系统奠定了基础。它们是量子逻辑门、量子网络等硬件设备的基本单元。在量子信息中，用一定量子体系的量子态对信息进行编码，即以量子态作为信息的载体，按照量子力学的态叠加原理等规律对量子态进行传送或逻辑操作，从而达到量子信息处理的目的。

11.9.3 量子离物传态

1993 年，IBM 研究所的本内特（C. Bennett）和他的研究小组发明了一种特殊的方法，称为量子离物传态（quantum teleportation）。他们在介绍自己的发明时[2]，用了两个人作为发送方和接受方的代表。爱利斯（Alice）和博布（Bob）分处两地，想要传递一些量子信息。他们只需送出少量的经典信息，就可以传输量子信息。其好处在于"经典的"信息非常强劲，对于环境的相互作用很不敏感。要做出这件事，爱利斯和博布还必须持有一些分

---

① Shor P W. In: Proceedings of the 35th Annual IEEE Symposium on Foundations of Computer Science. IEEE Computer Society Press, Los Alamitos, CA, 1994. 124~134

② Bennett C H, et al. Phys. Rev. Lett., 1993, 70: 1895~1899

享的纠缠。更精确地说,博布在过去的某一刻创建了量子比特的纠缠对

$$| \chi \rangle = \frac{1}{\sqrt{2}} | 0 \rangle | 0 \rangle + \frac{1}{\sqrt{2}} | 1 \rangle | 1 \rangle$$

并仔细地把其中一半交给爱利斯。爱利斯有了这一资源,以后在任何时候都可以给博布传送量子态$| \psi \rangle$,方法就是对$| \psi \rangle$和她的那份$| \chi \rangle$进行一次特殊的量子测量,然后用经典方法把测量的结果传送给博布。博布可以复制$| \psi \rangle$态,而爱利斯再也没有她那一份量子态。

光态的量子离物传态已经在世界上好几个实验室得到了实现。例如,1997年底到1998年初奥地利与意大利的试验小组分别利用Ⅱ类相位匹配下转换过程自发辐射产生的孪生光子对作为EPR粒子对,把单光子偏振态作为待传送的量子态,成功地实现了单光子偏振态的离物传态。1997年美国加州理工学院的金布尔小组利用运转于阈值以下的连续光学参量振荡器产生的两个压缩真空态组成EPR纠缠源,从实验上实现了任意量子态的传输。

11.9.4　量子密码术

量子密码的安全性可以从量子力学的基本原理得到保证。窃听者的策略无非两类:一是通过对携带着经典信息的量子态进行测量,从测量结果获取所需的信息。但是量子力学的基本原理告诉我们,对量子态的测量会干扰量子态本身,因此,这种窃听方式必然会留下痕迹而被合法用户所发现。二是避开直接量子测量而采用量子复制机来复制传送信息的量子态,窃听者将原量子态传送给乙,而留下复制的量子态进行测量以窃取信息,这样就不会留下任何会被发现的痕迹。但是量子不可克隆定理确保窃听者不会成功,任何物理上可行的量子复制机都不可能克隆出与输入量子态完全一样的量子态来。

目前世界各国正致力于这方面的研究并在实验上取得重要进展,已经在自由空间中实现了10公里的密钥传送,在光纤上实现了67公里的密钥传送。

11.10　原子光学

原子光学是利用原子波动特性的一门光学技术,它也有可能对人类大有用处。在20/21世纪之交的年代里,物理学家发现有可能控制原子的相干特性,现在正在研制利用原子相干特性的器材设备,它们与利用激光的器材设备类似。21世纪最初的十年中,我们可以期望为原子做成相当于激光器、光学纤维、反射镜和波导的器材设备。我们现在已经能够运用原子束来完成干涉实验,并且证明这些器材设备是极端灵敏的测量设备,可以让我们以从未有过的精确度来检验物理理论和测量基本物理常数。

11.10.1　原子光学的起源

原子的波动性是德布罗意最早在1923年提出的,他认为,这些有质量的粒子还伴随有一种波。这一观念得到了薛定谔的发展。在实验上首先是由戴维森和革末于1927年

在他们的电子衍射实验中演示了有质量的粒子的波动性。后来,埃斯特曼(I. Estermann)和斯特恩(O. Stern)于 1930 年演示了氟化锂晶体对氦原子和氢分子的衍射。他们的实验有效地开启了原子光学这一领域,因为这些实验最早演示了原子的类波特性。后来,原子光学领域中不断进行着创新活动,最终产生了气态玻色-爱因斯坦凝聚态(Bose-Einstein condensates,简称为 BEC),大量的原子占据了相同的量子态。在这种凝聚的物质态中,与每个原子相关的波都是同相位的,这种情况与激光中光子的行为直接对应。我们可以称之为原子激光。

随着原子的类激光源不断得到发展,物理学家建造了,并且不断发展与反射镜、波导一类的光学元件相当的元器件,用以操纵得到的原子束。依靠这些新器件,许多令人激动的实验变成了可能。例如,原子具有质量这一事实使得有可能运用原子干涉术以从未有过的灵敏度探查地心引力的特性。原子光学有可能让我们以先前没有可能的各种方式在微观尺度上对原子进行操纵和组装。

原子激光的目的是要把所有的原子置于同一种运动状态,使得与它们关联的波位相相同。在一种等同的玻色子的气体中(玻色子是其量子自旋等于普朗克常数的整数倍的粒子,有好几种原子属于玻色子),当其德布罗意波长超过原子间的平均间隔时就会发生这种情况。

20 世纪 20 年代玻色和爱因斯坦首先描述了这类气体的行为。他们说明了气体冷却到一定的低温后,原子的德布罗意波长大大超过原子间的平均距离,这时气体就会"凝聚"成单一的量子态。当时这种相变被看成是只有纯学术兴趣,因为其所需的温度远远低于实验家能够达到的温度。按照玻色和爱因斯坦的推导,如果玻色子气体冷却到临界温度 T_c 之下,所有的原子都将以占据可能的最低量子能态而寂静下来。

11.10.2　原子干涉仪实验

尽管演示原子波动特性的首次实验是在 20 世纪 30 年代完成的,原子光学领域始终停留在比较缺乏研究的状态中,直到 20 世纪 80 年代末至 90 年代初,这时有一些小组开始用原子做演示干涉的实验。第一批结果中有:德国康斯坦兹(Konstanz)大学的卡内尔(O. Carnal)和拉内克(J. Mlynek)所做的原子杨氏双缝实验与麻省理工学院(MIT)的普利查德(Pritchard)及其合作者所做的原子干涉仪实验(两份结果都在 1991 年发表)。康斯坦兹实验用的是氦原子,氦原子穿过薄金箔上精刻的双缝,双缝间相距 8 μm,在探测器中产生干涉图像[1]。MIT 实验用的是钠原子,装置更为复杂,有三个精刻的光栅,干涉束明显地在位置上和动量上是分裂的。他们用的钠原子束德布罗意波长是 16pm,光栅是自己特制的,周期为 0.4μm,所得干涉信号为每秒 70 次。[2] 不出几个月,又有好几个研究小组也演示了原子干涉仪不同的图像。

①　Carnal O,Mlynek J. Phys. Rev. Lett. ,1991,66:2689~2692

②　Keith D W,et al. Phys. Rev. Lett. ,1991,66:2693~2696

11.10.3 原子反射镜

原子的光学系统中另一个重要的元件是反射镜的对应物。建造原子反射镜最普通的办法就是运用消逝波(evanescent wave)。这项工作根据的原理是,准谐振的强光与原子内部电子结构相互作用时会对原子产生作用力。这一"偶极力"的结果,使得原子被吸引到强光"红失谐"的地域。所谓红失谐,指的是光的频率小于原子内部跃迁频率,同时也使原子从强光"蓝失谐"的地域排斥出来。所谓蓝失谐,指的是光具有高于原子中电子跃迁的频率。

这样一来,要反射一个原子所需要的就是运用蓝失谐的强光作精细调谐,运用光在棱镜中发生内全反射时所产生的消逝波,就可以产生这种蓝失谐的强光。消逝波是在棱镜表面上出现的一种光场,它会随离开表面的高度以指数衰减,其尺度大概是光的波长。落向这一棱镜的原子将会"反跳"。消逝波反射镜的概念是 1982 年由库克(R. J. Cook)和希尔(R. K. Hill)首先提出,他们在题为"用于中性原子的电磁镜"的论文中提出:

"当光在真空-介质界面上内全反射时,在传输中的消逝波薄层中的原子将会受到一个辐射力。对于调谐到双能级原子跃迁频率的光,这一力倾向于把原子从介质表面排斥出去,因此对于中性的慢原子来说,内部辐照的表面就像反射镜一样地作用。"[①]

1988 年苏联的一个研究小组首先在实验中演示了这一现象。后来,巴黎高等师范学校有一个小组成功地在这样的反射镜上观察到了多起原子的反跳,这实际上创造了一种"原子蹦床"。还可以利用消逝波理顺空心光纤的内部,由此创造一条原子可以沿其运动的通道。

除了上述内容之外,科学家还做成或发展了一系列可用于原子的相干光学元件。

11.10.4 玻色-爱因斯坦凝聚

也许新近发展的最重要的原子光学对应物是类激光器的原子源。这种原子源可以产生高度相干的原子束,如同在 BEC 中观察到的那样。尽管 BEC 的观念很长时间就已建立,但在实验上实现凝聚的气体却是多年艰苦工作的顶点。在 20 世纪 80 年代里,做了许多工作,试图把原子激光冷却到凝聚态。以其基本形式来说,激光冷却就是利用频率低于原子谐振频率时的光散射,通过多普勒位移有选择地使快速原子减速。后来陆续发展了更进一步的激光冷却技术,诸如亚多普勒位移激光冷却和激光的"旁带冷却"。激光冷却使被陷原子的温度降到微开的范围,但其方法仍然不足以产生达到 BEC 所需的高密度和极端低的温度。只是在后来,当用上了蒸发冷却的补充过程,这些条件才得以满足。蒸发冷却的工作原理和一杯热咖啡冷却的原理是一样的;最热的原子被允许离开一群被囚禁的原子云,而剩下来的原子重新分配能量,这样做就会产生使剩下的那些原子降温的效果。位于美国科罗拉多州波尔德的国家科学技术院由科内尔(E. A. Cornell)和威依曼

[①] Cook R J, Hill R K. Opt. Commun. ,1982,43:258

（C. E. Wieman）领导的小组成员用这种技术首先产生了凝聚体。他们产生的凝聚体由大约2 000个铷原子组成，冷却到绝对零度以上一千万分之一度，这是以前从来没有达到过的最低温，使这片原子云成了太阳系中最冷的地方。这一壮举不久就被MIT的凯特勒（W. Ketterle）小组用钠原子赶上了。

图 11-34　1997 年 MIT 小组用于观测玻色-爱因斯坦凝聚的实验装置

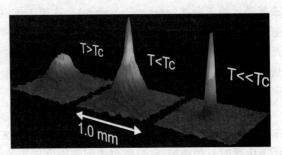

图 11-35　MIT 小组所做的玻色-爱因斯坦凝聚的实验图像。图像显示原子从原子陷阱中逸出6 ms 之后原子的密度分布。更热的原子运动得更快，所以，在转变温度之上时原子有一个很宽的分布（如左图）。正当达到转变温度时，出现了尖锐的峰（如中图），这是由于原子正在凝聚到陷阱的基态。远低于转变温度时，所有的原子都进入了基态，仅仅留下中央的峰（如右图）。

产生 BEC 并非原子激光器故事的终结。当单个的玻色凝聚体从其束缚壁垒中释放出来时，它的行为很像激光的单个脉冲，于是凯特勒及其合作者能够从一单个的凝聚体耦合出大量的脉冲。曾经试图利用这类脉冲进行干涉术之类的原子光学实验，但从根本上来说，最好还是能够产生像连续波激光那样的连续相干原子源。德国的马克斯·普朗克量子光学研究所则宣布完成了一个实验，原子的相干流可持续100ms之久。他们的方法是在用于约束 BEC 体的磁陷阱上打一个"孔"，原子就从这个小孔连续地漏出去。当然，仍然希望原子的束缚、冷却和凝聚的整个过程能够实现连续化。实现这一目标的实验步骤正在进行之中。

11.10.5　原子光学的应用和发展

原子光学有广泛的应用前景。其中有两项引人注目，一项是高精度原子干涉术；另一项是装配原子尺度上的结构。

原子干涉术比物质干涉术的其他各种形式具有许多优点。原子不像电子那样易受杂散场的影响，也比中子源容易产生束流。再有，它们具有相当大的质量，在探测引力现象时具有显著优势。特别是，卡塞维奇（M. A. Kasevich）和朱棣文的实验能够以极端灵敏的水平探测地球引力场的变化，其灵敏度达到地球重力加速度 g 的十亿分之一。由于有如此之高的精确度，人们建议把原子干涉术当作检验引力的量子理论的一条途径，因为它有足够的灵敏度，有可能探测到引力场中的量子力学涨落。运用原子干涉仪也可以很灵敏地测量转动,这可从古斯塔夫松(T. L. Gustavson)、博依尔(P. Bouyer)和卡塞维奇新近的实验得到例证,他们用铯原子做了一台干涉仪,组成了原子陀螺仪。也许在将来,如果技术装备可以小型化,原子干涉仪有可能构成非常精确的航海仪器的基础。

原子光学第二项重要的应用就是微型结构的装配。有了高精度的光学,就有可能以极高的精确度把原子安放在基片上,从而使结构建造在比目前光学光刻技术所允许的尺度小得多的尺度上,主要是因为原子的德布罗意波长更短。再有,许多原子沉积技术都是并行操作的,可使大量完全等同的微结构同时相互紧挨地产生。这样做在效率和可靠性上都有明显的好处。特别是,周期性的微结构可以用这个方法有效地实现。这一技术还具有如下的潜力:它可以应用在实际上是原子挨原子的尺度制作新一代微芯片,还可以形成密度极高的数据存储器件的基础。

原子光学正方兴未艾,除了一些特殊的原子光学实验装置,如原子阱、原子干涉仪、原子"喷泉"、原子激射器已有较系统的理论和实验研究之外,一系列相关的子学科,如非线性原子光学、相干原子光学、量子原子光学、介观原子光学等相继出现。原子光学已形成一个较系统的学科,而且仍在继续发展中。

相干原子光学是研究相干原子物质波的产生及其相互作用的分支学科。现阶段相干物质波的产生是将原子磁阱中形成的 BEC 用某种方式耦合出来,形成原子激射器。它研究各种相干的相互作用过程,既包括相干物质波间的相互作用,也包括相干光波和相干原子物质波之间的相互作用;研究这类相干作用如何保持原子的相干性,如何利用动量转移来相干地控制原子;如何通过相干相互作用来放大原子物质波等。相干原子光学是一个刚开始研究的新领域,它的发展对基础物理问题研究极其重要。

介观原子光学是在介观尺度上研究对原子的精微操控并将其用于建造一些介观原子器件的分支学科,所以又可以称之为空间微结构原子光学。原子芯片的设计和制造成功是介观原子光学最重要的成就之一。图 11-36 显示的是德国海德堡大学设计和制造的原子芯片外形图。原子芯片应用集成在基片上的微器件,来操纵被控制在临近基片的中性原子。这些被集成的微器件是一些线度为 $10\,\mu m$ 左右的微电流结构、微带电结构、微小光路,形成微型原子阱、原子波导、原子分束器、原子干涉仪、原子微团阵列等微器件。所有这些微器件集成在几个 mm^2 的面积内,工作在超高真空的腔室中。利用这些微型装置,可以进行一些初步的量子信息处理工作。这和电子与光子的行为非常相似,不过这里信息的载体不是电子或光子,而

图 11-36　原子芯片外形图

是中性的超冷原子。由于超冷原子的特性与电子、光子有所不同,对于信息的存储和处理必定有其独特之处,因此这样的突破有可能成为某种新技术发展的起点。

第 12 章

天体物理学的发展

　　天体物理学既是天文学的一个分支,也是物理学的一个分支,是应用物理学的技术、方法和理论,研究天体的形态、结构、化学组成、物理状态和演化规律的学科,又可以说是天文学和物理学之间的一门交叉学科。天文学和物理学的关系至为密切。牛顿力学的基础之一就是天文学的观测。天文观测和理论分析离不开物理学的基本定律。光谱学许多发现都与天文学有关联。19 世纪末,氦元素就是首先从太阳光谱中发现的。天体一直是物理学最理想的实验室。17—19 世纪是这样,20 世纪更是这样。例如,玻尔原子模型理论从匹克林谱系找到了证据,爱因斯坦的广义相对论从日食得到了最初的验证,科学家在研究恒星能源时提出了热核聚变概念。20 世纪 60 年代天文学的四大发现——类星体、脉冲星、星际分子、微波背景辐射,促进了高能天体物理学等学科的发展。1984 年,国际纯粹与应用物理学联盟(IUPAP)设立了天体物理学委员会,平行于粒子物理学、凝聚态物理学等委员会。这标志天体物理学在物理学中所占有的重要地位。20 世纪后 40 年,越来越多的物理学家投入天体物理学研究,作出了大量贡献。从 1974 年到 2003 年的三十年间,有五年的诺贝尔物理学奖颁发给天体物理学研究,获得诺贝尔物理学奖的天体物理学家有 11 位之多,占同期全部诺贝尔物理学奖获得者总数 73 人中的 15%,可见天体物理学在 20 世纪后半叶所取得的成果受到了全世界的高度评价。

　　天体物理学涉及方方面面,其中有太阳物理学、太阳系物理学、恒星物理学、恒星天文学、星系天文学、宇宙学、射电天文学、空间天文学、高能天体物理学等分支。每一方面在 20 世纪都有许多引人入胜的经历。我们这里只能选择一些典型事例作些介绍。

12.1 天体物理学的兴起

用物理学的方法观测天体,源远流长。公元前 129 年古希腊天文学家喜帕恰斯(Hipparchus)目测恒星亮度,并根据亮度把恒星划分为六个等级,这可以说是最早的光度学测量。1609 年伽利略第一次使用光学望远镜观测天体,绘制月面图,记录下大量木星卫星的运动资料,还发现了土星的"耳朵"、太阳黑子、太阳的自转、金星和水星的盈亏现象、月球的周日和周月天平动。1655—1656 年惠更斯发现土星的"耳朵"原来是一些光环。他还发现了猎户座星云。接着哈雷发现恒星自行和哈雷彗星。18 世纪末,W. 赫谢尔在大量观测的基础上创立了恒星天文学。天体物理学逐步形成了系统的知识。

图 12-1 喜帕恰斯正在观测天体

19 世纪是天体物理学从孕育走向成熟的阶段。它的成长得益于三种物理方法:

图 12-2 伽利略用望远镜观测天体

图 12-3 赫谢尔的望远镜

1. 光度学 1760 年,朗伯特(J. H. Lambert)第一个发表了《光度学》一书,记述了他对光学测量的研究。19 世纪由于照明技术有所发展,光学领域里发展出了光度学分支。1844 年,阿格朗德尔(F. W. Argelander)发表了他对变星研究的看法,提出观测天体能量的光度学方法。1861 年,朱尔纳尔(J. K. F. Zöllner)出版了《普通天体光度学基础》一书,为各种天体光度研究仪器的原理奠定了理论基础。

2. 分光学 用三棱镜观察太阳光的各种颜色,是 1666 年牛顿首创的。1815 年夫琅和费发明光栅分光仪,并用于分析太阳光谱。基尔霍夫和本生在 19 世纪 50 年代发明棱镜分光仪。在这之后,分光学开始广泛应用于天文学研究。

3. 照相术 照相术早在 19 世纪 40 年代就已诞生。1851 年发明了湿珂珞酊法。不久就有照相底片作为商品出售。1856 年英国伯明翰的一家公司生产了第一批干板。1864 年开始有商业性照相乳胶出售。照相术在实验室中的应用大约是在 19 世纪 50 年代开始的。主要用于拍摄微小图像、天体和光谱。天文学家把照相术应用在天文观测，在主观的目视方法之外，再辅以客观的照相方法，这就大大地扩展了观测的深度和广度。图12-4是美国天文学家拉塞佛(L. M. Rutherfurd)1865年拍摄的月球照片。

首先是1800年，W.赫谢尔从太阳光谱中发现了红外线，1815年夫琅和费编绘太阳光谱图(参看4.6节)。天文学家把分光仪安装在强大的望远镜上，对天体发出的光进行光谱分析，得出了惊人的丰硕成果。例如，1864年，哈根斯(William Huggins)用高色散度的摄谱仪观测恒星，证认出一些元素的谱线，以后根据多普勒效应又测定了一些恒星的视向速度；1869年，洛基尔(N. Lockyer)观测到日珥光谱中一条橙黄色明线，认为属于一种未知元素，他取名为"氦"(意为太阳元素)，26年后，化学家才从地球上的矿物中把它分离出来；1885年，匹克林(E. C. Pickering)首先使用物端棱镜拍摄光谱，进行光谱分类；他还通过对行星状星云和弥漫星云的研究，在仙女座星云中发现了新星。

图12-4　拉塞佛1865年拍摄
的月球照片

图12-5　洛基尔正在用他的分
光望远镜观测天体

12.2　匹克林谱系之谜

在物理学和天文学的发展过程中，两门学科交互作用的事例数不胜数，下面举一个所谓匹克林谱系之谜为例。1884年，巴耳末根据哈根斯和沃格尔(H. C. Vogel)对天体的氢光谱观测结果提出了氢光谱的公式；1913年，玻尔提出氢原子的定态跃迁原子模型，很好地解释了巴耳末公式，但是遇到了匹克林谱系的困扰。所谓"匹克林谱系"，是匹克林1896年从船尾座 ξ 星(ξ Puppis)发现的一组新谱线。当时他是哈佛天文台台长。他在通报中宣布："弗莱明(Fleming)夫人发现船尾座 ξ 星的光谱非常特殊，跟别的已得到的光谱都不一样"，"这六根线很像氢谱线那样，形成有规律的谱系。显然，这是出于其他星体尚未发现的某种元素。"[①]在通报上还发表了当时拍摄到的光谱照片，如图12-6。照片明显地显示，有四根谱线与氢的巴耳末系 H_β，H_γ，H_δ，H_ε 互相间隔，极有规律。

---

① Pickering E C. Astrophys. J., 1896,4：369

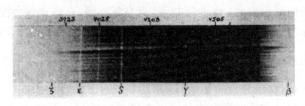

图 12-6 匹克林发表的船尾座 ξ 星光谱

随后于 1897 年初,匹克林发表文章,讨论了船尾座 ξ 星的光谱,他写道:"这是继氢光谱的巴耳末系之后第二个有规律的谱系,这两个谱系间有如此显著的联系,似乎可以认为,这第二个谱系并不是出于原先所料想的某种未知元素,也许正是出于未知的某种温度或压力下的氢气。"[1]他仿照巴耳末公式

$$\lambda = B \frac{n^2}{n^2 - 4}$$

(其中 $B = 3\,645.6$),稍加修改,取 $B = 3\,646.1$,列出新的公式

$$\lambda = 3\,646.1 \frac{n^2}{n^2 - 16}$$

人们称这个谱系为匹克林谱系。

后来,素以整理元素光谱规律闻名的里德伯鉴于匹克林谱系及巴耳末系与碱金属光谱的锐系及漫系甚为相似,就肯定它们都是氢的光谱,并从对比的观点出发,预言氢光谱还应和碱金属光谱一样,有一个主系。据推算,其波长应为 $4\,687.88\text{Å}$、$2\,734.55\text{Å}$ 等。正好这时从星体光谱及日冕光谱的观测中多次找到了 4686 线(人们往往以波长来表示谱线,4686 线的波长约为 $4\,686\text{Å}$),人们认为这根谱线也许就属于里德伯的氢光谱主系。

里德伯根据经验对匹克林谱系进行处理,虽然看上去很完满,却给后人留下了难解之谜。这就是所谓的匹克林谱系之谜。

以后的十几年里,人们一直相信天体中有一种特殊的氢,就像不久前发现的氦一样,只有靠光谱分析才能确证其存在。有人称之为"宇宙氢"。当然这件事也激励物理学家和化学家努力去做实验,希望在实验室里也能得到这种特殊的氢。

1912 年,英国著名天体物理学家和光谱学家福勒(A. Fowler)在实验室里获得了匹克林谱系和 4686 线,并且发现了一些新的谱线。他在论文中写道:"好些年来我一直在仔细观测,注意偶尔进行的氦谱实验中会不会出现 4686 线。只是最近才从钇铀矿备制的氦放电管中在预期的位置上获得了暗淡的谱线。不过,氢是其主要杂质。将此氦氢混合气体充入普通的普吕克尔(Plücker)放电管中,随后由 10 英寸线圈向普吕克尔管进行放电,就可以使这根线非常明亮。"[2]

他认为这根线就是大家要找的 4686 线,说明在这种混合气体中存在"宇宙氢"。如果确是这样,岂不是一个重大的发现!不过,他并没有充分的根据能证明这些谱系就是氢发出来的,因为他也承认,这时有氦在场。但他却写道:"没有严格的实验证明,那惟一的判

① Pickering E C. Astrophys. J. ,1897,5:92

② Fowler A. Month. Not. R. A. S. ,1912,73:62

断依据就是里德伯的理论研究。至少可以说，只有氢在场，这条谱线才能产生。"他的倾向性明确地表现在他的论文题目中，题目就是：《氢光谱的主系和其他谱系的观测》。他还将自己观测到的谱线进行分类整理，得出总的"氢谱"公式：$\nu = K\left(\dfrac{1}{n_1^2} - \dfrac{1}{n_2^2}\right)$，并且宣称证实了里德伯的理论。不过，在他的公式里 n_1，n_2 都必须包括半整数。

1913 年，26 岁的丹麦物理学家玻尔刚刚获得哥本哈根大学博士学位，来到英国著名的剑桥大学卡文迪什实验室工作和学习。此时，正值卢瑟福发表以 α 散射实验为基础的有核原子模型。玻尔参加了卢瑟福小组的工作，认识到这一原子模型的合理性和面临的困难。由于玻尔接受新的物理思想非常敏锐，他勇敢地把普朗克的量子假说运用到原子中的电子运动，终于找到了通向译解光谱密码的途径——定态跃迁理论。1913 年 9 月，玻尔发表了《论原子和分子的构造》，文中系统地提出了定态跃迁原子理论，解释了光谱的发射和吸收，推导出氢光谱的巴耳末公式：$\nu = \dfrac{2\pi^2 me^2 E^2}{h^3}\left(\dfrac{1}{n_1^2} - \dfrac{1}{n_2^2}\right)$，其中 n_1，n_2 只能取正整数，E 为原子核的电荷，m，e 分别为电子的质量与电荷，h 为普朗克常数（参看 7.7 节）。

然而，n_1，n_2 只能取正整数的条件是跟里德伯和福勒的氢光谱公式不相容的，因为后者特别规定 n_1，n_2 可为半整数。玻尔认真研究了这个问题，作了明确的论证，他写道：

"用上述方法得不到那些普遍认为属于氢的其他光谱（除巴耳末系）。例如，首先由匹克林在船尾座 ξ 星光谱中观测到的谱系和福勒最近对充有氢氦混合气体的真空管进行实验所发现的那套谱系。如果将他们归属于氢，我们用上述理论可以很自然地说明这些谱线"。[1]

在玻尔看来，把匹克林谱系和福勒谱系归属于单电离氦是很自然的事，否则，就不符合量子假说的要求。然而，要重新解释早已肯定了的事实却不是一件容易的事。玻尔的论点当时没有得到科学家的普遍承认，反而被看成是奇谈怪论。玻尔则胸有成竹，他很了解实验的情况，从福勒等人的论文中看到匹克林谱系和福勒谱系并不是肯定属于氢，因为实验采用的样品是氢氦混合气体，只是由于人们迷信权威，早已接受了这些谱线是属于氢的说法。所以，要解除人们头脑里的束缚，惟一的办法就是用实验来判明是非。还在草拟论文时，玻尔就和友人讨论如何进行这项实验。由于哥本哈根大学不具备做实验的条件，他在寄送论文给卢瑟福的同时，请求卢瑟福协助，希望能在曼彻斯特大学的实验室里重复福勒的实验，或者将这一看法转告福勒，因为福勒就是卢瑟福的同事。

当时卢瑟福的态度是这样的：他一方面肯定玻尔"对氢光谱起源的工作做得很好"，另一方面也提出质疑，认为"将普朗克的思想和旧力学混合在一起，很难形成一个物理思想来说明什么是它的基础"。"在我看来，你的假说中有一个严重困难，我想你必定是完全意识到的，那就是：当一个电子从一个定态跃向另一个定态时，它怎样决定用什么频率振动？"[2]

尽管卢瑟福对玻尔的假说有所怀疑，却仍是大力支持玻尔的工作。正是卢瑟福本人，一方面把玻尔的论文推荐到《哲学杂志》发表，一方面请福勒的助手伊万士（E. J. Evans）进行新的实验，以确证匹克林谱系的起源问题。

---

①　Bohr N. Phil. Mag.，1913，26：1

②　Bohr N. Essays 1958—1962 on Atomic Physics and Human Knowledge. Richard Clay，1963.41

正当物理学界对玻尔理论将信将疑之际,《自然》杂志于 1913 年 9 月初发表了伊万士氢谱实验的结果。他写道:

"我用了一些时间研究 4686 线的起源问题。已经做的实验支持玻尔理论。"[①]

这样一来,匹克林谱系之谜终于被破解,玻尔理论和他所依据的量子假说经受住了最初的考验。

12.3 恒星演化理论的建立

人类对恒星,特别是太阳的形成和演化的认识和理解,是天体物理学重大成就之一,也是物理学家把物理学运用到天文学的成果。我们可以看到,这些成果是和物理学发展的水平相适应的。

早在 18—19 世纪,由于物理学家对气体的研究逐渐深入,已经在实验室中掌握了气体的各种性质,德国天文学家埃穆顿(J. R. Emden)运用已有的气体理论,对太阳的结构提出了第一个近似的理论模型,他认为太阳是由一系列同心气体球壳组成的。但是,他无法确定太阳内部气体的温度,因此未能对太阳的组成、质量和能量来源作出具体判断。后来,人们从引力的研究求得太阳的平均密度,进一步判定太阳是由炽热的氢气构成,又从光谱的分析确证还有少量的氦和碳、钠、钙,以及某些重元素,例如铁。对于太阳能源的认识,更是天文学家关心的问题。人们只能根据观测到的现象和已经确定的物理规律进行推测,作出各种合理的假说。例如,1854 年,赫姆霍兹认识到太阳源源不断的能量绝不是仅仅靠常规化学反应就可以产生,他提出了引力收缩假说,根据他的计算,太阳由于收缩使引力势能转变成光能和热能,可以使太阳维持能量的供应至少 3 千万年。这一假说似乎有理,但是,当地质学家和古生物学家证明,地球和地球上的生物至少已经存在几亿年时,这一说法就站不住脚了。太阳演化学说就只有等待 20 世纪物理学革命中出现的新发现和新理论。

20 世纪初,爱因斯坦提出质能相当原理,为恒星(太阳)能源的探索提供了理论基础。英国天文学家爱丁顿甚至猜想,太阳上的电子和质子有没有可能互相湮灭,如果两者的质量都转化为能量,就足以维持太阳辐射 15 000 亿年。不久中子被查德威克发现,证明电子和质子只能结合成稳定的中子,因此爱丁顿的猜想不攻自破。这时,哈勃的星系退行定律已经确立,人们为了解释这一现象,纷纷设想宇宙的膨胀过程。德西特(De Sitter)在 1917 年从理论的考虑最先提出了宇宙膨胀假设。比利时天文学家勒梅特(G. Lemaitre) 1927 年在他的论文《考虑河外星云视向速度的常质量增半径均匀宇宙》中,通过求解引力场方程建立了一个膨胀宇宙的模型,把当时已观测到的河外星云普遍退行解释为宇宙膨胀的结果。他写道:

"红外星云的退行速度是宇宙膨胀的一种宇宙效应。"但是,"宇宙膨胀的原因尚待寻

---

① Evans E J. Nature,1913(92):5. 伊万士的氢谱实验可参看:郭奕玲. 大学物理中的著名实验. 科学出版社,1994. 191~193

找。"[①] 1932 年，勒梅特提出，现在观测到的宇宙是由一个极端高热、极端压缩状态的原始原子大爆炸而产生的，这就为"大爆炸宇宙模型"奠定了基础。但他当时未能阐明原始原子如何形成，也未阐明产生不同元素丰度的崩解过程。

20 世纪 30 年代核物理学初建，立即在天文学找到了用武之地。1937—1938 年，德国物理学家和天文学家魏茨泽克（Carl Friedrich von Weizsäcker，1912—　）和德裔美籍物理学家贝特（Hans Albert Bethe，1906—　）运用核物理学原理独立地提出了关于太阳辐射能源机制的解释。他们认为，太阳的辐射能源主要来自 4 个氢核聚变为氦核的过程，称为 p-p 反应。此外还提出了碳循环反应，即一个碳-12 核相继与 3 个氢核（质子）反应，形成氮-15，再通过与第四个氢核聚变，生成一个氦核（α 粒子）和一个碳-12，并释放能量。

美籍苏联物理学家伽莫夫（George Gamov，1904—1968）对天体演化理论也作出过重要贡献。1928 年，伽莫夫提出原子核的 α 衰变理论。20 世纪 30 年代，他和特勒（E. Teller）合作，共同从事核物理学的理论研究。1936 年他与特勒共同提出 β 衰变的伽莫夫-特勒选择定则。1938 年以后，伽莫夫转向天体物理学，研究恒星的核能源机制与恒星的演化。

图 12-7　贝特

图 12-8　1929 年伽莫夫（右）和考克饶夫在一起

1948 年，伽莫夫发表了《宇宙的演化》等文，还与美国的阿尔弗（R. A. Alpher）、贝特等人共同发表了《化学元素的起源》一文，进一步发挥了勒梅特的思想，并对早期宇宙中元素的合成作了探讨。伽莫夫还预言，现今宇宙应有大爆炸残留下来的背景辐射。同年，阿尔弗与赫曼（R. C. Herman）进一步指出，早期宇宙遗留下来的背景辐射已很微弱，可能只相当于温度为 5K 的黑体辐射。1956 年，伽莫夫又发表了《膨胀宇宙的物理学》，更清晰地描绘了宇宙从原始高密状态演化和膨胀的概貌。他指出："可以认为，各种化学元素的相对丰度，至少部分地是由在膨胀的很早阶段、以很高的速率发生的热核反应来决定的"。[②]

伽莫夫等人的这些工作，奠定了热大爆炸宇宙模型的基础。1965 年，物理学家在微波波段探测到了 3K 背景辐射，证实了伽莫夫、阿尔弗等人的预言，从此大爆炸宇宙模型得到了越来越多的人的赞同。不过，这一模型也有一些困难，例如，开始爆炸瞬间处于无限密度和零体积的所谓"奇点"问题，以及如何圆满解释星系起源和各向同性分布。1965 年以

---

① Lang K R，Gingerich O，ed. A source book in astronomy and astrophysics. 1900—1975. 848

② 同上注，第 872 页。

后,大爆炸宇宙模型进一步发展,重点探讨宇宙极早期的发展史,特别是大爆炸发生后的10^{-43}秒到3分钟内宇宙的演化,这一探讨与粒子物理学的前沿研究领域密切相关,还有许多问题有待进一步解决。

12.4　类星体的发现

类星体(Quasar)意即类似恒星的天体,是20世纪60年代天文学的新发现。

20世纪的60年代是天体物理学大发展的年代,出现了射电天文学,这主要应归因于20世纪50年代射电望远镜的发明和应用,而射电望远镜的出现又与第二次世界大战中雷达技术的发展密切相关。雷达技术涉及到大量物理问题和电子技术问题。可以说,射电天文学也是物理学发展的产物。20世纪60年代,射电天文学把天文学家和物理学家引入了前所未知的新天地,从而取得一系列辉煌的成果,其中特别是类星体、微波背景辐射、射电脉冲星和星际有机分子。这四项发现被人们统称为"六十年代四大天文发现"。值得一提的是,这四大发现都与射电探测密切相关。

由于战争的需要,二次世界大战期间英国投入大量人力和物力从事雷达技术的研究。战后,以赖尔(Martin Ryle,1918—1984)为代表的一批雷达专家从军事岗位转到射电天文研究,使英国的射电天文学在相当长的一段时间内一直处于领先地位。其中最突出的是剑桥大学,在那里建立了大规模的射电望远镜,开始对太空的射电体进行普查。1950年,剑桥大学发表了第1个射电源表(简称1C),它包括50个射电源。1955年,发表了2C,共包含1936个射电源,可惜由于技术上的原因,这些源大部分都是伪源。1959年,经过重新鉴定,发表了3C。3C射电源表共包含471个源,这些源中实际上已经包含了类星体,只是尚未辨认出来。

图12-9　赖尔

图12-10　剑桥大学的射电望远镜阵列

1960 年 12 月，马修斯(T. A. Matthews)和桑德奇(Allan Sandage)等人在美国天文学会上宣布，他们用 5 米望远镜观测发现射电源 3C48 对应于一颗暗星，这颗星具有奇特的发射谱，紫外辐射比通常的恒星强很多，而且具有光变特性。1962 年底，澳大利亚天文学家哈扎德(C. Hazard)等人根据他们的报导，准确地定出了该射电源的位置和形状，并且发现 3C273 是双射电源，其中之一和一颗恒星状天体相对应。1963 年，美国天文学家施米特(M. Schmidt)拍摄了这颗恒星状天体的光谱，并进一步证认出它的光谱中的主要发射线实际上是红移达 0.158 的氢的巴耳末线。在这一启示下，马修斯和格林斯坦(J. L. Greenstein)重新检查了射电源 3C48 的光学对应体的光谱，发现它的主要发射线实际上也是氢的巴耳末线，不过它们的红移更大，竟达 0.367。

3C273 和 3C48 之类的天体被称为类星射电源，是类星体中最先被发现的一种。这类天体有奇特的特性，其巨大的红移表明这些天体应位于几十亿光年外的遥远距离处，但若它们确实是那样遥远，它们强烈的紫外和射电辐射又表明它们在单位时间内辐射的能量大得难以置信。据推算，有的类星体的发射功率(光度)是恒星的 10^{10} 到 10^{14} 倍。如果真是这样，恐怕光靠热核反应是无论如何也不能作出解释的。它们的能量是从哪里来的？和黑洞有没有关系？40 多年来，天体物理学家从观测上和理论上对类星体进行了大量的研究，至今仍然是个谜，因此有人戏称其为谜天体。

12.5   宇宙背景辐射的发现

20 世纪 60 年代的第二项重大天文发现——微波背景辐射是彭齐亚斯(Arno A. Penzias，1933—　)和 R. 威尔逊(Robert W. Wilson，1936—　)在 1965 年作出的。他们都是贝尔电话实验室的研究人员。1963 年初，他们把一台卫星通讯接收设备改为射电望远镜，进行射电天文学研究。原有设备是 1960 年为接收从"回声"卫星上反射回来的信号而建造的。他们改装成的射电望远镜主要由天线和辐射计组成，如图 12-11。喇叭形反射天线宽约 6 米，由一个逐渐扩展的方形波导管(相当于喇叭)和一个扇形旋转抛物面反射器组成。喇叭的顶点跟抛物面的焦点重合，沿着抛物面轴线传播的平面波，聚焦到顶点的辐射计接收。测量辐射强度所用的辐射计安放在喇叭顶端的小室内，以减小噪声。他们装备了噪声最低的红宝石微波激射器，因此灵敏度有了保证。在正式工作之前，必须精确测

图 12-11   贝尔实验室的射电望远镜喇叭形天线

图 12-12   彭齐亚斯(右)与 R. 威尔逊站在他们的天线旁

量天线本身和背景的噪声,为此他们把天线与一个参考噪声源相比较。他们采用液氦制冷的一段波导管作参考噪声源,它产生确定功率的噪声。由于这样的参考噪声源的功率只由平衡热辐射的特性决定,因此可取为噪声的基准。噪声功率一般用等效温度来表示。比较的结果是,总的天线温度测量值的误差估计是 0.3K,实验结果在天顶处所测得的总天线温度是(6.7±0.3)K。

他们在第一次公布的数据中,对天线各项噪声的等效温度作了具体分析:大气辐射温度为(2.3±0.3)K,天线和波导器件损耗温度为(0.8±0.14)K,背瓣温度小于 0.1K,这样算来,天线的等效噪声温度只有(3.2±0.7)K。把总的天线温度(6.7±0.3)K 减去上述各项噪声源的温度,得到(3.5±1)K。他们惊奇地发现,多余温度值 3.5K 远大于实验误差 1K,如果找不到原因,并加以消除,他们是无法进行下一步测量计划的。

他们用了差不多一年的时间,耐心地找寻和分析可能产生多余温度的原因:会不会是银河系外离散源与银河系对天线产生了这一多余的温度?经过反复测试,排除了这一可能性。会不会是地面来的噪声?不会,他们以精确的实验证明,背瓣的噪声值非常之低。

于是他们只好把天线本身看作是多余噪声的来源。他们清洗和准直各部件之间的接头,在喇叭的铆接处贴上铝带以减小损耗,这样做仅仅使天线温度略有降低,不影响总的结果。甚至他们还注意到有一对鸽子栖息在喇叭的喉部,于是马上赶走鸽子,当他们发现喇叭喉部内表面有一层鸽子粪便时,他们认为总算找到了原因。于是,在 1965 年初拆开整个设备清洗。可是,多余的天线温度还是没有降低多少。

彭齐亚斯与 R. 威尔逊感到非常沮丧,实验的严密和精确已经达到了力所能及的极限,还找不到天线多余温度的原因。

正在这时,实验站附近的普林斯顿大学有一位实验天体物理学家迪克(R. H. Dicke)领导着一个小组也在开展一项探索性的研究。他设想是否可能存在由宇宙早期的炽热高密度时期残留下来的某种可观测的辐射。迪克的猜测建立在宇宙"振荡"理论的基础上,即认为宇宙是反复地膨胀和收缩的。他猜想宇宙在"振荡"过程中会留下可观测的背景辐射并建议罗尔(P. G. Roll)和威尔金森(D. T. Wilkinson)进行观测。罗尔和威尔金森在普林斯顿大学的帕尔末(Palmer)物理实验室的屋顶上,动手建造辐射计和喇叭天线,以寻找这种宇宙背景辐射。

迪克还建议皮布尔斯(P. J. E. Peebles)对这问题进行理论分析,研究宇宙背景辐射测量结果的宇宙学意义。皮布尔斯于 1965 年 3 月写出了论文。他还在约翰斯·霍普金斯大学作过一次演讲,阐述了这种想法和推论。

1965 年春的一天,彭齐亚斯和麻省理工学院的射电天文学家伯克(B. Burke)通电话,顺便谈及他们难以解释的多余噪声温度。伯克想起在卡内基研究所工作的一个同事图涅耳(K. Turner)曾谈到听过皮布尔斯的演讲,于是建议彭齐亚斯与普林斯顿大学的迪克小组联系,可能他们对这天线接收到的难以理解的结果会有一些有趣的想法。彭齐亚斯与迪克通了电话,迪克首先寄来了一份皮布尔斯的预印本,接着迪克及其同事们访问了克劳福德山,看了彭齐亚斯和 R. 威尔逊的天线设备,并一起讨论了测量的结果。迪克小组相信彭齐亚斯和 R. 威尔逊的测量精度,认为他们测量到的正是要寻找的宇宙背景辐射。

于是,双方同时在《天体物理杂志》上发表了自己的简讯。一篇是迪克小组的理论文章《宇宙黑体辐射》[1]，另一篇是彭齐亚斯和 R. 威尔逊的实验报告。彭齐亚斯和 R. 威尔逊宣称："有效的天顶噪声温度的测量，得出一个比预期高约 3.5K 的值。在我们观察的限度以内，这个多余的温度是各向同性的，非偏振的，并且没有季节的变化。"[2]

上述两篇简讯发表以后，引起了极大的反响。人们期待进一步确证天线的多余温度就是真正来自宇宙的背景辐射。关键是要分析这一辐射的特征，看测量结果是否与预言相符。

据理论分析，热平衡辐射应是各向同性的而且不同频率的光辐射能量密度分布应服从普朗克定律。各向同性已基本上被彭齐亚斯等的观测初步证实了，因此检验这种辐射在不同波长的能量密度是否符合普朗克分布定律，是对天线的多余温度问题用宇宙学起源解释的一个严重考验。

1965 年 12 月，迪克小组的罗尔和威尔金森完成了他们在 3.2cm 波段的测量，结果是 (3.0 ± 0.5)K。不久，豪威尔（T. F. Howell）和谢克沙夫特（J. R. Shakeshaft）在 20.7cm 上测得 (2.8 ± 0.6)K，随后彭齐亚斯与 R. 威尔逊在 21.1cm 上测得 (3.2 ± 1)K。但从 3K 黑体分布曲线看出，辐射强度高峰在波长为 0.1cm 附近。而以上测量都在波长较长的范围进行的，故只有取得比 0.1cm 更短的波长处的测量值，才能充分说明宇宙背景辐射是否符合普朗克分布。这个频段的实验要在高空进行，因为 0.1cm 处于远红外范围，大气对它的吸收强烈，因而不能在地面上观察。康涅尔大学的火箭小组和麻省理工学院的气球小组分别进行了观测，于 1972 年证实在远红外区域背景辐射有相当于 3K 的黑体分布。

1975 年，伯克利加州大学伍迪（D. P. Woody）领导的气球小组确定，从 0.25cm 到 0.06cm 波段背景辐射也处于 2.99K 温度的分布曲线范围内。观测数据已肯定宇宙背景辐射有大约 3K 的黑体谱。而这正是大爆炸宇宙模型理论作出的预言。这样一来，宇宙背景辐射的发现就为大爆炸宇宙模型提供了用力的证据。

图 12-13   宇宙背景探测器

有必要指出，大爆炸宇宙模型虽然与观测事实符合得较好，但它同其他一些宇宙模型一样，仍然是一个科学假说，其他的宇宙模型，有的并未预言存在宇宙背景辐射，有的很难解释宇宙背景辐射。宇宙背景辐射被认为是对大爆炸宇宙模型理论最有力的支持，从而使这一理论成为当前普遍接受的宇宙模型理论。可见，宇宙背景辐射的发现和研究对现代宇宙学有着深远影响。当然，我们不能停留在已有的水平，应该对这一现象作进一步深入的研究。例如，1989 年发射的"宇宙背景探测器"（简称 COBE），把彭齐亚斯等人的早期工作推进了好几个数量级。彭齐亚斯和威尔逊只能证明宇宙背景辐射是均匀的，精度仅为 10%。COBE 则以 0.001% 的精度对太空进行巡视。由它所得到的数据绘成曲线（如图 12-14），以 0.1% 的误差与黑体谱的理论曲线相吻合。COBE 探测器发回的图像显示了背景辐射的不均匀性，如图 12-15。这正好说

①　Dicke R，et al. Astrophysical Journal，1965，142：414～419

②　Penzias A A，Wilson R W. Astrophysical Journal，1965，142：419～421

明了宇宙由热变冷后所形成的不均匀的物质分布。因此可见,宇宙背景辐射对宇宙的创生和演变提供了非常有价值的资料。

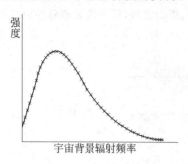

图 12-14 COBE 取得的数据与黑体谱在 0.1%内相符(×号为测量数据,曲线为理论预计)

图 12-15 COBE 得到的背景辐射图

12.6 脉冲星的发现

20 世纪 60 年代第三大天文学事件是发现了射电脉冲星。1964 年,英国剑桥大学卡文迪什实验室以赖尔为核心的天体物理学小组发现了"行星际闪烁"现象,这是一种由太阳风在行星际空间的吹动而使角直径小于 1 角秒的致密射电源发生 0.1 秒量级的闪烁。负责这项工作的是休伊什(Antony Hewish,1924—)。他们还发现,研究这种闪烁可以获得致密射电源的角直径等物理量,其时正值类星体被人们发现,他们认识到通过这一途径有可能发现更多的类星体,于是,在休伊什的主持下,卡文迪什实验室建造了一架时间分辨率很高的射电望远镜。它工作在 3.7 米波长,其天线由偶极子天线阵列组成,共 16 排,每排 128 个,总计 2 048 个天线,占地面积 18 212 平方米。

1967 年 7 月,该射电望远镜阵列投入观测,研究生 S. J. 贝尔(Susan Jocelyn Bell)小姐负责观测。她仔细分析了数百甚至上千米的记录纸带,很快发现天上有众多的致密射电源。1967 年 10 月,她发现记录纸带上有一个与射电源的行星际闪烁以及人为干扰信号都

图 12-16 S. J. 贝尔

图 12-17 休伊什在做实验

稍有不同的奇怪脉冲信号。她回查记录纸带时,发现这一信号早在 8 月份就已出现过,并且出现的时间间隔是 23 小时 56 分,这正是恒星周日视运动的时间间隔。于是,她立即向导师休伊什报告了这一情况。休伊什认为可能是一颗射电耀星,于是决定用快速记录仪

确定信号的性质,看一看它是否与太阳耀斑的射电有相似的性质。由于这个源时隐时现,一直等到 11 月 28 日才成功地记录到这个起伏信号是一系列强度不等的脉冲(如图 12-18)。休伊什等人利用精确的时标,并改正了地球轨道运动的影响之后,惊讶地发现脉冲的守时精度竟优于一千万分之一,脉冲周期为 $(1.337\ 279\ 5\pm0.000\ 000\ 2)$s。

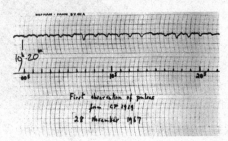

图 12-18　1967 年 11 月 28 日从射电源 CP1919 第一次观测到周期性的脉冲信号

在 1968 年 2 月 24 日出版的《自然》杂志上,休伊什、S. J. 贝尔等人发表了关于第一颗脉冲射电源的观测和分析结果。第一颗脉冲星取名为 CP1919。他们对脉冲信号的起源作了严密的科学论证。[①]

由于射电天文学的发展和脉冲星的发现,1974 年的诺贝尔物理学奖授予了赖尔和休伊什,这是第一次由于射电天文学的公认成果得到的奖励。不过当时也引起了一些争议。例如,著名英国天文学家荷伊勒(Sir Fred Hoyle)争辩说,S. J. 贝尔也应获得诺贝尔物理学奖。[②]

有人还根据致密星振荡理论来解释辐射的脉冲性质,提出脉冲星可能是中子星。1968 年底,美国射电天文学家在超新星遗迹——蟹状星云中发现了一颗脉冲星,正是休伊什用行星际闪烁技术所发现的那个致密射电源。它的脉冲周期只有 33 毫秒,根据观测确定的周期变长(或自转减速)所损失的能量,正好足以供应蟹状星云的同步加速辐射。从而证实了中子星的假设。

中子星假设是早在 1932 年发现中子后不久朗道首先提出的。他认为中子有可能组成一种致密星,他称之为中子星。1934 年巴德(W. Baade)和兹威基(F. Zwicky)提出超新星爆炸后留下的星核可能就是中子星,1939 年奥本海默等人首先计算了中子星的模型。然而,人们大多不相信真的会存在这样的星体,因此他们的工作未受足够的重视。1968 年在发现脉冲星的启示下,戈尔德(T. Gold)首先指出脉冲星的本质就是高速自转的中子星,其表面磁场可高达上亿特斯拉。由于强磁场的约束,辐射只能沿磁轴方向在很小的立体角内射出,而磁轴又与自转轴不相重合,因此当脉冲星以极快的速度自转时,沿磁轴方向射出的辐射束就会像探照灯一样迅速扫过空间(见图 12-19)。每当地球进入这个方向时,就能观

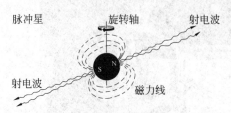

图 12-19　脉冲星沿磁轴方向射出的辐射束,
像探照灯一样迅速扫过空间

①　Hewish A,et al. Nature,1968(217):709~713
②　后来 S. J. 贝尔(改名为 S. J. Bell Burnell)曾经在英国开发大学担任物理系主任,并多次获奖。

测到脉冲辐射现象。戈达德的见解现已得到国际公认。

正当射电脉冲星以其特异性吸引人们的注意不久，又传来更为出人意外的新闻。美国两位天体物理学家赫尔斯（Russell A. Hulse，1950——　）和小约瑟夫·泰勒（Joseph H. Taylor，Jr.，1941——　）在1974年宣布发现了一种新型的脉冲星——脉冲双星。当时泰勒在阿墨斯特（Amherst）的麻萨诸塞大学任教授，赫尔斯是他的研究生。他们用西印度群岛波多黎各的300m射电望远镜发现这种新型脉冲星（称为PSR 1913＋16，PSR代表脉冲星，1913＋16表示脉冲星在天空的位置）。他们当时正在系统地探索脉冲星。赫尔斯和泰勒发现这颗脉冲星和一般的脉冲星不同：从信号的行为可以推知，与这颗脉冲星相伴还有另一颗质量与之相近的伴星，两者相距仅为月亮到地球距离的几倍。这一天体系的行为与利用牛顿定律计算一对天体的结果偏离甚远。于是就为检验爱因斯坦的广义相对论和其他引力理论找到了一个新的"空间实验室"。

在泰勒等人对新型脉冲星追踪了几年之后，一个非常重要的观测结果就得到了。他们发现脉冲星轨道周期不断在减小：两个天体在越来越紧缩的轨道上越来越快地互相绕着旋转，这一变化虽然非常之小，但是时间足够长的观测，它还是完全可以测量的。根据爱因斯坦在1916年对相对运动的质量所作的预言，这一变化之所以发生，是因为这个体系正以引力波的形式发射能量（如图12-21）。泰勒等人在1983年观测的数据是每年减少$(76\pm2)\mu s$。根据从1975年至1992年积累的数据，由广义相对论得到的理论计算值与观测值在优于0.4%的相对准确度范围内相符。这是迄今为止对广义相对论最精确的验证！

脉冲双星

引力波

图12-20　赫尔斯正在用计算机巡查脉冲星　　　　图12-21　从脉冲双星发射出引力波

12.7　星际有机分子的发现

发现星际分子的历史可追溯到1930年，那一年美国天文学家特兰普勒（R. J. Trumpler）通过银河星团的距离和大小的对比研究，确证了星际物质的存在。1937年，用威尔逊山2.5米口径的反射望远镜获得的高色散光谱中已显示出星际物质的一些吸收线，后被证实为甲川分子（CH）、氰基分子（CN）以及甲川离子（CH^+）的谱线。1944年，范德胡斯特（H. C. van de Hulst）从理论上预言了星际氢原子应该发射波长为21厘米的电磁波。1951年，用射电望远镜果然探测到了这一辐射。星际分子，其中包括星际有机分子则是20世纪60年代以后在射电波的微波波段发现的。1949年，苏联的什克洛夫斯基预言可以通过探测微波辐射来判断星际空间是否存在着羟基分子（OH）。以创制微波激射器和发明激光器闻名的美国物理学家汤斯(C. H. Townes)及其合作者 1953 年在实验室中首次精确测出了羟基、氨、水以及一氧化碳的射电跃迁频率。1956 年以后,曾经有人多次对星际羟基分子作进一步探讨,但都没有得到肯定结果,原因主要是设备和测量方法方面有欠缺。

1963 年麻省理工学院的温莱布(S. Weinreb)小组创制了适于观测星际羟基分子的新仪器,运用了数字技术和傅里叶变换方法,用它观测到了星际羟基分子在频率(1 667.34±0.03)兆赫($F=2\rightarrow2$)和(1 665.46±0.10)兆赫($F=1\rightarrow1$)处对射电源仙后座 A 的吸收。他们在论文中写道:"本文所报导的是仙后座 A 射电吸收谱中 18 厘米羟基(OH)吸收线的检测,这一检测为星际介质中存在 OH 提供了确实的证据。"[①]这是在射电波段探测到的第一个星际分子。

1968 年 12 月,伯克利小组测得了 1.26 厘米波长处氨(NH_3)的微波发射线,发现了星际氨分子,不久又发现了星际水分子。1969 年 3 月,美国另一个天文小组用直径 43 米的射电望远镜在射电源人马座 A 和人马座 B2 背景上发现星际甲醛分子(H_2CO)的 6.21 厘米波长的吸收谱线,从而发现了星际甲醛分子的存在。

这是被发现的第一个星际有机分子。甲醛在适当条件下可以转化为氨基酸,而氨基酸则是形成生命的重要物质,因此星际甲醛分子的发现引起了化学界和生物学界的广泛兴趣。进入 20 世纪 70 年代,人们又相继发现了多种星际分子,其中大部分是有机分子。到了 1991 年,已观测到的星际分子超过了 100 种。

星际有机分子的研究为宇宙化学和生命起源问题提供了坚实的物质基础。

12.8 黑洞的研究

黑洞的设想最初是由拉普拉斯在 1798 年提出的。他曾经根据牛顿的引力理论,预言过有一种类似于黑洞的天体存在,它是直径比太阳大 250 倍,而密度与地球相当的恒星,其引力足以俘获它所发出的所有光线,因此光发不出去,从外面看就如同黑暗的洞穴。这是人类第一次预见到暗天体。

1917 年爱因斯坦创建广义相对论,建立了引力场方程,为探讨宇宙提供了理论基础。

1938—1939 年,一直在研究核物理和粒子物理的著名美国物理学家奥本海默(J. R. Oppenheimer,1904—1967)对广义相对论和天体物理学发生了兴趣。他先是和沃尔科夫(G. M. Volkoff)研究了中子星,发表了题为《论大质量的中子核》[②]的论文,这篇论文为星体结构奠定了广义相对论的理论基础,继而和斯奈德(Harttland Snyder)合作研究了引力,发表了《论连续的引力》,这篇论文的摘要第一行字是:"当所有热核能源耗尽时,足够重的星体将会坍缩。坍缩将会无限地连续下去。"[③]这样就开始了黑洞物理学(他们当时没有运用黑洞一词,黑洞是 1967 年由惠勒冠名的)。奥本海默和斯奈德推断:一个大质量的星

---

① Weinreb S,et al. Nature,1968,200:829~831

② Oppenheimer R,Volkoff G M. Phys. Rev. ,1939,55:374~381

③ Oppenheimer R,Snyder H. Phys. Rev. ,1939,56:455~459

体,当它向外的辐射压力抵抗不住向内的引力时,就要发生坍缩现象,坍缩到某一临界大小时,会形成一个封闭的边界(视界)。在视界之外的物质和辐射可以进入视界之内,但视界之内的物质和辐射却不能逃到界外。凡是超过某一临界质量的星体,都必然陷入坍缩状态,别无其他选择。

所谓视界,是卡尔·史瓦西(Karl Schwarzschild,1873—1916)在研究广义相对论时提出的一个概念。1916年卡尔·史瓦西找到了广义相对论球对称引力场的严格解。这个解描述了球形天体附近光线和粒子的运动行为,在现代相对论天体物理学,特别是后来的黑洞物理学中起着关键性的作用。他首先提出,在离致密天体或大质量天体的中心某一距离处,逃逸速度等于光速,即在此距离以内的任何物质和辐射都不能逸出。后人称此距离为史瓦西半径,并把此半径处的球面称为视界。

1967年脉冲星被发现,并很快证明就是三十多年前预言的中子星,人们开始认识到原来觉得不可思议的超密物质在自然界有可能存在。从那个时候起,黑洞的研究和探索开始活跃起来,很快变成了天体物理学的热门课题。天文学家一直在寻找黑洞存在的证据,然而由于黑洞本身的特性,要直接观测黑洞是不可能的,所以几十年过去了,人们仍然视黑洞为宇宙间最难捉摸的对象之一。图12-22描绘的是黑洞示意图。

人们认识到,黑洞是星体演化及星体相互作用的结果。大多数星体将以白矮星结束生命,但是也有一些星体最后蜕变为中子星。白矮星的质量必须小于太阳质量 $M_\odot$ 的1.4倍($1.4\ M_\odot$),而中子星的质量也许不能超过 $3\ M_\odot$。超过这一限制的星体,它既不发射物质,又已耗尽了核燃料,这样的星体会变成什么呢? 人们从理论上研究这个问题,得出结论认为,这样的星体最终会变成黑洞。

黑洞是否就是绝对的黑呢? 它是否仅仅吞食万物(包括光),而不发射任何辐射呢?

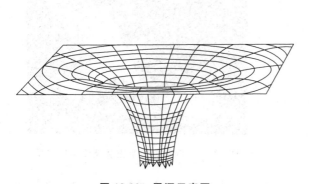

图 12-22　黑洞示意图

图 12-23　霍金

1974年霍金(Stephen William Hawking,1942—　)把量子场论引入黑洞理论,并根据真空涨落的机制得出重要结论:由于量子涨落的存在,黑洞周围空间将产生正反粒子:负能粒子,穿过视界被黑洞吸收;正能粒子,逃逸到无穷远,形成黑洞的自发辐射,以"热辐射"的形式"蒸发"。

　　近年来,天文学家一直致力于寻找黑洞。孤立的黑洞是看不到的,因而难以观测,人们找到一种特殊的星体,即所谓的"密近双星",也就是说,人们希望通过双星中的一颗子星的引力效应和电磁效应间接探测黑洞。从 20 世纪 70 年代起,已经找到了好几个星体,可以看成是黑洞的候选者。最典型的是天鹅座 X-1,其黑洞的质量为 $10 \sim 15 \ M_\odot$,伴星为一颗超巨星。

　　当星体老化时,内部核能的生成促使其外层向外大大扩张,因此这些星体变成了巨星。如果它是双星系统的子星,外层的原子将会达到并越过两星之间引力的平衡点。这样物质就有可能从膨胀的子星流向别的子星。这种现象叫做吸积。当一个子星的气体被另一个黑洞子星吸积时,便会发出强烈的 X 射线辐射,因此,在 X 射线双星系统中,如果一个子星的质量超过中子星的质量上限——$3 \ M_\odot$,而在光学上又是不可见的,这个子星就可能是黑洞。再有,星系的质量可以通过星系的旋转曲线获得,星系的光度也可以测得。由此得出质光比。有一些星系中心区域的质光比往往超过太阳质光比百倍以上,这样的星系核心区很可能存在黑洞。其中一个典型例子就是椭圆星系 M87,在其中心核区,质光比高达 500,根据哈勃太空望远镜(如图 12-24)的观测,其周围电离气体盘围绕的中心质量为 $2.4 \times 10^9 \ M_\odot$,可以说是一个惊人的超大质量黑洞。这样的星系级超大质量黑洞,已经发现了 10 个以上。活动星系核的核心直径一般都小于几个光年,而质量却达到了$10^8 \ M_\odot$。从其产能机制只能认为中心一定存在着黑洞。日美高级宇宙及天体物理卫星(ASCA,如图 12-25)观测一些塞佛特(Seyfert)星系的电离铁的 X 射线(K)线,得到其谱线宽度对应的热气体运动速度达到 1/3 光速,这只能是接近黑洞视界的运动速度,从而找到了黑洞存在的证据。

图 12-24　哈勃太空望远镜

图 12-25　日美高级宇宙及天体物理卫星

　　天体物理学家普遍相信,每一个活动星系,其中心必定有黑洞存在。甚至我们的银河系也不例外。银河系中心附近的一个特殊射电源——半人马座 A 可能是一个大型黑洞,它的质量约为 $2.6 \times 10^6 \ M_\odot$,离地球约 2.6 万光年,尺寸与太阳到火星的距离相当。美国洛杉矶加州大学的科学家曾经报告说,他们找到了表明半人马座 A 射电源是黑洞的证据。

12.9 暗物质和暗能量的探索

宇宙的起源和进化是天体物理学研究的最基本的问题之一。建立在广义相对论和宇宙学原理之上的大爆炸宇宙模型告诉我们：宇宙诞生于一次大爆炸，时间约在大约 137 亿年前；大爆炸发生的那一刻，宇宙处于极致密、极高温的状态，形成了空间和时间；经过膨胀和冷却，逐步演化成现在这个样子；演化过程可以分成原初轻元素合成、光子退耦、中性原子形成、恒星形成等几个重要的时期，在这个不断膨胀的时空里，星系、地球、空气、水和生命逐渐形成。

20 世纪 20 年代，基于从星系光谱的红移的大量观测，哈勃（Edwin Powell Hubble，1889—1953）发现了宇宙中所有的星系都在彼此远离退行，距离越远，退行速度越大，二者成正比，从而提出哈勃定律。大爆炸宇宙模型就是在这一基础上产生的。

20 世纪大量的天文观测和天体物理研究结果都证实这个模型。到了 20 世纪末，科学界普遍接受了这一模型，但是仍有许多困难无法解决，其中有一个旷日持久的问题就是所谓的暗物质问题。多年来，暗物质的存在及其特性一直是天体物理学和宇宙学的一个难解之谜。所谓暗物质，指的是无法直接观测的物质。既然无法直接观测，它的存在就必是根据某种间接的资料作出的推测。早在 20 世纪 30 年代，荷兰天体物理学家奥尔特（J. H. Oort）就

图 12-26 哈勃和他观测的天体
（Physics Today 1999 年 5 月号封面）

曾指出：为了说明恒星的运动，需要假定在太阳附近存在着看不见的物质。[①]

12.9.1 质量短缺

星系团的质量可以用两种方法测量。一种是光度方法，根据测得的质光比求出质量；另一种是动力学方法，从星系团各个成员星系的红移得出各个星系的相对速度，再根据维里定理算出星系团的质量。

1933 年，兹维基（F. Zwicky）[②]比较两种方法对后发星系团的动力学方法得到的质量比光度方法得到的质量竟大四百倍。如果承认两种方法所得结果都是对的，就必然得出星系团中存在大量看不见的物质的结论。人们把这一现象称为"质量短缺"。但是当时

---

① Oort J H. Bull. Astr. Inst. Netherlands,1932(6):249
② Zwicky F. Helv. Phys. Acta.1933(6):110

"质量短缺"的问题并未引起科学界的重视，认为只是兹维基的一种大胆推测，直到 20 世纪 70 年代初，科学界还普遍认为"质量短缺"是根本不存在的，差异是由其他因素造成的。

12.9.2   进一步证实

1978 年在华盛顿卡内基研究所工作的鲁宾（V. Rubin）等人发表了他们对星系旋转曲线的研究。他们发现，像银河系、仙女星系和其他一些漩涡星系，星系内恒星与气体绕星系中心的轨道速度并不随它们与星系中心的距离而下降，取而代之的是，这些星系的旋转曲线趋于平坦。换句话说，在整个星系晕中的恒星速度保持恒定。这表明，这些星系的质量并不是集中在核球，而是均匀地分布在整个星系中。由此可见，在星系晕中一定存在着大量看不见的暗物质。[①] 这一事实对肯定暗物质的存在具有很强的说服力。

1983 年，天文学家发现：在距银河系中心 20 万光年距离的 R15 星，其视向速度高达 465 公里/秒。要产生这样大的速度，银河系的总质量至少要比现在知道的质量大 10 倍，这一事实表明银河系及其周围存在大量的暗物质。通过计算，可以间接地得出宇宙中有 90% 甚至 99% 的物质不能用望远镜直接观测的结论。

1987 年，天体物理学家研究分析了红外天文学人造卫星（IRAS）对 2400 个星系的观测数据，得到了用光学手段无法得到的银河系附近 5 亿光年范围内的三维物质分布图。该图显示，银河系被以室女、长蛇和人马为主的 10 多个星系团所吸引，它们的合力作用恰与银河现今运动情况相一致，而与微波背景辐射方向相反，因而对所观测到的各向同性微波背景辐射的微小不均匀性成功地作出了解释。根据 IRAS 图所提供的数据，加上对银河系所受合引力的分析，也可以得出至少有 90% 或更多的宇宙暗物质存在的判断。

数量如此巨大的暗物质究竟是什么？最初，很自然地把它们设想为一些暗星，如不发光的行星、小恒星、冷却了的白矮星、中子星、黑洞以及弥散气体或宇宙尘等。这一类物质都是由重子组成。然而，根据大爆炸宇宙学关于轻元素原子的合成理论，可以推断出重子数与光子数之比小于 7×10^{-10}。也就是说，宇宙中如果存在暗物质，它们不可能是重子组成的物质，看来答案只能从粒子物理学中寻求。在众多候选的基本粒子之中，人们自然会想到行踪诡秘的中微子。但是中微子究竟有没有质量，至今尚未有定论。

12.9.3   暗物质的存在终于得到了确证

1989 年，美国国家航空航天局（NASA）曾发射过一颗宇宙背景探测者卫星（COBE）并观测到了宇宙微波背景辐射在不同方向上存在着微弱的温度涨落。为了进一步研究这种各向异性现象，1995 年 NASA 接受建议，2001 年发射了威尔金森微波各向异性探测器（Wilkinson Microwave Anisotropy Probe，简称 WMAP），并于 2003 年第一次清晰地绘制了一张宇宙婴儿时期（大爆炸后不到 38 万年）的图像（如图 12-29）。宇宙的年龄大约是 130

---

①　Rubin V C，Thonnard N. Ford Jr. W K. Astrophys. J. Lett. 1978，225：L107

亿年,38万年寿命宇宙的图像相当于一个80岁的人在他出生当天拍下的照片。这一年,由WMAP以其对宇宙学参数的精确测量,取得了决定意义的成果。这些成果告诉人们,宇宙中普通物质只占4%,23%的物质为暗物质,73%是暗能量。这是迄今为止,暗物质存在最有说服力的证明。同年,由斯隆基金会资助、众多单位参加的国际性天文研究项目:斯隆数字太空勘测(Sloan Digital Sky Survey,简称SDSS),根据大量天文观测所得到的数据也给出了类似结果。探讨了多年的疑难问题终于有了明确的答案。2003年年底,《科学》杂志把这一成果选为当年第一大科技成果。[1]

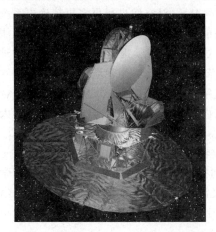

图 12-27 威尔金森微波各向异性探测器

图 12-28 斯隆数字太空勘测望远镜

然而究竟什么是暗物质,还是没有定论。中微子当然是一种暗物质粒子,但WMAP和SDSS的结果表明,它即使有质量,也应当非常之小,在暗物质中只能占微小的比例,绝大部分应是所谓的中性弱作用重粒子。而中性弱作用重粒子究竟是什么,目前还不清楚。理论物理学家猜测,它们可能是超对称理论中的最轻的超对称粒子,是稳定的,在宇宙演化过程中像微波背景光子一样被遗留下来。目前世界各国科学家,正在进行着各种加速器和非加速器实验,试图找到这种暗物质粒子。

图 12-29 2003年,从WMAP获得的宇宙婴儿时期图像

(读者可以与图12-15比较)

12.9.4 暗能量

暗能量是近年宇宙学研究中提出的一个热门课题。支持暗能量的主要证据有两个。一是对遥远的超新星所进行的大量观测表明,宇宙在加速膨胀,星系膨胀的速度不像哈勃定律描述的那样,是恒定的,而是在不断加速。按照爱因斯坦引力场方程,加速膨胀的现

---

[1] Charles Seife. Science 302,2003.2038~2039

象推论出宇宙中存在着压强为负的暗能量。另一个证据来自于近年对微波背景辐射的研究精确地测量出宇宙中物质的总密度。但是，我们知道所有的普通物质与暗物质加起来大约只占其 1/3 左右，所以仍有约 2/3 的短缺。这一短缺的物质称为暗能量，其基本特征是具有负压，在宇宙空间中几乎均匀分布或完全不结团。最近 WMAP 数据显示，暗能量在宇宙中占总物质的 73%。值得注意的是，对于通常的能量（辐射）、重子和冷暗物质，压强都是非负的，所以必定存在着一种未知的负压物质主导今天的宇宙。

　　然而，当前物理学基本理论尚未能解释这些从观测判定其存在的暗能量。解决这一问题需要新的理论，同时也有赖于发射更多的探测卫星，对空间进行更多更精确更系统的观测，以进一步研究宇宙的膨胀规律。不同的暗能量形式将导致非常不同的宇宙膨胀的规律，由此可以确定暗能量的形式和物理特征。这是向物理学提出的巨大挑战。物理学正面临着新的大突破，也就是说，在宏观低速运动、宏观高速运动、微观低速运动以及微观高速运动的规律的突破以后，物理学将进一步突破宇观的领域。这样的理论很可能是各种相互作用统一的量子理论，把引力作用也包括在内的大统一理论。这将是又一场重大的物理学革命。

　　暗物质和暗能量的探讨正方兴未艾。解决这些新问题需要将描述微观世界的粒子物理学与描述宇观世界的宇宙学结合起来。极大和极小联系在一起，将是 21 世纪物理学和天文学研究的一个新特点。正如一张生动而含义深邃的示意图（图 12-30）描绘的那样，物理学的发展把极大和极小融合到了一起。这张图充分显示了物质世界的统一性，也很形象地表明了物理学发展的历程。

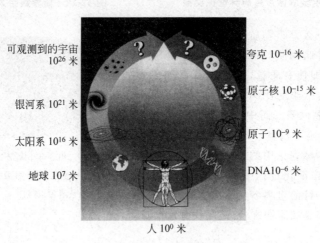

图 12-30　宇宙学和粒子物理学原来是相通的

第13章

诺贝尔物理学奖

13.1 诺贝尔物理学奖的设立

诺贝尔物理学奖是根据瑞典化学家诺贝尔（Alfred B. Nobel，1833—1896）遗嘱所设的系列奖项之一。1896年诺贝尔在遗嘱中称，将遗产大部分作为基金，每年以其利息奖给前一年在物理学、化学、生理学或医学、文学与和平事业中"对人类作出最大贡献的人"。诺贝尔逝世5周年(1901年12月10日)时首次颁发。以后除因两次世界大战等原因曾停发外，从未间断。

图 13-1　诺贝尔奖章

诺贝尔物理学奖的颁发已经持续一百余年了。这一百余年正是现代物理学大发展的时期。诺贝尔物理学奖包括了物理学的许多重大研究成果，遍及现代物理学的各个主要领域。一百多年来的颁奖显示了现代物理学发展的轨迹。可以说，诺贝尔物理学奖是现代物理学伟大成就的缩影，折射出了现代物理学的发展脉络。诺贝尔物理学奖的颁发体现了物理学新成果的社会价值和历史价值，对科学进步有举足轻重的影响。

在本书后半部分，曾经陆续提到许多与诺贝尔物理学奖有关的重大进展，现在再作一综合评述，把一百多年来历届诺贝尔物理学奖跟物理学的发展联系起来。既阐述现代物理学各个分支的发展

图 13-2　诺贝尔奖状

图 13-3　1999 年斯德哥尔摩交响乐大厅的会场

脉络，又介绍著名物理学家所起的关键性作用，以便对现代物理学走过的道路有更具体的了解。

　　我们还将提到与物理学有密切关系的一些诺贝尔化学奖和生理学或医学奖。不把这些内容包括进来，20 世纪物理学的发展是难以窥其全貌的。

图 13-4　1997 年诺贝尔奖授奖大会上
诺贝尔奖得主在前排就座
（左起第一位是朱棣文）

图 13-5　1997 年朱棣文从
瑞典国王手中接
过诺贝尔奖证书

图 13-6　1998 年三位诺贝尔物理学奖得主手持诺贝尔奖证书（左起依次为施特默、劳克林和崔琦）

13.2　诺贝尔物理学奖的分布统计

　　自 1901 年到 2004 年的 104 年中,诺贝尔物理学奖有 6 届由于世界大战和经济萧条而没有颁发(1916 年,1931 年,1934 年和 1940—1942 年)。所以物理学奖实际上只颁发了 98 届,共有 174 人次,173 位科学家获得过诺贝尔物理学奖。其中美国物理学家巴丁是两次获得诺贝尔物理学奖的惟一的一位物理学家。

　　从 1901 年—2004 年诺贝尔物理学奖获得者的国籍和统计(表 13-1)中可以看到,全世界有 17 个国家的物理学家获得过此殊荣。获奖者最多的国家是美国,共 79 人(以下均指人次,双重国籍者重复统计),英国第 2,德国第 3。

表 13-1　1901—2004 年诺贝尔物理学奖获得者的国籍分布统计								
国籍	美国	英国	德国	法国	俄罗斯	荷兰	瑞典	瑞士	丹麦
人数	79	22	21	10	10	8	4	4	3
国籍	意大利	奥地利	加拿大	日本	中国	波兰	印度	巴基斯坦	总计
人数	3	2	1	4	2	1	1	1	176

　　统计发现,若以 1945 年二战结束为界,分成前 45 年和后 59 年,则可以明显看到一个现象:在前 45 年中,美国获诺贝尔物理学奖的人数比英国与德国少,美国在这段时间内获物理学奖的为 8 人,而英国 10 人,德国 11 人。这一情况说明,在二战以前,自然科学特别是物理学研究的中心在欧洲,尤其是德国。德国的柏林大学、格丁根大学和慕尼黑大学是当时公认的世界理论物理研究中心,一大批诺贝尔物理学奖获得者曾在那里学习或工作过。而英国剑桥大学的卡文迪什实验室则是实验物理的研究中心,很多新发现都是在这里作出的。可是自第二次世界大战结束以后的 59 年中,获得诺贝尔物理学奖的美国人和具有美国国籍的科学家明显增多,世界自然科学的研究中心已从欧洲转移到了美国。

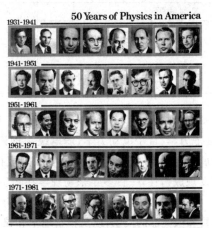

　　图 13-7 是美国物理协会成立 50 周年时美国《今日物理》杂志 1981 年 11 月号的封面,列举了从 20 世纪 30 年代到 20 世纪 70 年代与美国有关的部分诺贝尔物理学奖得主照片,共计 40 人。不过,仔细作一分析,可以看出,不少人并非在美

图 13-7　美国物理协会(AIP)成立 50 周年时美国《今日物理》杂志 1981 年 11 月号的封面

国出生和培养,个别人甚至获奖工作并非是在美国完成的。例如:费米(第一排左5)、西格雷(第三排左7)原来是意大利人,费米获奖前主要是在罗马大学工作;江崎玲於奈(第四排左5)是在日本发明隧道二极管之后再去美国的;维格纳(第一排左6)出生在匈牙利,在德国接受科学教育;迈耶夫人(第二排左1)在德国出生和受教育;布洛赫(第二排左3)在瑞士的苏黎世出生和受教育,1934年才到美国任教;贝特(第二排左3)也是德国人,29岁才到美国任教;李政道(第三排左2)和杨振宁(第三排左5)是在中国出生的,领取诺贝尔奖时持有的是中国国籍。他们实际上不能算是美国人。但是这些诺贝尔奖得主后来都在美国工作,成为美国物理学界的中坚。这就说明美国有吸引人才的"魅力"。美国在两次世界大战中没有遭到战火的摧残,反而得益于战争需求,经济迅猛发展,财富大量集中,国力大大增强。也正好在这时,美国多年来从欧洲各国吸取了有益的科技教育经验,加上自身的积累和发展,很自然就崛起成为世界经济文化科技教育的新中心。值得注意的是,大量高素质的移民也是美国科技发展的重要因素之一。诺贝尔奖得主落户在美国,是这一因素的反映。

表13-2列出了诺贝尔物理学奖的获奖项目在各专门学科的获奖次数。需要指出的是获奖项目在各专门学科的划分只是相对的,因为同一内容完全可以归入到两个甚至三个不同学科中,同一年的奖项也可因人而分在多个不同的学科中。

表 13-2 诺贝尔物理学奖获奖项目学科分布			
专门学科	获奖次数	专门学科	获奖次数
热学、物性学、分子物理学	7	磁学	4
光学	11	无线电电子学	9
量子力学、量子电动力学、弱电统一理论	26	波谱学	15
X射线学	8	天体物理学	12
原子物理学	9	低温物理与超导	16
核物理学	15	新效应	12
粒子物理学	46	物质微观结构	8
凝聚态物理学	25	新技术	23

从表13-2可以看到,在物理学领域中,获奖次数最多的学科是粒子物理学、量子理论(量子力学、量子电动力学、弱电统一理论)和凝聚态物理学,这三门学科都是现代物理学发展的主要分支,也是研究物质微观规律的基本学科。自从1895年发现X射线和1896年发现放射性,一百多年来物理学在物质的微观结构上的研究取得了巨大的成就。

从表13-2也可看到,新技术的获奖项目也占了一定的比例,其中包括无线电电子学、晶体管和激光器的发明,以及核物理学和粒子物理学的实验设备和探测技术。美国贝尔实验室的成就引人注目,共有13位与之有关的科学家获得了诺贝尔物理学奖。这一记录仅次于英国剑桥大学的卡文迪什实验室,卡文迪什实验室的成员里有25位荣获了诺贝尔科学奖。

诺贝尔物理学奖如果按理论方面和实验方面来划分,初步统计,理论方面为56人次,实验方面为118人次,其中一些项目是兼有理论和实验。可以看出,实验方面的比重远大于理论方面。

13.3　时代划分

回顾 1901 年以来一个世纪诺贝尔物理学奖的颁发,从它的项目可以清晰地显现 20 世纪物理学发展的脉络。

第一个 25 年,诺贝尔物理学奖主要反映世纪之交及随后的年代里现代物理学革命的基本内容。首届诺贝尔物理学奖授予伦琴是由于他发现了 X 射线,正是这一发现拉开了现代物理学革命的序幕。X 射线的发现和随后放射性和电子的发现以及作为其起因的阴极射线的研究相继在 1902 年、1903 年、1905 年、1906 年被授予诺贝尔物理学奖。X 射线的研究,特别是 X 射线光谱学的研究,为原子结构提供了详细的信息,为此劳厄(因发现 X 射线衍射)、亨利·布拉格和劳伦斯·布拉格(因 X 射线晶体结构分析的研究)、巴克拉(因发现元素的标识 X 辐射)以及曼尼·西格班(因 X 射线光谱学)相继于 1914 年、1915 年、1917 年、1924 年获得了诺贝尔物理学奖。密立根的基本电荷实验和光电效应实验、夫兰克和 G.赫兹对电子-原子碰撞的研究先后于 1922 年、1925 年获得了诺贝尔物理学奖,这些实验为原子物理学奠定了进一步的实验基础。而尼尔斯·玻尔对原子结构和原子光谱的研究获得了 1922 年诺贝尔物理学奖,则肯定了他在创建原子理论方面的功绩。爱因斯坦 1921 年因理论物理学的成果得奖,主要奖励他在光电效应方面的工作。主持者特别申明,此奖与相对论的创建无关。这件事反映了 20 世纪初学术界对相对论的怀疑态度。在量子现象和原子物理学方面,维恩黑体辐射定律的研究(1911 年诺贝尔物理学奖)、普朗克发现能量子(1918 年诺贝尔物理学奖)以及佩兰证实物质结构的不连续性(1926 年诺贝尔物理学奖),为微观世界的不连续性提供了基本的依据。

20 世纪第二个 25 年,是量子力学和原子核物理学奠定基础的时期,为此多位物理学家荣获诺贝尔物理学奖。1927 年授予康普顿效应的发现者康普顿,1929 年授予论证电子波动性的路易斯·德布罗意,1930 年授予发现拉曼效应的拉曼,1932 年、1933 年授予创立量子力学的海森伯、薛定谔和狄拉克,1945 年授予提出不相容原理的泡利。在核物理方面,查德威克发现中子(1935 年奖),费米发现慢中子的作用(1938 年奖)并由此导致核裂变的发现,劳伦斯建造回旋加速器(1939 年奖),汤川秀树预言介子的存在(1949 年奖)以及鲍威尔发明核乳胶(1950 年奖)都是有重大意义的成就。

伴随着原子物理学和原子核物理学的发展,粒子物理学也逐步形成。自从 1932 年发现中子和正电子(1936 年奖)以后,人们提出了基本粒子的概念,由于回旋加速器和核乳胶的发明,相继发现了一大批基本粒子,于是在 20 世纪的第三个 25 年,出现了粒子物理学发展的高潮。与此同时,凝聚态物理学也得到很大发展。而在理论物理学方面,量子电动力学和核模型理论都是诺贝尔物理学奖的重点项目。例如:格拉塞发明泡室(1960 年奖),为发现新粒子提供了重要工具。二战期间发展起来的微波技术为分子束方法打开了新的局面,人们用一棵树来形容分子束方法的发展,称之为"拉比树"。这棵树可以说是由斯特恩"栽种"、由拉比"培育"(斯特恩和拉比先后于 1943 年和 1944 年获诺贝尔物理学奖),并在第三个 25 年里结出了丰硕的果实,其中在第三个 25 年里获得诺贝尔物理学奖的有兰姆位移和库什的电子反常磁矩(1955 年奖),这两个实验的结果,为朝永振一郎、施

图 13-8　拉比正在做实验

图 13-9　拉比 1968 年从哥伦比亚大学退休时，他和以前的学生与同事在一起聚会。（后排左起第一人是拉姆齐、第二人是汤斯、第四人是帕塞尔；前排左起第二人是拉比，第三人是施温格。他们都是诺贝尔奖获得者。）

温格和费因曼建立量子电动力学重正化理论（1965 年奖）提供了实验基础。这些年代里对奇异粒子的研究，导致了李政道和杨振宁发现弱相互作用的宇称不守恒定律（1957 年奖）以及盖耳曼提出基本粒子及其相互作用的分类方法（1969 年奖）。有些项目则是过了 20 余年后才给予表彰的，例如：克罗宁和菲奇发现 CP 破坏（1980 年奖）；莱德曼、施瓦茨、斯坦博格通过 μ 子中微子的发现显示轻子的二重态结构（1988 年奖）。

"拉比树"的丰硕成果还可以用如下好几项获得诺贝尔奖的项目来代表：1946 年布洛赫和帕塞尔分别用核感应法和共振吸收法测核磁矩（1952 年奖）；1948 年拉姆齐用分离振荡场方法创建了铯原子钟，随后又于 1960 年制成氢原子钟，原子钟后来发展成为最准确的时间基准（1989 年奖）；1950 年卡斯特勒提出光抽运方法（1966 年奖）；1954 年，汤斯小组研制"分子振荡器"成功，实现了氨分子束的粒子数反转；接着，汤斯和肖洛提出激光原理；汤斯、巴索夫和普罗霍罗夫因量子电子学方面的基础工作获 1964 年物理学奖；布隆姆贝根和肖洛获 1981 年物理学奖。

在第三个 25 年里，凝聚态物理学的大发展可以用如下的诺贝尔物理学奖来代表：1956 年肖克利、巴丁和布拉顿因为对半导体的研究和晶体管效应的发现获奖；1952 年布洛赫和帕塞尔因发展了核磁精密测量的新方法及由此所作的发现获奖；1961 年穆斯堡尔因为对 γ 辐射的共振吸收的研究和发现与此联系的以他的名字命名的效应获奖；1962 年朗道因为作出了凝聚态特别是液氦的先驱性理论获奖；1964 年汤斯、巴索夫和普罗霍罗夫因为从事量子电子学方面的基础工作，这些工作导致了基于微波激射器和激光原理制成的振荡器和放大器获奖；1970 年阿尔文因为对磁流体动力学的基础工作和发现、奈耳因为对反铁磁性和铁氧体磁性所作的基础研究和发现获奖；1972 年巴丁、库珀和施里弗因为合作发展了超导电性的 BCS 理论获奖；1973 年江崎玲於奈、贾埃沃因为在有关半导体和超导体中的隧道现象的实验发现、约瑟夫森因为约瑟夫森效应的发现获奖；1996 年戴维·李、奥谢罗夫和 R.C. 里查森因为他们在 1972 年发现了氦-3 中的超流动性获奖。

20 世纪最后一个 25 年以及 21 世纪最初的几年，物理学的发展更是奇葩怒放，其中仍以粒子物理学、凝聚态物理学和天体物理学最为壮观。随着粒子物理学的发展，在自然力的统一性方面取得了新的成果。许多诺贝尔物理学奖都是与此有关。其中有：里希特和丁肇中由于发现 J/Ψ 粒子获 1976 年奖，格拉肖、萨拉姆和温伯格由于建立弱电统一理论获 1979 年奖，克罗宁和菲奇由于发现 CP 破坏获 1980 年奖，鲁比亚和范德梅尔由于发现弱相互作用的传播体 W± 和 Z⁰ 获 1984 年奖，莱德曼、施瓦茨和斯坦博格由于发现轻子的二重态获 1988 年奖,佩尔由于发现 τ 轻子、莱因斯由于检测到中微子获 1995 年奖,霍夫特和韦尔特曼由于找到了使电弱理论重正化的方法获 1999 年奖。值得注意的是,探测和研究微观粒子的手段又有很大进步,有些新的进展甚至是前人无法想象的:德梅尔特和保罗因由于离子捕集技术获 1989 年奖,弗里德曼、肯德尔和理查德·泰勒由于进行核子的深度非弹性散射获 1990 年奖,布罗克豪斯由于发展了中子谱学、沙尔由于发展了中子衍射技术获 1994 年奖,朱棣文、科恩—塔诺季和菲利普斯由于激光冷却和原子捕获获 1997 年奖,帕利策尔、格罗斯和威尔查克由于提出"渐进自由"理论获 2004 年奖。

在凝聚态物理学方面的新进展有:P. W. 安德森和范扶累克对磁性和无序系统的电子结构所作的基础理论研究(1977 年奖),卡皮察在低温研究和磁学方面的成果(1978 年奖),凯·西格班在高分辨率电子能谱学方面(1981 年奖),K. 威尔逊对与相变有关的临界现象所作的理论贡献(1982 年奖),冯·克利青发现了量子霍尔效应(1985 年奖),柏诺兹与缪勒发现陶瓷材料中的高温超导电性(1987 年奖),德热纳把研究简单系统中有序现象的方法推广到更复杂的物质态,特别是液晶和聚合物(1991 年奖),劳克林、施特默和崔琦发现和解释了分数量子霍尔效应(1998 年奖),科内尔、凯特纳和威依曼实现玻色-爱因斯坦凝聚(2001 年奖)以及金茨堡、阿布里科索夫和莱格特对超导体的研究(2003 年奖)。

在天体物理学方面:彭齐亚斯和 R. 威尔逊发现了宇宙背景微波辐射(1978 年奖);钱德拉塞卡尔对恒星结构和演变的理论研究、福勒对宇宙中化学元素的形成的理论和实验研究(1983 年奖);赫尔斯和小约瑟夫·泰勒发现了一种新型的脉冲星,这一发现对验证广义相对论和研究引力开辟了新的可能性(1993 年奖);戴维斯和小柴昌俊对中微子天文学的研究和贾科尼对 X 射线天文学的研究(2002 年奖)。

在高科技的开发方面:鲁斯卡发明了电子显微镜、宾尼希和罗雷尔发明了扫描隧道显微镜(1986 年奖),拉姆齐发明了原子钟(1989 年奖),阿尔费罗夫和克勒默开创了半导体异质结构的研究和基尔比发明了集成电路(2000 年奖),这些奖项肯定了物理学在发展微观探测技术和信息技术中的关键作用。

综上所述,可以看出,诺贝尔物理学奖确是现代物理学伟大成就的缩影,折射出了现代物理学的发展脉络。它的颁发体现了物理学新成果的社会价值和历史价值,对科学进步有着举足轻重的作用。

13.4 分类综述

物理学是自然科学中最基本的一门科学,它研究的是物质的基本成分及其相互作用、原子的特性以及分子与凝聚态的构成。它试图对物质和辐射的行为给出统一的描述,而这些行为涉及到类型繁多的现象。在物理学的某些应用中,物理学很接近于化学的经典领域,而在另一些应用中又与传统是由天文学家研究的一些现象有明显的联系。现在的趋势则是在物理学和微观生物学的某些领域之间出现了更紧密的接近。

尽管化学和天文学都明显是独立的科学部门,但都把物理学当作各自领域中处理问题、提出概念和应用工具的基础。在某些重叠的领域内,要区分什么是物理学、什么是化学,往往是很困难的事。这可以从诺贝尔奖的历史中找到好些例证。所以有一些化学奖将在下文中提到。至于天文学方面，情况有所不同，因为天文学没有自己的诺贝尔奖，因此很自然地从一开始就会把天体物理学的发现当作物理学奖的候选对象。

13.4.1　从经典物理学到量子物理学

1901 年当第一届诺贝尔奖颁发时，物理学的经典领域似乎是已经建立在 19 世纪物理学家和化学家所奠定的牢固基础之上了。哈密顿早在 19 世纪 30 年代就提出了刚体动力学最普遍的描述。19 世纪后半叶，继卡诺和焦耳之后，开尔文和吉布斯把热力学发展到高度完善的地步。麦克斯韦的著名方程组已被接受为电磁现象的普遍描述，并发现也可用于光学辐射，不久前电磁波还刚刚被 H. 赫兹发现。

包括波动现象在内的每件事情似乎都能很好地适应那幅根据物体机械运动所构成的图画，这幅图画是在观测各种宏观现象时建立的。19 世纪末，有些学者的确曾经表达过这样的观点，认为留给物理学家做的事，只有是向看来已经相当完善的知识体中填充那些微小的缝隙而已。

然而，很快就清楚了，这种对物理学现状的满足，实际上是建立在虚假的前提上面的。19 世纪 20 世纪之交的年代成了一系列发现陆续作出的时期，人们观察到了许多以前完全无知的新现象，并在物理学的理论基础上形成了崭新的观念。也许这是一种历史的巧合，正好就在这个时候诺贝尔提出了诺贝尔奖，尽管诺贝尔大概没有可能预见到这一发展。诺贝尔奖在 20 世纪一开始就设立，正好使诺贝尔奖可以覆盖在这一时期打开了物理学新领域的许多杰出贡献。

在 19 世纪最后的几年里，不期而遇的现象中有一件，就是 1895 年伦琴发现的 X 射线，为此他 1901 年获得了第一届诺贝尔物理学奖。另一项是 1896 年贝克勒尔发现放射性，和随后居里夫妇研究这一辐射的特性。尽管当时人们并没有立刻了解 X 射线的起源，然而这些现象在诊治医疗方面的实际用途从一开始就十分清楚。更为重要的是，这些发现使人们认识到迄今隐藏的世界确实是存在的，从而打破了经典物理学已发展到头的片面观念。贝克勒尔和居里夫妇对放射性的工作获得了 1903 年诺贝尔物理学奖，这些工作再加上卢瑟福对 α 射线的研究（卢瑟福在 1908 年获得诺贝尔化学奖），使人们认识到以前被看成大概是没有结构的原子实际上包含了非常小而又非常紧凑的核。人们还发现，有些原子核不稳定，会发射 α，β 或 γ 等辐射。在当时这可以说是一种革命性的见解，后来和物理学其他领域的并行工作一起，导致了创立第一张有用的原子结构图像。

1897 年，J. J. 汤姆孙用抽成半真空的放电管研究从阴极发射的射线，证实了电荷携带者的存在。他证明了，这些射线是由分立的微粒组成的，后来这种微粒就叫做"电子"。他测量了这种微粒的质量和电荷的比值，发现这一比值只是单电荷原子的质荷比很小的一个分量。不久就认识到，这些轻质量的微粒一定是和带正电的核一起作为构件板块组成所有不同种类的原子。J. J. 汤姆孙在 1906 年获得诺贝尔奖。那时，勒纳德已于前一年得到了奖励，得奖的原因是由于阐明了阴极射线的其他令人感兴趣的特性，诸如其穿透薄金属片的能力和产生荧光的效应。不久之后，密立根在 1912 年用油滴仪作了第一次精确的电子电荷实验，这一成果使他获得了 1923 年诺贝尔物理学奖。密立根得奖的另一原因是他在光电效应方面的工作。

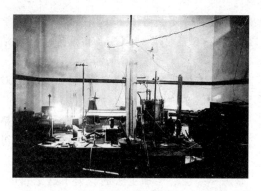

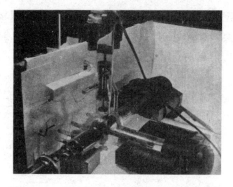

图 13-10　密立根的油滴实验装置实物照片　　　图 13-11　密立根的光电效应实验装置照片

　　20 世纪之初,麦克斯韦方程组已经存在了好几十年,但是许多问题还仍然没有得到回答,例如:是什么介质传播电磁辐射和光? 是什么样的电荷载体承担光的发射? 迈克耳孙发展了一种干涉方法,可以把物体间的距离用光的波长数(当然也可以用其分数)来度量。这就使得长度的比较比以往任何方法都要来得精确。许多年以后,巴黎的国际计量局(BIPM)在迈克耳孙的主持下用一种特殊的辐射以波长数代替米原器定义了米的单位。迈克耳孙还和莫雷一起,用这样的干涉仪做了一个著名的实验:迈克耳孙-莫雷实验,这个实验得到了一个重要结论,就是光的速度与光源和观测者的相对运动无关。这一事实否定了早先把以太当作传光介质的假设。迈克耳孙于 1907 年获得了诺贝尔物理学奖。

　　洛伦兹研究了电的荷载子发射光的机制。他是最早把麦克斯韦方程运用于物质内部电荷的一位。他的理论也可以应用到原子振荡所引起的辐射。在这方面,很快就找到了第一个判决性的检验。早在 1896 年塞曼在寻找电场和磁场对光的效应时就作出了一个重大的发现,即火焰中的钠谱线在加上强磁场后会分裂成多个分量,这就是所谓的塞曼效应。这一现象可以用洛伦兹理论作出相当详细的解释,只要把这一理论用于不久就得到证实的电子的振动上。于是,洛伦兹和塞曼分得 1902 年诺贝尔物理学奖,他们得奖竟早于对 J. J. 汤姆孙的奖励。后来,斯塔克把原子束(极隧射线,也叫阳极射线,是由原子或分子构成的)暴露在强电场中,又发现了电场对光发射的直接效应。他除了观测到依赖于发射体的速度的多普勒位移,还观测到谱线的复杂分裂。这就是所谓的斯塔克效应。斯塔克获得了 1919 年诺贝尔物理学奖。

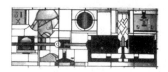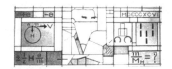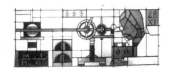

图 13-12　荷兰莱顿大学纪念塞曼的橱窗

(左图描绘塞曼观测光谱在磁场中分裂的情景,中图描绘塞曼用洛伦兹电子论计算带电粒子的荷质比,右图描绘塞曼得出带电粒子质量比氢离子小千倍的结论)

　　在这一背景下,构筑原子的详细模型就有了可能。原子是一个从古代就有的概念,在经典物理学看来,它似乎是没有结构的实体。但是,自从 19 世纪中叶以来,人们已经掌握了大量可见光谱线的经验资料,表明不同类型的原子会发出不同的标识谱线,到了 20 世纪初，又加上巴克拉发现的 X 射线标识辐射（巴克拉因此获得了 1917 年诺贝尔物理学奖），在劳厄阐明 X 射线的波动性及其衍射之后，X 射线标识谱线就成了传递原子内部结构信息的重要来源。

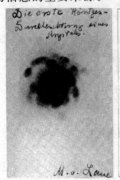

图 13-13　1912 年，劳厄把最初的 X 衍射照片送给同事们，爱因斯坦在明信片中热烈向他祝贺："你们的实验是物理学经历的最漂亮的实验之一"。

巴克拉的标识 X 射线属于二次射线，对暴露在 X 射线管前的每种元素都有所不同，然而却与样品的化学形式无关。曼尼·西格班认识到，测量了所有元素的标识谱线就可以系统地显示，从轻元素到重元素电子壳层是怎样一层一层加上去的。为了这个目的，他设计了高度精密的 X 射线光谱仪，并且用这台仪器，确定了不同壳层的能量差和壳层间辐射跃迁的规则。1924 年曼尼·西格班获得了诺贝尔物理学奖。不过，后来发现，要更深入地认识原子结构，需要崭新的观念，这种观念与经典物理学传统观念的差别远远超过任何人所能想象的程度。

经典物理学假设不仅能量的得失是连续的，而且运动也有其连续性。然而为什么原子发出来的辐射却是具有尖锐的波长呢？在物理学的发展史上，有一并行的进展，这一进展也发端于 19 世纪末的物理学，对上述问题的解释起到了关键的作用。维恩研究了炽热固体的黑体辐射，这种辐射和气体中原子发出的辐射不同，频率具有连续的分布。他运用经典的电动力学，为这种辐射的频率分布推导了一个公式，并得到了黑体温度变化时最大辐射强度的波长随温度位移的公式。这个公式就叫做维恩位移定律，对于确定太阳温度之类的问题这个公式很有用处。维恩获得了 1911 年诺贝尔物理学奖。

然而，维恩没有能够推出在长波方向和短波方向都与实验相符的分布公式。这个问题一直没有解答，直到普朗克提出辐射能量只能以量子发射的崭新观念，即能量只能以能量子的形式一份一份地发射，能量子的能量是某一确定值，等于常数 h 乘上各能量子的频率。短波的频率高，具有比长波更大的能量。人们公认这就是量子物理学的诞生。为此普朗克获得了 1918 年诺贝尔物理学奖。对光以能量子的形式辐射的重要验证来自爱因斯坦对光电效应的解释，这一效应是 1887 年 H. 赫兹首先发现的。爱因斯坦的光量子解释实际上是普朗克理论的延伸。爱因斯坦 1921 年获得了诺贝尔物理学奖。

后来，夫兰克和 G. 赫兹所作的实验演示了逆光电效应，所谓逆光电效应，是指电子打到一个原子上，需要有一个最小的比能量，才能使原子发出一个有一定能量的光量子。他们由此证明了普朗克能量子公式的普遍性。夫兰克和 G. 赫兹分了 1925 年诺贝尔物理学奖。与此同时，康普顿获得了 1927 年诺贝尔物理学奖，他研究了 X 射线光子从实物粒子上散射时的能量损失，证明了 X 射线光子也同样遵守量子规则，尽管 X 射线光子的能量比光量子的大上万倍。那年的物理学奖的另一半奖给了 C. T. R. 威尔逊，他的云室方法用于观测高能散射事件，可验证康普顿的预言。C. T. R. 威尔逊的工作我们后面还会提到。

以能量量子化的概念为基础，人们把探索的触角伸向微观物理学的未知领域。尼尔斯·玻尔和他以前的一些著名物理学家一样,也以电子围绕原子核旋转的行星图像进行工作。他发现原子发射的尖锐谱线只能在如下的假设下作出解释:电子仅仅在某些稳定的轨道上运行,这些轨道是以量子化的角动量为特征的,即角动量等于整数单位的普朗克常数 h 除以 2π;原子发射频率为 ν 的辐射,相当于能量为 $h\nu$ 的能量子,而 $h\nu$ 等于电子的两个量子化能级之间的能量差。他的建议比普朗克的能量子假设更为偏离经典物理学。尽管这一假设只能解释某些最简单的光谱学问题,但是很快人们就接受了,玻尔的方法不失为一个正确的出发点。1922 年他获得了诺贝尔物理学奖。

在从经典物理学到量子物理学的过渡中,X 射线的研究起了十分重要的作用,20 世纪 30 年代以前有 7 位物理学家因为在这方面的先驱性工作获得诺贝尔物理学奖。亨利·布拉格和劳伦斯·布拉格开创的 X 射线结构分析方法(下面我们还要提到)一步一步深入,成为化学和生物物理学的核心技术,先后有 24 位科学家获得诺贝尔奖,奖项见表 13-3。

图 13-14　布拉格父子在 1924 年(左为儿子,右为父亲)

表 13-3　有关 X 射线的奖项

分类	获奖年份	获奖者	获奖成果
物理	1901	伦琴	发现 X 射线
物理	1914	劳厄	发现晶体中的 X 射线衍射
物理	1915	亨利·布拉格 劳伦斯·布拉格	X 射线晶体结构分析
物理	1917	巴克拉	发现元素的 X 射线特征谱线
物理	1924	曼尼·西格班	X 射线谱学
物理	1927	康普顿	发现康普顿效应
物理	1981	凯·西格班	开发 X 射线光电子能谱学
化学	1936	德拜	通过 X 射线衍射等方法研究分子结构
化学	1958	桑格	分离和确定一种蛋白质——胰岛素的氨基酸组分的构成
化学	1962	佩鲁兹 肯德鲁	他们的工作导致了解两个很重要的蛋白质(肌红蛋白和血红蛋白)的原子排列
化学	1964	霍奇金	阐明维生素 B_{12} 的晶体结构
化学	1985	豪普特曼(数学家) 卡尔勒(物理学家、化学家)	开发了应用 X 射线衍射确定物质晶体结构的直接计算法,为分子晶体结构测定方法作出了开创性的贡献
化学	1988	米歇尔(生物物理家) 胡伯尔(生物化学家) 戴森霍弗(生物化学家)	应用 X 射线结构分析法研究蛋白质结构,对掌握光合作用的细节有决定意义

续表

分类	获奖年份	获奖者	获奖成果
生理学或医学	1946	马勒	发现用 X 射线照射可以使（基因）产生突变
生理学或医学	1962	沃森 克里克 威尔金斯	发现核酸的分子结构及其在生命物质中传递信息的重要意义
生理学或医学	1979	科马克 豪恩斯菲尔德	发明电子计算机控制的 X 射线断层（CT）扫描仪

13.4.2　量子理论的发展

20 世纪 20 年代初,在人们的心目中,辐射与物质还是两类完全不同的概念,后来经过深入的讨论,才认识到有必要对微观世界的理论描述作出进一步发展。1923 年德布罗意建议,实物粒子应该也显示波动性,正如电磁辐射已被证明可以光子的形式显示粒子性一样。他提出了波粒二象性的数学表达式,其中包括后来所谓的运动粒子的德布罗意波长。戴维森的早期实验曾经显示,电子有可能产生类似于射到晶体上的波那样也产生反射现象。这些实验得到重复,验证了德布罗意预期的与运动电子相应的波长。稍微晚些,J. J. 汤姆孙的儿子 G. P. 汤姆孙作了大加改进的实验,电子以高得多的能量穿透薄金属箔片,显示出非常清晰的衍射效应。德布罗意于 1929 年以其理论得奖,而戴维森和 G. P. 汤姆孙则分享了 1937 年诺贝尔物理学奖。

留下的问题是提出一个新的、自洽的理论来代替经典力学,从而可以用于原子现象和与之相关的辐射。1924—1926 年是这一领域急速发展的时期。薛定谔在德布罗意思想的基础上作了进一步的发展,1926 年初他写了一篇奠基性的论文,从而开创了波动力学。而在一年之前,海森伯就已经开始用不同的数学方法,即所谓的矩阵力学,得到了同样的结果(这是后来薛定谔证明的)。薛定谔和海森伯的新量子力学意味着从根本上脱离了原子经典轨道的原始图景,也意味着,要同时测量某些量在精确度上有自然限制。这就是海森伯不确定关系。

1932 年海森伯第一个因量子力学的发展获诺贝尔物理学奖,而薛定谔在第二年(1933 年)与狄拉克分享诺贝尔物理学奖。薛定谔和海森伯的量子力学只能在相对低速和低能的情况下有效,这相当于原子中价电子的"轨道"运动,有关它们的方程并不满足爱因斯坦为高速运动粒子定下的规则(我们将在后面提到)所提出的要求。狄拉克考虑了爱因斯坦狭义相对论效应,对量子力学的公式作了修改,并且证明这一理论不仅包含相当于电子内禀自旋的项(由此也就可以解释其内禀磁矩和原子光谱中观测到的精细结构),还预言有一种完全新的粒子存在,这就是具有同等质量却带相反电荷的所谓反粒子。第一个被发现的反粒子是电子的反粒子,是 1932 年由 C. D. 安德森发现的,命名为"正电子"。1936 年 C. D. 安德森获得诺贝尔物理学奖。

在以后的岁月里其他对量子理论作出的重要贡献也得到了诺贝尔物理学奖的嘉奖。

海森伯20世纪20年代初的导师玻恩,在量子理论的数学表述和物理解释方面作了重要贡献,他由于在波函数统计解释方面的贡献于1954年获得诺贝尔物理学奖。泡利在玻尔旧量子理论的基础上提出了不相容原理。这个原理说的是在每个量子态中只能有一个电子。后来发现与这个原理关联着的是半整数自旋粒子的波函数的对称性。不相容原理在物理学的许多领域都有深远影响,泡利因此获得了1945年诺贝尔物理学奖。

电子自旋的研究不断展现物理学新的境界。斯特恩、拉比、布洛赫和帕塞尔在20世纪30年代和40年代发展了测定自旋粒子磁矩的精密方法,这种方法不但适用于原子,也适用于原子核。1947年,他们达到了如此高的精确度,以至于库什有可能宣布电子的磁矩并不正好等于狄拉克预言的数值,而是有一小量偏差。与此同时,兰姆工作在类似的问题上,他研究的是电子自旋与电磁场的相互作用,采用分辨率极高的射频谐振法,研究氢辐射的可见光谱线的精细结构。他发现分裂的精细结构也不正好等于狄拉克的数值,而是偏离了一个相当大的量。这些结果激励人们重新考虑在量子理论应用于电磁学的背后蕴含着的基本概念。这是从狄拉克、海森伯和泡利就已开始的一个领域,但一直显得有某些不足。

在量子电动力学(QED)中,带电粒子是通过虚光子的交换而相互作用的,正如量子微扰理论所描述的那样。更老的模式只包含单个光子交换,而朝永振一郎、施温格和费因曼认识到情况实际上要复杂得多,因为电子-电子散射可以涉及多个光子交换。在他们的图像中,"裸"点电荷是不存在的,围绕着点电荷总有虚粒子-反粒子对的云产生,以至于其有效磁矩会有所改变,在短距离里库仑势也会因此有所改变。从这一图像出发进行的计算与库什和兰姆的实验数据符合到了令人吃惊的地步。现代量子电动力学目前公认是现有的最精确的理论。朝永振一郎、施温格和费因曼分享了1965年诺贝尔物理学奖。

量子电动力学这一进展成了描述高能现象最重要的理论工具。量子场(既可看成是虚过程,也可看成是粒子的真正物化)真空态生成对的概念在强相互作用的量子色动力学中,扮演着核心基石的作用。

图13-15 1949年汤川秀树(中)和朝永振一郎访问普林斯顿(左1是普林斯顿高级研究中心主任奥本海默)

图13-16 1960年洛彻斯特会议期间八位诺贝尔奖获得者在一起。(从左到右:西格雷、杨振宁、张伯伦、李政道、麦克米伦、C. D. 安德逊、拉比和海森伯)

　　量子力学和量子场论的另一基本方面是波函数和场的对称性。在恒等粒子的交换中显示的对称性，其实就隐藏在上述泡利不相容原理之中。但是相对于空间变换的对称性后来也起了同样重要的作用。1956 年李政道和杨振宁指出，物理学的相互作用相对于镜面的反射并不一定是对称的，也就是说，从左手坐标系看去和从右手坐标系看去，这一相互作用可能是不同的。这就意味着所谓宇称（以符号"P"表示）的波函数特性在系统暴露于这一相互作用下时是不守恒的，镜面反射特性有可能改变。李政道、杨振宁的工作是对这类效应进行集中研究的开端，不久就证明了，β 衰变和 π-μ 衰变，都是宇称不守恒的，它们属于所谓的弱相互作用。杨振宁和李政道于 1957 年获得诺贝尔物理学奖。

　　量子力学中其他的对称性关联于粒子和反粒子的置换，即所谓的电荷共轭（以符号"C"表示）。在李政道、杨振宁讨论到的情况，人们发现尽管放射性衰变中宇称是不守恒的，却仍然有其他的对称性，粒子和反粒子完全相反时破坏了宇称，可是把 C 和 P 联合起来，结果仍然保持对称性。但是这一论点并没有保持多久，克罗宁和菲奇发现"K 介子"的一种衰变模式破坏了这一原则，尽管只是很小的程度。克罗宁和菲奇是 1964 年作出这一发现的，直到 1980 年才被授予诺贝尔物理学奖。由他们的结果引申所得的结果，直至今日还在讨论之中。这涉及到理论物理学最深的某些基础，其中包括自然过程在时间反向时的对称性（以符号"T"表示），因为人们盼望 P-C-T 对称性是会经常有效的。

　　人们知道电磁场还有一种特性，就是所谓的"规范对称性"，这意味着场方程组即使在电磁势随某一量子力学相位因子或"规范"增加时，其形式仍保持不变。弱相互作用是否具有这一特性，并非不证自明的，但是在 20 世纪 60 年代末，格拉肖、萨拉姆和温伯格在他们的研究中却以此作为指导原则，当时他们提出了一个理论，能够在同一基础上描述弱相互作用和电磁相互作用。由于这一统一描述，特别是由于他们预言了一种特殊的弱相互作用，是靠所谓的"中性流"传递的。后来中性流在实验中找到，不久，他们获得了 1979 年诺贝尔物理学奖。

　　1999 年的诺贝尔物理学奖授予霍夫特和韦尔特曼。他们找到了使电弱理论重正化的方法，以使在量子力学的计算中移去趋向无穷大的各项，如同早先量子电动力学解决库仑相互作用的类似问题。由于他们的工作，才有可能详细计算弱相互作用在整个粒子相互作用中的贡献，他们证明了根据规范不变性所得的理论可以运用于一切基本的物理相互作用。

　　量子力学及其对粒子场论的扩展，是 20 世纪物理学的伟大成就之一。这段从经典物理学发展到近代量子物理学的历史，显示了对自然界各种不同的粒子和作用力进行基本的、统一的描述所走过的漫长道路，然而还有很多问题尚待解决，目标仍很遥远。例如，如何"统一"电弱力和强核力以及引力。但是这里应该指出，微观世界的量子描述还有另一方面的主要用途，即用于计算分子系统的化学特性，有时甚至可以延伸到分子生物学领域，还有就是用于计算凝聚态的结构。这些部门已经有多项获得了诺贝尔物理学奖和化学奖。我们下面列举有关量子理论的奖项来说明物理学在这些方面的发展。

分类	获奖年份	获奖者	获奖成果
物理	1911	维恩	发现热辐射定律
物理	1918	普朗克	能量子的发现
物理	1921	爱因斯坦	理论物理学的贡献
物理	1922	尼尔斯·玻尔	原子结构和原子光谱
物理	1929	路易斯·德布罗意	电子的波动性
物理	1932	海森伯	量子力学的创立
物理	1933	薛定谔	原子理论的新形式
物理	1933	狄拉克	原子理论的新形式
物理	1945	泡利	泡利不相容原理
物理	1954	玻恩	波函数的统计解释
物理	1965	朝永振一郎	量子电动力学的发展
物理	1965	施温格	量子电动力学的发展
物理	1965	费因曼	量子电动力学的发展
物理	1979	格拉肖	弱电统一理论
物理	1979	萨拉姆	弱电统一理论
物理	1979	温伯格	弱电统一理论
物理	1999	霍夫特	非阿贝尔规范理论
物理	1999	韦尔特曼	非阿贝尔规范理论
化学	1954	鲍林	研究化学键的性质和复杂的分子结构
化学	1966	马利肯	创立化学结构的分子轨道理论
化学	1981	霍夫曼 福井谦一	分子轨道相互作用和对称关系的理论 （以量子力学为基础）
化学	1998	科恩（物理学家）	发展了量子化学中的密度函数理论
化学	1998	玻普（数学家）	发展了量子化学的计算方法

表 13-4　有关量子理论的奖项

13.4.3　从宏观世界到微观世界和宇观世界

上一小节"从经典物理学到量子物理学"把我们从日常经验经常遇到的宏观世界的现象带到原子、分子和原子核的量子世界。以原子为出发点，进一步深入到原子以下的微观世界及其最小的已知成分，这一旅程可以用另外一些诺贝尔奖得主所做的工作予以说明。

早在 20 世纪前半叶人们就认识到，进一步通向新粒子和相互作用的微观世界之旅程也提供了理解宇宙浩瀚结构的组成与演变史所需的信息来源。在现阶段，基本粒子物理学和天体物理学及宇宙学已经牢牢地绑到了一起，我们下面就来看几个例子。

在我们的宇宙中连接最小物体和最大物体的纽带是爱因斯坦的狭义相对论。爱因斯坦是在 1905 年第一次提出了他的狭义相对论，其中包含了质能关系式 $E = mc^2$。在下一个 10 年中，他继续研究广义相对论，这一理论把引力与空间时间结构连接起来。高能粒子有效质量的计算、放射性衰变中的能量变换以及狄拉克关于反粒子可能存在的预言，都是建立在爱因斯坦狭义相对论的基础之上的。广义相对论则是计算宇宙中大尺度运动的基础,其中包括黑洞特性的讨论,等等。爱因斯坦是在 1921 年获得诺贝尔物理学奖的,然而,这一届诺贝尔物理学奖是奖励他对光电效应的工作,并不涉及相对论的创建。

贝克勒尔、居里夫妇、卢瑟福等人的工作向世人提出了一些新问题:在放射性物质的原子核中,是什么能源维持 α,β,γ 等辐射在如此之长的时期中不断向外发射? 重的 α 粒子和原子核是如何组成的? 前一个问题似乎违反了最重要的一条物理学基本原理——能量守恒定律。但是卢瑟福和索迪(索迪获得 1921 年诺贝尔化学奖)提出的嬗变理论给出了解答。他们详细列出了多个不同的放射性衰变系,比较了发射的能量和母核与子核之间的质量差。还发现同一种化学元素的核可以有不同质量,这类样品就叫做同位素。1922 年的诺贝尔化学奖授给了阿斯顿,以奖励他用质谱仪方法分离出大量非放射性元素的同位素。居里夫人则于 1911 年获得第二次诺贝尔奖,这次是化学奖,奖励她发现了化学元素镭和钋。

人们发现,所有的同位素质量都几乎等于质子质量的整数倍。质子是卢瑟福在用 α 粒子轰击氮核时第一次"看"到的。但是不同的同位素不可能是完全由质子组成的,因为每一种特殊的化学元素,其总核电荷只有一个单一的值。实际上质子只占原子核一半不到的质量,这就说明核内还存在有某种中性的组成部分。查德威克第一次发现了这类粒子的决定性证据。这种中性粒子就是中子。他是在 1932 年研究这一核反应而在 1935 年获得诺贝尔物理学奖的。

查德威克作出发现之后不久,费米等人就开始利用它来作为诱导核反应的手段。这种核反应可能产生新的人工放射性。费米发现,当中子减速后,中子诱导产生核反应的概率大大增加,并且对重元素和对轻元素都一样有效,不像带电粒子诱导的反应那样只能对轻元素起作用。费米在 1938 年获得了诺贝尔物理学奖。

有了中子和质子作为原子核的构筑组件后,核物理学这一部门就开始建立了,它的一些主要成就都得到了诺贝尔奖的嘉奖。劳伦斯在 1939 年获得诺贝尔物理学奖,奖励他建造了第一台回旋加速器,这种加速器的特点是对在磁场中旋转的粒子连续增加少量的能量。劳伦斯用这种机器使带电核粒子加速到如此之高的能量,以至于可以诱导核反应并获得重要的新结果。考克饶夫和瓦尔顿则是用不同的方法,他们直接用极高的静电电压加速粒子,并于 1951 年由于对元素嬗变的研究获得了诺贝尔物理学奖。

斯特恩由于研究原子核磁特性的实验方法,特别是测量了质子本身的磁矩,获得 1943 年诺贝尔物理学奖。拉比发明了射频谐振技术,用之于核磁矩的测量,精确度可以提高两个以上数量级。由于这项技术,拉比于第二年获得了 1944 年诺贝尔物理学奖。从核的磁特性可以提供大量重要的信息,增进对质子和中子是如何构筑原子核的了解。后来在 20 世纪下半叶,又有一些理论家由于在这一复杂的多体体系方面进行理论模型研究而获奖。他们是维格纳、迈耶夫人和简森(1963 年获得诺贝尔物理学奖)以及阿格·玻尔、莫特尔逊和雷恩沃特(1975 年获得诺贝尔物理学奖),我们将在"从简单系统到复杂系统"一节中作介绍。

早在 1912 年,赫斯发现,从外层空间也有穿透力极强的辐射不断地到达我们身边。这就是首先用电离室探测到的宇宙射线,很快用前面提到的威尔逊云室也探测到了。宇宙射线的粒子性从加磁场产生的粒子轨迹的曲线可以判断出来。C. D. 安德逊就是用这一方法发现了正电子。C. D. 安德逊还和布莱克特证明了正负电子对可以由 γ 射线产生(需要其光子的能量至少为 $2m_ec^2$),而电子和正电子又可以相互淹没,同时产生 γ 射线。布莱克特由于进一步发展了云室和用云室作出了新发现而在 1948 年获得了诺贝尔物理学奖。

尽管加速器得到了进一步发展,宇宙射线仍然在以后的 20 年里继续成为甚强粒子的主要来源。到现在为止它在这方面仍旧超过了最强大的加速器,只是强度非常之低。宇宙射线给人们提供了一种特殊的条件,使人们可以通过它对原子以下的完全未知的世界进行初步探索。1937 年,一种名叫介子的新型粒子发现了,其质量约为电子的 200 倍,只有质子的十分之一。1946 年鲍威尔对这一情况作了澄清,他证明实际上有不止一种这样的粒子存在。其中之一叫做 π 介子,会衰变为另一种叫做 μ 介子的介子。鲍威尔获得了 1950 年诺贝尔物理学奖。

这时,理论家已经开始猜测把质子和中子保持在原子核中的力。汤川秀树 1935 年提出建议,认为这一"强"作用力应该是由某种交换粒子携带的,就如同在新的粒子场论中电磁力被假设成是由虚光子的交换所携带的那样。汤川秀树还坚持说,这种粒子必须有大约 200 个电子的质量,才能解释实验中所发现的强力的短程性。人们发现,鲍威尔的 π 介子正好具有这样的特性,可以起"汤川粒子"的作用。μ 介子(后来改名为 μ 子)则具有完全不同的特性。汤川秀树因此获得 1949 年诺贝尔物理学奖。尽管后来的进展证明强力的机制远比汤川秀树所描绘的复杂,但他仍然被看成是第一位指出了这个富有成果的方向,是他首先提出了粒子是力的携带者这一崭新的思想。

图 13-17 鲍威尔第一次获得核乳胶 π 介子径迹

20 世纪 50 年代,更多新的粒子得到了发现,有的是从宇宙射线,有的是从加速粒子的碰撞。到了 20 世纪 50 年代末,加速器达到几吉电子伏的能量,这意味着具有质子质量的粒子对可以经能量—质量变换产生。这就是张伯伦和西格雷所用的方法。他们用这种方法在 1955 年第一次证实和研究了反质子,并于 1959 年获得诺贝尔物理学奖。高能加速器还允许对质子和中子的结构进行比过去更详尽的研究。霍夫斯塔特靠它观测这些核子是如何散射甚高能电子,从而对核子的电磁结构作了详尽的分析。他获得了 1961 年诺贝尔物理学奖的一半。

新的介子伴随各自的反粒子一个接着一个出现了,有的以径迹的形式呈现在照相底片上,有的以数据的形式呈现在电子粒子探测器中。早在 20 世纪 30 年代就由泡利从理论上预言的"中微子",到了 20 世纪 50 年代,它的存在得到了确认。中微子首次直接的实验证据是由考恩和莱因斯在 1957 年得到的,但直到 1995 年这一发现才获得诺贝尔物理学奖,这时考恩已于 1984 年去世。中微子是涉及弱相互作用的过程的参与者,例如,β 粒子衰变为 μ 子和 π 介子衰变为 μ 子的过程都有中微子参与。当粒子束的强度增大后,就有可能从加速器中产生中微子的二次束。20 世纪 60 年代莱德曼、施瓦茨和斯坦博格发展了这一方法,得到了如下结果:在 π 衰变中伴随 μ 发射所产生的中微子并不等同于在 β 衰变中伴随电子所产生的中微子。它们是两种中微子。一种起名为 μ 子中微子(ν_μ),另一种起名为电子中微子(ν_e)。他们三人在 1988 年获得了诺贝尔物理学奖。

物理学家现在可以开始把粒子整理出头绪了。电子、μ 子、电子中微子、μ 子中微子以及它们的反粒子分作一类,叫做轻子。它们之间没有强核力相互作用。有强相互作用的粒子分作另一类，其中有质子、中子、介子和超子，超子是一组比质子还要重的粒子。轻子这一组在 20 世纪 70 年代扩展了队伍，佩尔和他的合作者发现了 τ 轻子（τ 子）。τ 子是电子和 μ 子更重的亲属。佩尔在 1995 年与莱因斯分享诺贝尔物理学奖。

所有的轻子至今还被看成真正是基本的粒子，也就是说，它们是点状的、没有内部结构，但是对于质子之类的粒子来说，这方面却正好相反。盖耳曼等人设法把这些具有强相互作用力的粒子（也叫做强子）分类，为此盖耳曼获得了 1969 年诺贝尔物理学奖。他的分类法是基于这些粒子都由更基本的成分组成，盖耳曼称之为"夸克"。核子由夸克之类的物体组成的真正证据是由弗里德曼、肯德尔和理查德·泰勒得到的。当他们以比霍夫斯塔特所达到的高得多的能量研究电子与这些核子的非弹性散射时，他们"看见"了这些核子里面的硬粒。他们因此获得了 1990 年诺贝尔物理学奖。

所有强相互作用的粒子都是由夸克构成的，这一点已经不成问题了。到了 20 世纪 70 年代中期，两个小组独立地发现了一种寿命非常短的粒子。他们是里克特小组和丁肇中小组。这种粒子是夸克中的一种，取名为粲夸克。粲夸克正是基本粒子分类当中尚未找到的一种。里克特和丁肇中分享了 1976 年诺贝尔物理学奖。粒子物理学现在的标准模型把粒子分为三族，每族有两个夸克、两个轻子。第一族有"上"夸克、"下"夸克、电子和电子中微子；第二族有"奇"夸克、"粲"夸克、μ 子和 μ 子中微子；第三族有"顶"夸克、"底"夸克、τ 子和 τ 中微子。每种粒子都伴随有各自的反粒子。弱电相互作用力的携带者分别是光子、Z^0 粒子和 $W^\pm$ 玻色子，夸克之间强相互作用的携带者是所谓的胶子。1973 年帕利策尔、格罗斯和威尔查克提出"渐进自由"理论，很好地解释了夸克囚禁的事实。这一理论不仅深刻地改变了科学家们对自然界基本作用力作用方式的理解，也为量子色动力学理论奠定了基础。他们三人由于这一贡献于 31 年后获得了 2004 年诺贝尔物理学奖。1983 年鲁比亚小组用新的质子—反质子对撞机进行实验，证明了 $W^\pm$ 粒子和 Z^0 粒子的存在，这台机器有足够的能量可以产生这些非常重的粒子。鲁比亚于 1984 年和范德梅尔分享了诺贝尔物理学奖。范德梅尔发明了一种"随机冷却"的方法，对这台对撞机的建造起了决定性的作用。也有人猜测，如果达到的能量比现有的加速器更高，也许能产生更多的粒子，但是迄今为止，尚未得到任何新的实验证据。

图 13-18　2004 年 10 月 5 日，在瑞典斯德哥尔摩举行的 2004 年诺贝尔物理学奖新闻发布会上，一名黑衣男子和一名红衣女郎拉着一条彩带现场演示"渐近自由"现象中"距离"和"色力"的相互关系。

宇宙学是研究我们的宇宙及其中的大尺度对象之结构和演变的一门科学。其模型正是建立在已知的基本粒子及其相互作用之特性以及空间—时间和引力之特性的基础之上。"大爆炸"模型描述的是宇宙早期演变的一种可能方案。由这一模型出发,有一个预言得到了实验的证实,这就是彭齐亚斯和 R. 威尔逊在 1960 年发现的宇宙微波背景辐射。为此他们分享了 1978 年诺贝尔物理学奖。人们设想在大爆炸的早期阶段突然爆发会留下余晖,这一背景辐射正是余晖存在的证据。实验还验证了这一余晖的平衡温度,正是根据宇宙现在年龄计算所得的 3K。这一背景辐射几乎是各向同性的,即从不同的方向观测,都是几乎一样的。现在正在研究其与各向同性的微小偏离,这些偏离给我们带来宇宙最初的信息。

外层空间可以比作粒子各种相互作用的庞大竞技场,在这里自发地创造出了各种极端条件,这是在实验室里无法达到的。粒子可以加速到比地球上任何加速器所能达到高得多的能量。在恒星内部扩散着核聚变,而引力将粒子系统压缩到极高的密度。贝特第一个描述了氢循环和碳循环,在这些循环中,质子聚变为氦核,从而在恒星中释放出能量。由于这一成就,贝特获得了 1967 年诺贝尔物理学奖。

钱德拉塞卡尔从理论上描述了恒星的演变,特别是那些以"白矮星"作为归宿的恒星。在某些条件下,终端产物也可能是"中子星"。中子星是一种极端压缩的星体,所有的质子都转变成了中子。在超新星爆炸时,生成的重元素随着星体演变散布到广袤空间。W. A. 福勒详尽阐述了恒星中某些最重要的核反应和重元素的生成,不仅在理论上,还用加速器进行了实验。为此,W. A. 福勒和钱德拉塞卡尔分享了 1983 年诺贝尔物理学奖。

从外层空间到达我们这里的电磁波不仅是可见光和宇宙背景辐射。射电天文学在更长的波段上提供了光学光谱学得不到的有关天文学对象的信息。赖尔发展了一种方法,可以把多个分离的射电望远镜所得到的信号综合在一起,大大增加了天空射电源图像的分辨率。

休伊什和他的小组用赖尔的射电望远镜在 1964 年作出了意想不到的发现:某种未知的天体竟极其有规律地重复发射射频脉冲。这种天体就叫做脉冲星。不久就证实它们也是中子星。由于它们也是强磁体,它们会像灯塔那样一边快速旋转,一边发射无线电波。赖尔和休伊什获得了 1974 年诺贝尔物理学奖。

到 1974 年,探索脉冲星已经成为射电天文学家的常规工作,但在这一年的夏天传来了又一件令人惊奇的消息。赫尔斯和小约瑟夫·泰勒注意到一颗新发现的取名为 PSR 1913＋16 的脉冲星,它发出的脉冲频率受到周期性的调制。于是他们发现了第一颗脉冲双星。之所以称为双星,因为正在发射的中子星偶然地成了紧密结合的双星系统之一员。双星的另一成员具有同样的大小。这一系统提供了长达 20 多年的连续观测,成了引力辐射第一个具体的证明。令人更为惊奇的是,其旋转频率的减少,如果看成是引力辐射的损失造成的,与基于爱因斯坦理论所作的预测符合得极好。赫尔斯和小约瑟夫·泰勒获得了 1993 年诺贝尔物理学奖。不过,在地球上直接探测引力辐射仍然有待实现。

中微子天文学和 X 射线天文学的创立对于研究天体物理学有重要意义。这是 20 世纪后半叶发展起来的新课题。20 世纪 60 年代,戴维斯把一个装有 615 吨液态四氯乙烯罐放置在一个金矿中。罐中共有大约 2×10^{30} 个氯原子。他算出每个月应有大约 20 个中微子与氯核发生反应,也就是说,应有 20 个氩原子产生。戴维斯改进了提取及计数这些氩原子的方法。他向四氯乙烯液体中通以氦气,以使氩原子附在氦气上。实验数据的收集工作一直持续到 1994 年,总共提取了约 2 000 个氩原子。然而,这个数字比预期的小。根据实验中所采用的控制方法,戴维斯证明没有氩原子离开氯罐。这就说明了要么是我们还未正确认识太阳上的反应过程,要么是有一些中微子在路上遗失了。

日本物理学家小柴昌俊对中微子物理学作出了另一个开创性的工作。他和他的小组研制的中微子探测器(神冈中微子探测实验装置)放置在日本的一个矿井中,由一个很大的装满水的罐构成。当中微子穿过这个罐时,它们会与水中的原子核相互作用。这个反应导致释放电子,产生了微弱的闪光。包围在罐四周的光电倍增管捕捉到这些闪光,记录下来。调节探测器的灵敏度,可以证明中微子的出现。小柴昌俊的神冈探测器不但可以记录反应发生的时间,并且能识别出方向,从而首次证明中微子来自太阳。1987年2月神冈探测器接收到名为1987A的超新星爆发所产生的中微子脉冲。小柴昌俊的研究小组观察到通过探测器的约10^{16}个中微子中的12个。1996年小柴昌俊研制的更大更灵敏的探测器——超级神冈实验装置观测到了全新的中微子振荡现象,这意味着中微子具有非零质量。戴维斯和小柴昌俊的发现以及他们对仪器的改进为中微子天文学奠定了基础。

图13-19　戴维斯的四氯乙烯罐实验站　　　　图13-20　小柴昌俊的超级神冈实验装置

贾科尼领导研制了世界第一个宇宙X射线探测器,在世界上第一次发现了太阳系外的X射线源,第一次证实宇宙存在着X射线背景辐射。由于这些贡献,贾科尼、戴维斯和小柴昌俊分享了2002年诺贝尔物理学奖。

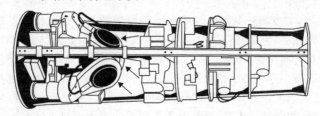

图13-21　安装在艾罗比(Aerobee)火箭前端的仪器。该火箭由贾科尼和他的研究组
　　　　　于1962年发射升空。仪器首次探测到太阳系外的X射线源。

13.4.4　从简单系统到复杂系统

即使我们掌握了基本粒子的特性及其相互作用力所有的细节,我们也无法预测这些粒子所组成的所有系统的行为。粒子数及系统的相互作用越来越多,由此组成的复杂系统的行为实际上是无法计算的。所以,复杂的多粒子系统必须以粒子成分和相互作用最基本的特点作为出发点建立简化模型,才能作出适当的描述。

1. 原子核

第一个复杂系统也许是核子,即由夸克和胶子组成的中子和质子。第二个是原子核,原子核在一次近似的情况下可以看成是由分离核子组成的。第一个改进了的原子核结构模型是核壳模型,是 20 世纪 40 年代末由迈耶夫人和简森提出的。他们认识到,至少对于近于球形的核,外层核子有可能像原子中的电子一样地填充能级,但是从另一方面,它们又必须服从不同的势和由核力的自旋—轨道耦合所决定的顺序。他们的模型解释了为什么当核中的质子或中子正好是所谓的"幻数"时,这个核特别稳定。他们在 1963 年和维格纳一起获得了诺贝尔物理学奖。维格纳提出了基本对称原理,这一原理在核物理学和粒子物理学中都很重要。

核子数远离幻数时,原子核就不是球形了。尼尔斯·玻尔曾经把液滴模型用于研究原子核变成椭圆球形的情况。1939 年,人们发现这种变形的核受到激发时可能导致核裂变,即分裂成两大碎片。哈恩 1944 年由于发现这一新过程获得诺贝尔化学奖。非球形的变形核允许新的集体的、旋转的自由度。还有,核子也可能作集体的振动。雷恩沃特、尼尔斯·玻尔的儿子阿格·玻尔和莫特尔逊,由于提出了描述这类行为的核模型而获得了 1975 年诺贝尔物理学奖。上述核模型不仅是建立在普遍的原理上,而且是建立在核谱学不断增加的信息上。尤里发现了氢的重同位素氘,为此,他获得了 1934 年诺贝尔化学奖。上节提到的费米、劳伦斯、考克饶夫和瓦尔顿发展了生成不稳定核同位素的方法。麦克米伦和西博格把这一方法延伸到最重的元素,发现了一系列超铀元素,为此他们获得了 1951 年化学奖。1954 年博特由于发展了符合方法,从而使光谱学家有可能从核衰变产生的各种生成物中选择所需的产物,因此,博特和上面提到的玻恩分享了 1954 年诺贝尔物理学奖。他的方法对后来核技术的发展有重要意义,特别是对核的激发态及其电磁特性的研究。

图 13-22　1969 年,与伯克利加州大学有关的 7 位诺贝尔奖获得者在劳伦斯 37 英寸加速器磁铁前合影留念。(从左到右:张伯伦、麦克米伦、西格雷、卡尔文、格拉塞、阿尔瓦雷茨和西博格。)

图 13-23　斯坦福大学 7 位诺贝尔奖获得者在一起合影。(从左到右:朱棣文、佩尔、肖洛、克劳林、里克特、里查德·泰勒和奥谢罗夫)

下面我们列表说明有关核物理学的奖项，如表 13-5，其中 23 人获得物理学奖，12 人获得化学奖。

一些物理学家获得化学奖有两个原因：当时核物理学往往被看成是化学问题，而核物理学在化学中的应用往往引起突破性的成果。

表 13-5　有关核物理学的奖项

分类	获奖年份	获奖者	获奖成果
物理	1903	亨利·贝克勒尔	放射性的发现和研究
物理	1903	皮埃尔·居里	放射性的发现和研究
物理	1903	玛丽·居里	放射性的发现和研究
物理	1927	C. T. R. 威尔逊	威尔逊云室
物理	1938	费米	中子辐照产生新放射性元素
物理	1939	劳伦斯	回旋加速器的发明
物理	1948	布莱克特	云室方法的改进
物理	1950	鲍威尔	核乳胶的发明
物理	1951	考克饶夫	人工加速带电粒子
物理	1951	瓦尔顿	人工加速带电粒子
物理	1954	博特	用符合法作出的发现
物理	1960	格拉塞	泡室的发明
物理	1961	霍夫斯塔特	核子结构
物理	1961	穆斯堡尔	穆斯堡尔效应
物理	1963	维格纳	原子核理论和对称性原理
物理	1963	迈耶夫人	原子核理论和对称性原理
物理	1963	简森	原子核理论和对称性原理
物理	1975	阿格·玻尔	原子核理论
物理	1975	莫特森	原子核理论
物理	1975	雷恩沃特	原子核理论
物理	1990	弗里德曼	核子的深度非弹性散射
物理	1990	肯德尔	核子的深度非弹性散射
物理	1990	理查德·泰勒	核子的深度非弹性散射
化学	1908	卢瑟福	元素衰变和放射性化学的研究
化学	1911	玛丽·居里	发现镭和钋
化学	1921	索迪	放射性物质化学和同位素起源
化学	1922	阿斯顿	发明质谱仪并用之于同位素测定
化学	1934	尤里	发现重氢
化学	1935	弗列德利克·约里奥-居里	合成新的放射性元素
化学	1935	伊伦·约里奥-居里	合成新的放射性元素
化学	1943	亥维赛	用同位素作为示踪元素研究化学过程
化学	1944	哈恩	发现重核裂变
化学	1951	麦克米伦	发现超铀元素
化学	1951	西博格	发现超铀元素
化学	1960	利比	发明放射性碳素年代测定法

2. 原子

如果把原子看成多体系统，原子的电子壳层是比核更容易了解的。原子核实际上不仅含有质子和中子，还比原子多了其他的短寿命虚粒子。这是因为电磁力比把核约束在一起的强力要弱得多和简单得多。用薛定谔、海森伯和泡利发展起来的、后来又经狄拉克推广的量子力学，原子性电子的主要性质均可得到推证。然而，仍有一个问题长期得不到解决，这就是当考虑到正核对电子的吸引时电子间相互作用的数学问题。1998 年的诺贝尔化学奖得主柯恩发展了量子化学中的密度函数方法，这一方法既可用于自由原子，也可用于分子和固体中的电子。

20 世纪初，元素周期表尚未完善。诺贝尔奖的早期史包括了某些当时还未找到的元素。斯特拉特（即瑞利勋爵）注意到从我们周围大气中直接提取的氧和氮样品，比从化学化合物分析得到的在原子量上有所不同。他于是得出结论，我们周围的大气中一定是有某些尚未发现的成分，这就是原子质量为 20 的氩元素。瑞利获得了 1904 年诺贝尔物理学奖，同年，拉姆赛由于创造分离氩元素的方法获得了诺贝尔化学奖。

在 20 世纪的后半叶，原子波谱学有了巨大的发展，其精确度大大提高，可以用于测量微波和光波波段的原子或分子能级之间的跃迁。卡斯特勒和他的合作者在 20 世纪 50 年代证明了用偏振光可以把原子中的电子提升到人们所选择的子激发态。经过辐射衰变，可以使原子回到基态某一自旋取向。由此导致的射频跃迁使人们有可能以从未有过的精细程度测量原子中电子的量子态特性。还有一条平行的发展路线是发明了微波激射器和激光器，其基础分别是在强微波和光场中"受激辐射的放大"。这些效应从原理上说，在爱因斯坦 1916 年提出的公式中就预见到了，不过直到 20 世纪 50 年代初，还没有人讨论如何予以实现。

1958 年汤斯发展了第一台微波激射器。有关微波激射器原理的理论工作是由巴索夫和普罗霍罗夫做出的。第一台微波激射器用的是氨分子的受激跃迁。它发射出强烈的微波辐射与自然发射的不一样，是相干的，也就是所有的光子都是同位相的。其频率的尖锐性很快就使它成为技术上的重要工具，用于计时等等。为此，汤斯、巴索夫和普罗霍罗夫分享了 1964 年诺贝尔物理学奖。

在光波波段的辐射方面，后来好几个实验室研制了各种激光器。布洛姆伯根和肖洛由于他们在原子和分子精密激光光谱学方面的工作于 1981 年受到奖励。他们和曼尼·西格班的儿子凯·西格班分享了那年的诺贝尔物理学奖。凯·西格班利用在能量极其精细的 X 射线打击下，从电子壳层的内层发射出的电子，发展了另一种高精确度的原子分子能谱学方法。他的光电子和俄歇电子能谱仪作为分析仪器广泛用于物理学和化学的其他一些领域。

图 13-24 凯·西格班的实验室　　　图 13-25 凯·西格班正在工作

原子性电子和电磁场的受控相互作用不断提供有关原子中电子能态结构越来越详尽的信息。拉姆齐根据原子束中自由原子对外来射频信号的响应研制出了极其精确的计时方法，而保罗发明了原子陷阱。这种陷阱是由作用在采样空间的电场和磁场组成。德梅尔特的小组首先把正电子之类的单个粒子甚至单个原子隔离在这样的陷阱里面。实验者第一次可以用微波信号或激光信号与单个原子"对话"。这就进一步加强了对量子力学行为新特性的研究，大大提高了原子特性和计时的精确度。保罗、德梅尔特和拉姆齐因此获得了1989年诺贝尔物理学奖。

图13-26　拉姆齐发明的　　　图13-27　铯原子钟　　　图13-28　美国斯密斯森天体物理
　　　　　双振荡场探头　　　　　　　　　　　　　　　　　　　　天文台建造的氢原子钟

这方面最近的发展是在陷阱中让原子的运动减慢到这样的程度，以至于可以使它的温度降到微开（μK）的数量级。用温度来表示原子的状态是假设原子处于气体的热平衡状态下。朱棣文、科恩-塔诺季和菲利普斯运用所谓的"激光冷却"方法做到了这点。他们以巧妙的设计把这种方法付诸实现，他们的小组通过激光光子的撞击操纵原子。这些工作在测量技术上得到了重要应用，并且使测定原子特性的精确度越来越提高。1997年朱棣文、科恩-塔诺季和菲利普斯获得了诺贝尔物理学奖。

在激光冷却方法的基础上，科内尔和威依曼1995年第一次实现了铷原子的玻色-爱因斯坦凝聚。随后凯特勒也实现了钠原子的玻色-爱因斯坦凝聚。玻色-爱因斯坦凝聚是一种宏观量子现象，从玻色和爱因斯坦1924年在理论上作出预言以来，七十年过去了，人们终于在实验中观测到了这一现象，这件事情在凝聚态物理学的发展中当然意义非凡。为此，2001年的诺贝尔物理学奖授予了科内尔、威依曼和凯特勒。

3. 分子和等离子体

分子是由原子组成的。如果把分子看成是多体系统，它们就形成了复杂性的第二个层次。但是分子现象传统上是当作化学的一个组成部分。例如，1936年德拜获得的是诺贝尔化学奖就是因为这个缘故。也就是这个缘故，在诺贝尔物理学奖中极少关注这个层次。一个例外是对范德瓦耳斯的表彰，1910年他获得了诺贝尔物理学奖，理由是他提出了以他的名字命名的气体分子状态方程。他考虑到分子间的相互作用和由于分子本身所占有的体积而使自由空间减少。范德瓦耳斯方程是描述气体凝聚为液体这一过程的重要出发点。还有就是佩兰，他研究了水中悬浮微粒的运动，为此获得了1926年诺贝尔物理学奖。他的研究对验证爱因斯坦的布朗运动统计理论和重力影响下悬浮微粒的平衡定律创造了条件。

1930 年拉曼获得诺贝尔物理学奖,得奖的原因是他观测到在分子的散射光中,有一个成分相对于入射的单色光发生频移。频移是由于分子改变其转动或振动状态时有一定能量的增益或损失。拉曼光谱学迅速成为获取分子结构和分子动力学有关信息的重要来源。

等离子体是原子或分子都处于强烈电离状态的一种气态物质。这时电磁相互作用力起着主导作用,其中有正离子之间的相互作用和离子与电子之间的相互作用,这种状态比起中性原子或分子要复杂得多。20 世纪 40 年代阿尔文证明在这类系统中有可能出现一种新型的集体运动,叫做"磁流体力学波"。这种波不仅对实验室里的、也对地球大气层里

图 13-29　拉曼研究所

和宇宙间的等离子体的行为起有决定性的作用。阿尔文在 1970 年获得了诺贝尔物理学奖。

4. 凝聚态

在普通的温度和压力条件下原子可以组成不同状态的固体,而晶体结构则是最稳定的一种状态。20 世纪 30 年代布里奇曼发明了多种方法,可以向不同的固体施加极高的压力,再观测其结晶状态、电、磁和热特性。许多晶体在这种极端环境下发生了相变。在某些确定的压力下原子的几何排列会发生突变。布里奇曼由于在高压物理学领域的发现,获得 1946 年诺贝尔物理学奖。

20 世纪 40 年代由于裂变反应堆的发展,实验者有可能大量获得低能中子。人们发现,这类中子如同 X 射线,对测定晶体结构很有用处,因为与其关联的德布罗意波长也正好落在固体的典型原子间距的范围内。沙尔对中子衍射技术作出了重要贡献,他把这一技术用于晶体结构的测定,并且证明,有序磁性材料中原子磁矩的有规则排列,有可能产生中子衍射图像,从而为测定磁性结构提供了一种很有用的新工具。

沙尔 1994 年与布罗克豪斯共获诺贝尔物理学奖。布罗克豪斯是从另一方面把中子散射运用于凝聚态的研究,他发现当中子在晶格中激发振动模(声子)时,能量损失大大减少。为此布罗克豪斯发明了三轴中子谱仪,用以获得全色散曲线(把声子能量作为波矢量的函数所作的曲线)。磁性点阵的振动(磁子模),也可以用类似的曲线来记录。

在量子力学建立以后的年代里,范扶累克对凝聚态物质中的磁性理论作出了巨大贡献。他计算了化学键对顺磁性原子的作用,解释了温度和外加磁场对磁性的影响。特别是,他发展了晶体场影响过渡金属化合物磁性的理论,这个理论对了解激光物理学中的化合物活动中心和生物分子的作用具有重要的意义。他和 P. W. 安德森及莫特分享了 1977 年诺贝尔物理学奖。

每个磁畴中磁性原了的磁矩都可以沿同一方向有序排列(铁磁性),有的以同样大小的"向上"和"向下"磁矩交替排列(简单的反铁磁体),或者以更复杂的花样排列,其中包括各种不同的磁性次晶格(铁磁体等)。奈耳提出了各种基本模型来描述反铁磁物质和铁磁物质。这些问题后来用上面提到的中子衍射技术作过深入探讨。奈耳获得了 1970 年诺贝尔物理学奖。

　　晶体性固体中原子的几何有序以及各种不同的磁性有序都是自然界普遍的有序现象的例证，这时只要选择某种对称状态，系统就可以进入某种特殊偏爱的排列状态。当接近不同对称态之间的转变时，会出现临界状态，例如温度变化时，就会出现物态变化。对于不同的转变，临界状态有很大程度的普适性，其中包括磁性的转变。K.威尔逊针对与相变有关的临界现象发展了一个所谓的重正化理论，这个理论甚至在粒子物理学的某些场论中也找到了应用。为此，K.威尔逊获得了 1982 年诺贝尔物理学奖。

　　液晶组成了一族特殊的物质，它有许多有趣的特性。这些特性不仅涉及凝聚态物质的基本相互作用，而且涉及技术上的应用。德热纳为液晶的行为及其在不同的有序相之间的转变提出了一个理论。所谓的有序相，包括向列相、层列相等。他还用统计力学描述聚合物链的排列和动力学，从而证明了，从简单系统的有序现象发展的方法可以推广到"软凝聚态物质"中出现的复杂系统。为此，他获得了 1991 年诺贝尔物理学奖。

　　另外一种受到注意的特殊液态是液氦。在标准压力下，这种物质保持液态，一直到能够达到的最低温度。它还显示出强烈的同位素效应，因为 ^{4}He 在 4.2K 凝聚为液体，而其更稀少的同位素 ^{3}He 保持气态，一直到 3.2K。氦是卡麦林-昂纳斯在 1909 年首先液化的。他于 1913 年获得诺贝尔物理学奖，是因为他生产了液氦，并研究了物质在低温下的特性。朗道提出了有关凝聚态物质中多体效应的概念，例如朗道液体等，并且把它们运用到液氦理论，解释了 ^{4}He 中发生的一些特殊现象，例如超流动性（下面还要讲到）、"旋子"的激发，以及某些声学现象。他获得了 1962 年诺贝尔物理学奖。

　　卡皮察在 20 世纪 20 年代和 30 年代发展了一些用于低温现象的产生和研究的实验技术。他研究了液态 ^{4}He 的许多性质，证明它在 2.2K 以下会变成超流体，也即流动时没有阻力。超流体状态后来被理解为玻色—爱因斯坦凝聚中出现了宏观量子相干性。超流动性在许多方面都与某些导体中电子处于超导态具有共同的特点。卡皮察获得了 1978 年诺贝尔物理学奖。

　　液态 ^{3}He 有一些性质非常特殊。和 ^{4}He 的核不一样，它的核具有非零的自旋。因此，它是一种费米子，不能参加玻色—爱因斯坦凝聚，只有玻色子才能有这样的特性。然而，正如在超导体中那样，半自旋粒子对可以组成"准玻色子"，并凝聚为液相。^{3}He 超流动性的转变温度比 ^{4}He 低了上千倍。^{3}He 超流动性是戴维·李、奥谢罗夫和 R.C.里查森发现的，他们获得了 1996 年诺贝尔物理学奖。他们观测了三种不同的超流体相，证明了复杂的漩涡结构和有趣的量子行为。

　　凝聚体中的电子可以像在绝缘体中那样约束在各自的原子里，也可以在原子之间自由运动，就像在导体中和半导体中那样。20 世纪初，人们就知道，当加热到高温时，金属会发射电子，但是不清楚这是由于电子受热激发还是由于和周围的气体发生了化学作用。通过高真空下进行的实验，O.W.里查孙最终确定了，电子发射是一种纯粹的热离子效应，并且根据电子在金属中速度分布建立了一个定律。为此，O.W.里查孙获得了 1928 年诺贝尔物理学奖。

　　电子结构决定了固体的电、磁和光的特性，对于其力学和热学行为也有重要意义。20 世纪物理学家的主要任务之一就是测量电子的状态和动力学并且模拟它们的行为，从而了解在不同类型的固体中它们是如何构组起来的。很自然，电子行为中那些最令人难以预料的一些极端表现曾经吸引固体物理学界最强烈的兴趣。这也反映在诺贝尔物理学奖中，有一些奖的颁发与超导电性的发现有关，有一些是和某些半导体材料所显示的一些特殊效应有关。

超导电性是早在 1911 年就由卡麦林-昂纳斯发现的。他注意到当把汞冷却到转变温度之下时,汞的电阻降到小于平常值的十亿分之一。汞的转变温度 T_c 约为 4K。前面已经说过,他获得了 1913 年诺贝尔物理学奖。然而,后来又过了很长的时间仍不了解为什么低温下的电子在某些金属中会无阻力地流动。

1950 年,金茨堡与朗道一起,在朗道二级相变理论的基础上,提出了所谓的金茨堡-朗道理论。这个理论选择描述超导电子的有效波函数作为有序度参量,得出了两个重要的联立方程,从这两个基本方程出发,金茨堡和朗道成功地获得了超导体的许多特性,特别是超导体为薄膜形状时的一些特性。为此,金茨堡在他 87 岁时获得了 2003 年诺贝尔物理学奖。

金茨堡和朗道提出的是一种唯象超导理论,能够很好地说明超导电性,但他们只注意到在超导相和正常相之间界面能为正的情况。早在 20 世纪 50 年代初,朗道的学生阿布里科索夫在研究当时的玻璃底板上镀金属薄膜的实验数据时,发现这一理论与实验结果不符,于是大胆假设界面能为负的条件,计算结果显示,有可能出现磁通线形成周期性"格子"的"混合态"(第二类超导体)。但他的研究没有得到导师朗道的认可,阿布里科索夫自己也还没有充分认识这一理论的意义,于是论文就被搁了下来,直到 1957 年才正式发表第二类超导

图 13-30 朗道(前排左起第四人)和他的同事与学生合影,图中前排左起第二人为阿布里科索夫

体的理论。阿布里科索夫由于发现第二类超导体而于 2003 年获得诺贝尔物理学奖。

与此同时,莱格特由于在 1975 年建立了能够成功描述 ^{3}He 超流性质的理论而与金茨堡及阿布里科索夫一起获得了 2003 年的诺贝尔物理学奖。

完整的超导理论是在 20 世纪 60 年代库珀、巴丁和施里弗建立的。他们的突破是由于提出了库珀电子对理论。所谓库珀电子对,是指具有相反自旋和运动方向的一对电子,它们在运动时可以有更低的能量。这些库珀对可以看成是玻色子,因此可以像相干流体一样地运动。这个理论就叫做 BCS 理论,为此,他们三人获得了 1972 年诺贝尔物理学奖。

这一建立在量子力学基础上的突破,导致了超导体线路和元件的重大进展。约瑟夫森分析了用常规导电材料隔开的两片超导金属之间超导载荷子的输运过程。他发现,决定输运特性的量子位相是加在这个结上的电压的振荡函数。约瑟夫森效应在精密计量中有重要应用,因为由此可以在电压和频率之间建立联系。约瑟夫森获得了 1973 年诺贝尔物理学奖的一半。贾埃沃发明了"隧道结",这是根据超导电性做成的一种电子器件。他还详细研究了这一器件的特性。江崎玲於奈则对半导体中的超导现象作了研究。他们两人分享了那年诺贝尔物理学奖的另一半。江崎玲於奈的工作我们下面还会提到。

在卡麦林-昂纳斯的发现之后的 75 年间,尽管也发现了一些新的超导合金和化合物,但是似乎超导电性将永远属于一种低温现象,其转变温度的极限只稍微高于 20K。所以,当柏诺兹和缪勒揣出,如果掺入少量的钡,铜镧氧化物有可能在 35K 以上变成超导体,这一报导成了令人大吃一惊的新闻。不久,其他的实验室报告说,类似结构的铜化合物可以在 100K 左右成为超导体。"高温超导体"的发现,激发物理学家致力于探讨在这些特殊物质中超导电性的机制,柏诺兹和缪勒也因此获得了 1987 年诺贝尔物理学奖。

自从量子力学出现以来,金属常规导电状态中的电子运动在理论上采用了越来越复杂

的模型。早期主要的一步是引进了布洛赫波的概念。布洛赫是 1952 年诺贝尔物理学奖得主。另一个重要概念是由朗道引进的，叫做"电子流体"。P. W. 安德森对金属系统中电子结构的理论作出了重要贡献，特别是涉及合金中的不均匀性和金属中磁性杂质原子的效应。莫特研究了固体中电子导电性的普遍条件，并且提出了成分或外界参数改变时绝缘体变成导体的转变点所遵守的规则。这个转变点就叫莫特转变。由于对磁性系统和无序系统的电子结构所作的理论研究，P. W. 安德森、莫特和上面提到的范扶累克分享了 1977 年诺贝尔物理学奖。

早期的一项诺贝尔物理学奖（1920 年）曾授予纪尧姆，奖励他发现了某些镍钢（也称"殷钢"合金），其热膨胀系数几乎等于零。这次授奖主要是因为这些合金对物理学和大地测量学的精密计量非常重要，特别是涉及到巴黎的标准米原器。殷钢合金已经广泛用于各种高精度机械、钟表等。然而，这一温度无关性的理论背景只是在最近才得到解释，特别是由于量子化学的发展。1998 年诺贝尔化学奖授给了柯恩，他是一位从事量子化学的物理学家。柯恩在揭示材料的电子结构方面作出了突出的贡献。他创立并发展了分布密度理论，使科学家们在探知物理、化学和材料科学中的原子、分子和固态物质的电子结构中，所使用的方法发生了根本性的改变。

在半导体中，因为有"能隙"存在，电子的迁移率大大减低，所谓"能隙"，也就是参与导电的电子能量有一些禁区。只有在对超纯硅或其他导电材料掺杂的基本作用得到认识之后，半导体才有可能当作电子工程的器件来使用。肖克利、巴丁和布拉顿对半导体进行了基础研究，发明了第一只晶体管。这是固体电子学时代的开始。他们分享了 1956 年诺贝尔物理学奖。随后，江崎玲于奈发明了隧道二极管，这是一种具有负差分电阻的电子器件，因此在技术上有很奇异的特性。它是由两层高度掺杂的 N 型和 P 型半导体组成，结的一侧电子过剩，另一侧电子亏欠。当偏压大于半导体的能隙时，就会发生隧道效应。

用近代技术就有可能把不同的半导体材料制作成极薄和十分规范的构件，互相直接接触。在这一系统上加以适当的电极电压，就可以组成反向层，反向层里载荷子基本上只能在二维中运动。这种运动显示出了意想不到的有趣特性。1980 年冯·克利青由此发现了量子霍尔效应。当强磁场垂直加在准二维反向层平面上时，磁场的增大并不能使样品两端的电压作线性增加，而是台阶式的。这是一种量子化的条件。在这些台阶之间，霍尔电阻等于 h/ie^2，其中 i 是一整数。由于这项发现使极其精确地测量两项基本常数的比值成为可能，因此对计量技术有重要意义，冯·克利青获得了 1985 年诺贝尔物理学奖。

当崔琦和施特默不久后用超高纯度材料中的反向层对量子霍尔效应作更精细的研究时，更大的惊奇出现了。霍尔效应的平台不仅出现在相当于一倍、二倍、三倍电子电荷的磁场，而且出现与相当于分数电子电荷的磁场。这一现象只有用一种新型的量子流体才能理解，在这种流体中，带电荷 e 的独立电子被多粒子系统所代替，其在强磁场中的行为就好像电荷是 $e/3, e/5$ 一样。克劳林发展了描述这一新型物质状态的理论，为此，他和崔琦与施特默分享了 1998 年诺贝尔物理学奖。

有时物理学一个领域里的发现后来对截然不同的其他领域有重要的应用。其中的一个例子与固体物理学有关，就是穆斯堡尔在 20 世纪 50 年代末观测到的一种核效应。吸收体原子中的原子核可以被适当选择的发射体原子所发射的 γ 射线谐振激发，只要这两个原子都束缚得无法反冲。处于固体内电场和内磁场的原子核的量子化能量由此得以测量，因为它们相当于谐振的不同位置，而这些谐振是极其尖锐的。这对于测定许多物质的电子结构和磁性结构有重要意义。为此，穆斯堡尔获得了 1961 年诺贝尔物理学奖的一半。

13.4.5 物理学与技术

上面提到的许多发现和理论都曾对技术的发展有深远影响：开辟物理学新领域或者提出新思想，从而发展新技术。引人注目的事例就是肖克利、巴丁和布拉顿的工作，导致了晶体管的诞生、引起了电子学的革命，而汤斯、肖洛、巴索夫和普罗霍罗夫的基础研究则导致了微波激射器和激光器的发展。还可以提到粒子加速器，它现在是材料科学和医药学方面的重要工具。其他还有一些获得诺贝尔奖的工作，对技术有直接的推动作用，也对通信和信息事业的发展有特别的重要性。

早期（1912 年）有一项诺贝尔物理学奖授予了达伦，原因是他发明了自动的太阳阀，可广泛用于灯塔和灯浮标。其原理是基于反射物体和黑体的辐射之间的差异。他的器件上有三根平行棒，其中有一根被涂黑，于是在太阳光照射期间，几根棒的热吸收和热膨胀都会有所不同。这一效应可用于在白天时自动关闭气源，免去了海上看守的大量杂务。

光学仪器和技术也有几次成为授奖主题。大约是在 19/20 世纪之交，李普曼发明了一种彩色照相的方法，是利用光的干涉。取一块镜片叠在照相乳胶上面，光照射镜片由于反射在乳胶里引起驻波。显影之后就把图像保存在乳胶里，再用光照上去就可以显示真实色彩。1908 年诺贝尔物理学奖授予了李普曼。遗憾的是，李普曼的方法要求很长的曝光时间，后来被其他的技术取代。不过，在高质量的全息技术中它找到了新的应用。

在光学显微镜方面，泽尔尼克证明即使非常弱的（几乎是透明的）吸光物质也有可能在显微镜下变成可见的，只要它是由不同折射率的区域组成的。用泽尔尼克的相衬显微镜可以观察到由于这类不均匀性造成不同相变而引起的光斑。这种显微镜对于观察生物样品的细节曾经起过非常重要的作用。为此，泽尔尼克获得了 1953 年诺贝尔物理学奖。20 世纪 40 年代，伽博提出了全息原理，他预见到，如果一束入射光可以跟空间二维点阵反射的光发生干涉，就有可能重建物体的三维图像。然而，这一思想的实现只有等到激光器发明之后，因为激光器可以提供这类干涉现象所必需的相干光。伽博获得了 1971 年诺贝尔物理学奖。

电子显微镜对自然科学的许多领域都有巨大影响。在戴维森和 G. P. 汤姆孙阐明电子的波动性之后，人们认识到，高能电子的短波长有可能得到比光学显微镜高得多的放大倍数和分辨率。鲁斯卡早在 20 世纪 30 年代就对电子光学进行了基础研究，并且建造了第一台电子显微镜。然而，过了 50多年才得到诺贝尔物理学奖的认可。1986 年鲁斯卡获得诺贝尔物理学奖的一半，另一半分给了宾尼希和罗雷尔，他们以极高的分辨率通过完全不同的途径获得了图像。他们的方法可以用于固体表面，其原理是非常细的金属针尖贴近固体表面（离开大约 1nm）移动时，会有电子从针尖通过隧道达到固

图 13-31　鲁斯卡的第一台电子显微镜

体表面。令隧道电流保持不变，探针沿着表面移动，就可通过扫描绘制表面的形貌。他们发明了扫描隧道显微镜，用这种方法，可以看见表面上的单个原子。

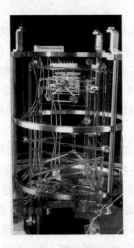

图 13-32　早期的隧道扫描显微镜

图 13-33　隧道扫描显微镜原理图

无线电通信是 20 世纪重大技术进步之一。马可尼在 19 世纪 90 年代用新发现的赫兹波做实验。他第一个把振荡器的一端接地，另一端接到垂直的天线，在接收站也有同样的装置。H. 赫兹的原始实验是在实验室里做的，而马可尼则可把信号传到几 km 的远处。布劳恩在赫兹振子里引进了谐振线路。调谐和无衰减地发射振荡波使得传输距离大大增加，1901 年马可尼成功地跨越大西洋建立了无线电联系。1909 年马可尼和布劳恩分享了诺贝尔物理学奖。布劳恩也是阴极示波器的发明者，早期的阴极示波器也叫"布劳恩管"。

当时，人们尚未了解为什么无线电波能够到达"地球的另一端"。也不知道无线电波和光波都是电磁波，它们有相同的特性，而光在自由空间是以直线传播的。阿普顿最终用实验证明肯涅利（A. E. Kenelly）和亥维赛（O. Heaviside）早先提出的建议是正确的，他们认为无线电波是被大气中不同的导电层反射。阿普顿测量了不同波长时直接传送的波和反射的波相互之间的干涉，由此确定了亥维赛层的高度。另外他还发现了在更高处的电离层，该电离层一直到现在仍以他的名字命名。阿普顿获得了 1947 年诺贝尔物理学奖。

图 13-34　马可尼正在发送无线电报

图 13-35　阿普顿（右）正在查看实验装置

核物理学和粒子物理学的进步强烈地依赖于技术的进步,有时又是技术发展的推动力。从考克饶夫和瓦尔顿以及劳伦斯的工作中可以得到例证。他们分别发展了线性静电加速器和回旋加速器。高能粒子的探测也是一种技术上的挑战,其成功得到好几项诺贝尔奖的嘉奖。

1958 年诺贝尔物理学奖授予切伦科夫、弗兰克和塔姆,奖励他们发现和解释了切伦科夫效应。当粒子的速度超过该介质中的光速时,围绕带电粒子通道的角锥空间里会发射一束特殊的光,叫做切伦科夫辐射。这三位物理学家的工作不久就成为发展探测器的基础,取得了有效的成果。

为了正确解释高能物理中的事件,有必要使参加反应的粒子能显示其径迹。早先在相对低的能量下做实验,利用的是在照相底片中留下的痕迹。C. T. R. 威尔逊发明了一种腔室,可以显示粒子的径迹,因为粒子通过之处会留下电离气体的痕迹。威尔逊云室使用时,是让室内的气体突然膨胀,温度随之降低,导致电离点附近的蒸气凝结,然后在强光下将这些点子拍摄下来。由于这项贡献,C. T. R. 威尔逊获得了 1927 年诺贝尔物理学奖的一半。

沿着同一方向的又一进展是格拉塞发明的泡室。20 世纪 50 年代加速器的能量达到了 20GeV～30GeV,早期的方法已经不适用了,对于威尔逊云室,气体中的径迹长度太长了。泡室一般充有氢气,泡室内的原子核当作靶子,由此可以追踪生成粒子的径迹。在操作温度下液体处于过热状态,任何不连续性发生,例如有一电离区域,都会导致小气泡的形成。后来阿尔瓦雷茨又对泡室方法作了重要改进,特别是在纪录技术和数据分析方面。由于他的工作,使当时已知的基本粒子,特别是所谓的"共振态"数目急速增加。后来知道,共振态实际上是由夸克和胶子组成的系统的激发态。格拉塞获得了 1960 年诺贝尔物理学奖,而阿尔瓦雷茨获得了 1968 年诺贝尔物理学奖。

直到 20 世纪 80 年代末,泡室都是高能物理学实验室离不开的主要设备,后来才被电子探测系统超过。最近的一项有关探测器的诺贝尔奖项是在 1992 年授予夏帕克的,他对气体中的电离过程作过详细的研究,并且发明了"丝室"。所谓丝室,是一种充气的探测器,其内布满了导线,导线从电离点附近收集电信号,用这个办法跟踪粒子的轨迹。由丝室及其后续设备:时间投影室及多个大丝室—闪烁器—切伦科夫探测器联动装置,组成复杂的系统,使得藏在其他信号强背景中的极端罕见的事件有可能筛选得到。重夸克的生成就是这样一类的事件。

图 13-36　1984 年夏帕克展示他在 20 世纪 60 年代后期制作的最早的漂移室之一

图 13-37　20 世纪 70 年代,斯坦福直线加速器研究中心的 MARK Ⅱ型探测器正在建造中。可以看到里面布满了成千上万根金属丝

在诺贝尔奖的历史上,把物理学奖颁给新技术的开发,虽然屡见不鲜,但是 2000 年正逢诺贝尔奖一百年,全世界都在关注这一年诺贝尔奖的颁发。通常,诺贝尔物理学奖都是颁给那些在纯物理研究中做出贡献的人,这一年却授予了从事信息技术的三位物理学家,奖励他们在信息技术方面所做的基础性工作。其中一半奖给了俄罗斯圣彼得堡约飞物理技术学院的阿尔费罗夫和美国加州圣巴尔巴拉加州大学的克勒默,获奖的原因是在半导体异质结构研究方面的开创性工作;另一半授予美国得克萨斯州得克萨斯仪器公司的基尔比,奖励他在发明集成电路中所作的贡献。之所以把 20 世纪最后一项物理学奖授予在信息技术科学领域里的科学家,是因为信息科学和信息技术对人类的影响太大了。在半个世纪内,以晶体管和集成电路为基础孕育了巨大的计算机工业,并且把人类社会带入了信息时代。

现代信息和通信技术是最重要的全球技术之一,对人类有着深远影响。它是把工业社会改变成以信息与知识为基础的社会的推动力。其重要性可与书籍的印刷相比拟。然而,其传播要快得多,其影响在几十年就可见效,而书籍则要历经数百年。仅仅在过去的十年里,个人计算机就变得普及在各个角落,家庭、办公室、学校、工厂、医院。因特网把全世界联系到一起。移动电话和高速光纤宽频网络在最近的几年里迅速覆盖全球,必将掀起一场更大规模的社会变革。电子革命确实改变了,也正在改变着世界的面貌,导致新经济的出现,这就是所谓的电子经济,伴随而来的是电子商务、电子邮件、电子书籍、电子新闻、电子拍卖等等,似乎什么都要跟电子发生联系。

我们很难找到有哪个领域,其最重要的发现和发明以及发现者和发明者能在如此之短的时间里改变社会和世界经济,并且进行了如此巨大的投资。技术进步往往是一点一点地前进,而且还会被商业秘密隐藏起来。然而,人们普遍认同的是,最近几十年的变革是由微电子学领域里的发展推动的。这些发展反过来又是由于许多领域的进步才有可能,而这些领域大多数又和物理学有关,例如,半导体材料的提纯、用于高频和低噪声的新型晶体管、单芯片上组件的集成、半导体激光器、新型信息储存介质等,这些只不过是与微电子学有关的许多领域中的一小部分。而微电子学实际上是半导体物理学衍生出来的一门应用学科。

根据物理学的新原理在技术上作出创新,并在社会经济发展上或人类生活质量上发生重大影响而获得诺贝尔奖委员会奖励的项目还应该包括许多化学奖和生理学或医学奖,下面我们列表作一简要的统计,如表 13-6:

表 13-6   有关物理技术应用的奖项

奖项	获奖年份	获奖者	获奖成果
物理	1908	李普曼	彩色照相
物理	1909	马可尼	无线电报
物理	1909	布劳恩	无线电报
物理	1912	达伦	自动的太阳阀
物理	1927	C. T. R. 威尔逊	云室方法
物理	1939	劳伦斯	回旋加速器的发明
物理	1947	阿普顿	电离层
物理	1953	泽尔尼克	发明相衬显微镜
物理	1956	肖克利	发明晶体管
物理	1956	巴丁	发明晶体管

续表

奖项	获奖年份	获奖者	获奖成果
物理	1956	布拉顿	发明晶体管
物理	1958	切伦科夫	切伦科夫辐射
物理	1958	弗兰克	切伦科夫辐射
物理	1958	塔姆	切伦科夫辐射
物理	1964	汤斯	发明微波激射器和激光器
物理	1964	巴索夫	发明微波激射器和激光器
物理	1964	普罗霍罗夫	发明微波激射器和激光器
物理	1971	伽博	全息术
物理	1986	鲁斯卡	电子显微镜
物理	1986	宾尼希	扫描隧道显微镜
物理	1986	罗雷尔	扫描隧道显微镜
物理	1992	夏帕克	丝室探测器
物理	2000	阿尔费罗夫	发明半导体异质结构器件
物理	2000	克勒默	发明半导体异质结构器件
物理	2000	基尔比	发明集成电路
化学	1922	阿斯通	发明质谱仪并用之于同位素测定
化学	1943	亥维赛	用同位素作为示踪元素研究化学过程
化学	1960	利比	发明放射性碳素年代测定法
化学	1991	恩斯特	发明傅里叶变换技术和二维测谱技术,从而发展了高分辨率核磁共振分光法
化学	1999	泽外尔	应用超短激光成像技术拍摄化学反应过程中各种物质的飞秒光谱
生理学或医学	1903	芬森	分光滤光聚光器光线疗法
生理学或医学	1922	希尔	肌肉产热
生理学或医学	1924	埃因托芬	心电图仪
生理学或医学	1946	马勒	X射线诱发果蝇基因突变
生理学或医学	1961	贝凯西	内耳的电生理功能
生理学或医学	1962	沃森	DNA分子双螺旋结构的模型
生理学或医学	1962	克里克	DNA分子双螺旋结构的模型
生理学或医学	1962	威尔金斯	DNA分子双螺旋结构的模型
生理学或医学	1964	勃洛赫	运用放射性同位素标记技术研究胆固醇和脂肪的代谢机理
生理学或医学	1964	吕南	运用放射性同位素标记技术研究胆固醇和脂肪的代谢机理
生理学或医学	1968	霍利	破译了双螺旋结构所载遗传密码
生理学或医学	1968	科勒拉	破译了双螺旋结构所载遗传密码
生理学或医学	1968	尼伦伯格	破译了双螺旋结构所载遗传密码
生理学或医学	1974	克劳德	应用电镜研究亚细胞生理学
生理学或医学	1974	帕拉德	应用电镜研究亚细胞生理学
生理学或医学	1974	德迪韦	应用电镜研究亚细胞生理学
生理学或医学	1979	科马克	发明X射线CT机
生理学或医学	1979	豪恩斯菲尔德	发明X射线CT机
生理学或医学	1991	纳汉	离子单通道机能
生理学或医学	1991	萨克曼	离子单通道机能

在结束本章时，我们要再次说明，诺贝尔奖的数目是有限的，按照现在的规则，每年每种奖最多由 3 人分享。到 2004 年底为止，共有 174 人次获得诺贝尔物理学奖。还有一些人作出的是物理学的成就，获得的却是化学奖。即使是这样，仍然无法覆盖全部重要贡献。诺贝尔奖委员会在选择过程中往往不得不放弃某些重要的，接近诺贝尔奖价值的其他贡献。但是这些诺贝尔奖得主的贡献，他们的思想和实验，足以代表整个物理学在一个多世纪里走过的光辉道路。

第 14 章

实验和实验室在物理学发展中的地位和作用

14.1　实验在物理学发展中的作用

物理学是以实验为本的科学。在物理学的发展中,实验起了重要作用。什么叫实验? 实验是人们根据研究的目的,运用科学仪器,人为地控制、创造或纯化某种自然过程,使之按预期的进程发展,同时在尽可能减少干扰的情况下进行观测(定性的或定量的),以探求该自然过程变化规律的一种科学活动。

实验和观察都是搜集事实的科学实践,但两者有所不同。前者要求人们发挥主观能动作用,控制条件,改变客观状态和进程,使自然现象的变化更有利于得出规律性的认识;而后者却只是被动地等待自然界按其本来的进程发展,人们仅仅对现象进行记录和研究。可见,实验和观察是不同层次的认识手段,起着不同的作用,两者不可偏废。

实验和生产劳动也有根本区别。两者都有改造世界的任务,但目的并不相同。前者是在科学理论指导下的探索性活动,离不开理论思维和分析判断;后者以直接变革自然,增加物质财富为目的,并不要求科学成果。实验工作中有劳动成分,但它与生产物质财富的劳动有本质的不同。

在物理学的发展中,从经典物理学到现代物理学,著名的物理实验不胜枚举,从事实验工作的物理学家何止成千上万。他们置身于艰苦的实验研究之中,为推动物理学的发展努力奋斗。他们的目标是什么? 他们的工作有何价值? 对物理学的发展起了什么样的推动作用? 纵观物理学发展史,可以概括成如下几个方面。

1. 发现新事实，探索新规律

伽利略的单摆实验和斜面实验为研究力学规律提供了重要依据，库仑通过滑板实验提出摩擦定律，胡克的弹性实验、玻意耳的空气压缩实验、波雷里的表面张力实验为物理学提供了新事实和新规律。

在电学方面可以举出更多的事例。磁现象和静电现象、欧姆定律的建立、奥斯特发现电流的磁效应、伽伐尼和伏打发现动物电和化学电源、法拉第发现电解定律和电磁感应现象，无一不是通过大量实验得出的。

光的干涉、衍射、偏振以及双折射等现象也都是首先在实验中发现的，这些实验说明了光的波动性。从色散的研究到光谱学的发展，实验更是基本的认识途径，正是这一系列研究把人们带进了原子领域。

19 世纪末，经典物理学发展到了相当完善的地步，人们纷纷认为物理学已经到顶了，以后只是把常数测得再准些，向小数点后面推进而已。然而，正是实验的新发现打破了沉闷的空气，揭示了经典物理学的严重不足。世纪之交的三大发现开拓了新的领域，把物理学推进到一个新阶段。

物理学有许多分支，汇合起来组成物理学的主干，每个分支在其发展之初，都有大量的实验为之奠基，各分支在其发展的各个阶段大多有新的实验补充新的事实，从而使各分支更加充实，更加全面。这一切说明了：实验，只有实验，才是物理学的基础。

2. 检验理论，判定理论的适用范围

毋庸置疑，理论是物理学的主体。理性认识源于感性认识，但高于感性认识，更具有普遍性，只有靠理性认识才能达到事物内部的规律性。然而，理论是否正确，又必须经受实践检验。实验是检验理论的重要手段。例如，麦克斯韦的电磁场理论以一组简洁的数学方程概括得十分优美对称，但当年却难以令人信服。直到二十多年后他预言的电磁波被赫兹的实验证实，他的学说才成为举世公认的电磁理论基础。

1905 年，爱因斯坦用光电子假说总结了光的微粒说和波动说之间长期的争论，能很好地解释勒纳德的光电效应实验结果，但是直到 1916 年，当密立根以极其严密的实验全面地证实了爱因斯坦的光电方程之后，光的粒子性才为人们所接受。

同样，德布罗意的物质波假说也是在实验发现电子衍射之后才得到肯定。

从诺贝尔物理学奖的颁发可以看到人们对实验检验的评价，请看表 14-1。

表 14-1　诺贝尔物理学奖颁奖年份

获奖者及其获奖内容	主要工作年份	实验检验年份	获奖年份
爱因斯坦 光电子理论	1905	1916	1921
德布罗意 物质波理论	1923	1927	1929
汤川秀树 介子理论	1935	1947	1949
李政道、杨振宁 宇称不守恒原理	1956	1956	1957
温伯格、萨拉姆、格拉肖 弱电统一理论	1967—1968	1973—1978	1979

　　实践是检验理论的客观标准。从表 14-1 可以看出,一个理论的正确性,不仅在于它能说明多少现象,也不仅在于它的自洽性,更重要的是它能否得到实验的肯定,它所作的预言,被尔后的实验证实到什么程度。

　　还有,理论只有一定的适用范围,这个范围往往要靠实验来确定。例如,玻意耳定律只适用于理想气体,因为勒尼奥的高气压实验证明:当气体压强增大到一定程度以后,pV 值会偏离常数。

　　塞曼效应为洛伦兹电子论提供了实验证据,用这个理论从塞曼的观测值推算出带电微粒的荷质比,与几个月后 J. J. 汤姆孙从阴极射线磁偏转所得结果,数量级正好吻合。但是不久证实塞曼效应还有大量的反常现象,即所谓的反常塞曼效应,却得不到理论的解释,甚至玻尔的定态原子模型理论也无能为力。这个疑难曾困扰物理学界达二十余年之久,直到电子自旋被发现。

　　斯特恩-盖拉赫实验证实了空间量子化的假设,但是同时也带来了新的问题,它的结果揭示了经典理论用到原子内部会遇到无法克服的矛盾。

　　热辐射的能量密度可以用经典理论计算,计算结果与热辐射计的测量基本相符,但是进一步改进实验方法,卢梅尔-普林舍姆实验证明在高温长波方面理论与实验之间有系统偏差。只有引进量子假说,才能完满地作出解释。

　　理论与实验是物理学的两大部分,相辅相成,缺一不可。强调实验的作用,丝毫也没有贬低理论的地位。

3. 测定常数

　　在物理学的发展中,大量实验是围绕常数进行的。了解物质的物理特性要通过实验测量跟物质特性有关的各种常数,这方面固然重要,而基本物理常数的测定和研究,在物理学发展史中更占有极其重要的地位。例如,万有引力常数的数值,自牛顿发现万有引力定律以来,一直是人们力求测出和测准的对象。这个常数究竟是不是常数? 会不会随时间变化? 到现在还是物理学界关心的问题。焦耳测热功当量,历时三四十年,用了多种方法,得到大量数据,为热力学第一定律的建立提供了确凿的依据。这个常数现在已不列为基本常数,但它的历史意义是不可抹杀的。光速是测得最准的基本物理常数之一,人们不会忘记迈克耳孙的功绩。真空中的光速可以测得这样准,以至于被人们定成精确值,并由此定义长度单位——米,从而把时间单位和长度单位统一在光速这样一个基本物理常数上。

　　光以确定的有限速度传播,这一发现曾对光的电磁波理论起了积极作用。从电磁波理论可以根据介电常数和磁导率计算光速,计算值和理论值吻合得相当好,对光的电磁波理论是一重要论据。当年麦克斯韦就是这样论证自己的理论的。

　　常数之间的协调是检验物理理论的重要途径,从玻尔原子模型理论最初的论证可以找到范例。经这个理论比较个同渠道得到的里德伯常数,在实验误差范围内基本相符,说明了理论的自洽性。

4. 推广应用,开拓新领域

　　如果说蒸汽机的发展超前于热学理论,电机和电气工业的发展,则完全是在电磁理论建立之后，人们自觉运用理论作出各种发明与发现的。然而，不论是蒸汽技术还是电工技术都离不开实验，其中包括许多热学实验、物性学实验和电磁学实验。各种发明创造，诸如杜瓦瓶、制冷机、电灯、电报等，无不是经过大量实验研究才逐渐完善的。

进入 20 世纪，无线电电子学异军突起。从电子管到晶体管，从无线电报到雷达，哪一项发明创造不是实验室的产物！科学理论通过实验这一中间环节，不断起着改造世界的作用，包括补充和改造科学理论自身。

在物理学工作者中，从事实验的有 90% 以上。他们工作在各个方面，从光谱学到激光技术，从电子显微镜到扫描隧道显微镜，从低温技术到超导研究，无不凝聚了实验物理学家的心血。

总之，提供事实、验证理论、测定常数、推广应用这四个方面基本上概括了实验在物理学发展中的作用。正如我国著名物理学家张文裕教授在论述实验的作用时所指出的：

"科学实验是科学理论的源泉，是自然科学的根本，也是工程技术的基础。"他还说："基础研究、应用研究、开发研究和生产四个方面"要紧密结合"在一起，必须有一条红线，这条红线就是科学实验。"[1]

丁肇中教授在荣获诺贝尔物理学奖时特意用中文发表了一封信。他写道：

"中国有一句古话：'劳心者治人，劳力者治于人。'这种落后的思想，对发展国家中的青年们有很大的害处。由于这种思想，很多在发展国家的学生们都倾向于理论的研究，而避免实验工作……事实上，自然科学理论不能离开实验的基础，特别是，物理学是从实验产生的……我希望由于我这次得奖，能够唤起在发展国家的学生们的兴趣，而注意实验工作的重要性"。[2]

丁肇中是因 1974 年用高能同步加速器发现 J/Ψ 粒子而获诺贝尔物理学奖的。值得指出的是，作为一年一度最高科学奖励的诺贝尔物理学奖，从 1901 年伦琴因实验发现 X 射线而获奖以来，在 104 年中一共有 176 位获奖者，其中实验获奖的共 118 人，占 67%，这一数字从另一个侧面说明了实验的重要地位。

14.2　实验室在物理学发展中的地位

科学家进行科学研究总要从事科学实验。实验必须具备一定的条件，除了仪器设备的条件外，作为科学研究的基本场所，实验室是进行实验必不可少的重要条件。随着科学实验的进步，实验室的建设成了科学发展的决定性因素之一。实验工作越来越复杂，分工越来越细，技术性、专业性越来越强，需要各种人才在统一的部署下互相配合，发挥集体力量。实验室的管理体制越来越严密。同时实验室也是培训人才的中心，是科学组织的基地，实验室的传统和经验成了宝贵的精神财富，实验室的历史也相应地成了科学史中很有意义的课题。

---

①　郭奕玲，沙振舜等编著. 著名物理实验及其在物理学发展中的作用. 山东教育出版社，1985
②　引自：Les Prix Nobel，1976

14.2.1　实验室的早期历史

最早的物理实验往往是在私人住宅中进行的,研究者经常把自己的住房的一部分当作科学研究的场所。伽利略时代已经有比较正规的实验研究,伽利略本人也做过许多物理实验,但他没有明确提到他有自己的实验室。1592—1610 年他在意大利的珀都亚曾经在自己的家里建立了一间小作坊,甚至雇用了一名技术熟练的工人在家制作他设计的"军用几何比例规",还制作过最早的天文望远镜。据说,伽利略在《两门新科学》(1638 年出版)中描述的许多实验就是当年在这里做的。如果真是这样,伽利略的实验室可谓最早的物理实验室了。伽利略去世后,他的学生维维安尼和托里拆利在佛罗伦萨组织了西芒托学院(如图 14-1)。1667 年出版了《西芒托学院自然实验文集》,详细描述了磁性、真空和温度测量的实验。

英国的玻意耳测量气体体积随压强变化的关系要用到一根长管子,如图 14-2。据记载,由于管子太长,室内无法周转,只好拿到住宅的楼梯上进行实验。牛顿的白光色散实验是在他剑桥大学的住房中做的。美国的富兰克林在做了风筝实验之后,又在家里立了一根绝缘的铁杆准备进行空气带电试验。他们都没有利用职位之便在所在机构建立专门的实验室。

图 14-1　1773 年的一幅木刻,描绘了西芒托学院的活动和所用的仪器

图 14-2　玻意耳的气体体积变化实验

胡克也许是建立物理实验室的先驱。他当过玻意耳的助手,在玻意耳的建议下,1662年胡克当了英国皇家学会的仪器馆长,负责设计仪器装备,每周向皇家学会的例会提供三四个有意义的实验。不过他的工作并没有得到延续,1703 年胡克去世后,皇家学会实验室也逐渐衰败。

实验室作为一个进行实验的专门场所或建筑物,并不是最先从物理学开始的。化学实验室和天文学观测站比物理实验室早得多。laboratorium 一词在德文中原来意味着化学实验室。中世纪有炼金术和占星术的实验室,当时为了求得长生不老的药物和找到金属嬗变的秘诀,炼丹师颇为活跃。例如在巴黎卢浮宫的画廊上就有一幅名画描绘 16 世纪的一间化学实验室，其实是"炼金"实验室，这是一间豪华的地下室，地面上摆满了蒸馏器、坩埚和甑。在 18 世纪乃至 19 世纪以前，这类实验室几乎毫无例外都属于个人所有，设在私人住宅的地下室，有的甚至就设在厨房的一角。瑞典著名化学家贝采利乌斯（Berzelius）

图 14-3　16 世纪的化学实验室

的私人实验室就设在他家的厨房里，一个人单独工作，也乐于接受学生来学习，不过每年只限一个，他还常接纳化学家的访问，有的人甚至留下来一起作实验研究，成了他的帮手。

为什么物理学会落后于化学呢？这是因为，化学更直接地为实际生活所需要，化学知识对冶金是必不可少的；另一方面，是因为化学实验的花费较少，只需要一些瓶瓶罐罐，化学试剂一般比较便宜，而物理仪器则甚为昂贵。当年空气泵、温度计和望远镜都属于高级奢侈品，平常人家是买不起的。

近代化学的奠基人很重视实验室的建设。俄国的罗蒙诺索夫说服了俄国科学院在彼得堡于 1748 年建立了一所装备精良的实验室。在那里进行有关化学、冶金学，以至于光学和电学的研究，不过他的影响没有超出俄国。著名化学家拉瓦锡（Lavoisier）于 1776—1792 年在巴黎兵工厂建立的实验室装备优良，对科学界影响较大。富兰克林和瓦特都曾访问过这所实验室。1818 年盖-吕萨克也在那里建立了实验室，使后来李比希（J. Liebig，1803—1870）有机会做了许多化学实验。李比希原来在德国的波恩从事化学分析，对当时德国化学的分析技术很不满意，后得奖学金前往巴黎学习，在盖-吕萨克的实验室里收获极大，1824 年李比希到吉森（Giessen）大学任教，建立了一所用于研究和教学的实验室（如图 14-4）。他的管理方法为后人树立了样板，他自己是这样描述的：

"实验室中真正的教学只为初学者安排，由实验室助手负责。我的特殊学生（按：相当于现在的研究生）的进步则完全靠他们自己。我布置任务并且督促任务的执行，就像一个圆的半径有其公共的圆心一样。我不作具体指导，每天早晨从每个人那里收到一份报告，报告各自在前一天做了什么以及对所从事的工作的看法，我则加以肯定或作些评论。每个人都按自己

图 14-4　吉森大学里的李比希实验室

的进程工作，通过相互联系、经常性的交换意见和参加其他人的工作，他们互相学习。冬季我每周两次对当时最重要的问题作些综述，把我自己的工作以及他们的工作再加上其他化学家的研究综合在一起作一报告"。①

李比希的成功主要在于得到了公众资助，使他有可能聘请实验室职员，并且有足够的

---

①　转引自：Phillips M. Am. J. Phys.，1983，51：497。

经费采购实验所需的器材物品。他的实验室规模比瑞典贝采利乌斯的私人实验室要大得多。在李比希的努力下,吉森大学的化学实验室闻名欧洲,慕名而来的学生聚集在他周围,研究成果不断涌现。很快在杜宾根、波恩和柏林等地也按这一模式建起了类似的实验室。其实,跟李比希相似的想法在英国也有人提出过,但因得不到支持而落空。

后来英国的阿尔伯特亲王听取了李比希的建议,在 1845 年建立了皇家化学学院,并由李比希的学生霍夫曼(A. W. Hofmann)担任院长。这所学院进行过许多英国急需解决的重大化学研究课题,但因政府支持不力,工作开展不大顺利。20 年后合并到了皇家矿业学校。

英国另一所著名的实验基地叫英国皇家研究所(如图 14-5),原来也是化学实验室,由伦福德创建于 1800 年,其宗旨是进行科学知识的普及。由于戴维和法拉第的工作,这一研究所享有盛名。众所周知,在这个研究所里,法拉第以毕生精力研究了各种电化学和电磁现象,发现了电解定律、电磁感应和磁光效应。

图 14-5 英国的皇家研究所

14.2.2 19 世纪的物理实验室

19 世纪初,法国是实验研究的中心,例如:以精密量计著称的法国工艺学院(CNAM)早在 1793 年就已成立,开始大概是作为博物馆之类的场所,1829 年建成实验室。但即使在法国,条件也是很差的,科学家仍然是在相当艰难的情况下从事实验工作。例如:著名实验生理学家贝尔纳(C. Bernard)工作在潮湿的小地窖中,他甚至管这个地方叫"科学研究者的坟墓"。盖-吕萨克的实验室也是在地下,他为了预防自己受潮,整天穿着木底鞋。当时,这些实验室都是私人所有,要购置必要的仪器设备,没有足够的钱财是不可能的。所以,只有出身于"家产万贯"的富裕人家的子弟才能进行物理实验。物理学家往往把自己的仪器设备看得非常宝贵,有的仪器被打磨得锃亮,有的精心油漆,妥善地摆放在玻璃柜中。杜隆(Dulung)几乎把自己全部财产都花费在购置仪器;菲涅耳为了做他的实验,付出了大量资财;傅科的许多实验也是在家里做的;电流磁效应发现不久,学者们聚集在安培的住宅门前,为的是一睹通过电流后使磁针偏转的细铂丝。直到 1868 年,由于德国明显地有超过法国的趋势,才使法国政府认识到应该对科学家的工作提供必要的支持。最有名的一件事是,拿破仑三世亲自下令,给上面提到的贝尔纳专门建立一间实验室。

最早的规模较大的物理实验室要算柏林大学的物理实验室了。它是由马格努斯(H. G. Magnus,1802—1870)创建的,马格努斯原来也是化学家,1845 年成为柏林大学物理和技术教授。开始他也是在自己的住宅(图 14-6)里分出几间房屋当作实验室,让最优秀的学生参加研究工作,其中有来自欧美各国的年轻学者。据一位曾在那里工作过的美国学者里兹(A. R. Leeds)回忆,当他在那里学习时,同时还有三个别的学生在那里工作,一个研究声学,一个研究偏振光,还有一个检测刚刚发现的化合物晶体。赫姆霍兹和丁铎尔也出身于这个实验室。由于规模逐渐扩大，柏林大学给予适当的财政资助，于是这所私人实验室转变成了大学机构的一部分，1863 年建成新的物理实验室，是当时世界上屈指可数的一所正规物理实验室（图 14-7）。

图 14-6　马格努斯在这座住宅里建立实验室

图 14-7　柏林大学物理实验室

柏林大学也因此成为欧洲物理学研究中心之一。马格努斯还创造了学术讨论会（colloquium）的形式，让学生轮流报告自己新近的科学进展，也常邀请访问学者做报告，研究生院的体制由此逐渐形成。1871 年，赫姆霍兹继任物理实验室教授，他是著名的声学和生理学教授，对能量守恒与转化定律的形成有过贡献。在他的引导下，他的学生 H. 赫兹做了著名的电磁波实验。

柏林大学物理实验室的成功经验吸引了英国同行的注意，也开始按德国的模式建立实验室。走在最前面的是著名物理学家 W. 汤姆孙，即开尔文勋爵。1846 年，他被任命为格拉斯哥（Glasgow）大学物理学教授。在他的讲堂附近有一座废弃了的酒窖，他就利用来布置成一个实验室，后来又增加了一间没人用过的考试室。原先在英国往往只有表演实验，现在他让学生自己动手做。他邀请学生动手做实验的理由是："有些观测工作量太重，没有两三个人一起干往往做不成"。到 1866 年，这所实验室才正式被大学承认。尽管开尔文当时已有很高的声望，也没有能够建立像柏林大学物理实验室那样的物理实验室。这也许跟开尔文的个性有关，因为他最感兴趣的还是工程方面的研究，例如：横渡大西洋的电缆工程，而对基础研究不够重视。不过他的学生对实验工作还是非常积极的，因为他常常把有关工程的课题交给学生做，学生们的实验工作大多是创造性研究。有趣的是，他的学生多半是学过哲学而又进入神学班的高年级生。开尔文在 1885 年回忆说：

"我记得有一位德国教授知道这种做法和人员使用情况后表示非常惊讶，问道：'神学家还学物理？'我就回答：'是的，他们都这样做，而且他们中的许多人做的是第一流的实验'。"[①]

英国当时还有几所大学建立了物理实验室，例如伦敦的大学学院和国王学院都设立了学生用的物理实验室，但未纳入正规的物理课程，也没有规定学生必须参加研究。待到 19 世纪后期，牛津大学建立了克拉伦敦（Clarendon）实验室，剑桥大学建立了卡文迪什实验室。这两所实验室在世界上都很有名，其中尤以卡文迪什实验室的影响最大。

---

①　Thomson W. Nature，1895，31：411

14.2.3　物理实验室的典范——卡文迪什实验室

卡文迪什实验室相当于英国剑桥大学物理系。剑桥大学建于 1209 年,历史悠久,卡文迪什实验室则创建于 1871 年,1874 年建成,是当时剑桥大学校长 W. 卡文迪什(William Cavendish)私人捐款兴建的(他是 H. 卡文迪什的近亲),这个实验室就取名为卡文迪什实验室。当时用了捐款 8 450 英镑,除盖成一座实验室楼馆外,还采购了一些仪器设备。

英国是 19 世纪最发达的资本主义国家之一。把物理实验室从科学家私人住宅中扩展为研究单位,适应了 19 世纪后半叶工业技术对科学发展的要求,促进了科学技术的开展。随着科学技术的发展,科学研究工作的规模越来越大,社会化和专业化是必然趋势。剑桥大学校长的这一做法是有远见的。

当时委任著名物理学家麦克斯韦负责筹建这所实验室。1874 年建成后他当了第一任实验室主任,直到他 1879 年因病去世。在他的主持下,卡文迪什实验室开展了教学和科学研究,工作初具规模。按照麦克斯韦的主张,物理教学在系统讲授的同时,还辅以表演实验,并要求学生自己动手。表演实验要

图 14-8　20 世纪初的卡文迪什实验室

求结构简单,学生易于掌握。麦克斯韦说过:"这些实验的教育价值,往往与仪器的复杂性成反比,学生用自制仪器,虽然经常出毛病,他们却会比用仔细调整好的仪器学到更多的东西。仔细调整好的仪器学生易于依赖,而不敢拆成零件"。从那时起,使用自制仪器就形成了卡文迪什实验室的传统。实验室附有工场间,可以制作很精密的仪器。麦克斯韦很重视科学方法的训练,也很注意前人的经验。例如:他在整理 100 年前 H. 卡文迪什留下的有关电学的论著之后,亲自重复并改进卡文迪什做过的一些实验。同时,卡文迪什实验室还进行了多种实验研究,例如,地磁、电磁波的传播速度、电学常数的精密测量、欧姆定律、光谱、双轴晶体等,这些工作为后来的发展奠定了基础。

图 14-9　卡文迪什实验室早期研究仪器

图 14-10　卡文迪什实验室早期物理教学实验

1879 年麦克斯韦去世后由瑞利勋爵(1842—1919)继任,任期为 1880—1884 年。瑞利是近代声学理论的奠基人,在任期内研究方向为精测电流、电阻和电压标准,在教学中发展了实验室教学,建立了正常的规章制度。1904 年诺贝尔物理学奖授予瑞利勋爵,以表彰他在研究最重要的一些气体的密度及在这些研究中发现了氩。他是卡文迪什实验室第一位诺贝尔奖获得者。不过,瑞利获得诺贝尔物理学奖时,早已转到英国皇家研究所工作。尽管如此,瑞利还是和卡文迪什实验室保持着密切的联系,后来瑞利将全部诺贝尔奖金捐献给了卡文迪什实验室,以供扩建和添置仪器之用。他为卡文迪什实验室建立的各种制度一直是后人遵循的规范。

图 14-11　1920 年汤姆孙父子参加的卡文迪什实验室教授与研究生合影(第二排:左一是查德威克,左二是 G. P. 汤姆孙,左四是 J. J. 汤姆孙,左五是卢瑟福,左七是康普顿)

第三任实验室主任为 J. J. 汤姆孙爵士 (1856—1940),任期从 1885 到 1919 年,长达 35 年。他是电子的发现者和气体导电理论的奠基人。1906 年由于对气体导电的理论和实验所作的贡献,荣获诺贝尔物理学奖。他接任瑞利当卡文迪什实验室主任时年方 28 岁。J. J. 汤姆孙对卡文迪什实验室的建设有卓越贡献。在他的主持下,卡文迪什实验室的研究方向由电磁精密测量转移到气体放电现象,由此引向微观世界的实验探索,从而奠定了卡文迪什实验室在原子物理和原子核物理研究上的领先地位。在 J. J. 汤姆孙的建议下,从 1895 年开始,卡文迪什实验室实行吸收外校及国外的大学毕业生当研究生的制度,一批批优秀的年轻学者陆续来到这里,在他的指导下进行学习和研究。从他开始,卡文迪什实验室建立了一整套培养研究生的管理体制,树立了良好的学风。在他的倡议下,卡文迪什实验室率先实行了对女学生开放的制度。他培养的研究生中,有许多后来成了著名科学家,对科学的发展作出了重大贡献,有的成了各研究机构的学术带头人。其中,卢瑟福因放射性研究获得 1908 年诺贝尔化学奖,亨利·布拉格和他的儿子劳伦斯·布拉格因 X 射线分析晶体结构和提出布拉格公式获得 1915 年诺贝尔物理学奖,巴克拉因发现各种元素的标识 X 辐射获得 1917 年诺贝尔物理学奖,阿斯顿因发明质谱仪获得 1922 年诺贝尔化学奖,C. T. R. 威尔逊因发明记录带电粒子径迹的云室方法获得 1927 年诺贝尔物理学奖,O. W.

里查孙因发现热电子发射定律获得1928年诺贝尔物理学奖。在J.J.汤姆孙领导的35年中,卡文迪什实验室的研究工作取得了如下成果:进行了气体导电的研究,从而导致了电子的发现;放射性的研究,导致了α、β射线的发现;进行了正射线的研究,发明了质谱仪,从而导致了同位素的研究;膨胀云室的发明,为核物理和基本粒子的研究准备了条件;电磁波和热电子的研究促进了无线电电子学的发展和应用。这些引人注目的成就使卡文迪什实验室成了物理学的圣地,世界各地的物理学家纷纷来访,把这里的经验带回去,对各地实验室的建设起了很好的指导作用。

第四任卡文迪什实验室教授为卢瑟福,任期为1919—1937年,他是α射线、β射线、元素衰变定律、原子核和人工元素蜕变的发现者。中子的发现和他的理论预见分不开,粒子高压加速器的发明和运用也是他努力的结果,他不愧为核物理学的奠基人。卢瑟福是著名科研组织家和培养人才的巨匠,也是小科学向大科学转变的倡导者。由于在他任职期间所做的工作,查德威克因发现中子获1935年诺贝尔物理学奖,G.P.汤姆孙因为用实验演示电子衍射获1937年诺贝尔物理学奖,阿普顿因为研究电离层和发现阿普顿层而获1947年诺贝尔物理学奖,布莱克特因为核物理和宇宙辐射领域的一些发现而获1948年诺贝尔物理学奖,考克饶夫和瓦尔顿因为发明粒子加速器并使原子核发生人工蜕变而获1951年诺贝尔物理学奖。卢瑟福把卡文迪什实验室发展成世界主要的物理中心和

图14-12 人们在实验室的墙上画一条鳄鱼,表示卢瑟福勇往直前的精神

培养优秀物理人才的苗圃。遗憾的是正当卢瑟福处于科学巅峰之际,不幸因病于1937年过早地去世。

第五任卡文迪什实验室教授为劳伦斯·布拉格,任期在1938—1953年。他以稳健和民主风格著称。他采取了多方向发展的战略,从核物理向其他方向转变,在这一过程中大力扶持了分子生物学、射电天文学和固体物理学的发展,并根据战后扩大发展的需要建立

图14-13 1932年,考克饶夫(右)和瓦尔顿(左)实验成功后,卢瑟福(中)向他们祝贺

组系制和秘书管理行政事务的体制。由于转变及时、措施得力,卡文迪什实验室在以上几个方向上继续保持其世界领先地位。结果是,由于这一阶段的基础工作,卡文迪什实验室又有多名科学家获得了诺贝尔奖。1950年诺贝尔物理学奖授予曾经是卡文迪什实验室重要成员,后来转到布利斯托尔大学的鲍威尔,以表彰他发展了研究核过程的光学方法,和他用这一方法作出的有关介子的发现。劳伦斯·布拉格是射线晶体物理奠基人,他和他父亲亨利·布拉格创建的X

图 14-14　克里克（左）和沃森在研究 DNA 模型

射线衍射研究晶体结构的方法是人们认识微观世界的重要工具，它不仅在深度上进入了原子分子的结构层次，而且在广度上涉及到各种晶体物质，还可以从晶体的结构出发进而了解大分子物质的结构，特别是生物大分子物质的结构。了解生物大分子的空间结构，有极其重大的意义，因为由此不但可以获得丰富的信息，使我们有可能探讨蛋白质、核酸等物质的结构及这些结构与其功能之间的联系，从而增进我们对生命过程的作用机理的认识，当我们对这些结构有了充分了解后，还可以进行人工合成，并按我们的需要加以改造。在这些方面，以劳伦斯·布拉格为核心的剑桥学派走在了世界的前列。他的学生肯德鲁（John Coudery Kendrew，1917—1997）和佩鲁兹（Max Ferdinand Perutz，1914—2002）在 1962 年因蛋白质的研究荣获诺贝尔化学奖。同一年，克里克（Francis Crick，1916—2004）、沃森（James Watson，1928—　）及威尔金斯（Maurice Wilkins，1916—2004）因为发现核酸分子结构的内在联系，提出 DNA 双螺旋模型而共同获得诺贝尔生理学或医学奖。此外，卡文迪什实验室还以其天体物理学和射电天文学走在国际前列。赖尔和休伊什，由于在射电天文学方面的先驱性工作获得 1974 年诺贝尔物理学奖，赖尔是由于他的观测和发明，特别是综合孔径技术的发明，休伊什是由于他在发现脉冲星中所起的决定性作用。

　　第六任卡文迪什实验室主任是固体物理学家莫特（1905—1996），任期从 1954 年到 1970 年。莫特在卢瑟福时期曾经从事核物理学研究，后来在布利斯托尔大学建立了影响较大的固体物理学派。在任卡文迪什教授后，果断地将分子生物学组分出去，停止建造大型高能加速器计划，将研究方向逐步转移到固体—凝聚态物理和射电天文学方面。他是非晶态半导体研究的开拓者，对卡文迪什实验室与工业界的联系起了重要作用。他本人由于对磁性和无序系统的电子结构所作的基础理论研究获 1977 年诺贝尔物理学奖。

图 14-15　肯德鲁和佩鲁兹在研究蛋白质模型

　　第七任卡文迪什实验室主任是超导物理学家皮帕德（Brian Pippard，1920—　），任期从 1971 年到 1982 年，1979 年后曾先后延聘柯克（A. Cook）和爱德华（Sir Sam Edwards）任执行主任，协助工作。皮帕德早年研究低温物理，后来研究超导现象，发现金属导电性取决于结晶的费米面的几何形状和其性质与此面的面积有关，从而开拓了表面物理研究领域。他深感在英国经济衰退和人才外流情况下振兴卡文迪什实验室的重大使命，他提出将重点放在培养人才上，理论与实验之间不是谁指导谁而是对话关系和培养通过实验进行猜测的能力，以补偿理论之不足。在他的领导下，约瑟夫森因对穿过隧道壁垒的超导电流所作的理论预言，特别是关于普遍称为约瑟夫森效应的那些现象，获 1973 年诺贝尔物理学奖。

在一百多年的发展过程中,卡文迪什实验室的科学家中共有 25 位获得了诺贝尔奖。卡文迪什实验室的规模随着时间的推移不断扩大,在卢瑟福任职之前,整个实验室只有一名教授,另有实验演示员 1～2 人,技师 1～2 人,实验室和图书馆管理人员各 1 人,研究人员几人,自然科学优等生或研究生若干人。第一次世界大战之后,专职研究人员增至十几人,招收研究生 10～30 人。第二次世界大战之后,科研和教学任务大大增加,除一位卡文迪什教授之外,另设教授 1～2 人,包括流动研究人员在内总研究人员数增加到 30 余人,研究生达 130 余人。1950—1970 年,教授由 4 人增至 6 人,专职研究人员 20～40 人,总研究人员多达 300～400 人。

1930 年后,由于加速器的建设和高压电与低温物理实验室的建立,所需工作人员人数增多,机构逐渐增大,管理工作复杂,为此卢瑟福曾在 1921 年特设了主任助理,并于 30 年代初再分设四个专业组和另建一个分实验室——蒙德实验室。这时仍然实行卡文迪什教授集中领导的体制。到了 1948 年,由于人数过于庞大,专业分工大大加强,注重民主管理的劳伦斯·布拉格教授设立专门负责行政事务的专职秘书,建立大组系统,每个大组单独设立实验室、车间和秘书,自成体系,从而形成组系管理制。这样就保证实验室主任能把主要精力用于科研和教学管理,从而促进了实验室的科学研究和教学任务的开展。

一百多年来,卡文迪什实验室完成了从小科学向大科学的转变,它也就成了大科学产生的摇篮。1895 年之前,科学研究的形式是以个人研究为中心,实验离不开封腊、悬丝、玻璃这三件必备的器材,这实际上是手工业方式。随着电气化的发展和精密仪器的出现,以电磁仪器为主的实验条件决定了研究规模从个人单干向小组合作发展,出现小科学研究时代。从 1930 年起,由于加速器的研制和使用,需几个组的各类人员合作,这样就使小科学时代发展到大科学时代。

一百多年来,卡文迪什实验室在现代科学发展中发挥了特殊的重要作用。如果从麦克斯韦算起,他在这里完成了他的名著《热理论》和《电磁学通论》(前一本书于 1872 年出版,后一本书于 1873 年出版)。若干年后,1881 年 J. J. 汤姆孙在这里发表了他有关电磁质量的著名论文,1893 年出版了他的重要著作《电磁理论新近研究》,奠定气体导电理论,1897 年发现了电子,打开了揭示原子结构的大门,从而开始了原子物理学的研究。此后的一百年里,卡文迪什实验室的有关人员作出了许多对现代科学有重要意义的发现和发明,其中影响全局的有 1911 年卢瑟福发现原子的核结构、1919 年发现人工元素蜕变、1924 年证实核势垒,1913 年布拉格父子发现 X 射线晶体衍射公式和测定晶体点阵常数,1932 年查德威克发现中子,1933 年布莱克特验证正电子,1933 年奥利芬特验证质能等价定律,1953 年克里克和沃森发现 DNA 双螺旋结构,1967 年赖尔发现射电天体和休伊什发现脉冲星。在凝聚态物理学上,1959 年皮帕德提出超导费米面,20 世纪 60 年代莫特提出非晶态半导体理论,1962 年约瑟夫森提出超导体隧道效应理论等。这些重大发现不但冲破了经典原子论框架,改变了人类两千多年的物质观,而且将观念的变革扩大到生命物质的遗传机理,奠定了电磁理论、气体导电理论、物质电结构理论、X 射线晶体物理学、原子物理学、核物理学、分子生物学、射电天文学、表面物理学和凝聚态物理学的基础,因此大多具有划时代意义。这些成就显示了卡文迪什实验室在现代科学革命和发展中起到了何等重要的关键性作用。

一百多年来,卡文迪什实验室吸引了世界各国大量优秀青年物理学家,造就了许多科学精英,成了世界物理学家心目中的"麦加"(圣地)。

14.2.4　20世纪世界著名实验室实例

进入20世纪,各类物理实验室如雨后春笋,研究工作广泛开展。可以说,实验室是科学的摇篮,是科学研究的基地。下面选取若干有代表性的,对科学发展起过或正在起重要作用的物理实验室,分别作些介绍。

第一类是建立在大学里面,附属于大学的实验室。除了英国剑桥大学的卡文迪什实验室以外,还可以举出许多,其中著名的有荷兰莱顿大学的低温实验室,美国哈佛大学的杰佛逊(Jefferson)物理实验室,伯克利加州大学的劳伦斯辐射实验室,莫斯科大学的物理实验室,英国曼彻斯特大学的物理实验室。它们大都以基础研究为主,各有特长。例如:

1. 荷兰的莱顿低温实验室

19世纪末20世纪初,在低温的实验研究上展开过一场世界性的角逐。在这场轰动科坛的竞赛中,领先的是地处荷兰小城——莱顿的一个物理实验室。

19世纪后半叶,在研究气体的性质随压强和温度变化的关系上,荷兰物理学家曾作出过重要贡献。1873年,范德瓦耳斯(Van der Waals)在他的博士论文"气态和液态的连续性"中,提出了包括气态和液态的"物态方程",即范德瓦耳斯方程。1880年,范德瓦耳斯又提出了"对应态定律",进一步得到物态方程的普遍形式。在这一理论指导下,他所在的荷兰莱顿大学发展了低温实验技术,建立了低温实验室。这个实验室的创始人就是低温物理学家卡麦林-昂纳斯。

图14-16　莱顿低温实验室

当时低温的获得主要是采用液体蒸发和气体节流膨胀。要得到很低的温度,往往需要采用级联的办法,也就是首先把要液化的气体压缩,同时利用另一种液体的蒸发带走热量,然后再让气体作节流膨胀,气体对外做功消耗内能而降温。这个原理在物理上都已解决,没有什么新内容,但在实践上却存在许多技术问题。设计者必然要考虑到各种物理问题和解决这些问题时所需的技术装备,很多仪器都需要自己制造,甚至在开始时连电力都需要自己提供。卡麦林-昂纳斯以极大的精力改善了实验室装备,使之由初具规模发展到后来居上。但是他更重视人才培养。他创立了一所技工学校,让学生晚上学习,白天在实验室工作。他培养的玻璃技师不但满足了本国的需要,还受聘到许多国家的物理实验室工作,为发展低温物理学和真空技术作出了贡献。他为工业培养人才,对荷兰的工业发展也起了一定影响。卡麦林-昂纳斯还广招科技人员,包括来自国外的访问学者,集中在他的周围。在他的组织和领导下,莱顿低温实验室于1894年建立了能大量生产液氢和其他气体(包括氦气)的工厂和一栋规模甚大的实验楼馆。他以工业规模建立实验室,这在历史上还是第一次。就是从这里开始,物理学由手工业方式走向现代的大规模生产水平。

卡麦林-昂纳斯从1882年起担任莱顿大学实验物理学教授。他在就职时发表了著名的就职演说,题为"定量测量在物理学中的重要性"。他说道:"物理学能创造获得新的物质的手段,并且对我们的实验哲学思维有着巨大的影响,但只有当物理学通过测量和实验去夺取新的疆土时,它才会在我们今天社会的思维和工作中占有重要的地位","我喜欢把'通过测量获得知识'这个座右铭贴在每个物理实验室的大门上"。他以这种精神在实验物理学的研究中取得了卓越的成就。他建立了低温实验室,使氦的温度降低到0.9K以下,结果获得了前所未有的最接近于绝对零度的低温。正是这些低温研究使卡麦林-昂纳斯发现了超导电性。

莱顿低温实验室赢得了日益重大的国际声誉。有许多外国科学家曾来到莱顿大学,在这个实验室短期或较长期地工作。他们之中不仅有卡麦林-昂纳斯的合作者,还有其他来自世界各地的学者和技师,到莱顿研究或学习的主要课题是低温学。实验室的其他研究项目包括热力学、放射性规律、光学及电磁现象的观察,例如荧光和磷光现象,在磁场中偏振面的转动,磁场中晶体的吸收光谱,以及霍尔效应,介电常数,特别是金属的电阻。从1901年起就创办的培训仪器制造工人和玻璃吹制工的学校,也为卡麦林-昂纳斯和他的实验室赢得了声誉。20世纪初,莱顿低温实验室成了世界闻名的低温研究中心。

2. 美国伯克利加州大学的劳伦斯辐射实验室

它是电子直线加速器的发源地,创建于20世纪30年代,当时正值经济萧条时期,创建人劳伦斯以其特有的组织才能,充分发掘美国的人力、物力和财力,建起了第一批加速器。在他的领导组织下,实验室成员开展了广泛的科学研究,发现了一系列超重元素,开辟了放射性同位素、重离子科学等研究方向。它是美国一系列著名实验室:Livermore,Los Alamos,Brookhaven 等实验室的先驱,也是世界上成百所加速器实验室的楷模。一台现代化的加速器相当于一座规模庞大的工厂,需要大量工程技术人员、实验家和理论家协同工作。正如劳伦斯在他的诺贝尔物理学奖(1939年)领奖词中说的:"从工作一开始就要靠许多实验室中的众多能干而积极的合作者的集体努力","各方面的人才都参加到这项工作中来,不论从哪个方面来衡量,取得的成功都依赖于密切和有效的合作"。

第二类实验室属于国家机构,有的甚至是国际机构,由好几个国家联合承办。它们大多从事于基本计量、高精尖项目、超大型的研究课题和国防军事任务。例如:

3. 德国的帝国技术物理研究所(简称 PTR)

帝国技术物理研究所建于1884年,相当于德国的国家计量局,以精密测量热辐射著称。19世纪末该研究所的研究人员致力于黑体辐射的研究,导致了普朗克发现作用量子。可以说这个实验室是量子论的发源地。

4. 英国国家物理实验室(简称 NPL)

英国的国家物理实验室,是英国历史悠久的计量基准研究中心,创建于1900年。1981年分6个部:即电气科学、材料应用、力学与光学计量、数值分析与计算机科学、量子计量、辐射科学与声学。

作为高度工业化国家的计量中心，与全国工业、政府各部门、商业机构有着广泛的日常联系，对外则作为国家代表机构，与各国际组织、各国计量中心联系。它还对环境保护，例如噪声、电磁辐射、大气污染等方面向政府提供建议。英国国家物理实验室共有科技人员约 1 000 人，1969 年最高达 1 800 人。

5. 欧洲核子研究中心(简称 CERN)

欧洲核子研究中心创立于 1954 年，是规模最大的一个国际性的实验组织。它的创建、方针、组织、选题、经费和研究计划的执行，都很有特点。1983 年在这里发现 $W^\pm$ 和 Z^0 粒子，次年该中心两位物理学家鲁比亚和范德梅尔获诺贝尔物理学奖。

图 14-17　1959 年 4 月 CERN 鸟瞰图

欧洲核子研究中心是在联合国教科文组织的倡导下，由欧洲 11 个国家从 1951 年开始筹划，现已有 13 个成员国。经费由各成员国分摊，所长由理事会任命，任期 5 年。下设管理委员会、研究委员会和实验委员会，组织精干，管理完善。人员共达 6 000 人，多为招聘制。五十余年来，先后建成质子同步回旋加速器、质子同步加速器、交叉储存环(ISR)、超质子同步加速器(SPS)、大型正负电子对撞机(LEP)，并拥有世界上最大的氢气泡室(BEBL)。欧洲核子研究中心作为国际性实验机构，拥有雄厚的财力、物力和技术力量。由于工作涉及许多国家和组织，在建设和研究中难免会出现种种矛盾和摩擦，但经过协商和合作，工作进行顺利，庞大计划都能按时兑现，接连不断取得举世瞩目的成就。

第三类实验室直接归属于工业企业部门，为工业技术的开发与研究服务。其中最著名的实例是贝尔实验室。

6. 贝尔实验室

贝尔实验室原名贝尔电话实验室，成立于 1925 年 1 月 1 日，隶属于美国电话电报公司(AT&T)及其子公司西方电器公司，其主要宗旨是进行通信科学的研究，由电话的发明者贝尔创建。1996 年起转为美国朗讯科技(Lucent Technologies)公司的研究单位，专注新产品的开发。

贝尔实验室从成立至今，一直是世界上最大的科技研发机构，发展成为"全美最大的制造发明工厂"，职工人数由开始时的 3 600 人到 1995 年的 29 000 人，其中主要是研究人员，1998 年的研究经费达 37 亿美元，其中 10％用于基础研究。这个实验室下属 6 个研究部，共 14 个分部，56 个分实验室，除了无线电电子学以外，在固体物理学(其中包括磁学、半导体、表面物理学)、天体物理学、量子物理学和核物理学等方面都有很高水平。它是世界最大的由企业经办的科学实验室之一，科学研究和新技术创新实力雄厚。它在许多基础学科和通信科技方面，诸如固体物理、半导体和凝聚态、高分子化学和信息科学等领域一直居于世界领先地位,成果累累、人才辈出,它不但奠定了信息论和系统工程的基础,而且成为微电子、光通信和集成光学的重要发源地。在新技术的发明创造上,历年来,发明了有声电影(1926年)、电动计算机(1937年)、微波雷达、晶体管(1947年)、激光器(1960年)、人造通信卫星、光纤和光通信、光子计算机、C++和phenix计算机语言、数字电子交换系统、电视电话,发现了电子衍射(1927年)、宇宙微波背景辐射(1965年)和分数量子霍尔效应(1982年),发展了激光冷却方法以及蜂窝移动电话及多种通信软件与网络。贝尔实验室成了微电子技术革命和光子技术革命的发祥地,为人类进入信息时代起到了火车头的作用。

这个研究机构中拥有大批高水平的科研人员,其中有13人荣获诺贝尔物理学奖,他们是发现电子衍射的戴维森(1937年获奖),发明晶体管的肖克利、巴丁和布拉顿(1956年获奖),发明激光器的汤斯(1964年获奖)和肖洛(1981年获奖),理论物理学家P. W. 安德森(1977年获奖),射电天文学家彭齐亚斯和R. 威尔逊(1978年获奖),凝聚态物理理论家劳克林、实验家崔琦和施特默(1998年获奖)。发展激光冷却和原子俘获方法的华裔美籍物

图 14-18 美国内华达州伊利城的贝尔实验室建筑上的一幅壁画

理学家朱棣文(1997年获奖)正是在这所实验室工作时作出了关键性的贡献。

半个多世纪以来,贝尔实验室的成功经验引起广泛注意。工业企业对科学研究,特别是对基础研究的重视,开发和研究二位一体,领导有远见有魄力,善于抓住有前途的新课题,这些都是有益的经验。

贝尔实验室视基础研究为战略需要,把创新看成是生命线,基础研究面向实际应用,为技术创新服务和发展新技术紧密结合,使支持它的企业以技术领先在世界上立于不败之地。正是在这一方针指导下,贝尔实验室与其联体的企业以旺盛的生命力双双领先于世界高新技术发展的前沿。

第15章

单位、单位制与基本常数简史

科学技术的发展,特别是物理学的发展,与人类的观测能力密切相关。观测得越精确,就越能细致地描述自然现象,越有可能从理论上解释各种自然现象,并且更有效地控制自然。观测精确度的提高和计量制度的完善是科学文化进步的重要标志,也是物理学发展的必要条件。在科学技术的发展史里很自然地交织着计量科学的发展史。计量科学发展史包含很多内容,这里仅就单位和单位制的沿革以及基本物理常数的测定史作些简介。

15.1 基本单位的历史沿革

15.1.1 长度单位

古代常以人体的一部分作为长度的单位。例如我国三国时期(公元3世纪初)王肃编的《孔子家语》一书中记载有:"布指知寸,布手知尺,舒肘知寻。"两臂伸开长八尺,就是一寻。还有记载说:"十尺为丈,人长八尺,故曰丈夫。"可见,古时量物,寸与指、尺与手、寻与身有一一对应的关系。

西方古代经常使用的长度单位中有所谓的"腕尺",约合52厘米~53厘米,与从手的中指尖到肘之间的长度有密切关系。

也有用实物作为长度单位依据的。例如,英制中的英寸来源于三粒圆而干的大麦粒一个接一个排成的长度。英国早期的长度单位码(yard)则以国王的臂长为准,如图15-1。

多少年来世界各国通行种类繁多的长度单位,甚至一个国家或地区在不同时期采用不同的长度单位,杂乱无章,极不统一,对商品的流通造成许多麻烦。所以,随着科学技术的进步,长度单位逐渐趋于统一,这个进程早在几百年前就已经开始了。

1790 年法国国民议会通过决议,责成法国科学院研究如何建立长度和质量等基本物理量的基准,为统一计量单位打好基础。次年,又决定采用通过巴黎的地球子午线的四分之一的千万分之一为长度单位,选取古希腊文中"metron"一词作为这个单位的名称,后来演变为"meter",中文译成"米突"或"米"。从 1792 年开始,法国天文学家用了 7 年时间,测量通过巴黎的地球子午线,并根据测量结果制成了米的铂质原器,这支米原器一直保存在巴黎档案局里。

法国人开创米制后,由于这一体制比较科学,使用方便,欧洲大陆各国相继采用。

后来又作了测量,发现这一米原器并不正好等于地球子午线的四千万分之一,而是长了 0.2 毫米。人们认为,以后测量技术还会不断进步,势必会再发现偏差,与其修改米原器的长度,不如就以这根铂质米原器为基准,从而统一所有的长度计量。

1875 年 5 月 20 日由法国政府出面,召开了 20 个国家政府代表会议,正式签署了米制公约,公认米制为国际通用的计量单位。同时决定成立国际计量委员会和国际计量局。到 1985 年 10 月止,米制公约成员国已有 47 个。我国于 1977 年参加。

图 15-1　英国早期以人体作为长度的单位

图 15-2　国际米原器

国际计量局经过几年的研究,用含铂 90%、铱 10% 的合金精心设计并制成了 30 根横截面呈 X 形的米原器,如图 15-2。这种形状最坚固又最省料,铂铱合金的特点则是膨胀系数极小。这 30 根米原器分别跟铂质米原器比对,经过遴选,取其中的一根作为国际米原器。1889 年,国际计量委员会批准了这项工作,并且宣布:1 米的长度等于这根截面为 X 形的铂铱合金尺两端刻线记号间在冰融点温度时的距离。

其余一些米原器都与国际米原器作过比对,后来大多分发给会员国,成为各国的国家基准,以后每隔几十年都要进行周期检定,以确保长度基准的一致性。

然而实际上米原器给出的长度并不一定正好是 1 米,由于刻线工艺和测量方法等方面的原因,在复现量值时总难免有一定误差,这个误差不小于 0.1 微米,也就是说,相对误差可达 1×10^{-7}。时间长了,很难保证米原器本身不会发生变化,再加上米原器随时都有被破坏的危险。所以,随着科学与技术的发展,人们越来越希望把长度的基准建立在更科学、更方便和更可靠的基础上,而不是以某一个实物的尺寸为基准。光谱学的研究表明,可见光的波长是一

图 15-3　1743 年在法国巴黎近郊建立的
　　　　国际计量局

些很精确又很稳定的长度,有可能当作长度的基准。19世纪末,在实验中找到了自然镉
(Cd)的红色谱线,具有非常好的清晰度和复现性,在15℃的干燥空气中,其波长等于$\lambda_{Cd}=$
$6\,438.469\,6\times10^{-10}$米。

1927年国际协议,决定用这条谱线作为光谱学的长度标准,并确定
$$1 米 = 1\,553\,164.13\lambda_{Cd}$$

人们第一次找到了可用来定义米的非实物标准。科学家继续研究,后来又发现氪
(^{86}Kr)的橙色谱线比镉红线还要优越。1960年,在第十一届国际计量大会上,决定用氪
(^{86}Kr)橙线代替镉红线,并决定把米的定义改为:"米的长度等于相当于氪(^{86}Kr)原子的
$2p_{10}$到$5d_5$能级之间跃迁的辐射在真空中波长的$1\,650\,763.73$倍。"

这个基准的精确度相当高,相对误差不超过4×10^{-9},相当于在1千米长度测量中不
差4毫米。

但是原子光谱的波长太短,又难免受电流、温度等因素的影响,复现的精确度仍受限制。
20世纪60年代以后,由于激光的出现,人们又找到了一种性能更为优越的光源,用激光代
替氪谱线,可以使长度测量得更为准确。只要确定某一时间间隔,就可从光速与这一时间
间隔的乘积定义长度的单位。20世纪80年代,用激光测真空中的光速c,得$c=$
$299\,792\,458$米/秒。

1983年10月第十七届国际计量大会通过了米的新定义:"米是光在真空中$1/299\,792\,458$
秒的时间间隔内所经路程的长度"。(如图15-4)

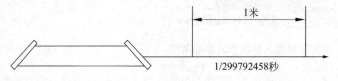

图15-4 米的新定义

新的米定义具有重大科学意义。从此光速c成了一个精确数值。把长度单位统一到
时间上,就可以利用高度精确的时间计量,大大提高长度计量的精确度。

15.1.2 质量单位

古代质量单位和长度单位的情况相似,也有多种多样的形式。例如:在波斯用卡拉萨
(karasha)作为质量的单位,约合0.834千克,埃及用格德特(gedet),约合9.33克。

我国秦代度量衡制度中规定:1石=4钧,1钧=30斤,1斤=16两。与现代国际单位
制比较,1斤约合0.256千克。

英制中以磅(pound),盎司(ounce),打兰(dram),格令(grain)作单位:1磅=16盎司=
256打兰=7000格令。不列颠帝国曾用纯铂制成磅原器,它是高约1.35英寸,直径1.15
英寸的纯铂圆柱体。

最初的千克质量单位是由18世纪末法国采用的长度单位米推导出来的。1立方分米
纯水在最大密度(温度约为4℃)时的质量,就定为1千克。

1799年法国在制作铂质米原器的同时,也制成了铂质千克基准,保存在巴黎档案局

里。后来发现这个基准并不准确地等于 1 立方分米最大密度纯水的质量，而是等于 1.000 028 立方分米。于是在 1875 年米制公约会议之后，也用含铂 90%、铱 10%的合金制成千克原器，一共做了三个，经与巴黎档案局保存的铂质千克原器比对，选定其中之一作为国际千克原器。这个国际千克原器被国际计量局的专家们非常仔细地保存在特殊的地点，用三层玻璃罩罩好（如图 15-5），最外一层玻璃罩里抽成接近真空，以防空气和杂质进入。

随后又复制了四十个铂铱合金圆柱体，经过与千克国际原器比对后，分发给各会员国作为国家基准——国家千克原器。

图 15-5 国际千克原器

跟米原器一样，千克原器也要进行周期性的检验，以确保质量基准的稳定可靠。但是保存像国际千克原器这样的人工实物基准，在实践中存在许多问题，例如，国际千克原器有可能被损坏，甚至毁于战火，如果发生这类事件，后果不堪设想；没有严格的科学定义，缺乏可靠的确定性；在国际千克原器上有可能积存外来杂质，有的杂质很难发现，也很难清洗干净，这就是说，无法保证国际千克原器精确无误的可复现性；千克原器以尚未掌握的规律老化；国际千克原器和国家千克原器只能在一个实验室使用，数值传递非常麻烦；为了避免磨损和污染，国际千克原器只能尽量少使用，这样就大大限制了它的使用价值。举一个例子来说明千克原器使用时的麻烦，国际千克原器有几个"兄弟"，被称为工作原器。1905 年第 1 号工作原器在一次称重时出了事故，大概是不小心碰了一下，就立即决定废弃，国际计量局有一台特制的精密天平，1949—1951 年间曾两次在使用过程中让工作原器摔了下来，这两个工作原器的命运自不待言，从此也没有人再敢用这台天平作比对称衡了。

一百多年来国际千克原器主要是用来与工作原器及国家千克原器进行比对。大规模的比对在历史上只进行过四次。第一次是在 1899—1901 年间，第二次在 1939 年，第三次是在 1948—1953 年间，最近的一次从 1988 年开始，1992 年才结束，各国都同时把自己的国家千克原器运到巴黎，按照国际协议的方案进行严格的清洗处理，再与国际千克原器进行称衡比对，历时四年之久。耗费的人力、物力、财力可想而知。

质量单位要靠公认的实物（国际千克原器）充当基准，这实在是和科学技术日新月异的发展形势极不相称。人们期望质量单位也能像长度单位那样，在现代科学理论和精确测量的基础上给出新定义，建立质量的自然基准。可行的途径是经由约瑟夫森效应测定普朗克常数，或者利用双频激光器测定阿伏伽德罗常数。这些尝试已经取得初步成果，一旦不确定度能够低于 1×10^{-8}，就可以宣布废除基本物理单位中最后一个实物基准。

15.1.3 时间单位

在人类观察到的自然现象中，以天空中发生的现象为最明显，也最有规律，所以很自然地时间的量度以地球自转的周期作为基准，这就是所谓的太阳日。1 秒＝1/86 400 平太阳日。但是由于地球自转并不均匀也不稳定，1960 年国际计量大会确认，把时间基准改为以地球围绕太阳公转为依据,即:把秒定义为在 1900 年地球绕太阳沿轨道运行一周所需时间的 1/315 569 25.974 7。这一数据之所以有如此之高的精确度,是因为这个结果是通过为期数年的一系列天文观测获得的。

然而根据这个定义很难对秒本身进行直接比较。正好在这期间,时间和频率的测量技术有了很大发展,1967 年第十三届国际计量大会重新规定了时间单位的定义:

"秒是铯-133 原子基态的两个超精细能级之间跃迁所对应的辐射的 9 192 631 770 个周期的持续时间"。

1997 年国际计量大会更明确地指定:"这一定义是指 0K 温度下处于静止的铯原子"。

15.1.4　温标

现在通用的国际单位制中温度以开尔文(K)表示,这个温度单位也是基本单位。严格说来,温度单位的选择实际上是一个温标问题。热学发展史中出现过华氏温标、列氏温标、兰氏温标、摄氏温标、气体温标和热力学温标等。热力学温标是 1848 年开尔文首先提出的(参看 2.5 节),由热力学温标定义的热力学温度具有最严格的科学意义。其余几种都属于经验温标,其共同特点是人为选择某一特定的温度计和若干温度固定点来定义温标,因此缺乏客观标准。这些经验温标已成为历史,但跟现代的温标仍有一些渊源关系。

以气体温度计标定温度所构成的气体温标最接近热力学温标。由于气体温度计的复现性较差,国际间又协议定出国际实用温标,以统一国际间的温度量值,国际实用温标几经变革,为的是由此定出的温度尽可能接近热力学温度。

早在 1887 年,国际计量委员会就曾决定采用定容氢气体温度计作为国际实用温标的基础。

1927 年第七届国际计量大会决议采用铂电阻温度计等作为温标的内插仪器,并规定在氧的凝固点(−182.97℃)到金凝固点(1 063℃)之间确定一系列可重复的温度或固定点。1948 年第十一届国际计量大会对国际实用温标作了若干重要修订。例如,以金熔点代替金凝固点;以普朗克黑体辐射定律代替维恩定律,引用更精确的常数值,计算公式更为精确,光测高温计的测量限值扩大等等。

**图 15-6　水的三相点
实验装置**

1960 年又增加了一条重要修订,即把水的三相点作为惟一的定义点,规定其绝对温度值为 273.16(精确),以代替原来水冰点温度为 0.00℃(精确)之规定。而水的冰点根据实测,应为(273.150 0±0.000 1)K。采用水的三相点作为惟一的定义点是温度计量的一大进步,因为这可以避免世界各地因冰点变动而出现温度计量的差异。

1968 年对国际实用温标又作了一次修订,代号为 IPTS-68。其特点是采用了有关热力学的最新成就,使国际实用温标更接近热力学温标。这一次还规定以符号 K 表示绝对温度,取消原来的符号(K),并规定摄氏温度与热力学温标的绝对温度单位精确相等,摄氏温度 t=绝对温度 T−273.15(精确)。

1975 年和 1976 年分别对 IPTS-68 作了修订和补充,把温度范围的下限由 13.81K 扩大到 0.5K。但还是出现不足之处,主要是在实验中不断发现 IPTS-68 在某些温区与国际单位制定义的热力学温度偏差甚大。

1988 年国际度量衡委员会推荐,第十八届国际计量大会及第 77 届国际计量委员会作出决议,从 1990 年 1 月 1 日起开始在全世界范围内采用重新修订的国际温标,这一次取名为 1990 年国际温标,代号为 ITS-90,取

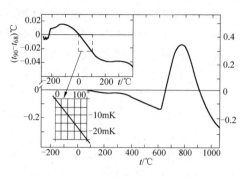

图 15-7 ITS-90 与 IPTS-68 之间的差异曲线

消了"实用"二字,因为随着科学技术水平的提高,这一温标已经相当接近于热力学温标。和 IPTS-68 相比较,100℃ 时偏低 0.026℃,即标准状态下水的沸点已不再是 100℃,而是 99.974℃。图 15-7 是 ITS-90 与 IPTS-68 之间的差异曲线。

显然,ITS-90 的实施有助于精密温度计量,是科学技术发展的又一标志。

15.2 单位制的沿革

物理量之间通过各种物理定律和有关的定义彼此建立联系。人们往往取其中的一些作为基本物理量,以它们的单位作为基本单位,形成配套的单位体系,其他的单位可以由此推出,这就是单位制。

由于历史的原因,世界各国一直通行有各种不同的单位体制,混乱复杂。不同行业采用的单位也不尽相同,例如,法国曾通用米—吨—秒制,英美曾通用英尺—磅—秒制,技术领域中采用工程单位制,即米—千克力—秒制,而物理学则习惯于厘米—克—秒(CGS)单位制。这对经济交往和科技工作都十分不利。为了便于国际间进行工业技术的交流,1875 年在签署米制公约时,规定以米为长度单位,以千克为质量单位,以秒为时间单位。这就是众所周知的米—千克—秒(MKS)单位制。

15.2.1 几种电磁单位制

电磁学中单位和单位制更为混乱,几经变革,走过了一条曲折的道路。

早在 1832 年,高斯在他的著名论文《换算成绝对单位的地磁强度》一文中就强调指出:必须用根据力学中的力的单位进行的绝对测量来代替用磁针进行的地磁测量。他为此提出了一种以毫米、毫克和秒为基本单位的绝对电磁单位制。高斯的主张得到了 W. 韦伯的支持,韦伯把高斯的工作推广到其他电学量。然而遗憾的是,电磁量实际上可以由两个互不相容的方程系来描述,因为两个库仑定律都可以当作定义性方程:一个是静电学的库仑定律,一个是静磁学的库仑定律。于是出现了两种"绝对"电磁学单位。19 世纪 50 年代初,英国的 W. 汤姆孙(开尔文)也做了类似的工作。他根据英国力学单位进行了与电信有关的一些电测量。1861 年,英国的布赖特(C. Bright)和克拉克(L. Clark)发表《论电量

和电阻标准的形成》一文，倡议建立一种统一的实用单位。他们的倡议得到了 W. 汤姆孙的支持。于是这一年英国科学促进会成立了以 W. 汤姆孙为首的六人电标准委员会，其宗旨是统一电阻和电容的标准，建立恰当的实用单位，并确定绝对单位和实用单位的换算关系。这个委员会主张用厘米-克-秒作为基本单位，于是又形成了两种单位制：厘米-克-秒静电单位制（CGSE 或 esu）和厘米-克-秒电磁单位制（CGSM 或 emu）。

麦克斯韦也是这个委员会的成员。他对单位的规范和统一非常关心，亲自作了许多实验，提出了不少有益的建议。例如，他在 1865 年写道：

"至今采用的命名方法缺点很多。在涉及各个测量时，我们必须说明哪个数是表示静电单位的值还是电磁绝对单位的值。如果运用到乘法，乘得的结果也必须加以命名，而且还必须牵涉到长度、质量和时间的单位标准，因为有些作者用磅而有些用克，有些用米而有些用毫米作基本单位。这样繁琐的命名和由此带来错误的危险应该避免"。

在六人电标准委员会的倡议下，英国科学促进会决定采用如下一些实用单位：电阻用欧姆，1 欧姆＝109 厘米-克-秒电磁单位制的电阻单位；电势用伏特，1 伏特＝108 厘米-克-秒电磁单位制的电势单位。1881 年巴黎第一届国际电学家大会批准了这一方案，并决定再增加电流的实用单位：安培，规定 1 伏特电势差加在 1 欧姆电阻上产生的电流强度为 1 安培，它等于 1/10 厘米-克-秒电磁单位制的电流单位。与此同时，还引入了电量的实用单位——库仑和电容的实用单位——法拉。这些单位沿用至今。

这样就形成了电磁量中的第三套单位制，即实用单位制。本来这套实用单位是附属于厘米-克-秒电磁单位制的，取的仍是"绝对"定义。然而，为了检验的方便，有人主张再为这些实用单位选定一些实物基准。于是在 1893 年在芝加哥召开的第四届国际电学家大会上为这些实用单位另行规定了实物基准，并且把这些实用单位分别冠以"国际"词头。下面引一段当时的决议：

"决议，本届国际电学家大会代表各自政府的委托，正式采用以下单位作为电学计量的法定单位：

"欧姆——以国际欧姆作为电阻单位，它以等于 10^9 CGS 电磁单位电阻的欧姆作为基础，用恒定电流在融冰温度时通过质量为 14.452 1 克，长度为 106.3 厘米，横截面恒定的水银柱所受到的电阻来代表。"

"安培——以国际安培作为电流单位，它等于 CGS 电磁单位的 1/10，在实用上取通过硝酸银水溶液在规定条件下以每秒 0.001 118 克的速率使银沉淀的恒定电流来代表已足够精确"。

同时大会还对国际伏特、国际库仑、国际法拉都作了相应的规定。

这样就出现了历史上第一套"国际"单位，这套单位不甚完备，因此提出之初，没有得到普遍承认。

电磁学单位制的变迁经历了一个相当曲折的过程。除了 CGSM 单位制，CGSE 单位制和实用单位制以外，还有高斯单位制。高斯单位制在物理学中运用广泛，至今还常见于文献。

15.2.2　乔治 MKS 制和有理化 MKS 制

早在 1901 年，意大利人乔治（G. George）就曾提出，如果在长度、质量和时间这三个基本单位之外，再增加一个电学量作为基本单位，就可以建立一种包括力学和整个电磁现象在内的一贯单位制。他当时建议用米、千克、秒和欧姆,之所以想选取欧姆,是因为电阻可以用性能特别稳定的材料来代表。

经过各国际组织长期讨论,国际计量委员会在1935年接受了乔治的建议,但是否定了他把电阻作为第四个基本量的意见,代之以下列更科学、更合理的方案:

(1) 写成有理化形式的方程中的真空磁导率,定义为 $4\pi \times 10^{-7}$ 牛顿/安培$^{-7}$。此处牛顿是被引入作为力的米-千克-秒单位制中的新单位。

(2) 根据两平行载流导线之间的力规定安培。

由于第二次世界大战的干扰,这一套有理化 MKS 制直到1948年才开始正式采用。

基本单位中除了三个力学量外,再增加一个电磁量,这一措施有重大意义。19世纪许多科学家主张用力学量单位作为基本单位,反映了他们的机械论观点。当时人们总认为,一切自然现象(包括电磁现象)最终都应归属于机械运动。但是,科学的发展打破了传统观念。基本单位的扩大,反映了观念的更新。1882—1883年,英国的赫维赛(O. Heaviside)首先提出有理化问题,他发现电磁学公式中 4π 的分布不尽合理。1891年裴雷(J. Perry)建议,如果取真空磁导率 $\mu_0 = 4\pi \times 10^{-7}$,就可以使电磁学公式得到更简洁的表达式,这就是1935年国际计量委员会作出上述决定的又一历史背景。

1946年国际计量委员会作出如下决议:"安培是一恒定电流,若保持在处于真空中相距1m的两无限长而圆截面可忽略的平行直导线内,则此两导线之间产生的力在每米长度上等于 2×10^{-7} N"。

这一决议1948年得到了第九届国际计量大会的批准。

在电磁学单位制中磁学量的单位特别复杂,很容易混淆,这主要是因为磁学本身经历了一个概念含混的时期。最早的库仑定律是建立在磁荷概念之上的,但是实际上正负磁荷并不能像正负电荷那样单独存在。

1900年,国际电学家大会赞同美国电气工程师协会(AIEE)的提案,决定 CGSM 制磁场强度的单位名称为高斯,这实际上是一场误会。AIEE 原来的提案是把高斯作为磁通密度 B 的单位,由于翻译成法文时误译为磁场强度,造成了混淆。当时的 CGSM 制和高斯单位制中真空磁导率 μ_0 是无量纲的纯数1,所以,真空中的 B 和 H 没有什么区别,致使一度 B 和 H 都用同一个单位——高斯。

但是,磁场强度 H 和磁通密度 B 在本质上毕竟是两个不同的概念。1900年后,就在科技界中展开了一场关于 B 和 H 性质是否相同的讨论,同时也讨论到电位移 D 和电场强度 E 的区别问题。

直至1930年7月,国际电工委员会才在广泛讨论的基础上作出决定:真空磁导率 μ_0 有量纲,B 和 H 性质不同,B 和 D 对应,H 和 E 对应,在 CGSM 单位制中以高斯作为 B 的单位,以奥斯特作为 H 的单位。

15.2.3 国际单位制

第二次世界大战后,出现了进一步加强国际合作的趋势,迫切要求改进计量单位和单位制的统一。在这以前,多种单位制并存的局面使各国科技人员伤透了脑筋,贻误了许多工作。1948年第九届国际计量大会要求国际计量委员会在科学技术领域中开展国际征询,并对上述情况进行研究。在这个基础上,1954年第十届国际计量大会决定将实用单位制扩大为六个基本单位，即米、千克、秒、安培、开尔文和坎德拉，其中开尔文是绝对温度的单位，坎德拉是发光强度的单位。

1960 年第十一届国际计量大会决定将上述六个基本单位为基础的单位制命名为国际单位制，并以 SI（法文 Le Système International d'Unités 的缩写）表示。

图 15-8　SI 协议文本

1971 年第十四届国际计量大会增补了一个基本量和单位，这就是"物质的量"及其单位——摩尔。决议为："摩尔是一系统的物质的量，该系统中所包含的基本单元数与0.012kg碳-12 的原子数目相等"。

鉴于发光强度单位坎德拉定义模糊，1979 年第十六届国际计量大会又作出决议："坎德拉是一光源在给定方向上的发光强度，该光源发出频率为 540×10^{12} Hz 的单色辐射，且在此方向上的辐射强度为(1/683)瓦特每球面度（W/sr）。"

SI 单位制中还规定了一系列配套的导出单位和通用的词冠，形成了一套严密、完整、科学的单位制。

SI 单位制的提出和完善是国际科技合作的一项重要成果，也是物理学发展的又一标志。国际单位制比起其他单位制来有许多优点：一是通用性，适用于任何一个科学技术部门，也适用于商品流通领域和社会日常生活；二是科学性和简明性，构成原则科学明了，采用十进制，换算简便；三是准确性，单位都有严格的定义和精确的基准。

15.2.4　约瑟夫森效应与量子霍尔效应对电磁计量的影响

电磁计量中涉及到的各种各样的物理量最终均要溯源到电压和电阻两种最基本的基准量。经典的电压基准和电阻基准量值是由标准电池组和标准电阻组这两种实物基准复现和维持的，准确度不高于 10^{-6} 到 10^{-7} 量级，而且量值随着时间的漂移量也很难确切查明。因此，到了 20 世纪下半叶，实物基准的局限性与现代科学技术的高准确度要求产生了尖锐矛盾。

1962 年发现的约瑟夫森效应和 1980 年冯·克利青发现的量子霍尔效应为电磁计量带来了新的生机。

电子对穿透约瑟夫森结的势垒时，能量差 $2eU_J$ 与电磁波的频率 υ 的关系为

$$U_J = n\frac{h}{2e}\upsilon$$

其中普朗克常数 h 和基本电荷 e 都是可以精确测定的基本物理常数，正整数 $n=1,2,3,\cdots$。

这样，就可以建立一种准确度远远高于传统的实物基准的量子电压基准——约瑟夫森量子电压基准。

量子霍尔效应是半导体界面上的二维电子气在强磁场和超低温环境下表现出的又一种宏观量子效应。当二维电子气充满某一朗道能级时，在霍尔电压曲线上会出现平台，平

台处的霍尔电阻 R_H 也与普朗克常数 h 及基本电荷 e 有关：

$$R_H = n\frac{h}{ie^2},$$

其中 i 也为正整数 $i=1,2,3,\cdots$。

这样一来，就可以建立一种准确度远远高于传统的实物基准的量子电阻基准。

国际计量委员会下属的电学咨询委员会（CCE）在 1986 年的第 17 届会议上决定：从 1990 年 1 月 1 日起，以量子霍尔效应所得的霍尔电阻来代表欧姆的国家参考标准，并以约瑟夫森效应所得的频率—电压比来代表伏特的国家参考标准。

1988 年 CCE 第 18 届会议正式建议将第一阶（$i=1$）霍尔平台相应的电阻值定义为冯·克利青常数，以 R_K 表示，并通过了如下决议：

"国际计量委员会……考虑到

……大多数现有的实验室所拥有的电阻参考标准随着时间有显著变化，

……基于量子霍尔效应的实验室电阻参考标准是稳定的和可复现的，

……对大多数新近的测量结果作的详尽研究得到的冯·克利青常数值 R_K，也就是说，量子霍尔效应中的霍尔电势差除以相当于平台 $i=1$ 的电流所得的值为 25 812.807Ω，

……量子霍尔效应以及上述 R_K 值，可以用来建立电阻的参考标准……它以一个标准偏差表示的不确定度估计为 2×10^{-7}，而其复现性要好得多，因此建议

……精确地取 25 812.807Ω 作为冯·克利青常数的约定值，以 R_{K-90} 表示之，

……此值从 1990 年 1 月 1 日起，而不是在这以前，由所有以量子霍尔效应为电阻测量标准的实验室使用，

……从同一日期开始，所有其他实验室都将自己的实验室参考标准调整为与 R_{K-90} 一致。并主张

……在可预见的未来无需改变冯·克利青常数的这个推荐值。"[1]

采用新方法后，电压单位和电阻单位的稳定性和复现准确度提高了 2~3 个数量级。

有必要指出，由量子霍尔效应只是获取电阻的实用参考基准，而不是对国际单位制中的欧姆给出新的定义。同样，由约瑟夫森效应只是获取电压的实用参考基准，而不是对国际单位制中的伏特给出新的定义。因为欧姆和伏特在国际单位制中都是导出单位，如果另给它们下定义，就必然与安培的定义、μ_0 的精确值乃至能量、功率等力学量及千克质量基准的规定不相容。

15.3　基本物理常数的测定与评定

随着科学与技术的进步，科学成果的交流日益频繁，国际合作广泛开展，大量信息在科学技术领域中传播，这就要求人们对测量数据有共同认识，建立大家公认的基准，否则就会产生不应该的误解，或引起不必要的麻烦。

为了做到对测量数据有共同的认识，除了有必要确定国际公认的单位和单位制之外，

---

① Taylor B N. J. Res. Natl. Bur. Stand. ,1989,94：95

还有一必不可少的环节，就是一些重要的物理常数，必须是科学界普遍接受的那些数值。

物理常数大致可以分为两类，一类与物性有关，例如：沸点、比热、导热系数、电阻率、电阻温度系数、折射率等。这些常数表征物质的固有特性，可以称为物质常数。另有一类常数与具体的物质特性无关，是普适的，例如真空中的光速、基本电荷量、普朗克常数、精细结构常数等，人们称之为基本物理常数。这些常数出现在物理学的各个分支里，通过物理学一系列定律和理论彼此相互联系，构成了物理学框架中不可缺少的一些关节点。

基本物理常数大多与原子物理学和粒子物理学有关，其数目不下四五十个。随着物理学的领域向纵深发展，基本物理常数涉及的范围越来越广，数目越来越多，测量方法日新月异，结果也越来越精确。一个基本常数往往可以用几种不同的方法测定或经不同的途径得出，于是就要互相比较、检验、评定并定期地在评定的基础上作出选择，把最佳的结果推荐给科学技术界的广大公众，使基本常数成为科技人员普遍利用的数据资料。

基本物理常数的精确测定是实验工作者长期奋斗的结果，是当代科学技术水平的集中反映。这项工作的意义在前一章已作说明，毋庸赘述。下面仅就基本物理常数的评定工作做些介绍，并列举几项重要的基本物理常数及其历史发展概况。

15.3.1　基本物理常数的评定

既然基本物理常数可以从不同途径得出，或者可以经各种定律和理论相互联系，就会发生是否协调的问题，如果不协调，必然引起严重后果。因此早在 20 世纪初，科学界就有人致力于总结出一套协调的基本物理常数供公众采用。

1926 年瓦希本（E. W. Washburn）主编的《国际评定表》第一卷（International Critical Tables, vol. 1）问世，书中收集了大量物理常数和化学常数，把一套经过认真审核的基本常数列成一览表提供给使用者，深受科技界欢迎。

1929 年伯奇（R. T. Birge）发表了著名论文：《普通物理常数的可几值》[①]，系统地对基本物理常数进行分析评定，对不同来源的数据进行对比，加以校正，用最小二乘法逐项处理基本物理常数，求其最可几值。由此向公众推荐了一套可靠的基本物理常数，深受科技界的欢迎。尽管伯奇 1929 年的工作尚属初步，但他开创的最小二乘法平差（least squares adjustment，平差就是调整的意思）方法，为以后的常数评定工作奠定了基础。1937 年至 1955 年间，陆续有一些综述性论文，采用伯奇的方法对基本物理常数进行评定。1941 年和 1945 年伯奇也发表了自己这方面的工作。他们大多以个人的名义进行评定工作，力量分散，内容重复，没有统一标准。

1955 年科恩（E. R. Cohen）等人，1963 年泰勒（B. N. Taylor）等人集中了较大力量，作了系统的调查研究，先后发表了两组用最小二乘法处理过的基本物理常数。

更进一步的工作有待于国际组织加强领导。只有国家间协同工作，才能取得更大成效。1966 年，在国际科协理事会（ICSU）领导下，成立了科学技术数据委员会（CODATA）。这个委员会的宗旨是在世界范围的基础上促进、鼓励、协调科学与技术数据的搜集分析和编撰。CODATA 下属一个基本常数工作组，专门从事与基本常数有关的工作，负责定期发表为全世界科学技术界可接受的协调的基本物理常数。

---

① 　Birge R T. Rev. Mod. Phys. , 1929(1)：1

这样一来,基本物理常数的评定工作,就从学者个人的研究课题,变成了国际组织中有权威的公认代表的集体任务,同时,各国研究精密计量和基本常数的机构和专家,也在这一国际组织的指导下,按预定的目标共同攻关,既有分工,又有协作和交流。基本常数的测量和评定工作,从此走上了新的台阶。

表 15-1 表示历年来较有影响的几次基本常数评定工作。

表 15-1　历年来的基本常数评定

年份	主持人	反映科学技术中的哪些重大进步
1929	伯奇	光谱学、光速测定、油滴仪实验
1941	伯奇	X 射线衍射、电子技术
1947	杜蒙、科恩	微波
1955	科恩、杜蒙	核磁共振
1969	泰勒等	微波激射和激光
1973	科恩、泰勒	约瑟夫森效应
1986	科恩、泰勒	激光光谱学、量子霍尔效应
1998	莫尔、泰勒	激光光谱学、量子电动力学、带电粒子陷阱技术
2002	莫尔、泰勒	(从这一届起以后将每四年进行一次评定)

跟 1973 年平差相比,1986 年有如下新进展:

(1) 光速已定为精确值;

(2) 由于激光光谱学的发展,里德伯常数进一步精确;

(3) 由于量子霍尔效应的发现,精细结构常数测得更准;

(4) 由于创造了 X 射线光学干涉术,阿伏伽德罗常数突破了 ppm(百万分之一)大关;

(5) 由于创造了单电子彭宁陷阱方法,电子 g 因子测量精确度大有提高;

(6) 大多数基本常数的不确定度都降低了一个数量级,达 1ppm 以下。

1998 年平差比 1986 年又前进了一步,大多数基本常数的不确定度下降为原来的 1/5 至 1/12。里德伯常数 R_∞ 的不确定度是所有常数中最突出的,下降达 1/160。其原因是,1986 年 R_∞ 的推荐值主要根据 1981 年的实验结果,从 20 世纪 90 年代开始,测定氢原子跃迁频率的方法已用光学频率测量代替了原来的光学波长测量,而里德伯常数 R_∞ 正是用氢原子跃迁频率值获得的,由于方法的改进,使不确定度下降了几个量级。

2003 年年底公布了新的一轮基本物理常数的评定结果,收集的实验数据截至 2002 年 12 月 31 日,因此称之为 2002 平差。与 1998 年平差相比,引力常数 G 的精确度提高了十倍。

图 15-9　科学技术数据委员会 1986 年通报

15.3.2　几项重要的基本物理常数

下面从基本物理常数中选几个较重要的，略述其历史发展概况。

1. 真空中的光速

这是最古老的物理常数之一。早在 1676 年，罗默从木星卫的观测得出光速有限的结论。观测证实了他的预言，据此，惠更斯推算出光速约为 2×10^8 米/秒。

1728 年布拉德雷根据恒星光行差求得 $c = 3.1 \times 10^8$ 米/秒。1849 年，斐索用旋转齿轮法求得 $c = 3.153 \times 10^8$ 米/秒。他是第一位用实验方法测定地面光速的实验者。实验方法大致如下：光从半镀银面反射后经高速旋转的齿轮投向反射镜，再沿原路返回。如果齿轮转过一齿所需的时间正好与光往返的时间相等，就可透过半镀银面观测到光，从而根据齿轮的转速计算出光速。1862 年，傅科用旋转镜法测空气中的光速，原理和斐索的旋转齿轮法大同小异，他的结果是 $c = 2.98 \times 10^8$ 米/秒。第三位在地面上测到光速的是考尔纽（M. A. Cornu）。1874 年他改进了斐索的旋转齿轮法，得 $c = 2.9999 \times 10^8$ 米/秒。迈克耳孙改进了傅科的旋转镜法，多次测量光速。1879 年，得 $c = (2.99910 \pm 0.00050) \times 10^8$ 米/秒，1882 年得 $c = (2.99853 \pm 0.00060) \times 10^8$ 米/秒。

后来迈克耳孙综合旋转镜法和旋转齿轮法的特点，发展了旋转棱镜法，1924—1927 年间，得 $c = (2.99796 \pm 0.00004) \times 10^8$ 米/秒。迈克耳孙在推算真空中的光速时应该用空气的群速折射率，可是他用的却是空气的相速折射率。这一错误在 1929 年被伯奇发觉，经改正后，1926 年的结果应为 $c = (2.99798 \pm 0.00004) \times 10^8$ 米/秒 $= (299798 \pm 4)$ 千米/秒。

后来，由于电子学的发展，用克尔盒、谐振腔、光电测距仪等方法，光速的测定比直接用光学方法又提高了一个数量级。20 世纪 60 年代激光器发明，运用稳频激光器可以大大降低光速测量的不确定度。1973 年达 0.004ppm，终于在 1983 年第十七届国际计量大会上作出决定，将真空中的光速定为精确值。表 15-2 表示历年来真空中光速的测量结果。

表 15-2　历年来真空中光速的测量结果

年份	工作者	方法	结果（km/s）	相对不确定度（km/s）
1907	Rosa，Dorsey	esu/emu	299 784	15
1928	Karolus 等	克尔盒	299 786	15
1947	Essen 等	谐振腔	299 792	4
1949	Aslakson	雷达	299 792.4	2.4
1951	Bergstand	光电测距仪	299 793.1	0.26
1954	Froome	微波干涉仪	299 792.75	0.3
1964	Rank 等	带光谱	299 792.8	0.4
1972	Bay 等	稳频 He-Ne 激光器	299 792.462	0.018
1973		平差	299 792.458 0	0.001 2
1974	Blaney	稳频 CO_2 激光器	299 792.459 0	0.000 6
1976	Woods 等		299 792.458 8	0.000 2
1980	Baird 等	稳频 He-Ne 激光器	299 792.458 1	0.001 9
1983	国际协议		299 792.458	（精确值）

2. 普朗克常数

起初普朗克常数是用光谱、X 射线和电子衍射等不同方法测定的。通过如下关系可以确定普朗克常数：

测量 X 射线连续谱的极限，得 h/e；

电子衍射方法求德布罗意波长，得 $h/\sqrt{(em)}$；

从谱线精细结构常数，得 $e^2/(hc)$；

从光谱的里德伯常数，得 me^4/h^3c。

1962 年约瑟夫森效应发现后，从约瑟夫森频率 ν 可以求普朗克常数 h：$\nu = 2eV/h$，其中 V 为加在两弱耦合的超导体之间的直流电压。

由于普朗克常数无法直接测定，要从实验得到普朗克常数，总需通过一定的关系式间接推出，因此必然与其他基本物理常数有密切联系，特别是与电子的电荷值有联系，所以只有经过平差处理，才能得到和其他常数协调的普朗克常数。

表 15-3 所示为几十年来普朗克常数的测定结果。

<table>
<tr><th colspan="5">表 15-3　历年来普朗克常数的测量结果</th></tr>
<tr><th>年份</th><th>工作者</th><th>方法</th><th>结果（10^{-34} Js）</th><th>相对不确定度</th></tr>
<tr><td>1900</td><td>普朗克</td><td>黑体辐射</td><td>6.55</td><td></td></tr>
<tr><td>1916</td><td>密立根</td><td>光电效应</td><td>6.547(6)</td><td></td></tr>
<tr><td>1921</td><td>叶企孙等</td><td>X 射线连续谱</td><td>6.556(9)</td><td></td></tr>
<tr><td>1955</td><td></td><td>平差</td><td>6.625 17(23)</td><td></td></tr>
<tr><td>1969</td><td></td><td>平差</td><td>6.626 196(50)</td><td>7.5×10^{-6}</td></tr>
<tr><td>1973</td><td></td><td>平差</td><td>6.626 176(36)</td><td>5.4×10^{-6}</td></tr>
<tr><td>1986</td><td></td><td>平差</td><td>6.626 075 5(40)</td><td>6.0×10^{-7}</td></tr>
<tr><td>1998</td><td></td><td>平差</td><td>6.626 068 76(52)</td><td>7.8×10^{-8}</td></tr>
<tr><td>2002</td><td></td><td>平差</td><td>6.626 069 3(11)</td><td>8.5×10^{-8}</td></tr>
</table>

3. 电子电荷

电子发现于 1897 年，当时 J.J. 汤姆孙并没有能够直接测到电子电荷，后来用云雾法也只能确定其数量级，直到 1909 年密立根用油滴仪才得到精确结果。

1929 年，伯奇经过仔细研究，指出密立根用油滴仪得出的电子的电荷值 $e=(4.772\pm0.005)\times10^{-10}$ esu 与贝克林（Backlin）用 X 射线对晶体布拉格衍射得到的电子电荷值 $e=(4.794\pm0.015)\times10^{-10}$ esu 有系统偏差。他虽然最后还是采纳了密立根的结果作为平差值，但同时指出，应继续改进这两种方法，以查明分歧的起因究竟在哪里。1931 年有人发现，原来是密立根在计算油滴运动时用的粘滞系数不正确。这一数据是密立根的研究生用扭秤实验测得的，这个研究生忽略了悬筒两端的粘滞阻力和附在悬筒上的空气所造成的阻力对转动惯量的影响。如果考虑这些因素对粘滞系数作出修正，正好可以弥补两种方法之间的偏差。表 15-4 举出历年来得出的电子电荷值。

表 15-4   历年来电子电荷的测量结果

年份	工作者	方法	结果(10^{-19}C)	相对不确定度
1917	密立根	油滴仪	1.592(2)	
1930	Bearden	X射线测晶体结构	1.603(1)	
1947		平差	1.601 99(24)	
1950		平差	1.601 846(23)	
1955		平差	1.602 06(3)	
1963		平差	1.602 10(2)	
1969		平差	1.602 191 7(70)	4.4×10^{-6}
1973		平差	1.602 189 2(46)	2.9×10^{-6}
1986		平差	1.602 177 33(49)	3.0×10^{-7}
1998		平差	1.602 176 462(63)	3.9×10^{-8}
2002		平差	1.602 176 53(14)	8.5×10^{-8}

4. 里德伯常数

里德伯常数在光谱学和原子物理学中有重要地位，它是计算原子能级的基础，是联系原子光谱和原子能级的桥梁。

1890 年瑞典的里德伯在整理多种元素的光谱系时，从以他的名字命名的里德伯公式得到了一个与元素无关的常数，人称里德伯常数。由于从一开始光谱的波长就测得相当精确，所以里德伯得到的这一常数达 7 位有效数字。

根据玻尔的原子模型理论也可从其他基本物理常数，例如电子电荷 e，电子荷质比 e/m，普朗克常数 h 等推出里德伯常数 $R\infty$。理论值与实验值的吻合，成了玻尔理论的极好证据。

进一步研究，发现光谱有精细结构，后来又得到兰姆位移的修正，在实验中还运用到低温技术和同位素技术，同时光谱技术也有很大改进。从 20 世纪 30—50 年代，里德伯常数的测定不断有所改进。

然而最大的进步是激光技术的运用。稳频激光器和连续可调染料激光器的发明为更精确测定里德伯常数创造了条件。历年来测定结果如表 15-5。从 20 世纪 90 年代开始，测定氢原子跃迁频率的方法已用光学频率测量代替了原来的光学波长测量，而里德伯常数 $R\infty$ 正是用氢原子跃迁频率值获得的，使其数据的不确定度急剧下降，达到了 10^{-12} 的量级。

表 15-5   历年来里德伯常数的测量结果

年份	工作者	方法	结果(cm^{-1})	相对不确定度
1890	里德伯	光谱	109 721.6	
1921	伯奇	光谱精细结构	109 736.9	
1929	伯奇	光谱精细结构	109 737.42	

年份	工作者	方法	结果(cm^{-1})	相对不确定度
1952	科恩	平差	109 737.309(12)	1.1×10^{-7}
1969	泰勒	液氮、氘谱	109 737.312(5)	4.6×10^{-8}
1972	Kessler	氘谱	109 737.317 7(83)	7.6×10^{-8}
1973		平差	109 737.317 7(83)	
1974	Hänsch	饱和吸收光谱	109 737.314 3(10)	9.1×10^{-9}
1976	Goldsmith	偏振光谱法	109 737.314 76(32)	2.9×10^{-9}
1981	Amin	交叉光谱法	109 737.315 21(11)	1.0×10^{-9}
1986		平差	109 737.315 34(13)	1.2×10^{-9}
1986	Zhao 等	交叉光谱法	109 737.315 69(7)	6.4×10^{-10}
1989	Biraben 等	重新校对频率标准	109 737.315 709(18)	1.6×10^{-10}
1998		平差	109 737.315 685 49(83)	7.6×10^{-12}
2002		平差	109 737.315 685 25 (73)	6.6×10^{-12}

15.4 物理学的新发现对基本常数的影响

如上所述,一套举世公认的基本物理常数,必然反映当代科学技术发展的水平,特别是物理实验技术的水平。纵观现代物理学的进程,一系列重大发现和发明对物理实验技术起了巨大的推动作用,导致物理常数不断进步。例如:

X 射线衍射的发现,为精密测量电子电荷和阿伏伽德罗常数提供了重要的基础。

由电子学和微波技术引发,于 1946 年发现了核磁共振,使 1955 年的基本物理常数中的磁矩和旋磁比的精确度有了很大进展。用磁共振方法精确测定兰姆位移,对里德伯常数的测量也有重要影响。

1960 年激光器的发明,使真空中的光速和里德伯常数的测量上了新的台阶。

各种加速器的发明和建造,使基本粒子的质量、荷质比以及普朗克常数、精细结构常数等基本常数的精确度得到不断的提高。

20 世纪 50 年代铯原子钟的出现,大大推进了频率计量的精确性。

约瑟夫森效应的发现为普朗克常数、电子电荷以及其他与之有联系的基本常数都得到不同程度的提高。量子霍尔效应的发现使基本物理常数又发生了飞跃,精细结构常数首先受益。约瑟夫森效应和量子霍尔效应成了基本物理常数计量中的两大支柱。这两个支柱又建立在高度精确的频率计量上。激光光谱学的发展为测量光谱的精细结构创造了条件,激光冷却和陷阱技术更进一步提高了测量单个粒子特性的精确度。由于有这一系列的新效应、新发现和新技术,基本物理常数的测定不断迈向新的台阶。

我们可以用图 15-10 来形象地表示基本物理常数的进步,还可以引用国际计量局发表的一张图(图 15-11)来表示 SI 单位制中的基本单位与基本常数及原子常数之间的联系。

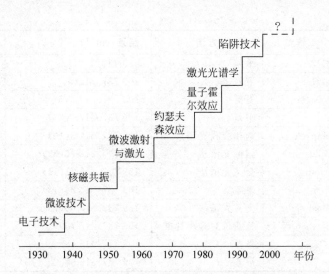

图 15-10　基本物理常数随着科学技术的进步不断登上新台阶

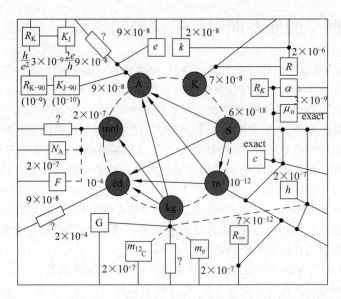

图 15-11　SI 单位制中的基本单位与基本常数及原子常数之间的联系

结束语

一、物理学史的学习和研究有重要意义。物理学是自然科学中的一门基础学科,处于核心地位。科学史很重要的部分就是物理学史,所以,研究物理学史有助于阐明科学发展的规律,有助于了解科学与社会的关系,科学与技术的关系,以及科学与哲学的关系。从学习物理学的角度来说,了解物理概念和理论的发展,不但可以加深对这些概念和理论的理解,而且可以进一步认识物理学这门学科的特点。作为未来物理学工作者或科技工作者的一员,更应该把握住物理学发展的趋势,了解它的动向。

物理学和其他各门自然科学一样,正在发展之中,昨天的事情就是历史。了解过去,为的是把握住发展的脉络,预测未来的动向。

二、学习和研究物理学史,要注重历史资料。说话要有根据,不可想当然,乱发挥。要从史实出发,从史料的分析中找结论,切不可拿史料来凑结论。物理学史是一门科学,我们要持科学态度,实事求是,忌主观武断,要提倡严谨作风,这样才能使物理学史真正发挥指导和借鉴的作用。这一点对从事物理学史工作的人有现实意义,对学习者和任何与之有关的各门学科的研究者,也是应该注意的。

三、学习物理学史不能代替本门业务的学习,只能对本科学习起辅助作用。物理学的课程基本上是按逻辑体系讲述,而物理学史则是按历史顺序编排。在横向联系的基础上再加一些纵向联系,使我们的知识立体化,知识就必然会得到加深和拓宽。这一补充确有价值,但不可喧宾夺主,否则就会本末倒置,变成夸夸其谈,舍本求末,失去了原来的用意。

四、学习物理学史,不要满足于增添了某些历史知识,也不只是为了加深对物理概念和规律的认识,更重要的是要从物理学的发展中吸取精华,从前人的经验中受到启发。为此我们的学习应该是：注重史料，独立思考：注重分析，自由争论；内外结合，开阔思路。切忌把物理学史的教学变成填鸭式，背诵条文，人云亦云。

怎样从物理学的发展史中吸取精华？我们的体验是九个字：找观点，学方法，树榜样。

五、找观点，就是通过物理学史的学习认识物理学乃至科学的真谛和本质，从而帮助我们树立科学的发展观。我们这里特别强调要向前辈科学家学习他们工作的指导思想：他们在推动科学前进时是受什么思想支配的。他们怎样处理理论与实验之间的分歧？他们怎样对待科学发展中的矛盾？他们奋斗的目标是什么？例如：我们可以问问：他们追求的目标是什么？回答也许是：

（1）自然界的统一性。牛顿把各种力归结为近距力和远距力，他把天体吸引力和地球重力统一到一起，归结为万有引力。而万有引力和电力、磁力之间的统一性虽未找到，却启示了后人发现电力和磁力的平方反比定律。奥斯特在 1820 年发现电流的磁效应，并非偶然，而是受 19 世纪一种科学思潮的影响，认为自然力是统一的。他在 1803 年曾说过："我们的物理学将不再是关于运动、热、空气、光、电、磁以及我们所知道的任何现象的零散汇总，而我们将把整个宇宙容纳在一个体系中。"他一直在寻找电和磁这两大自然力之间的联系，终于在实验中观察到了电流的磁效应。

法拉第也笃信自然"力"的统一性。在这一思想的推动下，他几经挫折，在 1845 年发现了磁场对光学偏振面的影响。这是第一个磁光效应，对电磁理论的发展起了相当大的作用。因为这个现象表明电、磁和光之间确实存在某种联系。他还信奉物理"力"的不可灭性和可转化性。他虽然在探索电力和重力之间的联系上未获成功，但他的思想发人深省。万有引力和电磁力以及其他几种力，例如弱相互作用和强相互作用能否取得统一，这正是当代物理学研究的重大课题之一。

（2）物理学家追求的第二个目标是自然规律的普遍性。例如对守恒定律的认识就是如此。从古代起自然哲学就有守恒的观念。能量守恒与转化定律，质量守恒与质能转化，动量守恒与角动量守恒等定律（或原理），都是物理学深入发展和综合研究的结果，而守恒的实质在于对称性，例如：

时间平移对称性（不变性）导致能量守恒；

空间平移对称性（不变性）导致动量守恒；

空间转动对称性（不变性）导致角动量守恒；

电磁场在规范变换下的对称性（不变性）导致电荷守恒，等等。

随着研究的深入，人们发现较低层次的对称性往往要进化到较高层次的对称性，相应的较低层次的守恒定律往往在一定条件之外并不守恒，而要归并到更高层次的守恒定律，例如：

机械能守恒定律→能量守恒与转化定律→质能转化关系；

1956 年李政道、杨振宁发现宇称不守恒→CP 联合守恒；

1964 年克罗宁发现 CP 联合不守恒→CPT 联合守恒。

从低级走向高级，从特殊走向一般，从表及里，从粗到精，这就是物理学进化的规律。

（3）物理学家追求的第三个目标是理论与实验的统一。在物理学中有一条准则，就是检验理论的客观标准，不是别的，而是实验。许多物理学家对于刚出现的新理论往往持怀疑态度,但一经实验证实就转而站在新理论一边。不过这里也要指出,并不是所有实验都是正确无误的。个别实验难免会有错误或料想不到的误差,这时必须慎重对待。爱因斯坦在对待考夫曼的电子质量随速度变化的实验结果时就采取了正确态度。实验是检验理论的标准这一提法没有错,应该全面地理解。检验理论的标准并不就是指某个具体的实验,正确地应该说实验作为一个整体对理论起检验作用。实验没有理论的指导也是不行的。李政道教授1987年曾经精辟地提出物理学家的两个定律:

第一定律:没有实验家,理论家趋于浮泛。

第二定律:没有理论家,实验家趋于摇摆。

吴大猷教授对实验和理论的关系作过深刻的分析和总结,他写道:"实验发现和研究与理论探索是互补的,它们共同或交替促成了物理学的进步。有的时候,是某些实验发现导致了理论工作的巨大发展,而有的时候,则是某项理论工作导致了重要的实验结果"。[①]

六、什么叫学方法?这里有三层意思。一是要注意学会运用历史方法。历史方法是科学研究的重要方法之一。收集和分析历史资料,是科学研究的一项基本功。每一个研究生在做学位论文时大概都要首先对本门学科做一历史的回顾和发展的综述,这就是历史的方法,物理学史的学习可以帮助学生掌握这个方法。

再一层意思就是从前辈科学家的创新活动中学习他们处理问题的方法。例如:他们是怎样抓住新课题,从而把握科学发展新动态,发现新规律,新现象;他们是怎样借鉴前人,总结历史的经验教训,从而找到新的途径;他们是怎样对待矛盾,从矛盾的对立中找到突破口;他们是怎样设计新实验,从而取得判决性实验结果的。

还有一层意思就是学习具体的研究方法。例如:对比方法是探索新现象的规律常用的方法,人们用移植的办法大大加快新兴领域的发展速度,理想实验是科学推理的重要手段,反证法也是逻辑推理的有力工具。

方法有多种多样,为了达到某一目标,既可以采用这种方法,也可以采用那种方法,因势利导,辩证下药,通过物理学史的学习,可以进行比较,使自己从前人的活动中吸取经验,以利日后在需要时参考借鉴。你在平时注意学习研究,到了关键时刻,自会产生应有的作用。电子衍射的发现者之一G.P.汤姆孙指出:"研究科学史有许多理由,最好的理由是要从典型例子看科学发现是怎样作出的。我们需要了解许多实例,因为道路有各种各样,很难找到什么捷径"。

七、找榜样,当然包括从各种典型案例中找典型人物,引为自己的榜样,树为自己的学习楷模。我这里指的是更广泛的涵义,既包括科学家的治学创业,也涉及他的为人处世。大科学家也是人,从小长大,各有其成长的过程。他们的成长道路对学生和教师有特殊的参考价值。科学家也有自己的喜怒哀乐。他对待困难和逆境的态度,他对名誉地位的看法,他坚持不懈,顽强拼搏的毅力,他灵活机动的风格,他敏锐的观察和一针见血的洞察力,他对祖国对人民的热爱,他的献身精神,等等,都值得我们学习和借鉴。

榜样的力量是巨大的。我们当然可以抽象出他们成功的共同要素,提炼成几条座右铭,但是重要的并不在于现成的结论,而在真正有所体会,变成自己的信条。所以应该是

---

①　吴大猷著.物理学的历史与哲学.中国大百科全书出版社,1997

自己去吸取经验，真正做到心悦诚服。最好能深入了解一两位或几位物理学家，以他们为榜样，并在自己的实践中努力照着榜样做，这样你就可以得到鼓舞自己的力量。

杨振宁在一次讲话中说："常常有同学问我做物理工作成功的要素是什么？我想要素可以归纳为三个 P：

Perception，Persistence，and Power。

"Perception"——眼光，看准了什么东西，就要抓住不放；

"Persistence"——坚持，看对了要坚持；

"Power"——力量，有了力量能够闯过关，遇到困难你要闯过去"。[①]

爱因斯坦有一句名言，也许大家早就知道，有人问他成功的"秘诀"，他写了一个公式：

$$A = X + Y + Z$$

A 代表成功，X 代表艰苦的劳动，Y 代表正确的方法，Z 代表少说空话。这个公式概括了爱因斯坦的科学生涯。

1979 年诺贝尔物理奖获得者之一，弱电统一理论的提出者之一温伯格说过：物理学家很重要的一个素质是"进攻性"——对自然的"进攻性"。

学习物理学史，要比读科学家传记，对科学家的认识来得更深刻、更全面，因为这样就可以从科学发展的历史背景中去了解科学家的一生，了解他的活动和他所发挥的作用。我们要正确认识人物的历史作用，不要盲目崇拜，不要把大科学家神秘化，以为望尘莫及，高不可攀。他们确实比我们高明，但并不是不可学，当然学了也未必能有他们那样的机会作出那样伟大的贡献，但是他们的精神总是可以运用到各种岗位上，指导你根据自己的条件做出相应的成就。

八、最后一点是要把自己摆进去，使物理学史的学习形成促进自己前进的动力。

学习物理学史，你应该有一种亲切感，似乎身临其境。那些历史人物和历史事件活生生地在你面前重现。你可以扪心自问，如果我自己处于那个时代遇到那样的问题我会怎样做，或者说今天我遇到类似的事情我该怎样做？

当然由于时代的不同，前人和我们的境遇会有相当大的差别。但是只要你用历史的眼光，对历史的条件作恰当的分析，你还是可以从中吸取智慧的。

学习物理学史可以使我们眼界开阔，思想活跃。

学习物理学史还应该联系我们自己的使命。我们认识到科学与社会的关系，自然会增加发展我国科学事业的紧迫感。在近代科学方面，我们中国起步比人家晚，就应该研究人家发展的历史，了解人家走过的道路，以便迎头赶上，不重犯人家犯过的错误。

作者在从事物理学史的工作时，常有以上的体会。我们寄希望于年轻一代，如果我们的一点劳动，有助于大家的进步，对大家有所裨益，我们就很高兴了。

---

① 　郭奕玲主编. 杨振宁演讲录像《几位物理学家的故事》，1986

物理学大事年表

约公元前 6 世纪,泰勒斯(Thales,公元前 625(?)—前 547(?))记述了摩擦后的琥珀吸引轻小物体和磁石吸铁的现象。

公元前 6 世纪,《管子》中总结和声规律。

约公元前 5 世纪,《考工记》中记述了滚动摩擦、斜面运动、惯性、浮力等现象。

公元前 5 世纪,留基伯(Leucippus,公元前 490—(?))和德谟克利特(Democritus,公元前 460(?)—前 370(?))先后提出万物由原子组成。

公元前 400 年,墨翟(公元前 478(?)—前 392(?))在《墨经》中记载并论述了杠杆、滑轮、平衡、斜面、小孔成像和反射镜面的物像关系。

公元前 4 世纪,亚里士多德(Aristotle,公元前 384(?)—前 322(?))在其所著《物理学》中总结了若干观察到的事实和实际的经验。他的自然哲学支配西方近 2000 年。

公元前 3 世纪,欧几里得(Euclid,公元前 330(?)—前 260(?))论述光的直线传播和反射定律。

公元前 3 世纪,阿基米德(Archimedes,公元前 287(?)—前 212(?))发明许多机械,包括阿基米德螺旋,发现杠杆原理和浮力定律,研究过重心。

公元前 3 世纪,古书《韩非子》记载有司南,《吕氏春秋》记有慈石召铁。

公元前 2 世纪,刘安(公元前 179(?)—前 122(?))著《淮南子》,记载用冰作透镜,用反射镜作潜望镜,还提到人造磁铁和磁极斥力等。

公元前 1 世纪,卢克莱修(Lucretius,公元前 95(?)—前 55(?))在《物性论》中阐述了古代原子论,记载了磁石间相吸或相斥作用。

1 世纪,古书《汉书》记载尖端放电、避雷知识和有关的装置。

1 世纪,王充(27—97)著《论衡》,记载有关力学、热学、声学、磁学等多方面的物理知识。

1 世纪,希罗(Heron,62—150)创制蒸汽旋转器,是利用蒸汽动力的最早尝试;他还制造过虹吸管,研究过空气的热膨胀和光的反射定律。

2 世纪,托勒密(C. Ptolemaeus,100(?)—170(?))发现大气折射。

2 世纪,张衡(78—139)创制地动仪,可以测报地震方位;创制浑天仪。

2 世纪,王符(85—162)著《潜夫论》分析人眼的作用。

5 世纪,祖冲之(429—500),改造指南车,精确推算 π 值,在天文学上精确编制《大明历》。

6 世纪,菲洛彭诺斯(Johannas Philoponus),认为冲力保持物体运动。

8 世纪,王冰(唐代人)记载并探讨了大气压力现象。

9 世纪,阿勒·拉兹(Al-Razi)提出物质和空间的原子性。

10 世纪,阿勒·哈增(Ali Al(?)Hazen,965—1038)写过一部《光学全书》,讨论了许多光学现象,其中包括反射、折射和透镜。

11 世纪,沈括(1031—1095)著《梦溪笔谈》,记载地磁偏角的发现,凹面镜成像原理和共振现象等。

12 世纪,阿勒·哈齐尼(Al-Khazini)在《论智慧的秤》一书中描述了五十种物质的比重,绘有液体比重计的示意图;讨论过速度由通过的路程与所需的时间之比来量度。

13 世纪,赵友钦(1279—1368)著《革象新书》,记载有他作过的光学实验以及光的照度、光的直线传播、视角与小孔成像等问题。

13 世纪,罗杰尔·培根(Roger Bacon,约 1220—约 1292)提出经验论,倡导实验和数学,制成放大镜(1267 年)。

13 世纪,西奥多里克(Theodoric)曾在实验中模仿天上的彩虹。

14 世纪,威廉(William of Ockham,1300—1350),认为运动并不需要外来推力,一旦运动起来就要永远运动下去。

15 世纪,达·芬奇(L. da Vinci,1452—1519)设计了大量机械,发明温度计和风力计,最早研究永动机不可能问题。

16 世纪,诺曼(R. Norman,约 1560—(?))在《新奇的吸引力》一书中描述了磁倾角的发现。

1583 年,伽利略(Galileo Galilei,1564—1642)发现摆的等时性。

1586 年,斯梯芬(S. Stevin,1542—1620)著《静力学原理》,通过分析斜面上球链的平衡论证了力的分解。

1593 年,伽利略发明空气温度计。

1600 年,吉尔伯特(W. Gilbert,1548—1603),著《磁石》一书,系统地论述了地球是个大磁石,描述了许多磁学实验,初次提出摩擦吸引轻物体不是由于磁力。

1605 年,弗·培根(F. Bacon,1561—1626)著《学术的进展》,提倡实验哲学,强调以实验为基础的归纳法,对 17 世纪科学实验的兴起起了很大的号召作用。

1609 年,伽利略,初次测光速,未获成功。

1609 年,开普勒(J. Kepler,1571—1630)著《新天文学》,提出开普勒第一、第二定律。

1619 年,开普勒著《宇宙谐和论》,提出开普勒第三定律。

1620 年,斯涅耳(W. Snell,1580—1626)从实验归纳出光的反射和折射定律。

1632 年,伽利略《关于托勒密和哥白尼两大世界体系的对话》出版,支持了地动学说,首先阐明了运动的相对性原理。

1636 年,麦森(M. Mersenne,1588—1648)测量声的振动频率,发现谐音,求出空气中的声速。

1638 年,伽利略的《两门新科学的对话》出版,讨论了材料抗断裂、媒质对运动的阻力、惯性原理、自由落体运动、斜面上物体的运动、抛射体的运动等问题,给出了匀速运动和匀加速运动的定义。

1643 年,托里拆利(E. Torricelli,1608—1647)和维维安尼(V. Viviani,1622—1703)提出气压概念,发明了水银气压计。

1653 年,帕斯卡(B. Pascal,1623—1662)发现静止流体中压力传递的原理(即帕斯卡原理)。

1654 年,盖里克(O. V. Guericke,1602—1686)发明抽气泵,获得真空。

1658 年,费马(P. Fermat,1601—1665)提出光线在媒质中循最短光程传播的规律(即费马原理)。

1660 年,格里马尔迪(F. M. Grimaldi,1618—1663)发现光的衍射。

1662 年,玻意耳(R. Boyle,1627—1691)实验发现玻意耳定律。14 年后马略特(E. Mariotte,1620—1684)也独立地发现此定律。

1663 年,盖里克作马德堡半球实验。

1666 年,牛顿(I. Newton,1642—1727)用三棱镜作色散实验。

1669 年,巴塞林纳斯(E. Bartholinus,1625—1698)发现光经过方解石有双折射的现象。

1675 年,牛顿作牛顿环实验,这是一种光的干涉现象,但牛顿仍用光的微粒说解释。

1676 年,罗默(O. Roemer,1644—1710)发表他根据木星卫星被木星掩食的观测,推算出光在真空中的传播速度。

1678 年,胡克(R. Hooke,1635—1703)阐述了在弹性极限内表示力和形变之间的线性关系的定律(即胡克定律)。

1687 年,牛顿在《自然哲学的数学原理》中,阐述了牛顿运动定律和万有引力定律。

1690 年,惠更斯(C. Huygens,1629—1695)出版《光论》,提出光的波动说,导出了光的直线传播和光的反射、折射定律,并解释了双折射现象。

1714 年,华伦海特(G. D. Fahrenheit,1686—1736)发明水银温度计,定出第一个经验温标——华氏温标。

1717 年,J. 伯努利(J. Bernoulli,1667—1748)提出虚位移原理。

1738 年,D. 伯努利(Daniel Bernoulli,1700—1782)的《流体动力学》出版,提出描述流体定常流动的伯努利方程。他设想气体的压力是由于气体分子与器壁碰撞的结果,导出了玻意耳定律。

1742 年,摄尔修斯(A. Celsius,1701—1744)提出摄氏温标。

1743 年,达朗贝尔(J. R. d'Alembert,1717—1783)在《动力学原理》中阐述了达朗贝尔原理。

1744 年,莫泊丢(P. L. M. Maupertuis,1698—1759)提出最小作用量原理。

1745年，克莱斯特（E. G. v. Kleist, 1700—1748）发明储存电的方法；次年马森布洛克（P. v. Musschenbroek, 1692—1761）在莱顿又独立发明，后人称之为莱顿瓶。

1747年，富兰克林（Benjamin Franklin, 1706—1790）发表电的单流质理论，提出"正电"和"负电"的概念。

1752年，富兰克林作风筝实验，引天电到地面。

1755年，欧拉（L. Euler, 1707—1783）建立无粘流体力学的基本方程（即欧拉方程）。

1760年，布莱克（J. Black, 1728—1799）发明冰量热器，并将温度和热量区分为两个不同的概念。

1761年，布莱克提出潜热概念，奠定了量热学基础。

1767年，普列斯特利（J. Priestley, 1733—1804）根据富兰克林所做的"导体内不存在静电荷的实验"，推得静电力的平方反比定律。

1775年，伏打（A. Volta, 1745—1827）发明起电盘。

1775年，法国科学院宣布不再审理永动机的设计方案。

1780年，伽伐尼（A. Galvani, 1737—1798）发现蛙腿筋肉收缩现象，认为是动物电所致，1791年才发表。

1785年，库仑（C. A. Coulomb, 1736—1806）用他自己发明的扭秤，从实验得到静电力的平方反比定律。在这以前，米切尔（J. Michell, 1724—1793）已有过类似设计，并于1750年提出磁力的平方反比定律。

1787年，查理（J. A. C. Charles, 1746—1823）发现气体膨胀的查理—盖-吕萨克定律。盖-吕萨克（Gay-lussac, 1778—1850）的研究发表于1802年。

1788年，拉格朗日（J. L. Lagrange, 1736—1813）的《分析力学》出版。

1792年，伏打研究伽伐尼现象，认为是两种金属接触所致。

1798年，卡文迪什（H. Cavendish, 1731—1810）用扭秤实验测定万有引力常数 G。

1798年，伦福德（Count Rumford, 即 B. Thompson, 1753—1814）发表他的摩擦生热的实验，这些实验事实是反对热质说的重要依据。

1799年，戴维（H. Davy, 1778—1829）做真空中的摩擦实验，以证明热是物体微粒的振动所致。

1800年，伏打发明伏打电堆。

1800年，赫谢尔（W. Herschel, 1738—1822）从太阳光谱的辐射热效应发现红外线。

1801年，里特尔（J. W. Ritter, 1776—1810）从太阳光谱的化学作用，发现紫外线。

1801年，杨（T. Young, 1773—1829）用干涉法测光波波长，提出光波干涉原理。

1802年，沃拉斯顿（W. H. Wollaston, 1766—1828）发现太阳光谱中有暗线。

1808年，马吕斯（E. J. Malus, 1775—1812）发现光的偏振现象。

1811年，布儒斯特（D. Brewster, 1781—1868）发现偏振光的布儒斯特定律。

1815年，夫琅和费（J. V. Fraunhofer, 1787—1826）开始用分光镜研究太阳光谱中的暗线。

1815年，菲涅耳（A. J. Fresnel, 1788—1827）以杨氏干涉实验原理补充惠更斯原理，形成惠更斯—菲涅耳原理，圆满地解释了光的直线传播和光的衍射问题。

1819年，杜隆（P. l. Dulong, 1785—1838）与珀替（A. T. Petit, 1791—1820）发现克原子固体

比热是一常数,约为 6 卡/度·克原子,称杜隆-珀替定律。

1820 年,奥斯特(H. C. Oersted,1771—1851)发现导线通电产生磁效应。

1820 年,毕奥(J. B. Biot,1774—1862)和沙伐(F. Savart,1791—1841)由实验归纳出电流元的磁场定律。

1820 年,安培(A. M. Ampère,1775—1836)由实验发现电流之间的相互作用力,1822 年进一步研究电流之间的相互作用,提出安培作用力定律。

1821 年,塞贝克(T. J. Seebeck,1770—1831)发现温差电效应(塞贝克效应)。

1821 年,菲涅耳发表光的横波理论。

1821 年,夫琅和费发明光栅。

1821 年,傅里叶(J. B. J. Fourier,1768—1830)的《热的分析理论》出版,详细研究了热在媒质中的传播问题。

1824 年,S. 卡诺(S. Carnot,1796—1832)提出卡诺循环。

1826 年,欧姆(G. S. Ohm,1789—1854)确立欧姆定律。

1827 年,布朗(R. Brown,1773—1858)发现悬浮在液体中的细微颗粒不断地作杂乱无章运动。这是分子动理论的有力证据。

1830 年,诺比利(L. Nobili,1784—1835)发明温差电堆。

1831 年,法拉第(M. Faraday,1791—1867)发现电磁感应现象。

1832 年,亨利(J. Henry,1797—1878)发现自感。

1833 年,法拉第提出电解定律。

1834 年,楞次(H. F. E. Lenz,1804—1865)建立楞次定则。

1834 年,珀耳帖(J. C. A. Peltier,1785—1845)发现电流可以制冷的珀耳帖效应。

1834 年,克拉珀龙(B. P. E. Clapeyton,1799—1864)导出相变的克拉珀龙方程。

1834 年,哈密顿(W. R. Hamilton,1805—1865)提出正则方程和用变分法表示的哈密顿原理。

1840 年,焦耳(J. P. Joule,1818—1889)从电流的热效应发现所产生的热量与电流的平方、电阻及时间成正比,称焦耳—楞次定律(楞次也独立地发现了这一定律)。其后,焦耳先后于 1843,1845,1847,1849,直至 1878 年,测量热功当量,历经 40 年,共进行四百多次实验。

1841 年,高斯(C. F. Gauss,1777—1855)阐明几何光学理论。

1842 年,亨利发现电振荡放电。

1842 年,多普勒(J. C. Doppler,1803—1853)发现多普勒效应。

1842 年,迈尔(R. Mayer,1814—1878)提出能量守恒与转化的基本思想。

1842 年,勒诺尔(H. V. Regnault,1810—1878)从实验测定实际气体的性质,发现与玻意耳定律及盖-吕萨克定律有偏离。

1843 年,法拉第用实验证明电荷守恒定律。

1845 年,法拉第发现光的偏振面在强磁场中旋转的法拉第效应。

1846 年,瓦特斯顿(J. J. Waterston,1811—1883)根据分子动理论假说,导出了理想气体状态方程,并提出能量均分定理。

1847 年，赫姆霍兹（H. von Helmholtz，1814—1878）提出能量守恒定律。

1848 年，W. 汤姆孙（W. Thomson，1824—1907）提出绝对温标。

1849 年，斐索（A. H. Fizeau，1819—1896）首次在地面上测光速。

1850 年，克劳修斯（R. J. E. Claüsius，1822—1888）提出热力学第一定律的完整数学形式，
　　　同时第一次定性表述了热力学第二定律。

1851 年，W. 汤姆孙对热力学第一定律和第二定律作了全面的表述。

1851 年，傅科（J. L. Foucault，1819—1868）做傅科摆实验，证明地球自转。

1852 年，焦耳与 W. 汤姆孙发现气体焦耳-汤姆孙效应（气体通过狭窄通道后突然膨胀引起
　　　温度变化）。

1853 年，维德曼（G. H. Wiedemann，1826—1899）和夫兰兹（R. Franz）发现，在一定温度下，
　　　许多金属的热导率和电导率的比值都是一个常数（即维德曼-夫兰兹定律）。

1855 年，傅科发现涡电流（即傅科电流）。

1857 年，韦伯（W. E. Weber，1804—1891）与柯尔劳胥（R. H. A. Kohlrausch，1809—1858）
　　　测定电荷的静电单位和电磁单位之比，发现该值接近于真空中的光速。

1858 年，克劳修斯引进气体分子的自由程概念。

1859 年，普吕克尔（J. Plücker，1801—1868）在放电管中发现阴极射线。

1859 年，麦克斯韦（J. C. Maxwell，1831—1879）提出气体分子的速度分布律。

1859 年，基尔霍夫（G. R. Kirchhoff，1824—1887）开创光谱分析，其后通过光谱分析发现
　　　铯、铷等新元素。他还发现发射光谱和吸收光谱之间的联系，建立了辐射定律。

1860 年，麦克斯韦发表气体中输运过程的初级理论。

1861 年，麦克斯韦引进位移电流概念。

1864 年，麦克斯韦提出电磁场的基本方程组（后称麦克斯韦方程组），并推断电磁波的存
　　　在，预测光是一种电磁波，为光的电磁理论奠定了基础。

1865 年，克劳修斯提倡用新词"熵"。

1866 年，昆特（A. Kundt，1839—1894）做昆特管实验，用以测量气体或固体中的声速。

1868 年，玻尔兹曼（L. Boltzmann，1844—1906）推广麦克斯韦的分子速度分布律，建立了平
　　　衡态气体分子的能量分布律——玻尔兹曼分布律。

1869 年，安德纽斯（T. Andrews，1813—1885）由实验发现气—液相变的临界现象。

1869 年，希托夫（J. W. Hittorf，1824—1914）用磁场使阴极射线偏转。

1871 年，瓦尔莱（C. F. Varley，1828—1883）发现阴极射线带负电。

1872 年，玻尔兹曼提出输运方程（后称为玻尔兹曼输运方程）、H 定理和熵的统计诠释。

1873 年，范德瓦耳斯（J. D. Van der Waals，1837—1923）提出实际气体状态方程。

1875 年，克尔（J. Kerr，1824—1907）发现在强电场的作用下，某些各向同性的透明介质会
　　　变为各向异性，从而使光产生双折射现象，称克尔电光效应。

1876 年，哥尔茨坦（E. Goldstein，1850—1930）开始研究阴极射线，1886 年发现极隧射线。

1876—1878 年，吉布斯（J. W. Gibbs，1839—1903）提出化学势概念、相平衡定律，建立了粒
　　　子数可变系统的热力学基本方程。

1877 年，瑞利（J. W. S. Rayleigh，1842—1919）的《声学原理》出版，为近代声学奠定了基础。

1879 年,克鲁克斯(W. Crookes,1832—1919)开始一系列研究阴极射线的实验。

1879 年,斯忒藩(J. Stefan,1835—1893)建立了黑体的面辐射强度与绝对温度关系的经验
公式,制成辐射高温计,测得太阳表面温度约为 6 000℃。1884 年玻尔兹曼从理论上
证明了此公式,后称为斯忒藩—玻尔兹曼定律。

1879 年,霍尔(E. H. Hall,1855—1938)发现电流通过金属,在磁场作用下产生横向电动势
的霍尔效应。

1880 年,居里兄弟(P. Curie,1859—1906;J. Curie,1855—1941)发现晶体的压电效应。

1881 年,迈克耳孙(A. A. Michelson,1852—1931)首次做以太漂移实验,得零结果。由此
产生迈克耳孙干涉仪,灵敏度极高。

1885 年,迈克耳孙与莫雷(E. W. Morley,1838—1923)合作改进斐索流水中光速的测量。

1885 年,巴耳末(J. J. Balmer,1825—1898)发表已发现的氢原子可见光波段中 4 根谱线的
波长公式。

1887 年,迈克耳孙与莫雷再次做以太漂移实验,又得零结果。

1887 年,赫兹(H. Hertz,1857—1894)作电磁波实验,证实麦克斯韦的电磁场理论。在实
验中发现光电效应。

1890 年,厄沃(B. R. Eötvös)作实验证明惯性质量与引力质量相等。

1890 年,里德伯(R. J. R. Rydberg,1854—1919)发表碱金属和氢原子光谱线通用的波长
公式。

1893 年,维恩(W. Wien,1864—1928)导出黑体辐射强度分布与温度关系的维恩分布定律
和维恩位移定律。

1893 年,勒纳德(P. Lenard,1862—1947)研究阴极射线时,在射线管上装一薄铝窗,使阴极
射线从管内穿出进入空气,射程约 1 厘米,人称勒纳德射线。

1895 年,洛伦兹(H. A. Lorentz,1853—1928)发表电磁场对运动电荷作用力的公式。

1895 年,P. 居里发现居里点和居里定律。

1895 年,伦琴(W. K. Röntgen,1845—1923)发现 X 射线。

1896 年,贝克勒尔(A. H. Becquerel,1852—1908)发现放射性。

1896 年,塞曼(P. Zeeman,1865—1943)发现磁场使光谱线分裂,称塞曼效应。

1896 年,洛伦兹创立经典电子论。

1897 年,J. J. 汤姆孙(J. J. Thomson,1856—1940)从阴极射线证实电子的存在,测出的荷质
比与塞曼效应所得数量级相同。其后他又进一步从实验确证电子存在的普遍性,并
直接测量电子电荷。

1898 年,卢瑟福(E. Rutherford,1871—1937)揭示铀辐射组成复杂,他把"软"的成分称为 α
射线,"硬"的成分称为 β 射线。

1898 年,居里夫妇(P. Curie 与 M. S. Curie,1867—1934)发现放射性元素镭和钋。

1899 年,列别捷夫(А. А. Лебедев,1866—1911)实验证实光压的存在。

1899 年,卢梅尔(O. Lummer,1860—1925)与鲁本斯(H. Rubens,1865—1922)等人做空腔
辐射实验,精确测得辐射能量分布曲线。

1900 年,瑞利发表适用于长波范围的黑体辐射公式。

1900 年，普朗克(M. Planck,1858—1947)提出了符合整个波长范围的黑体辐射公式，并用能量量子化假设从理论上导出了这个公式。

1900 年，维拉德(P. Villard,1860—1934)发现 γ 射线。

1901 年，考夫曼(W. Kaufmann,1871—1947)从镭辐射测 β 射线在电场和磁场中的偏转，从而发现电子质量随速度变化。

1901 年，理查森(O. W. Richardson,1879—1959)发现灼热金属表面的电子发射规律。后经多年实验和理论研究，又对这一定律作进一步修正。

1902 年，勒纳德从光电效应实验得到光电效应的基本规律：电子的最大速度与光强无关，为爱因斯坦的光量子假说提供了实验基础。

1902 年，吉布斯出版《统计力学的基本原理》，创立统计系综理论。

1903 年，卢瑟福和索迪(F. Soddy,1877—1956)发表元素的嬗变理论。

1905 年，爱因斯坦(A. Einstein,1879—1955)发表关于布朗运动的论文，并发表光量子假说，解释了光电效应等现象。同年，爱因斯坦发表《论动体的电动力学》一文，首次提出狭义相对论的基本原理。接着，又发现质能之间的相当性。

1905 年，朗之万(P. Langevin,1872—1946)发表顺磁性的经典理论。

1906 年，爱因斯坦发表关于固体比热的量子理论。

1907 年，外斯(P. E. Weiss,1865—1940)发表铁磁性的分子场理论，提出磁畴假设。

1908 年，卡麦林-昂纳斯(H. KammerlinghOnnes,1853—1926)液化了最后一种"永久气体"氦。

1908 年，佩兰(J. B. Perrin,1870—1942)实验证实布朗运动方程，求得阿伏伽德罗常数。

1908—1910 年，布雪勒(A. H. Bucherer,1863—1927)等人，分别精确测量出电子质量随速度的变化，证实了洛伦兹—爱因斯坦的质量变化公式。

1908 年，盖革(H. Geiger,1882—1945)发明计数管。卢瑟福等人从 α 粒子测定电子电荷 e 值。

1906—1917 年，密立根(R. A. Millikan,1868—1953)测单个电子电荷值，前后历经 11 年，实验方法做过三次改革，做了上千次数据。

1909 年，盖革与马斯登(E. Marsden)在卢瑟福的指导下，从实验发现 α 粒子碰撞金属箔产生大角度散射，导致 1911 年卢瑟福提出有核原子模型理论。这一理论于 1913 年为盖革和马斯登的实验所证实。

1911 年，卡麦林-昂纳斯发现汞、铅、锡等金属在低温下的超导电性。

1911 年，C. T. R. 威尔逊(C. T. R. Wilson,1869—1959)发明威尔逊云室，为核物理的研究提供了重要实验手段。

1911 年，赫斯(V. F. Hess,1883—1964)发现宇宙射线。

1912 年，劳厄(M. V. Laue,1879—1960)提出方案，弗里德里希(W. Friedrich)，尼平(P. Knipping,1883—1935)进行 X 射线衍射实验，从而证实了 X 射线的波动性。

1912 年，能斯特(W. Nernst,1864—1941)提出绝对零度不能达到定律（即热力学第三定律）。

1913 年，斯塔克(J. Stark,1874—1957)发现原子光谱在电场作用下的分裂现象（斯塔克效应）。

1913 年，N. 玻尔(N. Bohr,1885—1962)发表氢原子结构的定态跃迁理论，解释了氢原子光谱。

1913 年,布拉格父子(W. H. Bragg,1862—1942;W. L. Bragg,1890—1971)研究 X 射线衍射,用 X 射线晶体分光仪,测定 X 射线衍射角,根据布拉格公式:$2d\sin\theta=\lambda$ 算出晶格常数 d。

1914 年,莫塞莱(H. G. J. Moseley,1887—1915)发现原子序数与元素辐射特征线之间的关系,奠定了 X 射线光谱学的基础。

1914 年,夫兰克(J. Franck,1882—1964)与 G. 赫兹(G. Hertz,1887—1975)测汞的激发电位,验证了玻尔的原子理论。

1914 年,查德威克(J. Chadwick,1891—1974)发现 β 能谱。

1914 年,曼尼·西格班(K. M. G. Siegbahn,1886—1978)开始研究 X 射线光谱学。

1915 年,在爱因斯坦的倡仪下,德哈斯(W. J. de Haas,1878—1960)首次测量回转磁效应。

1915 年,爱因斯坦建立了广义相对论。

1916 年,密立根用实验证实了爱因斯坦光电方程。

1916 年,爱因斯坦根据量子跃迁概念推出普朗克辐射公式,同时提出了受激辐射理论,后发展为激光技术的理论基础。

1916 年,德拜(P. J. W. Debye,1884—1966)提出 X 射线粉末衍射法。

1919 年,爱丁顿(A. S. Eddington,1882—1944)等人在日食观测中证实了爱因斯坦关于引力使光线弯曲的预言。

1919 年,阿斯顿(F. W. Aston,1877—1945)发明质谱仪,为同位素的研究提供重要手段。

1919 年,卢瑟福首次实现人工核反应。

1919 年,巴克豪森(H. G. Barkhausen)发现磁畴。

1922 年,斯特恩(O. Stern,1888—1969)与盖拉赫(W. Gerlach,1889—1979)使银原子束穿过非均匀磁场,观测到分立的磁矩,从而证实空间量子化理论。

1923 年,康普顿(A. H. Compton,1892—1962)用光子和电子相互碰撞解释了他在实验中发现的 X 射线散射后波长变长的实验事实,称康普顿效应。

1924 年,德布罗意(L. de Broglie,1892—1987)提出微观粒子具有波粒二象性的假设。

1924 年,玻色(S. Bose,1894—1974)发表光子所服从的统计规律,后经爱因斯坦补充建立了玻色—爱因斯坦统计。

1925 年,泡利(W. Pauli,1900—1958)发表不相容原理。

1925 年,海森伯(W. K. Heisenberg,1901—1976)创立矩阵力学。

1925 年,乌伦贝克(G. E. Uhlenbeck,1900—1974)和高斯密特(S. A. Goudsmit,1902—1979)提出电子自旋假设。

1926 年,薛定谔(E. Schrödinger,1887—1961)发表波动力学,并证明矩阵力学和波动力学的等价性。

1926 年,费米(E. Fermi,1901—1954)与狄拉克(P. A. M. Dirac,1902—1984)独立提出费米—狄拉克统计。

1926 年,玻恩(M. Born,1882—1970)发表波函数的统计诠释。

1927 年,海森伯发表不确定原理。

1927 年,N. 玻尔提出量子力学的互补原理。

1927 年,戴维森(C. J. Davisson,1881—1958)与革末(L. H. Germer,1896—1971)用低速电子进行电子散射实验,证实了电子衍射。同年,G. P. 汤姆孙(G. P. Thomson,1892—1975)用高速电子获电子衍射花样。

1928 年,拉曼(C. V. Raman,1888—1970)等人发现散射光的频率变化,即拉曼效应。

1928 年,狄拉克发表相对论电子波动方程,把电子的相对论性运动和自旋、磁矩联系了起来。

1928—1930 年,布洛赫(F. Bloch,1905—1983)等人为固体的能带理论奠定了基础。

1930—1931 年,狄拉克提出正电子的空穴理论和磁单极子理论。

1931 年,A. H. 威尔逊(A. H. Wilson)提出金属和绝缘体相区别的能带模型,并预言介于两者之间存在半导体,为半导体的发展提供了理论基础。

1931 年,劳伦斯(E. O. Lawrence,1901—1958)等人建成第一台回旋加速器。

1932 年,考克饶夫(J. D. Cockcroft,1897—1967)与瓦尔顿(E. T. Walton)发明高电压倍加器,用以加速质子,从而实现了人工核蜕变。

1932 年,尤里(H. C. Urey,1893—1981)将天然液态氢蒸发浓缩后,发现氢的同位素——氘的存在。

1932 年,查德威克发现中子。

1932 年,安德逊(C. D. Anderson,1905—　)从宇宙线中发现正电子,证实狄拉克的预言。

1932 年,诺尔(M. Knoll)和鲁斯卡(E. Ruska)发明透射电子显微镜。

1932 年,海森伯、伊万年科(Д. Д. Иваненко,1904—　)独立发表原子核由质子和中子组成的假说。

1933 年,泡利提出中微子假说。

1933 年,盖奥克(W. F. Giauque)完成了顺磁体的绝热去磁降温实验,获得千分之几开的低温。

1933 年,迈斯纳(W. Meissner,1882—1974)和奥克森菲尔德(R. Ochsenfeld)发现超导体具有完全的抗磁性。

1933 年,图夫(M. A. Tuve)建立第一台静电加速器。

1933 年,布拉开特(P. M. S. Blackett,1897—1974)等人从云室照片中发现正负电子对。

1934 年,费米发表 β 衰变的中微子理论。

1934 年,切伦科夫(П. А. Черенков,1904—1990)发现液体在 β 射线照射下发光的一种现象,称切伦科夫辐射。

1934 年,约里奥(F. Joliot,1900—1958)与伊伦·居里(l. Curie,1897—1956)发现人工放射性。

1935 年,汤川秀树(1907—1981)发表了核力的介子场论,预言了介子的存在。

1935 年,F. 伦敦和 H. 伦敦发表超导现象的宏观电动力学理论。

1935 年,N. 玻尔提出原子核反应的液滴核模型。

1938 年,哈恩(O. Hahn,1879—1968)与斯特拉斯曼(F. Strassmann)发现铀裂变。

1938 年,卡皮察(П. Л. Капица,1894—1984)实验证实氦的超流动性。

1938 年,F. 伦敦提出解释超流动性的统计理论。

1939 年,迈特纳(L. Meitner,1878—1968)和弗利胥(O. Frisch)根据液滴核模型指出,哈恩—斯特拉斯曼的实验结果是一种原子核的裂变现象。

1939 年,奥本海默(J. R. Oppenheimer,1904—1967)根据广义相对论预言了黑洞的存在。

1939 年,拉比(I. I. Rabi,1898—1987)等人用分子束磁共振法测核磁矩。

1940—1941 年,朗道(Л. Д. Ландау,1908—1968)提出氦Ⅱ超流动性的量子理论。

1941 年,布里奇曼(P. W. Bridgeman,1882—1961)发明能产生 10 万巴高压的装置。

1942 年,在费米主持下美国建成世界上第一座裂变核反应堆。

1944—1945 年,韦克斯勒(В. И. Векслер,1907—1966)和麦克米伦(E. M. McMillan,1907—1991)各自独立提出自动稳相原理,为高能加速器的发展开辟了道路。

1946 年,阿尔瓦雷兹(L. W. Alvarez,1911—1988)制成第一台质子直线加速器。

1946 年,帕塞尔(E. M. Purcell,1912—1997)用共振吸收法测核磁矩,布洛赫用核感应法测核磁矩,两人从不同的角度实现核磁共振。这种方法可以使核磁矩和磁场的测量精度大大提高。

1947 年,库什(P. Kusch,1911—1993)精确测量电子磁矩,发现实验结果与理论预计有微小偏差。

1947 年,兰姆(W. E. Lamb, Jr. ,1913—   )与雷瑟福(R. C. Retherford)用微波方法精确测出氢原子能级的差值,发现狄拉克的量子理论仍与实际有不符之处。这一实验为量子电动力学的发展提供了实验依据。

1947 年,鲍威尔(C. F. Powell,1903—1969)等用核乳胶的方法在宇宙线中发现 π 介子。

1947 年,普里高津(I. Prigogine,1917—2003)提出最小熵产生原理。

1948 年,奈耳(L. E. F. Neel,1904—2000)建立和发展了亚铁磁性的分子场理论。

1948 年,张文裕(1910—1992)发现 μ 介原子。

1948 年,肖克利(W. Shockley,1910—1989)、巴丁(J. Bardeen,1908—1991)与布拉顿(W. H. Brattain,1902—1987)发明晶体三极管。

1948 年,伽博(D. Gabor,1900—1979)提出现代全息照相术前身的波阵面再现原理。

1948 年,朝永振一郎(1906—1979)、施温格(J. Schwinger,1918—1994)和费因曼(R. P. Feynman,1918—1988)分别发表量子电动力学重正化理论。

1949 年,迈耶(M. G. Mayer,1906—1972)和简森(J. H. D. Jensen,1907—1973)提出核壳层模型理论。

1952 年,格拉塞(D. A. Glaser,1926—   )发明气泡室,比威尔逊云室更为灵敏。

1952 年,A. 玻尔(1922—   )和莫特尔逊(B. B. Mottelson,1926—   )提出原子核结构的集体模型。

1954 年,杨振宁(1922—   )和密耳斯(R. L. Mills)发表非阿贝耳规范场理论。

1954 年,汤斯(C. H. Townes,1915—   )等人制成受激辐射微波放大器。

1955 年,张伯伦(O. Chamberlain,1920—   )与西格雷(E. G. Segrè,1905—1989)等人发现反质子。

1956 年,李政道(1926—   )和杨振宁提出弱相互作用中宇称不守恒原理。

1956 年,吴健雄(1912—1997)等人实验验证了李政道和杨振宁提出的弱相互作用中宇称不守恒原理。

1957 年,巴丁、库珀(L. N. Cooper,1930—   )和施里弗(J. R. Schrieffer,1931—   )发表超导微观理论(BCS 理论)。

1958 年，穆斯堡尔（R. L. Mössbauer，1929—　）实现 γ 射线的无反冲共振吸收（穆斯堡尔效应）。

1959 年，王淦昌（1907—1998）等发现反西格马负超子。

1960 年，梅曼（T. H. Maiman）制成红宝石激光器，实现了肖洛（A. L. Schawlow，1921—1999）和汤斯 1958 年的预言。

1962 年，约瑟夫森（B. D. Josephson，1940—　）发现约瑟夫森效应。

1964 年，盖耳曼（M. Gell—Mann，1929—　）等提出强子结构的夸克模型。

1964 年，克罗宁（J. W. Cronin，1931—　）等实验证实在弱相互作用中 CP 联合变换守恒被破坏。

1967—1968 年，温伯格（S. Weinberg，1933—　）、格拉肖（S. L. Glashow，1932—　）和萨拉姆（A. Salam，1926—1996）分别提出电弱统一理论标准模型。

1969 年，普里高津首次明确提出耗散结构理论。

1973 年，帕利策尔（David Politzer，1949—　），格罗斯（David Gross，1941—　）和威尔查克（Frank Wilczek，1951—　）提出"渐进自由"理论，很好地解释了夸克因禁的事实。

1973 年，哈塞尔特（F. J. Hasert）等发现弱中性流，支持了电弱统一理论。

1974 年，丁肇中（1936—　）与里希特（B. Richter，1931—　）分别发现 J/ψ 粒子。

1980 年，冯·克利青（v. Klitzing，1943—　）发现量子霍尔效应。

1982 年，崔琦（1939—　）等人发现分数量子霍尔效应。

1982 年，宾尼希（G. Binnig，1947—　）与罗雷尔（H. Rohrer，1933—　）发明扫描隧道显微镜。

1983 年，鲁比亚（C. Rubbia，1934—　）和范德梅尔（S. V. d. Meer，1925—　）等人在欧洲核子研究中心发现 W± 和 Z0 粒子。

1984 年，普林斯顿大学实验组成功演示了 X 射线激光。

1985 年，克诺托（H. W. Kroto，1939—　）等人在用激光束照射石墨产生的碳分子束中发现 C60。

1986 年，缪勒（K. A. Müller，1927—　）和柏诺兹（J. G. Bednorz，1950—　）提出用金属氧化物获得高温超导电性的可能性。

1987 年，小柴昌俊（Masatoshi Koshibas，1926—　）从超新星探测到中微子。

1989 年，"宇宙背景探测器"（COBE），以 0.001％的精度对太空进行巡视，为宇宙背景辐射提供了非常有价值的资料。

1994 年 4 月 26 日，美国费米国家实验室 CDF 组宣布发现顶夸克存在的实验证据。次年费米国家实验室正式宣布证实了顶夸克的存在。

1995 年，科内尔（E. A. Cornell. 1961—　）、威依曼（C. E. Wieman，1951—　）和凯特勒（W. Ketterle，1957—　）研究原子气体的玻色—爱因斯坦凝聚态。

1996 年，小柴昌俊利用超级神冈实验装置观测到中微子振荡现象。

2000 年，以日本名古屋大学丹羽公雄为中心的日、美、韩、希腊等国 54 人组成的国际科研小组，利用美国费米实验室的加速器经过 3 年的合作研究，首次发现了表明 τ 子中微子存在的直接证据。至此，粒子物理学标准模型中的 12 个基本粒子已全部发现。

2002 年 9 月 18 日，欧洲核子研究中心在英国《自然》杂志上宣布，成功制造出约 5 万个反氢原子，这是人类首次在受控条件下大批量制造反物质。

2003 年，威尔金森微波各向异性探测器（WMAP）第一次清晰地绘制了宇宙婴儿时期的图像。

参 考 文 献

1. Magie M F. A Source Book in Physics. McGraw-Hill,1935

2. Cajori F. A History of Physics. MacMillan,1933

3. Holton and Roller. Foundations of Modern Physical Science. Addison-Wesley,1965

4. Aris R,et al, eds. Springs of Scientific Creativity. Minnesota,1983

5. Emilio Segré. From X-rays to Quarks. Trecman,1980

6. Spencer R Weart , Melba Phillips,eds. History of Physics. AIP,1985

7. Melba Phillips,ed. The Life and Times of Modern Physics. AIP,1992

8. George L Trigg. Lardmark Experiments in Modern Physics. Crane：Rursuk,1971

9. George L Trigg. Lardmark Experiments in twentieth Century Physics . Crane：Rursuk, 1975

10. Lindsay, ed. Energy：Historical Development of the Concept. Dowden：Hutchinson ℰ Ross,1975

11. Gooding D,et al,eds. The Uses of Experiment. Cambrigde Univ. Press,1989

12. Bertolotti M. Masers and Lasers：An Historical Approach . Adam Hilger,1983

13. Lasers℮Applications,Laser Pioneer Interviews. High Tech. ,1985

14. French A P , ed. Einstein,A Centenary Volume. Heinemann,1979

15. Charles C Gillispie,ed. Dictionary of Scientific Biography,16 vols. Charles Scribner's Sons, 1970—1980

16. Bernard Cohen I. From Leonardo to Lavoisier,1450—1800. Charles Scribner's Sons, 1980

17. Istvan Szabo. Geschichte der mechanischen Prinzipien. Birkhauser Verlag,1976

18. Armin Hermann. Die Neue Physik. Inter Nationes,1979

19. Curt Suplee. Physics in the 20th Century. Harry N. Abrams,1999

20. Miller A I. Einstein's Special Theory of Relativity. Addison-Wesley,1981

21. Heilbron J L. Electricity in the 17th ℰ 18th Centuries. University of California Press,1979

22. Wolf A. A History of Science,Technology,and Philosophy in the Eighteenth Century. Allen ℰ Unwin,1938

23. 梅森著. 自然科学史.上海：上海译文出版社,1980 年

24. 李艳平,申先甲主编.物理学史教程.北京：科学出版社,2003 年

25. 郭奕玲,林木欣,沈慧君编著.近代物理发展中的著名实验.湖南：湖南教育出版社,1990 年

26. 郭奕玲,沈慧君编著.诺贝尔物理学奖一百年.上海：上海科学普及出版社,2002 年